国外含油气盆地丛书

中东含油气盆地

朱伟林　白国平　李劲松 等　著

科学出版社
北　京

内 容 简 介

《中东含油气盆地》是国外含油气盆地丛书中的一部，本书以“油气富集程度”、“油气分布特征”和“控制油气分布的主要区域地质背景和石油地质背景”为主线，全面介绍中东区域地质背景、含油气盆地类型及其基本地质特征，重点描述具有典型意义的中阿拉伯、扎格罗斯和阿曼三个含油气盆地。

本书可供石油勘探开发研究人员以及石油和地质院校相关专业的师生参考。

图书在版编目(CIP)数据

中东含油气盆地/朱伟林，白国平，李劲松等著. —北京：科学出版社，2014.6

(国外含油气盆地丛书/朱伟林主编)

ISBN 978-7-03-041181-5

Ⅰ.①中…　Ⅱ.①朱…　②白…　③李…　Ⅲ.①含油气盆地-研究-中东
Ⅳ.①P618.130.2

中国版本图书馆 CIP 数据核字(2014)第 129066 号

责任编辑：罗　吉　曾佳佳 / 责任校对：张怡君

责任印制：肖　兴 / 封面设计：许　瑞

科学出版社出版

北京东黄城根北街16号

邮政编码：100717

http://www.sciencep.com

北京盛通印刷股份有限公司印刷

科学出版社发行　各地新华书店经销

*

2014 年 6 月第　一　版　　开本：787×1092　1/16

2014 年 6 月第一次印刷　　印张：22 3/4

字数：530 000

定价：198.00 元

（如有印装质量问题，我社负责调换）

《国外含油气盆地丛书》编辑委员会

《中东含油气盆地》

主要作者：白国平　李劲松

参撰人员：秦养珍　陶崇智　王大鹏　仲米虹
　　　　　刘君兰　邹建红　张明辉　郑　妍
　　　　　白建朴　牛新杰　卞　梅　李进波

丛 书 序

我国海洋石油工业起步较晚。20 世纪 80 年代对外开放以来，中国海洋石油总公司和各地分公司在与国际石油公司合作勘探开发海洋油气过程中全方位引进和吸收了许多先进技术，并在自营勘探开发海洋油气田中发展和再创新这些技术。目前，中国海洋石油总公司在渤海、珠江口、北部湾、莺歌海和东海等盆地合作和自营开发 107 个油田，22 个气田。2010 年，生产油气当量已超过 5000 万 t，建成一个“海上大庆”，成绩来之不易。

进入 21 世纪，中国海洋石油总公司将“建设国际一流能源公司”作为企业发展目标，在党中央、国务院提出利用国际、国内两种资源，开辟国际、国内两个市场的决策下，中国海洋石油总公司开始涉足跨国油气勘探、开发业务。迄今已在海外多个石油区块进行投资，合作勘探开发油气田。

我国各大石油集团公司在国际油气勘探开发方面时间短，经验少。我国多数石油地质科技工作者对国外含油气盆地缺乏感性认识和实践经验。因此，在工作中系统调查研究海外油气地质资料，很有必要。自 2011 年起，由中国海洋石油总公司朱伟林主编的《国外含油气盆地丛书》（共 11 册）由科学出版社出版。该丛书包括《全球构造演化与含油气盆地（代总论）》和《欧洲含油气盆地》、《中东含油气盆地》、《北美洲含油气盆地》、《南美洲含油气盆地》、《俄罗斯含油气盆地》、《中亚-里海含油气盆地》、《环北极地区含油气盆地》、《非洲含油气盆地》、《南亚-东南亚含油气盆地》、《澳大利亚含油气盆地》，对区域构造、沉积背景、油气地质特征、油气资源、成藏模式及有利目标区和已开发典型含油气盆地、重要油气田等进行详细阐述。该丛书图文并茂，资料数据丰富，为从事海外油气业务的领导、技术专家、工作人员和关心石油工业的学者、高等学校师生提供极其有益的参考。在此，我谨对该丛书作者所做的贡献表示祝贺！

中国科学院院士

李德生

2011 年 11 月于北京

丛书前言

改革开放以来，我国各大石油集团公司相继走上国际化的发展道路，除了吸引国际石油公司来华进行油气勘探开发投资外，纷纷走出国门，越来越多地参与世界范围内含油气盆地的油气勘探开发。

然而，世界含油气盆地数量众多，类型复杂，石油地质条件迥异，油气资源分布极度不均。油气勘探走出国门，迈向世界，除了面临政治、宗教、文化、环境差异等一系列困难外，还存在对世界不同类型含油气盆地地质条件和油气成藏特征缺乏系统、全面的认识和掌握等问题。此外，海外区块的勘探时间常常受到合同期的制约。因此，如何迅速、全面地了解世界范围内主要含油气盆地的地质特征和油气分布规律，提高海外勘探研究和决策的水平，降低海外勘探的风险，至关重要。出版《国外含油气盆地丛书》，以飨读者，正当其时。

本丛书在中国海洋石油总公司走向海外的勘探历程中，对世界400多个主要含油气盆地进行系统的资料搜集、分析和总结，在此基础上，系统阐述世界主要含油气盆地的区域构造背景、主要盆地类型及其石油地质条件，剖析典型盆地的含油气系统及油气成藏模式，未过多涉及石油地质理论的探讨，而是注重丛书的资料性和实用性，旨在为我国石油工业界同仁以及从事世界含油气盆地研究的学者提供一套系统的、适用的工具书和参考资料。

《国外含油气盆地丛书》共11册，包括《全球构造演化与含油气盆地（代总论）》、《欧洲含油气盆地》、《中东含油气盆地》、《北美洲含油气盆地》、《南美洲含油气盆地》、《俄罗斯含油气盆地》、《中亚-里海含油气盆地》、《环北极地区含油气盆地》、《非洲含油气盆地》、《南亚-东南亚含油气盆地》、《澳大利亚含油气盆地》。

本丛书主编为朱伟林，副主编为崔旱云、杨甲明、杜栩，委员为马立武、马前贵、王志欣、王春修、白国平、江文荣、李江海、李进波、李劲松、吴培康、陈书平、邵滋军、季洪泉、房殿勇、胡平、胡根成、钟锴、侯贵廷、宫少波、聂志勐，中国海洋石油总公司勘探研究人员以及国内相关科研院校的数十位专家和学者参加编写。在此，向参与本丛书编写和管理工作的团队全体成员表示诚挚的谢意！

本丛书各册会陆续出版，因作者水平有限，不足之处在所难免，恳请广大读者批评、指正，以便不断完善。

主　编

2011年11月

前　言

《中东含油气盆地》是中国海洋石油总公司组织出版的《国外含油气盆地丛书》中的一篇，本书以中东地区为研究对象，重点探讨了中东区域石油地质特征及其主要含油气盆地的油气成藏特征。

本书以板块构造、盆地动力学、含油气盆地分析等理论为指导，以含油气系统分析、区带表征和ArcGIS编图为研究手段，以各种类型盆地的油气富集程度、油气分布规律以及控制如此油气分布规律的主要因素为贯穿全书的主线，较系统地表征了中东不同类型盆地的成因、构造-沉积演化特征、成烃和成藏特征。该书不仅归纳总结了中东的区域油气分布特征，而且还对主要含油气盆地内的诸多地质现象有所分析、有所认识。

本书是在中海油重大基础研究项目——“中东主要沉积盆地油气地质特征与勘探潜力分析”以及其他相关项目的研究成果基础上系统总结完成的。第一章介绍阿拉伯区域地质背景，第二章和第三章讨论阿拉伯板块地层特征和沉积相与沉积演化史，第四章中东含油气盆地的分类及其基本石油地质特征，是本书重点之一，作了详细介绍。第五章至第七章分别介绍了3个重点含油气盆地，这些盆地在中东都具有典型意义，其中的中阿拉伯盆地和扎格罗斯盆地堪称世界油气地质经典的被动陆缘盆地和前陆盆地的代表，对这些盆地，本书作了较详尽解剖，是本书的另一个重点。

本书精华之处可归纳为以下六点。

第一，古被动大陆边缘长期发育的封闭-半封闭海盆，造成了自古生界至新生界多套富含油气的生储盖组合的时空叠加。这种非常有利的成藏组合在阿拉伯板块是独特的，而构成这种组合的任何一个成藏条件与其他地区相比并不一定是最好的。

第二，中东油气区发育有十分优越的油气成藏条件，生储盖层遍及于前寒武系至第三系的各个层系。主力烃源层分布于前寒武系侯格夫群、志留系、侏罗系和白垩系层系。主要产油层包括侏罗系、白垩系和第三系，二叠系胡夫组为非伴生气的最主要产层。区域盖层包括侏罗系顶部的膏盐层和中新统膏盐层，白垩系的致密灰岩层和页岩也构成了重要的半区域盖层。中东油气区的圈闭以背斜构造为主，背斜有三种不同的形成机制：盐流动、基底运动和侧向挤压。

第三，中东的17个沉积盆地分为3种类型：大陆裂谷-拗陷盆地、被动大陆陆缘盆地和前陆盆地。油气的富集程度与盆地类型有着密切的相关关系：被动陆缘盆地内发现的油气最多，其储量占已发现油气总可采储量的79.0%；前陆盆地次富集，其油气储量占油气总可采储量的18.8%；裂谷盆地内分布的油气仅占油气总可采储量的2.2%。

第四，中东的10个盆地内发现有商业油气田，但油气的分布极不均一，这种不均一性体现于三个方面。首先，油气储量主要集中于大油气田，大油气田（可采储量超过

$7950\times10^4\,m^3$油当量）的油气储量占到了中东油气总可采储量的95%以上；其次，95.7%的油气储量分布于现今的波斯湾及其周缘的中阿拉伯盆地、扎格罗斯盆地和鲁卜哈利盆地，而其他广大地区的油气储量占不到总量的5%；再者，油气的层系分布极不均一，按油当量计，主力储集层系为下白垩统、上二叠统和上侏罗统，储于这三套储集层的油气储量占油气总储量的71.1%，油气的总体分布表现出“下气上油”的特征，即上二叠统以含气为主，下白垩统和上侏罗统则以含油为主。

第五，油气的区域分布受主力烃源岩展布的控制，在波斯湾及其周缘地区，发育了几套空间上相互叠置的主力烃源岩，油气的近源聚集成藏导致了波斯湾及邻区油气资源的异常富集。

第六，含油气盆地的构造-沉积演化史控制了优质区域盖层和油气的富集层系的分布，优质区域盖层，特别是蒸发岩区域盖层之下的储集层往往是油气最为富集的层系。

本书许多地方沿用“第三纪（系）”这一旧有名词，这是因为在所引原著中未把古近系（纪）与新近系（纪）区分开来，只好直接引用原著。特此说明。

本书主要作者为白国平、李劲松，参撰人员为秦养珍、陶崇智、李进波、王大鹏、仲米虹、刘君兰、邹建红、张明辉、郑妍、白建朴、牛新杰、卞梅。

在本书编写过程中，中海石油（中国）有限公司勘探部崔旱云总监、吴培康经理以及季洪全、邵滋军等专家给予了多方指导和大力帮助，中海油研究中心前总师杨甲明先生、杜栩先生审阅了本书的初稿，并提出了众多有建设意义的指导意见，大大改进了本书的质量，在此，我们致以诚挚的感谢！

本书引用了IHS公司商业资料库的油气田储量数据和部分图件，对可以查到确切出处的图件，书中注明了原著者。对IHS公司未标注出处的图件，本书认为则是IHS的成果，书中引用时只注明：IHS，2010。根据IHS公司数据编制的数据表，则标注为原始资源源自IHS（2010）。对引证的C&C咨询公司的插图，本书做了与IHS类似的处理。在成书过程中，我们参阅大量文献，在正文中以著者出版年形式注明出处，在参考文献中尽量与其对应，注明著者、出版年、文献名、出版机构等著录项目，但很难全面列举。在此，我们向所有文献作者表示感谢。

作　者

2013年10月

目　录

概　况

第一节　中东地理及油气资源概况

中东又称中东地区，是指地中海东部与南部区域，从地中海东部到波斯湾的广大地区，总面积超过 $740\times10^4km^2$。“中东”一词源于欧洲中心论者，意指欧洲以东，并介于远东和近东之间的地区。中东是两洋三洲五海之地，处于联系亚、欧、非三大洲，沟通大西洋和印度洋的枢纽地位，五海具体指里海、黑海、地中海、红海和阿拉伯海。中东历来是欧亚大陆的交通要道和海陆贸易中枢，近代石油工业的崛起更加突出了中东政治和经济的战略地位。

中东不属于正式的地理术语，广义的中东除伊朗和阿富汗（狭义的中东地区）外，还包括沙特阿拉伯（沙特）、伊拉克、科威特、阿拉伯联合酋长国（阿联酋）、埃及、阿曼、也门、卡塔尔、巴林、土耳其、叙利亚、黎巴嫩、约旦、以色列、巴勒斯坦和塞浦路斯16个近东国家。英国石油公司全球能源统计（BP Energy Statistics）中的中东国家包括沙特、伊拉克、伊朗、科威特、阿联酋、阿曼、也门、卡塔尔、巴林、叙利亚、黎巴嫩、约旦、以色列和巴勒斯坦，这些国家再加土耳其即为本专著涉及的中东国家(图 0-1)。

中东地区近代石油工业已经有100余年的历史，油气钻探始于19世纪末，1908年在伊朗发现了中东地区的第一个油田——马斯吉德苏莱曼（Masjid-I-Sulaiman）油田，随后又陆续不断发现新油气田，但是在第二次世界大战之后，中东地区的石油工业才有了真正的大发展。中东油气资源异常丰富，素有“石油宝库”之称。2011年中东的石油产量为 $15.17\times10^8m^3$，占世界石油总产量 $46.53\times10^8m^3$ 的32.6%，2011年全球10大产油国有4个中东国家，分别为沙特、伊朗、科威特和阿联酋（表 0-1）。2011年中东出口原油 $10.25\times10^8m^3$，占全球原油出口总量（$22.08\times10^8m^3$）的46.4%，中国从中东进口原油 $1.61\times10^8m^3$，占当年原油进口总量（$2.95\times10^8m^3$）的54.5%，占当年石油消费量（$5.38\times10^8m^3$）的29.8%，这些数字表明中东已成为中国最重要的原油供应地。2011年中东产天然气 $5261.5\times10^8m^3$，占世界天然气总产量 $32\ 762.2\times10^8m^3$ 的16.0%，中东的主要产气国有伊朗、卡塔尔、沙特和阿联酋，2011年它们的天然气产量分别为 $1518.0\times10^8m^3$、$1468.5\times10^8m^3$、$992.3\times10^8m^3$ 和 $517.3\times10^8m^3$（BP，2012）。截至2011年底，中东地区已累计产石油 $531.72\times10^8m^3$，其石油剩余探明可采储量为 $1264.02\times10^8m^3$，占全球剩余储量（$2627.65\times10^8m^3$）的48.1%（表 0-2），中东石油储量的95.5%分布于沙特、伊朗、伊拉克、阿联酋、科威特5个国家（表 0-3）。

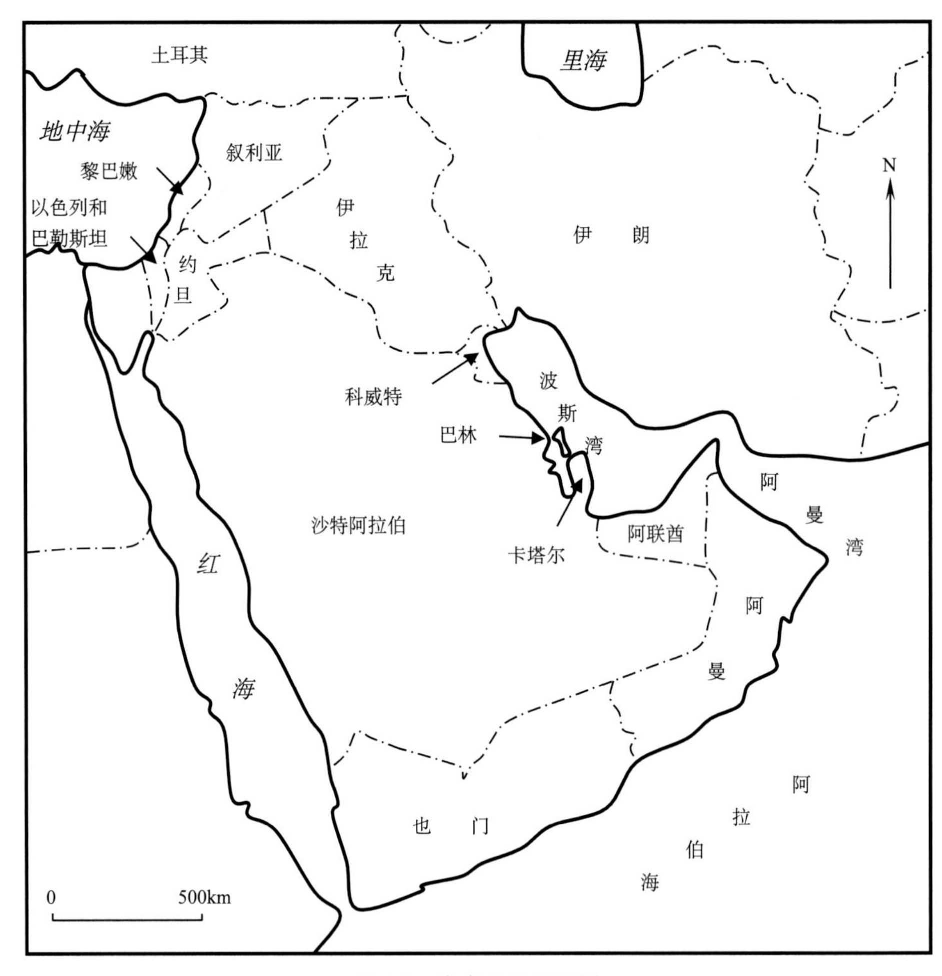

图 0-1　中东地区地理图

2011 年底，中东地区的天然气剩余探明可采储量为 80.03×10^{12} m^3，占全球剩余储量 208.44×10^{12} m^3 的 38.4%（表 0-2），这些储量的 90.4%分布于伊朗、卡塔尔、沙特和阿联酋 4 个国家（表 0-3）。

表 0-1　2011 年全球 10 大产油国年产量（据 BP，2012）

序次	国家	产量/10^6 m^3	占全球产量/%
1	沙特	612.80	13.16
2	俄罗斯	596.04	12.80
3	美国	410.56	8.82
4	伊朗	239.91	5.15
5	中国	237.34	5.10
6	加拿大	201.19	4.32
7	阿联酋	174.93	3.76
8	墨西哥	169.12	3.63
9	科威特	163.21	3.50
10	委内瑞拉	162.75	3.49
合计		2967.88	63.73

截至2011年底，中东地区三大含油气盆地——阿拉伯盆地、扎格罗斯（Zagros）盆地和阿曼盆地发现的油气探明和控制可采储量分别为$2005.74\times10^8m^3$、$479.63\times10^8m^3$和$39.75\times10^8m^3$油当量，占全球已发现油气可采储量的27.9%、6.7%和0.6%。阿拉伯盆地和扎格罗斯盆地是全球第一和第三大富油气盆地（图0-2）。

据IEA（2012）的统计数据，中东地区的常规和非常规石油（包括天然气液）剩余可采资源量（总可采资源量减去累计产量）分别为$1787.16\times10^8m^3$和$76.32\times10^8m^3$，合计为$1863.48\times10^8m^3$油当量，占世界总量的19.96%，常规石油剩余可采资源量占世界总量的41.97%。中东地区的常规和非常规天然气剩余可采资源量分别为$125\times10^{12}m^3$和$12\times10^{12}m^3$，合计为$137\times10^{12}m^3$，占世界总量的17.34%，常规天然气剩余可采资源量占世界总量的27.05%。

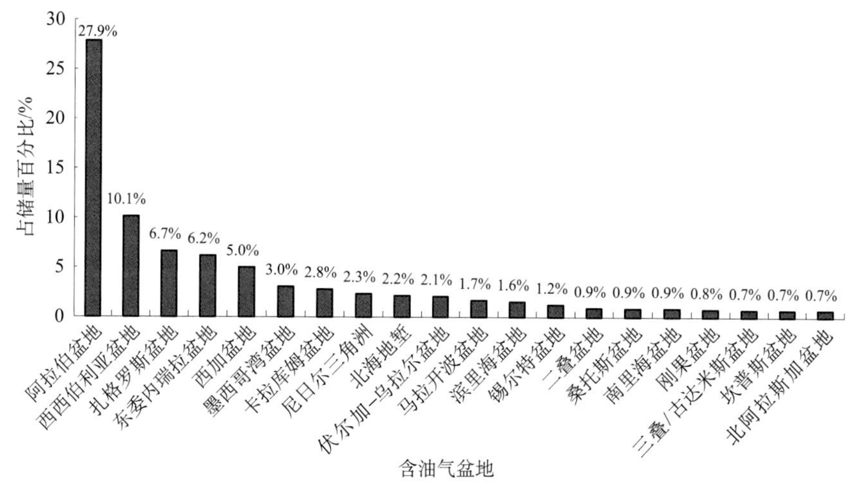

图0-2　全球主要含油气盆地油气可采储量占全球总量百分比直方图
（据IHS资料编汇，资料截至2011年底）

中东地区的地质情况相对比较简单，该地区以储采比高（石油的储采比为78∶1）、大油气田多、单井产量高、产层浅、勘探成功率高、石油勘探开发成本低和石油外输条件好为特征。该区的单井产量都比较高，一般在$600\sim3500m^3/d$，因此尽管中东的石油产量占全球的约30%，但其油井数仅占全球的1.3%。丰富的储量和低生产成本使得中东地区作为世界上最重要的产油区，在今后的很长时间内仍将会保持其独一无二的地位。我国石油工业在不断发展壮大的过程中，必然要将勘探开发的领域进一步向海外扩展，这也是我国国民经济飞速发展的需要。中东地区作为世界上最重要的油气区，必将是我国石油公司高度关注的对象。目前，我国除了在中东地区展开一些技术服务工作外，也已获取了多个区块的勘探开发权，这些为我国石油工业进一步介入中东地区油气资源的勘探开发打下了基础。在这种背景下，深入了解中东的油气地质特征、石油资源状况及勘探开发潜力就显得尤为重要。

表 0-2　2011 年底世界石油和天然气剩余探明储量分布情况表（据 BP，2012）

地区	石油		天然气	
	储量/$10^8 m^3$	百分比/%	储量/$10^{12} m^3$	百分比/%
中东	1264.02	48.1	80.03	38.4
中南美	517.33	19.7	7.58	3.6
欧洲和前苏联	224.30	8.5	78.69	37.8
非洲	210.58	8.0	14.53	7.0
北美	345.80	13.2	10.83	5.2
亚太	65.62	2.5	16.78	8.0
合计	2627.65	100.0	208.44	100.0

表 0-3　2011 年底中东剩余石油和天然气探明储量分布情况表（据 BP，2012）

地区	石油		天然气	
	储量/$10^8 m^3$	百分比/%	储量/$10^{12} m^3$	百分比/%
沙特	421.99	33.4	8.15	10.2
伊朗	240.36	19.0	33.09	41.3
伊拉克	227.53	18.0	3.59	4.5
科威特	161.39	12.8	1.78	2.2
阿联酋	155.50	12.3	6.09	7.6
卡塔尔	39.25	3.1	25.05	31.3
阿曼	8.75	0.7	0.95	1.2
也门	4.25	0.3	0.48	0.6
叙利亚	3.98	0.3	0.28	0.4
其他国家	1.02	0.1	0.57	0.7
合计	1264.02	100.0	80.03	100.0

第二节　油气勘探开发简史

中东地区现代石油工业的发展是 19 世纪末才开始的，但很早以前居住于中东的人们就对石油进行了应用，最早的文字记录见于圣经，据记载，声名狼藉的巴别塔（Tower of Babel）就是由“来自石头里的焦油”胶合的，而且那时人们已经采用沥青来涂抹器物达到防水目的。几个世纪之前，尼罗河流域的人们就掌握了采用沥青制造防水草纸的工艺。

中东地区，特别是扎格罗斯盆地，分布着许多油气苗、沥青和染有油斑的石膏，此外还有特殊的地面显示。约在两千年前，古波斯人就已把石油和天然气引入宗教、战争、制盐以及生产、生活的各个领域，但这只是小规模的利用，并未形成工业性开采。

商业性油气勘探始于 19 世纪末期，至今已有 100 余年的历史，依据 Beydoun（1988）、Alsharhan 和 Nairn（1997）以及其他资料，中东地区的油气勘探开发史分为以下四个阶段。

一、初期勘探阶段（1890～1945 年）

石油公司于 19 世纪 90 年代获得了中东地区的第一个油气勘探区块，不过经过几年不成功的钻探后，该区块最终被放弃。1901 年，狄阿西（D'Arcy）公司在伊朗西南部扎格罗斯盆地获取了一个勘探区块，区块内马斯吉德苏莱曼（Masjid-I-Sulaiman）构造高点处的油气苗使狄阿西公司对该构造进行了钻探。钻探结果证实马斯吉德苏莱曼构造含有工业油流，1908 年在伊朗发现了中东的第一个商业油田——马斯吉德苏莱曼油田。1909～1910 年，建成了该油田至阿巴丹（Abadan）市的输油管线，建于该市的炼油厂于 1914 年开始投产炼油。1920 年，伊朗开始大量生产石油，当时的石油产量约占世界总产量的 1.8%。此后，1927 年在伊拉克发现了基尔库克（Kirkuk）油田，1932 年在巴林发现了阿瓦利（Awali）油田，1938 年在沙特和科威特分别发现了达曼（Dammam）油田和布尔干（Burgan）油田，1939～1940 年在卡塔尔发现了杜汉（Dukhan）油田。由于这些重大油田的发现，人们开始认识到中东地区蕴藏着丰富的石油资源。

在初期勘探阶段，石油公司与资源主权国达成了广泛的长期油气勘探生产分成协议。随着经济和政治条件的变化，这些协议被加以修改以满足资源主权国家的愿望，降低协议的不平等性。今天在中东拥有巨大商业利益的外国公司（英国、美国、法国和荷兰的公司）一般都是那些在中东地区有着长期勘探开发史的公司。不过，第二次世界大战后，特别是近年来，随着人类对能源需求的迅速增长以及勘探方法的进步和新技术的引进，更多的包括中国公司在内的石油公司在中东地区从事油气的勘探开发。

二、大规模勘探开发和产、储量稳定增长阶段（1946～1969 年）

这一阶段的主要特点不仅表现在勘探规模迅速扩大上，而且储量也迅速增加，新发现的油气田基本上都是大型（可采储量超过 5×10^8 bbl 或 7950×10^4 m^3 油当量）或特大型（可采储量超过 50×10^8 bbl 或 7.95×10^8 m^3 油当量）油气田。发现的油气田增加到 50 余个，勘探活动遍及整个中东油气区。该阶段的重大发现包括盖瓦尔（Ghawar）（世界最大油田）、萨法尼亚（Safaniya）（世界最大海上油田）、鲁迈拉（Rumaila）和马尼法（Manifa）油田等。

三、产量波动阶段（1970～1989 年）

该阶段的石油产量变化比较大，但这些变动并不是真实状况的完全反映，而主要是由于中东地区政治局势变化引起的。1973 年，由于阿拉伯-以色列之间第四次中东战争的爆发，石油输出国组织中的中东各国联合行动，削减产量，要求提高标价和对石油公司实行国有化，同时禁止向支持以色列的欧美国家出口石油。1978 年伊朗革命爆发，对伊朗的油气勘探开发产生重大影响。这两次事件导致了油价的大幅度增长，石油禁运使油价从每桶 3 美元提高到 11 美元，伊朗革命使油价从每桶 18 美元提高到 34 美元（未考虑通货膨胀的当时名义价格）。20 世纪 80 年代，由于两伊战争的爆发和持续，伊朗和伊拉克的石油产量大幅度减少。原油价格的波动亦对中东各国油气勘探和开发产生重要的影响，因此该阶段整个中东的石油产量呈现出较大的起伏（图 0-3）。

该阶段最重要的勘探成果为 1971 年于卡塔尔发现的诺斯（North）气田，这个气田是世界上最大的气田，其天然气最终采储量高达 $25.48\times10^{12}m^3$。

四、产量稳中有升、储量平稳阶段（1990～2011 年）

这一时期，中东地区的石油产量稳中有升，2008～2010 年增速更快（图 0-3）。石油剩余探明储量则保持在约 $1200\times10^8m^3$（占世界总量的 48%～63%）（图 0-4），近年来中东石油剩余探明储量占全球比例的下降主要归因于加拿大和委内瑞拉的非常规石油计入了石油储量的统计。该阶段发生的主要事件有 1990 年伊拉克入侵科威特、1999 年初期欧佩克达成的限产保价协议以及 2003 年美英联军占领伊拉克。前者使得中东的石油工业遭受了巨大的损失，伊拉克和科威特的石油生产曾一度处于停滞状态。限产协议使油价有了明显的回升，由 1999 年的每桶 12 美元左右提高到 2000 年的 25 美元左右。联军入侵伊拉克，推翻了萨达姆政权，伊拉克的石油产量在稳步提高。

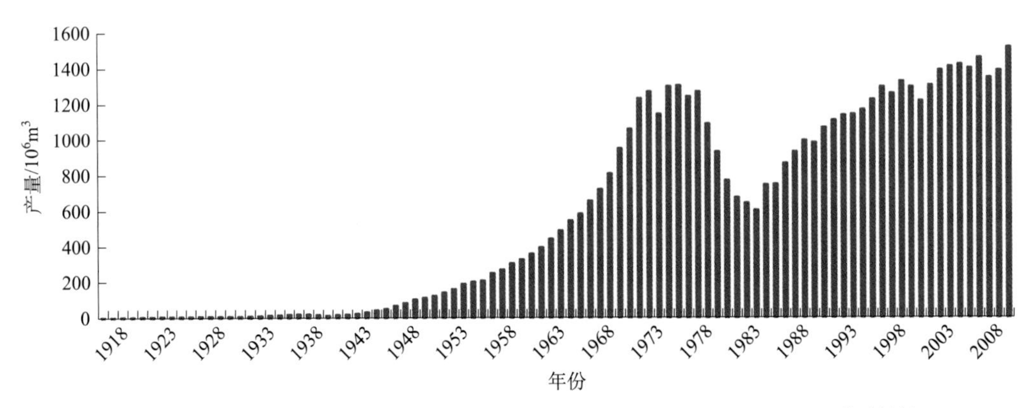

图 0-3　中东地区石油年产量图（据 Alsharhan and Nairn，1997；BP，2012 资料编汇）

油气勘探除了持续勘探老油区的中、新生界层系外，还加强了深部和勘探程度较低地区的勘探，并取得了有效的成果，如 20 世纪 80～90 年代在沙特中部古生界深部勘探层系发现了近 20 个油气田，从而开辟了沙特中部古生界层系的勘探。在以色列海域的黎凡特盆地，近年来的油气勘探亦取得了一系列重大突破，在该盆地也发现数个大型气田。

目前中东地区每年的钻井数（探井和开发井）约为 1000 口，钻探深度和范围都在

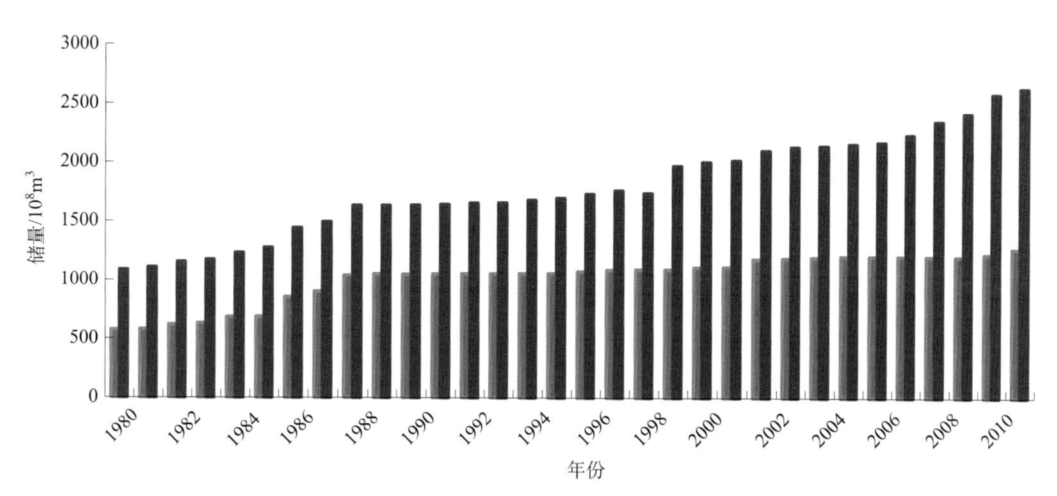

图 0-4　中东地区（绿色）和全球（红色）年末剩余石油探明储量直方图（据 BP，2012 资料编汇）

不断扩大，现今的勘探特征主要表现为吸引外国公司投入中东油气田的勘探与开发，如 2004 年沙特首次与包括中国石化集团公司在内的四个国外大石油公司签署了深部天然气联合勘探的协议，伊朗与多家外国公司签署了合作开发油田的协议，包括中国石油天然气股份有限公司在内的国际大公司也开始参与伊拉克的油田开发。

阿拉伯板块区域地质背景 第一章

第一节 阿拉伯板块主要构造单元

现今阿拉伯板块的边界包含了板块边界的三种类型（图 1-1）：离散型边界、会聚型边界和走滑型边界。欧文（Owen）断裂带和亚丁湾裂谷构成了阿拉伯板块的离散型东南边界，红海裂谷系统和亚喀巴（Aqaba）湾构成了阿拉伯板块的离散型西南边界，扎格罗斯和比特利斯（Bitlis）缝合线构成了板块的会聚型东北部和北部边界，死海裂谷和与其伴生的走滑断裂系统构成了阿拉伯板块的走滑型西北边界。

阿拉伯板块现今的地质特征受控于三个主要因素（Beydoun，1988）。一是板块南部和西部的张性事件，这些事件起因于亚丁湾和红海的海底扩张；二是阿拉伯板块与欧亚板块碰撞诱发的比特利斯-扎格罗斯造山带处的挤压褶皱作用；三是沿死海裂谷的走滑断裂作用。正如 Beydoun（1988）和 Sharland 等（2001）强调的那样，只有识别出了构成阿拉伯板块边界的这些地质体特征，才能厘定阿拉伯板块的演化史。但由于地质历史中的某些事件与现今构造活动集中于同一地区（如新特提斯洋的开启和随后的闭合均沿着扎格罗斯破碎带进行），因此板块边界地质体的识别难度大大增加了。

阿拉伯板块内沉积岩覆盖了约 $305\times10^4 km^2$ 的面积，不同学者和不同研究机构提出了不同的阿拉伯板块构造单元的划分方案。Alsharhan 和 Nairn（1997）指出阿拉伯板块上发育三个主要盆地：阿拉伯盆地、阿曼盆地和扎格罗斯盆地（图 1-1）。南北向、北西—南东向和南西—北东向断裂系统控制了阿拉伯板块内主要构造单元的展布。南北向构造单元主要发育于沙特中部和东部，这里发育四个狭长的南北向轴状凸起和相间的凹陷，它们向北倾没于波斯湾，不易截然分开（图 1-1）。北西—南东向构造以中生代发育起来的地堑（如马里卜-夏布瓦亚盆地）和前寒武纪末期—寒武纪初期形成的纳吉得（Najd）走滑断裂系统为代表。北东—南西向构造包括迪巴（Dibba）断层、巴廷（Batin）断层和阿曼的盐盆等。这些构造在基底构造图上有明显的显示，表明基底断裂的重新活动在盆地演化过程中起了重要作用（Konert et al.，2001）。

主要依据地表地质特征，美国地质调查局（USGS，2000）将阿拉伯板块分为了 43 个次级构造单元（表 1-1，图 1-2）。主要依据构造走向及其发育特征，IHS（2012）将阿拉伯板块分为 11 个盆地和 1 个地盾区（图 1-3），分别为扎格罗斯盆地、西阿拉伯盆地、维典-美索不达米亚盆地、中阿拉伯盆地、鲁卜哈利盆地、阿曼盆地、塞云-马西拉盆地、马里卜-夏布瓦盆地、马巴盆地、穆卡拉-赛胡特盆地和吉萨-卡马尔盆地以及阿拉伯地盾，其中后三个油气勘探程度低，尚未有重大油气发现。在三种划分方案中，扎格罗斯盆地构造单元的定义基本一致，IHS（2012）的阿曼盆地对应于 Alsharhan 和

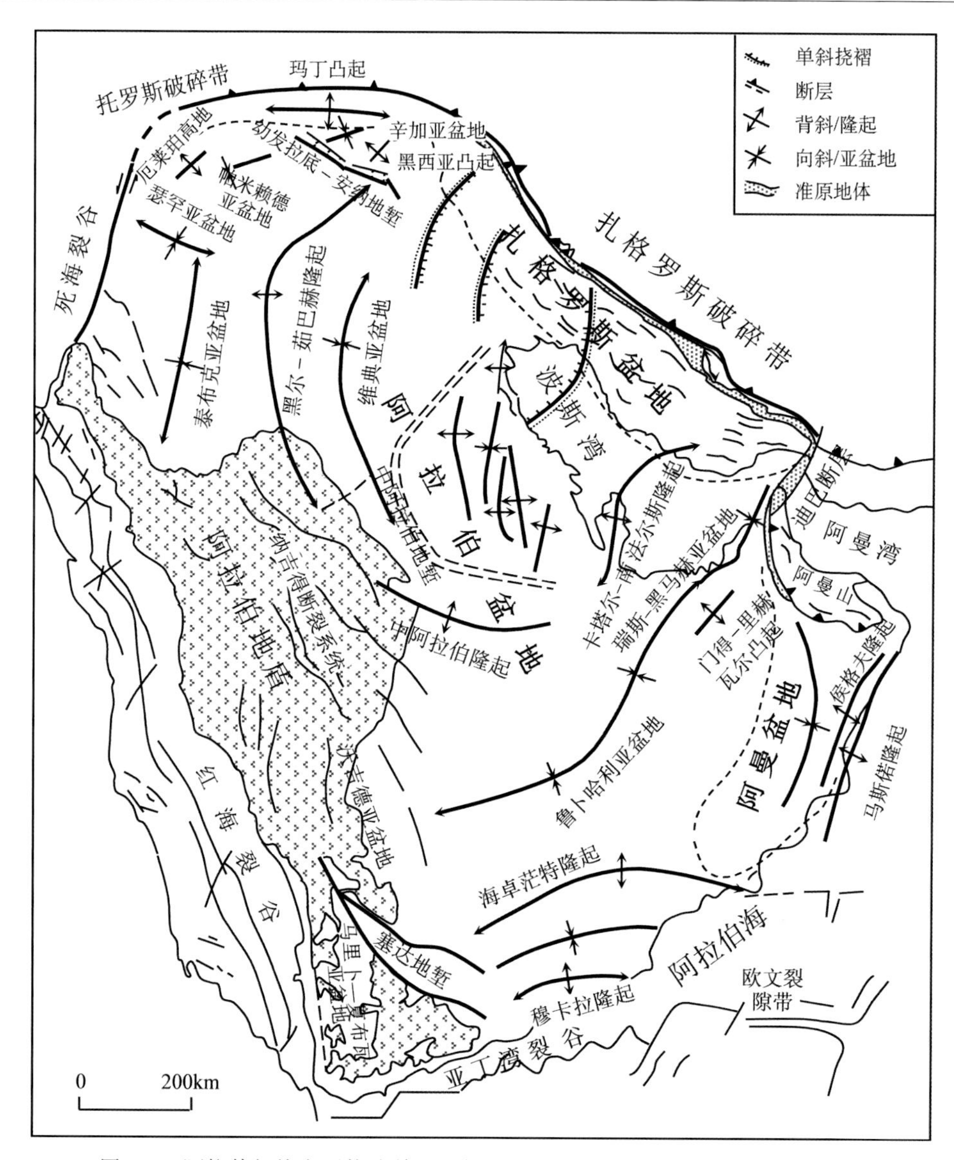

图 1-1　阿拉伯板块主要构造单元（据 Alsharhan and Nairn，1997；有修改）

Nairn（1997）的阿曼盆地，IHS（2012）和 USGS（2000）的鲁卜哈利盆地基本相同，并与 Alsharhan 和 Nairn（1997）的鲁卜哈利亚盆地相对应。Alsharhan 和 Nairn（1997）的阿拉伯盆地在 IHS（2012）和 USGS（2000）的分类方案中又被划分出了若干个次级构造单元，其中包括升级为盆地的单元（西阿拉伯盆地、维典-美索不达米亚盆地、中阿拉伯盆地和鲁卜哈利盆地，见图 1-1）。

考虑到本书中用的统计数据多源自 IHS 资料，而且其划分方案主要依据了构造走向，而 USGS 的划分偏细，因此本书阿拉伯板块的构造分区采用了 IHS 的划分方案。Alsharhan 和 Nairn（1997）定义的亚盆地在后面的章节不再使用，而是将其升级为盆地，如鲁卜哈利盆地、马里卜-夏布瓦盆地等。

阿拉伯板块的基底由前寒武系结晶岩、变质岩及火山碎屑岩构成，在阿拉伯地盾上有广泛的出露（图 1-1），另外在阿曼山东部的一些露头和深井中也发现了由火山岩和变质岩构成的基底，其放射性同位素年龄为 7.4 亿～8.7 亿年（Beydoun，1991）。

阿拉伯板块的沉积盖层很厚，时代从前寒武纪一直到第三纪，厚度自西向东增大。地层厚度在地盾周缘小于 5000ft（1525m）*，在波斯湾附近 30 000ft（9144m）左右，在扎格罗斯山前厚度可达 45 000ft（13 716m）以上（图 1-4，图 1-5）。

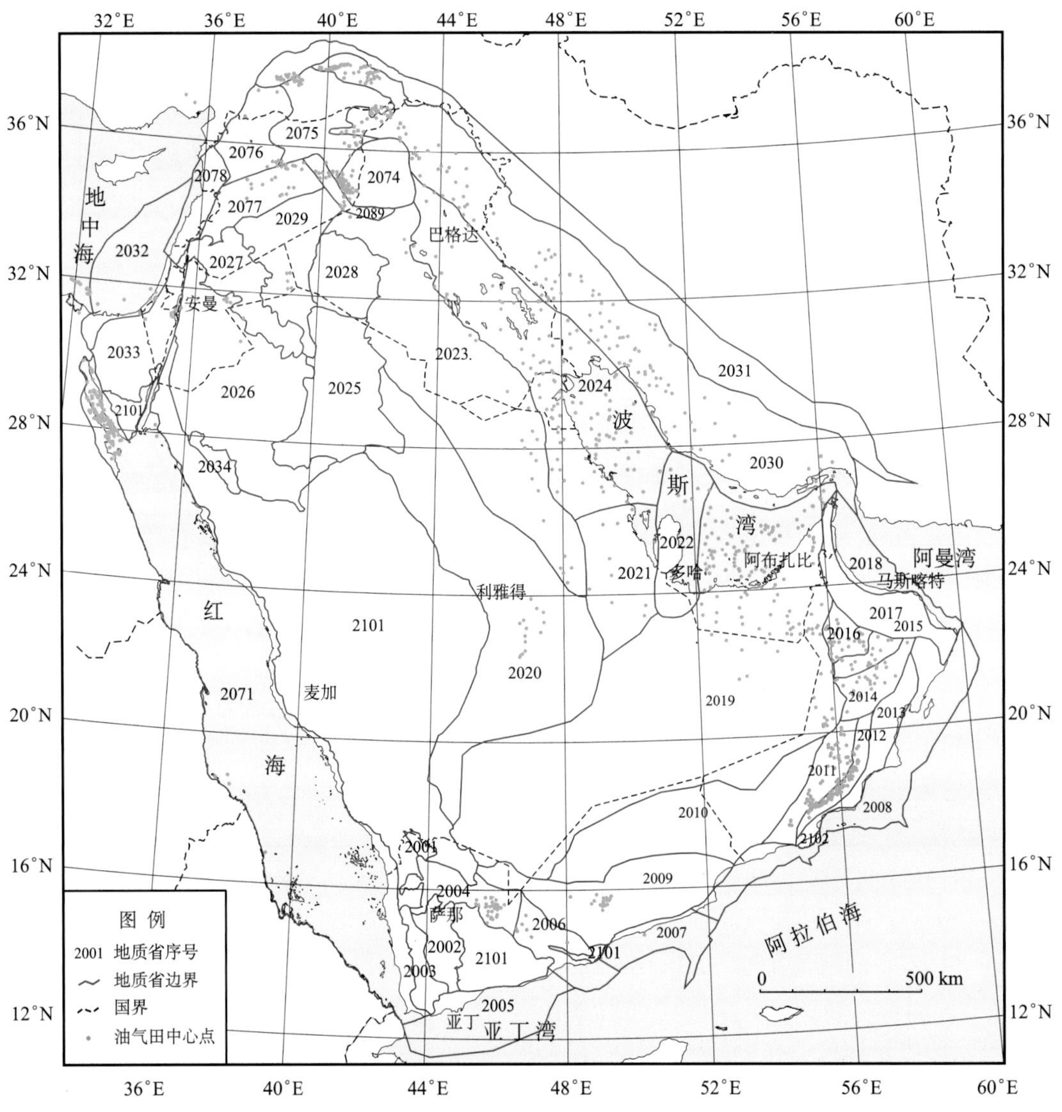

图 1-2　阿拉伯板块构造分区和油气田分布图（据 Pollastro et al.，1998；有修改）

地质省编号所代表的地质省名称列于表 1-1

* 1ft=0.3048m。

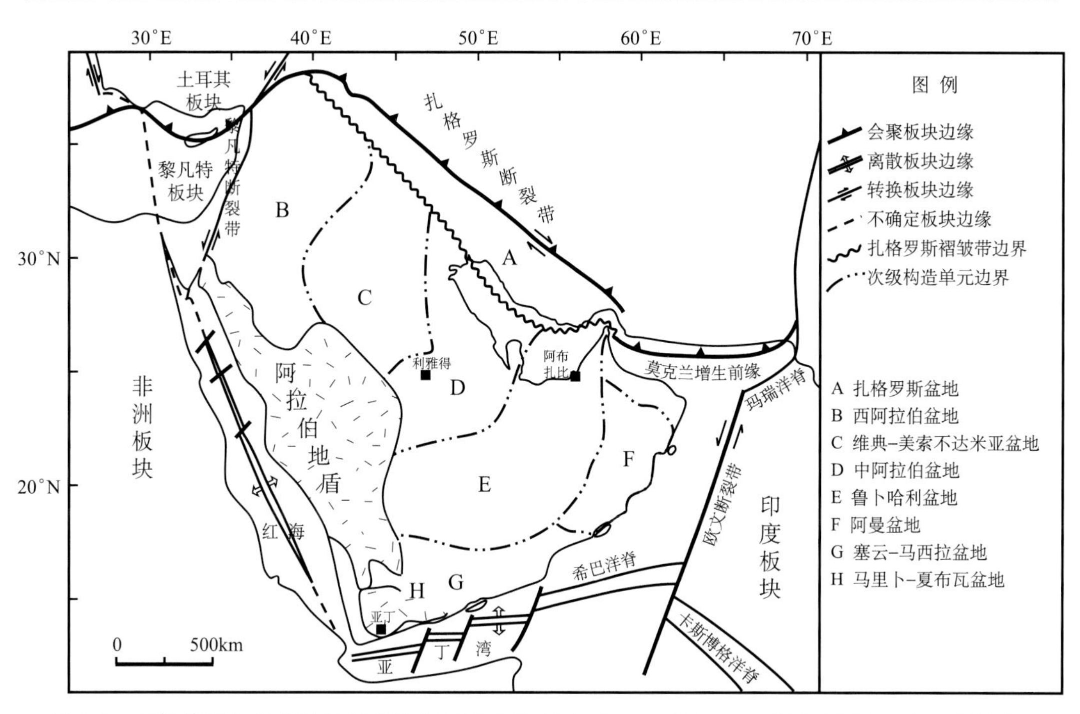

图 1-3 阿拉伯板块内主要沉积盆地分布图（据 Alsharhan and Nairn，1997；IHS，2010；有修改）

表 1-1 阿拉伯板块构造分区一览表（据 USGS，2000）

地质省编号	英文名称	中文译名
2001	Yemen Volcanic Basin (North)	北也门火山盆地
2002	Yemen Volcanic Basin (South)	南也门火山盆地
2003	Hays Structural Belt	海斯构造带
2004	Marib-Al Jawf Basin	马里卜盆地
2005	Mukalla Rift Basin	穆卡拉裂谷盆地
2006	Shabwah Basin	夏布瓦盆地
2007	Sharmah Rift Basin	沙马赫裂谷盆地
2008	Masirah Trough	马斯拉赫洼陷
2009	Masila-Jeza Basin	马西拉-杰泽盆地
2010	Ghudun-Khasfah Flank Province	古丹-哈斯法赫翼部地省
2011	South Oman Salt Basin	南阿曼盐盆
2012	East Flank Oman Sub-basin	阿曼盆地东翼
2013	Huqf-Haushi Uplift	侯格夫-豪希隆起
2014	Ghaba Salt Basin	哈巴盐盆
2015	Central Oman Platform	中阿曼地台

续表

地质省编号	英文名称	中文译名
2016	Fahud Salt Basin	费胡德盐盆
2017	Oman Mountains	阿曼山
2018	Gulf of Oman Basin	阿曼湾盆地
2019	Rub'al Khali Basin	鲁卜哈利盆地
2020	Interior Homocline-Central Arch	内单斜-中央凸起
2021	Greater Ghawar Uplift	大盖瓦尔隆起
2022	Qatar Arch	卡塔尔隆起
2023	Widyan Basin-Interior Platform	维典盆地-内台地
2024	Mesopotamia Foredeep Basin	美索不达米亚前渊盆地
2025	Ha'il-Ga'Ara Arch	黑尔-盖尔若凸起
2026	Jafr-Tabuk Basin	杰夫-泰布克盆地
2027	North Harrah Volcanics	北哈若赫火山岩地质省
2028	Rutbah Uplift	茹巴赫隆起
2029	Wadi-Sirhan Basin	沃蒂-瑟汉盆地
2030	Zagros Fold Belt	扎格罗斯褶皱带
2031	Zagros Thrust Zone	扎格罗斯推覆带
2032	Levantine Basin	黎凡特盆地
2033	Sinai Basin	西奈盆地
2034	South Harrah Volcanics	南哈若赫火山岩地质省
2071	Red Sea Basin	红海盆地
2074	Khleisia Uplift	黑西亚隆起
2075	Euphrates/Mardin	幼发拉底/玛丁地质省
2076	Haleb	赫拉伯地质省
2077	Palmyra/Palmyride Zone	帕姆亚/帕米赖德构造带
2078	Beirut	贝鲁特地质省
2089	Anah Graben	安纳地堑
2101	Arabian Shield	阿拉伯地盾
2102	Mirbat Precambrian Basement	莫柏特前寒武系基底

注：地质省的位置参见图 1-2。

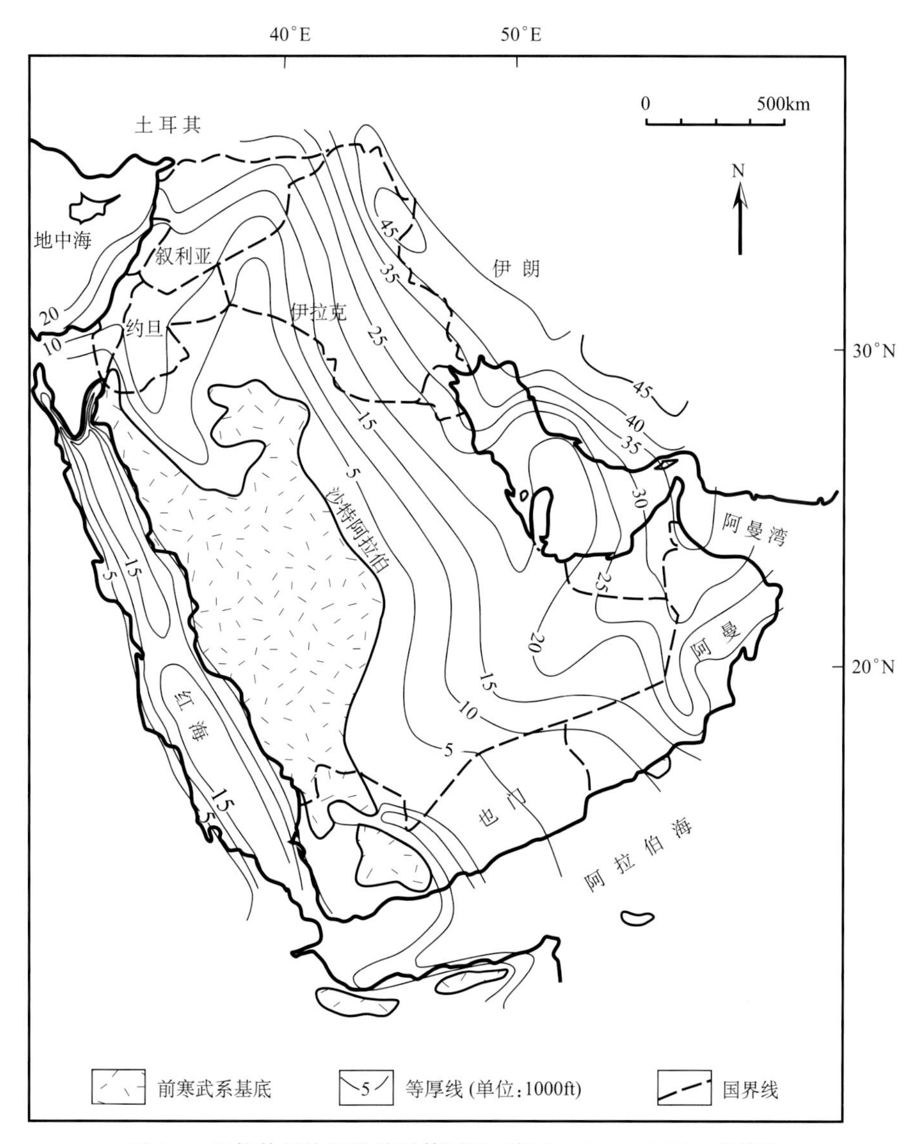

图 1-4　阿拉伯板块沉积盖层等厚图（据 Beydoun，1991；有修改）

第二节　阿拉伯板块漂移史

在其演化过程中，阿拉伯板块不仅发生了漂移，而且自身发生了旋转。图 1-6 至图 1-16 显示了阿拉伯板块在不同地质时期相对于其他板块的位置。

晚前寒武纪期间，阿拉伯板块走向东西，位置在赤道附近，此时的阿拉伯地盾位于南部。早古生代期间，板块向南发生了漂移并伴有逆时针旋转，到晚奥陶世，板块漂移至最南端（约南纬 55°），从而发育了冰川沉积。志留纪至晚石炭世时期，板块的位置没有多大的变化，但发生了约 100°的顺时针旋转。到晚石炭世，板块再次漂移至南纬

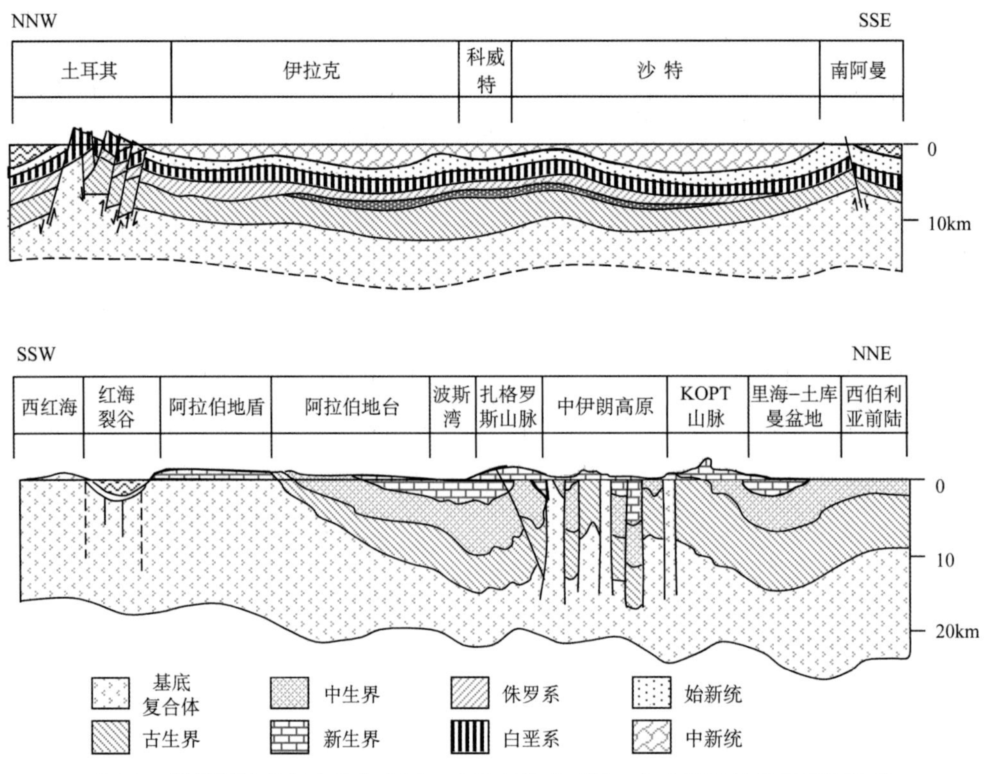

图 1-5　横贯阿拉伯板块的北北西—南南东和南南西—北北东向地质剖面示意图
（据 Alsharhan and Nairn，1997；略有修改）

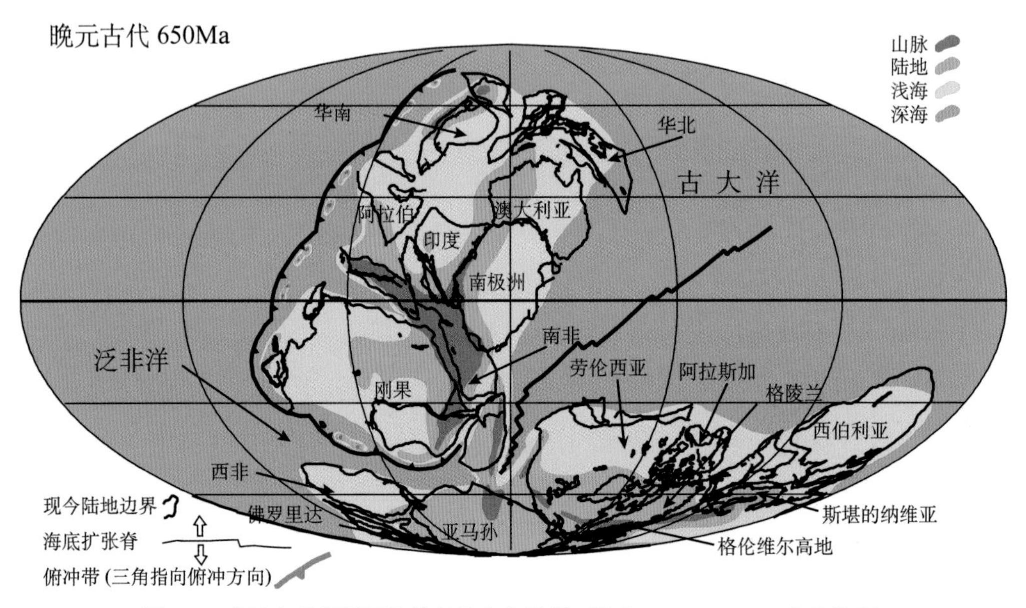

图 1-6　晚元古代期间阿拉伯板块古位置图（据 Scotese，1997；略有修改）

55°左右，结果再次发育了冰川沉积。二叠纪至三叠纪期间，板块逐渐北移，但没有明显的旋转。到三叠纪，板块漂移至赤道附近，此后一直到早白垩世，板块的位置没有明显的位移，结果沉积了以碳酸盐岩为主的地层。自晚白垩世开始，板块逐渐向北漂移，直至漂移至现今的位置。

两次证实的冰川作用发生于晚奥陶世和晚石炭世—早二叠世，此外阿曼的沉积证据表明晚元古代也曾发生过一次冰川作用（图 1-17）。

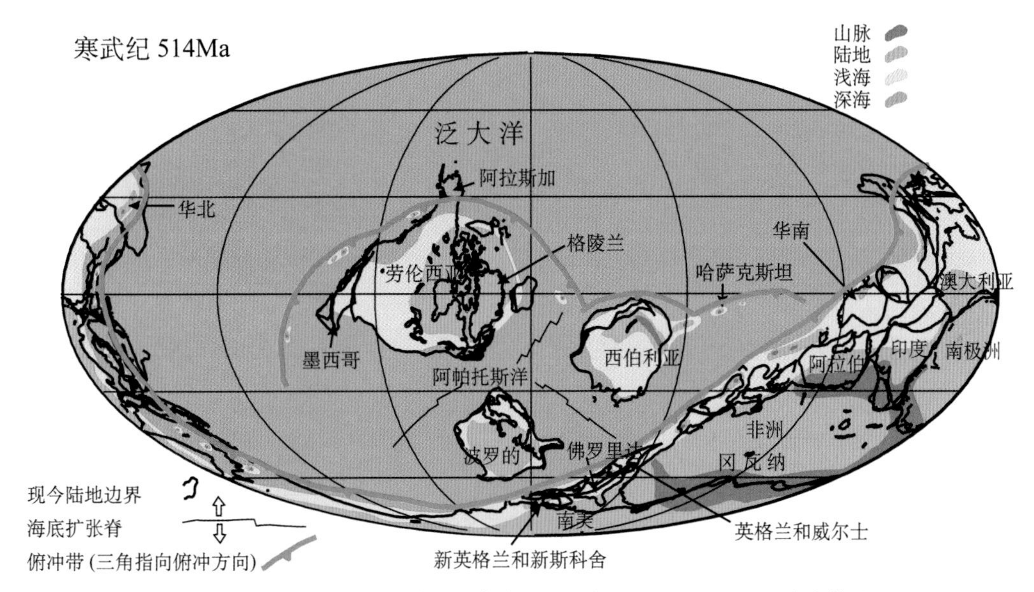

图 1-7　寒武纪期间阿拉伯板块古位置图（据 Scotese，1997；略有修改）

第三节　阿拉伯板块构造演化史

阿拉伯板块经历了长期的沉积构造演化，众多学者对此进行了研究，其中较为系统的研究有 Beydoun（1991）、Husseini（1989，2000）和 Sharland 等（2001）。根据前人的研究成果和本研究所获得的区域地震剖面解释成果，我们将阿拉伯板块的区域构造演化分为五个阶段：前寒武纪（～715～610Ma）基底拼合阶段、晚前寒武纪—晚泥盆世（～610～364Ma ）克拉通内（被动陆架边缘）发育阶段、晚泥盆世—中二叠世（364～257Ma）弧后（活动大陆边缘）发育阶段、晚二叠世—晚白垩世初（257～92Ma）新特提斯洋被动陆架边缘发育阶段和晚白垩世至今（92～0Ma）活动大陆边缘发育阶段，下面对每一阶段做一概述。

一、前寒武纪基底拼合阶段

晚前寒武纪期间，一系列的基底地体开始聚敛在一起。到了 715Ma，出露于阿拉伯地盾的三个地体（Midyan、Hijaz 和 Asir）聚敛在一起构成了现今的西阿拉伯地盾

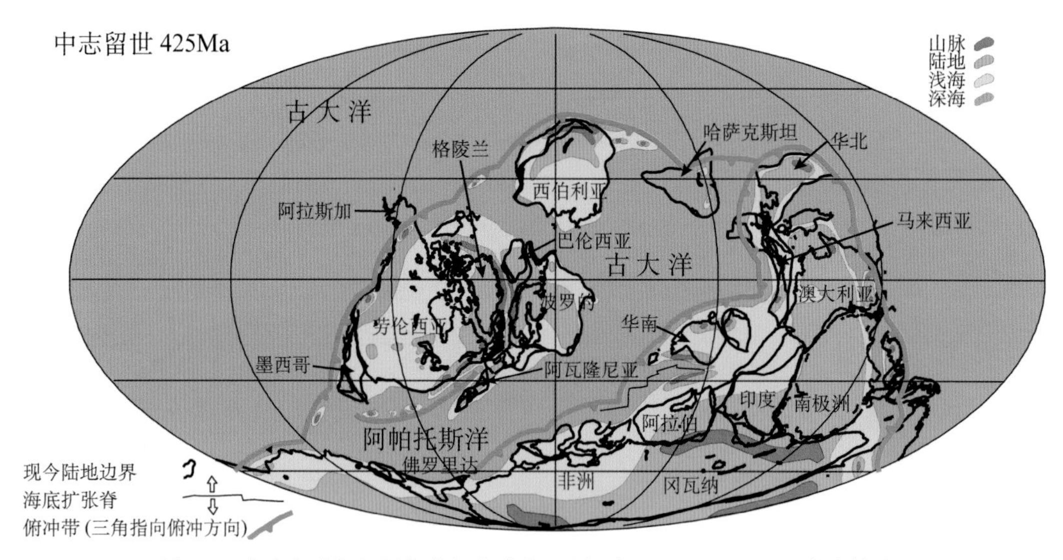

图 1-8　中志留世期间阿拉伯板块古位置图（据 Scotese，1997；略有修改）

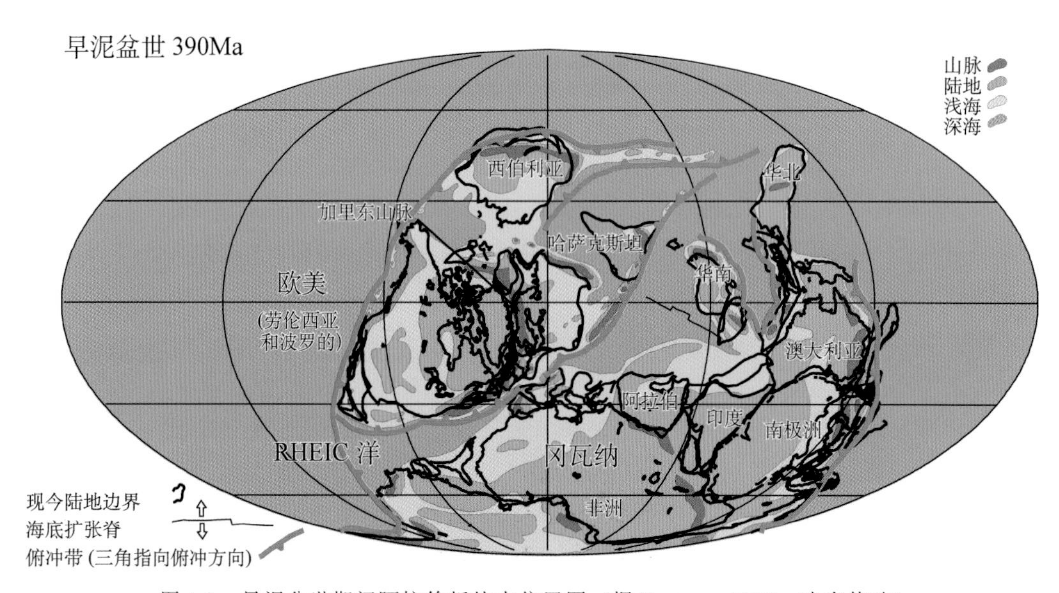

图 1-9　早泥盆世期间阿拉伯板块古位置图（据 Scotese，1997；略有修改）

（图 1-18），并于约 680Ma 拼合至非洲板块（Husseini，2000）。680～640Ma 期间，沿着 Nabitah 缝合带，Afif 地体与西阿拉伯地盾发生碰撞而拼合在一起。约 640Ma 时，阿玛（Amar）海板块向东俯冲于 Rayn 地体之下，由此诱发了 Amar 火山弧的形成。随着 Amar 海板块俯冲的持续进行，Amar 海逐渐缩小，至约 610Ma 时最终闭合，此时

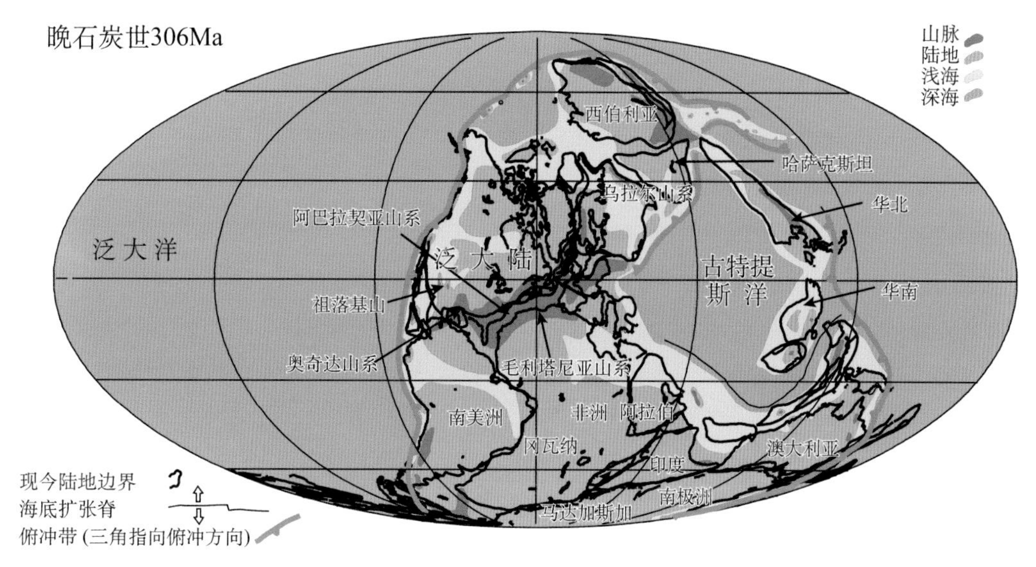

图 1-10　晚石炭世期间阿拉伯板块古位置图（据 Scotese，1997；略有修改）

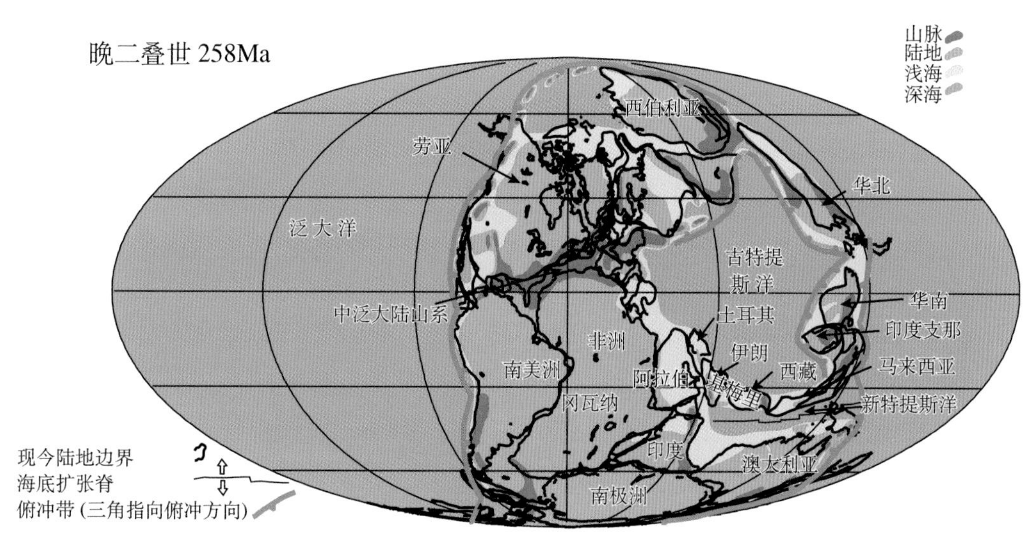

图 1-11　晚二叠世期间阿拉伯板块古位置图（据 Scotese，1997；略有修改）

Afif 地体和 Rayn 地体碰撞拼合在一起（图 1-19）。Afif 地体和 Rayn 地体之间的碰撞诱发了随后发生的 Najd 走滑-逆冲-褶皱构造活动（Husseini，2000）。

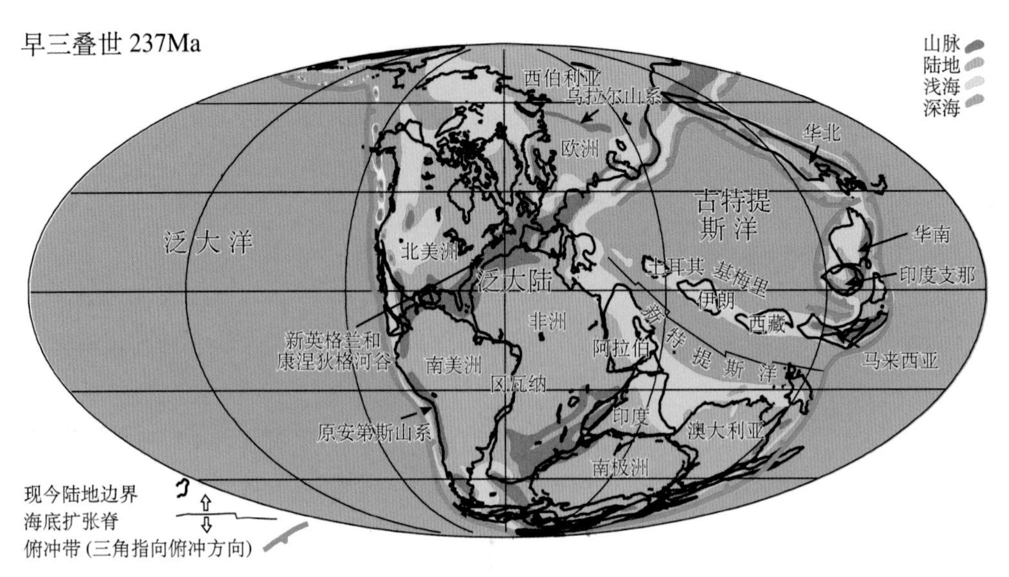

图 1-12　早三叠世期间阿拉伯板块古位置图（据 Scotese，1997；略有修改）

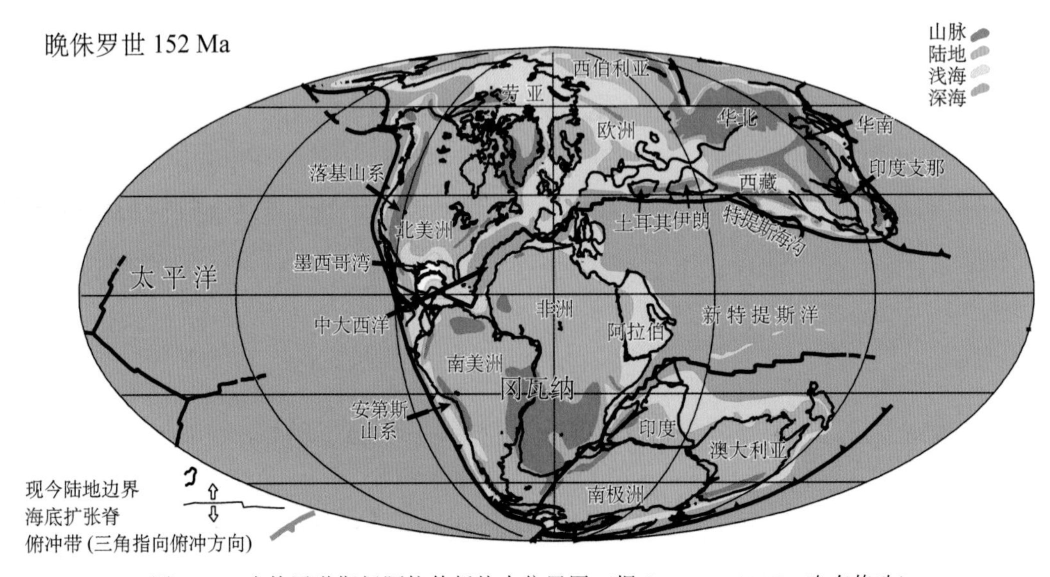

图 1-13　晚侏罗世期间阿拉伯板块古位置图（据 Scotese，1997；略有修改）

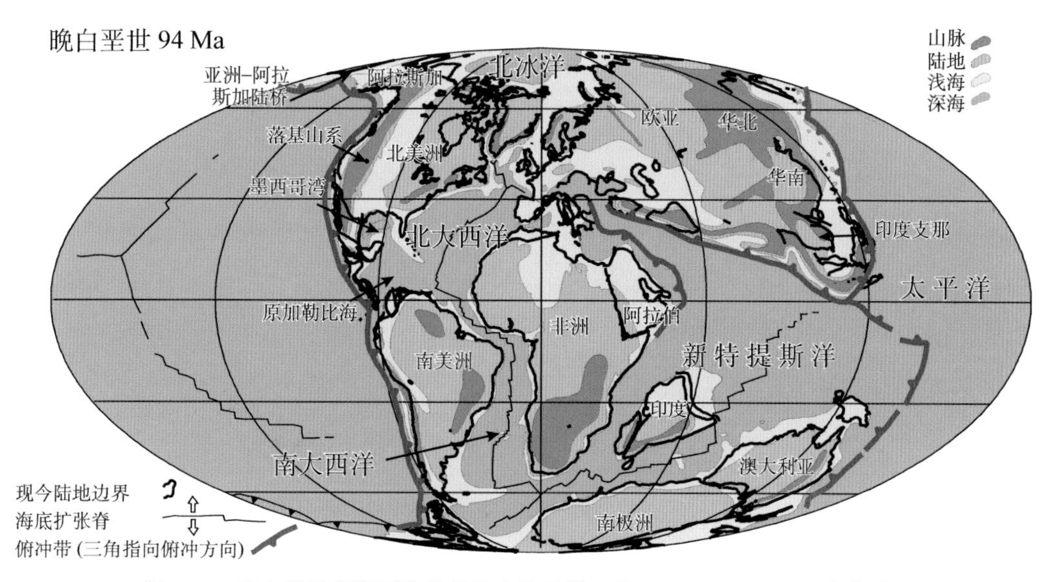

图 1-14　晚白垩世期间阿拉伯板块古位置图（据 Scotese，1997；略有修改）

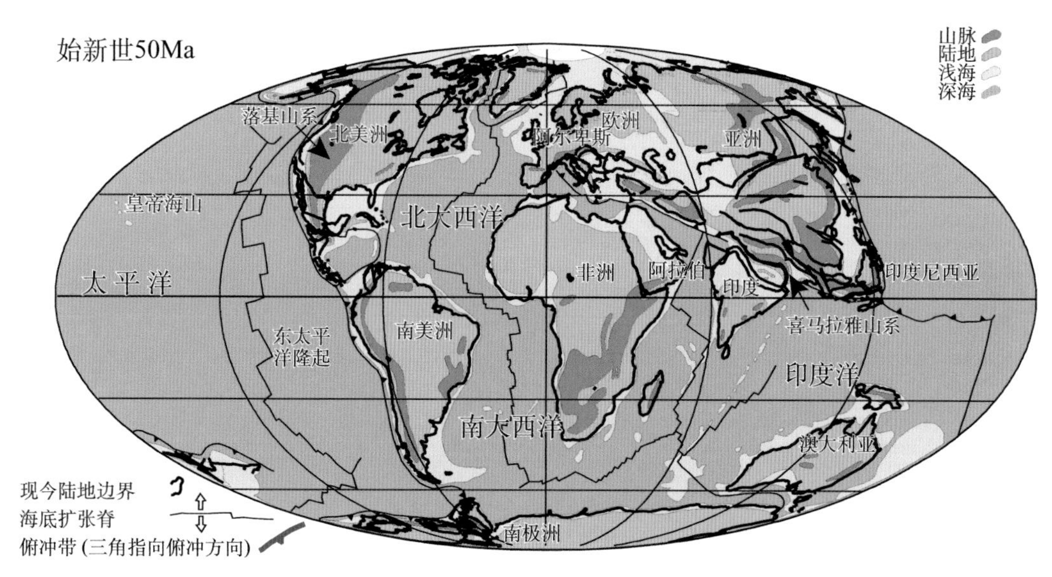

图 1-15　始新世期间阿拉伯板块古位置图（据 Scotese，1997；略有修改）

阿拉伯地盾内，可识别出两类走向不同的缝合线。北东—南西向的 Yanbu 和 Bir Umq 缝合线将 Midyan、Hijaz 和 Asir 地体分割开来。北北西—南南东向的 Nabitah 和

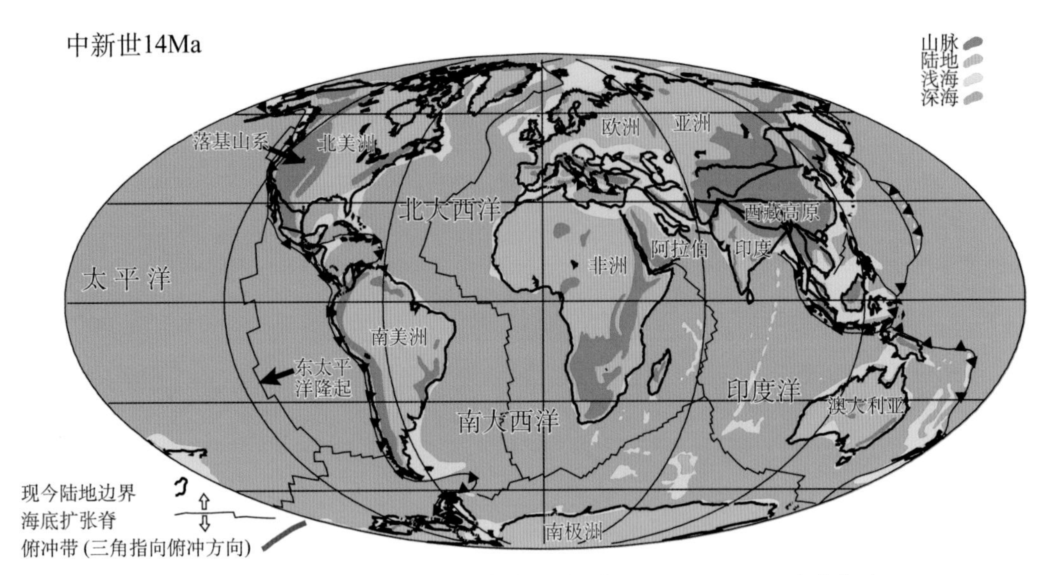

图 1-16　中新世期间阿拉伯板块古位置图（据 Scotese，1997；略有修改）

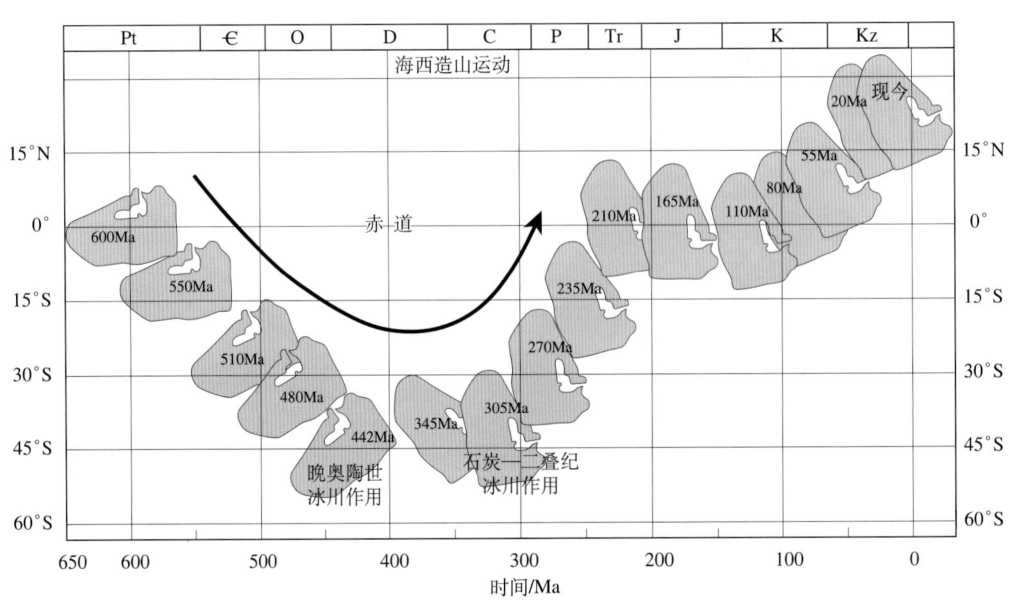

图 1-17　显生宇期间阿拉伯板块的古纬度位置图

（据 Beydoun，1991；Konert et al.，2001；有修改）

Amar 缝合线将西阿拉伯地盾、Afif 地体和 Rayn 地体分割开来（图 1-18）。阿拉伯地盾内地体的最终拼合结束于 610Ma（Stoeser and Camp，1985）。近南北走向的 Amar 缝合线是最重要的缝合线（Sharland et al.，2001），该缝合线形成于发生在 640～620Ma 的 Amar 构造运动，这条缝合线可能在一定程度上控制了沙特中部发育的南北向构造。

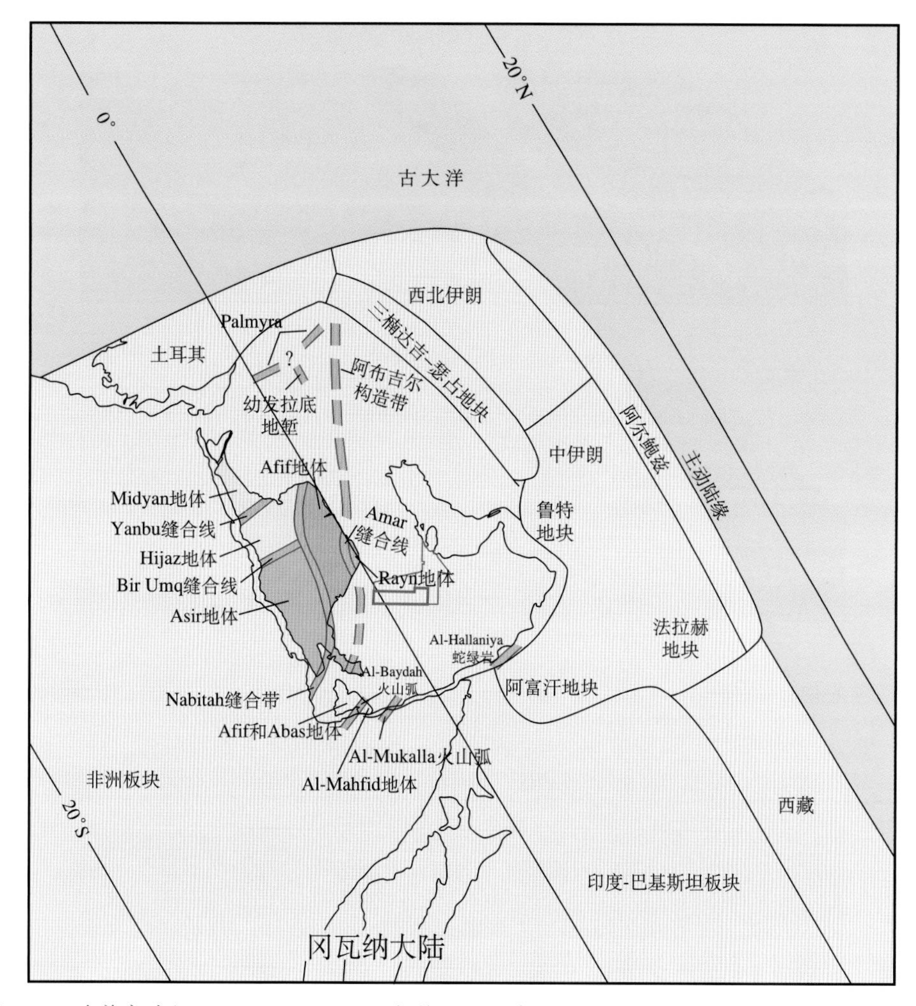

图 1-18 晚前寒武纪（～715～610 Ma）板块重塑示意图（据 Sharland et al.，2001；略有修改）

二、晚前寒武纪—晚泥盆世克拉通内（被动陆架边缘）发育阶段

阿拉伯地盾内的地体最终拼合之后，阿拉伯板块开始接受第一套沉积。此时的阿拉伯板块处于冈瓦纳大陆克拉通内，冈瓦纳大陆构成了位于其北边（现今方位）的古特提斯洋的被动大陆边缘（图 1-20）。在该阶段，阿拉伯板块总体处于张性构造背景，不过在不同地质时期也存在挤压构造活动和区域隆升。

该演化阶段可以分为三个亚阶段：晚前寒武纪—早寒武世裂谷（Najd 裂谷）、早寒武世—晚奥陶世拗陷和晚奥陶世—晚泥盆世冰期后拗陷。

晚前寒武世—早寒武世期间，在沙特中部，Najd 走滑断裂活动与一系列的南北向裂谷盆地相伴生，而此时在海湾地区和阿曼则发育了盐盆（图 1-20），在这些盐盆内沉积了富含有机质的侯格夫群（阿曼）烃源岩和霍尔木兹（伊朗）岩系。侯格夫群是阿曼

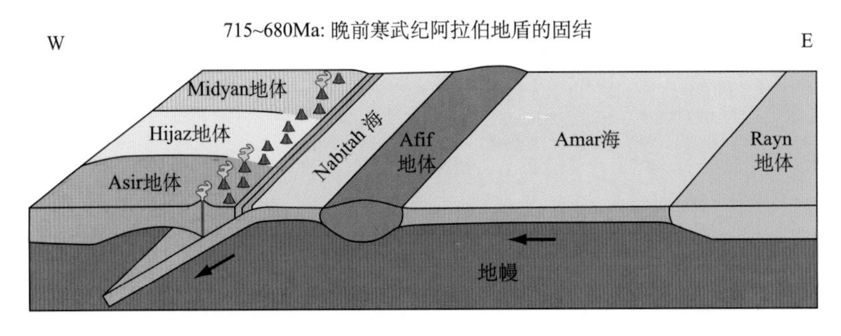

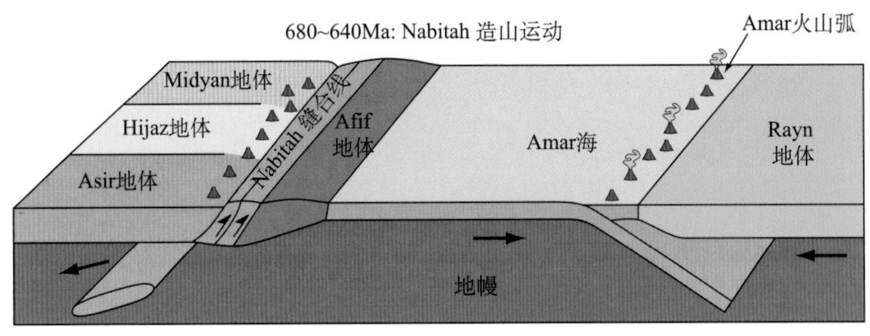

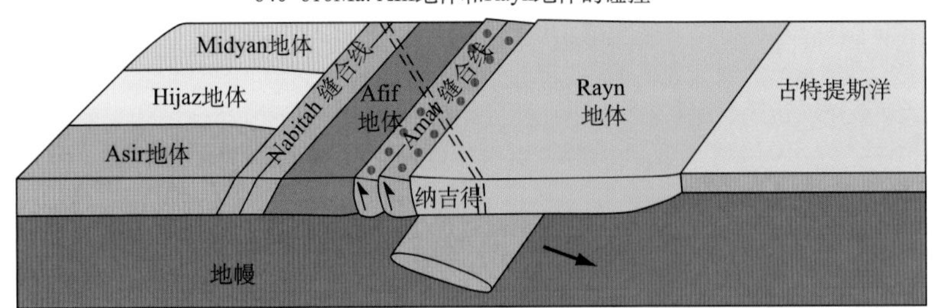

图 1-19　阿拉伯板块增生演化重塑示意图（据 Sharland et al.，2001）

最重要的烃源岩层序，阿曼已发现的原油储量的 80％源自这套生油岩。

Najd 构造事件受基底构造格架的控制，该事件形成的构造格架在显生宙期间又经历了周期性的重新活动，因此该事件对随后的沉积格架有着重大的影响（Edgell，1992）。裂谷盆地被充填之后，发生了构造抬升。沙特中部的南北向构造凸起可能在早寒武世末就开始发育（图 1-21）。

早寒武世—晚奥陶世期间，阿拉伯板块处于克拉通内大地构造背景，冈瓦纳大陆的北缘为古特提斯洋的被动大陆边缘（图 1-22）。在这样的地质背景下，沉积了下寒武统—上奥陶统（下寒武统 Siq 组—上奥陶统 Qasim 组）克拉通内拗陷沉积层系。这套层系的下部主要由陆相和浅海相碎屑岩组成，而上部则主要由广海细粒碎屑岩组成。

晚奥陶世—晚泥盆世期间，大地构造环境没有实质性的变化，仍为克拉通内的区域构造背景。上奥陶统—上泥盆统（上奥陶统 Sara/Zarqa 组—上泥盆统 Juabah 组）沉积于克拉通内拗陷，底部的上奥陶统 Sara/Zarqa 组为一套冰碛岩沉积。随着阿拉伯板块向北的漂移（图 1-17），气候变暖，冰川开始融化，海平面开始上升，结果导致了广泛

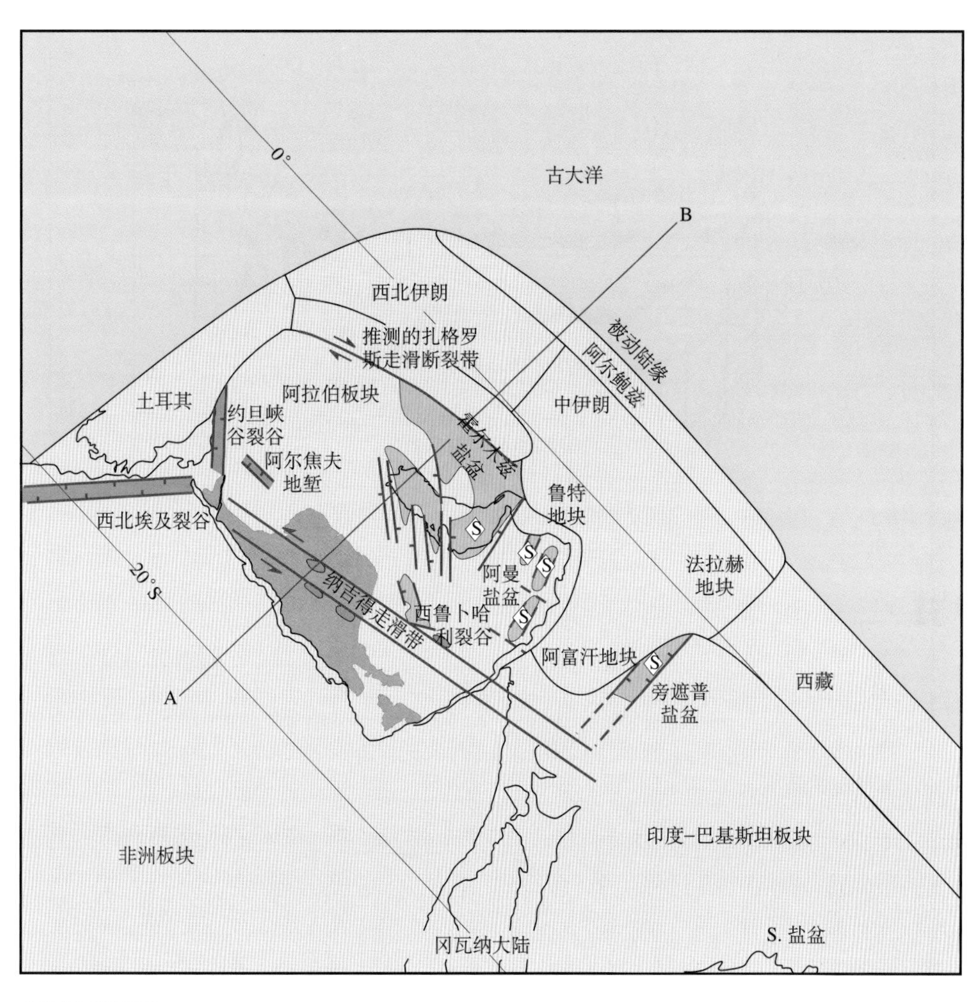

板块剖面示意图

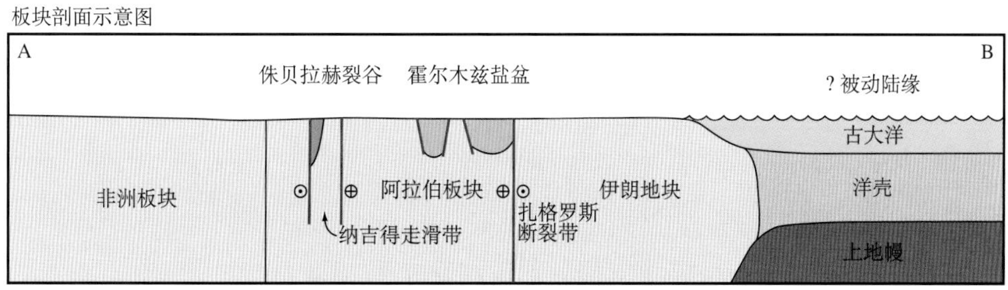

图 1-20　晚前寒武纪—早寒武世（～610～520 Ma）板块重塑示意图
（据 Sharland et al.，2001；略有修改）

的海侵，沉积了富含有机质的下志留统古赛巴（Qusaiba）段。

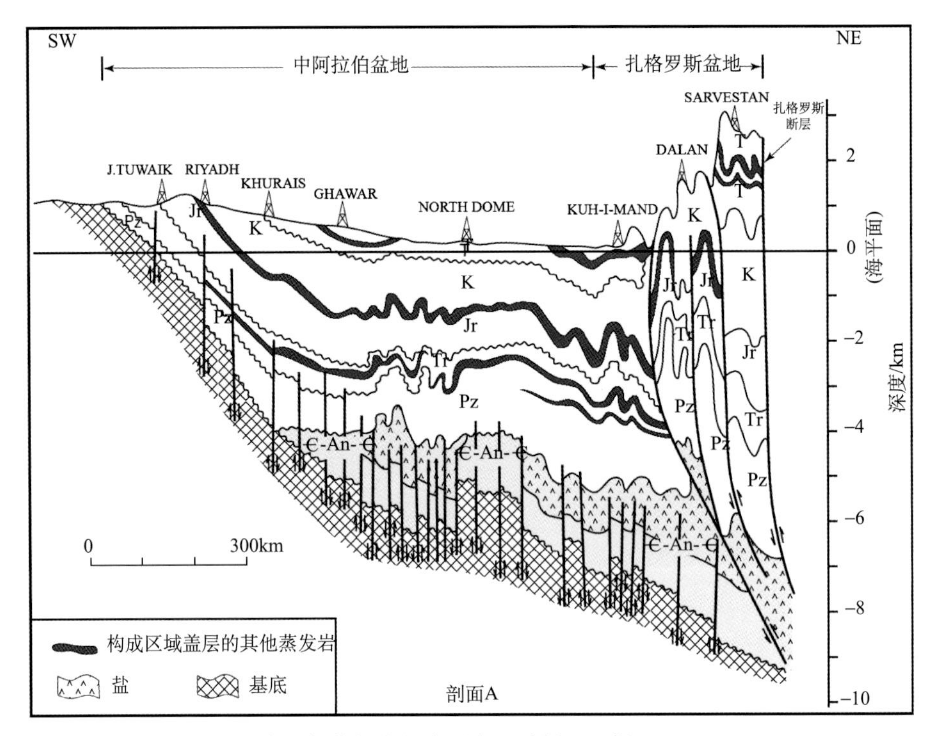

图 1-21　横穿阿拉伯板块的东西向地质剖面（据 Beydoun，1991）

三、晚泥盆世—中二叠世弧后（活动大陆边缘）发育阶段

弧后发育阶段可以分为两个亚阶段：晚泥盆世—晚石炭世海西期弧后裂谷、构造反转和隆升亚阶段和晚石炭世—中二叠世海西后大陆裂谷亚阶段（Shartland et al.，2001）。晚泥盆世—晚石炭世期间（364～315Ma），阿拉伯板块整体处于克拉通内挤压构造背景。冈瓦纳大陆北部边缘的性质发生了本质变化，板块边缘从被动大陆边缘转换成了活动大陆边缘（图 1-23）。古特提斯洋板块沿着先前的被动大陆边缘向西南方向俯冲于冈瓦纳大陆边缘之下，不过开始俯冲的时间尚有争议（Sharland et al.，2001）。板块俯冲的结果导致了晚泥盆世—早石炭世弧后裂谷的形成和伴生的火山活动，在阿拉伯板块的北部（叙利亚境内）形成了一条 NWW—SEE 走向的裂谷（图 1-23），裂谷内沉积了火山碎屑岩。在沙特境内，闪长岩岩墙的侵入标志着弧后活动大陆边缘发育阶段的开始。

晚泥盆世—晚石炭世的海西构造运动的发生可能加剧了古特提斯洋壳内的挤压，这又可能加速了早二叠世板块的俯冲和弧后拉张、裂陷和沉降（Sengör，1990）。

在阿拉伯板块内，海西构造运动的影响表现得非常明显，中阿拉伯隆起、盖瓦尔凸起、布尔干凸起和卡塔尔隆起逐步抬升。隆升的中阿拉伯隆起将阿拉伯板块分为了两个克拉通内盆地：南边的鲁卜哈利盆地和北边的维典（Widyan）盆地（图 1-24）。海西构

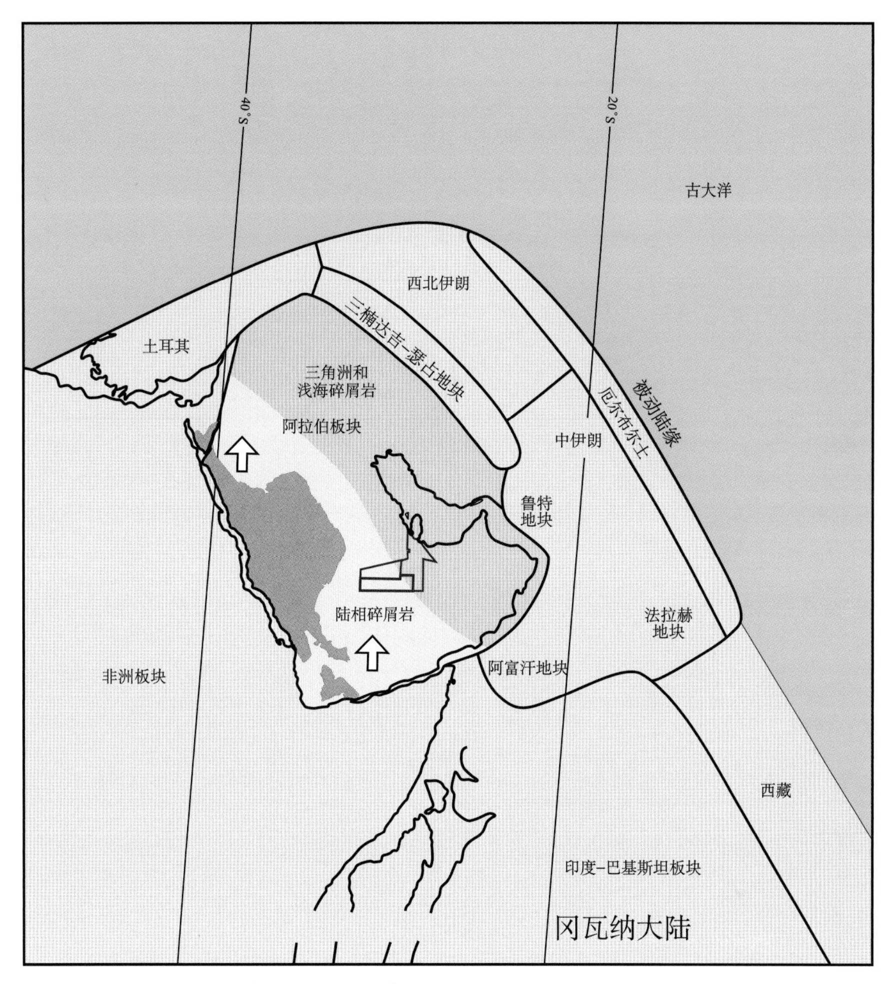

图 1-22 早寒武世—晚奥陶世（520～445 Ma）板块重塑示意图
（据 Sharland et al.，2001；略有修改）

造运动导致了古隆起之上前石炭系沉积物的广泛剥蚀，从而形成了一个区域展布的海西期（Pre-Unayzah）不整合面（图 1-25），同时使得阿拉伯板块整体向东北倾斜。海西期构造运动期间，到底有多少沉积物被剥蚀掉了是一个尚需进一步研究的问题。

晚石炭世—中二叠世（315～257Ma）期间，阿拉伯板块整体处于一个张性克拉通内大地构造背景。早二叠世晚期，阿拉伯板块经历了第二次主要裂陷发育期。不同于晚前寒武纪—早寒武世的第一次主要裂陷发育期，这次裂陷导致了大陆的最终解体。海西构造运动之后，地表起伏不平，Juwayl 组以填平补齐的方式沉积于海西期不整合面之上，其地层厚度变化比较大，至该组沉积结束时，地表基本被填平，故随后沉积的Unayzah组的地层厚度变化不大。Juwayl 组和 Unayzah 组，特别是后者是鲁卜哈利盆地内最重要的储集层。

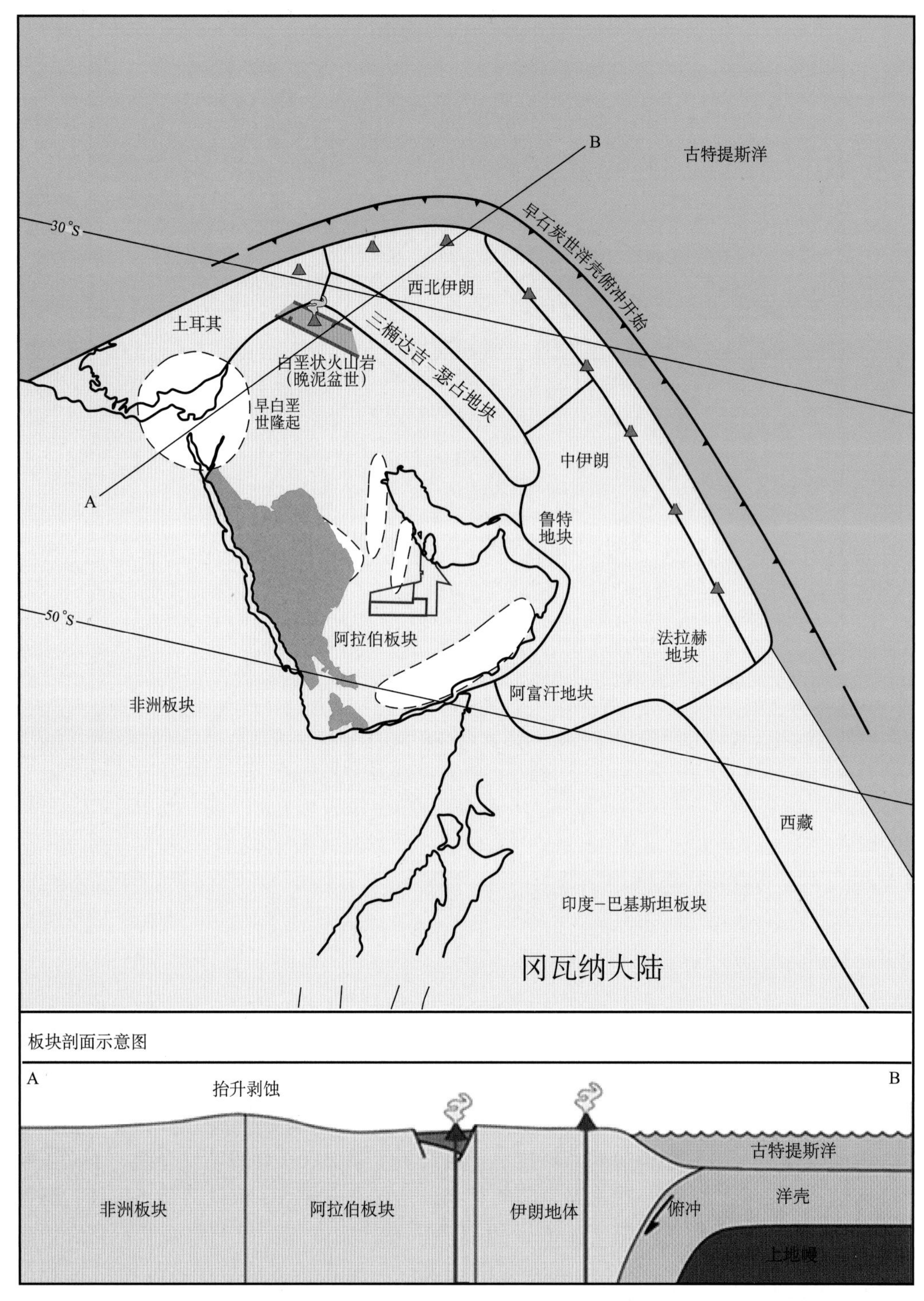

图 1-23　晚泥盆世—晚石炭世（364～315Ma）板块重塑示意图
（据 Sharland et al.，2001，2004；略有修改）

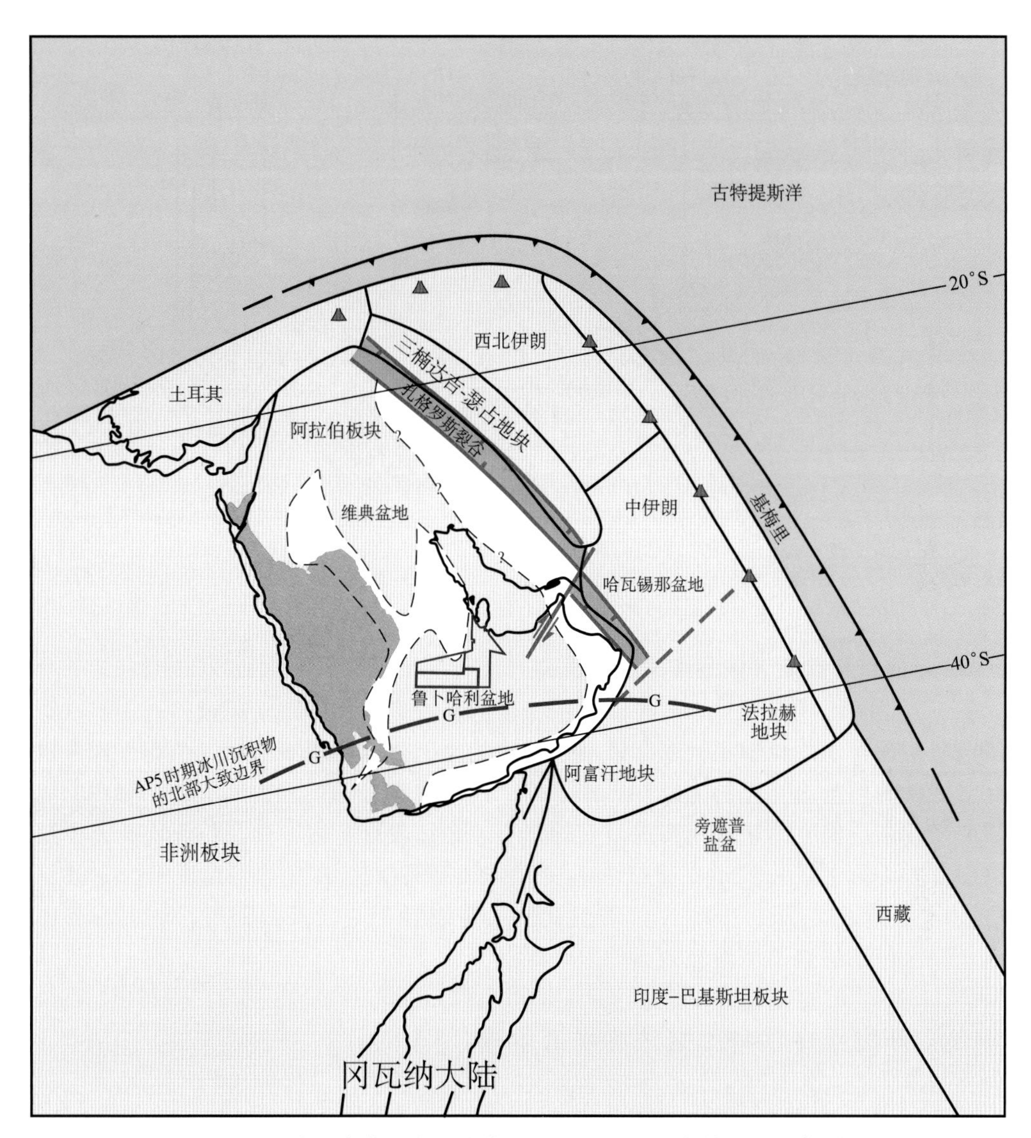

图 1-24　晚石炭世—中二叠世（315～257 Ma）板块重塑示意图
（据 Sharland et al.，2001，2004；略有修改）

四、晚二叠世—晚白垩世初新特提斯洋被动陆架边缘发育阶段

晚二叠世时，在阿拉伯板块的东北缘发生了裂谷作用，从而形成了扎格罗斯裂谷，该裂谷继而被海水淹没，成为一个新的海洋即新特提斯洋（图 1-26）。到了三叠纪，拉张和裂陷进一步发育为板块解体、沉陷。处于冈瓦纳大陆边缘的先前小地块，如伊朗、阿富汗和西藏地体，从阿拉伯边缘分离了出去，并迅速向北漂移，在晚三叠世时

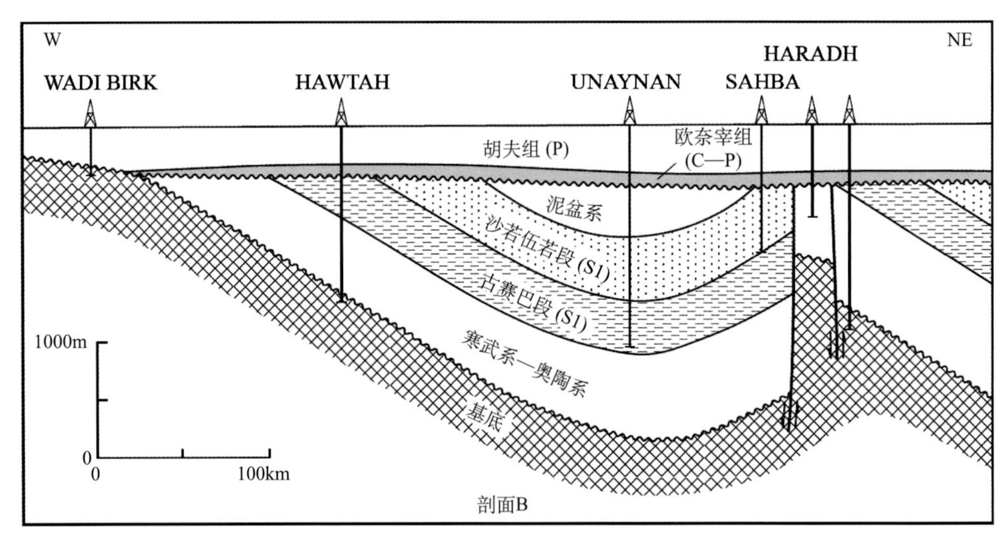

图 1-25 横穿鲁卜哈利盆地西北部的地质剖面（据 McGillivray and Husseini，1992）
基准面为胡夫组 D 段硬石膏

(220Ma 年前）与欧亚大陆的南缘发生碰撞并拼合在了一起（Sengör，1990）。

中二叠世直至晚白垩世，阿拉伯板块一直为新特提斯洋的被动陆缘。一个异常宽广的浅海陆架发育于阿拉伯板块东北被动大陆边缘之上，这个浅海的巨大面积（现今没有如此大规模的可与之类比的陆架）导致了均一性非常良好的沉积物的沉积，潜在的生储盖层的岩性在侧向上的很大范围内呈连续分布。在该发育阶段，阿拉伯板块处于赤道附近（图 2-7），因此沉积的上二叠统—下白垩统层系是一套以海相碳酸盐岩为主的层系（图 1-26，图 1-27，图 1-28）。早三叠世期间，与裂谷相关的拉张作用导致了深部的断层活动和海西期构造的重新轻微活动（图 1-29）。

五、晚白垩世至今活动大陆边缘发育阶段

晚白垩世时，蛇绿岩仰冲于阿拉伯板块东部边缘的阿曼、伊朗和土耳其等地（Alavi，1994），板块边界从被动大陆边缘转换成活动大陆边缘（图 1-30）。晚白垩世的构造活动导致了老构造的再次活动和新构造的形成。

古新世至始新世末期，阿拉伯板块东缘的西侧发育了快速沉降的前渊盆地（图 1-31），盆地内沉积了厚层页岩。早先沉积于前渊盆地前缘隆起之上的地层遭受剥蚀。

随着非洲-阿拉伯板块持续的北东向俯冲，新特提斯洋逐渐闭合。中新世时，非洲-阿拉伯板块与欧亚板块发生碰撞，新特提斯洋消亡，此时阿拉伯板块的东北被动大陆边缘的前缘变为了一个碰撞边缘（图 1-32）。阿拉伯板块与欧亚板块的不均匀聚敛形成了挤压前陆褶皱，同时在抬升的造山带内，构造变形更为复杂。这种挤压缩短只是阿拉伯板块与欧亚板块伊朗/土耳其部分之间的构造活动的一部分。除此之

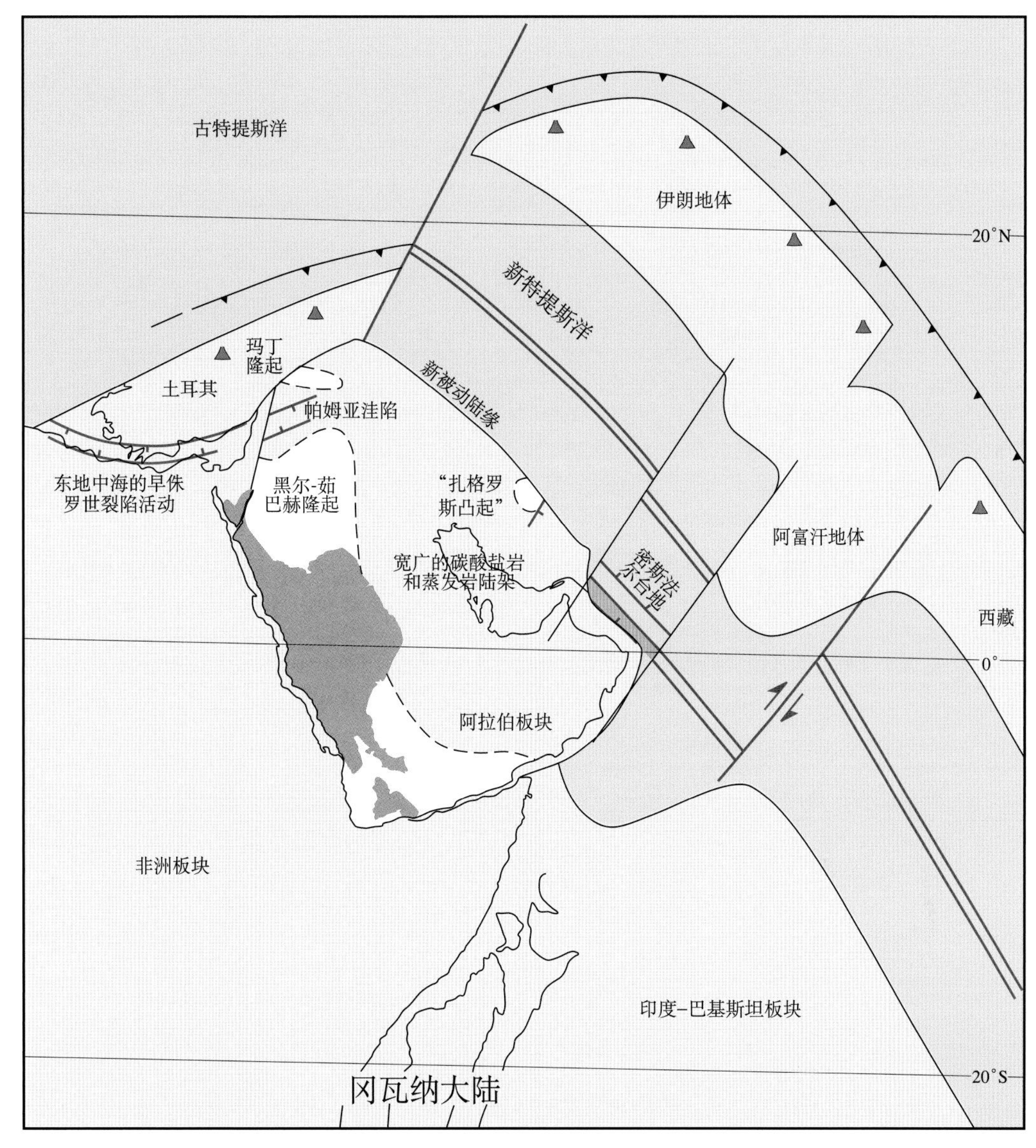

图 1-26 中二叠世—早侏罗世（257～182 Ma）板块重塑示意图
（据 Sharland et al.，2001，2004；略有修改）

外，随着阿拉伯板块的北移，应力增大，结果沿扎格罗斯破碎带产生了右旋走滑构造运动。

新近纪，红海和亚丁湾裂谷开始形成（图 1-32），它们分别构成了阿拉伯板块的西南和东南边缘。同时，基底断裂重新活动，导致了盖瓦尔凸起和卡塔尔隆起的再次活动以及阿拉伯板块向扎格罗斯前陆盆地的倾斜，新近纪是鲁卜哈利盆地内构造增长的另一个主要时期。

至此，阿拉伯板块的现今大地构造格局基本形成。总体上看，阿拉伯板块在全球构

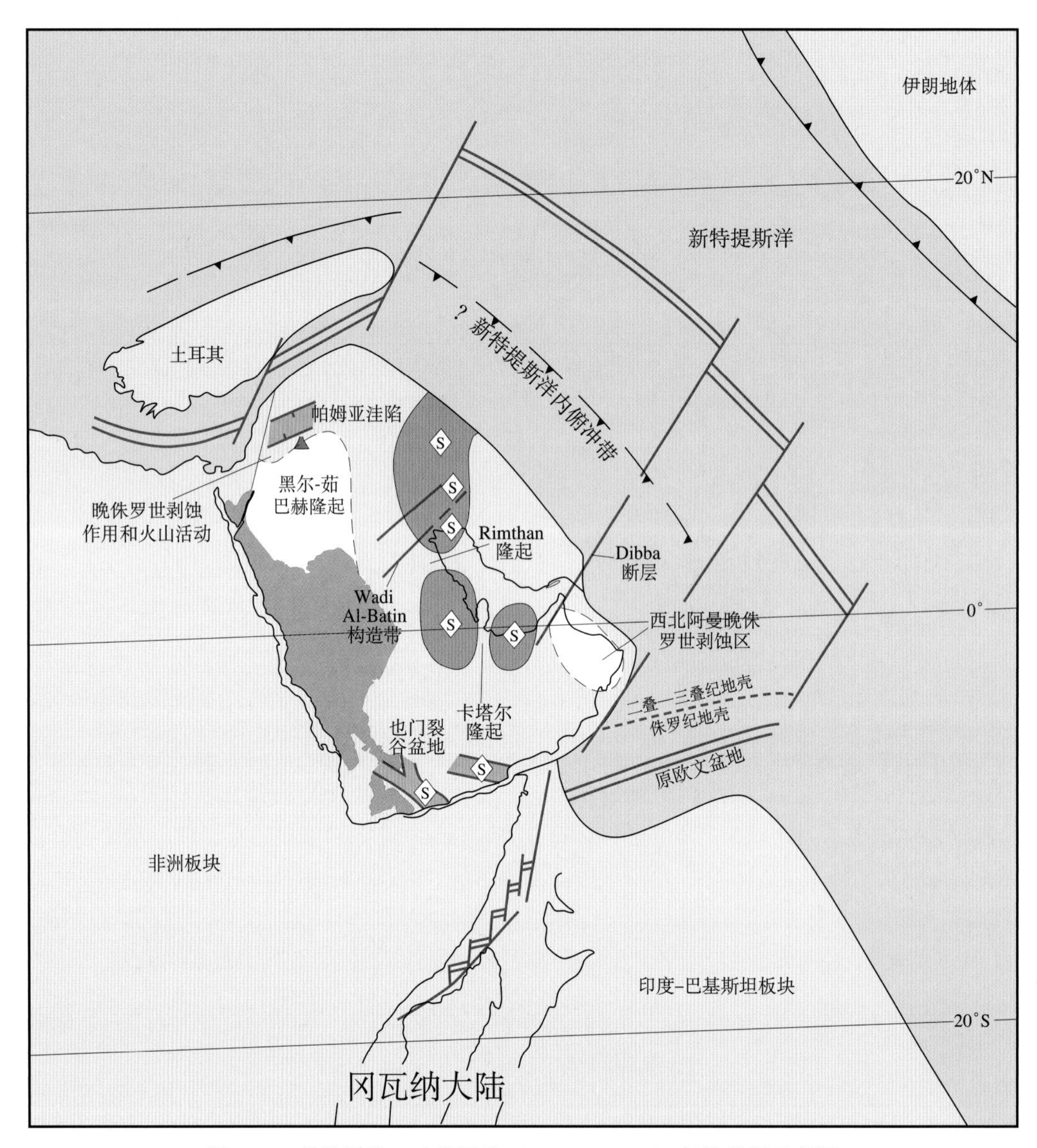

图 1-27　早侏罗世—晚侏罗世（182～149 Ma）板块重塑示意图
（据 Sharland et al.，2001；略有修改）

造中处于一个比较特殊的位置，它经历了多次板块间相互作用，在反复的板块离散-聚敛、扩张-碰撞过程中形成了今天的这种构造格局，阿拉伯板块内地层的沉积就是在这种区域构造背景下进行的。

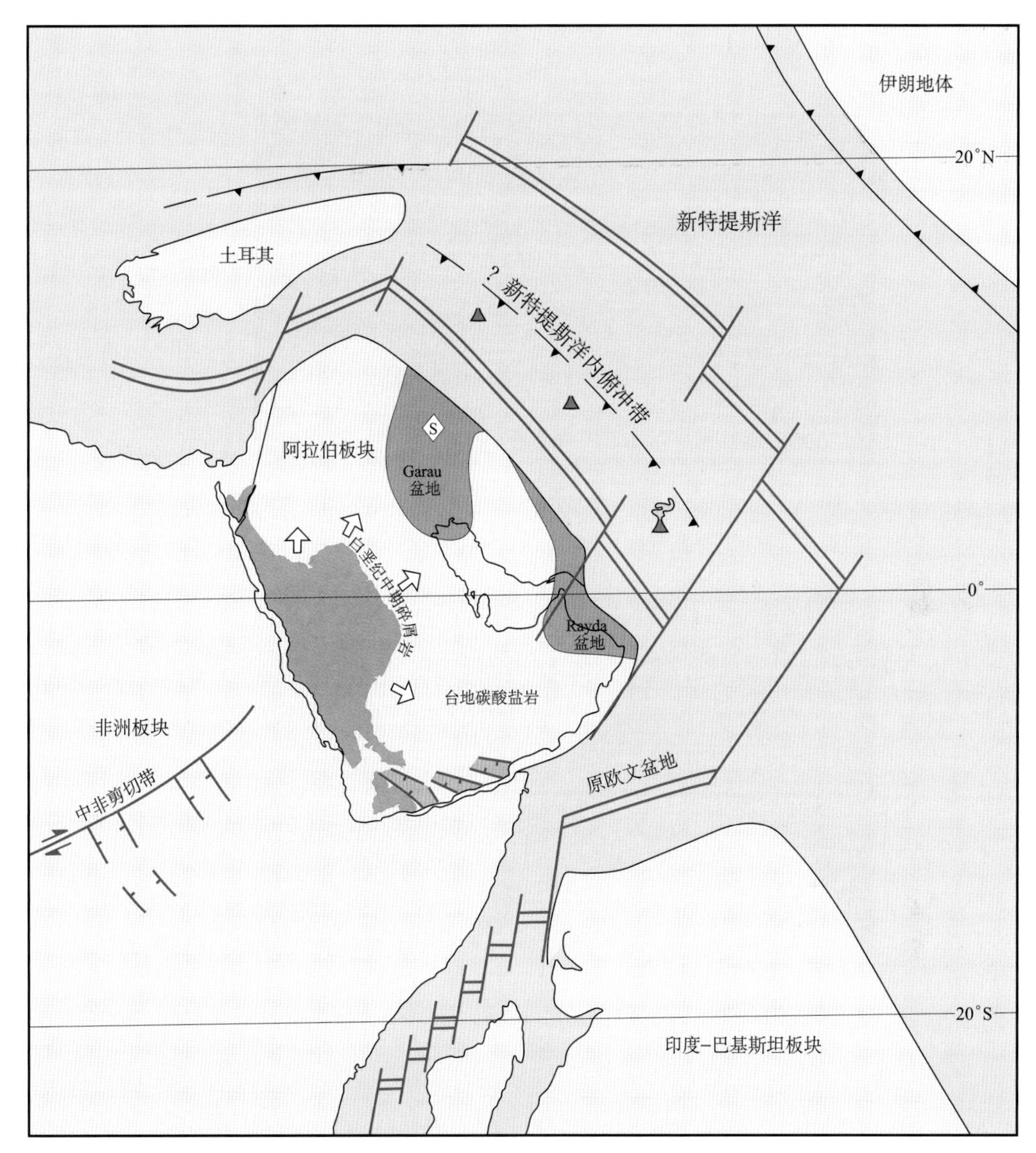

图 1-28 晚侏罗世—晚白垩世（149～92 Ma）板块重塑示意图

（据 Sharland et al.，2001；略有修改）

小 结

1）阿拉伯板以三种不同类型的板块边界与相邻板块分开。不同学者对阿拉伯板块构造单元的区划不尽相同：不同机构或学者界定的阿曼盆地和扎格罗斯盆地的范围基本相同；阿拉伯盆地的界定差异较大。Alsharhan 和 Nairn（1997）将阿拉伯板块内除去扎格罗斯盆地、阿曼盆地和阿拉伯地盾区的其余地区统称为阿拉伯盆地。IHS（2012）

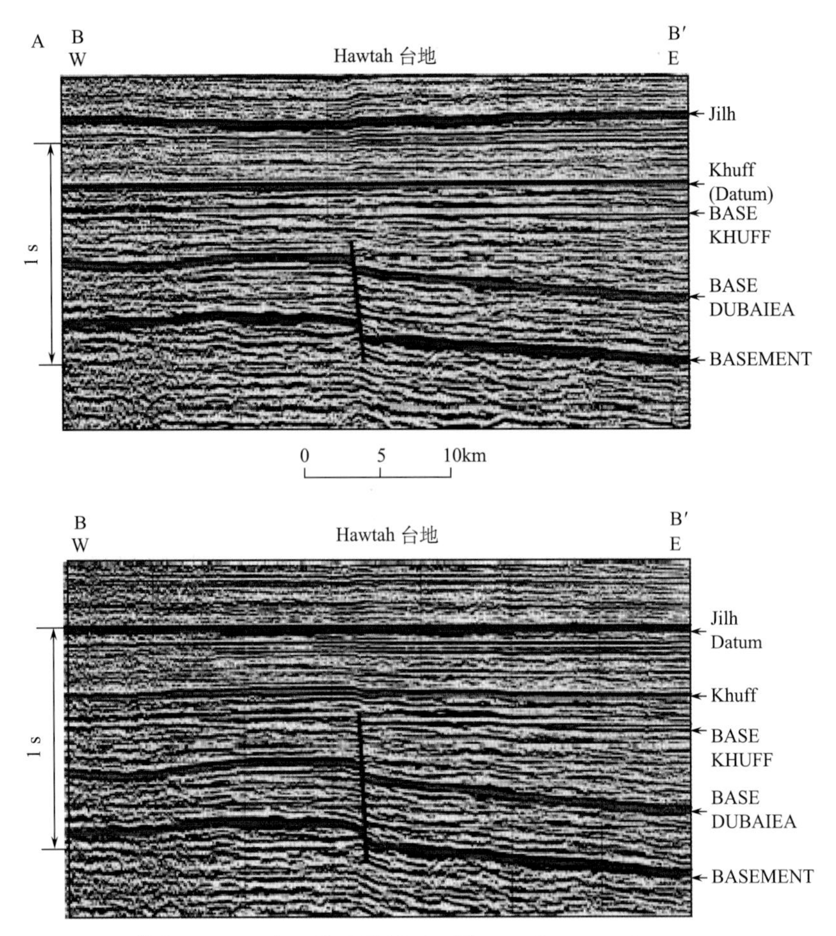

图 1-29　横穿 Hawtah 台地的地震剖面（据 McGillivray and Husseini，1992）
下三叠统（Jilh-Khuff 之间的层系）在构造之上轻微减薄，
表明早三叠世期间古构造有轻微再活动

将 Alsharhan 和 Nairn（1997）的阿拉伯盆地进一步划分成了 9 个盆地。USGS（2000）将其细化成数十个地质单元。

2）本书沿循了 IHS（2012）的划分方案，阿拉伯板块细分为 11 个盆地和 1 个地盾区。

3）阿拉伯板块在其演化过程中不仅发生了漂移，而且自身发生了旋转，曾在两个时期处于高纬度，发生了晚奥陶世和晚石炭世—早二叠世两次证实的冰川作用。至晚二叠世时，阿拉伯板块漂移至低纬度地区，并一直持续至今，因此阿拉伯板块的中新生代沉积以碳酸盐岩占绝对优势。

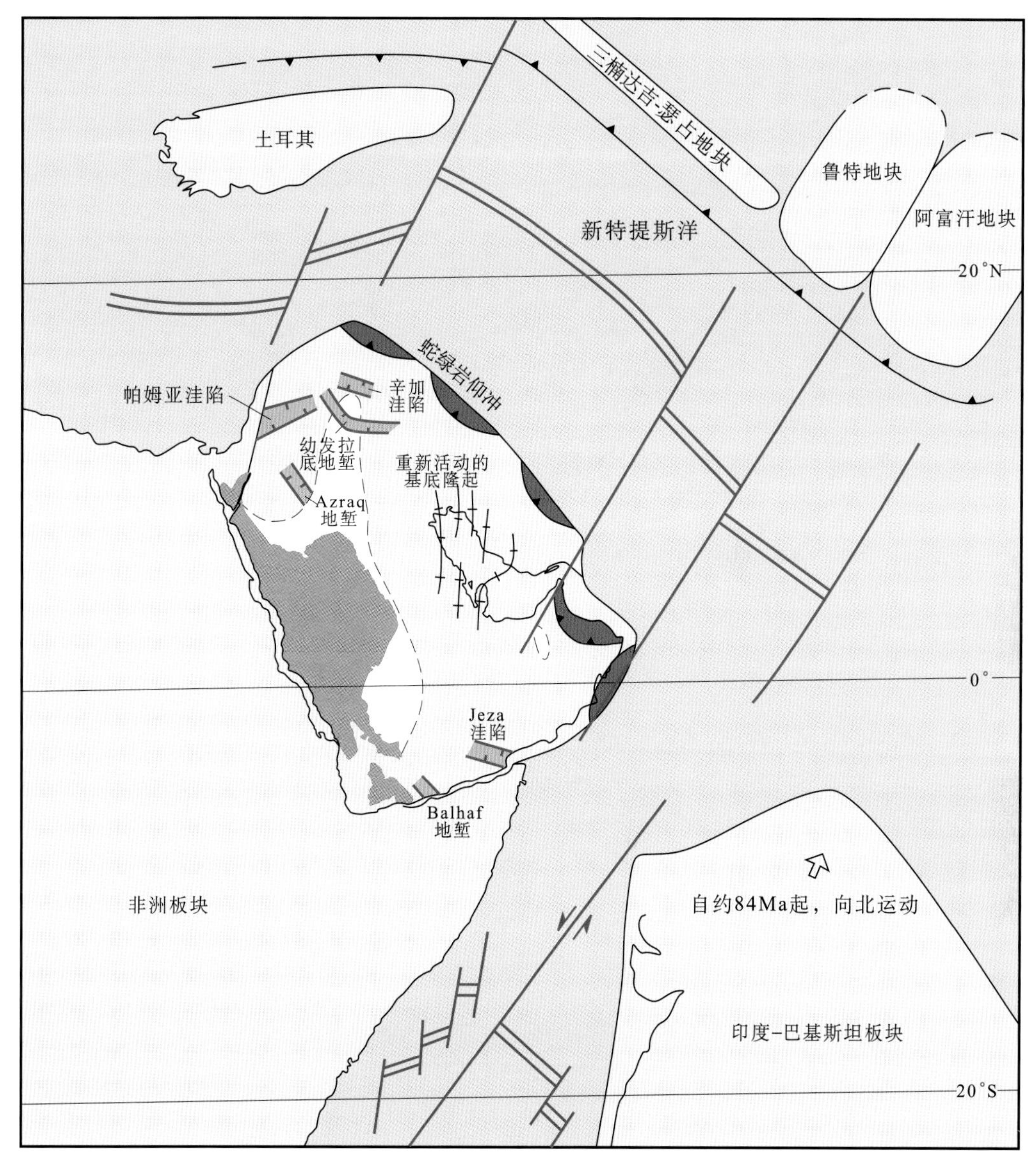

图 1-30　晚白垩世—古新世（92～63 Ma）板块重塑示意图
（据 Sharland et al.，2001；略有修改）

4）阿拉伯板块经历了五期构造演化阶段：前寒武纪基底拼合；晚前寒武纪—晚泥盆世克拉通内（被动陆架边缘）；晚泥盆世—中二叠世弧后（活动大陆边缘）；晚二叠世—晚白垩世初新特提斯洋被动陆架边缘；晚白垩世至今活动大陆边缘发育阶段。

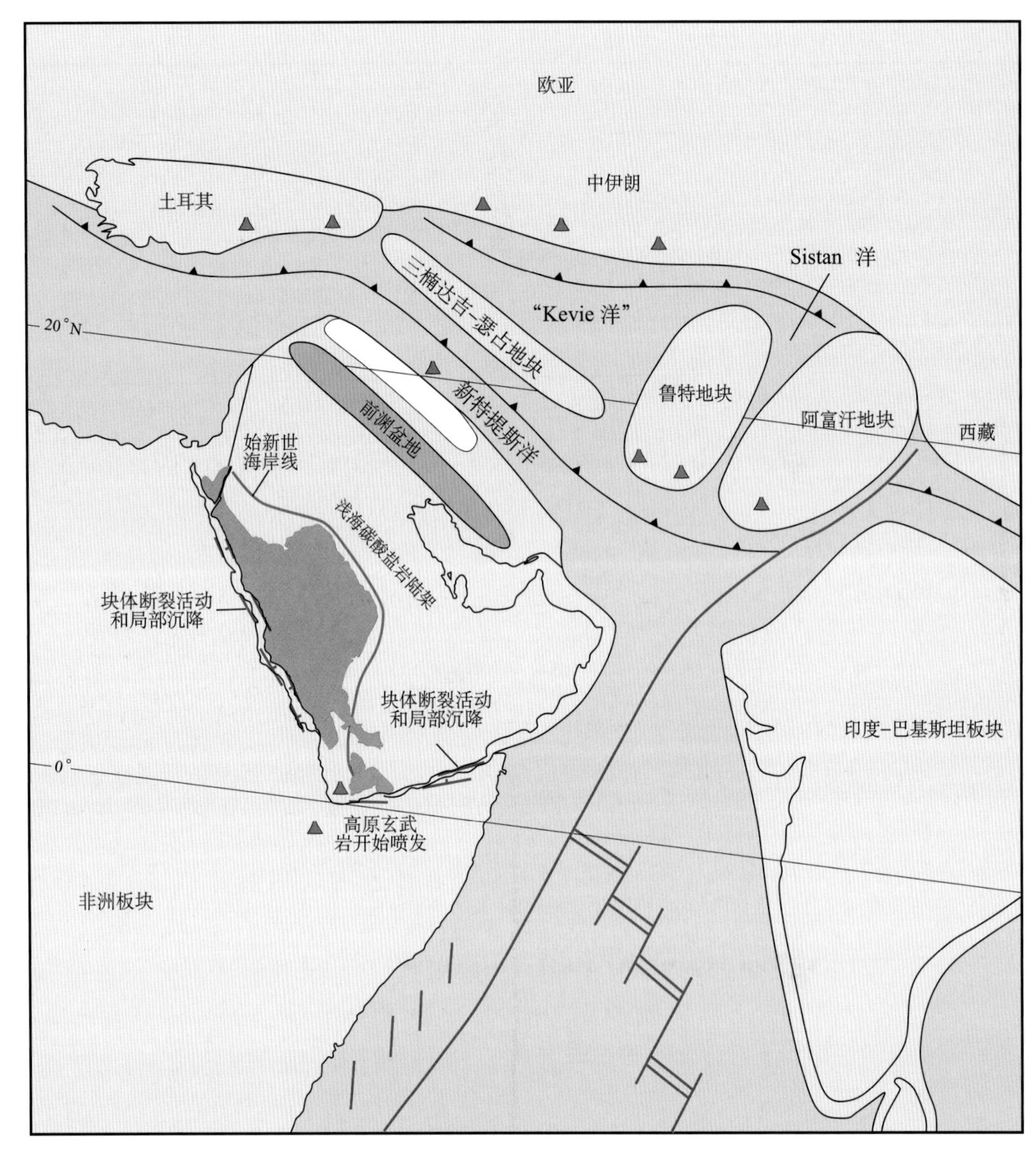

图 1-31　古新世—始新世末（63～34 Ma）板块重塑示意图

（据 Sharland et al.，2001；略有修改）

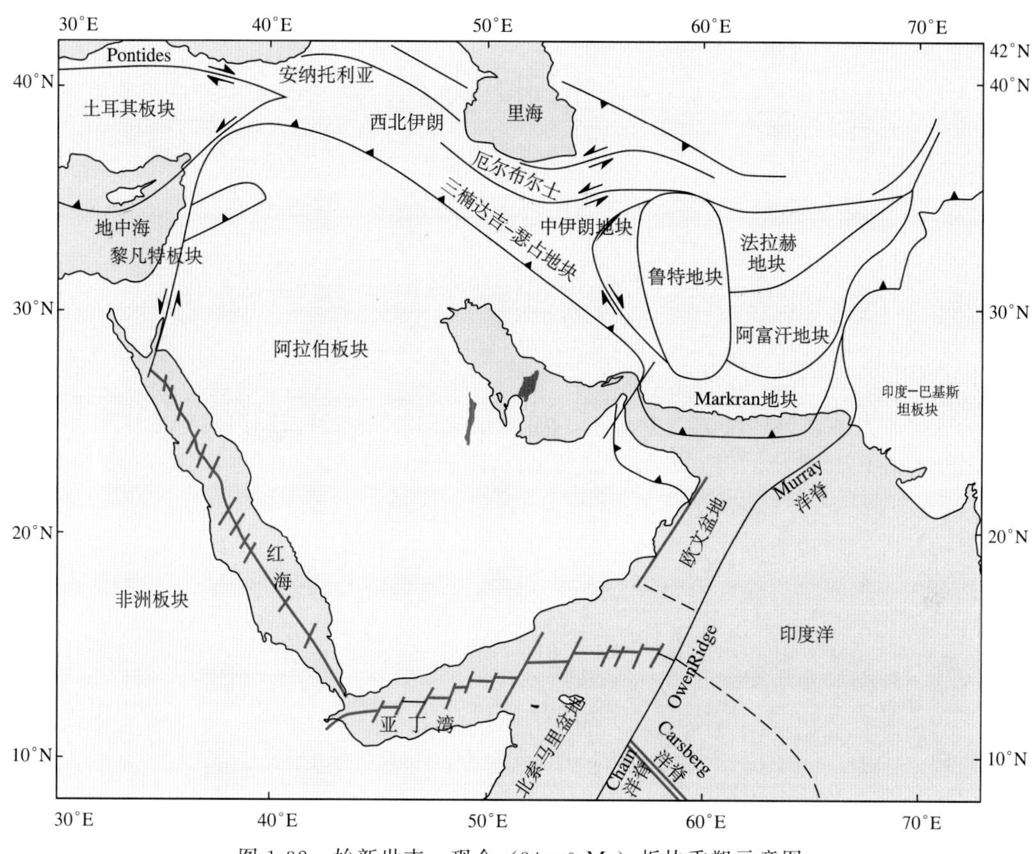

图 1-32　始新世末—现今（34～0 Ma）板块重塑示意图

（据 Sharland et al.，2001；略有修改）

图中绿色为盖瓦尔油田，红色为诺思气田（位于卡塔尔隆起之上）

阿拉伯板块地层特征 第二章

第一节 地层特征综述

阿拉伯板块幅员辽阔，覆盖了16个国家，众多石油公司在中东地区从事过和正在从事油气勘探开发；此外，由于沉积相和岩性因地而异，而且不同国家的地层划分标准和命名也存在较大差异，因此局部地区的地层划分和命名难以与其他地区进行区域地层对比；再有，有些油气藏跨越了不同地层层组。上述这些因素导致了地层的命名和划分比较混乱，因此阿拉伯板块地层的全区划分和对比比较困难，然而，考虑到地层划分和对比是全面认识阿拉伯板块内沉积盆地沉积发育史并研究其含油气性的基础，因此在前人研究（Beydoun，1991；Alsharhan and Nairn，1997；白国平，2007）的基础上，我们较详尽、全面地总结了阿拉伯板块的地层划分与对比。国际地层单元的中文译名采用了王鸿祯和李光岑（1990）编译的《国际地层时代对比表》中的译名。图2-1是沙特、阿曼和伊朗3个国家的地层划分对比图，具有比较典型的代表性。

阿拉伯板块的基底由前寒武纪的结晶岩、变质岩及火山碎屑岩构成，在阿拉伯地盾上有广泛的出露，另外在阿曼山东部的一些露头和深井中也发现了由火山岩和变质岩构成的基底，其放射性同位素年龄为740～870Ma（Beydoun，1991）。阿拉伯板块的沉积盖层很厚，时代从前寒武纪直至新近纪。厚度自西向东增大，最大沉积厚度达13 715m（45 000ft）以上（图1-4，图1-5）。

第二节 前寒武纪地层

一、概述

覆盖在前寒武系基底之上的最老的沉积地层是一套碳酸盐岩、碎屑岩和蒸发岩层系。在中东地区，盐流动和盐底辟在油气成藏过程中起着非常重要的作用。该套地层在阿曼和沙特被称为侯格夫（Huqf）群，伊朗等其他地区将其称为霍尔木兹混合岩（Hormuz Complex）或霍尔木兹岩系（Hormuz Series），这套地层的时代大致为晚前寒武纪—早寒武世（Sharland et al.，2001）（图2-1）。典型的霍尔木兹混合岩由盐岩、石膏、页岩、白云岩、砂岩和石灰岩构成，常显示出萨布哈（即潮上滩）沉积旋回的特征。伊朗霍尔木兹岩系的底部由盐湖和萨布哈沉积物构成（下部蒸发岩），往上是下寒武统河流相到海相的碎屑岩沉积，再向上是下寒武统到中寒武统的另一套蒸发岩（上部蒸发岩）。在扎格罗斯逆冲带的东北部，霍尔木兹混合岩变厚，在一些地区超过了 2000m。

层位		沙特	阿曼		伊朗
新生界	上新统—渐新统	Kharj组 Hofuf组 Dam组 Hadrukh组	法尔斯群	下法尔斯(Fars)组	阿贾里(Agha Jari)组 密山(Mishan)组 下法尔斯(Fars)组 阿斯马里(Asmari)组
	始新统	达曼(Dammam)组 鲁斯(Rus)组	Hadhramout群	达曼(Dammam)组 鲁斯(Rus)组	Jahrum/帕卜德赫(Pabdeh)组
	古新统	Umm Er Radhuma组		Umm Er Radhuma组	
白垩系	上	阿鲁马(Aruma)群	阿鲁马群	锡姆锡迈(Simsima)组 莎吉(Shargi)/Arada组	Tarbur组 古尔珠(Gurpi)组 伊拉姆(Ilam)组
		沃西阿(Wasia)组	沃西阿群	纳提赫(Natih)组 奈赫尔欧迈尔(Nahr Umr)组	萨尔瓦克(Sarvak)组
	下	拜亚德(Biyadh)组 布韦卜(Buwaib)组 亚玛玛(Yamama)组 苏莱伊(Sulaiy)组	Kahmah群	舒艾拜(Shuaiba)组 克莱卜(Kharaib)组 Lekhwair组	法利耶(Fahliyan)/盖德万(Gadvan)组
侏罗系	上	希瑟(Hith)组 阿拉伯(Arab)组 朱拜拉(Jubailah)组 哈尼费(Hanifa)组	Sahtan群	Salil组	格特尼亚(Gotnia)/希瑟(Hith)组 奈季迈(Najmah)组
	中	图韦克(Tuwaiq)山组 杜尔马(Dhruma)组		哈尼费(Hanifa)/图韦克(Tuwaiq)山组 杜尔马(Dhruma)组	瑟玛(Surmah)组
	下	迈拉特(Marrat)组		迈拉特(Marrat)组	
三叠系	上	明久尔(Minjur)组			汉纳开特(Khaneh Kat)组
	中	吉勒赫(Jilh)组	吉勒赫(Jilh)组		
	下	苏代尔(Sudair)组	Akhdar群	苏代尔(Sudair)组	戴蓝(Dalan)组
二叠系		胡夫(Khuff)组 欧奈宰(Unayza)/沃吉德(Wajid)组	Akhdar群 豪希(Haushi)群	胡夫(Khuff)组 加里弗(Gharif)组	贾玛尔(Jamal)/戴蓝(Dalan)/佛冉汉(Faraghan)组
石炭系		Berwath组	豪希(Haushi)群	阿尔克拉塔(Al Khlata)组	Sardar组 Shishtu组
泥盆系		昭夫(Jauf)组	Misfar组		Bahram组
志留系		泰布克(Tabuk)群			Padeha组 纽尔(Niur)组
奥陶系		泰布克(Tabuk)群	海马(Haima)群	Mahatta/Humaid组	Zard-Kuh/Shirgesht组
寒武系		赛克(Saq)组	海马(Haima)群	Mahatta/Humaid组	Mila组
元古界		侯格夫(Huqf)群 Fatimah/Abla组	侯格夫(Huqf)群	阿拉(Ara)组 布阿赫(Buah)/Kharus组 舒拉姆(Shuram)组 Khufai/Hajir组 Abu Mahar/Mistal组	霍尔木兹(Hormuz)复合岩系：上蒸发岩系 Lalun组 下蒸发岩系
		结晶基底	结晶基底	结晶基底	结晶基底

图 2-1 沙特、阿曼和伊朗的典型地层划分及其地层对比图

二、侯格夫群

侯格夫群是阿曼盆地重要的烃源岩层，而且也是一些油气田的油气产层，因此该群是重点讨论的层系。

在阿曼山，侯格夫群不整合于结晶基底之上，由两个完整的沉积层序组成(图 2-2)，地层厚约 1200m。两个层序底部均由冲积扇砂岩构成，向上相变为浅海及潮汐相的砂岩和石灰岩，层序的上部为海退形成的沉积物，顶部为蒸发岩。阿曼的侯格夫群主要出露于侯格夫隆起，该隆起为一走向北东—南西的构造，平行于阿拉伯海海岸，与沙特前寒武纪地盾内主要构造带的走向明显不同（图 1-1）。侯格夫群以其主要出露地——侯格夫镇而命名，可以细分为 5 个地层组，自下而上依次为阿布玛哈若（Abu Mahara）组、胡菲（Khufai）组、舒拉姆（Shuram）组、布阿赫（Buah）组和阿拉（Ara）组。目前人们对该群地层特征的认知主要源自露头的研究（Glennie et al.，1974；Gorin et al.，1982；Wright et al.，1990），但阿曼南部地下钻井资料补充了露头研究（Alsharhan and Nairn，1997）。

1. 阿布马哈若组

阿布马哈若组厚 150～1400m，是阿曼境内发现的最古老沉积岩系，与下伏的结晶岩基底呈不整合接触。该组在阿曼南部佐法尔（Dhofar）省的山丘有出露，其最佳露头发现于侯格夫地区的胡菲（Khufai）和穆哈巴赫（Mukhaibah）构造的核部。胡菲背斜上的一口井钻穿了阿布马哈若组，该井完钻于粗面岩。同位素测年表明该粗面岩的年龄为（654±12）Ma，不过 Gorin 等（1982）认为该年龄是一次火山事件的年代而非结晶基底的年代，他们指出中阿曼东部杰拜尔杰阿伦（Jebel Ja'alan）地区结晶基底的年龄为（858±16）Ma。火山岩之上覆盖有一薄层白云岩，其上是一套砂岩、泥质粉砂岩和粉砂质页岩的交互层，砂岩主要出现于该组的上部，为辫状河流成因。粉砂岩和页岩沉积于浅水环境。该组的底部由潮汐成因的细纹理白云质粉砂岩和粉砂质白云岩的交互层组成，这套交互层局部被河道砂切割。

2. 胡菲组

胡菲组厚 240～340m，是一套以碳酸盐岩为主的层系。下部由暗灰色白云岩组成，常见层状叠层石，底部有塌陷构造。上部常见层状和环状叠层石，并发育有众多的燧石透镜体。底部是一套白云化的豆粒-鲕粒-球粒颗粒石灰岩，该层在侯格夫地区是一套良好的标志层，在上覆的舒拉姆组沉积之前似乎就已经固结，因此该标志层被解释为硬地（Alsharhan and Nairn，1997）。

胡菲组沉积于潮上-浅水潮间沉积环境，到了胡菲组沉积末期，海平面抬升，侯格夫地区的潮坪变成了高能沉积环境。

3. 舒拉姆组

舒拉姆组厚 230～330m，下部由脆性钙质页岩和相对松软、易于风化的粉砂岩组成，上部是一套碎屑岩、颗粒石灰岩和灰泥石灰岩的交互层。颗粒石灰岩以鲕粒石灰岩为主，含粉砂和云母，局部地区颗粒石灰岩含有被磨圆的扁平砾级内碎屑颗粒。在胡菲组顶部发现的硬地表明，舒拉姆组的底部存在一个平行不整合面。沉积间断之后，沉积了一套页岩和粉砂岩，构成了舒拉姆组的底部。这些岩层侧向上连续性好，表明其沉积环境为低能海洋环境。波状面、低角度交错层理和小规模的滑塌构造表明水深一直不大。随后随着陆源碎屑注入的停止，碳酸盐岩沉积了下来。薄层鲕粒石灰岩的出现表明沉积环境为高能环境。

4. 布阿赫组

布阿赫组厚0～340m，沉积于一个更为纯净的沉积环境。在整个侯格夫地区连续性极好，可以分为三部分。下部由薄层纹理状石灰岩和白云岩组成；中部由厚层白云岩组成，该层段内见有大量燧石结核和多层与硬石膏和石膏假晶相伴生的溶解角砾岩层；上部主要由薄层纹理状白云岩、蒸发岩和叠层石组成。布阿赫组沉积于浅水潮上低能环境，并周期性地暴露于地表。块状颗粒石灰岩夹层发育交错层理和递变层理，并发现有充填构造，这样的颗粒石灰岩在局部地区构成了滩坝。布阿赫组的顶部是一套砂质结晶白云岩与砂岩的交互层，砂岩厚度可能达到了20m，表明该组沉积的末期有陆源碎屑的供给。

5. 阿拉组

侯格夫地区没有阿拉组，有关该组的研究成果主要源自阿曼南部地下钻井资料的研究。阿拉组厚约1775m，是一套以碳酸盐岩/蒸发岩为主的沉积层系，夹有厚层的岩盐（石盐）和次要的硬石膏、页岩、粉砂岩和泥岩。碳酸盐岩含有藻席和叠层石，富含有机质，沉积于正常的边际盆地-深水盆地的海盆环境。蒸发岩形成于局限海环境，结果厚层的岩盐得以沉积下来。

阿拉组内发育一套非常重要的烃源岩，Terken和Frewin（2000）将这套地层命名为哈哈班（Dhahaban）组。在地震剖面上该组表现为杂乱反射，在Haima 1井，该组厚80m，由白云化的石灰岩和硬石膏组成。

三、侯格夫群与其他露头对比

很显然，离标准剖面越近，地层的岩性也就越相似。阿曼山区和杰拜尔阿克达尔（Jebel Akhdar）地区的侯格夫群的岩性与上述侯格夫群的岩性最为相似。在杰拜尔阿克达尔地区，密斯陶（Mistal）组与阿布马哈若组、海吉尔（Hajir）组与胡菲组、米爱丹（Mi'aidan）组与舒拉姆组、哈若斯（Kharus）组与布阿赫组相当（Glennie et al.，1974）（图2-2，图2-3）。哈若斯组在阿曼山的赛赫亥太特（Saih Hatat）地区的对应地层被称为黑寨姆（Hijam）组，因此黑寨姆组也与布阿赫组相当。由于哈巴（Ghaba）盐盆和费胡德（Fahud）盐盆的埋藏深，仅被少量的钻井钻遇，因此侯格夫群与这两个盐盆的地层不易进行对比。不过Fahud-1井的资料表明，费胡德盐盆的蒸发层系与南阿曼-哈巴盐盆的蒸发层系比较类似。

尽管尚未建立起直接的联系，但据推测阿曼的布阿赫-阿拉组碳酸盐岩-蒸发岩层系很可能与南、北海湾盐盆内的霍尔木兹岩盐是相连的。中伊朗前寒武纪晚期的台地碳酸盐岩地层是连续的，这套台地碳酸盐岩可能与霍尔木兹层系相当，至少是侯格夫群的一部分。

第三节　早古生代地层

一、概述

出露最完整的古生界层系位于环绕阿拉伯地盾东缘的弧形窄条带内。在托罗斯-扎格罗斯褶皱带，经受了强烈褶皱和冲断地区的构造窗内，也有零星的古生界岩石的露头。受构造活动的影响，古生界层系内发育了两个主要地层间断，一个出现于上泥盆统底部，另一个出现于上石炭统底部。

早古生代期间，阿拉伯板块为一个相对稳定的被动大陆边缘沉积背景，晚古生代期间，大地构造背景转变为活动大陆边缘，在该陆架边缘上沉积有陆相和浅海相沉积物。

因古生界的埋深比较大，钻遇古生界的钻井比较少，因此古生代的地层厚度和岩相变化并不十分清楚。不过，目前已有的资料表明，古生界以碎屑岩为主（图 2-2，图 2-3），在阿拉伯板块北缘、东北缘和东南缘，其厚度超过了 4500m（14 800ft）（图 2-4）（Alsharhan and Nairn，1997）。

下面按从老到新的顺序，分地区讨论早古生代和晚古生代地层。

二、阿曼

阿曼的下古生界称为海马（Haima）群，命名源自阿曼中东部地区的 Haima-1 井。海马群主要由砂岩组成，在阿曼中部和西部的地下广泛分布，但其露头只局限于阿曼中部的豪希（Haushi）地区。该群可以进一步划分为地层组，但不同地区的划分方案不同，下述的地层划分和描述主要依据了 Hughes-Clarke（1988）的研究成果。

1. 下寒武统卡瑞姆组和哈拉德组

Hughes-Clarke（1988）将阿曼中部和西部的下寒武统命名为下海马群，并进一步细分为卡瑞姆（Karim）组和上覆的哈拉德（Haradh）组。下海马群由细-粗粒屑砂岩和石英砂岩组成，通常含有云母，沉积于冲积扇至河流的各种沉积环境，甚至有风成沉积。沉积相和岩性的变化可能与下伏阿拉组蒸发岩变形导致的同沉积构造（如边缘向斜、龟背构造等）有关。下海马群可能相当于沙特的赛克（Saq）组和伊朗的莱伦（Lalun）组的部分地层。

2. 下寒武统艾闵组

艾闵（Amin）组厚约 320m，由泥质、云母质、细-粗粒砂岩组成，其下部和上部夹细粉砂岩和砾石层，中部由风成石英砂岩组成。该组相当于伊朗风成成因的莱伦组。

3. 中寒武统马赫维斯/安德姆组

马赫维斯（Mahwis）组分布于南阿曼盐盆，厚约 376m，由沉积于陆相洪积环境的

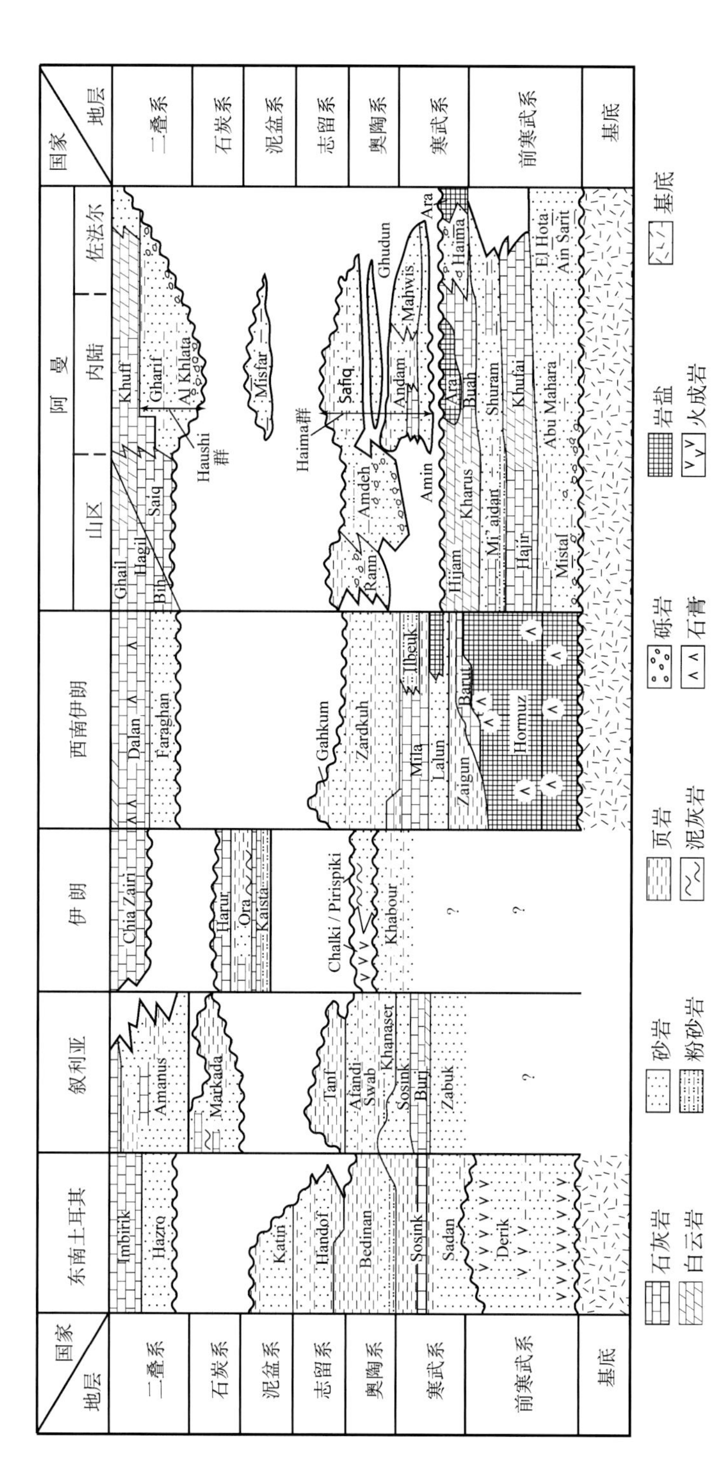

图 2-2 东南土耳其-阿曼前寒武纪—古生代地层对比图（据 Beydoun，1991；有修改）

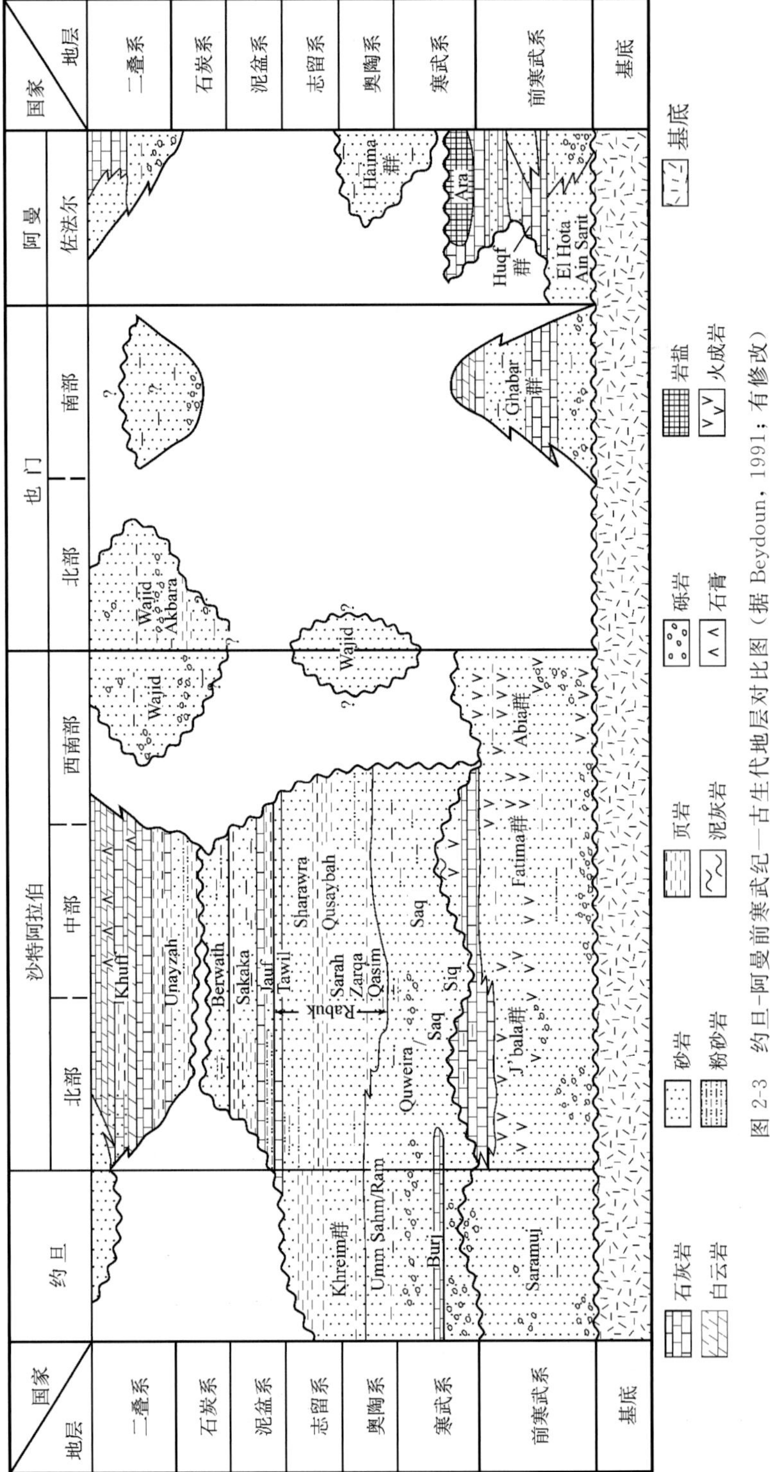

图 2-3　约旦-阿曼前寒武纪—古生代地层对比图（据 Beydoun，1991；有修改）

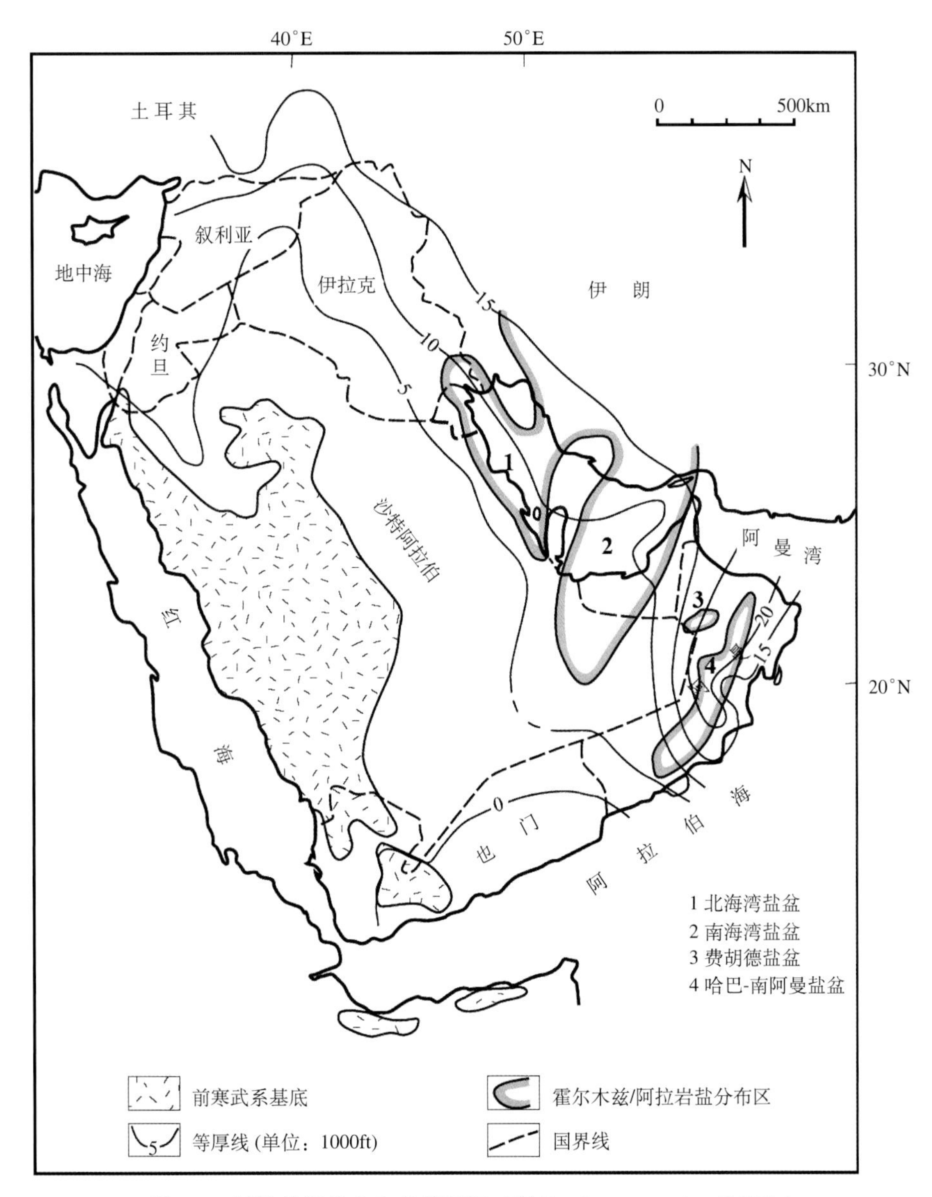

图 2-4　阿拉伯板块古生界等厚图（据 Beydoun，1991；有修改）

细-中粒砂岩组成。该组与下伏的艾闵组呈整合接触，但假整合于胡丹（Ghudun）组之下。在北纬 20°以北，马赫维斯组相变为海相地层。岩相变化表明该组的沉积物来自南部的物源区。

安德姆（Andam）组在哈巴盐盆和费胡德盐盆内发育良好，可以分为三部分。下部主要由泥岩组成，夹细粒砂岩；中部由泥岩、细粒砂岩和泥灰岩组成，夹富含化石的碳酸盐岩；上部是一套泥岩为主的层系夹河道砂岩。在阿曼中部的 Farla-1 井，安德姆组厚约 1113m，其沉积环境为海岸平原-滨海。

4. 中奥陶统胡丹组

胡丹组厚约1480m，由沉积于海岸平原环境的云母砂岩和粉砂岩组成。该组顶底界附近出现的海绿石、不常见的疑源类动物化石和生物搅动表明，其总体沉积环境为陆缘海。

5. 上奥陶统—下志留统萨菲格组

萨菲格（Safiq）组厚515m，主要由细-粗粒石英砂岩组成，夹泥质砂岩、粉砂岩和页岩，这些沉积物构成了向上变粗的反沉积韵律，页岩通常富含有机质。该组沉积于局限边缘海环境。

萨菲格组是北纬20°以南地区最古老的古生界海相地层，这套层系覆盖于早期沉积的海马群陆相沉积物之上。北纬20°以北的萨菲格组覆盖于安德姆组之上，地层的叠合关系表明存在向南的海侵。

6. 奥陶系莫拜特组

莫拜特（Murbat）组出露于阿曼南部佐法尔省莫拜特村附近的100km^{2}范围内。在露头区，莫拜特组不整合于前寒武系结晶基底之上，不整合于白垩系之下。该组厚约1000m，由砾岩、长石砂岩、砂质页岩和砾石层组成，砾石源自基底。对于该组的沉积环境，不同学者有着不同的观点，解释出的沉积环境从冲积扇相、河流相，直到海相（Alsharhan and Nairn，1997）。

三、沙特

下古生界的第二个主要露头区位于沙特北部和约旦境内的泰布克（Tabuk）和维典（Widyan）亚盆地（图1-1）（Alsharhan and Nairn，1997）。下古生界构成的楔状体向北倾斜，沉积环境从南部的陆相逐渐过渡为北部的海相。沙特境内的下古生界发育如下地层。

1. 下寒武统雅提勃组

雅提勃（Yatib）组不整合于前寒武系基底之上，由砾岩、砂岩和粉砂岩组成，颗粒向上变细。成熟度不高的粗碎屑岩沉积于河流环境，细碎屑岩（如粉砂岩）沉积于湖相环境。

2. 中寒武统—下奥陶统赛克组

赛克（Saq）组分为上下两部分，下部为一套辫状河流相砂岩层系，砂岩显示出平面和板状交错层理；上部为一套滨岸-浅海相碎屑岩层系，由细粒泥质砂岩、云母粉砂岩、页岩和钙质砂岩组成，夹有砾岩条带。赛克组在泰布克亚盆地和维典亚盆地的最大厚度超过了1000m（Al Laboun，1986）。Powers等（1966）和Al Laboun（1986）将赛克组分成了四段，自下而上依次为乌姆塞姆（Umm Sahm）砂岩段、软姆（Ram）砂岩段、奎若（Quweira）砂岩段和希克（Siq）砂岩段。

3. 奥陶系—志留系泰布克群

泰布克群整合于赛克组之上，厚度超过1700m，是一套海相页岩和陆相-边缘海砂岩的交互层。Alsharhan和Nairn（1997）将该群分为五个组，自下而上依次为汉那蒂尔（Hanadir）组、奥陶砂岩组、若安（Ra'an）组、萨若赫（Sarah）组和阔里巴赫（Qalibah）组。

下奥陶统汉那蒂尔组： 该组主要由页岩和泥岩构成，偶夹薄层粉砂岩、砂岩和砾岩条带。层内的页岩很特殊，为海侵潮下沉积物，该组上部偶见的砂岩层为海洋环境的风暴沉积物。

奥陶砂岩组（中奥陶世）： 该组又称为卡赫法赫（Kahfah）组，由细-中粒云母砂岩组成，夹薄层粉砂岩和页岩。该组沉积于波基面之下的浅海环境。

上奥陶统若安组： 该组为一套页岩层系，由灰紫色、绿色笔石页岩组成，夹有薄层砂岩和粉砂岩，沉积环境为受三角洲影响的外陆架。

下志留统萨若赫组： 该组厚90～300m，由细-中粒砂岩组成，伴有冰川-海相成因的冰碛岩。萨若赫组下部沉积于冰川峡谷和河流-海洋环境，上部形成于水下沉积环境。

下志留统阔里巴赫组： 该组由细粒砂岩和页岩组成，整合于萨若赫组之上，假整合于晚志留世—早泥盆世泰维勒（Tawil）段（组）或不整合于石炭纪—二叠纪欧奈宰（Unayzah）组之下。阔里巴赫组可分为古赛巴（Qusaiba）段和上覆的舍劳拉（Sharawra）段。古赛巴段由富含有机质的页岩组成，夹粉砂岩和砂岩，沉积于外陆架环境，该段是一套十分优越的烃源岩。舍劳拉段为一套粉砂质云母页岩和细粒砂岩的交互层，沉积环境为浅海。

四、其他地区

伊朗和伊拉克的下古生界不同于中东的其他地区，地层中碳酸盐岩的含量较高，而且发育有众多的局部小规模不整合。这些地区的下古生界发育特征示于图2-2和图2-3。

第四节　晚古生代地层

泥盆纪—石炭纪早期，受海西构造运动的影响，阿拉伯地区抬升，遭受剥蚀，因此泥盆系—下石炭统在大部分地区缺失（图2-2，图2-3）。二叠系不整合于石炭系之上，下部以碎屑岩为主，向上过渡为碳酸盐岩（图2-5），需要指出的是，尽管新的国际地层表将二叠系分为了下、中和上三个统，但考虑到前人的研究把二叠系都进行了二分，基于已有的资料不能细分二叠系，因此下文中的二叠系仍采用了二分方案。

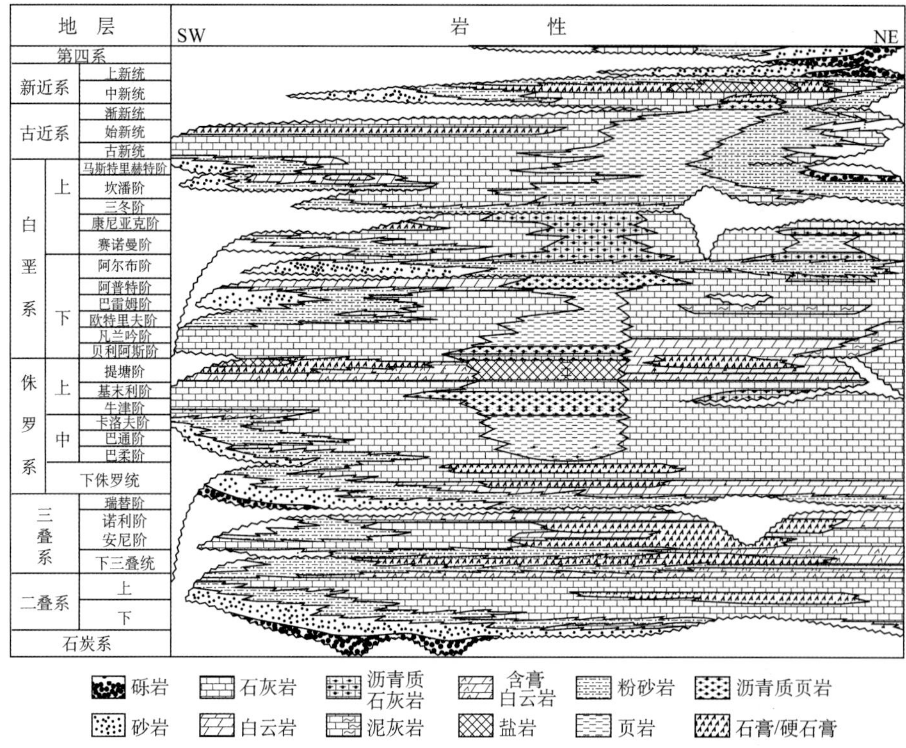

图 2-5　阿拉伯板块石炭纪—第四纪区域地层对比图（据 Murris，1980；有修改）

一、阿拉伯半岛

1. 下泥盆统昭夫组

沙特北部的下泥盆统称为昭夫（Jauf）组，该组沉积于一个与古特提斯洋接壤的宽广稳定地台内，沉积物来自南部和西部物源区。当有大量陆源碎屑供应时，沉积以碎屑岩为主。若沉积发生于波基面之下，则页岩沉积下来，否则以砂岩沉积为主。当陆源碎屑供应量不足时，发育碳酸盐岩沉积。依据岩性特征，昭夫组可以分为五段，自下而上依次为泰维勒（Tawil）砂岩段、晒巴赫（Shaibah）页岩段、盖斯尔（Qasr）石灰岩段、萨巴特（Sabbat）页岩段和哈迈米亚特（Hammamiyat）石灰岩段。在沙特西南部，泰维勒砂岩段独立出来单独命名为泰维勒组，该组是一套以陆相碎屑岩为主的层系。

2. 中—上泥盆统瑟卡卡组和前欧奈宰组

瑟卡卡（Sakaka）组整合于昭夫组之上，不整合于前欧奈宰（Pre-Unayzah）组之下，瑟卡卡组和前欧奈宰组均为陆相碎屑岩层系。瑟卡卡组和前欧奈宰组与沙特西南部的侏巴赫（Jubah）组和勃沃斯（Berwath）组相当。

3. 上石炭统—下二叠统欧奈宰组

上石炭统—下二叠统在沙特北部和中部称为欧奈宰（Unayzah）组（图 2-1），该组厚度变化大，主要由暗色页岩、粉砂岩、泥岩和砂岩组成，其下部是厚层细到中粒石英砂岩，沉积于多种沉积环境，其中包括冰川、干旱盐湖、辫状河流和风成沙丘等。20 世纪 80 年代末在利雅得南部于该套地层发现了轻质油田，自此以后，在该套地层内已发现近 20 个油气田。该套层系已成为沙特中部地区的一套重要勘探目的层。

4. 上石炭统—下二叠统豪希群

在阿曼和阿联酋的地下，与欧奈宰组相当的地层称为豪希（Haushi）群。该群可以分为两个组：上石炭统—下二叠统阿尔克拉塔（Al Khlata）组和上覆的下二叠统加里弗（Gharif）组。阿尔克拉塔组遍布于阿曼南部地区，与也门和沙特西南部的层系类似。在阿曼南部油气区，该组显示出三套截然不同的岩性：冰碛岩、冰水扇砂、砾岩和河流-冰川相砂岩。阿尔克拉塔组不整合于中—下泥盆统密斯法尔（Misfar）群或下古生界海马群或前寒武系侯格夫群之上，其顶部的页岩形成于咸水-淡水环境，顶界标志着冰川作用在阿曼的结束，该组向上过渡为加里弗组。在阿曼，加里弗组由长石砂岩、粉砂岩和粉砂质页岩组成，顶部为红土层。该组沉积于辫状河流、湖泊和浅海海岸环境，红土层表明当时的气候条件为亚热带。

5. 上二叠统胡夫组

阿拉伯半岛的上二叠统称为胡夫（Khuff）组（图 2-2，图 2-3），其标准剖面在沙特的艾阿-胡夫（Ain Al Khuff）附近，厚约 171m，主要岩性为白云岩、灰泥石灰岩、薄层页岩和泥岩，岩性特征反映出了一个海进沉积序列。在阿布扎比，胡夫组厚 900m 左右，主要是厚层浅海相石灰岩，其次是白云岩，另外还含有少量页岩。在卡塔尔，该组由石灰岩、白云质石灰岩和硬石膏组成，沉积环境为开放性浅海到潮上带。胡夫组地层向东、东北和东南增厚，在阿拉伯板块的中部和东部，厚度一般为 365～388m（1200～1600ft）；在阿曼和伊朗，厚度达到最大，超过了 1525m（5000ft）（图 2-6）。

二、伊拉克

在伊拉克北部，中—下泥盆统可以分为两个组，下部为皮瑞斯皮克（Prispiki）组，主要由红色砂岩和玄武岩组成；上部为克阿斯塔（Kaista）组，自下而上由海相碎屑岩过渡为泥质石灰岩和分选良好的钙质碎屑岩。在伊拉克的西部和中部地区，上泥盆统上部—下石炭统构成了奥拉（Ora）组，主要由浅海相钙质页岩和少量碳酸盐岩组成。其上覆地层为下石炭统哈鲁尔（Harur）组，是一套生粒石灰岩与含云母页岩的互层。基亚札尔（Chia Zairi）组不整合于哈鲁尔组之上，可以分为三部分：下部厚 340～390m，是一套薄层生粒石灰岩、暗蓝色石灰岩和块状硅化石灰岩的交互层；中部厚 60～80m，由白云岩组成，夹有溶解和重结晶角砾岩和泥灰岩；上部厚 300～320m，由薄层生粒

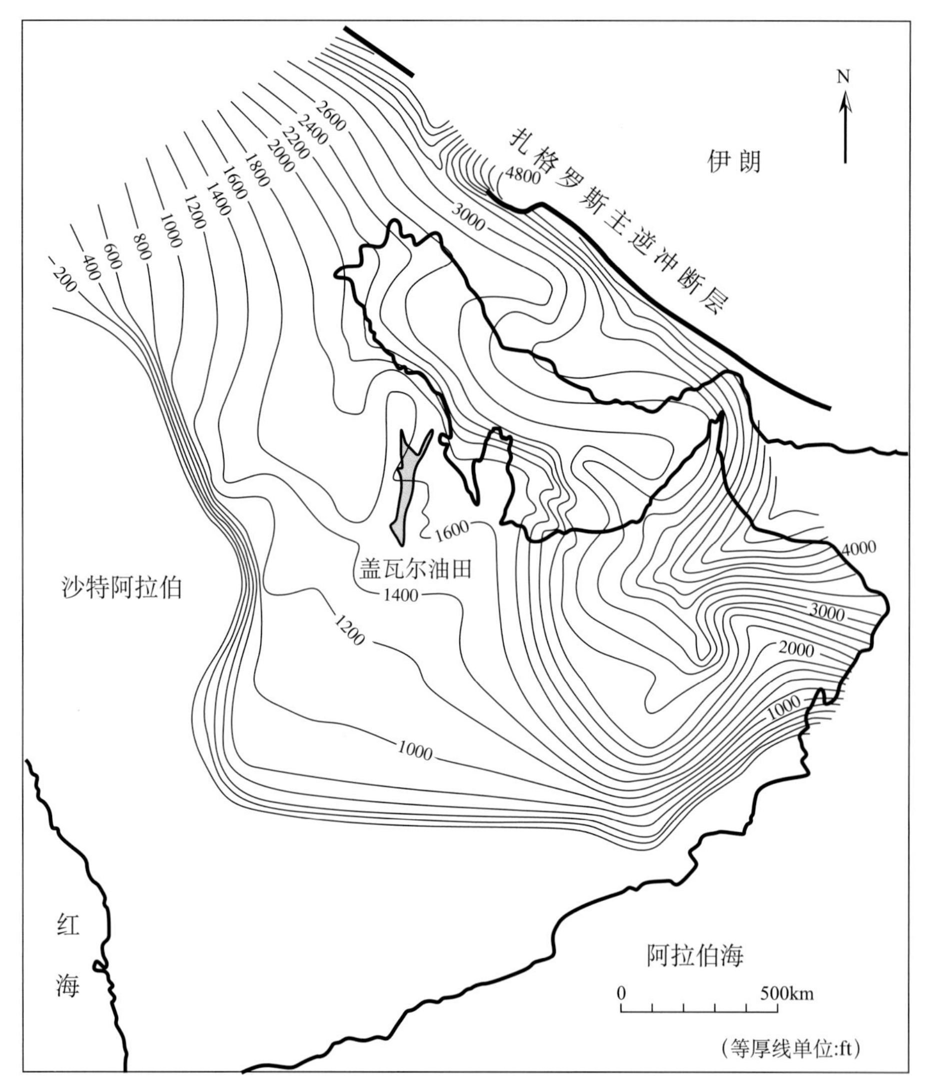

图 2-6 波斯湾/扎格罗斯盆地二叠系胡夫组地层等厚图
(据 Al-Jallal，1995；有修改)

石灰岩和燧石灰岩组成，夹有硅化石灰岩。伊拉克西部的盖尔若（Ga'ara）组相当于基亚札尔组，其已知厚度为150m，为一套砂、泥岩的交互层，该组沉积于河流-陆相沉积环境。

三、伊朗

伊朗中部的下泥盆统派迪哈（Padeha）组厚约492m，为一套碎屑岩，夹有白云岩条带，该组整合于上志留统—下泥盆统纽尔（Niur）组之上。中泥盆统斯巴扎（Sibzar）组厚约100m，由灰质白云岩、白云质石灰岩和砂质重结晶石灰岩组成，与下伏的派迪拉组呈整合接触，与上覆的中—上泥盆统巴赫拉姆（Bahram）组呈渐进过渡接触。巴赫拉姆组厚度超过300m，由部分白云化的石灰岩组成，并有页岩夹层。伊朗中部的二叠系顶部层系称为贾玛尔（Jamal）组，该组由三部分组成：底部（10m厚）由富含化石的石灰岩组成，中—下部（350m厚）由白云质石灰岩组成，上部（130m厚）为一套黑色白云岩。

伊朗扎格罗斯褶皱带的上古生界只发育二叠系：下二叠统佛冉汉（Faraghan）组和上二叠统戴蓝（Dalan）组。佛冉汉组为一套海进环境下海岸平原碎屑岩，夹少量的碳酸盐岩条带。在露头处，该组不整合于志留系贾赫库姆（Gahkum）组或更老的寒武纪—奥陶纪地层之上。在地下，该组不整合于奥陶系扎德库赫（Zard-Kuh）组之上。戴蓝组为一套碳酸盐岩层系，与下伏的佛冉汉组呈渐变过渡关系，该组中部发育一套称之为纳尔（Nar）段的蒸发岩系，蒸发岩层的上、下层系均由石灰岩和白云岩组成，蒸发层系内夹有鲕粒石灰岩和部分白云化的石灰岩。戴蓝组顶部发育有因地层暴露于地表并经受剥蚀而形成的微小不整合面。

第五节　中生代地层

阿拉伯板块众多重要的烃源岩层和储集层都发育于中生界层系，特别是侏罗系和白垩系，因此侏罗系和白垩系研究的程度最高，地层和沉积特征知之最为详细，本节首先简述三叠系，然后详尽地讨论侏罗系和白垩系。

一、三叠系

1. 概述

除了南部的部分地区外，三叠系在阿拉伯板块的大部分地区都有分布（图2-7），在东部和北部最为发育。在扎格罗斯盆地，三叠系厚度可达1220m（4000ft）；在伊拉克北部、叙利亚北部和土耳其东南部，三叠纪地层厚度超过了1525m（5000ft）。

三叠系的三分特征在沙特非常明显，中三叠统是一套碎屑岩和碳酸盐岩层系，而上、下三叠统则是碎屑岩层系。但是在波斯湾及其西南部地区，三分特征不是很明显，在阿曼和阿联酋，下、中三叠统以碳酸盐岩为主，而上三叠统则为一套碎屑岩层系。

2. 沙特

具明显三分性的沙特三叠系可以细分为三个组，自下而上依次为苏代尔（Sudair）组、吉勒赫（Jilh）组和明久尔（Minjur）组（图2-1）。

下—中三叠统苏代尔组： 其典型剖面位于哈什姆苏代尔（Khashm Sudair）镇（19°12′N，45°6′E），此处出露的苏代尔组由砖红色和绿色页岩组成，夹粉砂岩、砂岩、石膏条带和几个碳酸盐岩透镜体，厚116m，该组的沉积环境为洪积平原-潟湖和潮坪环境，与上覆的吉勒赫组呈过渡整合接触关系。

中三叠统吉勒赫组： 其典型剖面位于吉浩伊沙尔（Jilh al Ishar）镇附近的一个低

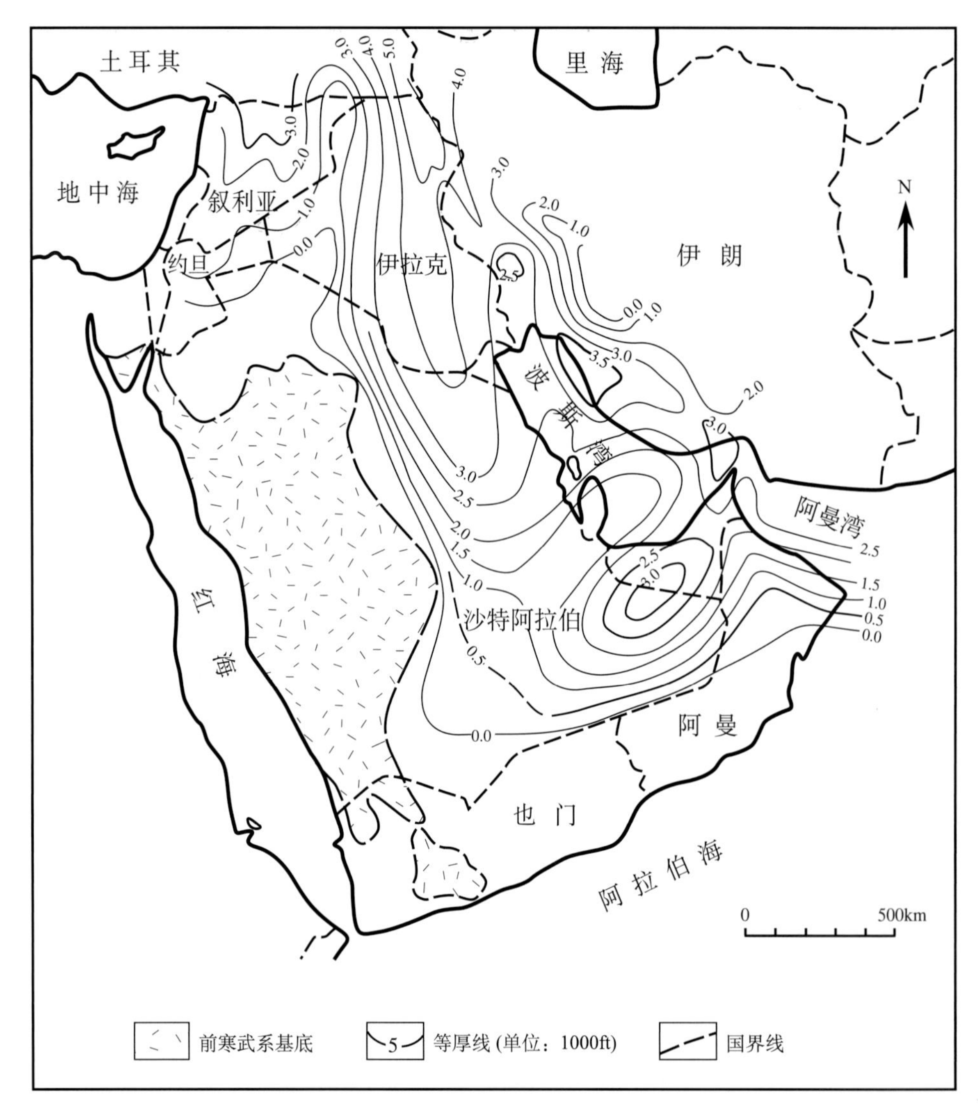

图 2-7　阿拉伯板块三叠纪沉积物地层等厚图

（据 Peterson and Wilson，1986；Alsharhan and Nairn，1997；有修改）

陡崖处，此处的吉勒赫组厚 326m，由细-中粒交错层理砂岩组成，夹有石灰岩和页岩层，顶部是一套鲕粒石灰岩。横向上，该组的岩相变化快，因此不同地区的岩性和沉积环境不同。岩性从碎屑岩到碳酸盐岩，沉积环境为陆相和近岸-滨岸环境。

上三叠统明久尔组：该组主要由砂岩组成，夹有少量砾岩和页岩。明久尔组为一套陆相层系，它标志着沉积从混合碎屑岩与碳酸盐岩到单一碎屑岩的转变。在露头区的大部分地区，明久尔组整合于吉勒赫组之上，不整合于下侏罗统迈拉特（Marrat）组的红色页岩之下。

3. 东阿拉伯地区（阿联酋、卡塔尔和阿曼）

随着与西部阿拉伯地盾物源区距离的增加，三叠系层系内砂岩含量逐步减少。在阿布扎比，苏代尔组和吉勒赫组以碳酸盐岩为主，明久尔组以碎屑岩为主。苏代尔组自下而上构成一个沉积旋回，由白云岩和泥质石灰岩、厚层白云岩（含薄层硬石膏）和页岩及页岩与白云岩的交互层组成，顶部为细粒泥质碎屑岩沉积；吉勒赫组为巨厚的硬石膏-白云质石灰岩，含脊椎动物化石。

在卡塔尔，三叠系下部称为苏韦（Suwei）组，与苏代尔组相当，由云母页岩、粉砂岩、白云岩、硬石膏和泥灰岩构成；中部称为古莱拉（Gulailah）组，由石灰岩、硬石膏和钙质、泥质白云岩构成，与吉勒赫组相当。由于卡塔尔隆起的隆升，卡塔尔、阿布扎比海上以及迪拜等地区缺失上三叠统明久尔组。

阿曼的二叠纪—三叠纪地层的划分方案因地而异。在阿曼南部的佐法尔（Dhofar）地区，三叠系的大部分地层被剥蚀。在阿曼中部的豪希-侯格夫地区，二叠纪—三叠纪地层称为阿曼群，以碳酸盐岩为主，受陆源影响大，沉积于还原环境。

4. 叙利亚

叙利亚境内的三叠系比较完整，尽管地层有一套新的命名方案，但其岩相与阿拉伯板块其他地区的岩性差异不大。因叙利亚境内无三叠系露头出露，因此该区三叠纪地层的厚度和岩性特征都来自钻井资料。

下三叠统阿曼那斯（Amanus）页岩组：该组是一套以厚层泥岩为主的层系，在叙利亚中部，厚150m，下部是砂岩和厚层泥岩的交互层，上部是石灰岩和碳质泥岩的交互层。

中三叠统库拉钦（Kurra Chine）组：该组厚100～550m，下部为一套白云岩层系，上部是一套硬石膏层系，该组假整合于阿曼那斯页岩组之上。

上三叠统布特迈（Butmah）组：该组厚度从几十米到一百米，是一套白云岩层系，夹有石灰岩和硬石膏，该组不整合于库拉钦组之上。

上三叠统阿代耶（Adaiyah）组：该组厚度从几十米到一百米，是一套硬石膏层系，夹有白云岩和页岩，形成于蒸发潟湖环境，该组不整合于布特迈组之上。

上三叠统穆什（Mus）组：该组厚40～100m，为一套均一的浅白色白云岩，偶夹硬石膏质白云岩，该组与下伏的阿代耶组呈整合接触。

上三叠统阿兰（Alan）组：该组厚40～50m，岩性从细-中晶硬石膏向上过渡为泥质硬石膏、白云质石膏和泥岩的交互层，古隆起上硬石膏被含硬石膏的白云岩和白云质泥岩取代。该组沉积于潟湖环境，整合于下伏的穆什组之上。

5. 其他地区

在伊拉克，中—下三叠统遍及除西部地区之外的所有地区，南部的中—下三叠统对应于苏代尔组和吉勒赫组。

在伊朗，上三叠统缺少。洛雷斯坦-法尔斯（Lurestan-Fars）省发育下三叠统坎甘

（Kangan）组和下—中三叠统达施塔克（Dashtak）组。前者包括三套岩相：下部的鲕粒石灰岩和灰泥石灰岩、中部的泥质石灰岩和灰泥石灰岩及上部的蒸发岩与碳酸盐岩的交互层。达施塔克组由四个沉积旋回构成，每个旋回以浅海碳酸盐岩开始，以硬石膏沉积结束。中扎格罗斯山脉的下—中三叠统称为汉纳开特（Khaneh Kat）组，下部以泥质石灰岩和页岩为主，上部是一套浅水叠层石灰岩和白云岩。该组侧向上与坎甘组和达施塔克组呈过渡接触关系。

晚三叠世的构造变动引起了大规模的剥蚀，在阿拉伯板块形成广泛的瑞替期（晚三叠世晚期）不整合面（图 2-5）。

二、侏罗系

1. 概述

侏罗纪期间，阿拉伯板块的大部分地区被浅水陆表海覆盖，海平面呈现出周期性的升降变化。尽管海平面的绝对升降量不大，但是由于地势平缓，由海平面升降引发的海进和海退导致了沉积环境的巨大变化。沉积相分布图和沉积物等厚图（图 2-8）明显地表征出，开阔的新特提斯洋位于阿拉伯板块的北部和东北部。侏罗纪地层自阿拉伯地盾向东北方向增厚，在扎格罗斯盆地伊拉克部分，地层厚 1525m（5000ft）以上。在约旦，出露的侏罗纪地层厚 430～450m，与 Ramtha-1 井钻遇的侏罗系 370m 的厚度处于同一数量级。在叙利亚东北部的搜狄（Souedie）油田，侏罗系厚约 660m。阿拉伯板块不同地区侏罗系层系的对比见图 2-9 和图 2-10。

2. 沙特

沙特侏罗系所有地层的名称均源自其出露地点，这些露头位于北纬 18°～25°，东经 45°～37°。

下侏罗统迈拉特（Marrat）组：沙特的下侏罗统称为迈拉特组（图 2-9），在其典型露头剖面处（沙特中部），该组可以分为三部分。下部由泥质石灰岩、白云岩、含颗粒灰泥石灰岩和钙质砂岩组成，中部为一套页岩层系夹颗粒质灰泥石灰岩/含颗粒灰泥石灰岩，上部以泥质石灰岩为主，间含颗粒灰泥石灰岩和页岩夹层。该组沉积于潮坪、潟湖和浅海环境，与下伏的上三叠统呈不整合接触。

中侏罗统杜尔马（Dhruma）组：在沙特中部，该组三分特征明显。下部由页岩、膏质页岩组成，夹薄层泥质石灰岩和含颗粒灰泥石灰岩。中部为一套含颗粒灰泥石灰岩和颗粒质灰泥石灰岩层，上部由泥质石灰岩、钙质页岩和含颗粒灰泥石灰岩组成，夹少量砂岩。该组的岩性横向上不稳定，岩性自北而南从混合的碎屑岩、碳酸盐岩岩系变为碎屑岩岩系，岩性的变化表明碎屑岩源自南边的海卓芒特（Hadhramout）隆起（图 1-1），而非西边的阿拉伯地盾。该组沉积于潮坪、潟湖和浅海-较深海环境，与下伏的迈拉特组呈整合接触。

中—上侏罗统图韦克（Tuwaiq）山组：该组为生物微晶石灰岩层系，下部地层内富含海绵针和软体生粒，上部地层富含珊瑚、层孔虫和藻类。沙特中西部地区的图韦克山组的下部沉积于低能的碳酸盐岩陆架或斜坡环境，上部形成于中-高能量的沉积环境。沙特东部油田区的图韦克山组沉积于水体流通不畅的陆架内盆地环境。该组假整合于杜尔马组之上。

上侏罗统哈尼费（Hanifa）组：由泥质石灰岩、颗粒质灰泥石灰岩/含颗粒灰泥石灰岩和页岩组成，夹蒸发岩、鲕粒石灰岩和球粒石灰岩。该组沉积于较深-深水环境，与下伏图韦克山组呈整合接触。

上侏罗统朱拜拉（Jubailah）组：该组是一套以浅水碳酸盐岩为主的层系，由泥质石灰岩、含颗粒灰泥石灰岩和颗粒质灰泥石灰岩组成，夹白云岩。朱拜拉组假整合于哈尼费组之上。

上侏罗统阿拉伯（Arab）组：与其他侏罗系的地层不同，该组出露不好，因此建立典型剖面的依据不是露头，而是达曼油田的 Dammam-7 井。在该井处，阿拉伯组厚 127.5m，由互层的含颗粒灰泥石灰岩、泥质石灰岩、白云岩和蒸发岩组成。该组有四个碳酸盐岩地层单元，自下而上依次为阿拉伯 D、C、B 和 A 段，段与段之间被硬石膏层分开（图 2-11）。每段地层以浅海相碳酸盐岩开始，以硬石膏沉积结束。阿拉伯组整合于朱拜拉组之上。

阿拉伯 D 段：该段由部分白云化的灰泥石灰岩组成，夹多孔的颗粒质灰泥石灰岩和颗粒石灰岩以及白云岩，向上渐变为块状硬石膏。

阿拉伯 C 段：由部分白云化的颗粒质灰泥石灰岩、部分薄层白云化的泥质石灰岩和含颗粒灰泥石灰岩组成，向上相变为块状硬石膏。

阿拉伯 B 段：以致密泥质石灰岩为主，下部夹薄层含颗粒灰泥石灰岩/颗粒质灰泥石灰岩，向上相变为块状硬石膏。

阿拉伯 A 段：为一套致密泥质石灰岩，顶部夹薄层砂屑石灰岩和少量的硬石膏。

3. 东阿拉伯地区（阿联酋、卡塔尔和阿曼）

下侏罗统迈拉特（Marrat）组：卡塔尔、阿联酋和阿曼下侏罗统的第一套地层单元也称为迈拉特组（图 2-9）。与沙特迈拉特组的三分性不同，阿联酋的迈拉特组具有两分性。下部由生粒质灰泥石灰岩/含生粒石灰岩与球粒质灰泥石灰岩/球粒石灰岩的交互层组成，夹有石英砂岩和粉砂质泥岩，这套地层沉积于陆缘海环境。上部是一套碎屑岩和碳酸盐岩构成的层系，由泥岩、白云质石英砂岩和白云质鲕粒石灰岩组成，其沉积环境为潮坪-洪水平原。

下—中侏罗统哈姆拉（Hamlah）组：由白云岩、白云质石灰岩、泥质石灰岩和页岩组成。在阿布扎比，哈姆拉组整合于迈拉特组之上。卡塔尔和阿联酋的海上缺失迈拉特组，因此在这些地区，哈姆拉组不整合于中三叠统古莱拉（Gulailah）组（相当于吉勒赫组）之上（图 2-9，图 2-10）。

中侏罗统伊扎拉（Izhara）组：厚 86～148m，岩性为泥质石灰岩和白云岩，夹少量页岩和泥灰岩，沉积环境为静水陆架，与下伏的哈姆拉组呈整合接触。

中侏罗统阿拉杰（Araej）组：该组为一套浅海陆架厚层碳酸盐岩，与下伏的伊扎拉组呈整合接触。

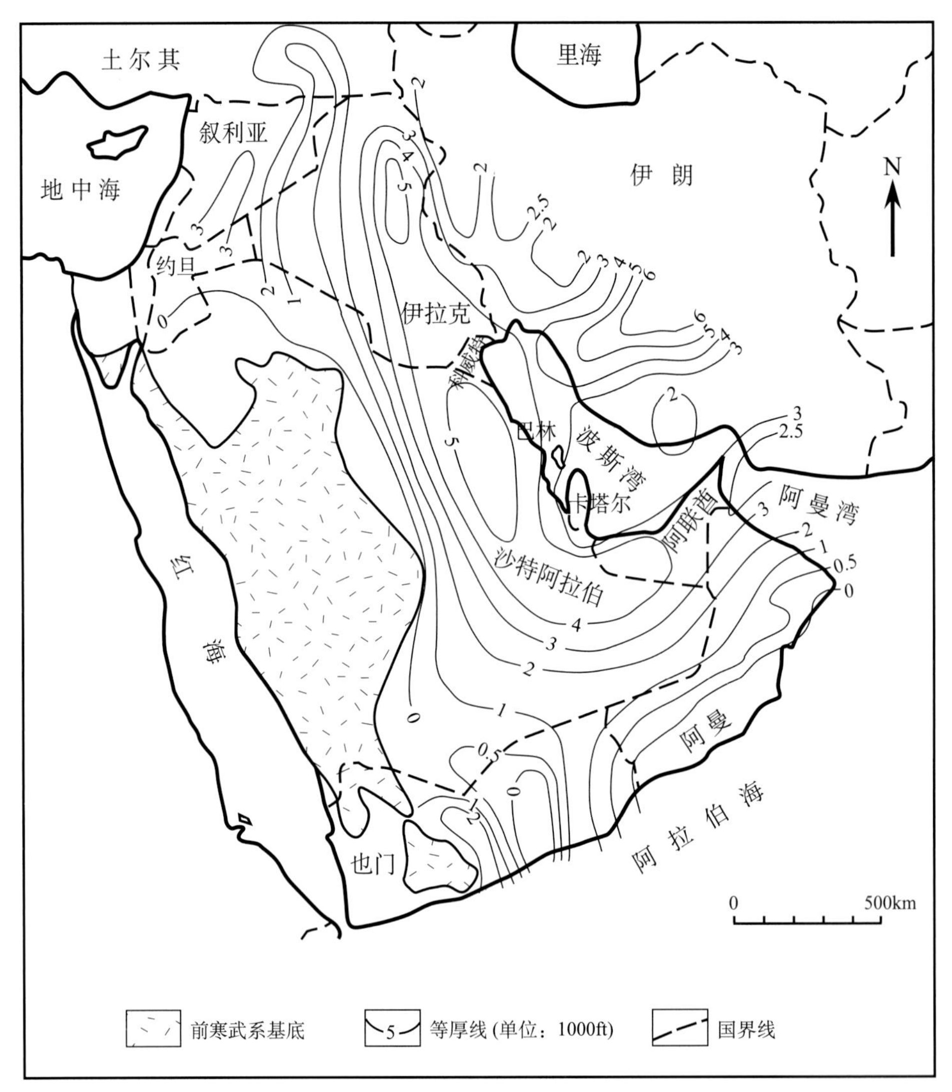

图 2-8　波斯湾/扎格罗斯盆地侏罗系等厚图

（据 Peterson and Wilson，1986；Alsharhan and Nairn，1997）

上侏罗统迪亚卜（Diyab）组：阿布扎比的迪亚卜组相当于沙特的哈尼费组和朱拜拉组的下部（图 2-9），厚 16～313m，可以分为三部分。上部和下部以富含有机质的薄层灰泥石灰岩为主，中部以含颗粒灰泥石灰岩为主，夹颗粒石灰岩、颗粒质灰泥石灰岩、硬石膏和白云岩。该组沉积于陆架内盆地环境，在东部该组与下伏的阿拉杰组呈整合接触，但在西部则呈不整合接触。

上侏罗统阿拉伯组和与其相当的地层：在卡塔尔和阿布扎比海上，阿拉伯 D 段称为法哈贺（Fahahil）组或第四石灰岩段；阿拉伯组 A、B 和 C 段称为卡塔尔组或分别称为第一、第二和第三石灰岩段（图 2-11）。法哈贺组主要由白云质灰泥石灰岩和白云岩的交互层构成，向上变为生粒质灰泥石灰岩、生粒石灰岩和硬石膏。卡塔尔组由球粒石灰岩、白云质颗粒质灰泥石灰岩或含颗粒灰泥石灰岩及致密糖粒状白云岩构成，含硬石膏夹层，局部夹白垩质砂糖状白云岩。

上侏罗统希瑟（Hith）组和与其相当的地层：希瑟组是侏罗系的顶部层系，从沙特到巴林-卡塔尔和阿联酋的西部均有分布，在阿布扎比西部，该组厚72～148m，由块状硬石膏组成。向东，希瑟组蒸发岩变薄，最终在阿布扎比的东部和东南部消逝，相变为与之相当的阿萨布（Asab）鲕粒石灰岩段和门得（Mender）海绿石段。迪拜侏罗系的顶部地层由与希瑟组相当的法提赫（Fateh）段和上覆的阿萨布段组成（图2-9）。

阿萨布段：迪拜的阿萨布段由鲕粒石灰岩和鲕粒质灰泥石灰岩组成，底部为泥岩和白云岩夹微量硬石膏。到了沙迦海上，该段由颗粒质灰泥石灰岩和含颗粒灰泥石灰岩组成，夹少量的燧石、硅化石灰岩和薄层白云岩。

门得段：主要发现于阿布扎比的东南端，由含生粒灰泥石灰岩组成，夹海绿石颗粒，向上过渡为生粒质灰泥石灰岩和似球粒质灰泥石灰岩。该段沉积于深水低能环境。

法提赫段：该段发现于迪拜的海上，由含颗粒灰泥石灰岩/颗粒质灰泥石灰岩、白云质颗粒质灰泥石灰岩和粗晶白云岩组成。法提赫段与阿布扎比西部的阿拉伯组和希瑟组相当，该段沉积于浅水潮下-潮上环境。

4. 伊朗

伊朗的侏罗系发育有两套不同的地层层系，一套发育于洛雷斯坦（Khuzestan）省和胡齐斯坦省（伊朗扎格罗斯盆地的北段），另一套发育于法尔斯省（伊朗格罗斯盆地的南段）（图2-10）。

下侏罗统内里兹（Neyriz）组：该组构成了伊朗最下部的侏罗纪地层，由粉砂质页岩、石灰岩和白云岩组成，夹藻叠层石和少量硬石膏，层内见泥裂和波痕。内里兹组沉积于浅海环境，与下—中三叠统汉纳开特（Khaneh Kat）组呈不整合接触。

下侏罗统阿代耶（Adaiyah）组：该组为一套沉积于浅海潮下-潮上沉积环境的硬石膏层系，夹白云岩和页岩。与下伏的内里兹组呈整合接触。

下侏罗统穆什（Mus）组：为一套浅海相石灰岩，与下伏的阿代耶组呈整合接触。

下侏罗统阿兰（Alan）组：由蒸发潟湖相层状硬石膏组成，夹薄层鲕粒石灰岩。与下伏的穆什组呈整合接触。

需要指出的是叙利亚也发育了阿代耶组、穆什组和阿兰组，但是这三组地层归入了上三叠统层系（参考前面的章节）。

中侏罗统萨金鲁（Sargelu）组：该组为一套深水海相页岩和泥质石灰岩，整合于阿兰组之上。

中侏罗统奈季迈（Najmah）组：该组为一套浅海相球粒-藻粒石灰岩，与下伏的萨金鲁组呈假整合接触。

上侏罗统格特尼亚（Gotnia）组：该组为一套蒸发岩系，岩性以硬石膏为主，其次为页岩和石灰岩，与希瑟组相当（图2-10）。

上侏罗统希瑟组：在波斯湾附近的法尔斯海岸，该组厚75～94m，为一套蒸发岩系，由石膏和硬石膏组成，夹白云岩。在法尔斯省内陆，该组的岩性相变为白云岩，再

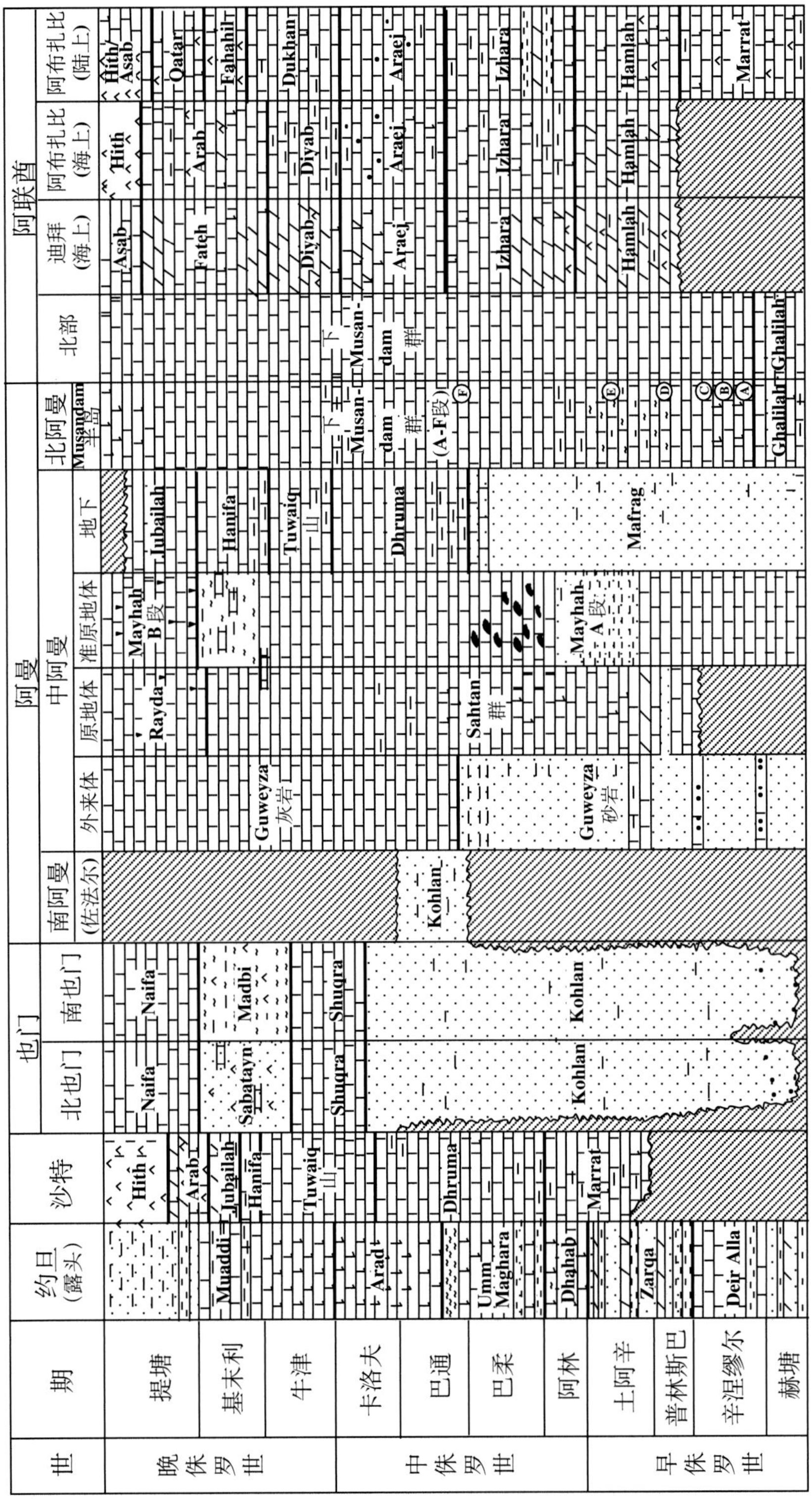

世 | 期 | 约旦(露头) | 沙特 | 也门 北也门 | 南也门 | 阿曼 南阿曼(佐法尔) | 中阿曼 外来体 | 原地体 | 准原地体 | 地下 | 北阿曼 Musandam半岛 | 阿联酋 北部 | 迪拜(海上) | 阿布扎比(海上) | 阿布扎比(陆上)

晚侏罗世：提塘、基末利、牛津
中侏罗世：卡洛夫、巴通、巴柔、阿林
早侏罗世：土阿辛、普林斯巴、辛涅缪尔、赫塘

约旦(露头)：Muaddi、Arad、Umm Maghara、Dhahab、Zarqa、Deir Alla
沙特：Hith、Arab、Jubailah、Hanifa、Tuwaiq山、Dhruma、Marrat
北也门：Naifa、Sabatayn、Shuqra、Kohlan
南也门：Naifa、Madbi、Shuqra、Kohlan
南阿曼(佐法尔)：Kohlan
中阿曼 外来体：Guweyza灰岩、Guweyza砂岩
中阿曼 原地体：Rayda、Sahtan群
中阿曼 准原地体：Mayhah B段、Mayhah A段
中阿曼 地下：Jubailah、Hanifa、Tuwaiq山、Dhruma、Mafrag
北阿曼 Musandam半岛：下Musandam群(A-F段)、Ghalilah
阿联酋 北部：下Musandam群、Ghalilah
迪拜(海上)：Asab、Fateh、Diyab、Araej、Izhara、Hamlah
阿布扎比(海上)：Hith、Arab、Diyab、Araej、Izhara、Hamlah
阿布扎比(陆上)：Hith/Asab、Qatar、Fahahil、Dukhan、Araej、Izhara、Hamlah、Marrat

图 2-9 阿拉伯板块南部(约旦、沙特、也门、阿曼和阿联酋)侏罗纪地层对比图(据 Alsharhan and Nairn, 1997)

世	期	卡塔尔 陆上	卡塔尔 海上	巴林	科威特	伊拉克 西部	伊拉克 南部	伊拉克 中部	伊拉克 北部	伊朗西南部 东北段	伊朗西南部 西南段	叙利亚 西北部	叙利亚 中部	叙利亚 东北和东部	土耳其东南部
晚侏罗世	提塘	Hith Qatar	Hith	Hith Arab	Gotnia		Gotnia	Sulaiy/Makhul Chia Gara	Karimia Chia Gara	Gotnia					
	基末利	Fahahil Darb	Arab	Jubailah Hanifa				Gotnia	Barsarin						
	牛津	Diyab	Jubailah Hanifa	Tuwaiq	Najmah		Najmah	Najmah	Naokelekan	Najmah					
中侏罗世	卡洛夫	Araej	Araej												上Cudi群
	巴通			Dhruma	Sargelu	Muhaiwir	Sargelu			Sargelu	Surmah				
	巴柔	Izhara	Izhara					Sargelu	Sargelu			Qamchuqa	Qamchuqa	Qamchuqa	
	阿林						Alan								
早侏罗世	土阿辛	Marrat	Hamlah	Marrat	Marrat		Mus	Alan Mus	Sehkaniyan	Alan Mus					
	普林斯巴					Ubaid		Adaiyah		Adaiyah					
	辛涅缪尔						Adaiyah	Butmah	Sarki	Neyriz	Neyriz				
	赫塘						Butmah								

图 2-10　阿拉伯板块北部(卡塔尔、巴林、科威特、伊朗西南部、伊拉克、土耳其东南部和叙利亚)侏罗纪地层对比图(据 Alsharhan and Nairn，1997)

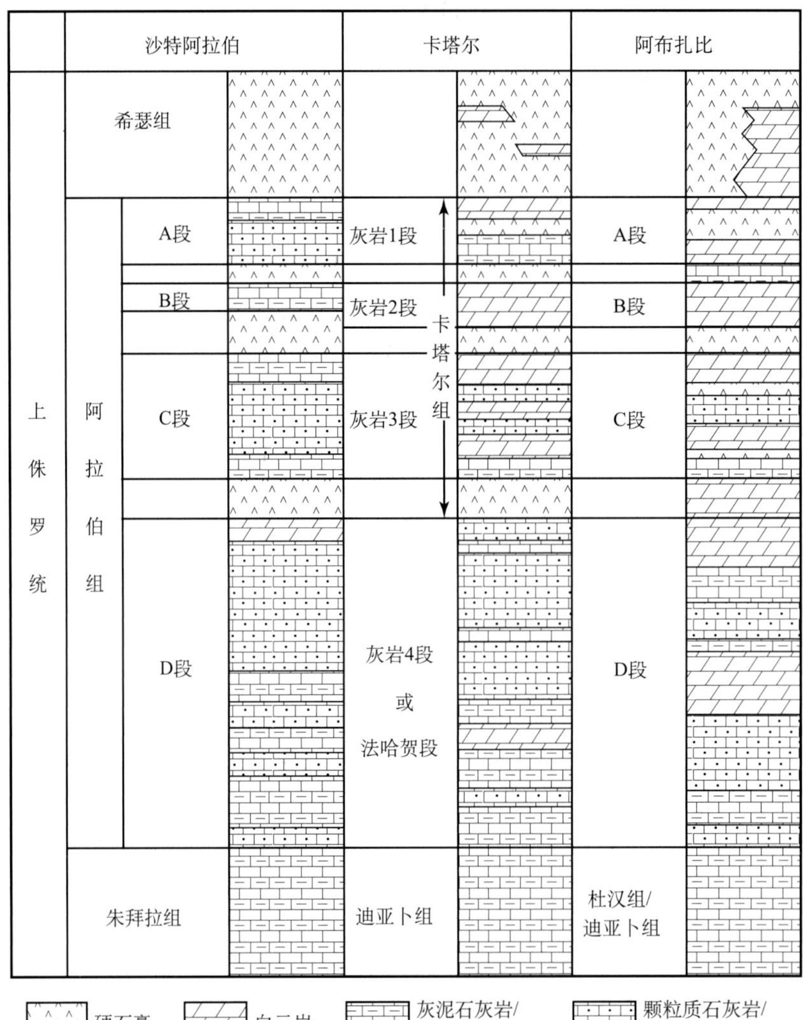

图 2-11　沙特、卡塔尔和阿布扎比阿拉伯组地层对比图

向东南，地层逐渐尖灭。希瑟组整合于下伏的瑟玛（Surmah）组之上。

中—上侏罗统瑟玛（Surmah）组：该组在法尔斯省发育最好，在洛雷斯坦省东北部和胡齐斯坦省东北部也有分布。瑟玛组为一套几百米厚的碳酸盐岩层系，岩性以白云岩为主，石灰岩为辅，与上覆和下伏地层均呈整合接触（图 2-10）。

5. 其他地区

巴林侏罗纪地层与沙特类似，因此两地的地层名称完全一致。科威特和伊拉克发育的侏罗纪地层与沙特和阿联酋的侏罗纪地层尽管不尽一致，但是地层划分方案基本相同，采用了同样的地层名称，在此不再赘述，图 2-9 和图 2-10 显示出了这些地层的相互对应关系。

三、白垩系

1. 概述

阿拉伯板块白垩纪地质演化史有两个明显的发育阶段。在白垩纪的大部分时间里，阿拉伯板块继承了侏罗纪期间建立起来的沉积格架，即浅海碳酸盐岩陆架沉积环境。白垩纪期间，发生于现今扎格罗斯山脉之下的地壳俯冲对阿拉伯地台几乎没有影响。不过，到了坎潘期（晚白垩世中期），沉积物开始沉积于正在发育的前渊拗陷，这个前渊拗陷的出现标志着新特提斯洋闭合的开始，以及阿曼和伊朗境内推覆体和蛇绿岩的置入。蛇绿岩的年龄约为 90Ma，从伊朗一直延伸至阿曼。自坎潘期起，阿拉伯地台逐渐剥露，海域的局限程度逐步加强，最终形成现今波斯湾的形态。

阿拉伯地台东缘的前陆拗陷在白垩系沉积物的等厚图中表现得十分明显（图 2-12）。在沙特中部、伊拉克西部、阿曼和也门，白垩系厚度一般小于 900m（2950ft），在伊朗、伊拉克的东北和东南部、科威特和沙特东南部，白垩系厚度超过 2450m（8035ft）（Peterson and Wilson，1986）。

在阿拉伯板块，白垩纪地层内存在两个区域不整合面，分别位于阿尔布阶和康尼亚克阶底部。这些区域不整合面将白垩系三分，而不是国际上通用的二分，因此在本节的讨论中将三分后的白垩系分别称为白垩系下部、白垩系中部和白垩系上部。白垩系下部（贝利阿斯阶—阿普特阶）层系构成了苏马马（Thamama）群；白垩系中部（阿尔布阶—土仑阶）沉积旋回构成了沃西阿（Wasia）群；白垩系上部（康尼亚克阶—马斯特里赫特阶）层系则构成了阿鲁马（Aruma）群（Harris et al.，1984；Alsharhan and Nairn，1986）。每一个群又可进一步划分出两个次级沉积旋回，不过该细分不是在任何地区都显而易见的。这样的细分与海平面的变化和小规模的造山运动有关（Alsharhan and Nairn，1986）。

因阿拉伯板块的北部和南部有着不同的发育演化史，因此南北两部分最好被看做两个独立的单元或地区，而构造活动的“地槽”区（伊拉克北部和伊朗东北部）单独构成了一个独特的沉积区。白垩纪期间，阿拉伯板块北部的洛雷斯坦盆地继续保持其完整性；而在阿拉伯板块的南部，其他的克拉通内小盆地也发育了起来（Alsharhan and Nairn，1997）。

将新特提斯洋闭合的晚白垩世构造运动使得阿拉伯板块内的沉积变得更加局限。此后，新生界在这些盆地内沉积下来。阿拉伯板块演化史的最后一幕主要体现为新近纪的构造运动和伊拉克美索不达米亚海槽的充填，该充填过程至今仍在进行之中。

阿拉伯板块南部和北部的地层对比如图 2-13、图 2-14 和图 2-15 所示。

2. 白垩系下部

1）沙特

沙特的苏马马群可以进一步细分为五个组，自下而上依次为苏莱伊（Sulaiy）组、亚玛玛（Yamama）组、布韦卜（Buwaib）组、拜亚德（Biyadh）组和舒艾拜

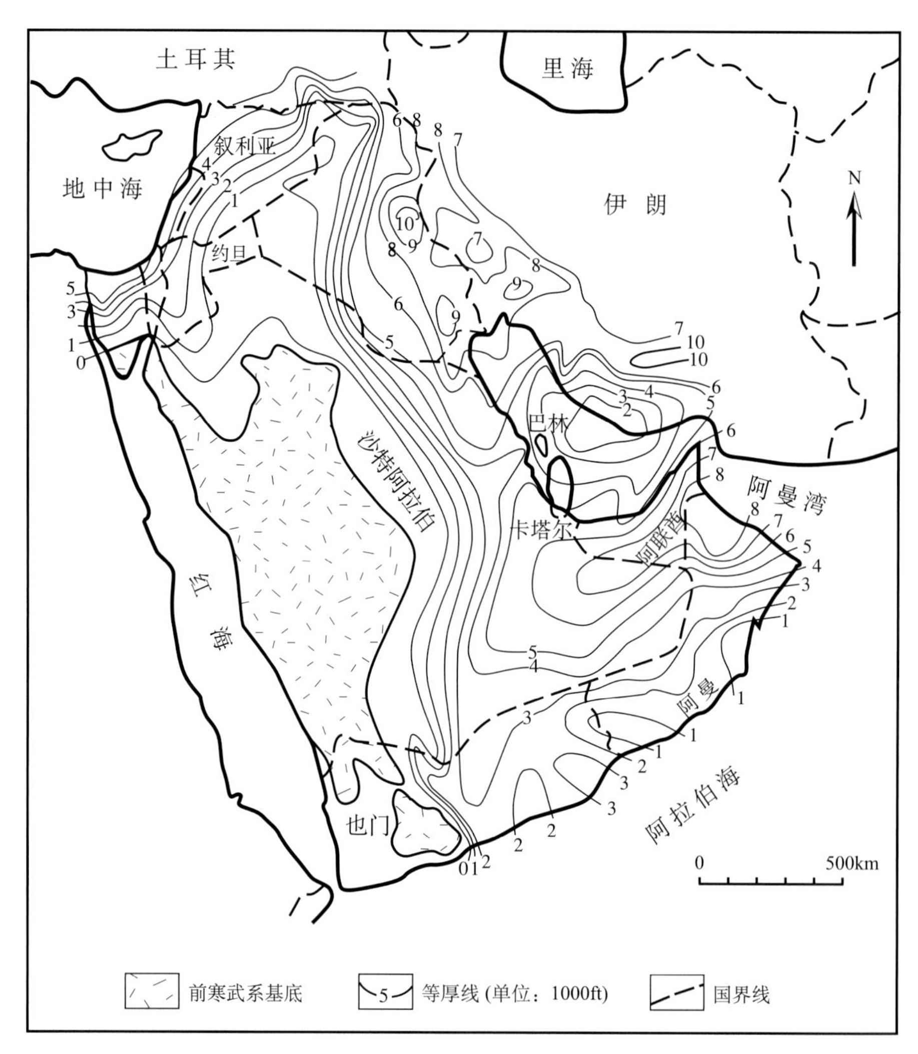

图 2-12　阿拉伯板块白垩系等厚图

（据 Peterson and Wilson，1986；Alsharhan and Nairn，1997）

(Shuaiba) 组。

苏莱伊组：厚 152～185m，地表的苏莱伊组主要由互层的灰泥石灰岩、颗粒质灰泥石灰岩和含颗粒灰泥石灰岩组成；地下的苏莱伊组分为两部分，下部是一套致密结晶石灰岩，上部由颗粒质灰泥石灰岩和含颗粒灰泥石灰岩组成。该组沉积于潮下-潮间环境，与下伏的希瑟组可能呈假整合接触。

亚玛玛组：厚 45～150m，地表的亚玛玛组由球粒-生粒质灰泥石灰岩组成，夹薄层灰泥石灰岩和含颗粒灰泥石灰岩；地下的亚玛玛组分为两部分，下部为一套致密石灰岩，上部由灰泥石灰岩和含颗粒灰泥石灰岩组成，夹颗粒质灰泥石灰岩。该组沉积于开阔台地、陆架潟湖环境，与下伏的苏莱伊组呈整合接触。

布韦卜组：厚 11～112m，地表的布韦卜组岩性复杂，为一套页岩、白云岩、颗粒质灰泥石灰岩和灰泥石灰岩的交互层，偶夹石英砂岩；地下的布韦卜组的下部为块状石灰岩，向上过渡为石灰岩与页岩的交互层，顶部为致密石灰岩。该组沉积于极浅海环境，与下伏的亚玛玛组呈整合接触。

拜亚德组：厚300～625m，沙特西部的拜亚德组为一套陆相砂、页岩层系，向东过渡为浅海相页岩。

舒艾拜组：厚25～110m，该组在沙特境内没有出露，主要岩性为浅海块状白云岩，与下伏的拜亚德组呈整合接触。

2）东阿拉伯地区

在阿联酋、阿曼、卡塔尔和巴林，苏马马群的岩性类似，地层划分方案和地层命名与沙特的基本相同。主要变化包括：布韦卜组在巴林和卡塔尔被拉塔威（Ratawi）组取代，在阿联酋被莱克威尔（Lekhwair）组取代，在阿曼被哈卜尚组取代；拜亚德组在卡塔尔、巴林和阿联酋被哈沃尔（Hawar）页岩和下伏的克莱卜（Kharaib）石灰岩取代（图2-13）。阿曼的白垩系下部称为克哈莫（Kahmah）群（图2-14），而非苏马马群。克哈莫群和苏马马群的岩性没有大的差别，均为一套巨厚的碳酸盐岩沉积，下部为深水环境，上部为浅海石灰岩，顶底均有沉积间断，可进一步分为六个组。本节以阿联酋为例介绍东阿拉伯地区的白垩系下部层系，其他国家（巴林、阿曼和卡塔尔）白垩系下部特征见图2-13和图2-14。

瑞达（Rayda）组和瑟利欧（Salil）组：在阿布扎比的东部和东南部，瑞达组相当于阿布扎比西部的哈卜尚组（图2-13），该组厚百余米，为一套盆地相放射虫灰泥石灰岩。到了阿曼，该组由深水斜坡灰泥石灰岩和含颗粒灰泥石灰岩组成，向西至阿布扎比西部，岩性则相变为颗粒石灰岩。瑟利欧组由泥质灰泥石灰岩组成，沉积于深水环境，该组整合于瑞达组之上。

哈卜尚组：该组相当于沙特的苏莱伊组（图2-13），厚215～268m，由颗粒质灰泥石灰岩、颗粒石灰岩和含白云灰泥石灰岩组成。哈卜尚组沉积于滩坝边缘或局限近海环境，形成于稳定克拉通台地刚被海水淹没的初期，该组的沉积物位于广阔的碳酸盐岩斜坡的上端，前积充填于侏罗纪边缘拗陷内。

克莱卜组：厚88～110m，由致密微孔灰泥石灰岩、纹理状含颗粒灰泥石灰岩和多孔球粒-内碎屑石灰岩组成。其中的球粒-内碎屑石灰岩沉积于极浅的陆表海陆架环境，是海退期的产物。

舒艾拜组：该组由盆地相和盆地边缘相沉积物构成，盆地相为一套致密泥质灰泥石灰岩，称为巴卜（Bab）段。盆地边缘相的岩性多样，包括致密泥质石灰岩、含颗粒灰泥石灰岩、富含绿藻的黏结石灰岩、颗粒质灰泥石灰岩和颗粒石灰岩等。

3）科威特

白垩系下部层系的下部以浅海石灰岩为主，上部为一套页岩层系夹石灰岩和砂岩，顶部由石灰岩和白云岩组成（图2-13）。

苏莱伊组/马克胡尔（Makhul）组：厚140～300m，由致密灰泥石灰岩组成，下部夹泥灰岩、粉砂岩和燧石结核，该组沉积于较深的海洋环境。

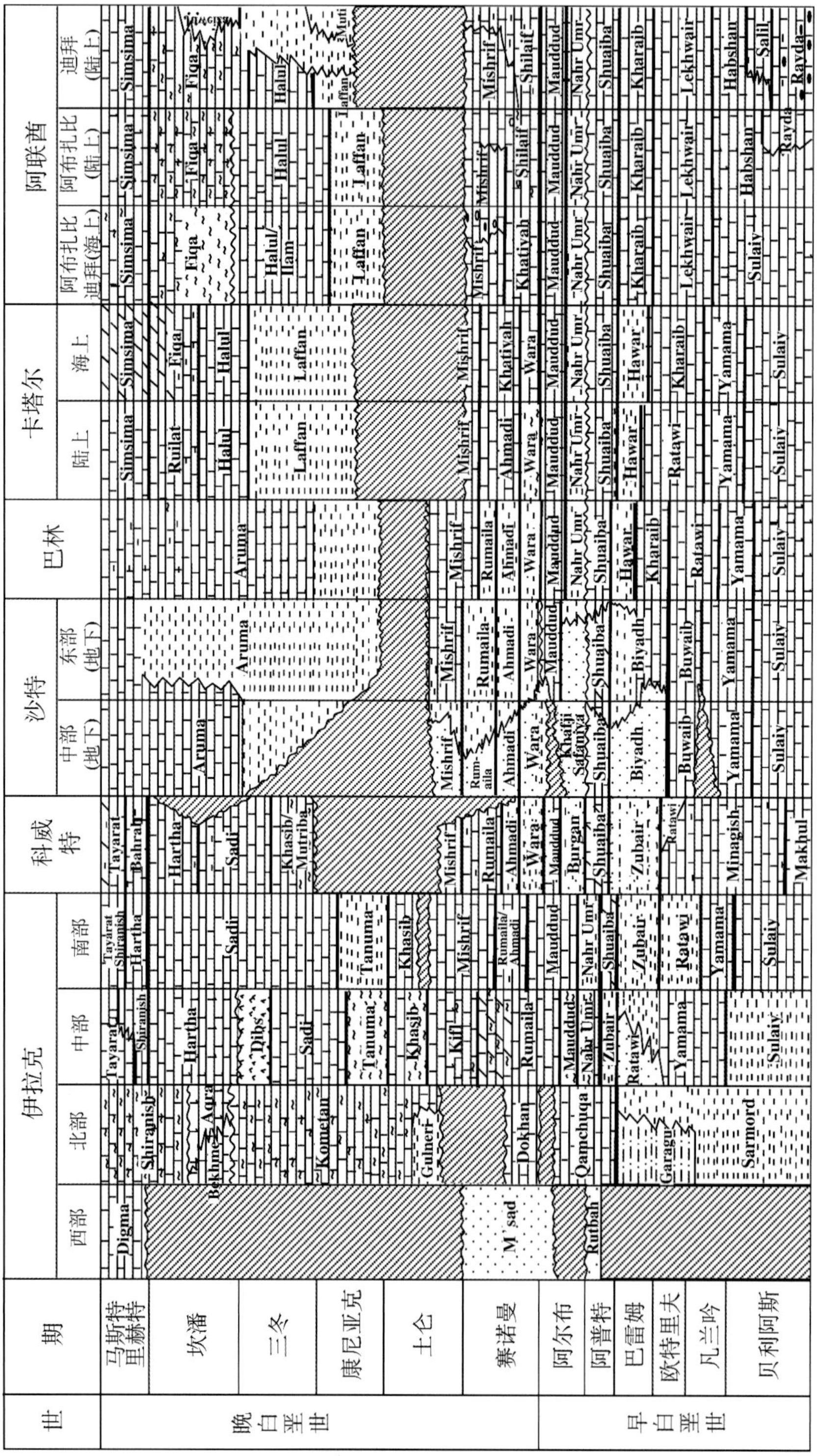

世：晚白垩世；早白垩世
期：马斯特里赫特；坎潘；三冬；康尼亚克；土仑；赛诺曼；阿尔布；阿普特；巴雷姆；欧特里夫；凡兰吟；贝利阿斯

伊拉克 西部：Digma；M'sad；Rutbah
伊拉克 北部：Shiranish；Bekhme；Aqra；Kometan；Gulneri；Dokhan；Qamchuqa；Garagu；Sarmord
伊拉克 中部：Tayarat；Shiranish；Hartha；Dibs；Sadi；Tanuma；Khasib；Kifl；Rumaila；Mauddud；Nahr Umr；Zubair；Ratawi；Yamama；Sulaiy
伊拉克 南部：Tayarat；Shiranish；Hartha；Sadi；Tanuma；Khasib；Mishrif；Rumaila/Ahmadi；Mauddud；Nahr Umr；Shuaiba；Zubair；Ratawi；Yamama；Sulaiy
科威特：Tayarat；Bahrah；Hartha；Sadi；Khasib/Mutriba；Mishrif；Rumaila；Ahmadi；Wara；Mauddud；Burgan；Shuaiba；Zubair；Ratawi；Minagish；Makhul
沙特 中部(地下)：Aruma；Mishrif；Rumaila；Ahmadi；Wara；Khafji Safaniya；Shuaiba；Biyadh；Buwaib；Yamama；Sulaiy
沙特 东部(地下)：Aruma；Mishrif；Rumaila；Ahmadi；Wara；Mauddud；Shuaiba；Biyadh；Buwaib；Yamama；Sulaiy
巴林：Aruma；Mishrif；Rumaila；Ahmadi；Wara；Mauddud；Nahr Umr；Shuaiba；Hawar；Kharaib；Ratawi；Yamama；Sulaiy
卡塔尔 陆上：Simsima；Ruilat；Halul；Laffan；Mishrif；Ahmadi；Wara；Mauddud；Nahr Umr；Shuaiba；Hawar；Ratawi；Yamama；Sulaiy
卡塔尔 海上：Simsima；Fiqa；Halul；Laffan；Mishrif；Khatiyah；Wara；Mauddud；Nahr Umr；Shuaiba；Hawar；Kharaib；Yamama；Sulaiy
阿联酋 阿布扎比迪拜(海上)：Simsima；Fiqa；Halul/Ilam；Laffan；Mishrif；Khatiyah；Mauddud；Nahr Umr；Shuaiba；Kharaib；Lekhwair；Sulaiy
阿联酋 阿布扎比(陆上)：Simsima；Fiqa；Halul；Laffan；Mishrif；Shilaif；Mauddud；Nahr Umr；Shuaiba；Kharaib；Lekhwair；Habshan；Rayda
阿联酋 迪拜(陆上)：Simsima；Fiqa；Halul；Laffan；Muti；Mishrif；Shilaif；Mauddud；Nahr Umr；Shuaiba；Kharaib；Lekhwair；Habshan；Salil；Rayda

图 2-13 伊拉克、科威特、沙特、巴林、卡塔尔和阿联酋白垩纪地层对比图(据 Alsharhan and Nairn，1997)

米纳吉什（Minagish）组：厚325～260m，可以细分为三段，上段和下段由灰泥石灰岩和含颗粒灰泥石灰岩组成，中段由鲕粒石灰岩组成。当鲕粒石灰岩段缺失时，上下段不可分。

拉塔威（Ratawi）组：厚130～290m，分为上、下两部分。下部在科威特全区都以碳酸盐岩为主（生粒-球粒石灰岩）；上部在科威特的西部由砂岩和页岩组成，向东相变为页岩和石灰岩。

祖拜尔（Zubair）组：厚353～450m，主要由砂岩组成，夹页岩和少量石灰岩，该组沉积于滨海-三角洲环境，沉积物源自阿拉伯地盾。科威特祖拜尔组的沉积环境和年代与沙特的拜亚德组类似，与伊拉克祖拜尔组的中-下部大致相当。

舒艾拜（Shuaiba）组：厚60～80m，由粗晶白云化的石灰岩组成，夹少量的薄层页岩，岩系内缝洞发育。该组沉积于低能浅水潟湖环境。

4）伊拉克

伊拉克南部和北部的白垩系下部层系有差异，因此采用了不同的地层划分方案和地层名称（图2-13）。在伊拉克南部，白垩系下部自下而上依次分为苏莱伊组、亚玛玛组、拉塔威组、祖拜尔组和舒艾拜组，与沙特的地层划分类似，不过岩性不尽相同。伊拉克北部的白垩系下部由下萨莫德（Lower Sarmord）组、盖鲁（Garau）组、下快木刍克（Lower Qamchuqa）组和下勃兰卜（Lower Balambo）组组成，主要特征如下所述。

下萨莫德组：厚几百米，由互层的泥灰岩和石灰岩组成，沉积于浅海环境。

盖鲁组：厚度变化大，平均厚度200～230m。该组由砂质鲕粒石灰岩组成，上部和下部夹泥灰岩和砂岩，中部夹厚层灰泥石灰岩，盖鲁组沉积于潟湖环境。

下快木刍克组：厚250～300m，由浅海相块状泥质石灰岩组成，石灰岩多被白云化，夹少量的陆源碎屑岩。

下勃兰卜组：勃兰卜组分为上、下两部分，下勃兰卜组相当于白垩系下部（苏马马群），上勃兰卜组相当于白垩系中部（沃希亚群）（图2-13）。下勃兰卜组由薄层石灰岩组成，夹泥灰岩和页岩。

5）伊朗

伊朗的上侏罗统和白垩系下部碳酸盐岩层系统称为卡米（Khami）群，可以进一步分为五个组：瑟玛（Surmah）组、希瑟（Hith）组、法利耶（Fahliyan）组、盖德万（Gadvan）组和达里耶（Dariyan）组（图2-15）。前两个属于上侏罗统层系，已在前面的章节论及，故在此不再重复，后面的三个属于白垩系下部层系，特征如下所述。

法利耶组：法尔斯省法利耶组为一套块状的浅水陆架鲕粒石灰岩和球粒石灰岩，向西北方向到了洛雷斯坦省和胡齐斯坦省，该组过渡为盖鲁组，并与之呈交互接触关系。

盖德万组：法尔斯省盖德万组由暗灰色泥质生粒石灰岩组成，夹泥灰岩。岩性侧向上有变化，该组在胡齐斯坦省相变为暗色页岩和泥质石灰岩，在洛雷斯坦省则变为盖鲁组的暗色-黑色泥质石灰岩。向波斯湾方向，层系内的页岩组分消失。盖德万组沉积于浅海-内陆架低能环境，与下伏的法利耶组呈整合接触。

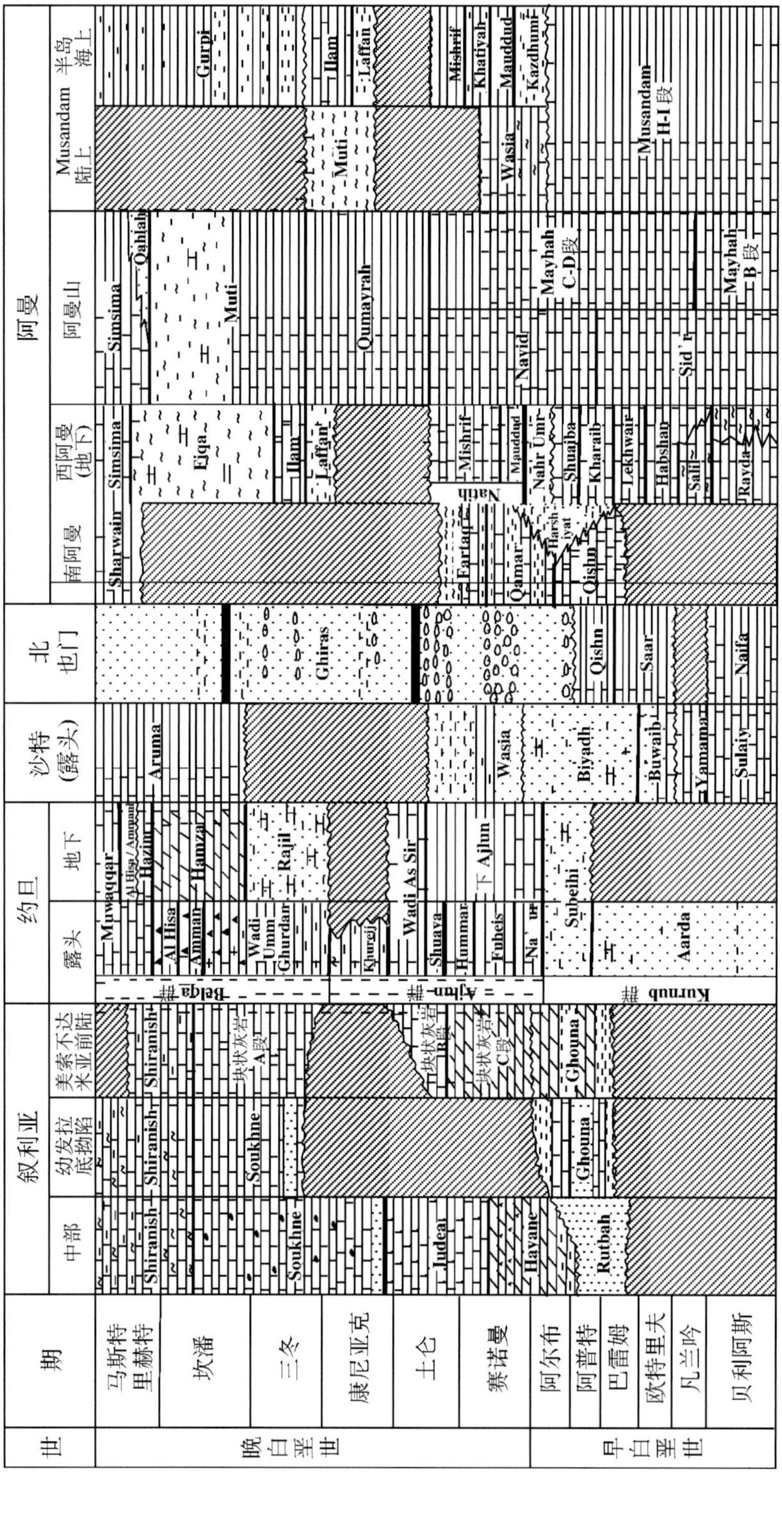

图 2-14 叙利亚、约旦、沙特、也门和阿曼白垩纪地层对比图(据 Asharhan and Nairn,1997)

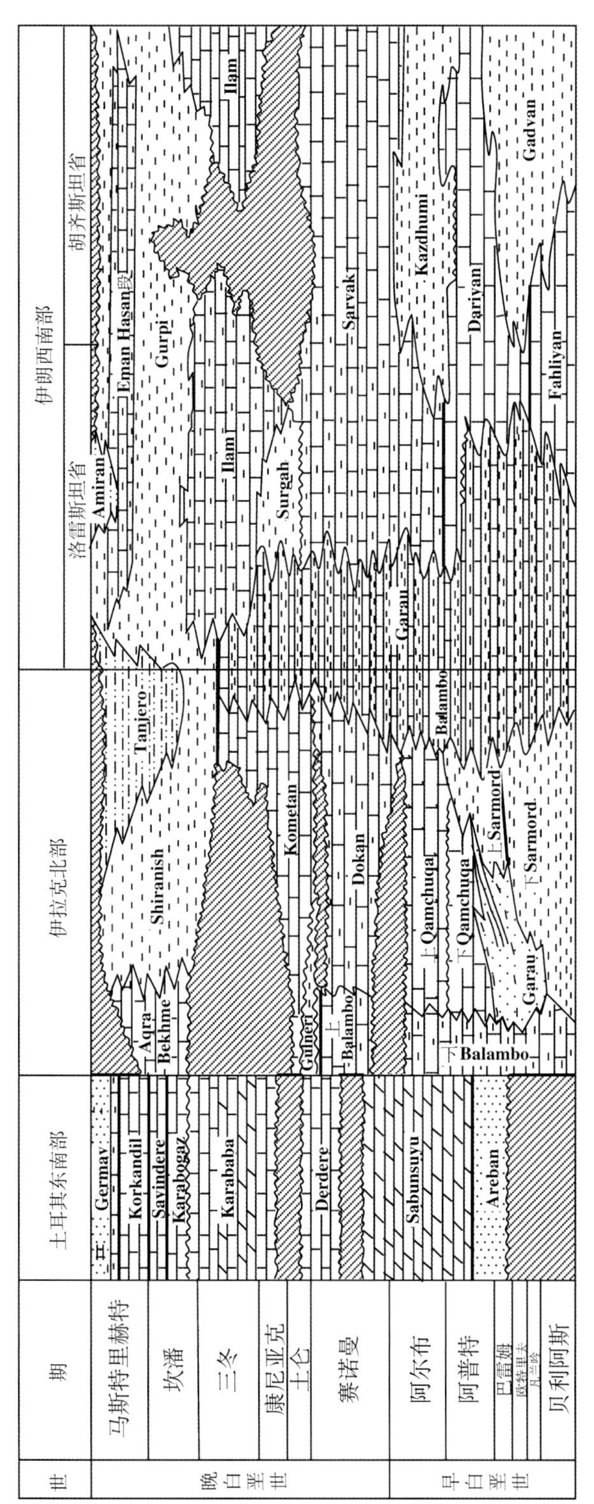

图 2-15 土耳其、伊拉克北部(露头)和伊朗东南部白垩纪地层对比图(据 Alsharhan and Nairn, 1997)

达里耶组：该组与东阿拉伯地区的舒艾拜组相当，在法尔斯省，为一套富含圆片虫的厚层-块状石灰岩，其沉积环境为浅海-潟湖。达里耶组与下伏的盖德万组呈整合接触。

盖鲁组：该组主要由页岩、石灰岩和燧石组成，与上覆的白垩系中部萨尔瓦克（Sarvak）组呈整合接触，不过两者的界面为一穿时界面，萨尔瓦克组的底部相当于盖鲁组的顶部。

3. 白垩系中部

沙特的白垩系中部称为沃西阿（Wasia）组，但在波斯湾的其他周边国家（阿联酋、阿曼、卡塔尔、伊拉克南部和科威特），这套层系则称为沃西阿群。沃西阿群发育两个沉积旋回，下部由奈赫尔欧迈尔（Nahr Umr）组和毛杜德（Mauddud）组构成，是一套以碎屑岩为主的层系。上部由瓦拉（Wara）组、艾哈迈迪（Ahmadi）组、鲁迈拉（Rumaila）组、米什里夫（Mishrif）组以及与之相当的地层构成，是一套以碳酸盐岩为主的层系。沙特的沃西阿组可以细分为七个段，自下而上依次为海夫吉（Khafji）段、萨法尼亚段、毛杜德段、瓦拉段、艾哈迈迪段、鲁迈拉段和米什里夫段。沙特的海夫吉—萨法尼亚段、科威特的布尔干（Burgan）组与其他国家的奈赫尔欧迈尔组相当（图 2-13）。

1）阿联酋

阿拉伯地区沃西阿群的典型地层剖面是依据阿联酋的地下钻井和测井资料而建立的（Alsharhan and Nairn，1997），沃西阿群分为四个组（图 2-13），地层特征如下所述。

奈赫尔欧迈尔组：厚 170m，为一套以页岩为主的地层，页岩呈现出多种颜色，中部夹有薄层石灰岩、泥灰岩和砂岩。该组沉积于浅水潮下陆架环境，与下伏的舒艾拜组呈不整合接触，两者之间的不整合面为一区域剥蚀不整合面。

毛杜德组：厚 60m，由浅水陆架颗粒质灰泥石灰岩和含颗粒灰泥石灰岩组成，该组在波斯湾地区广泛分布，与下伏的奈赫尔欧迈尔组呈整合接触。

史莱夫（Shilaif）/赫提耶（Khatiyah）组：史莱夫组这个地层术语最早出现于阿布扎比海域钻井的完井报告中，而赫提耶组是迪拜石油公司采用的地层术语，为方便起见，Alsharhan 和 Nairn（1997）把这套地层命名为史莱夫（Shilaif）/赫提耶（Khatiyah）组。该组厚 171m，由 6～8 个水体向上变浅的沉积旋回构成。每个旋回的下部由暗棕色-近黑色沥青灰泥石灰岩/含颗粒灰泥石灰岩/颗粒质灰泥石灰岩组成，上部由棕色含沥青泥质石灰岩组成。该组与上覆和下伏地层均呈过渡整合接触关系。

米什里夫组：该组至少部分与史莱夫组相当，厚 101～125m，在阿联酋沿海发育良好。米什里夫组内可识别出两个岩性单元，下部由较深的开阔海生粒质灰泥石灰岩和含生粒石灰岩组成，有生物搅动构造，底部附近发现有黄铁矿和有孔虫化石，某些岩层间发育有微缝合线。上部由浅水中-巨粗粒颗粒质灰泥石灰岩和颗粒石灰岩组成，角砾质石灰岩和黑色富有机质石灰岩也有分布，有时甚至出现煤层。

2）沙特

如前所述，沙特的白垩系中部称为沃西阿组。出露地表的沃西阿组一般由棕-黑色风化砂岩组成，下部夹有红色和绿色页岩，是一套岩性变化很大的陆相-浅海相地层。出露的沃西阿组与下伏的古老地层呈不整合接触，两者间的界面为一区域不整合面。向东，沃西阿组增厚，并且发生迅速相变。在沙特油田区，该组细分为七个层段，其特征简述如下。

海夫吉砂岩段：位于沃西阿组的最下部，厚274m，为一套向上变细的层系，由砂岩、粉砂岩和页岩的复杂交互层组成。该组不整合于下伏的舒艾拜组之上，组内的砂岩为曲流河河道沉积，粉砂岩和页岩为洪积平原沉积。

萨法尼亚砂岩段：该段是萨法尼亚油田的重要储集层，厚55～130m。由砂岩和页岩组成，夹砂质泥灰岩、石灰岩和海绿石粉砂岩，沉积环境为海相。

毛杜德石灰岩段：该段为一浅水石灰岩楔状体，一直延伸至鲁卜哈利亚盆地中部，由纹理状结晶石灰岩组成，夹页岩，其沉积环境为极浅水局限陆架或潟湖-潮坪环境。

瓦拉段：厚约45m，为一套非均质性很强的地层，岩性变化快，西部由砂岩组成，向东相变为页岩和砂岩，再向东到了卡塔尔以东地区，则由石灰岩组成。在盖瓦尔油田，该组以海岸平原红层、潮坪和三角洲沉积为主。

艾哈迈迪段：厚约70m，由砂岩、页岩和石灰岩组成，沙特西部的艾哈迈迪段为陆相沉积，而中部和东部的艾哈迈迪段则为潟湖-潮坪相沉积。

鲁迈拉段：厚约80m，为一套浅海相石灰岩和页岩层系，与上覆地层一般呈整合接触，但在构造的顶部，如盖瓦尔、布盖格（Abqaiq）和萨法尼亚等穹隆构造的顶部，鲁迈拉段遭受了剥蚀。

米什里夫段：厚30～140m，下部以石灰岩为主，上部由灰色页岩组成，夹薄层石灰岩和少量砂岩。米什里夫段沉积于浅开阔海和局限海之间的过渡浅海环境，在构造的顶部，如盖瓦尔、布盖格和萨法尼亚等穹隆构造，前阿鲁马（发生于晚白垩世阿鲁马群沉积之前的）剥蚀作用剥蚀掉了该段的全部或绝大部分地层。

3）科威特

科威特的沃西阿群可细分为五个地层组，从老至新描述如下。

布尔干组：该组的典型剖面建立于布尔干油田，为一套以砂岩为主的层系，厚351m，其中的页岩夹层厚度占地层总厚度的10%。布尔干组由分选、磨圆极好的砂岩组成，砂岩沉积于逐渐下降的陆架之上的三角洲前缘，所夹的页岩为河口沉积，富含植物碎片，但不含有孔虫化石。布尔干组分为“第四砂岩”和上覆的“第三砂岩”段，“第四砂岩”段厚约206m，与沙特的海夫吉段相当。“第三砂岩”段厚145m，与萨法尼亚段相当。

毛杜德组：厚2～98m，主要由颗粒质灰泥石灰岩/含颗粒灰泥石灰岩组成，夹灰色-浅黄色致密灰泥石灰岩层和松软的多孔棕色石灰岩，底部见砂岩和泥灰岩夹层。毛杜德组沉积于浅海环境。

瓦拉组：厚46～91m，由海绿石砂岩和粉砂岩组成，夹灰色页岩，陆源碎屑来自西边的阿拉伯地盾，沉积环境为海相-非海相。瓦拉组延伸到了伊拉克南部。

艾哈迈迪组：厚62～81m，可分为上、下两段。下段是一套石灰岩与页岩的交互层，上段以页岩为主，页岩颜色从砖红色、浅红-棕色到浅绿-灰色，富含化石。

迈格瓦（Magwa）组：该组是沃西阿群最年轻的地层组，在Umm-Gudair-1井，迈格瓦组厚104m，由坚硬致密的细晶石灰岩组成，夹薄层浅绿色页岩，石灰岩含黄铁矿和生物化石。该组与科威特北部的鲁迈拉组和米什里夫组相当，但在科威特南部该组分为鲁迈拉段和上覆的米什里夫段，其沉积环境为静水-轻微搅动的浅海环境。

4）伊朗

伊朗西南部的白垩系中部由三组地层构成，自下而上依次为卡兹杜米（Kazdhumi）组、萨尔瓦克（Sarvak）组和瑟嘎赫（Surgah）组（图2-15）。

卡兹杜米组：厚210m，由暗色沥青质页岩组成，夹少量暗色泥质石灰岩，下部常见海绿石。卡兹杜米组遍及法尔斯省，但是到了洛雷斯坦省的中部和西南部，岩性变为盖鲁组的黑色页岩和石灰岩。在胡齐斯坦省的西南方向，该组与科威特的布尔干组和伊拉克的奈赫尔欧迈尔组呈指状接触关系。

萨尔瓦克组：该组的典型剖面位于胡齐斯坦省的唐葛萨尔瓦克（Tang-e Sarvak）镇，厚832m，主要由泥质、结核-层状石灰岩、生粒石灰岩和结核状燧石组成。在法尔斯省沿岸地区，萨尔瓦克组可分为两段：下部的毛杜德段和上部的艾哈迈迪段。

瑟嘎赫组：分布范围有限，其露头只发现于洛雷斯坦省。在库赫瑟嘎赫（Kuh-e Sagah）镇的典型剖面处，该组厚176m，主要由浅色、暗色页岩和黄色风化石灰岩的交互层组成，与下伏萨尔瓦克组的界面为一风化带，呈不整合接触，与上覆的伊拉姆（Ilam）组呈假整合接触。

上述的三组地层和下节将论及的白垩系上部伊拉姆组共同构成了伊朗西南部地区的班吉斯坦（Bangestan）群。

5）伊拉克

伊拉克白垩系中部层系的划分比较复杂，南部、北部、中部和西部有着各自的划分方案和地层名称（图2-13）。南部的地层特征与相邻的科威特类似，自下而上依次为奈赫尔欧迈尔组、毛杜德组、瓦拉组、艾哈迈迪组和鲁迈拉组。在西部，地层缺失明显，仅发育两套地层：与奈赫尔欧迈尔组相当的茹巴赫（Rutbah）组和不整合于其上的木萨德（M'sad）组，前者为一套砂岩层系，后者底部由砂岩岩舌构成，岩舌之上为浅水礁石灰岩、贝壳角砾岩和微孔石灰岩。发育于伊拉克北部和东北部（扎格罗斯盆地的伊拉克部分）的白垩系中部被划分出了若干套地层组，但是由于它们时代难以确定，因此很难把不同地区的地层组加以对比。Buday（1980）、Alsharhan和Nairn（1997）把该区的白垩系中部划分出了七个地层组：瑞姆（Rim）粉砂岩组、贾万（Jawan）组、上快木刍克（Upper Qamchuqa）组、上萨莫德（Upper Sarmord）组、上勃兰卜（Upper Balambo）组、柯夫（Kifl）组和德嵌（Dokan）石灰岩。

4. 白垩系上部

白垩系上部阿鲁马群沉积于土仑期隆升和剥蚀之后，其厚度和岩性在阿联酋、阿曼和伊朗等地变化巨大。在阿联酋南部（迪拜和阿布扎比地区），阿鲁马群可细分为四个组，自下而上依次为莱凡（Laffan）组、伊拉姆组或哈卢勒（Halul）组、菲盖组和锡姆锡迈（Simsima）组。在阿联酋北部，阿鲁马群则分为五个地层组：穆提（Muti）

组、菲盖组、侏韦泽（Juweiza）组、阔拉赫（Qahlah）组和锡姆锡迈组（图2-13），前三组沉积于大陆边缘的大陆前渊内，后两组沉积于大陆前渊的翼部。

1）阿联酋

阿联酋白垩系上部地层包括五个地层组，按由老至新的序次小结如下。

莱凡组：厚约27m，由三套地层单元组成，下部和上部以页岩为主，中部是一套浅色的灰泥石灰岩。底部为三角洲沉积产物，沉积物来自西部物源区，中、上部则沉积于开阔海环境。莱凡组不整合于白垩系中部碳酸盐岩之上，构成了晚白垩世海进期形成的第一套地层。

哈卢勒组：厚400～500m，由泥灰质石灰岩和泥灰岩组成，顶部为粗生粒石灰岩。哈卢勒组沉积于浅水低-中等能量沉积环境，与下伏的莱凡组呈整合接触。

伊拉姆组：与哈卢勒组相当，由泥质灰泥石灰岩/含颗粒灰泥石灰岩、泥灰岩和颗粒质灰泥石灰岩组成，沉积于浅水陆架环境，陆架的下倾方向为一碎屑岩-碳酸盐岩斜坡带。

菲盖组：厚度变化巨大，61～1220m。该组由沙吉（Shargi）段和上覆的阿拉达（Arada）段组成。沙吉段以泥灰质页岩为主，阿拉达段以泥质石灰岩为主，该组沉积于中-深水陆架环境。

锡姆锡迈组：厚24～80m，地下的锡姆锡迈组由黑色泥质页岩、泥质白云质石灰岩、灰泥石灰岩和含生粒灰泥石灰岩组成，该组沉积于半局限海沉积环境。

2）伊朗

伊朗的白垩系上部分为如下地层组。

伊拉姆组：该组以洛雷斯坦省的伊拉姆镇的名称而命名。在标准剖面处，伊拉姆组厚190m，由泥质石灰岩组成，夹薄层黑色页岩。

古尔珠（Gurpi）组：其典型剖面位于洛雷斯坦省的库赫古尔珠（Kuh-e Gurpi）镇。在典型剖面处，该组厚320m，主要由泥灰岩和页岩组成，夹少量的泥质石灰岩条带。该组在洛雷斯坦省内包括两套明显的石灰岩地层单元：艾马-哈山（Emam-Hasan）石灰岩段和劳法（Lopha）石灰岩段。在局部地区，该组与下伏的伊拉姆组地层呈轻微假整合接触（图2-15）。

塔勃（Tarbur）组：厚527m，为一套块状硬石膏质石灰岩地层，岩石抗风化能力强，因此构成悬崖。该组与下伏古尔珠组的界面为穿时界面，从地层对比而言，塔勃组相当于伊拉克南部的哈尔塔（Hartha）组、科威特的拜赫拉（Bahrah）组和太尔亚特（Tayarat）组。

厄米软（Amiran）组：该组以洛雷斯坦省的库赫厄米软（Kuh-e Amiran）镇而命名。在典型剖面处，该组厚817m，由粉砂岩和砂岩组成，夹少量砾岩。厄米软组与下伏的古尔珠组呈渐进过渡关系。

3）科威特

科威特的白垩系上部可分为以下地层组（图2-13）。

赫塞勃（Khasib）组：该组又称为莫瑞巴（Murriba）组，厚24～283m，为一套致密石灰岩地层，底部夹页岩层。

塞狄（Sadi）组：厚12～304m，由灰泥石灰岩组成，夹页岩和白云岩。

哈尔塔组：厚1～274m，为一套富含有机质的石灰岩层系，白云岩、页岩和泥灰岩夹层发育，该组沉积于陆缘海环境。

拜赫拉组：厚18～85m，可以分为上、下两个地层单元。下部由内碎屑石灰岩和鲕粒石灰岩组成，夹黑色页岩；上部由致密微晶石灰岩组成，夹燧石。

太尔亚特组：厚200～350m，由白云质石灰岩组成，石灰岩有时含硬石膏，该组内发育有少量的黑色沥青质页岩。

4）伊拉克

伊拉克晚白垩世地层的划分方案因地而异（图2-13，图2-15）。在伊拉克西部，白垩系上部的大部分地层缺失，仅在安纳（Anah）凹陷发育狄格莫（Digma）组一套地层，地层时代为马斯特里赫特期（晚白垩世的最晚期），厚30～90m，为一套泥灰岩地层，沉积环境为滨海-浅海。

伊拉克南部的白垩系上部层系分为如下地层组。

赫塞勃组：该组的描述最早来自Zubair-3井，在该井处，地层厚50m，由暗灰色、浅绿色页岩与灰色泥灰质石灰岩的交互层构成。赫塞勃组沉积于潟湖环境，与下伏的米什里夫组呈假整合接触关系。

坦奴玛（Tanuma）组：在祖拜尔（Zubair）油田，该组厚约30m，由黑色页岩组成，夹灰色微晶泥灰质石灰岩，上部有一层鲕粒石灰岩层。坦奴玛组沉积于近岸盆地环境，与上覆和下伏地层呈过渡接触关系。

塞狄组：厚300m（Zubair-3井处），由单一的白色白垩质、泥灰质抱球虫石灰岩组成，组内发育一段60m厚的单一泥灰岩地层。塞狄组沉积于浅海环境，与下伏的坦奴玛组呈整合过渡接触关系。

太尔亚特组：厚92～274m，由结晶白云质石灰岩、硬石膏质石灰岩和浅白色石灰岩组成，夹少量薄层黑色含黄铁矿沥青质页岩。该组沉积于浅海环境，与下伏的塞狄组呈整合接触关系。

祖拜尔油田的赫塞勃组、坦奴玛组和塞狄组构成了一套沉积于潟湖、局限海到开阔海的地层层系，沉积于开阔海环境的塞狄组与科威特的塞狄组相当（图2-13）。

哈尔塔组：在祖拜尔油田，该组厚200～250m，由生粒石灰岩组成，夹绿色或灰色页岩。有些地方的石灰岩白云化强烈，哈尔塔组与发现于伊拉克北部扎格罗斯褶皱带的赦软尼失（Shiranish）组呈指状接触，或在该组内构成一个独立的岩舌。该组沉积于陆缘海、礁前、浅海滩坝环境，与下伏地层呈不整合接触关系。

西吉尔纳（Qurna）组：厚76～137m，由泥质和白云质石灰岩组成，夹几层泥灰岩，与下伏的哈尔塔组呈整合接触关系。Buday（1980）建议将该组废弃，将其归入赦软尼失组的一个地层段，不过，西吉尔纳组目前仍在使用。

伊拉克北部扎格罗斯褶皱带内的白垩系上部细分为如下层组（图2-15）。

篙乃瑞（Gulneri）组：该组是一套非常薄的地层，仅厚1～2m，由黑色沥青质、钙质页岩组成。篙乃瑞组沉积于还原盆地环境，与下伏的德嵌组呈不整合接触关系。

扣米坦（Kometan）组：该组是伊拉克中北部地区分布最广的地层，厚100～

120m，由薄层抱球虫罕盖类石灰岩和燧石条带组成。扣米坦组不整合于篙乃瑞组之上。

赦软尼失组：该组在扎格罗斯褶皱带地区广泛发育，其岩性与哈尔塔组的岩性基本相同。地层厚 100～400m，由薄层泥灰质石灰岩和泥灰岩组成。该组沉积于深水开阔海环境。

拜克木（Bekhme）组：厚 300～500m，由角砾岩、生粒石灰岩、礁滩石灰岩和次生白云岩组成，该组与上覆和下伏地层均呈不整合接触关系。

坦哲柔（Tanjero）组：该组在扎格罗斯高褶皱带的叠瓦逆冲带内最为发育，最大厚度达 1500～2000m，地层朝西南方向变薄，向东北方向也可能变薄。下部由深海泥灰岩组成，偶夹泥灰质石灰岩和粉砂岩；上部由粉砂岩、泥灰岩和砂质粉砂质生粒石灰岩组成。该组的大部分地层沉积于快速下降的海槽，属于复理石沉积，与下伏的赦软尼失组呈整合接触。

艾阔若（Aqra）组：厚约 740m，主要由礁石灰岩复合体组成，石灰岩局部白云化或硅化，并可能有沥青浸染。

5）沙特

沙特的白垩系上部称为阿鲁马组，该组厚 670m，主要由石灰岩组成，夹页岩，阿鲁马组可分为四个地层段：下厄特芝（Lower Atj）段（或赫纳瑟/Khanasir 段）、中厄特芝（Middle Atj）段（或下哈佳佳/Hajajah 段）、上厄特芝（Upper Atj）段（或上哈佳佳段）和林那（Lina）段。

阿拉伯板块其他国家的白垩系上部的地层特征示于图 2-13 和图 2-14。

第六节　新生代地层

新生代的构造运动控制着岩相古地理特征，因而也影响着新生代地层的演化史。新生代期间，新特提斯洋闭合，而亚丁湾和红海裂开形成新的海洋，与裂谷相关的亚喀巴（Aqaba）-死海和苏伊士湾剪切裂谷系统也发育了起来。这些构造运动的位置决定了阿拉伯板块的现今界线。在阿拉伯板块，新生界沉积物的厚度在伊朗西南部的褶皱带超过了 5000m（16 400ft），向西变薄，直至沙特中部的零线（图 2-16）。在红海盆地，沉积物厚 915～3575m（3000～15 000ft）。

一、古近系

1. 概述

白垩纪末，发生了广泛的海退，结果几乎阿拉伯半岛的所有地区都暴露出水面，仅在阿联酋北部存在相对局限的盆地区，该盆地区内沉积了帕卜德赫（Pabdeh）组。沙特东部的古新统底部层系不含碎屑岩，因此第三系与白垩系的岩性界面通常不明显。古新世早期，发生了一次大规模的海侵，东阿拉伯地区、阿拉伯陆架的北部以及托罗斯-

扎格罗斯海槽都被海水淹没（Buday，1980）。这种沉积背景一直持续至始新世中期。

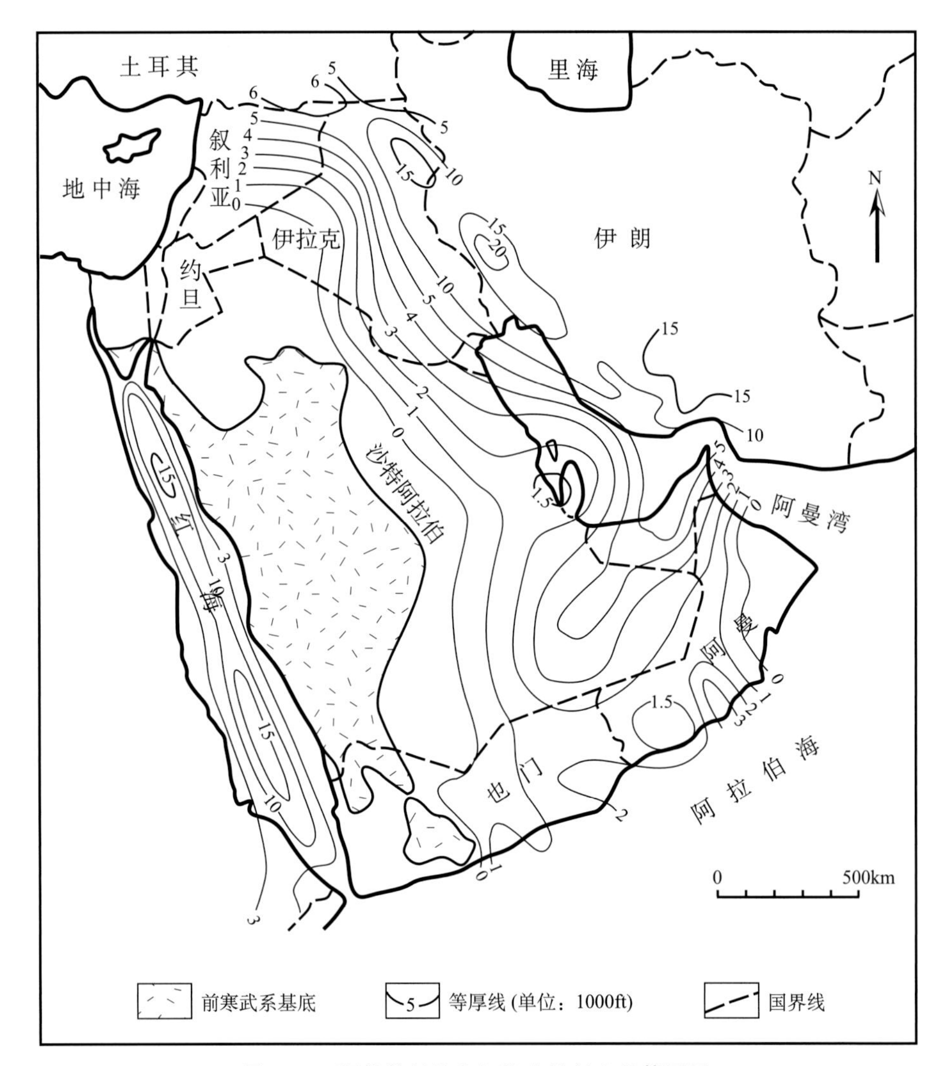

图 2-16 阿拉伯板块和红海盆地新生界等厚图

（据 Peterson and Wilson，1986；Alsharhan and Nairn，1997）

继阿曼山变形和扎格罗斯山脚带遭受轻微褶皱之后，古近纪进入了一个构造平稳期。古地理景观变化不大，西边是阿拉伯地盾古陆，其东侧是广阔的浅海碳酸盐岩陆架，再向东是与伊朗和阿曼构造活动区相邻的两个东部拗陷：扎格罗斯拗陷和瑞斯-黑马赫（Ras al Khaimah）亚盆地（也称为帕卜德赫前渊拗陷）。这两个主要拗陷在白垩纪时就已经是拗陷，两者被法尔斯台地分开。瑞斯-黑马赫亚盆地的东南边界是阿曼山，扎格罗斯拗陷向西北延伸至托罗斯拗陷。

古近纪的稳定地台沉积物构成了哈萨（Hasa）群，该群进一步分为乌姆厄瑞德胡玛（Umm Er Radhuma）组、鲁斯（Rus）组和达曼组（图 2-17）。深水盆地复理石沉积物在伊朗法尔斯省的扎格罗斯拗陷和阿联酋的瑞斯-黑马赫亚盆地分别构成了帕卜德赫组以及与之相当的贾赫罗姆（Jahrum）组（图 2-19）。

2. 沙特

沙特的古新统—中始新统构成了哈萨群，为一套典型的浅水台地沉积层系。从沙特到巴林、卡塔尔和西阿联酋，哈萨群的岩性和厚度变化不大，但是跨过科威特和伊拉克南部，在台地的边缘附近，地层厚度增大，表明有较大的沉降。在通向盆地沉积区的斜坡上，粉砂岩和砂岩的含量增大，表明其物源区为位于西北部的扎格罗斯山。

哈萨群的三套地层组（图 2-17）的特征如下。

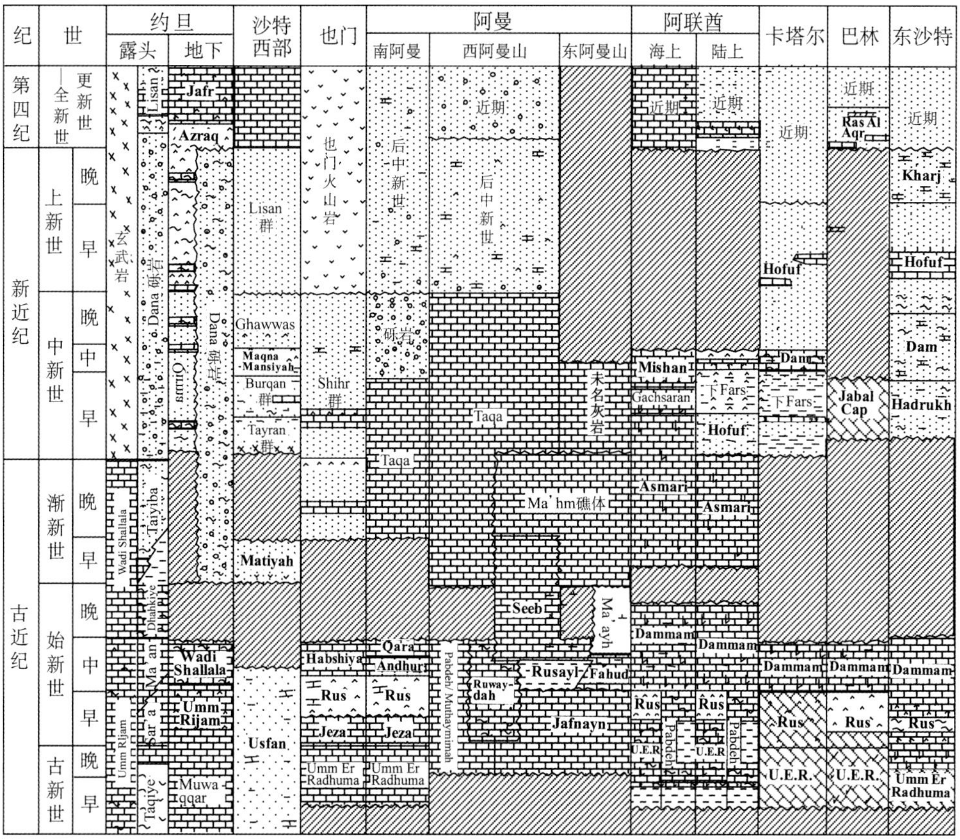

图 2-17　阿拉伯板块南部新生代地层对比图（据 Alsharhan and Nairn，1997）

古新统—下始新统乌姆厄瑞德胡玛组：该组命名于沙特东部的乌姆厄瑞德胡玛水井。在其典型剖面处，由灰泥石灰岩、含颗粒灰泥石灰岩/颗粒质灰泥石灰岩、白云质石灰岩和白云岩组成。地下乌姆厄瑞德胡玛组的石灰岩经受了强烈的白云化作用，层内的化石表明属于浅海沉积。该组不整合于阿鲁马组之上。

下始新统鲁斯组：该组命名于沙特东部达曼穹隆东翼之上的一个称为乌姆厄鲁斯（Umm Er Ru'us）的小山丘。主要由微晶（白垩质）石灰岩组成，夹结晶石膏、石英晶球、细晶硬石膏和少量的白云质石灰岩和页岩。鲁斯组整合于乌姆厄瑞德胡玛组之上。

下始新统达曼组：该组命名于沙特东部的达曼穹隆构造。由台地碳酸盐岩组成，夹细粒碎屑岩（页岩和泥岩）和少量的深水碳酸盐岩。

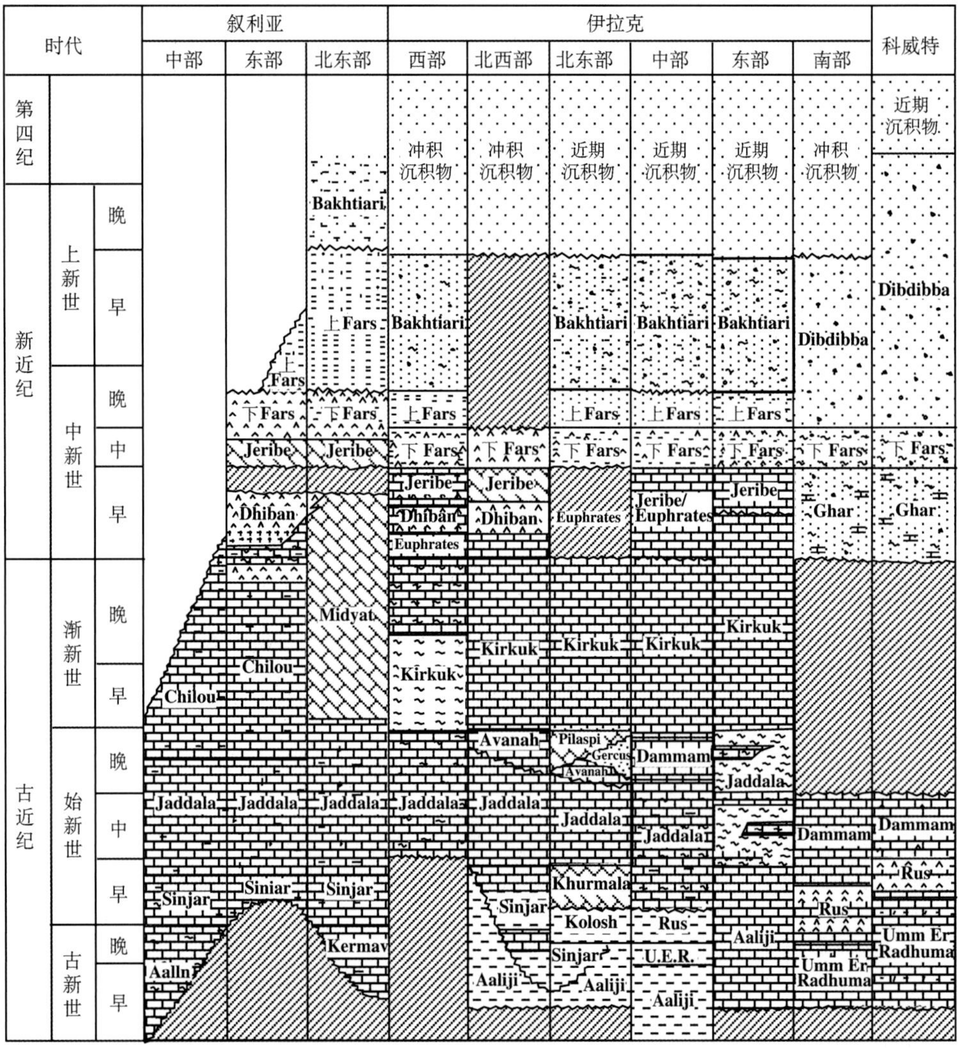

图 2-18　科威特、伊拉克和叙利亚新生代地层对比图（据 Alsharhan and Nairn，1997）

3. 伊朗

台地与帕卜德赫拗陷（或瑞斯-黑马赫亚盆地）的分界线位于伊朗东南部。拗陷内的帕卜德赫组的厚度明显增大，岩性以碎屑岩为主，与台地环境沉积的碳酸盐岩形成了鲜明的对比。台地与盆地之间的过渡层系归入了贾赫罗姆组（图 2-19），该组以碳酸盐岩为主，但其厚度比沉积于台地环境的沉积层系要大。

古新统—下始新统帕卜德赫组：该组的命名源自胡齐斯坦省的库赫帕卜德赫

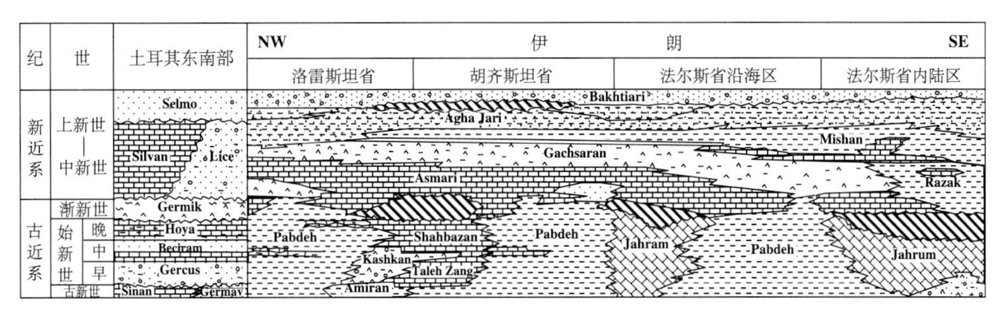

图 2-19　伊朗和土耳其东南部新生代地层对比图（据 Alsharhan and Nairn，1997）

（Kuh-e Pabdeh）镇，在地下和地表均有分布。在拉里（Lali）油田，该组厚 870m，由页岩、泥质石灰岩、泥灰岩和结核状燧石组成，其中页岩占主导地位。帕卜德赫组与下伏的古尔珠组的接触关系因地而异，有的地方呈整合接触，有的地方呈假整合接触；与上覆的渐新统阿斯马里组呈整合接触。

古新统—始新统贾赫罗姆组：该组以法尔斯省的库赫贾赫罗姆（Kuh-e Jahrum）镇而命名，与阿拉伯半岛的哈萨群、胡齐斯坦省的帕卜德赫组相当。贾赫罗姆组以白云岩为主，为沉积于扎格罗斯西北缘的浅水沉积，该组通常整合于下伏的塞阐（Sachun）组之上。

古新统—中始新统套勒藏（Taleh Zang）组：其典型剖面位于洛雷斯坦省的唐葛杜（Tang-e Do）镇，厚 204m，主要由中层-块状石灰岩组成，该组整合于厄米软（Amiran）组的砂质泥灰岩和砂岩之上，卡师坎（Kashkan）组之下。从洛雷斯坦省向东南和西南，套勒藏组与帕卜德赫组呈指状交错接触关系（图 2-19）。

古新统—中始新统卡师坎（Kashkan）组：该组的典型剖面位于洛雷斯坦省中部的库赫厄米软（Kuh-e Amiran）构造的东北翼，厚约 370m，主要由砾岩、砂岩和粉砂岩组成。从洛雷斯坦省中部向东南和西南方向，卡师坎组的碎屑岩被套勒藏组和赦拜赞（Shahbazan）组的石灰岩所取代。

中—上始新统赦拜赞（Shahbazan）组：其典型剖面位于洛雷斯坦省的唐葛杜镇，厚 338m，由白云岩和白云质石灰岩组成。该组与下伏的卡师坎组呈整合接触，与上覆的阿斯马里（Asmari）组呈假整合接触。

渐新统—下中新统阿斯马里（Asmari）组：厚 1～518m，由奶油色-棕色石灰岩组成，夹有贝壳层。石灰岩致密，原生孔隙几乎全部丧失。不过，当有裂隙发育时，阿斯马里组石灰岩可构成良好的储集层。在阿瓦兹（Ahwaz）和曼苏芮（Mansuri）油田，阿斯马里组下部的百余米地层由钙质砂岩和砂质石灰岩组成，夹少量的页岩，这套地层被称为阿瓦兹砂岩段，该段被认为是科威特和伊拉克南部的盖尔（Ghar）组在伊朗的延续。在洛雷斯坦省的西南部，阿斯马里组的下部由石膏、泥灰岩和薄层石灰岩组成。阿斯马里组与上、下地层的接触关系因地而异，有的地方呈整合接触，有的地方呈假整合接触。

4. 其他地区

卡塔尔、巴林、科威特和伊拉克南部的古近系也称为哈萨群，与沙特一样，也分为乌姆厄瑞德胡玛组、鲁斯组和达曼组，不过这些地层组的岩相与沙特的不同。

在伊拉克北部，古近系的古新统—始新统细分为八个组：厄黎吉（Aaliji）组、辛加（Sinjar）组、克烙仕（Kolosh）组、赫莫拉（Khurmala）组、哲代拉（Jaddala）组、厄宛纳（Avanah）组、盖尔居什（Gercus）组和皮勒斯派（Pila Spi）组（图 2-18）。渐新统基尔库克（Kirkuk）群为一套碳酸盐岩地层，与上覆和下伏的地层呈不整合接触，该群可进一步细分为仅局部分布的八个地层组。

在阿联酋，盆地相和台地相层系都存在。台地沉积物构成了哈萨群，盆地相构成了帕卜德赫组。台地相到盆地相的过渡伴有明显的厚度增加，这与发现于伊朗的地层特征是一致的。哈萨群分为三个组：乌姆厄瑞德胡玛组、鲁斯组和达曼组，哈萨群之上为阿斯马里组。这些地层的特征小结于图 2-17。

二、新近系

古近纪晚期—新近纪早期，阿拉伯半岛东部经受了隆升和剥蚀。阿曼北部的山区自中新世起，就一直出露于地表。在瑞斯-黑马赫拗陷，古近系和新近系之间没有沉积间断，为连续沉积，沉积的地层构成了阿斯马里组（图 2-19）。由于阿斯马里组在古近系部分已做过描述，因此在此不再重复。

1. 沙特

沙特的新近系细分为如下地层（图 2-17）。

下中新统赫爪克（Hadrukh）组：该组的标准剖面位于沙特的杰宝黑达茹克（Jabal al Haydarukh）镇，地层厚约 84m，由陆相砂质石灰岩和钙质砂岩组成，夹少量的燧石和石膏。赫爪克组不整合于达曼组之上。

中中新统达姆（Dam）组：该组的标准剖面位于沙特的杰卜立丹（Jebel al Lidan）镇，地层厚 91m，由泥灰岩、泥岩、石灰岩和生物壳石灰岩组成，夹少量的砂岩夹层。石灰岩和生物壳石灰岩含海相化石，为浅海沉积。该组整合于下伏的赫爪克组之上，与科威特和伊拉克南部的盖尔砂岩、伊朗的阿瓦兹砂岩相当。

上中新统—下上新统胡富夫（Hofuf）组：该组的命名源自沙特的胡富夫（Al Hofuf）镇，在其标准剖面处，地层厚 95m。下部由浅绿-灰色泥灰岩、红色砾岩和白色石灰岩组成，上部由浅色砂质石灰岩、红色和白色泥质砂岩和灰色泥灰质石灰岩组成。该组为非海相沉积。

上新统卡吉（Kharj）组：该组命名于沙特中部的奥卡吉（Al Kharj）镇，在其标准剖面处，地层厚约 28m，由葡萄状砾质石灰岩、砂岩和砾岩组成。该组沉积于淡水湖相环境。

2. 卡塔尔

卡塔尔的新近系分为如下地层（图 2-17）。

下—中中新统下法尔斯组：该组的典型剖面位于伊朗东南部。在卡塔尔，该组厚约79m。下部由砂质泥灰岩、砂质石灰岩、砂岩和页岩的交互层组成；上部由白垩质石灰岩和泥灰岩组成，中部夹薄层石膏，顶部为砂质石灰岩。

中中新统达姆组：该组分为上、下两部分。下部厚 30m，由海相石灰岩和泥岩组成；上部厚约 48m，由潟湖相石灰岩和泥岩组成。从沙特到卡塔尔，达姆组的碎屑岩含量减少但碳酸盐岩含量增加，岩性的这种变化表明卡塔尔处于一个受海洋影响更大的沉积背景。该组的下部沉积于浅海环境，上部沉积于蒸发浅水环境。

上中新统—下上新统胡富夫组：与沙特胡富夫组的岩性类似，由砂岩、砾岩和少量石灰岩组成。该组沉积于陆相环境，与下伏的达姆组呈整合接触。

3. 阿联酋

阿联酋的新近系分为如下地层（图 2-17）。

下中新统加奇萨兰（Gachsaran）组：厚约 480m，可细分为三部分。下部由硬石膏组成，夹砂质白云岩、泥岩和薄层砂岩；中部由白云质石灰岩、石灰岩、钙质泥岩和泥灰岩组成，夹钙质砂岩、粉砂岩和硬石膏条带；上部由层状硬石膏组成，夹生粒白云岩、白云质石灰岩和泥岩。加奇萨兰组沉积于浅海-较咸水环境，与下伏的阿斯马里组呈整合接触。

下—中中新统密山（Mishan）组：在瑞斯-黑马赫亚盆地，密山组细分为三部分。下部由微孔生粒石灰岩和泥岩组成，夹硬石膏条带和结核、薄层钙质砂岩；中部由松软的泥灰岩组成；上部由贝壳石灰岩组成，夹含石膏结核的薄层泥灰岩。在阿布扎比的海上，密山组厚 290m，分为上、下两段。该组整合于加奇萨兰组之上，不整合于上新统—更新统砂、砾岩之下。

中新统胡富夫组：该组仅分布于阿布扎比的西部和中部。地层厚约 110m，由固结不好的非海相-海相砂岩组成，夹泥灰岩和薄层湖相石灰岩和石膏。

上新统—更新统沉积物在阿联酋广泛分布，由交错层理钙质砂岩、砂质石灰岩和小栗虫石灰岩组成。近代沉积物包括碳酸盐岩岩屑砂岩、潟湖白云岩质泥岩、潮间藻席和潮上萨布哈石膏、硬石膏和岩盐。

4. 科威特

科威特的新近系细分为如下地层（图 2-18）。

下中新统盖尔组：露头处厚 33m，地下厚 195～160m。地下的盖尔组由未固结的粗粒砂岩组成，夹几层砂质石灰岩、泥岩和薄层硬石膏夹层，该组沉积于海相-陆相环境，不整合于达曼组之上。

中中新统下法尔斯组：该组相当于沙特达姆组的上部地层，地层厚 61～183m，由细-粗粒砾质砂岩、页岩和薄层石灰岩组成。在科威特北部和伊拉克南部，硬石膏、泥岩和泥灰岩以及浅海成因的石灰岩变得更为常见。下法尔斯组沉积于快速下沉的盆地，与下伏的盖尔组呈整合接触。

上中新统—上新统狄勃狄巴（Dibdibba）组：该组在科威特的最大厚度为220m，由砂砾沉积物组成，夹砂质黏土、砂岩、砾岩和粉砂岩夹层或透镜体。狄勃狄巴组沉积于河流环境，与下伏的下法尔斯组呈整合过渡关系，其上为近期和次近期未固结的各类沉积物。

5. 伊拉克

伊拉克南部的新近系细分为如下地层（图2-18）。

下中新统盖尔组：厚100～150m，由砂岩和砾岩组成，夹微量的硬石膏、泥岩和砂质石灰岩。盖尔组沉积于滨海环境，在其典型剖面处，部分为三角洲沉积。该组与下伏的达曼组呈不整合接触关系，与上覆的下法尔斯组呈过渡整合接触关系。

中中新统下法尔斯组：地层厚度超过900m，以石膏、硬石膏和岩盐为主，夹石灰岩、泥灰岩和比较细的碎屑岩。下法尔斯组沉积于快速下降的盆地，层内的稀少化石表明水体的盐度很高。该组与科威特的下法尔斯组和沙特的达姆组相当。

上中新统上法尔斯组：伊拉克的上法尔斯组和上新统巴赫蒂亚（Bakhtiari）组相当于科威特的狄勃狄巴组（图2-18）。该组是海相下法尔斯组与陆相巴赫蒂亚组粗粒磨拉石层系之间的过渡地层，最大厚度可达2000m。岩性横向上有变化，但主要由红色或灰色粉砂质泥灰岩或黏土岩和中-粗粒砂岩组成，该组的下部夹有石灰岩和页岩，在很多地区，也发现有石膏层，但厚度不大。上法尔斯组沉积于潟湖-湖泊和河流-湖泊环境，与下伏的地层呈整合接触，其顶部界面为一穿时界面。

上新统—更新统巴赫蒂亚组：该组几乎全部由碎屑岩构成，碎屑颗粒从粉砂到巨砾，厚度可达2500～3000m。巴赫蒂亚组为典型的沉积于快速沉降拗陷的淡水河流-湖泊磨拉石建造。

6. 伊朗

伊朗的新近系细分为如下地层。

下中新统加奇萨兰组：该组以其发育最好的加奇萨兰油田而命名，为一套硬石膏和石灰岩的交互层，夹沥青质页岩、少量的岩盐和泥灰岩，厚度可达2000m。在法尔斯省，加奇萨兰组为一穿时地层单元，自西北向东南，地层时代变老（图2-19）。

下中新统若宰克（Razak）组：该组的命名源自法尔斯省的若宰克镇，此处地层厚805m，由红色、灰色和绿色粉砂质泥灰岩与粉砂质石灰岩的互层组成，夹少量的砂岩。若宰克组整合于阿斯马里组之上、密山组之下，与加奇萨兰组呈指状交错接触关系（图2-19）。

中—上中新统密山组：该组以胡齐斯坦省的密山镇而命名，此处地层厚约752m，由泥灰岩和石灰岩组成。密山组与下伏加奇萨兰组的接触界面为一岩性突变界面，其顶界为一穿时界面，该组沉积于线状海槽环境。

上中新统—上新统阿贾里（Agha Jari）组：该组的命名源自胡齐斯坦省的阿贾里

油田，几乎全部由陆源碎屑岩组成，碎屑颗粒从粉砂到巨砾，地层厚650～3250m。其主要岩性为灰色钙质砂岩，夹石膏脉、红色泥灰岩和粉砂岩。该组在洛雷斯坦省和胡齐斯坦省沉积于湖泊-河口环境，在法尔斯省，部分为海相成因。

上上新统—更新统巴赫蒂亚组：该组几乎全部由陆源碎屑岩组成，碎屑颗粒来自东边的中新统—上新统造山褶皱带，颗粒大小从粉砂到巨砾，地层厚518m。巴赫蒂亚组为沉积于强烈下陷前渊的淡水磨拉石建造，与下伏的阿贾里组呈不整合或假整合接触关系，其顶界为一剥蚀界面，之上覆盖有冲积沉积物。

小　　结

1）阿拉伯板基底之上沉积了前寒武纪—新近纪的沉积盖层，沉积厚度自西向东增大，最大沉积厚度达13 715m以上。

2）沉积地层的研究程度和认知程度因地而异，总体而言中—新生界的研究程度远高于古生界和前寒武系，古生界和前寒武系仅在阿曼盆地和中阿拉伯盆地得到了较为系统的研究。

3）古生界以碎屑岩为主，前寒武系和中—新生界以碳酸盐岩为主，在中—新生代地层中，碎屑岩主要局限于下白垩统阿尔布阶和新近系。

4）受区域构造活动影响，阿拉伯板块的沉降中心不断转移：古生代沉降中心位于阿拉伯板块东侧；三叠纪伊拉克北部的沉积厚度可达1.5km；侏罗纪沉降中心在波斯湾西北侧，最大沉积厚度1.5km；白垩纪受东侧挤压影响，沉降中心东移，形成北部的伊拉克和南部的阿联酋-阿曼两个沉降中心，厚度分别达3km和2.4km；新生代扎格罗斯前陆形成了伊朗-伊拉克前陆盆地，最大沉积厚度达4.5km。

第三章 阿拉伯板块沉积相与沉积演化

中东地区丰富的油气资源多产于中—新生界层系，中—新生界是石油勘探的主力目的层。直至20世纪70年代，随着海湾地区二叠系胡夫组非伴生气巨大储量的发现以及阿曼古生代地层内石油的发现，古生界的油气远景才引起了人们的重视和研究。

古生代沉积的研究主要依据沿阿拉伯地盾东缘和南阿曼分布的露头研究、古隆起上的钻井岩心分析以及品质一般的区域2D地震剖面研究。与古生代相比，中—新生代的研究程度要高得多，因此有关中—新生代沉积相与沉积格架的文献众多。本章主要依据Alsharhan和Nairn（1997）、Sharland等（2001）和Ziegler（2001）等的研究成果，探讨阿拉伯板块基底拼合之后四个不同构造演化阶段的沉积相及其演化特征，在统一图例的基础上（图3-1），修编完善了表征沉积特征的相关沉积相图。

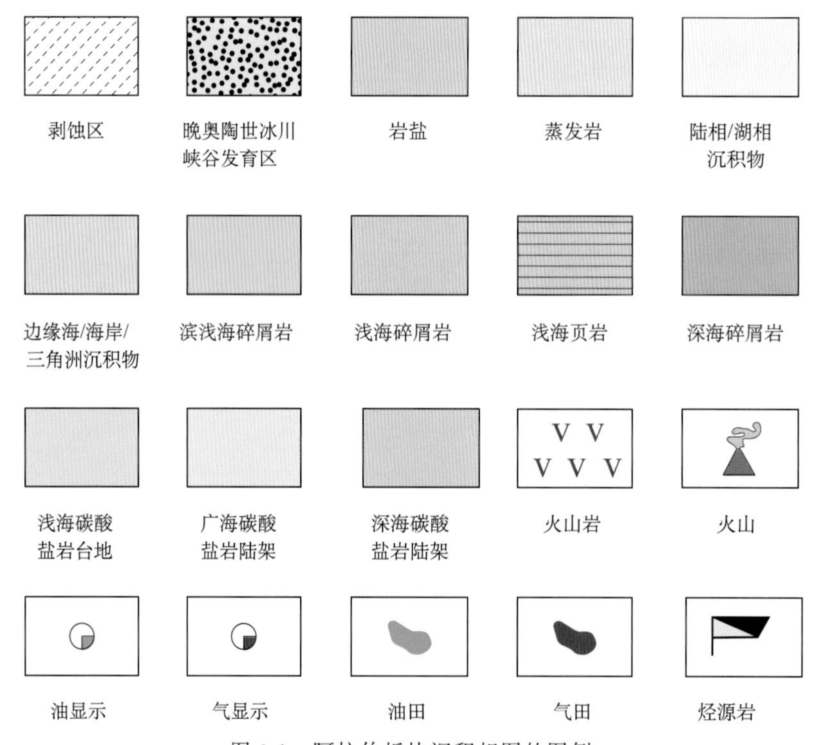

图3-1 阿拉伯板块沉积相图的图例

第一节 前寒武纪—晚泥盆世克拉通内发育阶段沉积演化

一、前寒武纪—早寒武世

前寒武纪—早寒武世期间，阿拉伯板块以盐盆发育为特征，在阿拉伯板块的东南部发育了至少四个盐盆，分别为北海湾盐盆、南海湾盐盆、费胡德（Fahud）盐盆、哈巴（Ghaba）-南阿曼盐盆（图 1-20，图 2-4）。定义盐盆的依据是盐层现今的分布状态，但现今的盐盆不能完全反映原始的沉积范围。南、北海湾盐盆的南缘可能反映了当时的盐盆边缘，而北缘和东北缘则受到后期构造变动的影响，边界不易确定，也许延伸到了现今伊朗的中部。

在伊朗西南部，盐盆沉积构成了霍尔木兹混合岩，该套岩系由石膏、岩盐、碳酸盐岩和杂色页岩组成，常常表现出沼泽沉积旋回特征。混合岩中广泛出现岩浆侵入岩和喷发岩，火山岩偏酸性。混合岩的下部为盐湖和盐沼沉积，中部为下寒武统河流相到海相碎屑岩，上部则为下寒武统蒸发岩。在扎格罗斯逆冲带的东北部，霍尔木兹混合岩沉积巨厚（局部超过 2000m），为非蒸发岩相的页岩、砂岩、白云岩和石灰岩。

在阿曼，与霍尔木兹混合岩相当的层系称为侯格夫超群。在阿曼山区，侯格夫超群不整合于基底之上，厚约 1200m。该超群是阿曼最重要的烃源岩层系，也是阿拉伯板块最古老的油气产层。

在沙特，Najd 左旋走滑运动与一系列南北向的高陡裂谷盆地的形成相伴生，裂谷盆地之间为狭长的地垒。鲁卜哈利盆地的西部发育了西鲁卜哈利裂谷盆地(图 1-20)，盆地走向近南北，主要充填了陆相碎屑岩，沉积物源自腹地和抬升的断块。

二、早—中寒武世

Najd 裂谷形成之后，阿拉伯板块被准平原化，整体处于裂后拗陷沉积背景。板块的大部分地区接收了早寒武世晚期的陆相碎屑岩沉积，这些沉积物源自南部和西部（现今方位）的物源区。

中寒武世期间，一个巨大的浅水碳酸盐岩台地覆盖了阿拉伯板块北部的广大地区，其南边为浅海相碎屑岩和碳酸盐岩分布区，再向南则为陆相碎屑岩，邻近西南部物源区的地区沉积了冲积扇相粗碎屑岩。在阿拉伯板块的南部，地层沉积范围非常有限，仅局部地区接受了陆相碎屑岩以及蒸发岩和碎屑岩沉积（图 3-2）。

三、晚寒武世—早奥陶世

晚寒武世时，陆源碎屑供应加大，结果结束了阿拉伯板块北部的浅水碳酸盐岩台地沉积。陆源碎屑自西南向东北前积，由西南至东北，沉积相带依次为陆相碎屑岩、三角洲-浅海碎屑岩和浅海页岩（图 3-3）。到了伊朗内陆，晚寒武世仍为碳酸盐岩沉积。

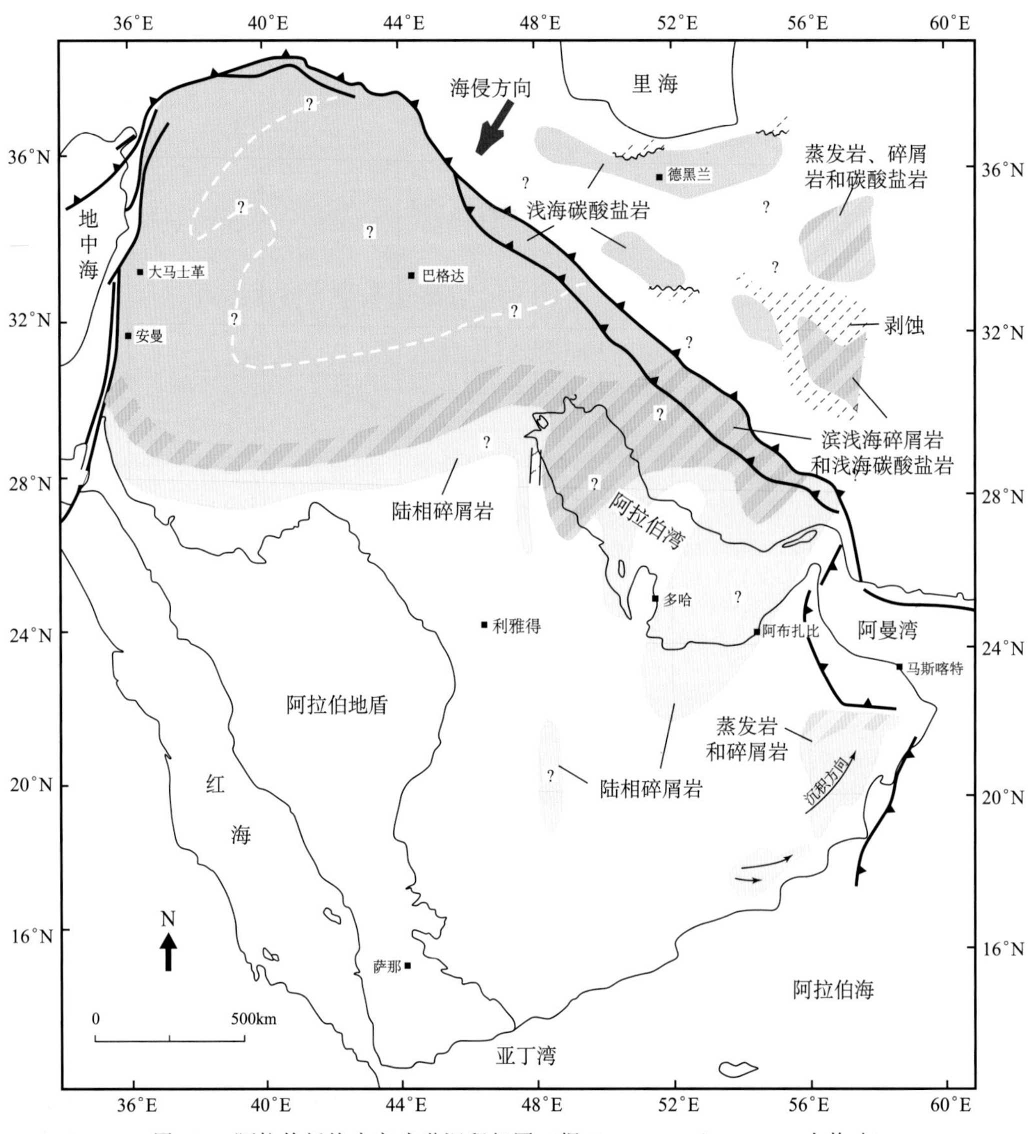

图 3-2　阿拉伯板块中寒武世沉积相图（据 Konert et al.，2001；有修改）
图例见图 3-1

晚寒武世末期—早奥陶世初期，阿拉伯板块再次遭受海侵，阿拉伯板块的北部（叙利亚和土耳其东南部）和伊朗内陆又成为了较深水环境。在沙特境内，这次海侵导致了 Cruziana 页岩段的沉积，该段为一套海侵沉积，由互层的页岩、粉砂岩和云母砂岩组成。随后，陆源碎屑供应的再次增大导致了以砂岩为主的 Sajir 段的沉积，该组的下部沉积于河流环境，上部沉积于河流-滨海（辫状三角洲）环境。

四、中奥陶世

中奥陶世早期的快速海进导致了浅海页岩沉积覆盖了阿拉伯板块的绝大部分地区(图 3-4)。随后，沉积了一套海相前积碎屑岩层系，这套层系沉积于内浅海-海湾或三角洲环境（Konert et al.，2001）。

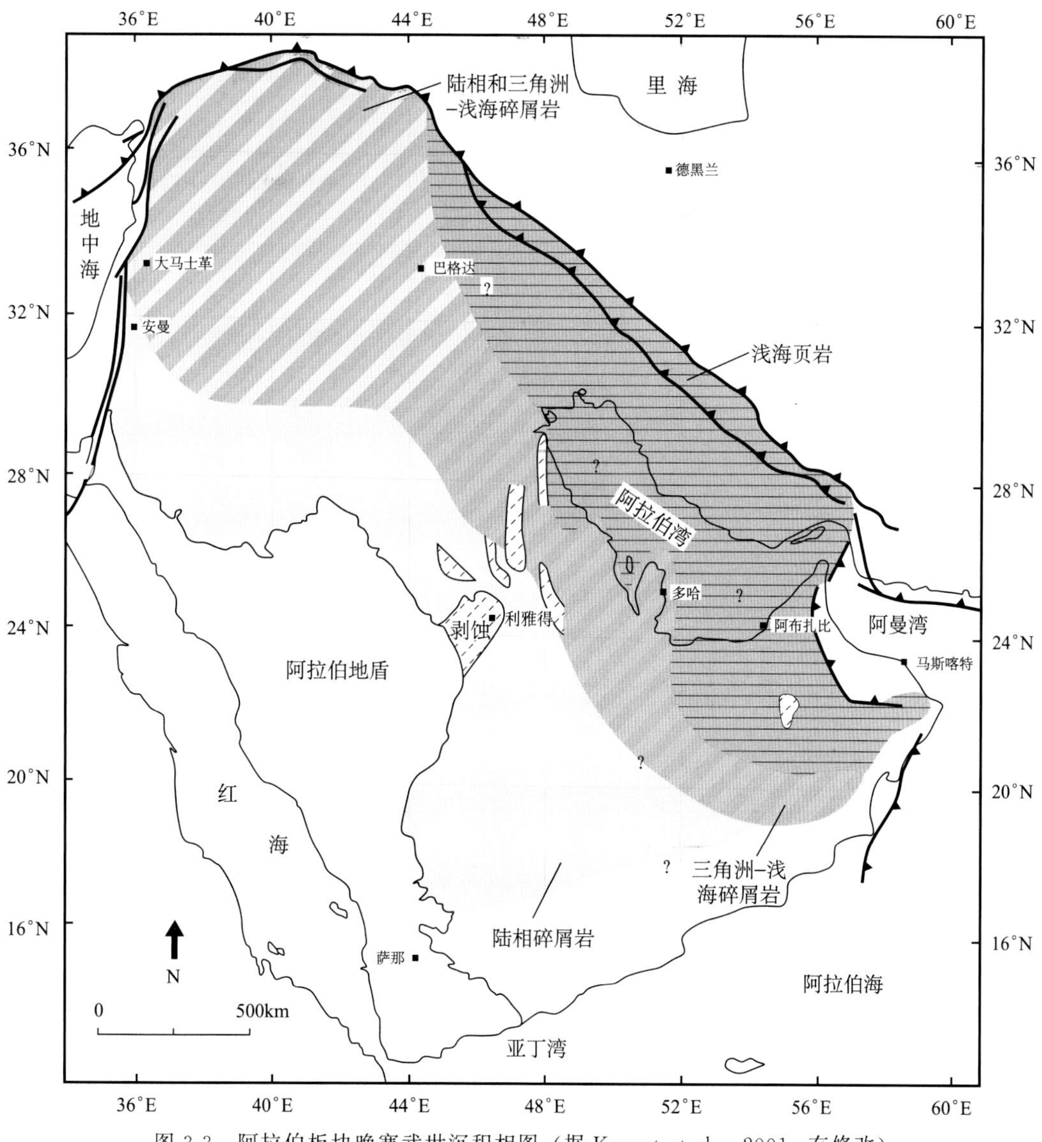

图 3-3 阿拉伯板块晚寒武世沉积相图（据 Konert et al.，2001；有修改）

图例见图 3-1

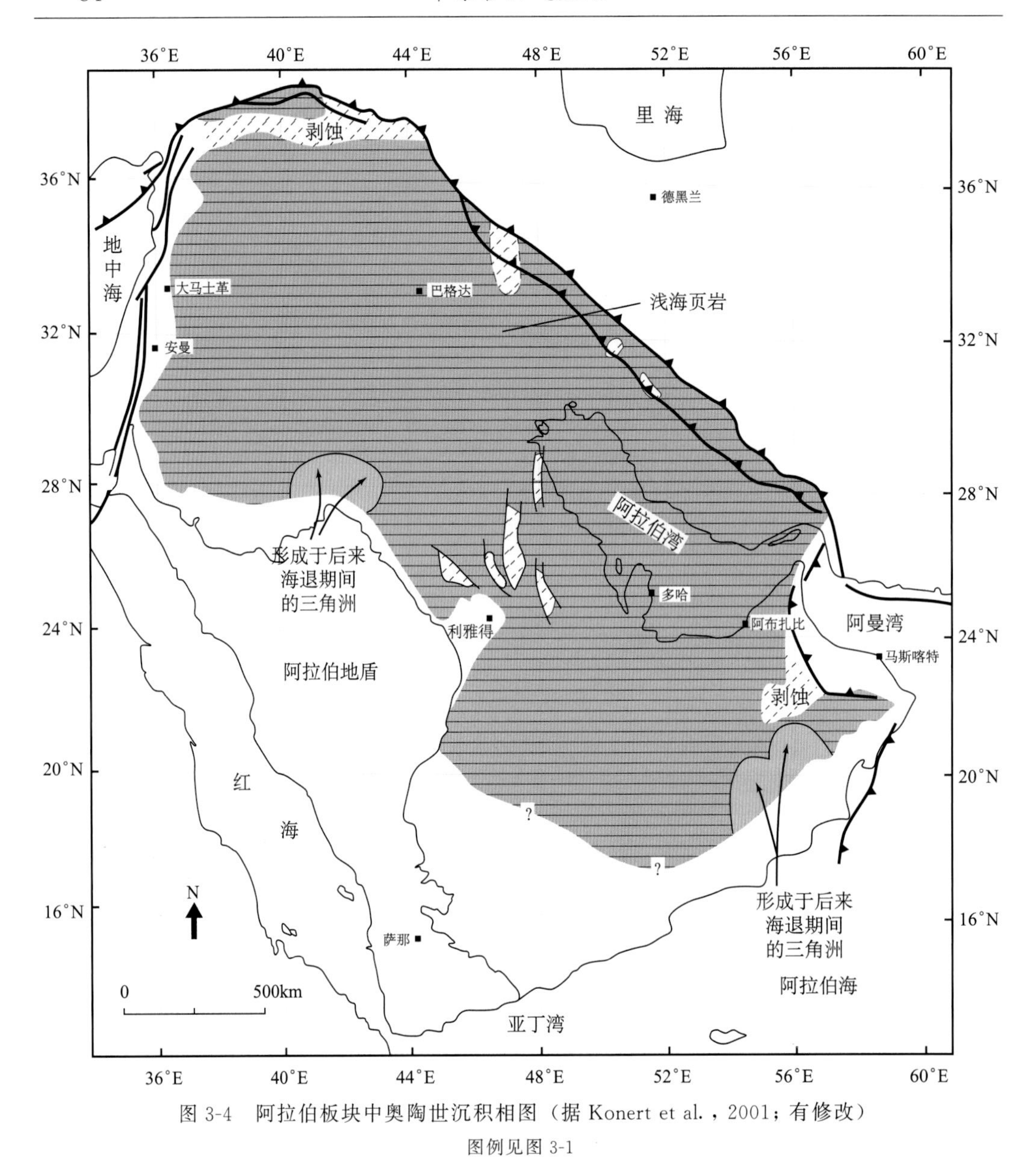

图 3-4　阿拉伯板块中奥陶世沉积相图（据 Konert et al.，2001；有修改）

图例见图 3-1

五、晚奥陶世

晚奥陶世早期，在沙特又沉积了一个海进-海退旋回。到了盆地内部，上奥陶统为一套中-外浅海相笔石页岩，由于岩性基本上没有差异，因此盆地边缘可以识别出来的海进-海退层系无法区别开来。

晚奥陶世后期，阿拉伯板块漂移至最南端（图 1-17），极地冰盖覆盖了冈瓦纳大陆的广大地区。冰川两次推进至阿拉伯板块的西部，沉积了两套地层：Zarqa 组和 Sarah 组。两组地层均由冰碛岩和冰川碎屑岩（主要是砂岩）组成。冰川和河流下切形成的峡谷可以超过600m，这些下切峡谷主要分布于阿拉伯地盾的北边（图3-5）。在阿拉伯半岛中部，地下区分不开的Zarqa组和Sarah组沉积于冰川-河流环境，其岩心特征表现出明显的冰川沉积特征，即砂岩杂基中存在半磨圆至磨圆状的细-中粒砾石，这些砾石源自西部的阿拉伯地盾（McGillivray and Husseini，1992）。

六、志留纪

志留纪初期，随着冰川的消失，气候变暖。冰川融化引发的海平面上升导致了广泛的海侵，阿拉伯地盾的东缘被三角洲-浅海相沉积物所覆盖。向盆地方向，发育了一个较深水的陆架内拗陷（图3-5）。在这个拗陷内，缺氧的水体条件和沉积物供给的贫乏

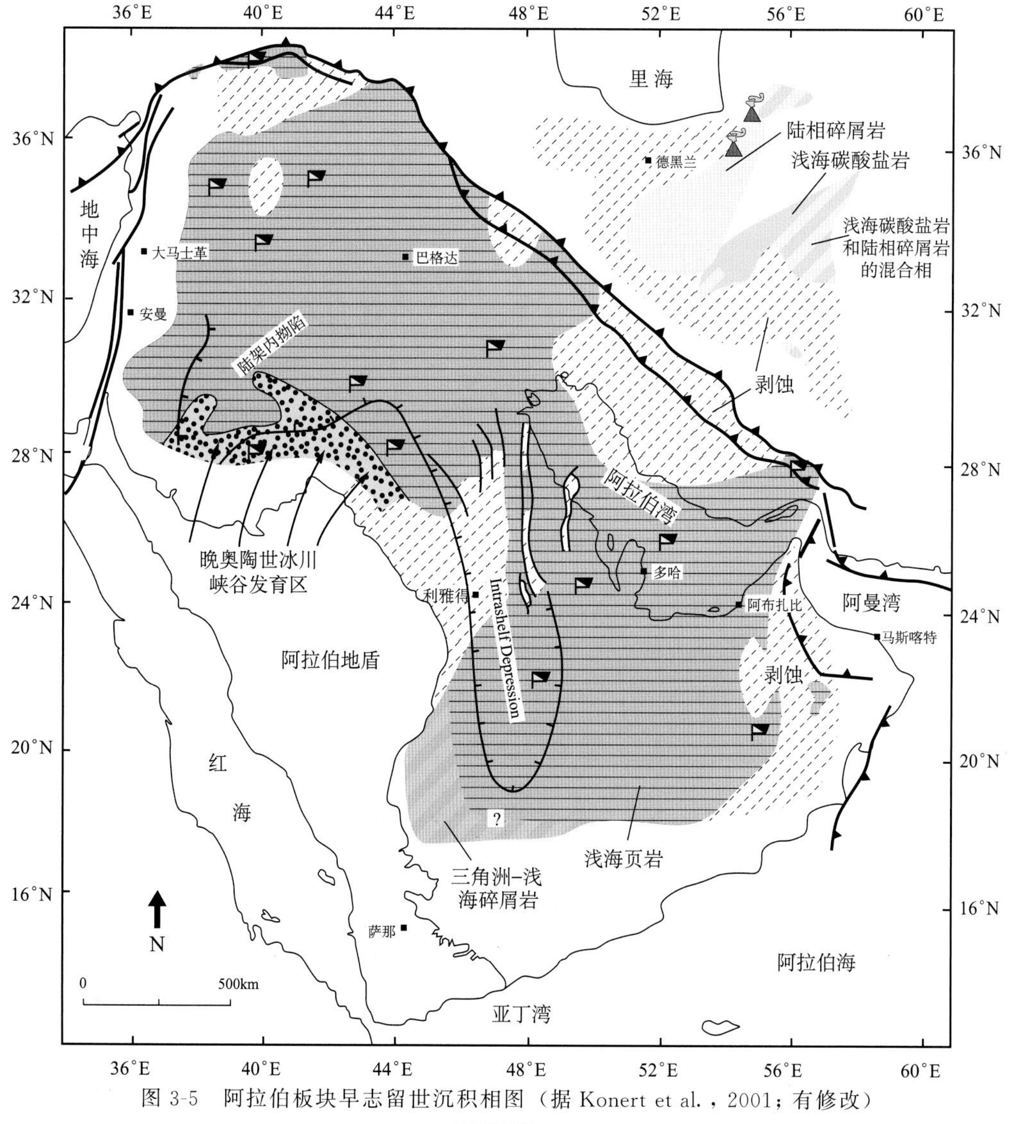

图3-5　阿拉伯板块早志留世沉积相图（据Konert et al.，2001；有修改）

图例见图3-1

导致了志留系富有机质“热页岩”的沉积，这套页岩沉积物构成了沙特下志留统Qalibah组的Qusaiba段。Qusaiba段是沙特古生界油气藏的主力烃源岩层。与寒武纪和奥陶纪的相带展布类似，早志留世的相带走向依然大体呈南北向。

七、泥盆纪

由于海西构造运动，阿拉伯板块的广大地区被抬升并遭受剥蚀，因此泥盆纪地层仅在局部地区被保留了下来。在沙特，志留纪末期—早泥盆世的Tawil组为一套粗碎屑岩沉积，沉积于辫状河流-滨岸环境。与其相当的层系在阿拉伯板块的北部（叙利亚、土耳其和伊拉克）缺失，当时该地区为一构造高地，高地的成因可能是泥盆纪末裂谷事件前的热拱效应（Shartland et al.，2001）。

中—晚泥盆世以海侵的区域地质背景为主，海侵来自西北，海湾地区为浅海覆盖，中阿拉伯隆起的南边为三角洲/浅海相碎屑岩沉积，凸起的北边为浅海碎屑岩和碳酸盐岩沉积（图3-6）。显然，早志留世就已存在的中阿拉伯隆起控制了区域沉积相带的展布。盖瓦尔油田的东翼发现了Jauf组气藏。

沙特的中—晚泥盆世Jubah组为一套陆相碎屑岩，这套层系跨越了阿拉伯板块发育的两个阶段。下Jubah组沉积于晚前寒武纪—晚泥盆世克拉通内（被动陆架边缘）发育阶段，上Jubah组则沉积于晚泥盆世—中二叠世（活动大陆边缘）发育阶段。

第二节　晚泥盆世—中二叠世弧后（活动大陆边缘）发育阶段沉积演化

一、晚泥盆世

上泥盆统Jubah组的上部是该发育阶段的第一套沉积层系，这套陆相碎屑岩地层前面已论述过，因此不再重复。

二、石炭纪

晚泥盆世—晚石炭世的海西构造运动期间，当时阿拉伯板块整体处于挤压隆升状态，原始沉积区分布范围非常有限。另一方面海西构造运动导致了阿拉伯板块广大地区的隆升和地层剥蚀，剥蚀量从几百米到1000米以上（McGillivray and Husseini，1992）。因此原先分布就比较局限的下—中石炭统被保留下来的就更少（图3-7）。保留比较完整的下—中石炭统发现于叙利亚Palmyra原型洼陷，这里的下—中石炭统由页岩、砂岩和碳酸盐岩组成，沉积环境从三角洲、滨海到浅海。

在阿曼，晚石炭世也发育一套冰川-冰川边缘沉积，而且这里的冰川沉积延续到了早二叠世。

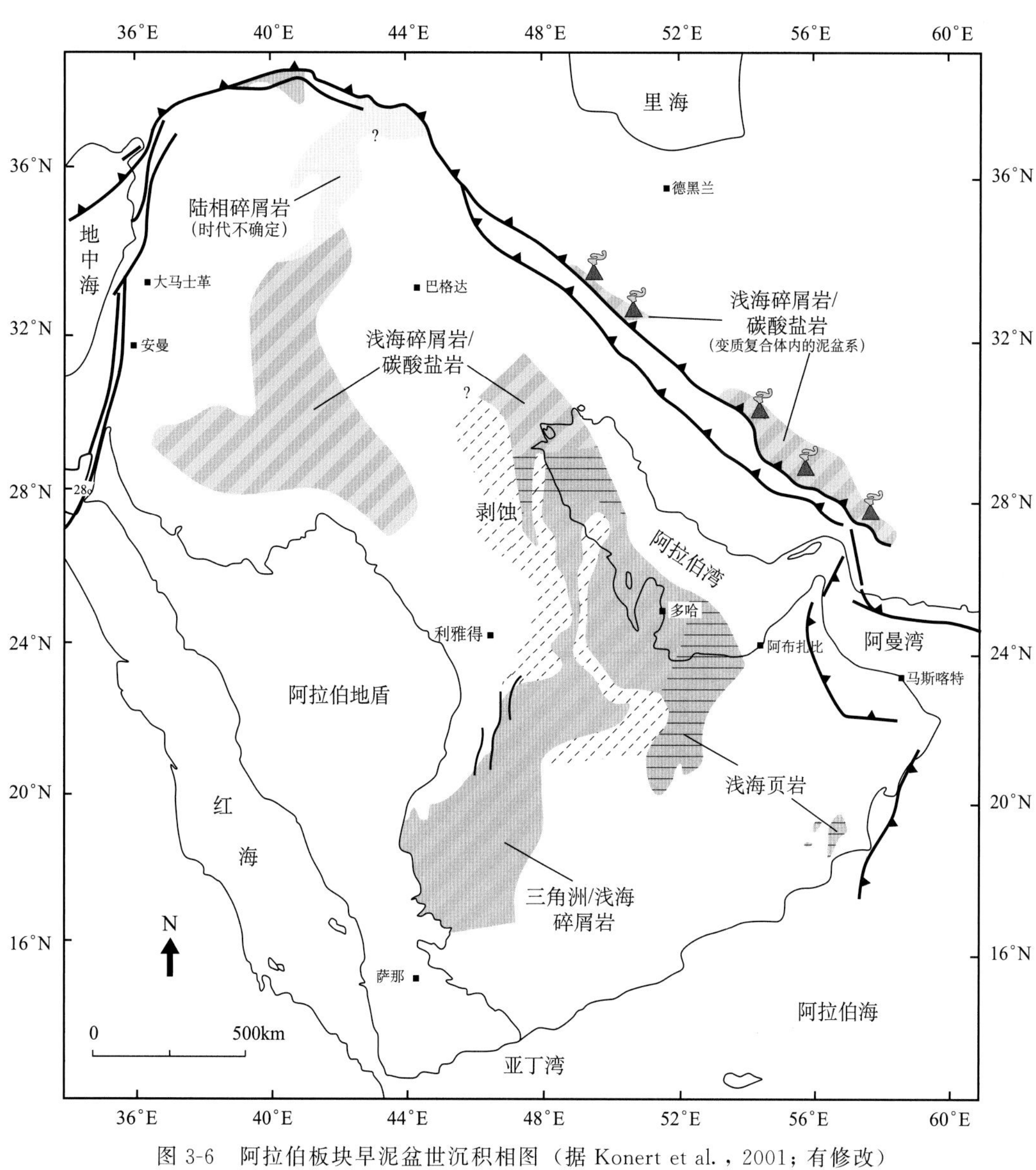

图 3-6 阿拉伯板块早泥盆世沉积相图（据 Konert et al.，2001；有修改）

图例见图 3-1

三、早—中二叠世

早二叠世，海洋的影响在阿拉伯板块的东南部（阿曼）表现得更加明显，这里沉积了浅海相碳酸盐岩（图 3-8）。碳酸盐岩沉积之后，则沉积了包括湖相和盐湖相在内的细碎屑岩，到了中二叠世，随着陆源供应的加大，沉积层系内砂岩的含量迅速增多（Le Métour et al.，1995）。

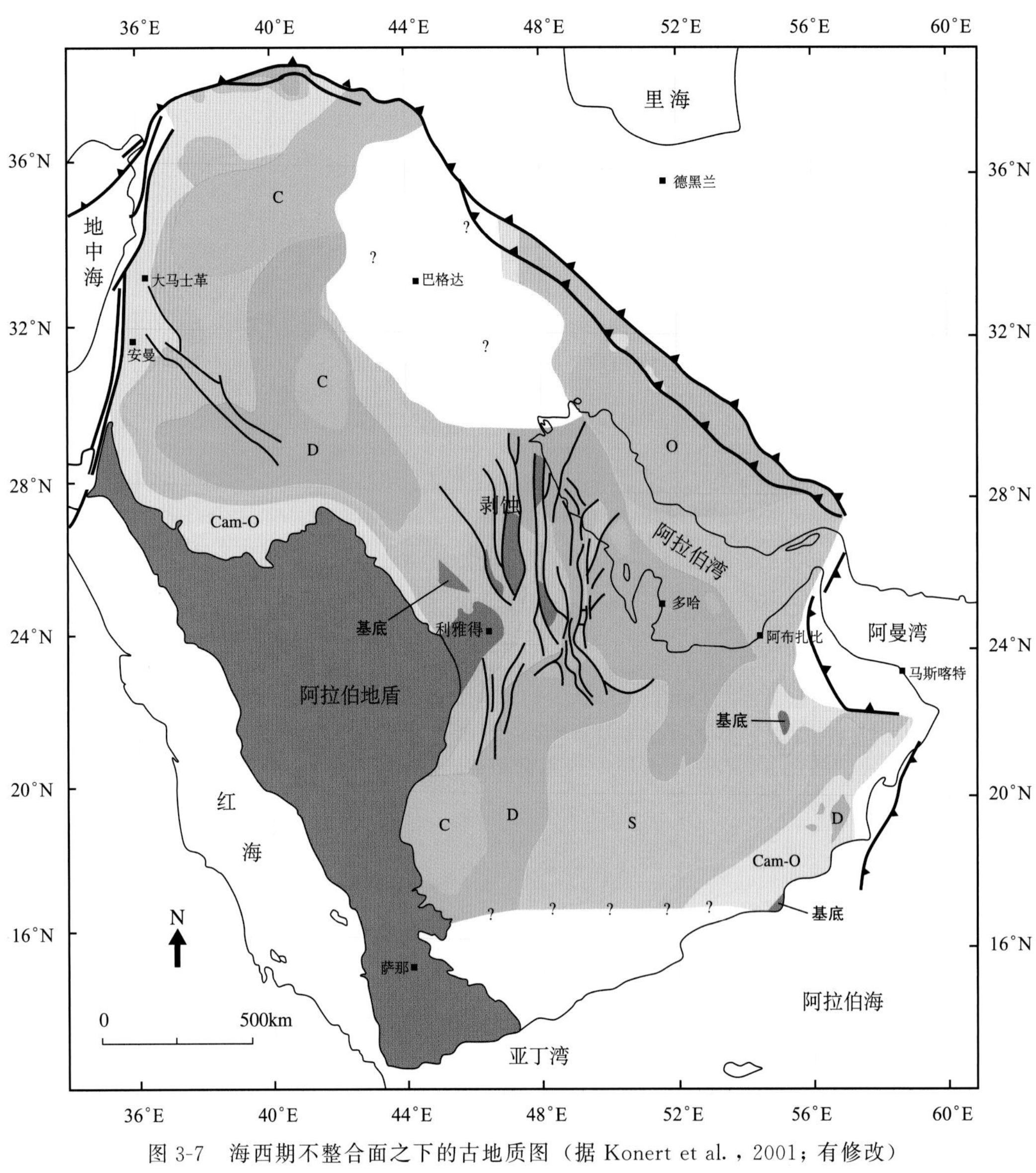

图 3-7 海西期不整合面之下的古地质图（据 Konert et al.，2001；有修改）
图例见图 3-1

Unayzah 储集层系（包括 Juwayl 组和 Unayzah 组）以填平补齐的方式沉积于海西期不整合面之上，这两组地层在沙特主要为陆相沉积，在卡塔尔隆起和 Hawtah 台地上的地层厚度最薄。

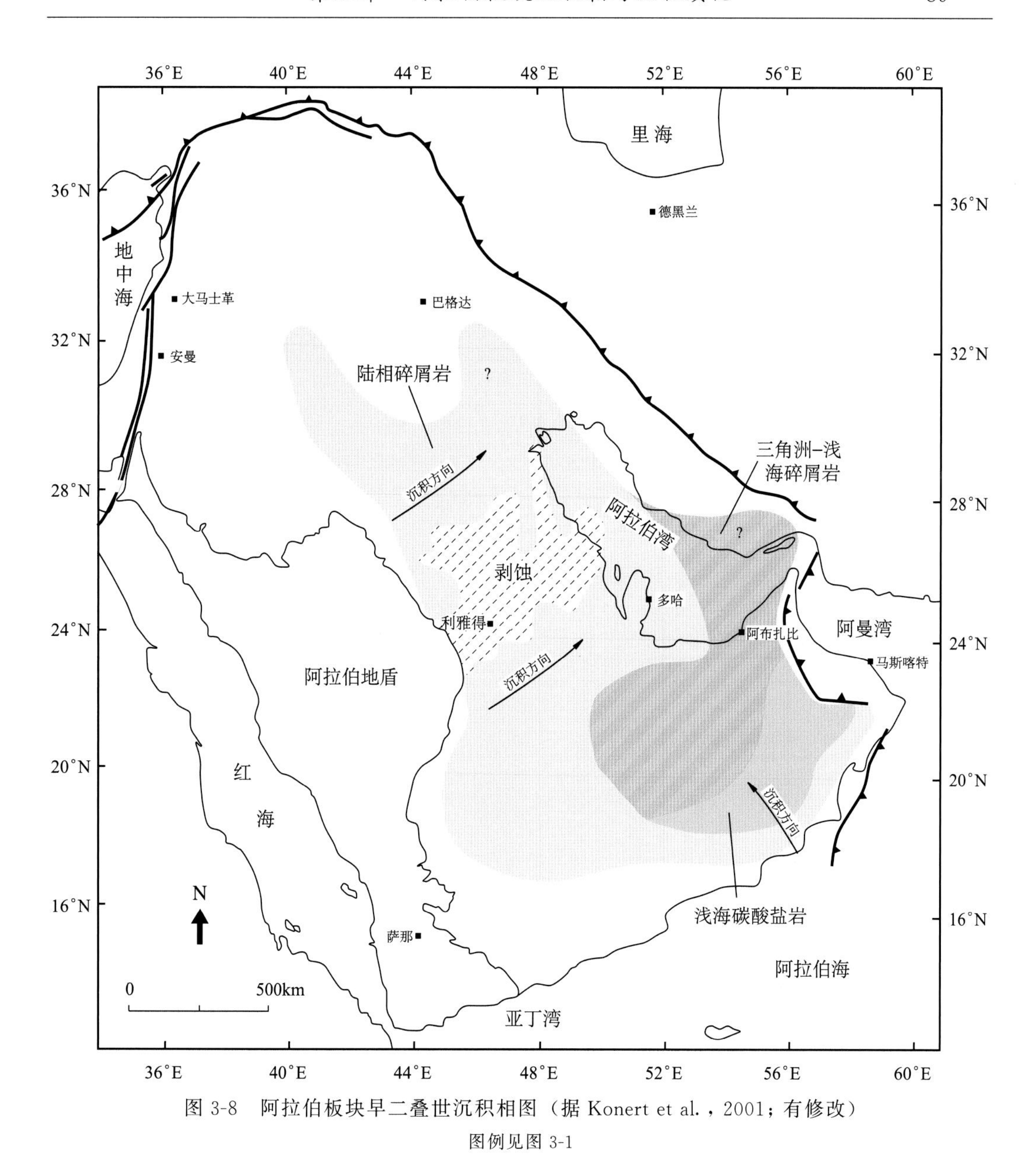

图 3-8 阿拉伯板块早二叠世沉积相图（据 Konert et al.，2001；有修改）
图例见图 3-1

第三节 晚二叠世—晚白垩世被动陆架边缘发育阶段沉积演化

一、晚二叠世

到了晚二叠世，沿扎格罗斯-阿曼缝合线，扎格罗斯裂谷演化成新特提斯洋。Unayzah组顶部发育的裂开不整合面（前 Ash-Shiqqah 不整合面）标志着新特提斯洋的诞生。自此之后一直到晚白垩世，阿拉伯板块构成了新特提斯洋的被动大陆边缘。

裂开不整合面之上沉积了一套海进碎屑岩，底部常为海进砂岩，向上变为滨、浅海相页岩和砂岩。晚二叠世胡夫组是一套碳酸盐岩和蒸发岩层系，广布于阿拉伯板块的大部分地区，沉积环境为浅海-潮坪（图 3-9）。胡夫组包括了至少四个海进-海退旋回，海进时，碳酸盐岩沉积超出碎屑岩沉积的范围，沉积于中阿拉伯隆起的基底之上。海退时，蒸发岩沉积于西部的局限台地环境，滩坝将西部的局限台地与东部的广海分割开来，深水环境仅发育于扎格罗斯高地和阿曼山地区（图 3-9）。

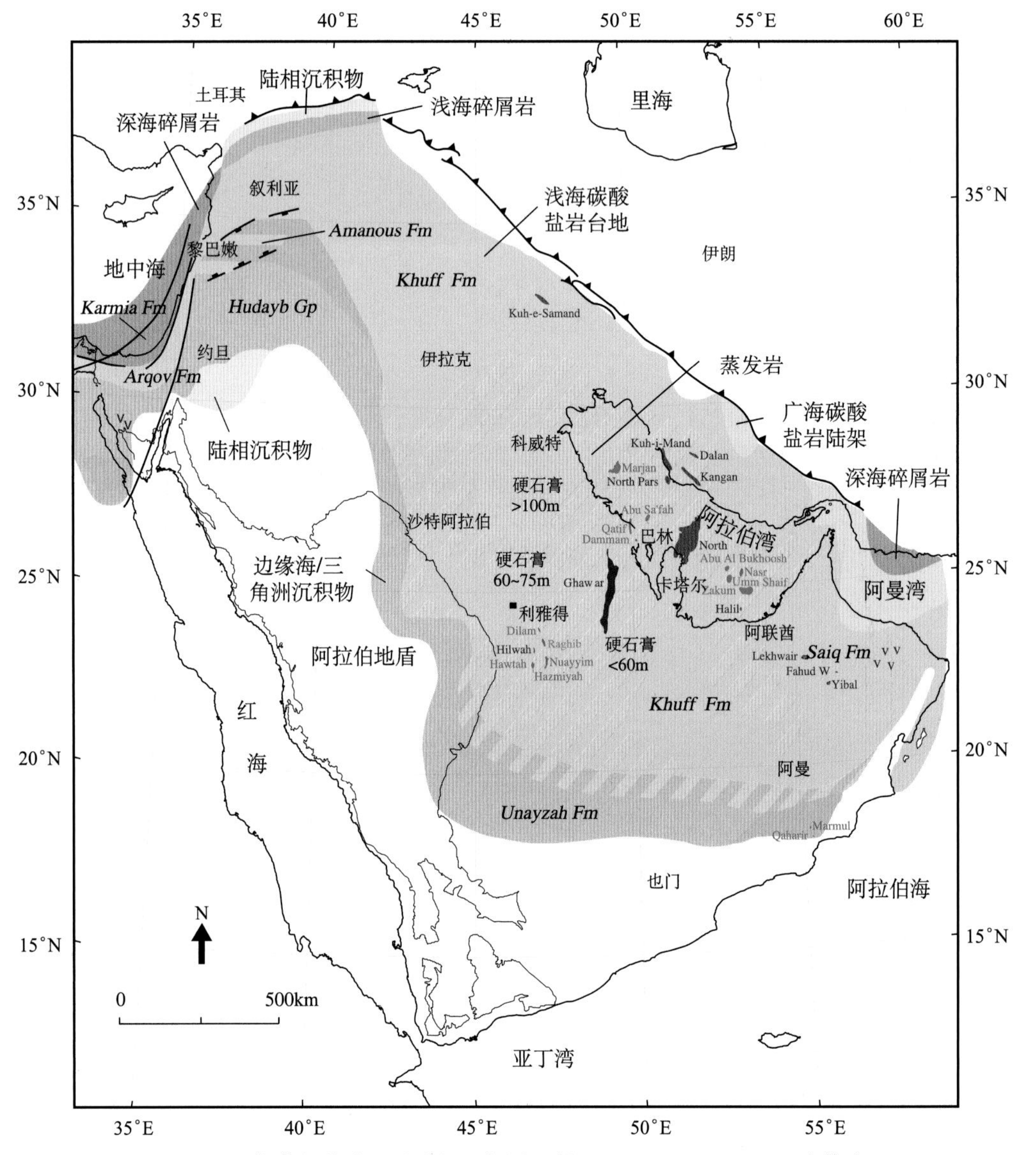

图 3-9　阿拉伯板块晚二叠世沉积相图（据 Konert et al.，2001；有修改）

图例见图 3-1

浅海陆架发育阶段为晚二叠世—三叠纪，期间的气候炎热且干燥，沉积以大型稳定碳酸盐岩台地相为主。在水体较深的沉积区边缘（如伊朗中部和伊拉克西部）礁体发育。卡塔尔隆起和阿拉伯大陆架的南部隆升区处于潮上带到潮间带，发育盐沼沉积。二叠纪中期发生了一次大规模海进，陆地向西收缩，形成广泛的海进砂岩，从此以后阿拉伯板块过渡到以碳酸盐岩沉积为主的沉积背景，非海相碎屑岩仅局限于阿拉伯地盾的边缘地带（图 3-10）。

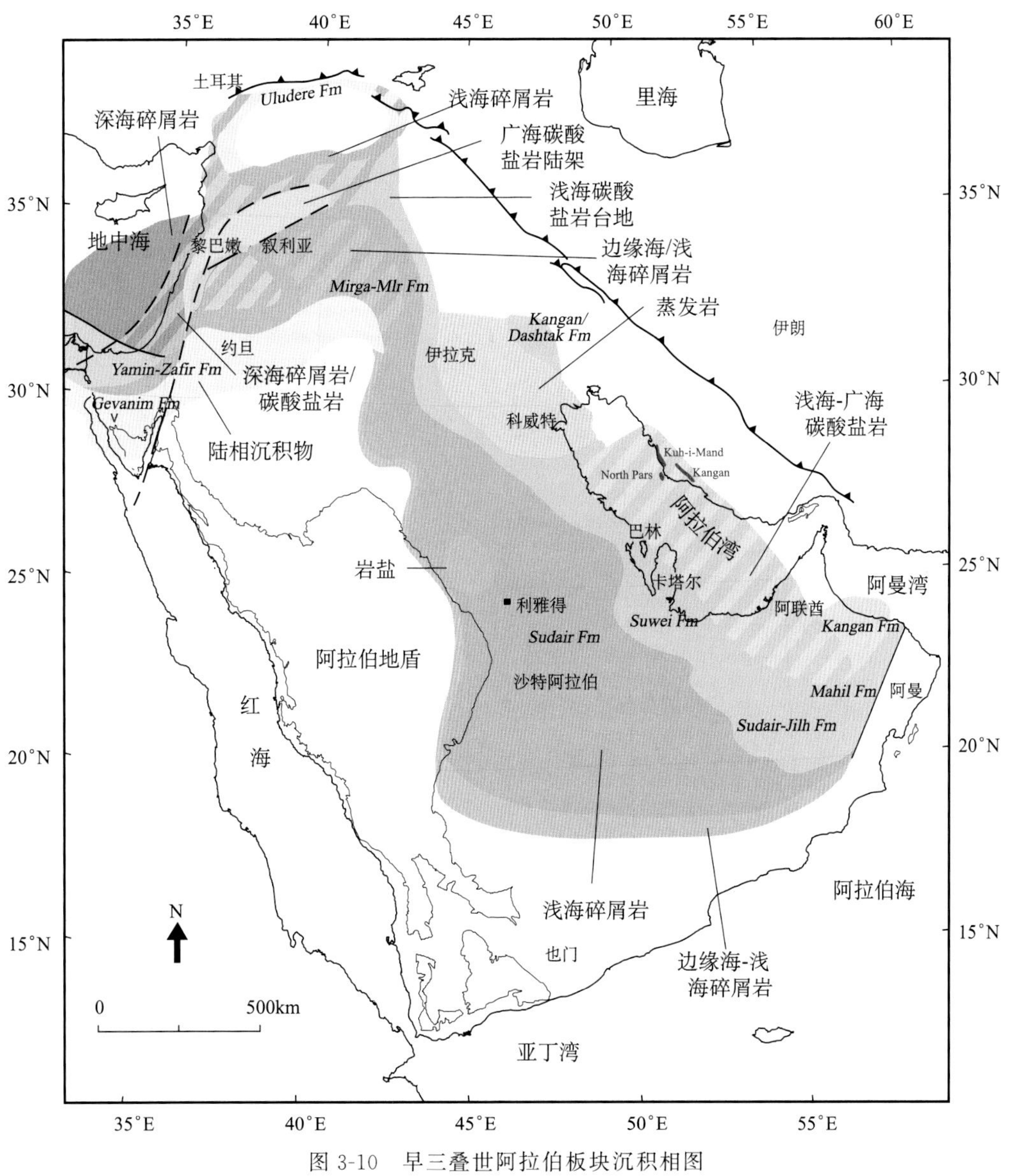

图 3-10　早三叠世阿拉伯板块沉积相图

图例见图 3-1

二、三叠纪

早三叠世期间，中东大部分地区的气候炎热干燥，碳酸盐岩-蒸发岩台地相沉积于现今扎格罗斯褶皱带附近的一个北西—南东向的狭长地带，其余则为细粒碎屑岩沉积（图 3-10）。

中三叠世期间，阿拉伯半岛中部沉积有陆架相、潟湖相、潮坪和潮上带碳酸盐岩和蒸发岩（图 3-11），沉积的层系构成了一个海退旋回。非海相和浅海相砂岩和页岩分布

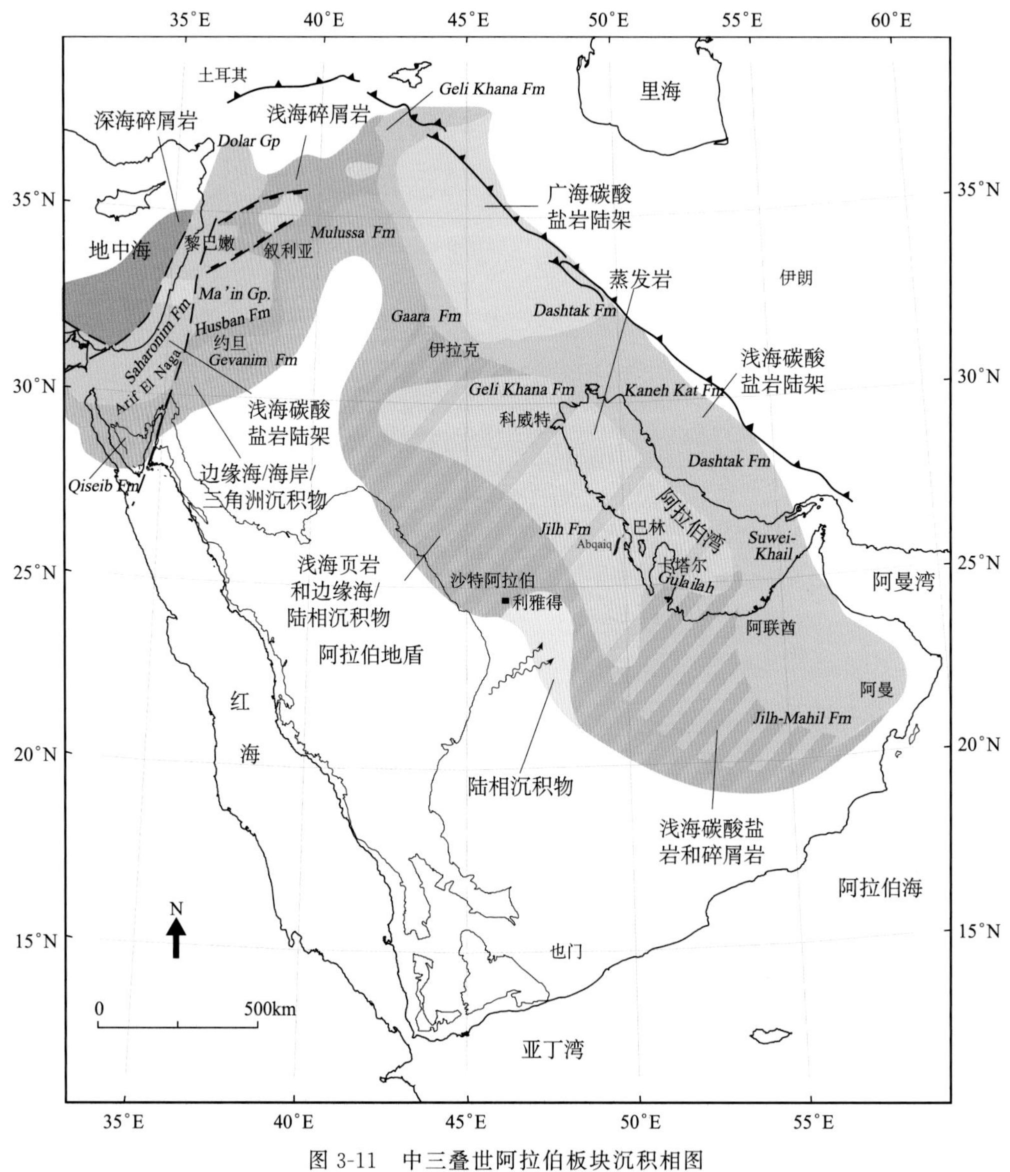

图 3-11　中三叠世阿拉伯板块沉积相图

图例见图 3-1

于阿拉伯地盾的边缘地带，碳酸盐岩和蒸发岩分布于阿拉伯半岛的中部地区，阿曼、伊朗南部和伊拉克东南部接受了浅海碳酸盐岩沉积，较深海相至陆架边缘碳酸盐岩分布于伊朗的中部地区。到了中三叠世末，海平面上升，碎屑岩沉积区收缩，大型蒸发岩台地沉积环境重新出现，从而又沉积了白云岩和石膏。

晚三叠世时气候再次变干并发生了海退，主要形成一些碎屑岩沉积（图 3-12）。以卡塔尔隆起为界，海湾南、北部气候不同，北部为干旱环境而南部则为潮湿气候。图 3-13 显示了三叠纪末/侏罗纪初阿拉伯板块的沉积相图。

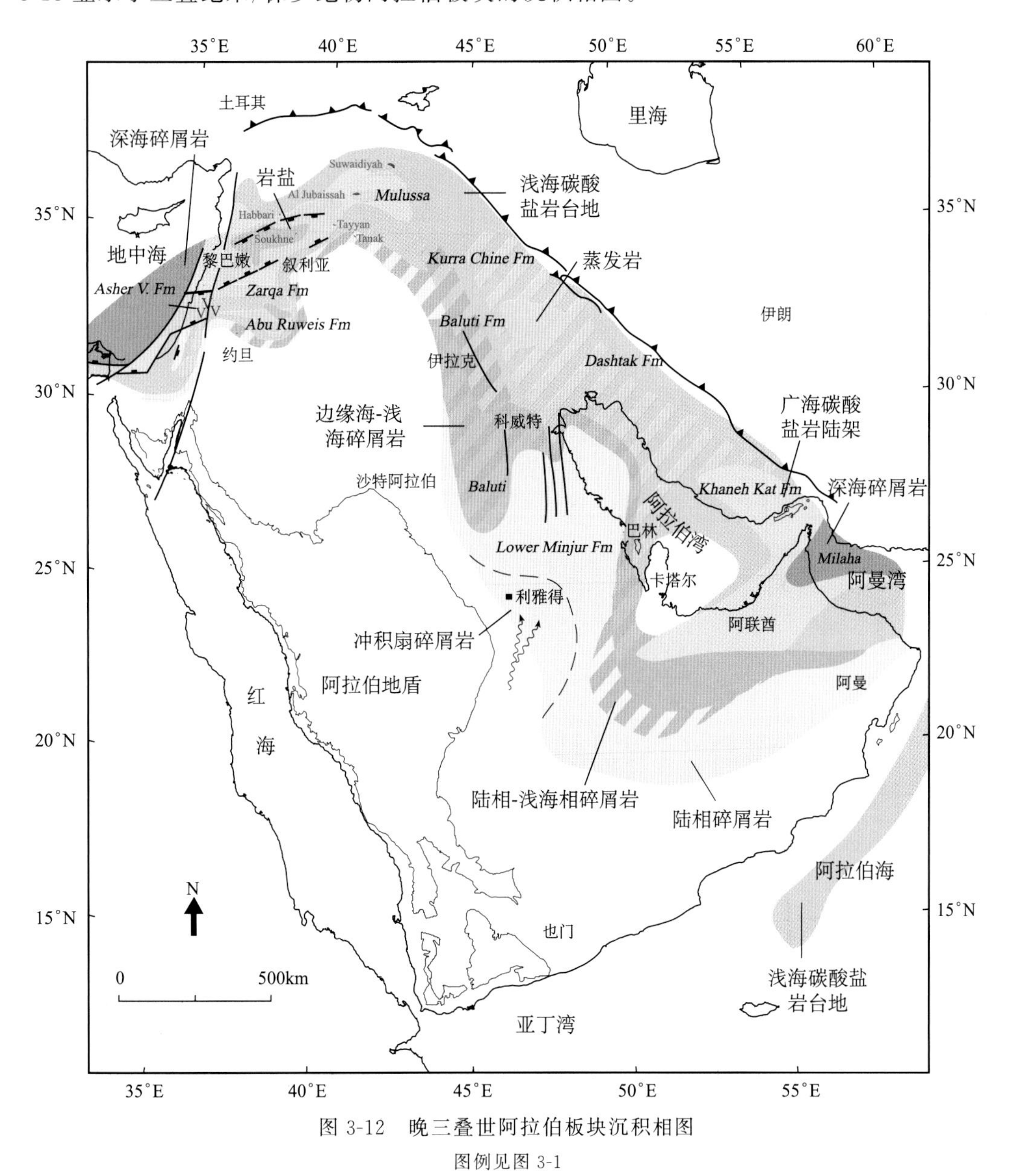

图 3-12　晚三叠世阿拉伯板块沉积相图

图例见图 3-1

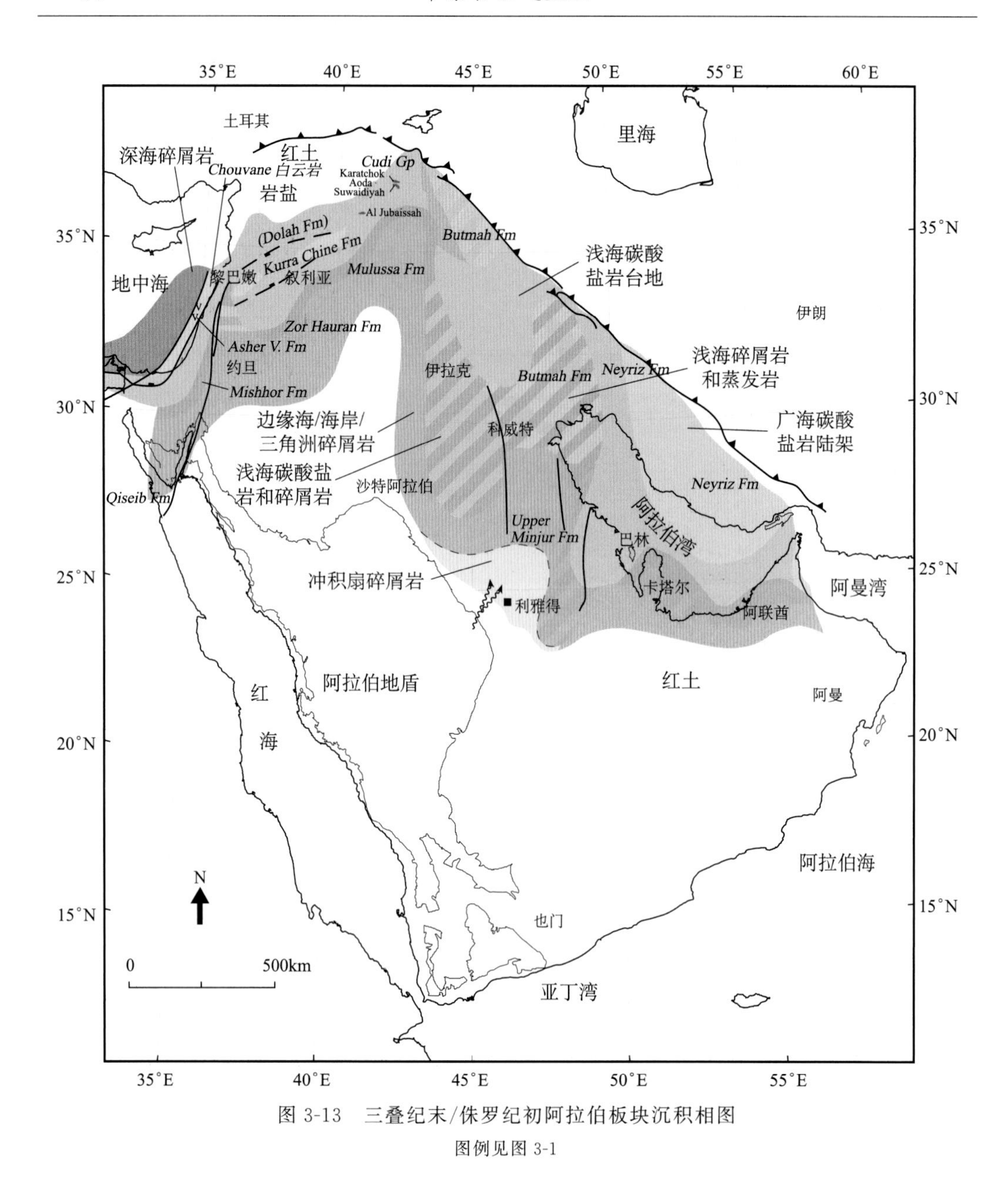

图 3-13　三叠纪末/侏罗纪初阿拉伯板块沉积相图

图例见图 3-1

晚二叠世—三叠纪期间发生了一系列的构造运动，规模大的像新特提斯洋的张开，规模小的像卡塔尔隆起的复活。这些构造运动对阿拉伯板块的沉积分布有着重要影响，古生代为稳定大陆架的地区变成了不稳定区，因此沉积的层系横向上岩性变化快，层内发育区域不整合，并伴有火山活动。构造运动的结果是形成了三个不同的构造沉积区，即阿拉伯大陆架、古陆边缘和特提斯海槽，后两者超出现今波斯湾/扎格罗斯盆地的范围。

三、侏罗纪

侏罗纪的盆地演化史可以简化为阿拉伯半岛被来自位于半岛北侧和东侧的新特提斯洋的海水逐步淹没的历史过程，这一淹没过程始于侏罗纪早期，因此侏罗系整体表现为一套海侵层系。到了侏罗纪末期，海平面下降，发生海退，结果是先前的碳酸盐岩台地变成了蒸发的“平底锅”，在这种沉积背景下，沉积了上侏罗统顶部的蒸发岩层系。

波斯湾盆地东部和扎格罗斯盆地的沉积层系记录了早侏罗世辛涅缪尔期的海平面上升，在这一时期，海水在克拉通内蔓延，淹没了晚三叠世已出露于地表的卡塔尔-南法尔斯隆起，鲁卜哈利盆地东南、南和西缘的高地也被海水覆盖。

截至早侏罗世末，一个不含蒸发岩的碳酸盐岩台地在波斯湾/扎格罗斯盆地的东部南部发育了起来，盆地的西部是干燥的碎屑岩-碳酸盐岩陆架（图 3-14）。到了中侏罗世初期，新特提斯洋的陆架已发展到伊拉克，海岸线向西迁移至沙特的北部。在沉积区的北部，一海岭把向东北微倾的差异蒸发岩-碳酸盐岩陆架与开阔海陆架分开，该海岭可能是玛丁（Mardin）凸起在东南方向的延伸。玛丁凸起北面的开阔海陆架一直延续到土耳其东南部。深海位于开阔陆架之外的安纳托利亚（Anotalia）中部和伊朗中部，深海区沉积了一套钙质碎屑岩和火山碎屑岩（Alsharhan and Nairn，1997）。

始于侏罗纪初的这次夹有静止期（或小规模短暂海退）的海侵一直延续至中侏罗世，结果一个宽广的碳酸盐岩台地覆盖了阿拉伯板块的大部分（图 3-15，图 3-16）。这个台地进而发展成一个巨大的碳酸盐岩斜坡，向南和向西先过渡为混合的碳酸盐岩和碎屑岩沉积区，再变为与陆相接壤的陆缘海碎屑岩沉积区。沙特和伊朗碳酸盐岩的可对比性表明沉积环境在大范围内是连续性的。不过，到了巴通期中期（中侏罗世中期），一个陆架内盆地——洛雷斯坦（或美索不达米亚）（Lurestan or Mesopotamia）盆地发育了起来，位于现今波斯湾的西北侧（图 3-15）。

在卡洛夫期早期（中侏罗世晚期），现今波斯湾西南部的沉积条件发生了变化，结果导致了新岩性组合的沉积，沉积了球粒-鲕粒质灰泥石灰岩、颗粒石灰岩、含颗粒灰泥石灰岩以及少量的灰泥石灰岩。这些层系在波斯湾盆地是重要的产油层。油气源于同期的泥质石灰岩或更早的中侏罗世烃源岩。到了巴通期晚期，一期主要源自海平面上升的海进淹没了阿拉伯地台的东部。这次海侵超越了先前的海侵范围，海水一直淹没至阿拉伯-努比亚（Nubian）地盾或稳定陆架内的单斜。闭塞的洛雷斯坦陆架内盆地的北界为一沉积有浅海碳酸盐岩的海岭（Buday，1980），沉积于伊拉克茹巴赫-黑西亚（Rutbah-Khleisia）凸起东北翼的浅海细粒碳酸盐岩（包括鲕粒石灰岩）滩坝构成了该陆架内盆地的西南界。

向西，该闭塞盆地通过帕米赖德-辛加（Palmyride-Sinjar）海槽延续至叙利亚。在这一海槽内，页岩夹于潟湖蒸发岩中。这套岩相也沉积于幼发拉底（Euphrates）-安纳（Anah）海槽内。

在叙利亚西南部及相邻地区，早—中卡洛夫期的浅水氧化条件被晚卡洛夫期的深水条件所替代（Walley，1983）。水深在早牛津期（晚侏罗世早期）最大，达到了 100～

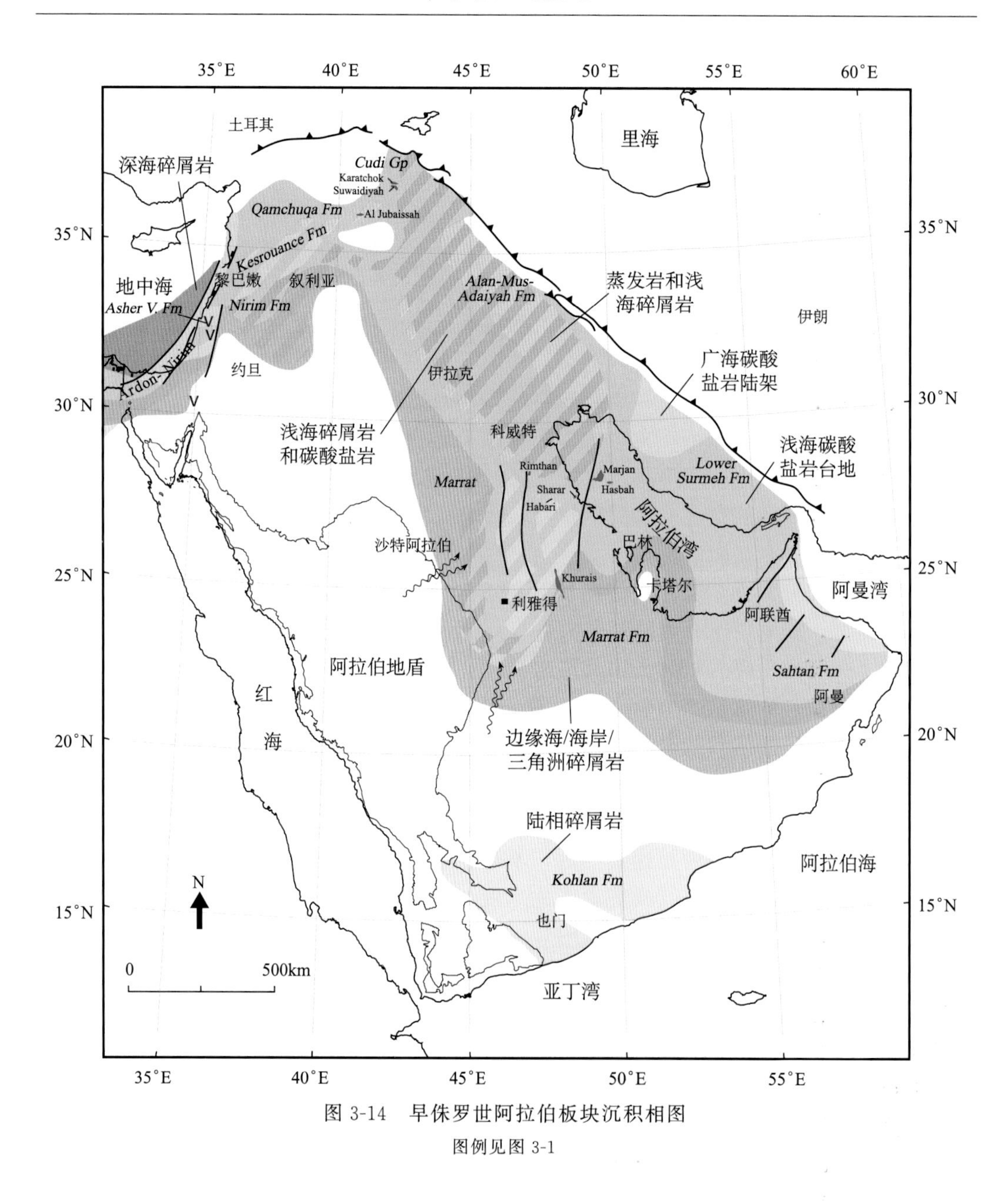

图 3-14　早侏罗世阿拉伯板块沉积相图

图例见图 3-1

200m（Alsharhan and Nairn，1997），从而建立了局限盆地沉积环境。随后水体变浅，基末利期—提塘期（晚侏罗世中晚期）时的水体最浅。水深变化与当地的构造运动有关，中侏罗世末的小规模海退与两次重要的构造事件有关：古特提斯洋的最终闭合和冈瓦纳大陆东、西两部分的分开。古特提斯洋的最终闭合在伊拉克导致了地壳隆升，不仅闭塞盆地沉积物的厚度减低，而且与隆起伴生的剥蚀作用剥蚀掉了扎格罗斯山脉和土耳其安纳托利亚（Anotalia）中部的中侏罗统的大部分地层，在这些地方，上侏罗统以不整合的形式覆盖于下侏罗统之上。在叙利亚东部，甚至在帕米赖德-辛加海槽边缘沉积

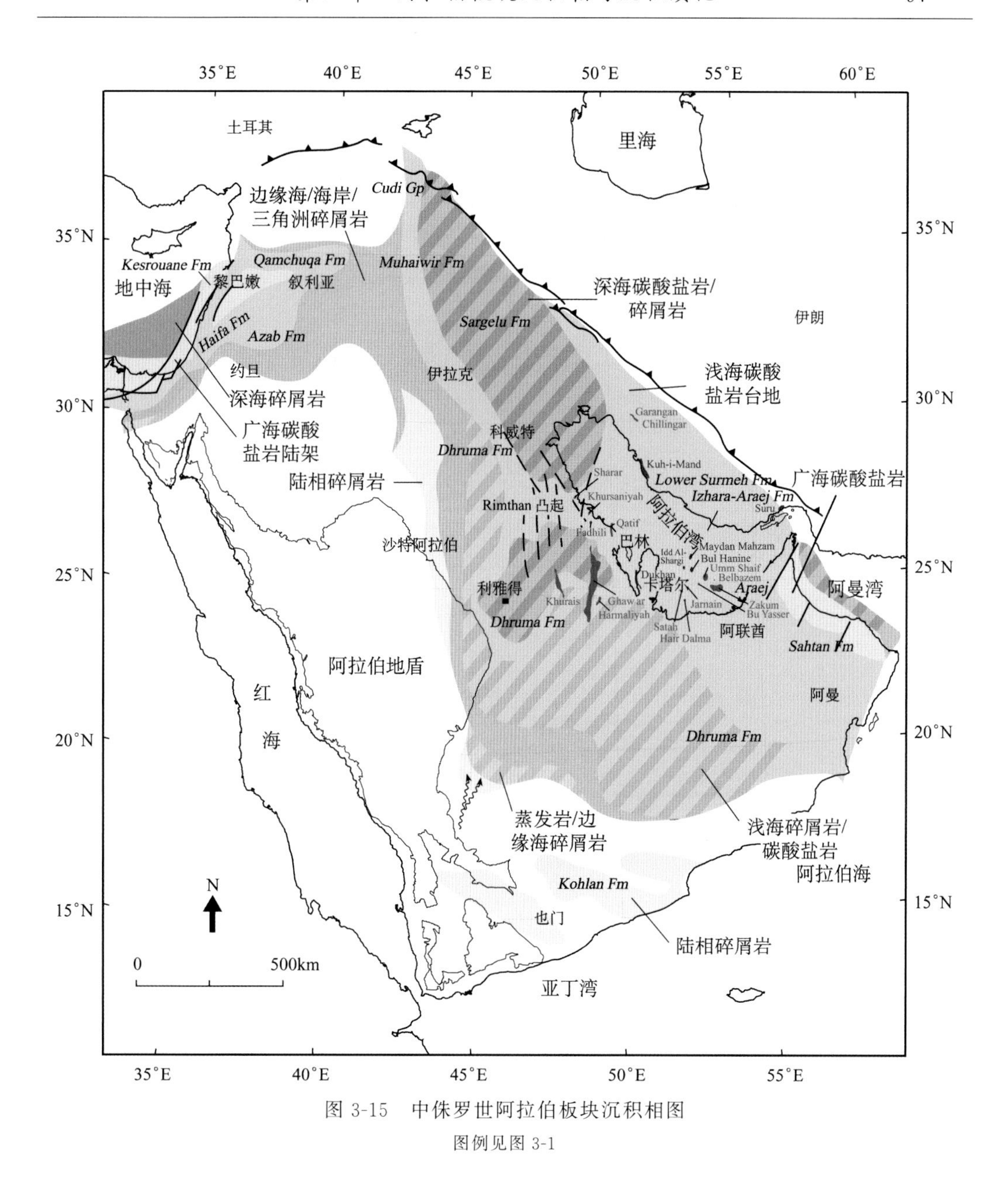

图 3-15　中侏罗世阿拉伯板块沉积相图

图例见图 3-1

的三叠系都遭受了剥蚀。在海槽的南翼，白垩系直接覆盖在古生代地层之上。

晚侏罗世期间，海平面再次上升，阿拉伯板块的部分地区持续下降。结果导致了克拉通内洛雷斯坦盆地与陆架的进一步分异，同时在波斯湾南部的阿布扎比西部形成了第二个陆架内盆地——南阿拉伯湾盆地（图 3-17）。尽管在洛雷斯坦盆地的中心，水深可能达到了几百米，但南阿拉伯湾盆地的水深从未超过几十米（Alsharnhan and Nairn，1997）。这些陆架内盆地为闭塞环境，接受了富含有机质的沥青灰质泥岩和泥灰岩的沉积，这些沉积岩构成了波斯湾/扎格罗斯盆地重要的生油岩。

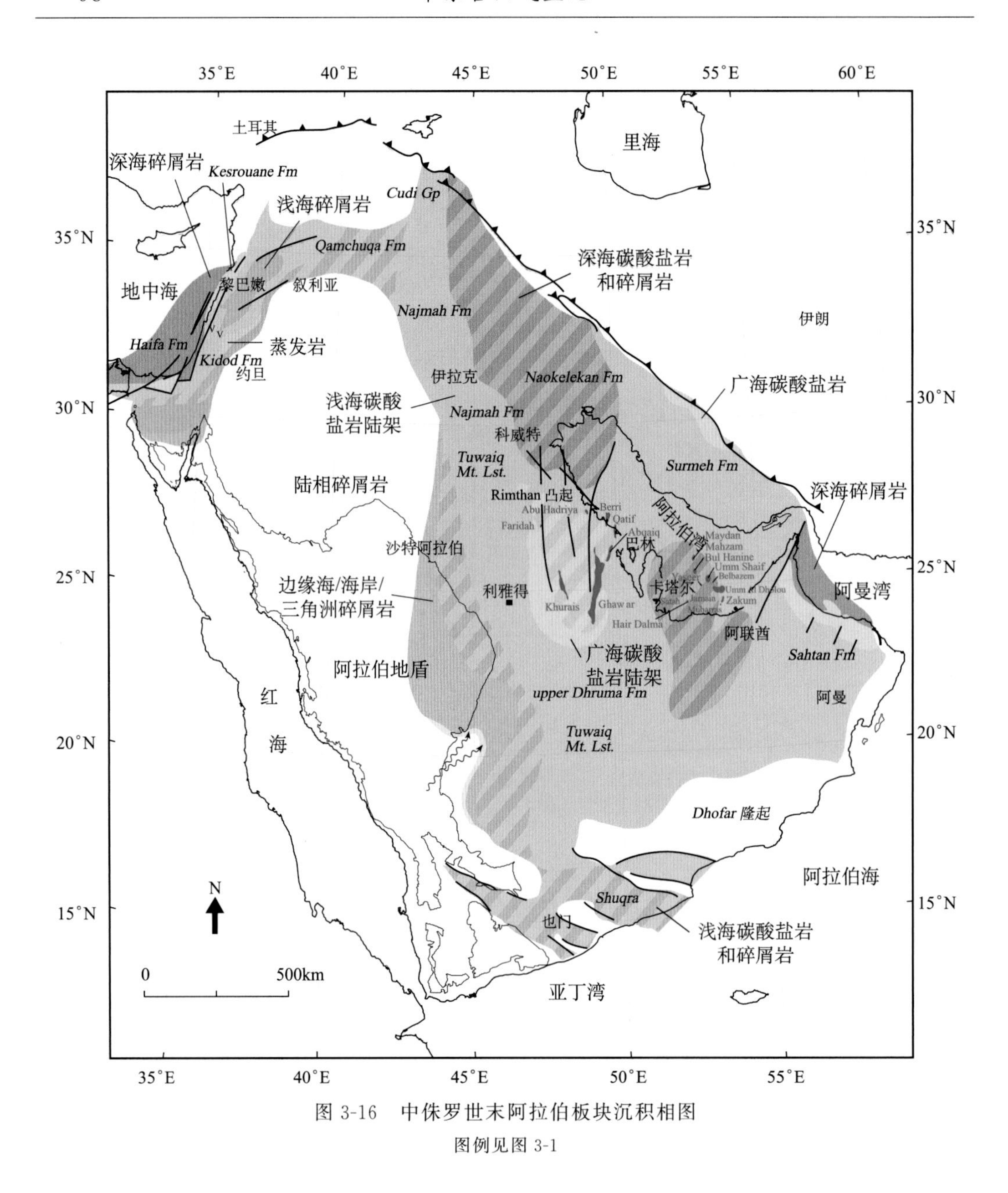

图 3-16　中侏罗世末阿拉伯板块沉积相图

图例见图 3-1

在波斯湾的东部，将碳酸盐岩-蒸发岩台地与开阔海分开的大陆边缘在牛津期—基末利期间暴露出水面，因此在陆缘的东面，没有或几乎没有沉积；晚侏罗世的海平面上升才致使此处又重新恢复了深海沉积。向西，在潟湖-蒸发岩主沉积区，比较开阔的海洋环境发育了起来。闭塞的陆架内盆地接受了碳酸盐岩沉积，但未接受碎屑岩沉积。提塘期期间（晚侏罗世晚期）（图 3-17），气候变得更加干燥，从而促进了蒸发岩的发育，沉积下来的蒸发岩覆盖了波斯湾及浅水台地的大部分地区和位于波斯湾北部的洛雷斯坦盆地。在后者内，沉积了盆地相岩盐和纹理状硬石膏与页岩的交互层。

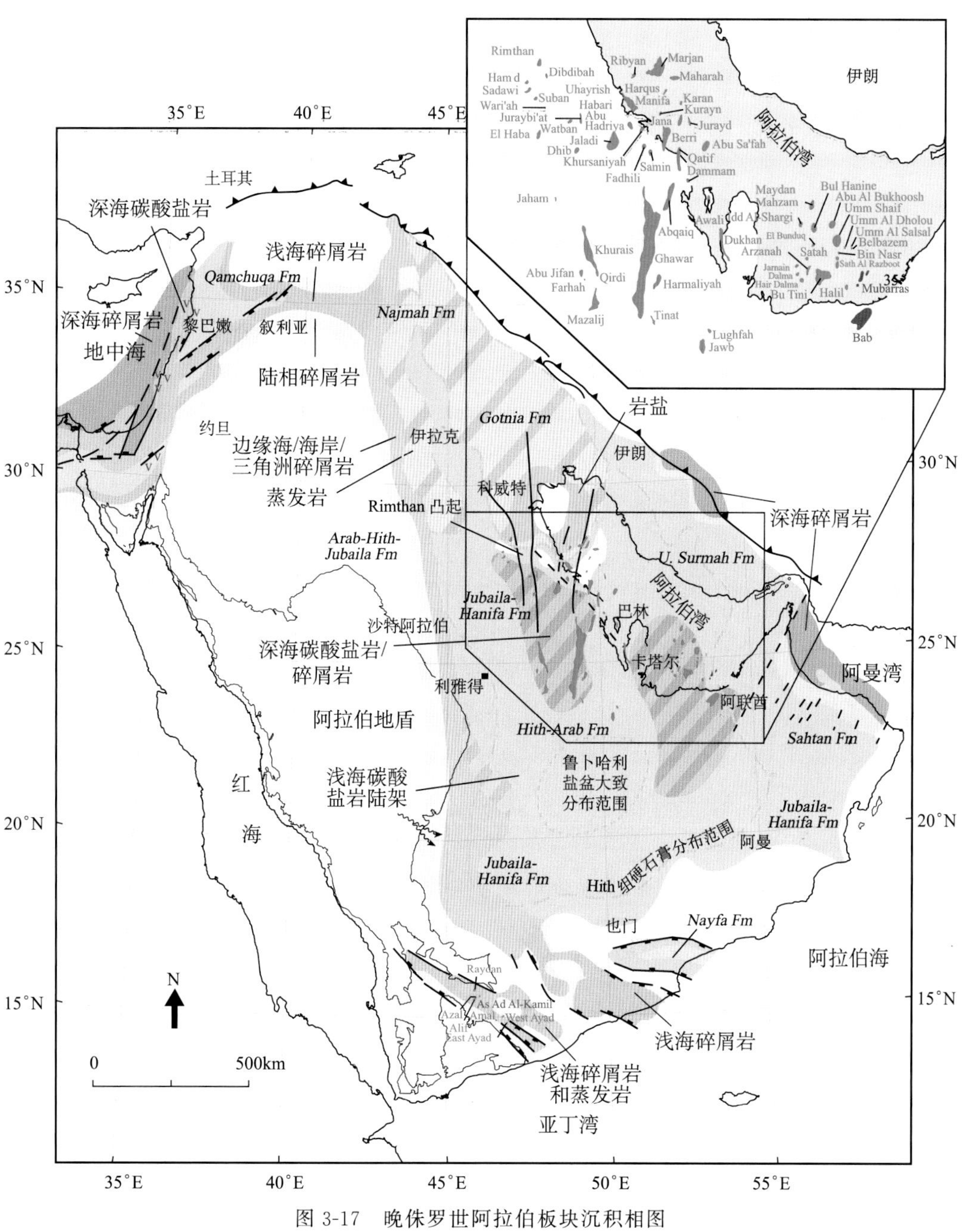

图 3-17 晚侏罗世阿拉伯板块沉积相图

图例见图 3-1

四、白垩纪

贝利阿斯期—凡兰吟期（早白垩世早期）期间，阿曼东部发育了沉积有碎屑岩的狭长深海区，向西是一个更为狭窄的中间带，再向西则是一个宽广的浅水碳酸盐岩沉积区（图 3-18）。欧特里夫期—巴雷姆期期间（早白垩世中期），阿拉伯板块演化为一个巨大的碳酸盐岩斜坡，该斜坡自阿拉伯地盾向东朝阿曼倾斜（图 3-19）。

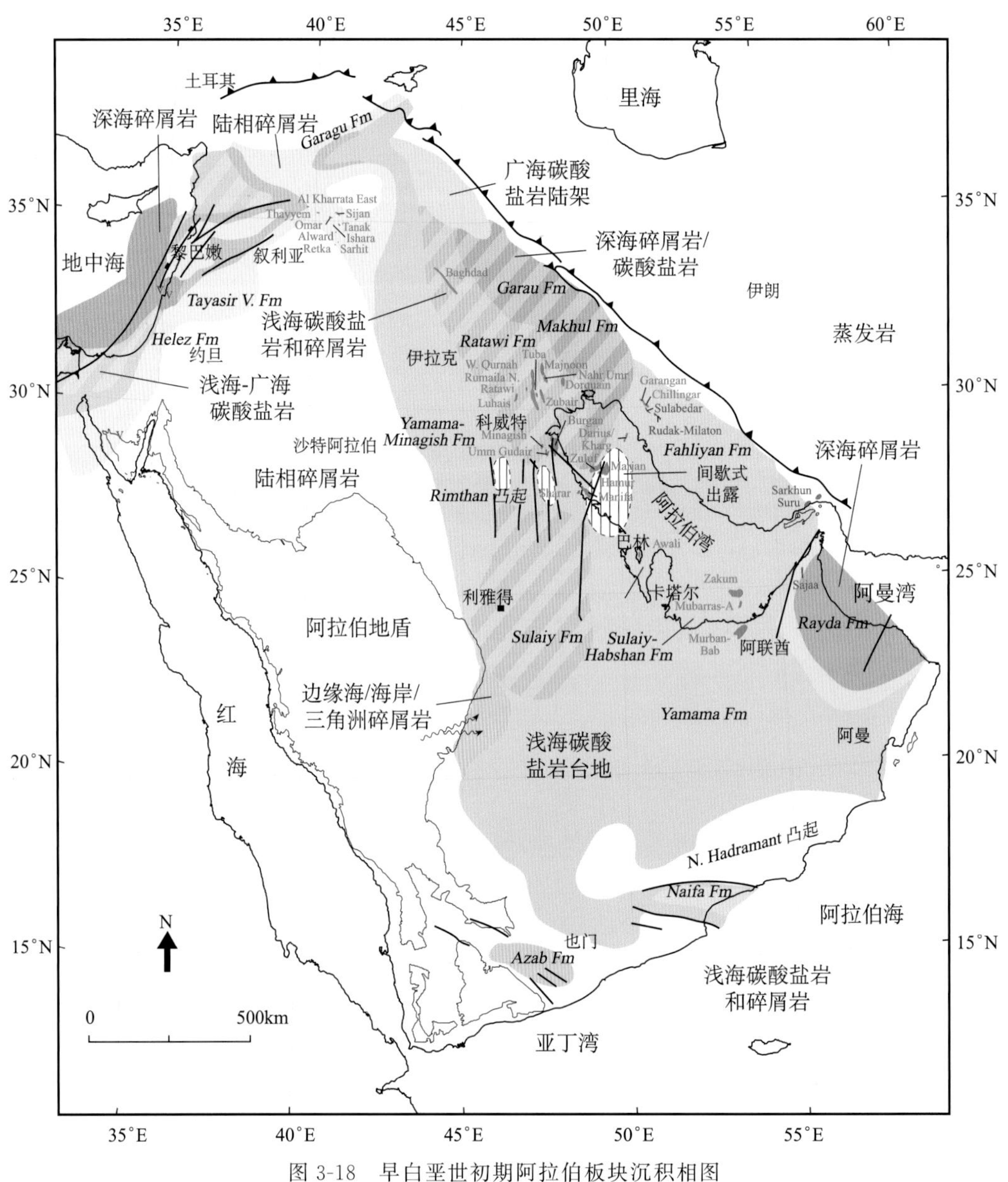

图 3-18　早白垩世初期阿拉伯板块沉积相图

图例见图 3-1

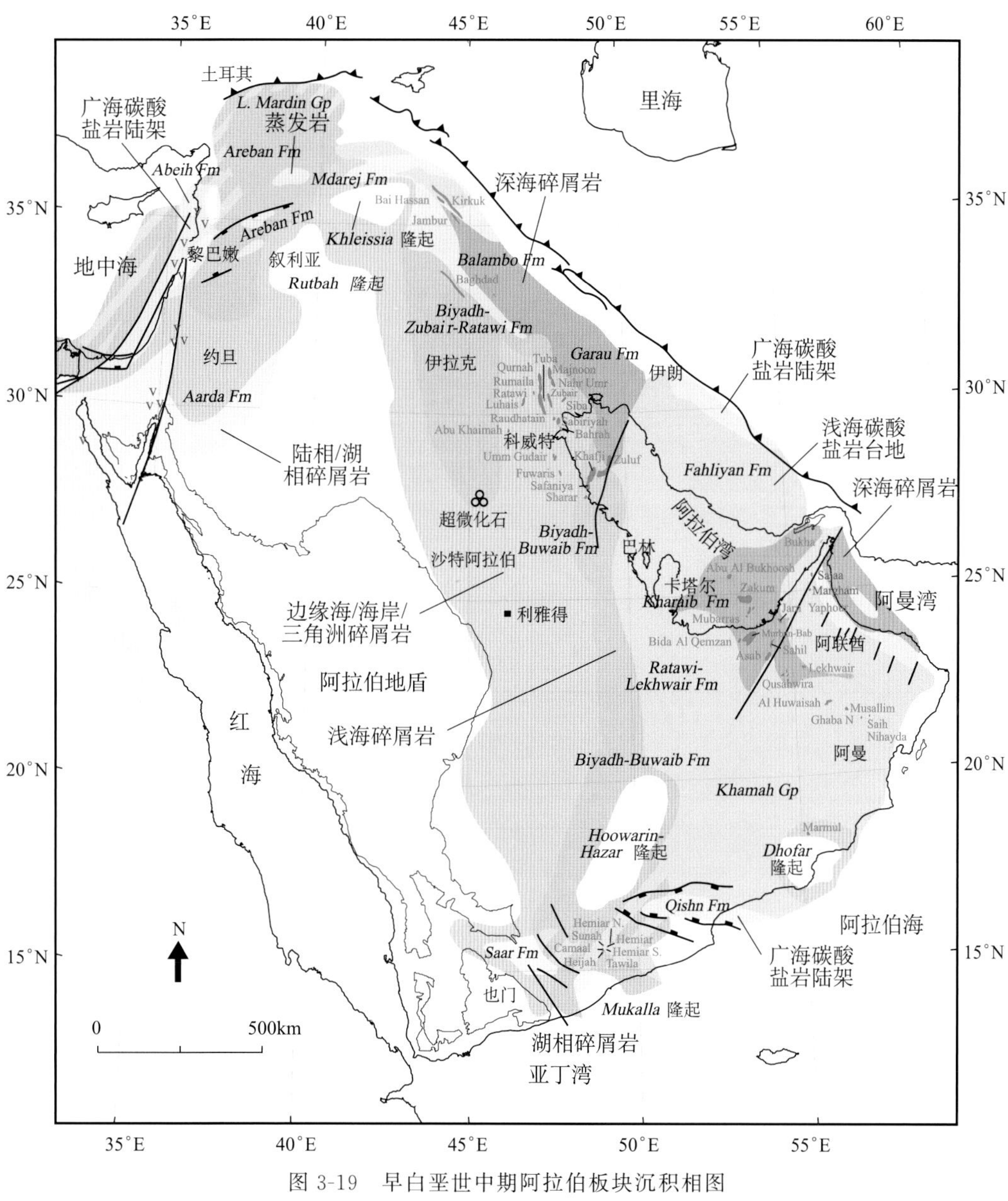

图 3-19 早白垩世中期阿拉伯板块沉积相图

图例见图 3-1

阿曼的莱克威尔（Lekhwair）隆起的轻微构造运动改变了这个巨大的碳酸盐岩斜坡，结果形成了一个宽广的呈南北向的跨越阿曼的中间地带。巴雷姆期晚期，来自阿拉伯地盾的粗碎屑增多，从而使得浅水碳酸盐岩沉积区东移。陆架碳酸盐岩沉积区向外海的迁移表明陆源碎屑的供应量进一步加大。在阿普特期（早白垩世晚期）早期，浅水碳酸盐岩沉积区扩大，海岸平原的沉积范围缩小（图 3-20）。发生于中阿普特期的海退终止了早白垩世沉积，形成了一个在阿拉伯半岛范围内都可追踪的区域不整合面（Harris et al.，1984；Alsharhan and Nairn，1986；Scott，1990）。

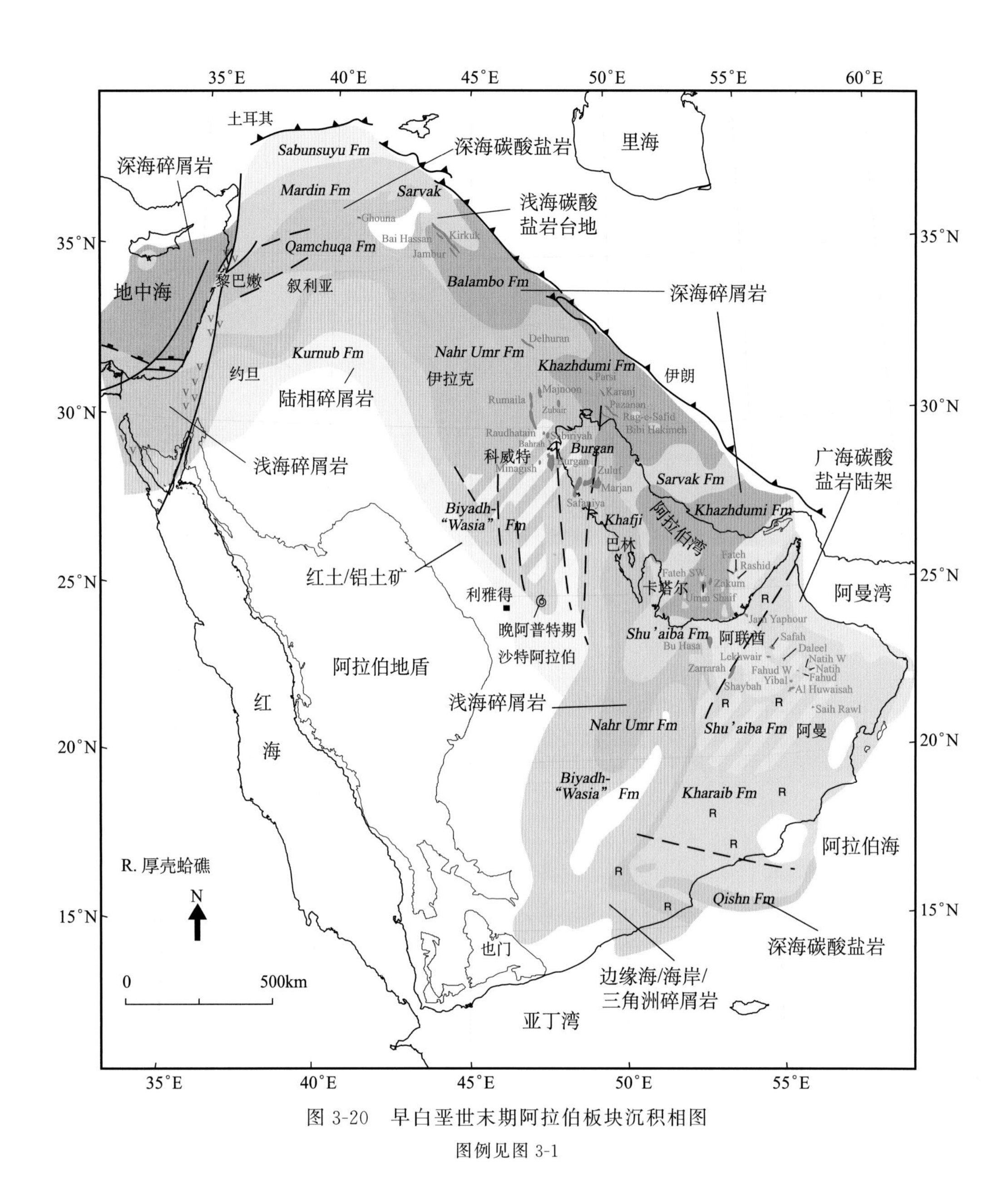

图 3-20　早白垩世末期阿拉伯板块沉积相图

图例见图 3-1

继晚阿普特期隆升之后，阿拉伯地盾遭受剥蚀，源于地盾的碎屑沉积物沉积于波斯湾/扎格罗斯盆地，这标志着中白垩世沉积在阿拉伯半岛的开始。在现今波斯湾的西北面，一个三角洲沉积体系发育起来，它占据了伊拉克的南部，并扩展到科威特、沙特和巴林，其前缘位于伊朗（图 3-21）。在波斯湾/扎格罗斯盆地的西南部，宽广的冲积平原和下海岸平原沉积环境向东过渡为滨岸相和范围巨大的浅水台地相（Alsharhan and Nairn，1988；Alsharhan，1994）。因上超，沉积物向南变薄。阿尔布晚期的迅速海进结束了碎屑岩的沉积，又重新建立起了碳酸盐岩台地沉积，台地碳酸盐岩沉积一直延续到土仑期早期。波斯湾/扎格罗斯盆地内不同地区的差异性升降导致了一个大型克拉通内盆地的发育（图 3-21）。图 3-22 显示了白垩纪末—早古新世阿拉伯板块的沉积相图。

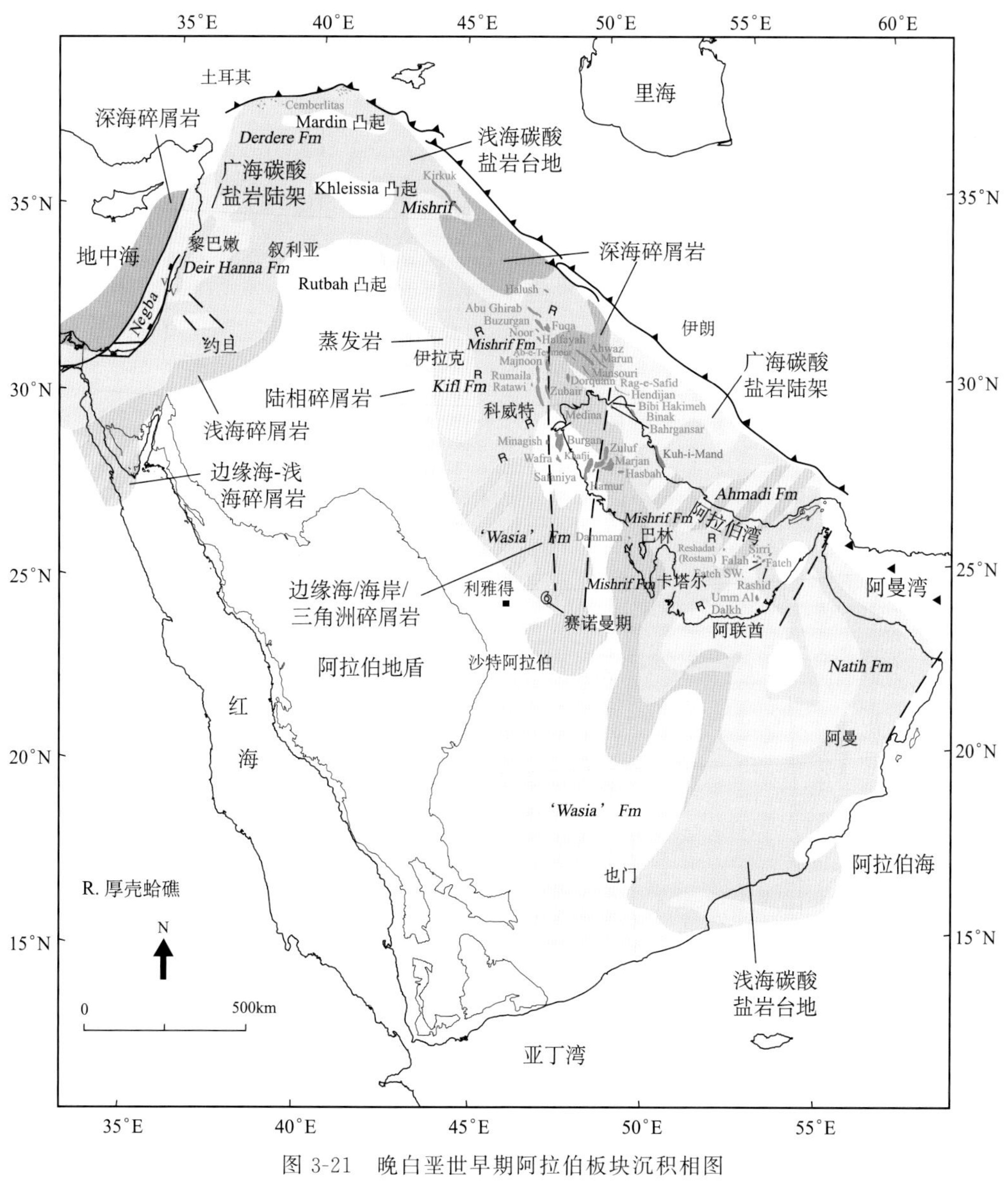

图 3-21 晚白垩世早期阿拉伯板块沉积相图

图例见图 3-1

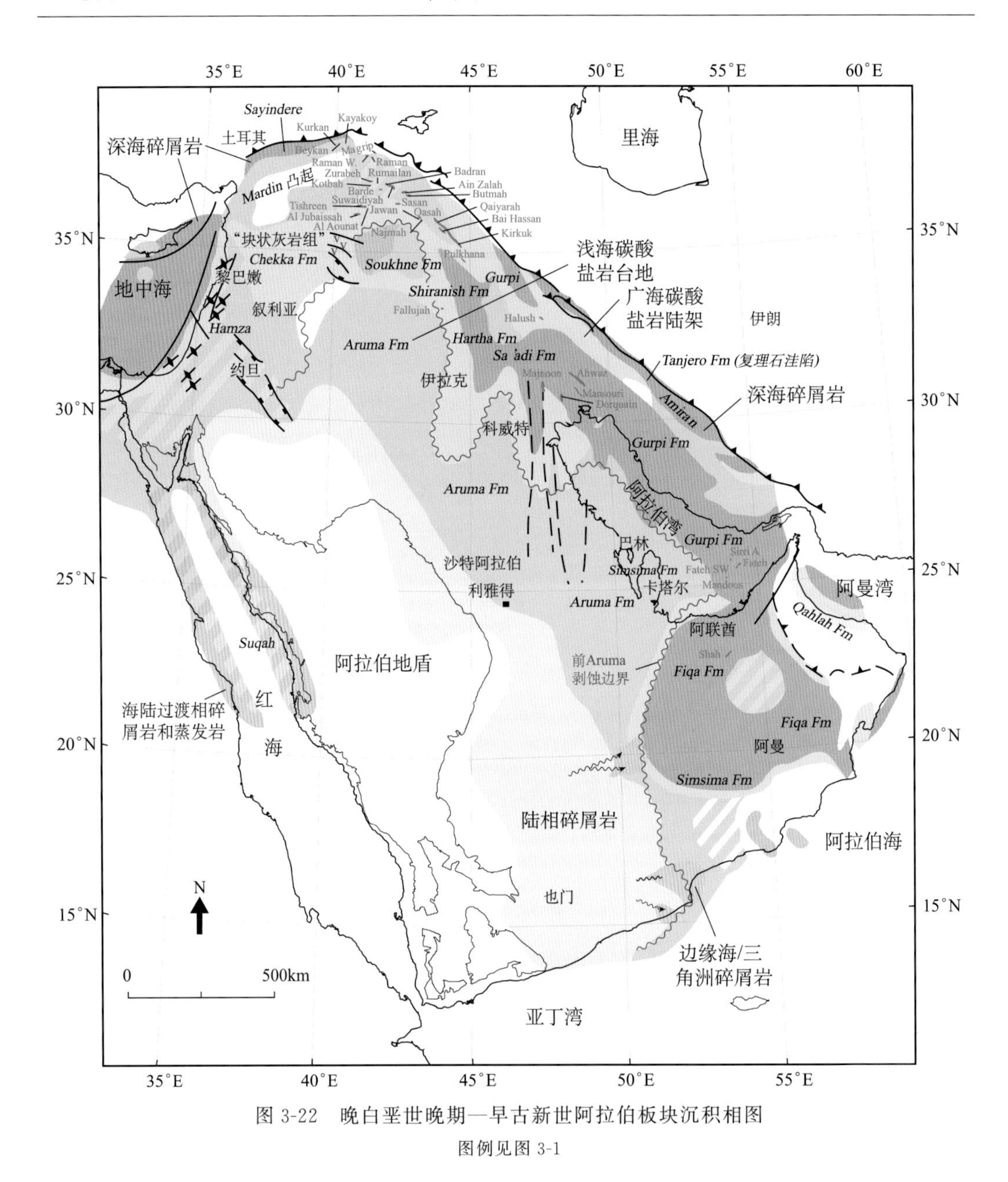

图 3-22 晚白垩世晚期—早古新世阿拉伯板块沉积相图

图例见图 3-1

第四节 晚白垩世至今活动大陆边缘发育阶段沉积演化

一、古近纪

在阿拉伯板块的大部分地区，古近纪早期（图 3-23，图 3-24）的大陆架演化史与中生代的演化史类似，随着沉积的进行，乌姆厄瑞德胡玛（Umm Er Radhuma）组浅水碳酸盐岩先是被鲁斯（Rus）组蒸发岩所取代，然后鲁斯组又被中—下始新统达曼（Dammam）组的正常海相碳酸盐岩所替代。

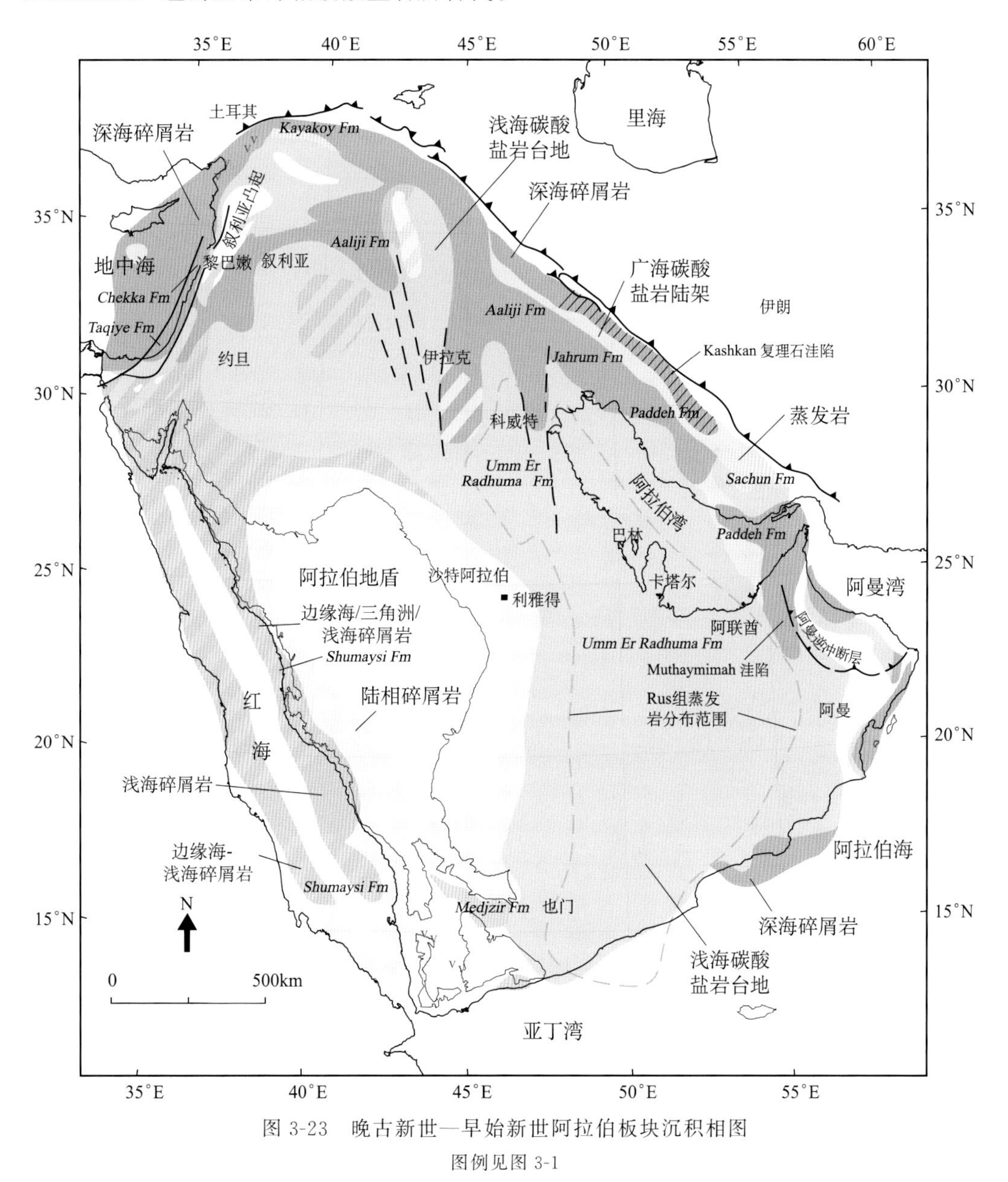

图 3-23　晚古新世—早始新世阿拉伯板块沉积相图

图例见图 3-1

渐新世时（图 3-25），伊朗法尔斯台地之上沉积了浅水滩坝碳酸盐岩，该层系与伊朗西北部和阿联酋海上的阿斯马里组石灰岩相当。阿斯马里石灰岩反映了渐新世—早中新世海平面的上升，该组在阿曼山的西侧最厚，典型的阿斯马里组表现为一套沉积于潮下-潮间环境的块状致密石灰岩。不过在碳酸盐岩陆架的中部，阿斯马里石灰岩分为下阿斯马里组和上阿斯马里组。前者由石灰岩、页岩和泥灰岩的交互层构成，而后者则为

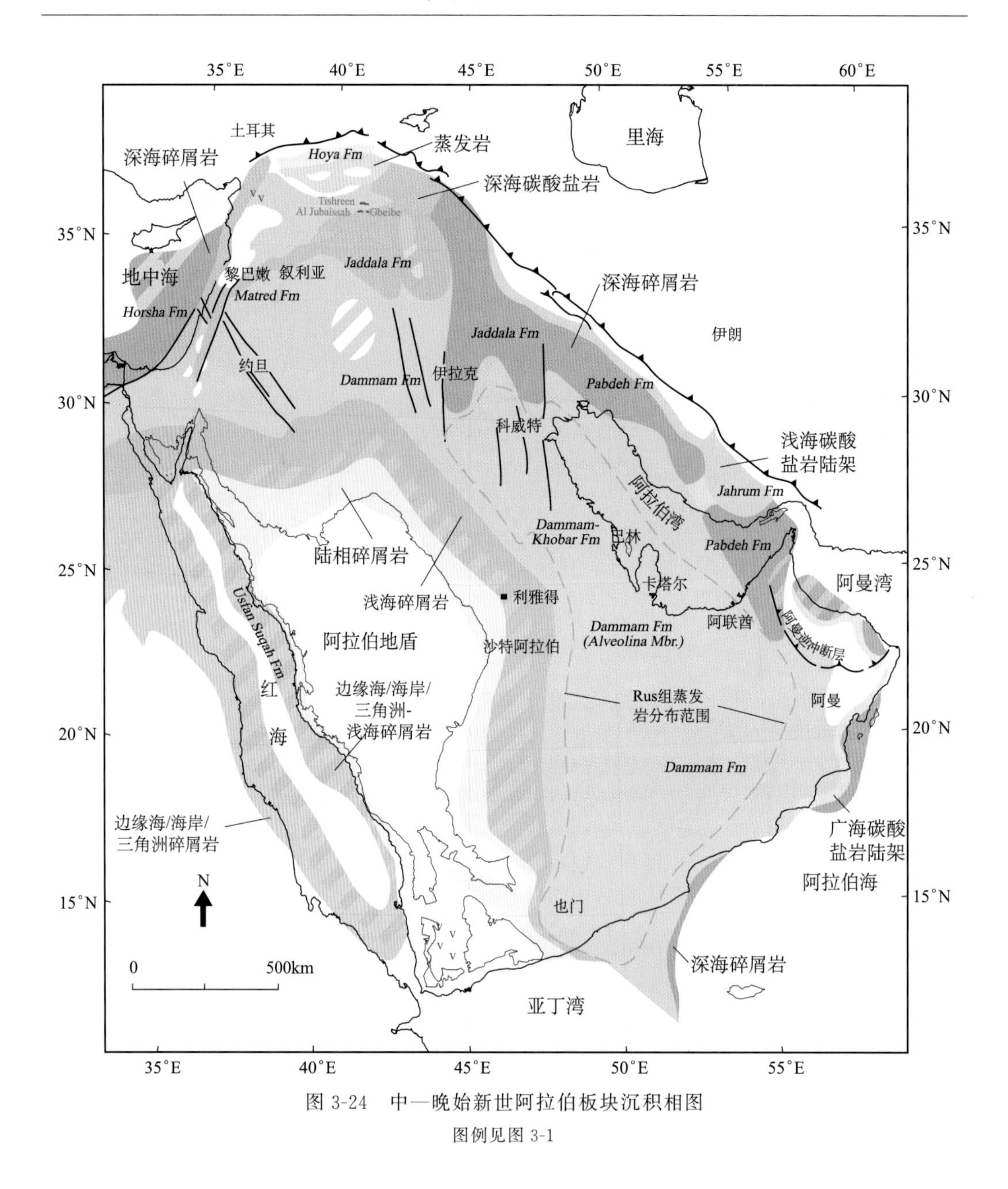

图 3-24 中—晚始新世阿拉伯板块沉积相图

图例见图 3-1

单一的石灰岩单元。阿斯马里石灰岩是伊朗扎格罗斯前陆盆地最重要的石油产层。

二、新近纪

中新世期间，阿拉伯地盾的剥蚀产物被搬运到扎格罗斯前渊拗陷，结果在科威特、伊拉克南部和伊朗沉积了一套与阿斯马里组时代相当的碎屑岩。这套碎屑岩在伊拉克称为盖尔（Ghar）砂岩，在伊朗称为阿瓦兹（Ahwaz）砂岩（图 3-26）。

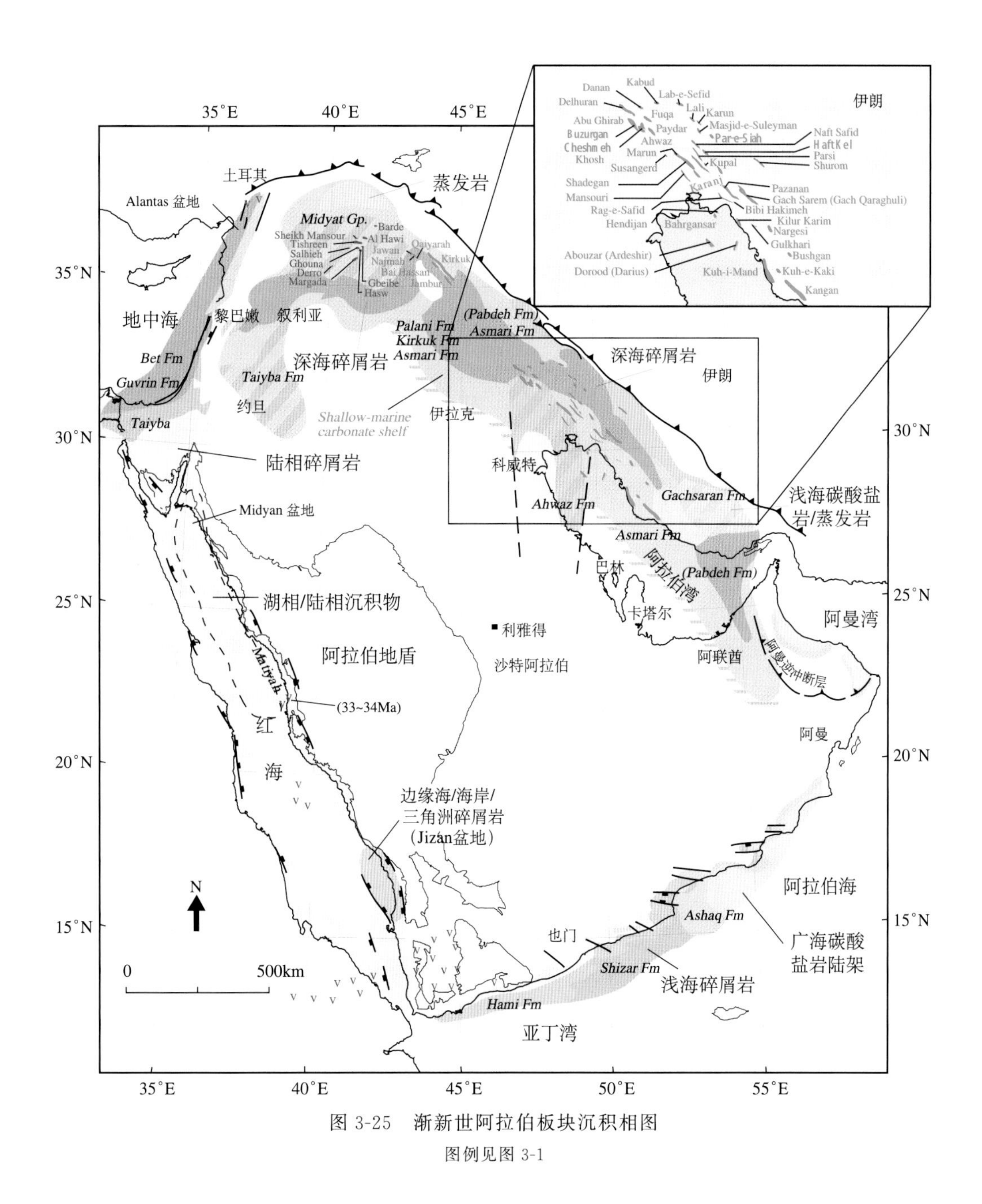

图 3-25　渐新世阿拉伯板块沉积相图

图例见图 3-1

中新世和上新世期间，一套广泛分布的非海相-海相碎屑岩、湖相泥灰岩和海相碳酸盐岩沉积于海湾地区（图 3-27），不同地区的岩性和沉积相变化较大，结果导致了众多地层名称的产生。

始于中新世的造山运动具有右旋走滑性质，一些古构造复活并形成稳定的隆起剥蚀区，在褶皱带前缘聚集了较深海前陆沉积。在两伊交界处，中中新统厚约 1500m，上中新统由石灰岩和砂岩构成，厚约 1500m。上新统为陆相沉积，厚约 4500m。

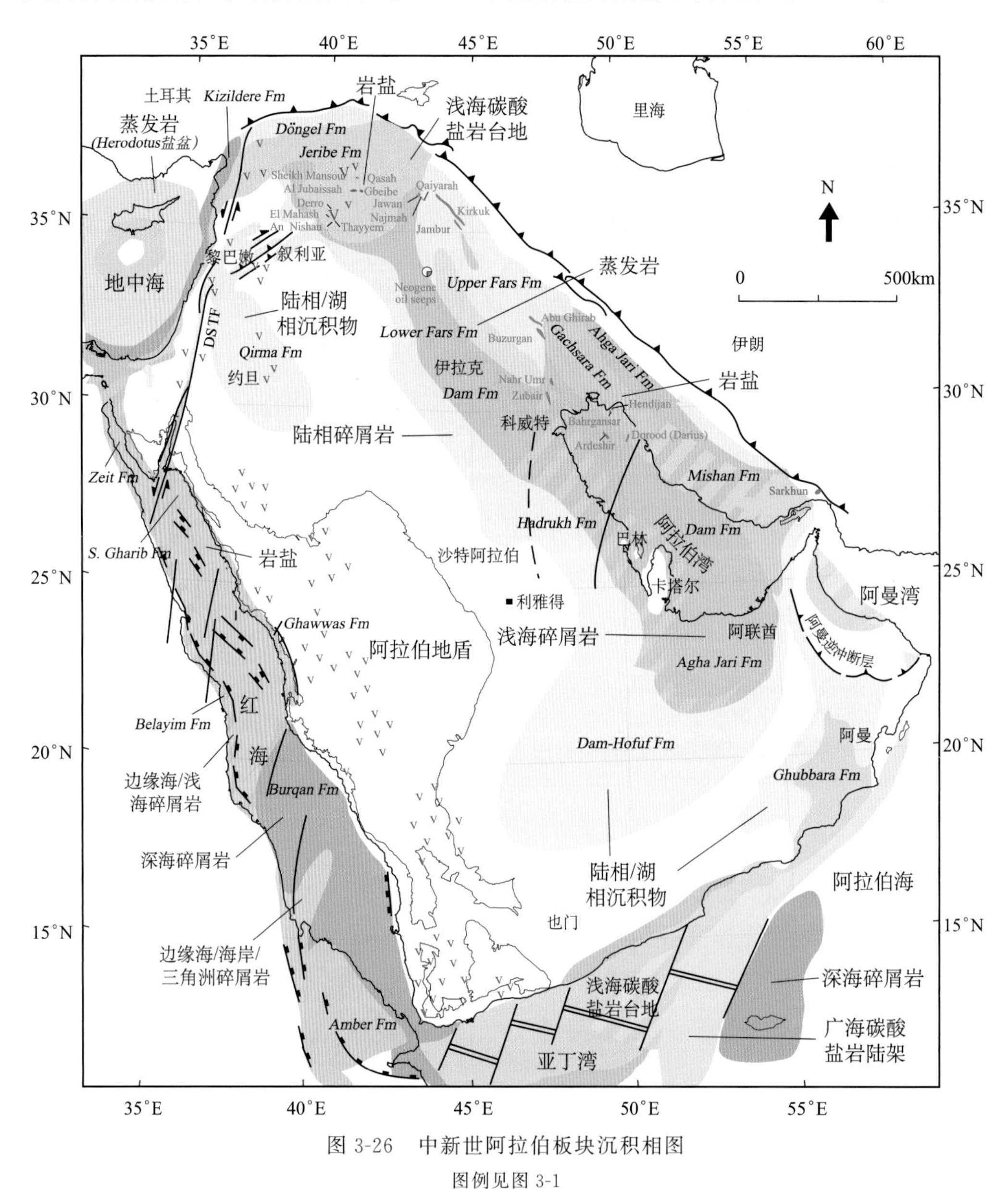

图 3-26　中新世阿拉伯板块沉积相图

图例见图 3-1

小　　结

1）前寒武系主要沉积于裂谷盐盆内，是阿曼盆地内的一套重要烃源岩层系，在其他盆地基本未钻遇，因此其沉积特征知之甚少。

2）古生界主要由沉积于冈瓦纳大陆边缘的陆相-深海相碎屑岩组成，至晚二叠世碳

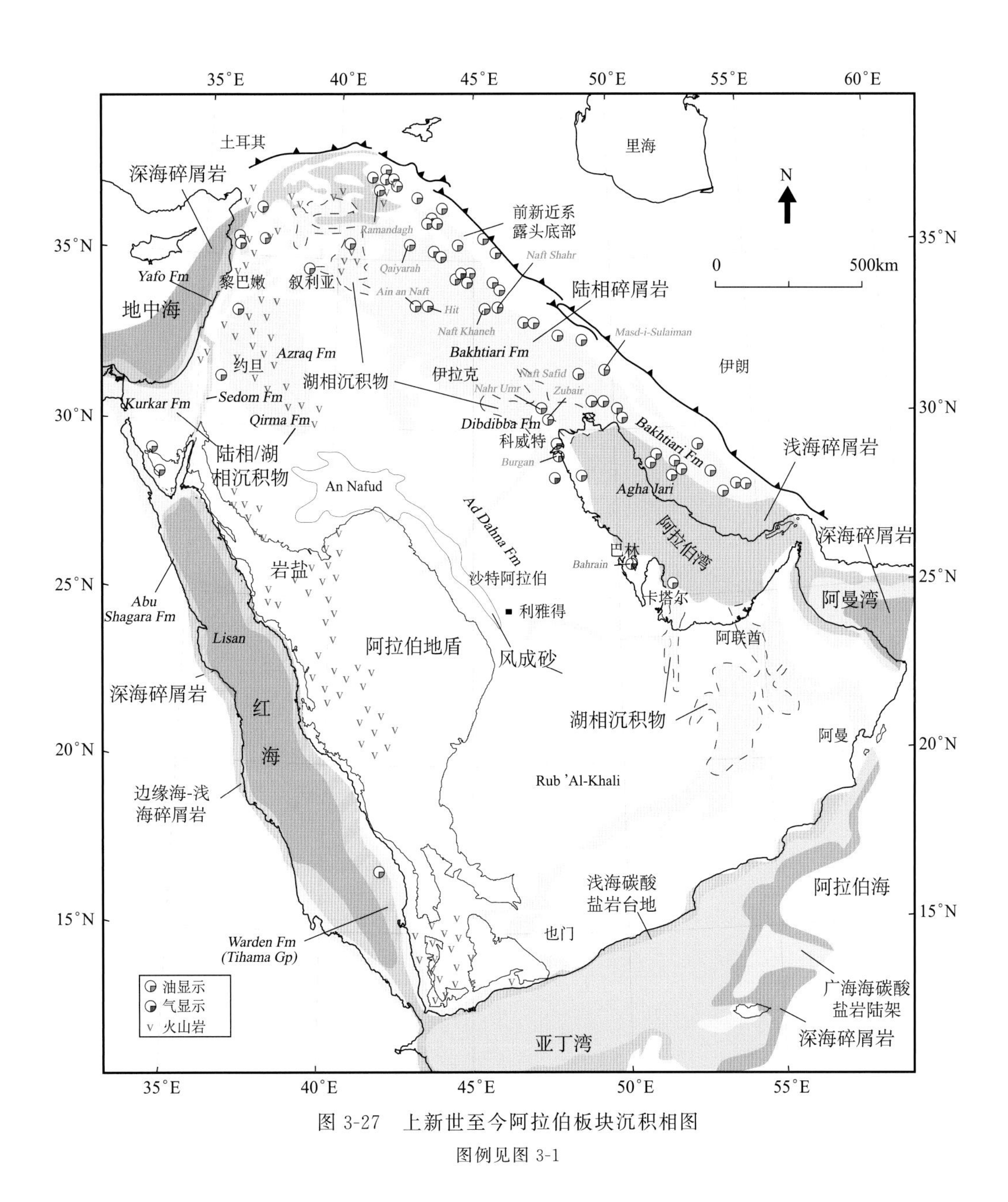

图 3-27　上新世至今阿拉伯板块沉积相图

图例见图 3-1

酸盐岩才取代碎屑岩而成为主要的岩相。

3）海西构造始于泥盆纪末，于石炭纪达至顶峰，该构造运动导致了阿拉伯板块的板内构造变形和泥盆系—石炭系层系的广泛剥蚀。早二叠世，沿阿拉伯板块东部边缘发生了裂谷作用，并最终导致新特提斯洋于晚二叠世的开启。

4）海平面升降、沉积物供给、区域和局部构造作用控制了中—新生代的岩相及其演化，反映了前寒武纪 Amar 碰撞和随后构造变形的南—北走向隆拗相间的构造格架，极大影响了阿拉伯板块中东部地区（利雅得以东地区）中生代的岩相及其展布特征，并在一定程度上影响了新生代岩相的展布。

5）古生代—中生代一直发育宽缓的陆表海，期间的中二叠世直至晚白垩世，阿拉伯板块一直位于新特提斯洋的被动陆缘，一个异常宽缓的浅海陆架环境造就了大面积、巨厚的、均一性良好的生储盖沉积。

6）多期封闭-半封闭海盆复合叠加发育是阿拉伯板块沉积发育的重要特色，也是多套有利的生储盖组合叠加发育，形成世界最为富集的油气区的主要地质背景。

中东含油气盆地类型及其基本特征 第四章

有关盆地类型对油气分布的控制作用有着两种截然不同的观点，一种观点认为盆地的含油气性和油气富集程度与盆地类型无关，而另一种观点则认为盆地类型与油气的富集程度有着一定的相关关系，本书对该问题不做详尽的讨论，有兴趣的读者可以参考Demaison 和 Huizinga（1994）及其该文引证的参考文献对这一问题的探讨。

尽管同一类型盆地的含油气性差异很大，但是同类型的含油气盆地具有一系列的共性油气地质特征，中东的沉积盆地类型相对比较单一。统计分析表明，被动陆缘盆地油气最为富集，其油气可采储量占中东已发现油气总可采储量的 79.0%，其次是前陆盆地，这类盆地内已发现的油气可采储量占油气总可采储量的 18.8%，其余的 2.2%分布于裂谷盆地。

本章首先介绍中东盆地类型的划分，探讨中东油气资源在不同类型盆地和不同层系的分布特征；随后分别介绍被动陆缘盆地、前陆盆地和裂谷盆地的基础地质和油气地质特征，对油气资源最富集的被动陆缘盆地和前陆盆地做了较为详尽地讨论。

第一节　盆地类型和油气分布

一、盆地分类

盆地分类方案有几十种，本研究沿循了 Mann 等（2003）的盆地分类方案，将波斯湾及邻区研究的 17 个沉积盆地分为 3 种类型（图 4-1）。

（1）大陆裂谷-拗陷盆地（简称裂谷盆地）：发育于阿拉伯板块南缘的阿曼盆地、塞云-马西拉盆地、马里卜-夏布瓦盆地、红海盆地以及西奈盆地、马巴盆地、亚丁-阿比杨盆地、穆卡拉-赛胡特盆地和吉萨-卡马尔盆地归属于这类盆地（图 4-1）。前四个裂谷盆地内发现了商业油气田，其余的 5 个尚未有油气发现。其中，阿曼盆地为晚前寒武纪—早寒武世裂谷盆地，塞云-马西拉盆地和马里卜-夏布瓦盆地为中生代裂谷盆地，而红海盆地为新生代裂谷盆地。这些裂谷盆地的共性是盆地内的主力烃源岩均沉积于裂谷期。

（2）被动陆缘盆地：阿拉伯板块内的鲁卜哈利盆地、中阿拉伯盆地、维典-美索不达米亚盆地和西阿拉伯盆地属于古被动大陆边缘盆地，阿拉伯板块西侧的黎凡特盆地归属于现今被动大陆边缘盆地。古被动大陆边缘盆地中生代主力烃源岩、储集层和盖层沉积环境均为被动陆缘的陆表海。

阿拉伯板块内的鲁卜哈利盆地、中阿拉伯盆地、维典-美索不达米亚盆地和西阿拉伯盆地不是一般所说的被动大陆边缘盆地，它们现今处于克拉通内，但中生代期间处于新特提斯洋被动大陆边缘部位，故应称为“古被动大陆边缘盆地”。地中海东侧的黎凡特盆地属于一般所说的被动大陆边缘盆地，与现今大西洋两岸的被动陆缘盆地类似。

（3）前陆盆地：扎格罗斯盆地和中伊朗盆地属于这类盆地，前者是阿拉伯板块与欧亚板块的碰撞产物，属周缘前陆盆地；后者成因于岛弧碰撞，为弧后前陆盆地。

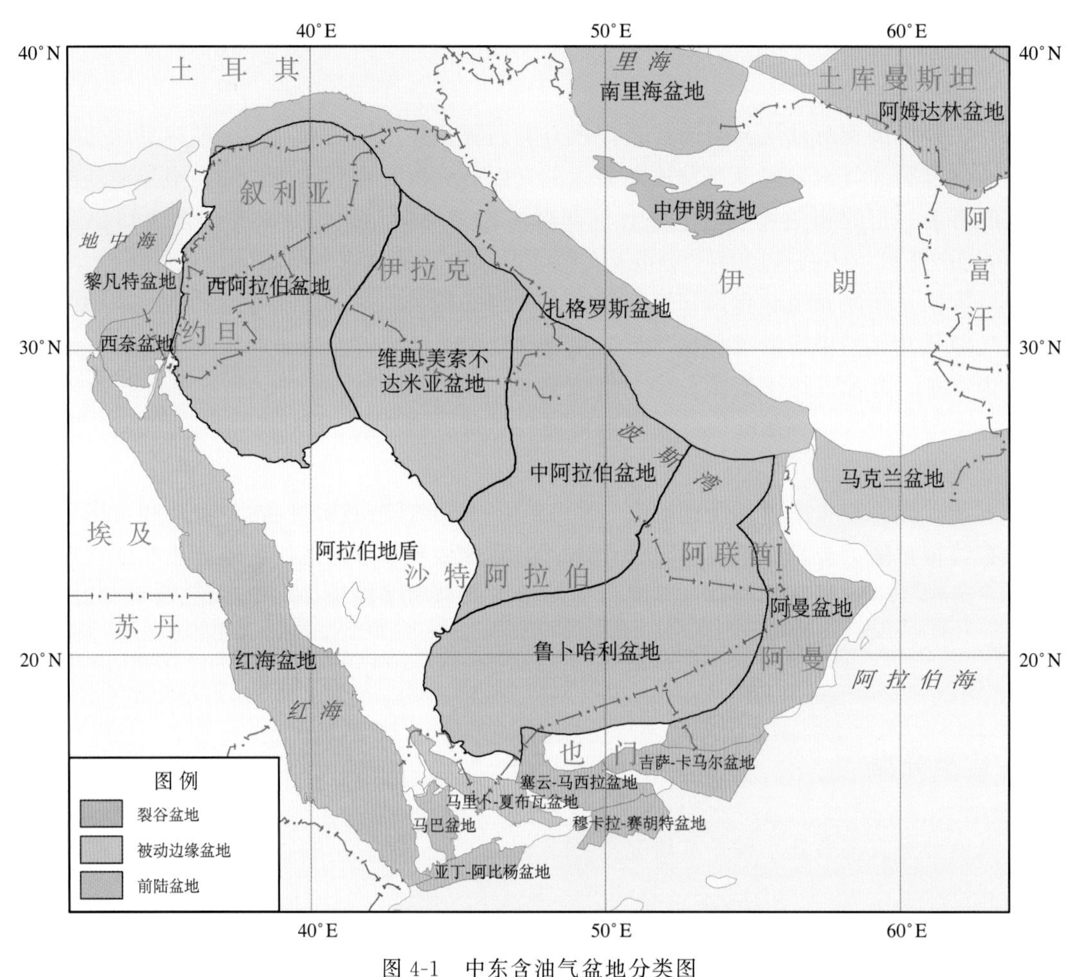

图 4-1　中东含油气盆地分类图

二、油气分布特征

（一）海陆分布

截至2010年8月，中东地区共发现油气田1296个，其中的1159个（89.4%）分布于陆上，137个（10.6%）分布于海上；累计探明和控制石油（包括凝析油）储量159 390×10^{6}m^3，其中136 344×10^{6}m^3（85.5%）分布于陆上的油田，23 046×10^{6}m^3（14.5%）分布于海上油田。累计探明和控制天然气储量875 723×10^{8}m^3，其中649 415×10^{8}m^3（74.2%）分布于陆上，226 308×10^{8}m^3（25.8%）分布于海上

(表 4-1)。在中东地区发现的 241 344×10⁶ m³ 油当量中，石油储量占油气总储量的 66.0%，天然气占 34.0%，因此中东是一个相对富油的含油气区。

表 4-1　中东油气探明和控制储量一览表（油气储量据 IHS，2010 资料整理）

项目	陆地		海域		合计
	绝对值	百分比/%	绝对值	百分比/%	
油气田个数	1159	89.4	137	10.6	1296
石油 2P 储量/$10^6 m^3$	136 344	85.5	23 046	14.5	159 390
天然气 2P 储量/$10^8 m^3$	649 415	74.2	226 308	25.8	875 723
油气总储量/$10^6 m^3$ 油当量*	197 119	81.7	44 225	18.3	241 344

注：1068.55m^3天然气相当于 1m^3石油。

*油当量为将天然气储量按该比例折合成石油，再与石油储量相加而得到的量。

（二）油气储量区域分布

在阿拉伯板块，大油气田，特别是特大型油气田（指可采储量超过 79.8×$10^6 m^3$或 50 亿桶油当量的油气田）主要分布于中阿拉伯盆地、扎格罗斯盆地和鲁卜哈利盆地的东部（图 4-2）。大油气田的这种分布特点导致了盆地内不同构造单元内油气储量分布的极不均一（图 4-3）。储量主要集中于大油气田分布的地区。

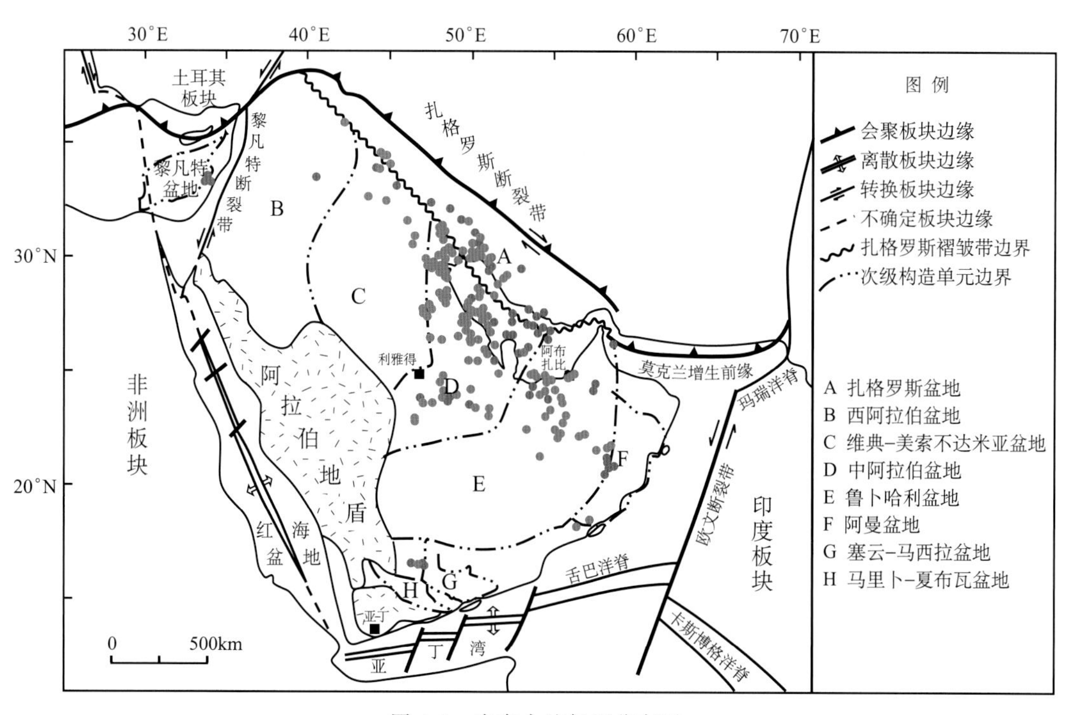

图 4-2　中东大油气田分布图

区域上，盆地内已发现的石油（包括凝析油）主要分布于中阿拉伯盆地（$103\ 512\times 10^6\,m^3$）、扎格罗斯盆地（$30\ 669\times 10^6\,m^3$）和鲁卜哈利盆地（$18\ 521\times 10^6\,m^3$），它们的石油储量分别占中东石油总储量的 64.9%、19.2%和 11.6%，合计为 95.8%（表 4-2）。发现的天然气也主要分布于中阿拉伯盆地（$607\ 955\times 10^8\,m^3$）、扎格罗斯盆地（$157\ 147\times 10^8\,m^3$）和鲁卜哈利盆地（$72\ 436\times 10^8\,m^3$），它们的天然气储量分别占中东天然气总储量的 69.4%、18.0%和 8.3%，合计为 95.7%（表 4-2）。

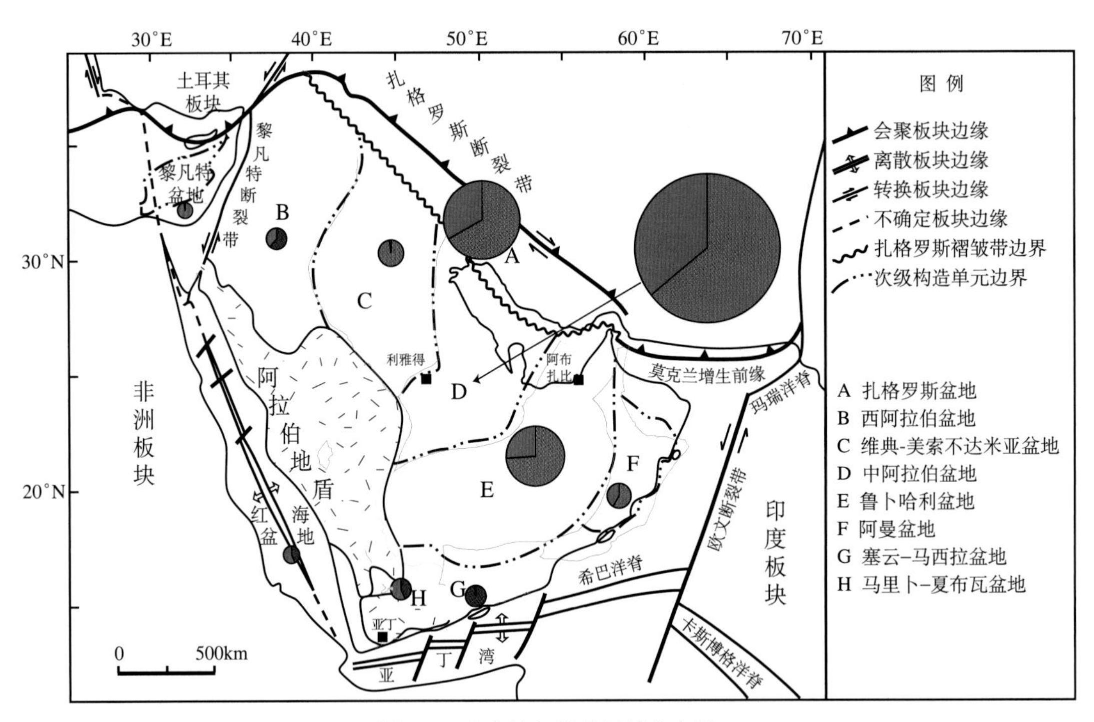

图 4-3　中东油气储量区域分布图

（三）油气储量层系分布

层系上，中东地区发现的石油（包括凝析油）主要储于下白垩统（35.7%）、上侏罗统（27.5%）和第三系（16.1%）（图 4-4），这三套主力储集层内的石油储量占中东地区石油总储量的 79.3%。发现的天然气储量分布更加不均一，上二叠统储集的天然气储量占天然气总储量的 57.4%（图 4-4），而且二叠系气藏多为非伴生气，其他的主要储气层包括下白垩统、第三系和上侏罗统，储于这三套层系的天然气占天然气总储量的 27.4%，与上二叠统气藏不同的是，储于侏罗系—白垩系的天然气则多为伴生气。按油当量计，主力储集层系为下白垩统、上二叠统和上侏罗统，储于这三套储集层的油气储量占油气总储量的 71.1%，油气的总体分布表现出“下气上油”的特征（图 4-5）。

表 4-2 中东地区油气探明和控制储量区域分布表（油气储量据 IHS，2010 资料整理）

盆地名称	盆地类型	地貌	探明和控制储量							
			油气田个数/个	石油（含凝析油）		天然气		油当量		石油占油气总储量/%
				$10^6 m^3$	占总量/%	$10^8 m^3$	占总量/%	$10^6 m^3$	占总量/%	
中阿拉伯	古被动陆缘	陆上	136	89 077		420 039		128 386		
		海上	42	14 436		187 916		32 022		
		小计	178	103 512	64.9	607 955	69.4	160 408	66.4	64.5
鲁卜哈利	古被动陆缘	陆上	45	10 049		39 129		13 711		
		海上	72	8472		33 307		11 590		
		小计	117	18 521	11.6	72 436	8.3	25 300	10.5	73.2
西阿拉伯	古被动陆缘	陆上	172	645		5448		1155		
		海上	0	0		0		0		
		小计	172	645	0.4	5448	0.6	1155	0.5	55.9
维典-美索不达米亚	古被动陆缘	陆上	28	2886		4848		3340		
		海上	0	0		0		0		
		小计	28	2886	1.8	4848	0.6	3340	1.4	86.4
扎格罗斯	前陆	陆上	334	30 623		157 147		45 329		
		海上	1	46		99		55		
		小计	335	30 669	19.2	157 246	18.0	45 385	18.8	67.6
阿曼	裂谷	陆上	316	2510		18 434		4235		
		海上	6	45		736		114		
		小计	322	2555	1.6	19 170	2.2	4349	1.8	58.8
马里卜-夏布瓦	裂谷	陆上	53	294		4045		672		
		海上	0	0		0		0		
		小计	53	294	0.2	4045	0.5	672	0.3	43.7
塞云-马西拉	裂谷	陆上	61	247		60		253		
		海上	0	0		0		0		
		小计	61	247	0.2	60	0.0	253	0.1	97.8
黎凡特盆地	被动陆缘	陆上	9	3		9		4		
		海上	12	3		3726		352		
		小计	21	6	0.0	3735	0.4	356	0.1	1.7
红海盆地	裂谷	陆上	5	10		256		35		
		海上	4	43		524		92		
		合计	9	54		780		127	0.1	42.5
合计		陆上	1159	136 344		649 415		197 119		
		海上	137	23 046		226 308		44 225		
		合计	1296	159 390		875 723		241 344		66.0

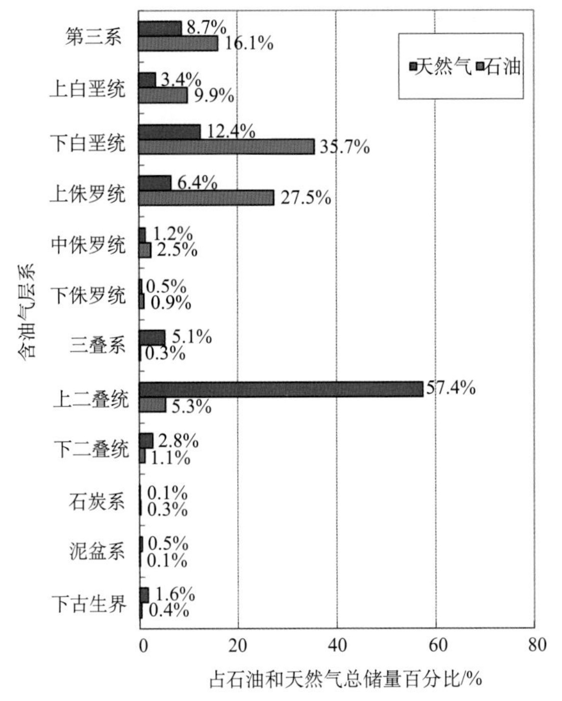

图 4-4　中东地区石油和天然气储量储集层分布图

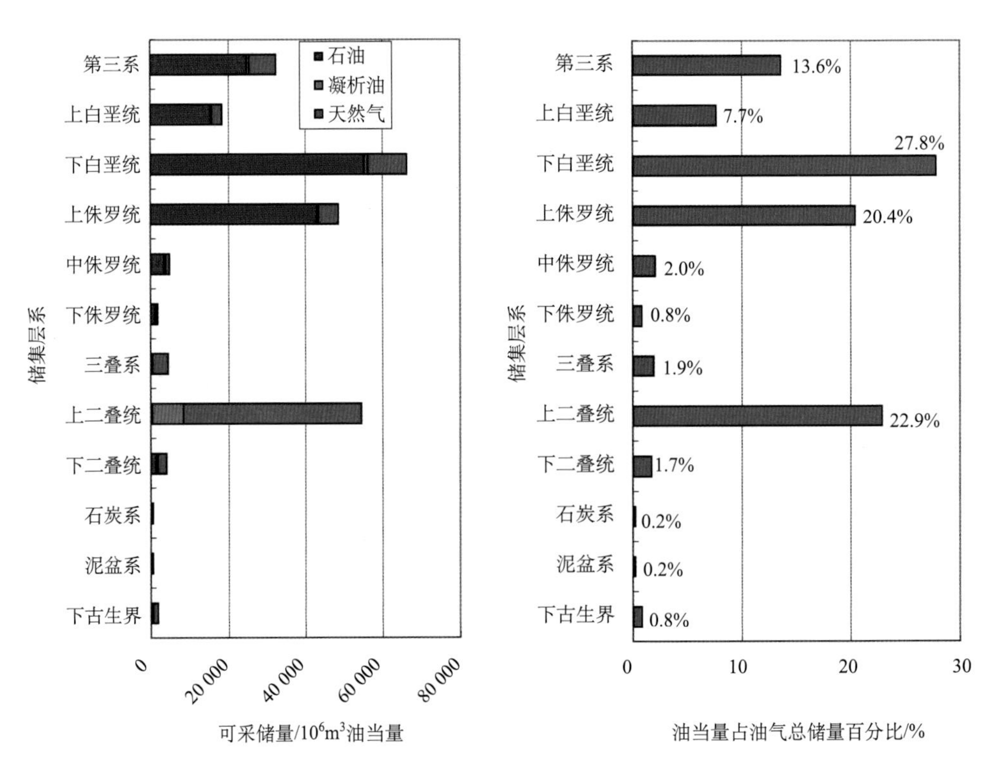

图 4-5　中东地区油气储量层系分布图

不同地区的主要储集层不同。在阿拉伯盆地（中阿拉伯盆地、鲁卜哈利盆地、西阿拉伯盆地和维典-美索不达米亚盆地，参见第一章），发现的石油（包括凝析油）主要储于下白垩统和上侏罗统（图 4-6），这两套主力储集层内的石油储量占阿拉伯盆地石油总储量的 78.8%。发现的天然气则主要富集于上二叠统，其储量占阿拉伯盆地天然气总储量的 70.7%（图 4-6）。按油当量计，主力储集层系为下白垩统、上二叠统和上侏罗统，储于这三套储集层的油气储量占油气总储量的 86.9%（图 4-7）。

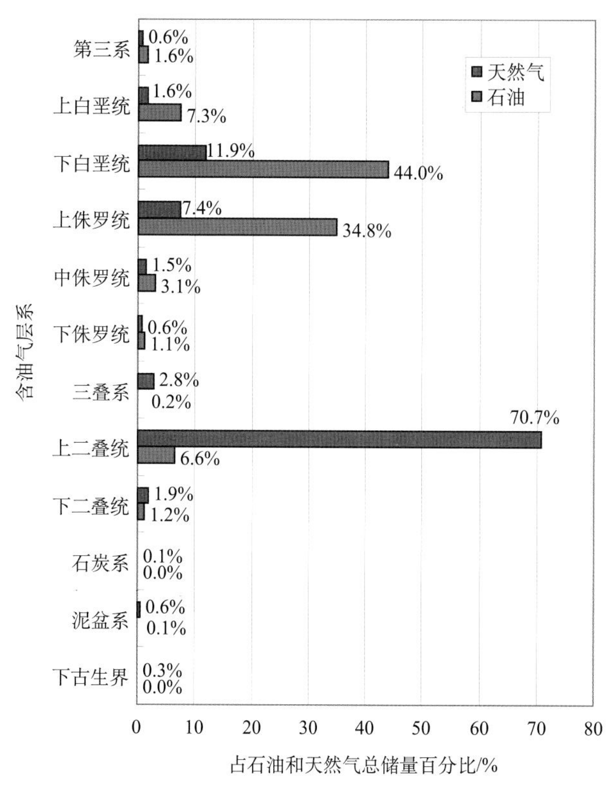

图 4-6　阿拉伯盆地石油和天然气储量储集层分布图

在扎格罗斯盆地，主力储集层的时代比阿拉伯盆地年轻。主力石油储集层包括第三系和上白垩统（图 4-8），储于这两套储集层的石油储量占盆地石油总储量的 94.9%。主力天然气储集层包括第三系、三叠系、下白垩统和二叠系（图 4-8），分布于这四套主力储气层的天然气储量占盆地总储量的 89.4%。第三系气藏主要为石油伴生气，二叠系、三叠系和下白垩统气藏则主要为非伴生气藏。按油当量计，主力储集层系为第三系和上白垩统，储于这两套储集层的油气储量占盆地油气总储量的 82.1%（图 4-9）。

阿曼盆地的主力储油层包括白垩系和石炭系—二叠系（图 4-10），其石油储量占盆地总储量的 80.0%。与阿拉伯盆地盆地和扎格罗斯盆地形成鲜明对比的是，该盆地的前寒武系和下古生界储集层内分布有相当规模的石油，前寒武系、寒武系和奥陶系内的石油储量占到了盆地石油总储量的 19.4%。天然气的主力储集层包括前寒武系—寒武系、奥陶系和白垩系，它们的天然气储量占阿曼盆地天然气总储量的 93.2%(图 4-10)。

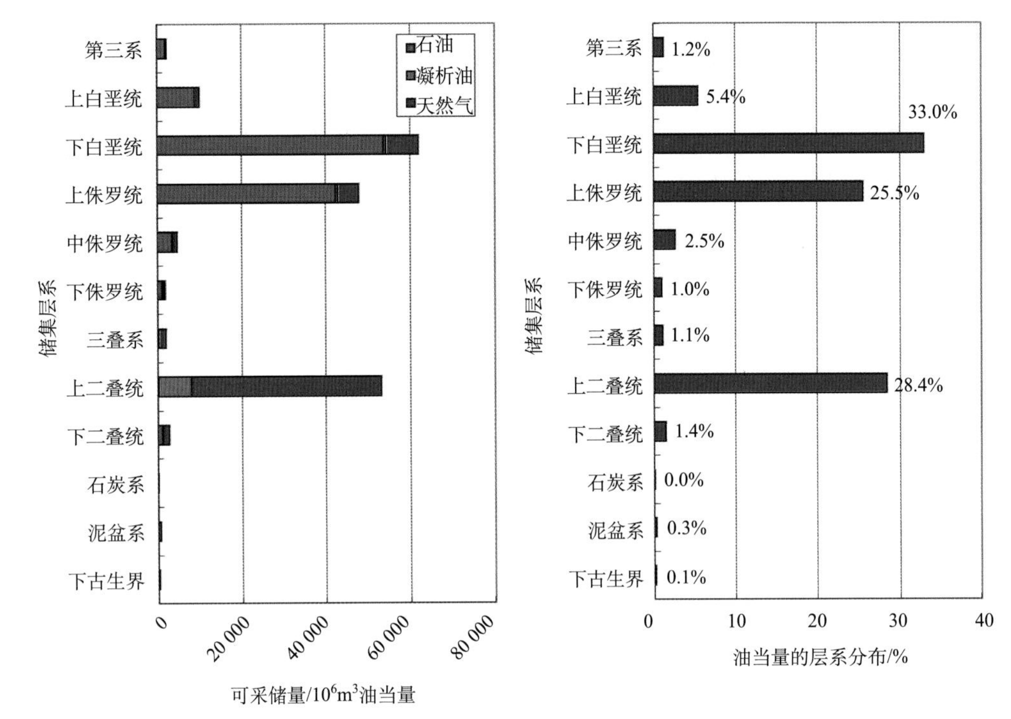

图 4-7　阿拉伯盆地油气储量层系分布图

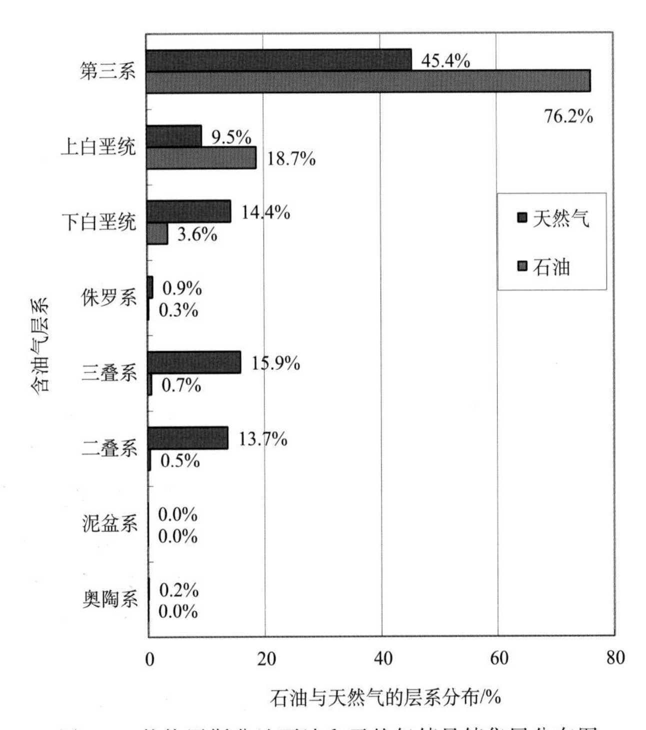

图 4-8　扎格罗斯盆地石油和天然气储量储集层分布图

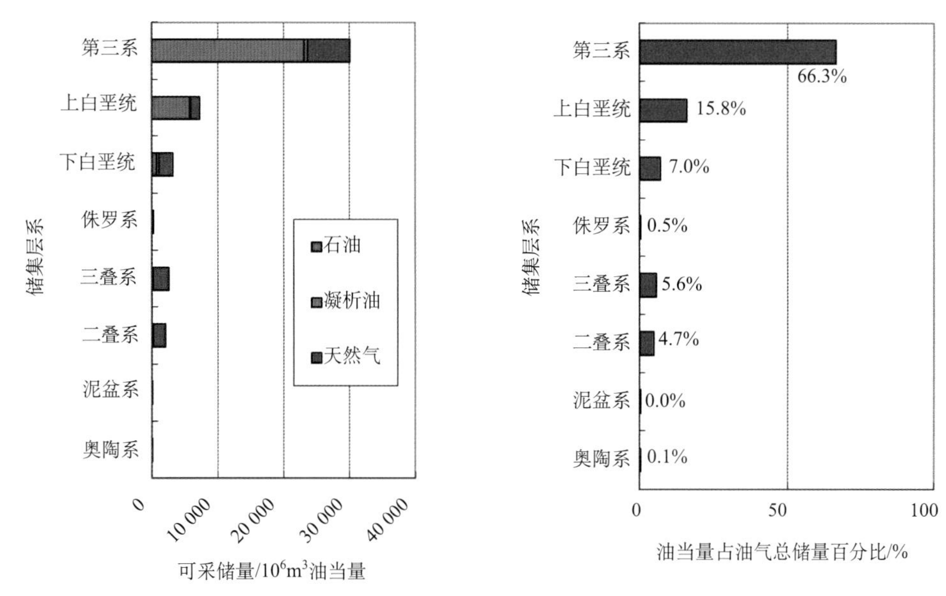

图 4-9　扎格罗斯盆地油气储量层系分布图

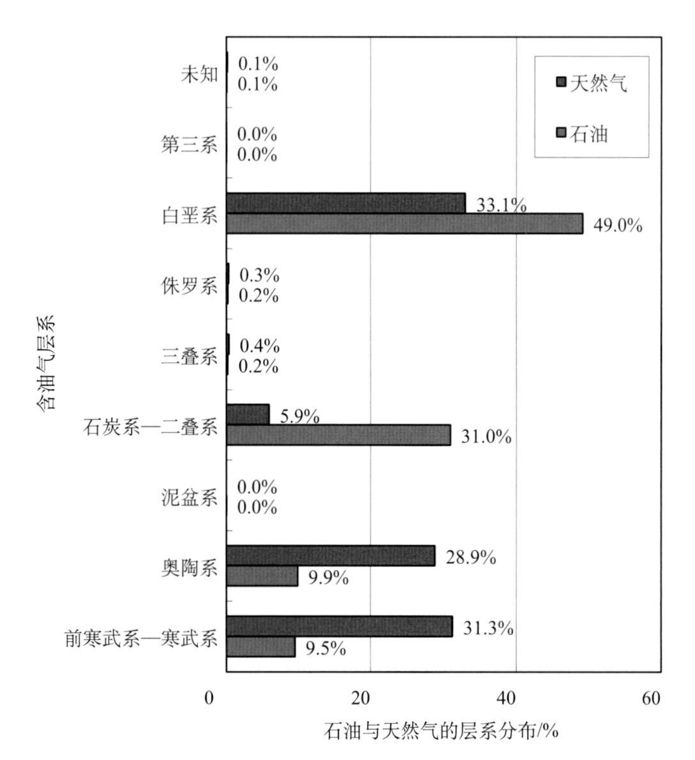

图 4-10　阿曼盆地石油和天然气储量储集层分布图

就油当量而言，油气富集于四套主力储集层：白垩系、石炭系—二叠系、前寒武系—寒武系和奥陶系，储于这四套储集层的油气储量占油气总储量的99.4%(图4-11)。

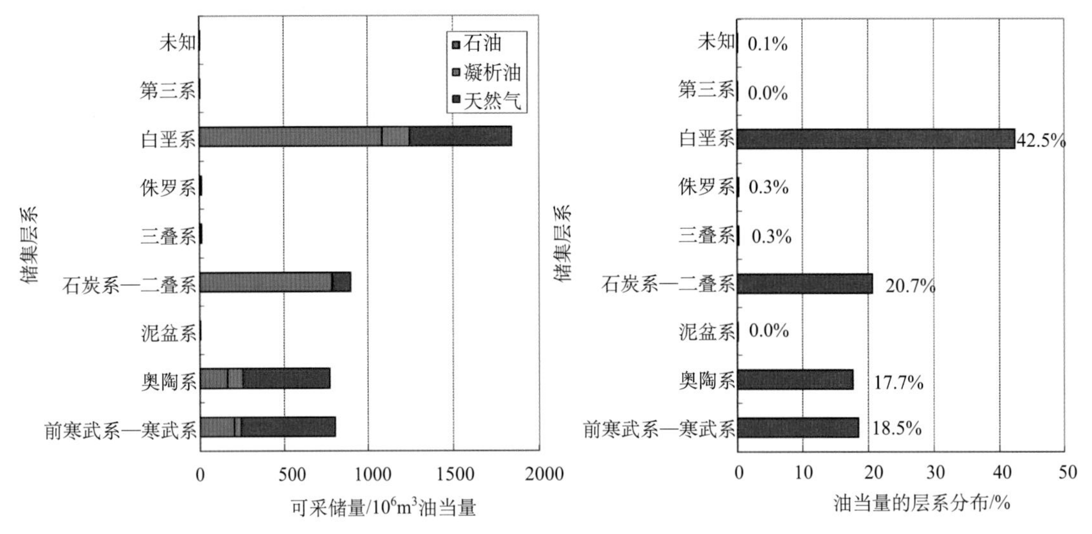

图4-11 阿曼盆地油气储量层系分布图

（四）生储盖圈闭分布特征

阿拉伯板块上发育了一系列沉积盆地，其中8个盆地有重大油气发现，它们是扎格罗斯盆地、阿曼盆地、鲁卜哈利盆地、维典-美索不达米亚盆地、西阿拉伯盆地、中阿拉伯盆地、马里卜-夏布瓦盆地和塞云-马西拉盆地（图4-3）。前两个盆地分别对应于Alsharhan和Nairn（1997）的扎格罗斯盆地和阿曼盆地，鲁卜哈利盆地、维典-美索不达米亚盆地、西阿拉伯盆地和中阿拉伯盆地合在一起构成了Alsharhan和Nairn（1997）定义的阿拉伯盆地（图1-1）。

阿拉伯板块发育多套良好的生储盖组合，烃源岩由页岩、泥岩、泥灰岩和泥质灰岩组成，它们不仅分布广，而且富含有机质，但在板块内不同的沉积盆地，主力烃源岩的时代有所不同（图4-12）。

1. 发育多套不同时代的烃源岩

扎格罗斯盆地发育七套烃源岩层，自下而上依次为前寒武系—下寒武统霍尔木兹（Hormuz）岩系、下志留统贾赫库姆（Gahkum）组、中侏罗统萨金鲁（Sargelu）组、下—中白垩统盖鲁（Garau）组、中白垩统卡兹杜米（Kazhdumi）组、上白垩统古尔珠（Gurpi）组和古新统帕卜德赫（Pabdeh）组。其中卡兹杜米组、盖鲁组和萨金鲁组是该盆地的主力烃源岩层。

阿曼盆地发育有三套烃源岩层：前寒武系—下寒武统侯格夫（Huqf）群（包括Buah/Shuram组和Ara组烃源岩）、下志留统萨菲格（Safiq）组和下白垩统纳提赫（Natih）组（图4-12）。

在阿拉伯盆地，下志留统阔里巴赫（Qalibah）组的古赛巴（Qusaiba）段是最重要的古生界烃源岩层，中生界主力烃源岩层为上侏罗统图韦克山组和哈尼费（Hanifa）组以及下白垩统苏莱伊（Sulaiy）组。

2. 以碳酸盐岩储层为主

优越的储集层广布于中东地区，这些储集层以厚度大、孔隙度高、渗透率高以及裂缝系统广泛发育为主要特征。一方面由于沉积范围广、构造运动弱，导致储集层的横向连通性比较好，而且横向变化呈非常缓慢的渐变过程；另一方面，由于这些储集层在沉积过程中经历了不同的演化过程，因此储集层的垂向非均质性十分明显。就储集层的岩性而言，中东地区83.4%的石油储量和92.4%的天然气储量储于碳酸盐岩储集层中，按油当量计，86.1%的油气储量储于碳酸盐岩层系。储于碎屑岩的石油和天然气储量分别占总量的13.9%和7.6%，按油当量计，碎屑岩储集的油气储量占总量的13.9%。

3. 蒸发岩为主要盖层

阿拉伯板块的盖层以蒸发岩为主，不过页岩和致密碳酸盐岩也同样可以构成有效的盖层。区域盖层包括下三叠统苏代尔（Sudair）组含膏盐页岩层（上二叠统胡夫组气藏的盖层）、上侏罗统希瑟（Hith）组的硬石膏层（上侏罗统阿拉伯组油藏的盖层）、中新统加奇萨兰（Gachsaran）组的硬石膏和岩盐层（渐新统—中新统阿斯马里组油气藏的盖层）、白垩系薄层致密石灰岩（伊朗扎格罗斯次盆地白垩系油气藏的盖层）和中白垩统页岩（科威特中白垩统油藏的盖层）（图4-12）。

4. 构造圈闭为主要圈闭类型

在阿拉伯板块，尽管钻探过程中也偶然发现地层岩性油气藏，但是至今的勘探思路一直是以寻找构造油气藏为主，其结果是在盆地内已发现的油气藏中，构造油气藏占绝对统治地位，这类圈闭内发现的油气储量占油气总储量的94.8%，其次为构造-地层油气藏，其油气储量占油气总储量的5.1%，其余的0.1%分布于少数的地层岩性油气藏内。与其他含油气盆地相比，阿拉伯板块的构造圈闭类型比较简单，其形成主要受控于三种机制：盐流动、基底运动和侧向挤压。由盐流动形成的构造圈闭主要分布于阿曼盆地。在扎格罗斯盆地，晚白垩世以来，新特提斯洋的闭合导致洋壳仰冲，阿拉伯板块与中伊朗板块拼合起来，这里的构造应力以侧向构造挤压应力为主，因此挤压成因的构造圈闭主要分布于扎格罗斯盆地，伊朗的加奇萨兰油田和伊拉克的基尔库克（Kirkuk）油田是挤压构造圈闭的典型代表。而远离扎格罗斯山前褶皱带的阿拉伯盆地经受的构造运动和侧向挤压较弱，这里的构造通常以基底垂向运动形成的构造圈闭为主，盖瓦尔（Ghawar）油田和诺斯气田是这类构造圈闭的典型代表。

（五）油气分布主控因素

1. 盆地构造-沉积演化史控制油气富集层系

阿拉伯盆地多期封闭-半封闭海盆叠置发育造成多套富油气系统叠置。自前寒武纪

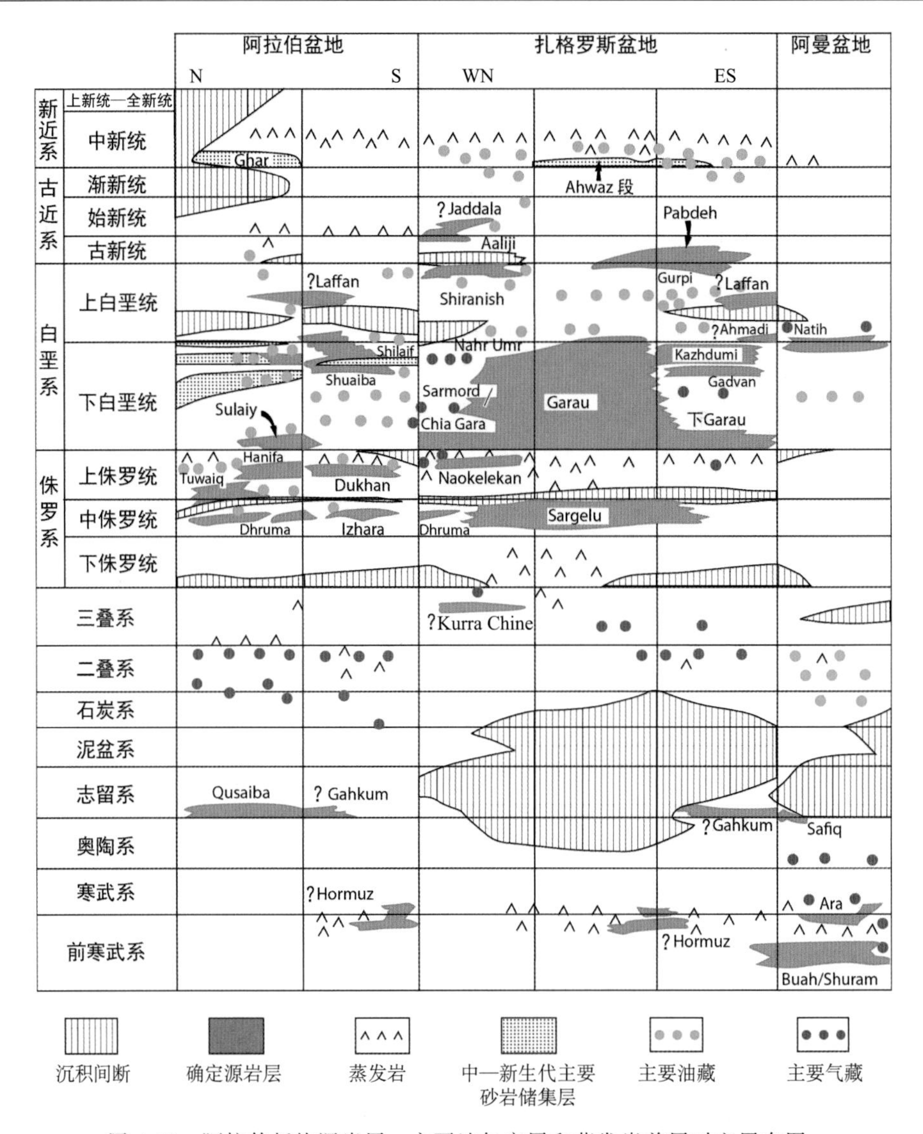

图 4-12　阿拉伯板块源岩层、主要油气产层和蒸发岩盖层时空展布图

（据 Beydoun et al.，1992；Stoneley，1990；有修改）

阿拉伯板块结晶基底克拉通化起，阿拉伯盆地开始了其漫长但却十分简单的演化历史。据 Sharland 等（2001）的研究，晚前寒武纪—晚泥盆世，盆地处于冈瓦纳大陆东北缘的被动陆缘背景，晚泥盆世—中二叠世盆地进入了弧后（活动大陆边缘）发育阶段，到了晚二叠世，随着新特提斯洋的张开，盆地又处于了新形成的新特提斯洋的被动陆缘，这种状况一直持续至晚白垩世。自晚二叠世至晚白垩世盆地多期封闭-半封闭海盆叠置发育，在中生代被动大陆边缘演化阶段，陆架内的滞留海盆地内沉积了生油岩，而在邻近的台地边缘发育了颗粒碳酸盐岩建造，蒸发岩和区域广布的页岩构成了盖层。沉积于新特提斯洋开启之前的裂前期源岩主要为下志留统海相“热页岩”。阿拉伯盆地占据了中东油气总储量的 78%。阿拉伯盆地上侏罗统和下白垩统占石油储量的 79%，上二叠

统占盆地天然气储量的71%。

扎格罗斯前陆盆地主要储层发育于新生界。扎格罗斯盆地是阿拉伯地台在新生界形成的周缘前陆盆地。自晚白垩世开始，板块边界从被动大陆边缘转换成活动大陆边缘，古新世至始新世末期，沿着阿拉伯板块的东缘发育了快速沉降的前陆盆地即扎格罗斯前陆盆地。随着非洲-阿拉伯板块持续地北东向俯冲，新特提斯洋逐渐闭合，中新世时，非洲-阿拉伯板块与欧亚板块发生碰撞，新特提斯洋消亡。新近纪的造山运动和褶皱作用在上白垩统—始新统致密岩石中形成了大量的微裂缝，这些微裂缝将中—上白垩统、渐新统—中新统阿斯马里石灰岩储集层与中白垩统烃源岩层连通起来，从而先期聚集于白垩系储集层中的油气和后期烃源岩继续排出的油气，在垂直运移机制下陆续进入阿斯马里组储集层，在同期背斜圈闭中聚集成藏，这种运移和成藏过程至今仍在进行。因此，第三系构成了扎格罗斯盆地最重要的油气富集层系（图4-9）。

阿曼盆地是前寒武纪—早寒武世裂谷型含盐盆地。晚前寒武纪—早寒武世的裂谷作用局限于海湾地区和阿曼地区，结果在这些地区发育了盐盆（图1-20）。海湾地区的盐盆因埋深较大，知之甚少。阿曼盆地，盐盆的埋深一般小于5000m，油气勘探和研究表明结晶基底之上沉积了前寒武系—下寒武统侯格夫群，该群富含有机质，是阿曼最重要的烃源岩层序，阿曼盆地已发现油气储量的80%源自这套烃源岩。这套古老烃源岩在阿曼盆地的发育造成阿曼盆地的前寒武系和下古生界成为该盆地的主要油气富集层系之一，而在阿拉伯盆地和扎格罗斯盆地，这套古老的烃源岩不发育，结果前寒武系和下古生界储集层没有或仅有少量的油气聚集（图4-7，图4-9）。

2. 区域盖层控制油气的层系分布

阿拉伯板块油气的层系分布受区域盖层的控制，紧邻优质区域盖层之下的储集层往往是油气最富集的层位。原因在于这种储盖组合，储集岩物性良好，而且被有效盖层直接覆盖。阿拉伯盆地的上二叠统裂隙碳酸盐岩储集层和上覆的下三叠统含膏盐页岩盖层、上侏罗统阿拉伯组颗粒碳酸盐岩储集层和上覆的希瑟组膏盐盖层、扎格罗斯盆地的渐新统—中新统阿斯马里组裂隙碳酸盐岩储集层和上覆的加奇萨兰组岩盐盖层都属于这类储盖组合。

在阿拉伯盆地，上二叠统裂隙碳酸盐岩储集层内的天然气储量占天然气总储量的70.7%，上侏罗统颗粒碳酸盐岩储集层的石油储量占石油总储量的34.8%。在扎格罗斯盆地，最主要的储集层系为渐新统—中新统阿斯马里组裂隙碳酸盐岩。尽管扎格罗斯盆地经历过剧烈的新近纪构造活动，但是加奇萨兰组岩盐盖层的良好塑性特征保证了盖层封堵的有效性，因此第三系储集层的石油和天然气储量分别占到了盆地石油和天然气总储量的76.2%和45.4%（图4-8）。在阿曼盆地，白垩系泥质石灰岩、泥灰岩和含钙质页岩构成了下伏的白垩系碳酸盐岩储集层的有效区域盖层，结果白垩系储集层是盆地内最重要的石油储集层，其石油储量占盆地石油总储量的49.0%。除了这些最重要的储盖组合外，三个盆地的其他主要储集层（如阿拉伯盆地内的下白垩统、上白垩统，阿曼盆地内的前寒武系—寒武系）内的油气富集也受到上覆有效页岩或致密碳酸盐岩盖层的控制。

3. 有效烃源岩的分布控制油气的区域分布

阿拉伯板块的前寒武系—下寒武统烃源岩主要分布于阿曼盆地的局部地区，志留系烃源岩分布于盆地的中部，而盆地内最重要的中生界烃源岩则主要沿波斯湾及其周围地区展布（图 4-13）。阿拉伯板块内多套烃源岩的广泛发育，为盆地内油气的生成和聚集成藏提供了坚实的物质基础。油气的区域分布与烃源岩的展布密切相关，在中阿拉伯盆地、扎格罗斯盆地和鲁卜哈利盆地的东部，发育了几套相互叠置的主力烃源岩，油气的就近聚集成藏导致了阿拉伯板块内大油气田主要分布于这些地区（图 4-2），分布于中阿拉伯盆地、扎格罗斯盆地和鲁卜哈利盆地的油气储量占中东已发现油气储量的 90%以上（表 4-2）。

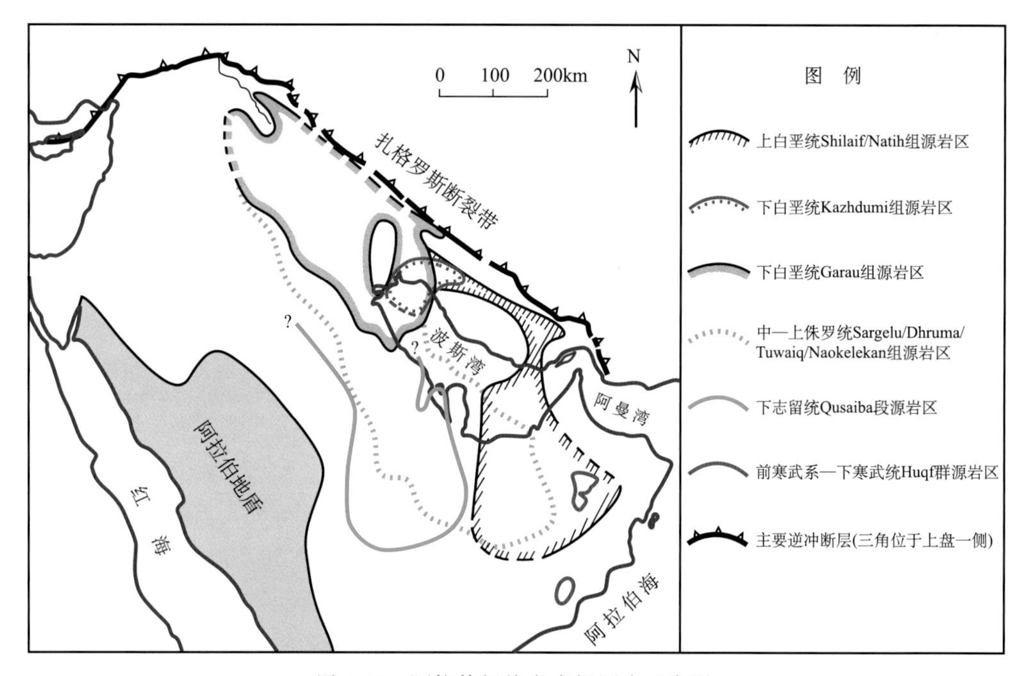

图 4-13　阿拉伯板块主力烃源岩展布图

4. 隆拗构造格局发育区油气最为富集

中阿拉伯盆地油气最为富集，分布于该盆地的石油和天然气分别占中东石油和天然气总储量的 64.9%和 69.4%（表 4-2），而且油气主要局限于该盆地的北部。油气的这种分布与中阿拉伯盆地北部的构造格架密切相关，这里发育四个狭长的近南北向的轴状隆起和相间的拗陷，它们向北倾没于波斯湾，较难截然分开（图 1-1）。隆起之间的拗陷在南端很明显，但向北逐渐合并，并逐渐变深。中阿拉伯盆地北部的这种隆拗构造格架的雏形形成于晚古生代，凸起之上发育了大型构造圈闭并沉积了良好的储集岩，为油气聚集成藏提供了良好的圈闭和储集条件，而且由于这些凸起发育得比较早，长期处于油气运移的指向区，因此凸起之上往往形成大油气田，如盖瓦尔油田位于盖瓦尔凸起之上，诺斯气田位于卡塔尔凸起之上。

第二节　被动大陆边缘盆地

在中东地区，发育了5个被动大陆边缘盆地，其中4个位于阿拉伯板块内，另外一个位于阿拉伯板块之外（图4-1）。被动陆缘盆地内的探明和控制油气储量占中东油气总储量的78.9%，是中东地区油气最富集的盆地类型。

被动陆缘盆地内的油气分布极不均衡，区域上，油气主要富集于中阿拉伯盆地，分布于该盆地的油气储量占中东被动陆缘盆地油气总储量的84.2%。层系上，油气储于下古生界—第三系的多套储集层，但高达86.9%的油气储量储于下白垩统、上二叠统和上侏罗统三套主力储集层。

5个被动大陆边缘盆地的中生界储集层类似，古生界和新生界储集层在不同盆地的发育不尽相同，二叠系仅在中阿拉伯盆地构成了主力储集层，而中新统则仅在地中海边缘的黎凡特盆地构成了主力储集层。

一、被动大陆边缘盆地构造沉积特征

有别于现今的被动大陆边缘盆地，中东地区的被动陆缘盆地实际是古被动大陆边缘盆地，在其演化史中，阿拉伯板块内的4个古被动陆缘盆地经历了两期被动陆缘发育期，早期（前寒武纪—晚泥盆世）阿拉伯板块处于古特提斯洋的被动大陆边缘，处于克拉通内板块背景（图1-20，图1-22）。经历了晚泥盆世—中二叠世弧后活动大陆边缘演化阶段之后，晚二叠世—晚白垩世期间，随着西北伊朗、中伊朗、鲁特等地块与阿拉伯板块的分离（图1-24），新特提斯洋逐渐演化壮大，阿拉伯板块处于新特提斯洋被动边缘（图1-26）。自晚白垩世起，随着新特提斯洋的闭合（图1-31），最终导致阿拉伯板块与欧亚板块拼合在一起。

由于是古被动陆缘盆地，广海一侧的沉积记录并未完全保存，已存的沉积记录表明中东被动陆缘盆地完全位于陆壳之上。与南美被动陆缘盆地经历的四期构造演化阶段——裂前内克拉通阶段、同裂谷阶段、过渡阶段和漂移阶段相比，中东被动陆缘盆地的演化并未表现出明显的阶段性特征，早期（前寒武纪—晚泥盆世）的克拉通内演化阶段（古特提斯洋被动陆缘）可能相当于裂前克拉通阶段，晚泥盆世—晚二叠世弧后活动大陆边缘演化阶段可能相当于同裂谷期阶段，而晚二叠世—晚白垩世新特提斯洋被动陆缘则对应于漂移阶段。

中东古被动大陆边缘盆地主要充填古—新生代沉积物，其中以中生代沉积为主，沉积特征具有一定的相似性，古生界为一套以碎屑岩为主的海相层系，二叠系—新近系为一套以碳酸盐岩为主的海相层系。被动陆缘盆地内沉积的寒武系—上泥盆统对应于裂前克拉通层系、上泥盆统—中二叠统对应于同裂谷层系、上二叠统—上白垩统对应于被动陆缘层系。而上白垩统—新近系沉积于被动陆缘演化阶段之后的前陆盆地。

中东的古被动陆缘盆地的烃源岩主要发育于被动陆缘漂移期（侏罗纪—早白垩世）

以及裂前的克拉通期（志留纪），同裂谷期基本未发育烃源岩，这一点明显有别于南美被动陆缘盆地的烃源岩主要发育于同裂谷期的特征。

我们在这里所指的 4 个古被动大陆边缘盆地（西阿拉伯盆地、维典-美索不达米亚盆地、中阿拉伯盆地和鲁卜哈利盆地）实际上是阿拉伯地台上（或阿拉伯盆地中）的四个次级盆地。这四个次盆之间以三个正向构造单元为界：西阿拉伯盆地与维典-美索不达米亚盆地大致以黑尔-茹巴赫隆起为界；维典-美索不达米亚盆地与中阿拉伯盆地间的隆起带不甚发育，只在南部有隆起相隔；中阿拉伯盆地与鲁卜哈利盆地大致以卡塔尔-南法尔斯隆起为界（图 4-14）。

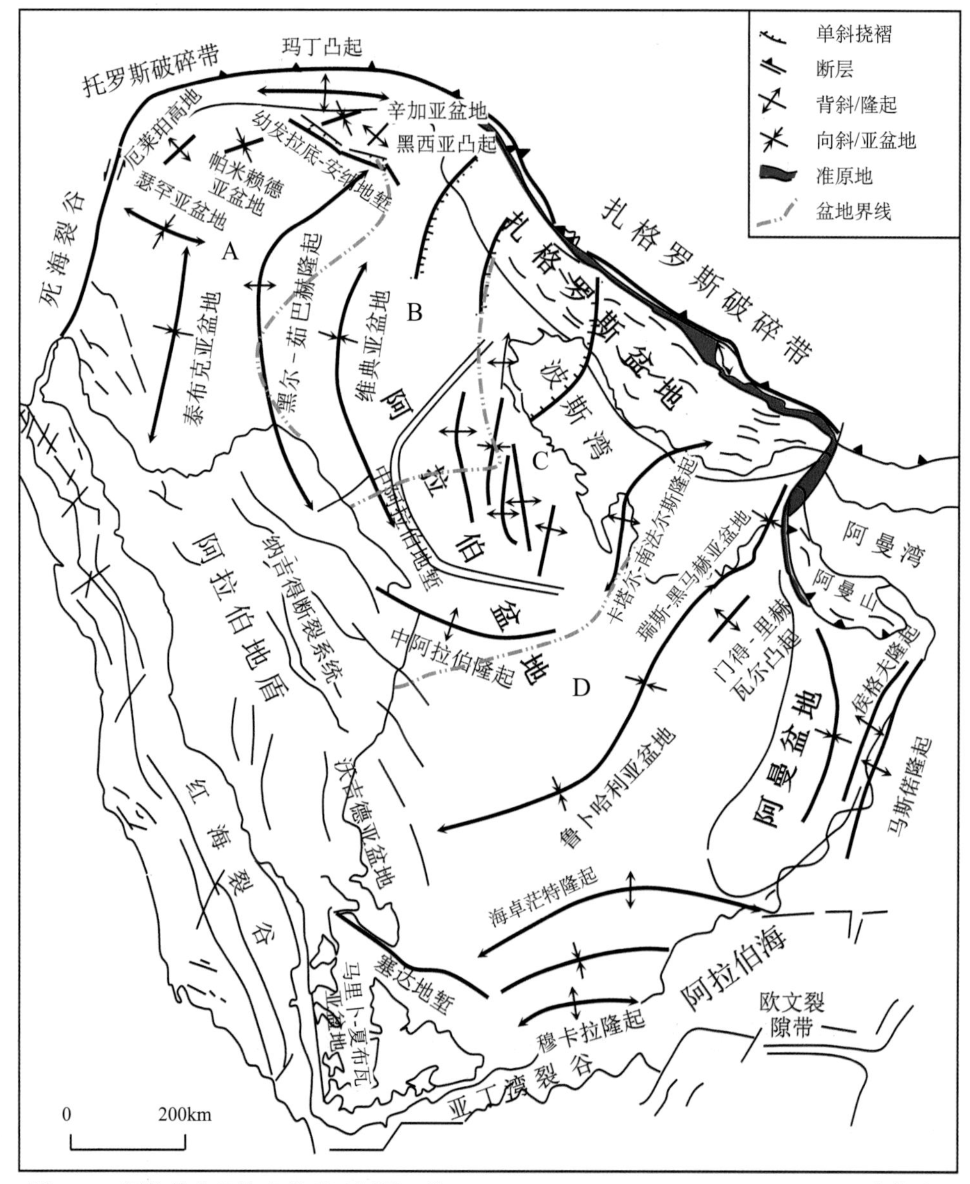

图 4-14　阿拉伯盆地构造单元区划图（据 Alsharhan and Nairn，1997；IHS，2012；有修改）

A. 西阿拉伯盆地；B. 维典-美索不达米亚盆地；C. 中阿拉伯盆地；D. 鲁卜哈利盆地

二、被动大陆边缘盆地基本石油地质条件

中东富油气被动大陆边缘盆地的石油地质条件优越，具体表现在该类盆地内发育优质的海相烃源岩、高孔高渗的碳酸盐岩以及砂岩储集岩、分布广泛的厚层的致密碳酸盐岩盖层和蒸发岩区域盖层，发育以背斜为主的构造圈闭。此外，匹配良好的生储盖运圈保组合导致了这类盆地油气的富集，不过不同被动陆缘盆地的构造-沉积格架不尽相同，发育的油气成藏要素不完全相同，因此中东被动陆缘盆地的油气富集程度变化亦比较大（图 4-3）。

（一）烃源岩

中东被动陆缘盆地主要发育裂前期和漂移期两类烃源岩，前者主要为下志留统海相“热页岩”烃源岩，沉积于新特提斯洋开启之前的裂前期；后者主要为中侏罗统—下白垩统海相烃源岩，这类烃源岩主要分布于现今的波斯湾及其周缘地区，沉积于新特提斯洋广阔陆架之上的陆架内拗陷（或陆架内盆地）内，阿拉伯板块内发现的石油主要源自这些中生界优质烃源岩。烃源岩的地化和地质特征将在盆地章节详述。

（二）储集层

中东被动陆缘盆地主要发育碳酸盐岩储集层，统计分析表明石油（包括凝析油）储量的 81.0%、天然气储量的 92.9%储集于碳酸盐岩储集层，按油气计，碳酸盐岩储集层储集的油气储量占总储量的 85.8%。砂岩储集层储集的石油（包括凝析油）和天然气储量分别占石油和天然气总储量的 19.0%和 7.1%，按油当量计，占油气总储量的 14.2%。储集层的沉积和物性特征将在相关章节详述。

（三）盖层和圈闭

中东被动陆缘盆地的盖层包括两类优质盖层：蒸发岩盖层和非蒸发岩盖层，前者以上侏罗统希瑟（Hith）组的硬石膏层为代表；后者包括泥、页岩和致密碳酸盐岩，泥、页岩盖层包括下三叠统苏代尔（Sudair）组含膏盐页岩层和下白垩统页岩，碳酸盐岩盖层包括白垩系致密石灰岩。

中东被动陆缘盆地的油气圈闭类型包括构造圈闭、地层-构造复合圈闭和地层圈闭，但以构造圈闭为主，主要发育由于基底垂向运动和盐流动形成的背斜构造圈闭。被动陆缘盆地内已发现油气储量的 94.1%分布于背斜圈闭、5.7%分布于构造-地层复合圈闭、0.2%分布于地层圈闭。

（四）油气保存

被动陆缘盆地内发育的优质盖层为生成的油气提供了良好的保存条件，此外，在稳定的构造背景下，大部分层系未受到强烈断裂作用的影响，因此含油气构造上的大断裂一般很少，若发育断层，也仅发育小断裂。优质盖层与稳定的构造背景造就了中东地区

被动陆缘盆地具有优越的油气保持条件。

三、被动陆缘盆地各论

中阿拉伯盆地和鲁卜哈利盆地是中东被动陆缘盆地中油气最富集的两个盆地，截至2010年8月，这两个盆地内发现的油气储量分别为1604.08×10^8 m^3和253.00×10^8 m^3油当量（表4-2），占中东被动陆缘盆地油气总储量的97.6%，因此可以说了解了这两个盆地就基本上弄清楚了中东的被动大陆缘盆地，这两个盆地将在后面的章节单独详细地讨论，在此仅概述鲁卜哈利盆地、维典-美索不达米亚盆地、西阿拉伯盆地和黎凡特盆地的基本石油地质特征。

（一）鲁卜哈利盆地

1. 盆地基础地质特征

鲁卜哈利（Rub'al Khali）盆地位于阿拉伯板块中南部，面积739 800km^2，其中12.2%位于波斯湾海域内。地理上包括了沙特（占总面积的61.6%）、阿联酋（15.8%）、阿曼（11.4%）、卡塔尔、伊朗和也门（图4-1）。鲁卜哈利盆地北以中阿拉

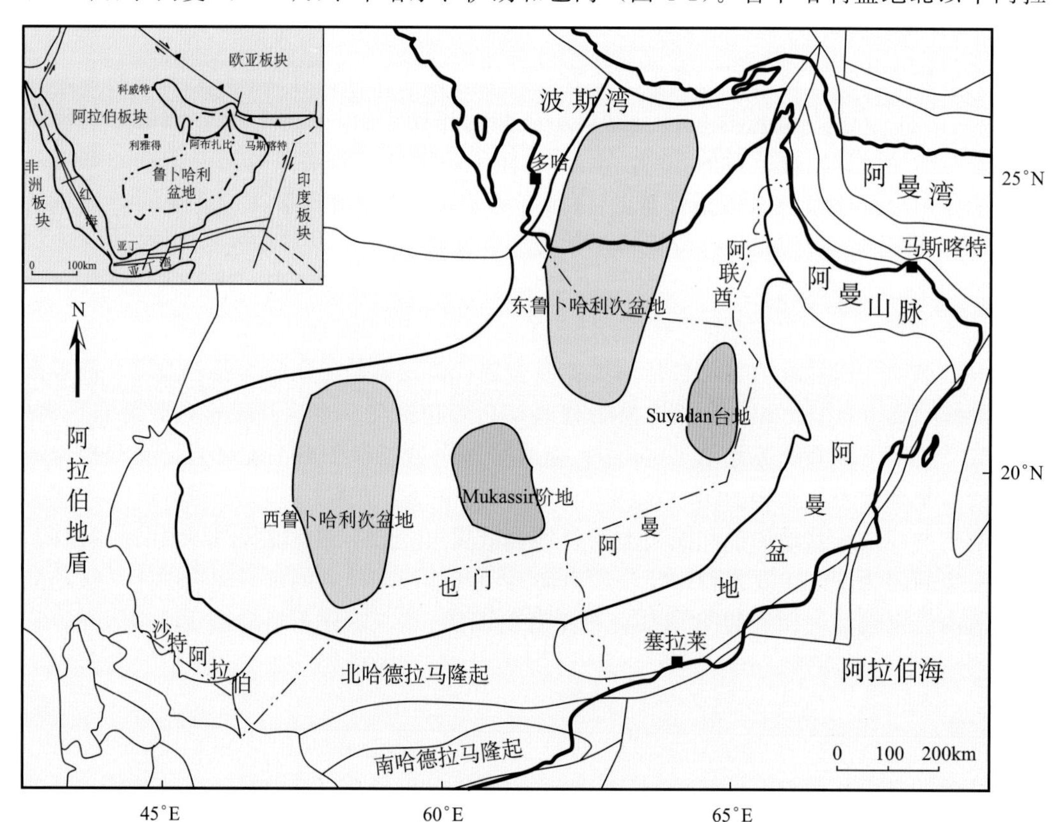

图4-15　鲁卜哈利盆地位置及构造单元图

伯隆起为界，西以阿拉伯地盾为界，南以沿亚丁湾北海岸线分布的基底隆起为界，东以阿曼山为界。鲁卜哈利盆地，特别是其西南部的研究程度还比较低，因此盆地内构造单元的认识尚不是十分清楚。盆地内识别出的主要构造单元包括西鲁卜哈利次盆地、Mukassir 阶地、东鲁卜哈利次盆地和 Suyadan 台地（图 4-15）。已有的油气发现主要集中于东鲁卜哈利次盆地。

鲁卜哈利盆地的构造演化经历了两大旋回、六个演化阶段。前寒武纪基底形成、前寒武纪—早寒武世裂谷发育阶段和古生代克拉通内拗陷阶段构成了第一个旋回。从晚二叠世开始，鲁卜哈利盆地又经历了一次裂谷—被动大陆边缘—陆陆碰撞三个演化阶段，并构成了第二个演化旋回。不同的演化阶段决定了不同的沉积背景（图 4-16），而海平面的升降与阿拉伯板块的古维度变化也影响着盆地不同演化阶段的沉积物类型及其分布。

2. 盆地石油地质条件

截至 2010 年 8 月，盆地内已采集地震测线 42.31×10^4km，钻预探井 326 口，其他探井 388 口。自 1954 年发现第一个油田以来，盆地内已发现 117 个油气田，其中最大的油气田为扎库姆（Zakum）油田。盆地内已发现石油探明和控制可采储量 18 521×10^6 m^3，天然气探明和控制储量 72 436×10^8 m^3，折合成油当量为 25 300×10^6 m^3。就已发现的油气储量而言，该盆地在中东 5 个被动陆缘含油气盆地中位居第 2 位，仅次于中阿拉伯盆地（表 4-2）。

1）烃源岩层

鲁卜哈利盆地发育多套烃源岩，时代跨度从前寒武纪至第三纪（图 4-16），其中最重要的烃源岩为下志留统古赛巴段海相页岩和侏罗系—白垩系浅海相灰质泥岩。侏罗系烃源岩与白垩系烃源岩的分布范围和油气运移边界都极为相近，构成了垂向上叠置的两个含油气系统。简言之，鲁卜哈利盆地内存在两个含油气系统，一是由下志留统古赛巴段海相页岩供源，以古生界为主要储集层的古生界含油气系统；二是由侏罗系—白垩系烃源岩供源，以中生界为主要储集层的中生界含油气系统。

古赛巴段烃源岩。中阿拉伯隆起区的古赛巴段页岩为细层理至纹层结构的黑褐色含云母海相页岩与粉砂岩，其中夹有薄的砂岩夹层（McGillivray and Husseini，1992）。其底部存在厚度为 20～70m 的黑色“热页岩”段，TOC 含量接近 2.0%，在 Hawtah-1 井中高达 6.15%。该套烃源岩为中阿拉伯地区轻质低硫原油的油源。其干酪根类型为Ⅱ型，R_o 值介于 2.29%～2.47%（Mahmoud et al.，1992）。鲁卜哈利盆地阿曼部分 Hasira 和 Sahmah 两个油田的烃源岩为海马群中的下志留统萨菲格组，该组地层与古赛巴段年代相近。据此推断，古赛巴段及其同期沉积在鲁卜哈利盆地的西南大部均有分布。

鲁卜哈利盆地中，豪希群油藏中原油 API 重度多数介于 39°～49°，偶尔会低至 20°。至少 Hasira 和 Sahmah 两个油田是由奥陶系至志留系萨菲格组海相页岩供源的。在中阿拉伯隆起区，志留系古赛巴组海相页岩生成的原油，其 API 度介于 43°～53°，含硫量小于 0.07%（Al Laboun，1986）。

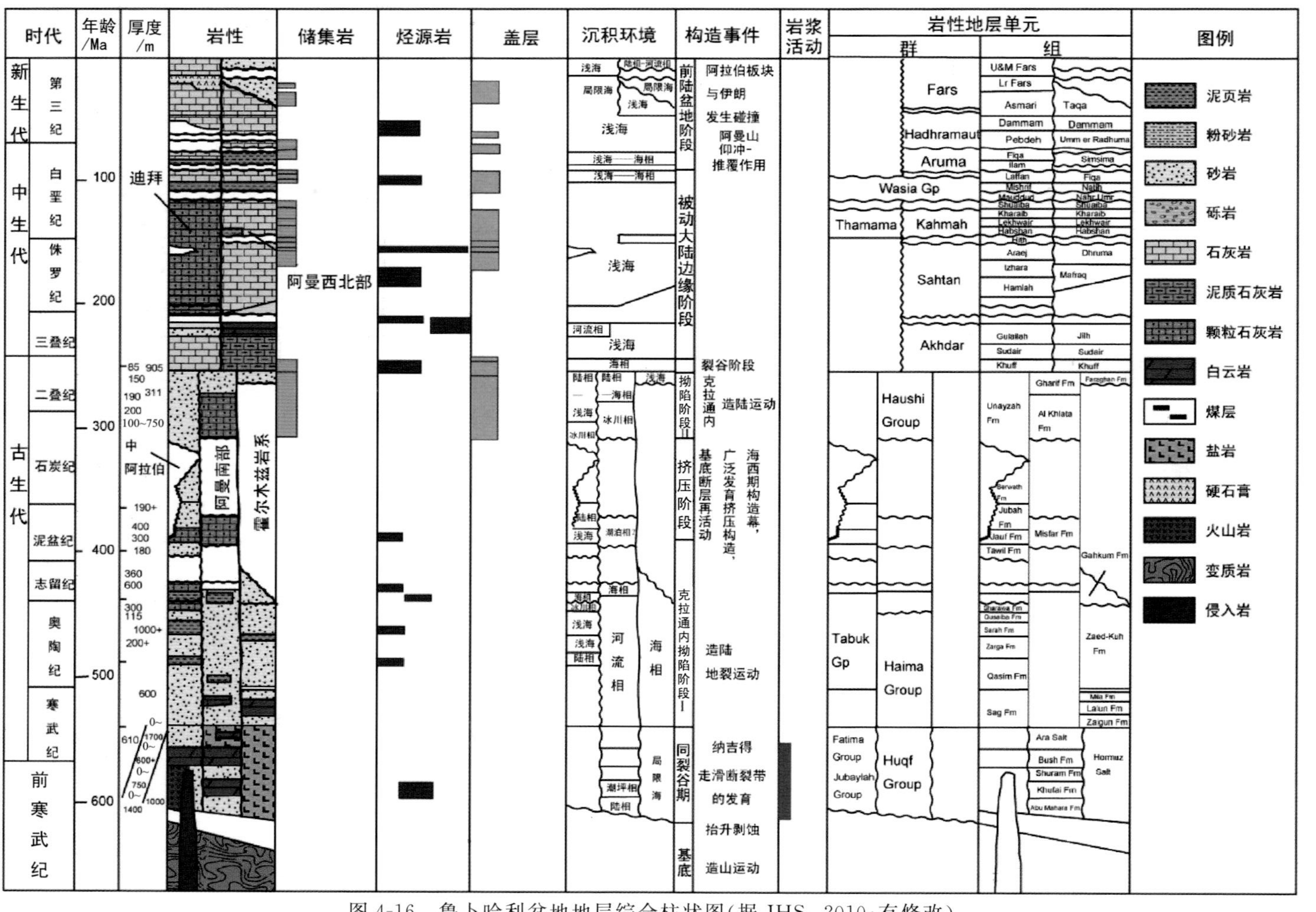

图 4-16　鲁卜哈利盆地地层综合柱状图(据 IHS，2010；有修改)

侏罗系烃源岩。在鲁卜哈利盆地的海域及近海部分，主要烃源岩为卡洛夫期至牛津期的杜汉组（阿布扎比陆上）、迪亚卜组（阿布扎比和迪拜海域）及哈尼费组（卡塔尔与沙特阿拉伯境内）。该套烃源岩为细纹层、富有机质的暗褐色灰质泥岩，沉积于静水陆架内凹陷。干酪根类型丰富，Ⅰ型、Ⅱ型和Ⅲ型均有发育。TOC介于0.3%～5.5%，最高可达12.5%（出现在沙特境内）。在阿布扎比北部、西北部，R_o介于0.7%～0.8%；而在阿布扎比南部，则可达1.2%～1.3%（Alsharhan，1989）。

白垩系烃源岩。迪拜和阿布扎比东北部分发育阿尔布阶至赛诺曼阶的史莱夫（Shilaif）组和赫提耶（Khatiyah）组烃源岩。该套烃源岩为黏土质、沥青质的灰泥岩、泥灰岩，底部夹有钙质、沥青质页岩，沉积环境为陆架内凹陷（Patton and O'Connor，1988）。其干酪根类型为Ⅱ型。TOC介于1%～1.6%，最高可达15%。在成熟烃源灶区，R_o也不超过0.9%（Alsharhan，1989）。

2）储集层

鲁卜哈利盆地发育多套储集层，已证实的有14层，油气主要储于白垩系，其次是侏罗系，石炭系—二叠系和三叠系也有一些较重要的储集层（图4-17）。储集层岩性以石灰岩占绝对优势，仅有少量碎屑岩储集层。按重要性的次序，对主要储集层概述如下。

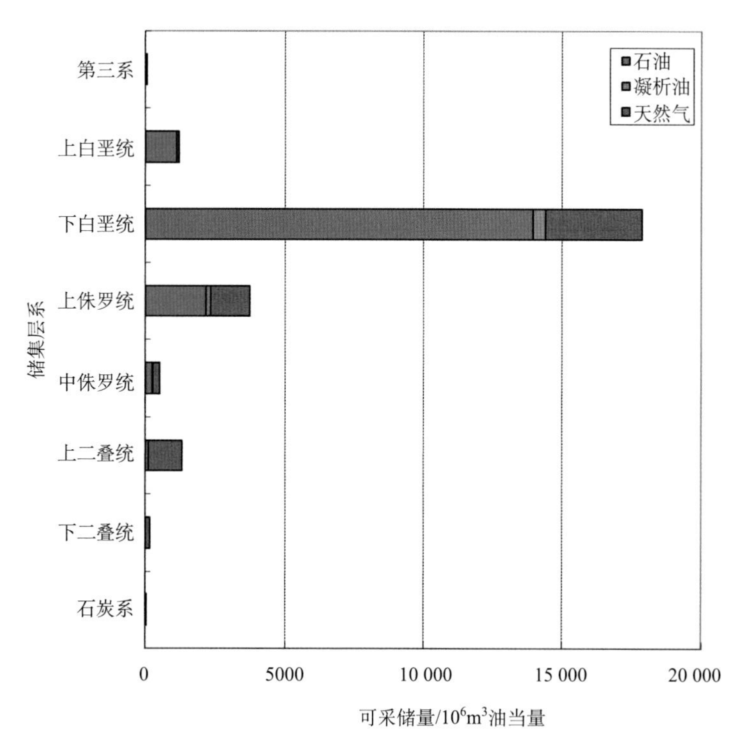

图4-17　鲁卜哈利盆地油气储量的层系分布图

下白垩统苏马马（Thamama）群。该套储层从老到新可划分为哈卜尚（Habshan）组、莱克威尔（Lekhwair）组、克莱卜（Kharaib）组以及舒艾拜（Shuaiba）组，其中舒艾拜组储集的油气储量最多。考虑到众多油气田的储量资料没有细分到组，因此相关的统计也只能细分到群。

哈卜尚组储集层为含泥质石灰岩，白云化作用不发育。莱克威尔组储集层含有数个沉积旋回，每个旋回由下至上依次为泥岩、灰质泥岩、泥质灰岩，直至具有储集物性的颗粒石灰岩。克莱卜组由灰质泥岩和泥质灰岩互层组成，储层段不发育。这三个地层组沉积的环境涵盖了碳酸盐岩缓坡、潟湖以及潮下带。舒艾拜组储集层由藻-厚壳蛤石灰岩、泥质石灰岩组成，沉积于陆架内凹陷周围的斜坡边缘。该凹陷形成于舒艾拜组沉积期，属差异沉降成因。其中沉积了致密的灰质泥岩（巴卜（Bab）段）。由于水体洁净，在盐流动形成的隆起处发育了点礁（Alsharhan et al.，1993；Alsharhan，1995）。

苏马马群储集层在鲁卜哈利盆地内广泛分布。储集了盆地内油气总可采储量的72.9%。

上侏罗统阿拉伯（Arab）组。阿拉伯组储层包含了四个向上变浅的沉积旋回，每个旋回由下至上依次为部分白云化的陆架相泥晶灰岩、含颗粒灰岩、浅海鲕粒石灰岩、潮坪相白云化泥质灰岩，最后变为沉积于潮上带萨布哈（Sabkha）的蒸发岩。

该套储层不同寻常的高孔隙度（最高可达30%，在2300m深处仍然高达20%）可归结为下述成因（Magara et al.，1993）：①蒸发岩盖层阻止了淡水流入；②沉积时，水体的高盐度减少了矿物的溶解度，从而减少了胶结；③石灰岩中有机物在成岩过程中产生羧酸；④白云化作用；⑤储层中充注了原油。实际上，这些因素也作用于鲁卜哈利盆地中的其他许多碳酸盐岩储集层。

阿拉伯组储层在整个阿拉伯板块广泛分布，储集的油气储量占盆地总储量的15.8%。

上白垩统米什里夫（Mishrif）组。米什里夫组储集层包含沉积于宽阔的中能带陆架的、极细到细的生物扰动颗粒石灰岩，以及沉积于陆架内凹陷边缘的粗粒颗粒石灰岩，这些石灰岩含有厚壳蛤与双壳类生物碎屑，以及珊瑚藻类形成的生物建造。在这些生物建造中，还包含了富有机质的灰质泥岩（Alsharhan，1989）。

米什里夫组储层分布广泛，其油气储量占盆地总储量的3.7%。

上二叠统胡夫（Khuff）组。胡夫组储层岩性涵盖了沉积于开阔陆架上的生物碎屑灰质泥岩、泥质灰岩；构成滩坝的白云化鲕粒石灰岩；发育于潟湖与潮上萨布哈带的砂糖状白云岩、蒸发白云岩。而在鲁卜哈利盆地边缘，则变为滨海平原相砂岩以及红、绿色页岩（Sharland et al.，2001）。

胡夫组储层在阿拉伯板块广泛分布，其油气储量占盆地总储量的3.4%。

阿拉杰（Araej）组（巴通期至卡洛夫期）。阿拉杰组储层包含灰质泥岩、泥质灰岩以及部分白云化的颗粒石灰岩，沉积环境为开阔碳酸盐岩缓坡，在构造高部位发育滩坝。储集物性优良的颗粒石灰岩则沉积于同沉积期发育的盐隆之上（Alsharhan and Whittle，1995）。

阿拉杰组储层分布广泛，其油气储量占盆地总储量的2.0%。

3）盖层

鲁卜哈利盆地发育多套区域和局部盖层，盖层岩性主要可分为两大类：蒸发岩和泥页岩。其中蒸发岩盖层的发育主要受控于古气候：当气候湿润时，鲁卜哈利盆地所处的碳酸盐岩台地环境主要沉积物性优良的碳酸盐岩；而当气候干旱时，则广泛发育潮坪相的萨布哈蒸发岩。周期性的气候更迭，造就了鲁卜哈利盆地中生界的几套优质储盖组合。例如上侏罗统的阿拉伯组储集层与侏罗系顶部的希瑟组膏岩盖层，是盆地内及其邻近地区许多大油气田的主要储盖组合（Alsharhan and Kendall，1995）。按从老到新的时代顺序，简单介绍主要盖层如下。

上石炭统—下二叠统豪希（Haushi）群内的层间页岩是该群砂岩储集层的局部盖层，上二叠统胡夫组的石灰岩和下三叠统苏代尔（Sudair）组页岩是胡夫组油气藏的盖层。

中侏罗统内的致密石灰岩是中侏罗统阿拉杰组储集层的盖层，阿拉伯组内的蒸发岩是阿拉伯组的局部盖层，上侏罗统希瑟组是阿拉伯组以及更老储集层的区域盖层。下白垩统苏马马群内的致密石灰岩是本群内储集层的盖层，中白垩统奈赫尔欧迈尔（Nahr Umr）组页岩为舒艾拜（Shuaiba）组储集层提供了区域盖层。中白垩统毛杜德（Mauddud）组和赫提耶（Khatiyah）组内的致密碳酸盐岩为组内的储集层提供了局部盖层。上白垩统莱凡（Laffan）组页岩是中白垩统米什里夫组的区域盖层，上白垩统菲盖（Fiqa）组页岩构成了伊拉姆（Ilam）组的盖层。

古新统乌姆厄瑞德胡玛（Umm Er Radhuma）组的底部页岩是上白垩统锡姆锡迈（Simsima）组的盖层，中新统下法尔斯组的页岩和蒸发岩构成了阿斯马里组和下法尔斯组石灰岩储集层的盖层。

4）圈闭

鲁卜哈利盆地的圈闭类型以构造圈闭为主，其次为构造-地层复合圈闭，盆地内已发现油气储量的72.3%分布于构造圈闭，其余的27.7%分布于复合圈闭。鲁卜哈利盆地内很可能亦发育地层圈闭，不过尚未在这类圈闭内有任何油气发现。

5）油气生成与运移

鲁卜哈利盆地的志留系烃源岩是在晚白垩世至古近纪时达到成熟、进入排烃过程的。对于中生界烃源岩，成熟期与排烃时间则较为肯定。中侏罗世卡洛夫期至晚侏罗世牛津期的杜汉组、迪亚卜组以及哈尼费组烃源岩在晚白垩世马斯特里赫特期进入生油窗，到早始新世达到最大成熟度，而排烃则始于古近纪初期。早白垩世阿尔布期至晚白垩世赛诺曼期的史莱夫组和赫提耶组于中新世早期进入生油窗，开始排烃。通过对流体包裹体的研究，确定史莱夫组烃源岩油气充注进入米什里夫组储集层的时间为渐新世至中新世（Videtich et al.，1988）。

（二）维典-美索不达米亚盆地

1. 盆地基础地质特征

维典-美索不达米亚（Wydian-Mesopotamia）盆地全部位于阿拉伯板块的陆上部分（图4-1），盆地处于一个构造稳定区，盆地周边是构造活动边缘。北以扎格罗斯褶皱带为界，东邻中阿拉伯盆地，西邻西阿拉伯盆地，南界为阿拉伯地盾的露头。该盆地面积约 47.45×10^4km^2。在构造上，维典-美索不达米亚盆地分为两个构造单元：美索不达米亚前渊拗陷或不稳定的阿拉伯地台（面积占 21.7%）和稳定内地台（78.3%）（图 4-18）。前者的特点是南北向和北东—南西向的断层可周期性活动（Al Mashadani，1986；Ameen，1992），北部以扎格罗斯褶皱带的南部边界为界，受中新世阿拉伯板块和欧亚板块之间碰撞的影响，其沉积盖层沿北西—南东方向发生变形。南部以向北倾斜的单斜拗陷为界，因而限制了第四纪磨拉石沉积向西南方向的延伸。稳定阿拉伯地台构造区未受到中新世造山运动的影响，由阿拉伯地盾的结晶基底和前寒武纪—新生代几乎无变形的沉积盖层组成（图 4-19）。

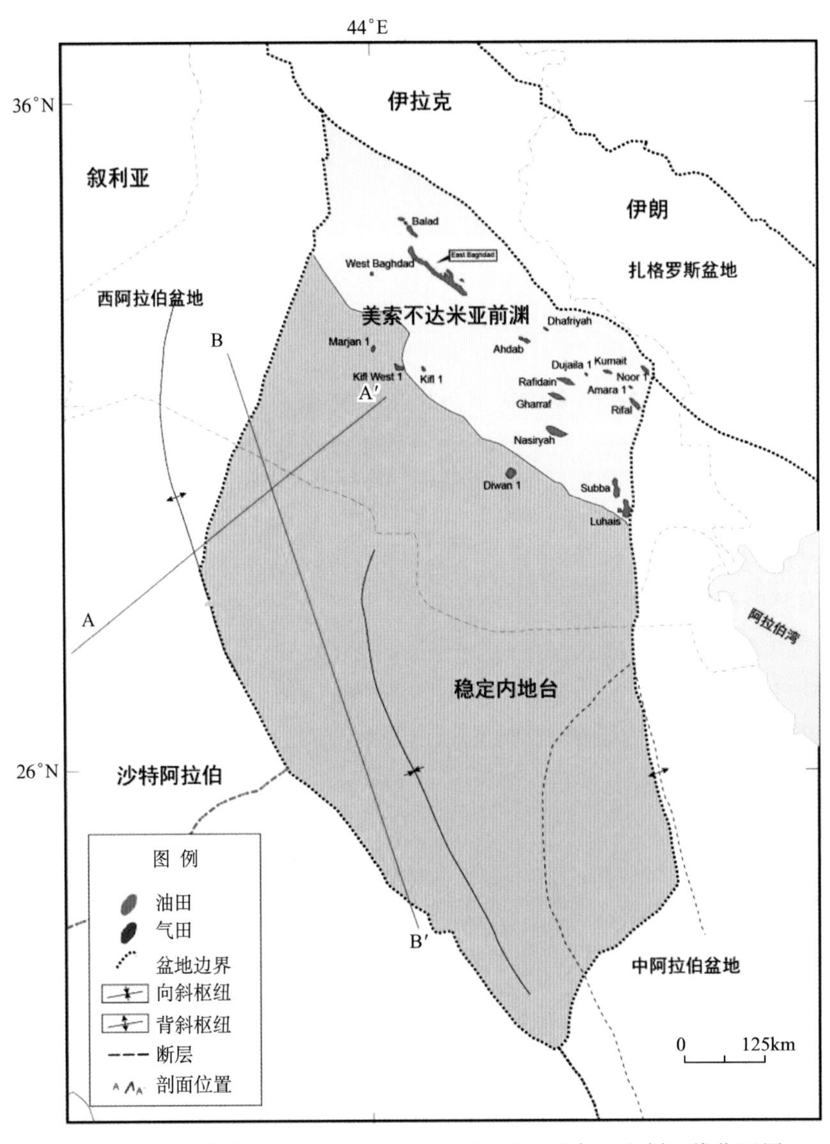

图 4-18　维典-美索不达米亚盆地构造区划、主要油气田和剖面线位置图

维典-美索不达米亚盆地经历了 7 个构造-沉积演化阶段，依次为①前寒武纪—早寒武世同裂谷阶段；②早寒武世—早志留世内拗陷阶段；③志留纪—早泥盆世海西运动；④泥盆纪—中二叠世内拗陷阶段；⑤晚二叠世—三叠纪同裂谷阶段；⑥侏罗纪—古近纪新特提斯洋被动陆缘阶段；⑦新近纪碰撞阶段，其中①～④演化阶段归属于前述的被动陆缘盆地的裂前演化阶段、第⑤阶段对应于同裂谷阶段，第⑥阶段对应于漂移阶段，第⑦阶段是对前期被动陆缘盆地的改造阶段。在盆地的 7 个构造演化阶段，分别沉积了对应的沉积层系（图 4-20）。

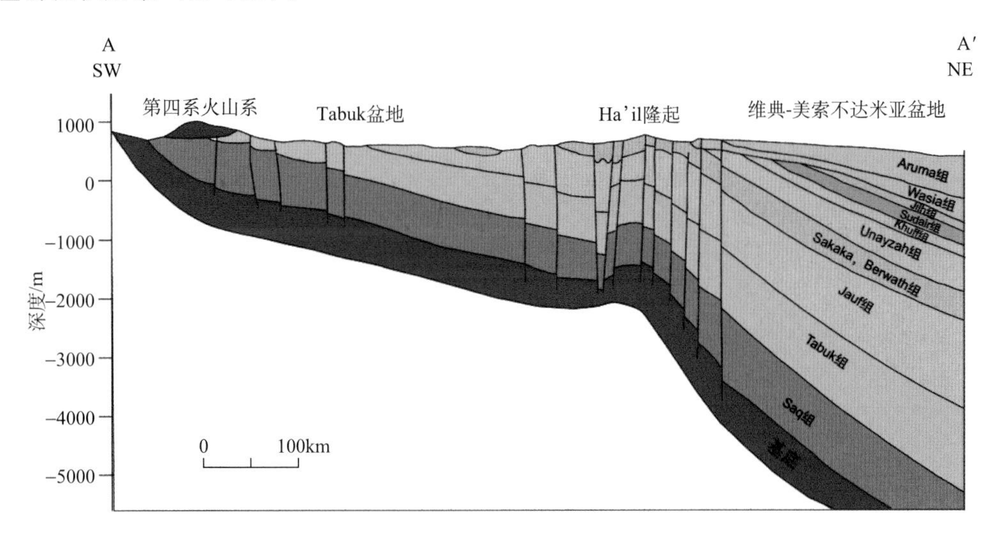

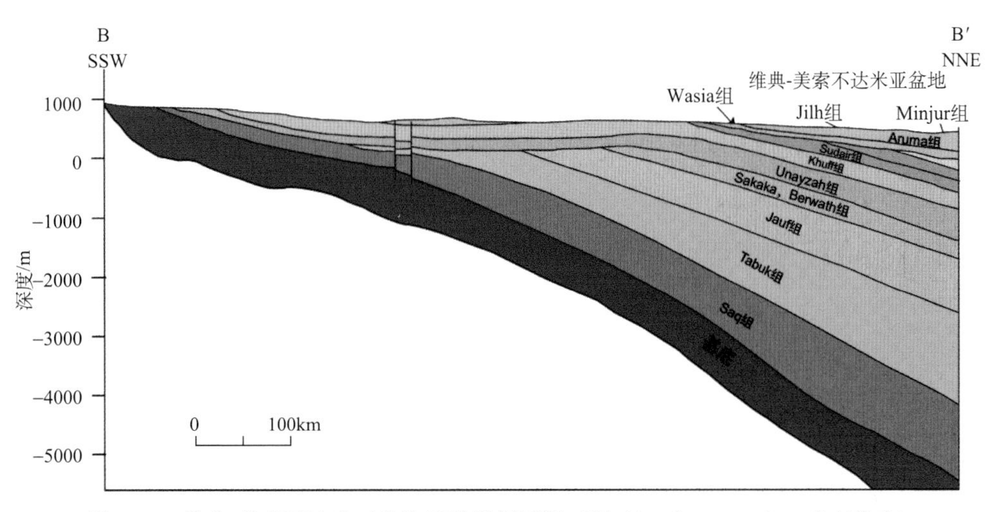

图 4-19　维典-美索不达米亚盆地区域横剖面图（据 Al Laboun，1986；略有修改）
剖面位置见图 4-13

2. 盆地石油地质条件

截至 2010 年 8 月，盆地内已采集地震测线 0.51×10^4 km，钻预探井 49 口，其他探井 98 口。自 1938 年发现第一个油田以来，盆地内已发现 28 个油气田，其中最大的油气田为东巴格达（East Baghdad）油气田（图 4-13）。盆地内已发现石油探明和控制可采储量 $2886\times10^6m^3$，天然气探明和控制储量 $4848\times10^8m^3$，折合成油当量为 $3340\times10^6m^3$。就已发现的油气储量而言，该盆地在中东 5 个被动陆缘含油气盆地中位居第 3 位，次于中阿拉伯盆地和鲁卜哈利盆地（表 4-2）。

1）烃源岩层

在维典-美索不达米亚盆地及其附近地区，有众多已被证实的烃源岩和潜在的烃源岩，前者包括下志留统古赛巴（Qusaiba）段“热页岩”、上三叠统布特迈（Butmah）组泥岩、下—中侏罗统萨金鲁（Sargelu）组沥青质石灰岩和页岩、上侏罗统杜汉（Dukhan）组、迪亚卜（Diyab）组和哈尼费（Hanifa）组页岩和碳酸盐岩、下白垩统萨莫德（Sarmord）组泥灰岩和石灰岩以及上白垩统赦软尼失（Shiranish）组泥灰质石灰岩和蓝色泥灰岩（图 4-20），后者分布广泛，从寒武系—中新统均有分布。

已证实烃源岩。下志留统古赛巴段：阔里巴赫（Qalibah）组古赛巴页岩段为已证实的源岩层，该页岩段在维典-美索不达米亚盆地的大部分地区都有分布，这套烃源岩是阿拉伯中部隆起轻质、低硫石油的源岩（Mahmoud et al.，1992）。古赛巴段由层状的、灰色到黑色含云母的海相页岩和粉砂岩夹薄层砂岩构成（McGillivray and Husseini，1992）。

接近底部有一层厚 20～70m 的黑色富含有机质的“热页岩”（之所以这样称谓，是因为对应的伽马测井曲线上对应着高伽马值），区域范围内 TOC 含量约 2.0%，最大可达 6.15%。干酪根为Ⅱ型非晶质、偏油型干酪根，主要来源于残余笔石和甲壳质。Mahmoud 等（1992）指出 R_o值为 2.29%～2.47%，不过由于前泥盆系烃源岩的 R_o值不易测准，因此要谨慎使用这些指标。

上三叠统布特迈组：在西阿拉伯盆地的帕米赖德地堑（参见随后的西阿拉伯盆地章节），上三叠统布特迈组底部含有 6～8m 厚的硬石膏质泥岩，其 TOC 达 2%。有机质由海相藻组成，干酪根为Ⅰ型。

下—中侏罗统萨金鲁组：该组是一主要生油岩（Beydoun et al.，1992），维典-美索不达米亚盆地侏罗系油藏的石油大部分源自这套烃源岩。它由沉积于静海环境下的薄层黑色沥青质石灰岩、白云质石灰岩以及黑色薄层页岩组成（Metwalli et al.，1974；Buday，1980）。萨金鲁组厚度可达 500m，因此生烃量巨大，不过仅其最下部的 40m 最具生烃潜力，而且其生烃潜力向西递减。在扎格罗斯褶皱带的深部，萨金鲁组烃源岩处于生油窗-生气窗内。

上侏罗统杜汉组、迪亚卜组和哈尼费组：上侏罗统烃源岩以腐泥型干酪根为主（占 60%～80%），混合型和腐殖型干酪根为辅。TOC 含量一般为 0.3%～5.5%，在沙特阿拉伯高达 12.5%。R_o值在阿布扎比的北部和西北部为 0.7%～0.8%，在阿布扎比南部则为 1.2%～1.3%。

下白垩统萨莫德组：萨莫德组由浅海到深海相棕色和蓝色泥灰岩和层状泥灰质石灰岩组成（Beydoun et al.，1992），该组只分布于扎格罗斯盆地。这套生油岩在其分布区的大部分范围处于生油窗内。尽管在维典-美索不达米亚盆地内没有分布，但是扎格罗

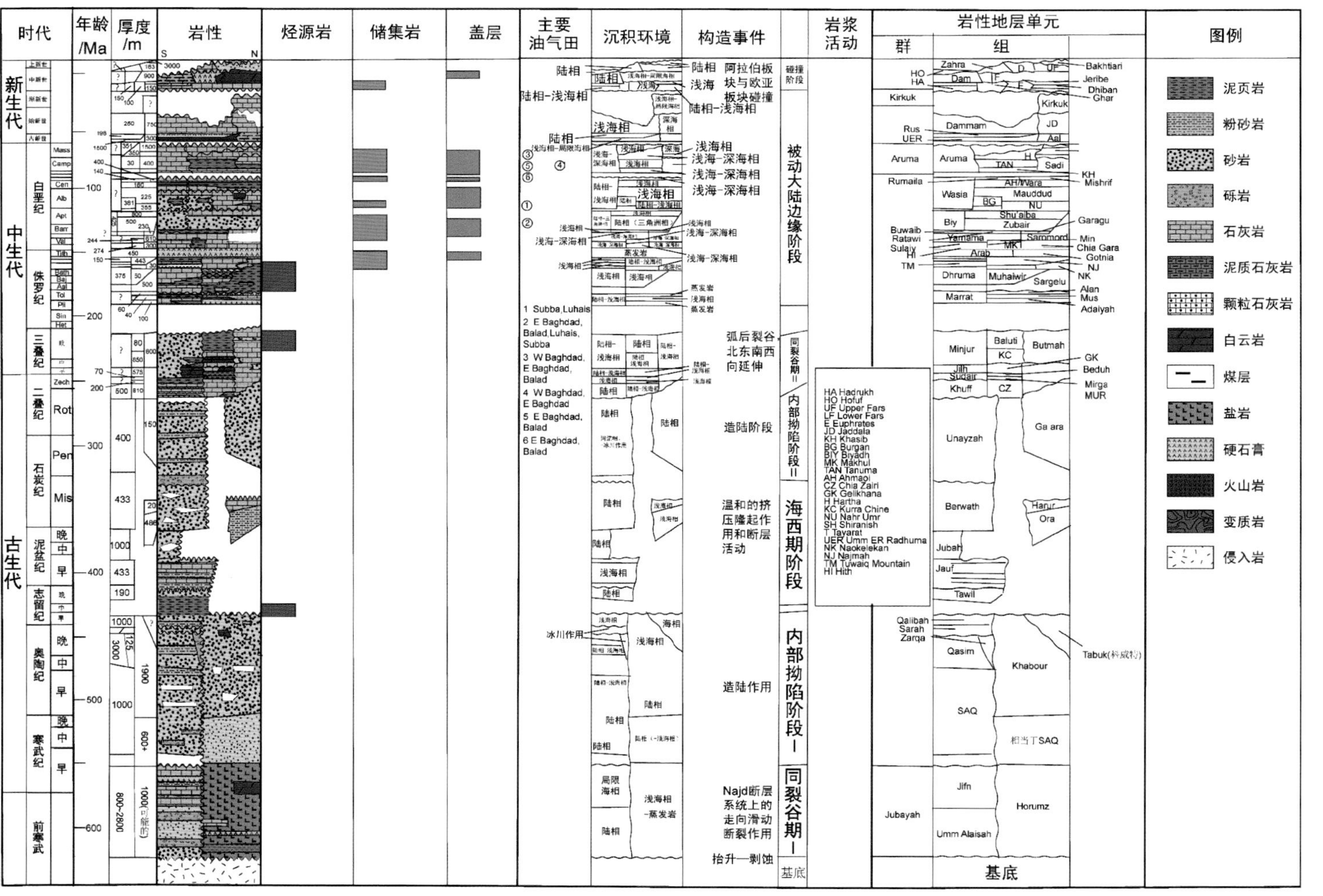

图 4-20　维典-美索不达米亚盆地地层综合柱状图(据 IHS，2010；略有修改)

斯盆地内，这套生油岩生成的油会沿古斜坡向西运移，对非稳定地台内油气的聚集有重要贡献。

上白垩统赦软尼失组：该组由薄层泥灰质石灰岩和蓝色泥灰岩组成，岩石普遍含沥青质，沉积环境为外陆架-深海环境。在叙利亚的幼发拉底地堑，赦软尼失组也被认为是重要的烃源岩，其 TOC 含量平均为 3%，最高可达 14.3%，干酪根为Ⅱ型。除了伊拉克的东部和构造底部位，这套烃源岩在其他地区内都未达生油成熟期。

潜在烃源岩。寒武系霍尔木兹岩系（Hormuz Series）：在伊拉克东南部的北海湾盐盆内（图 2-4），盐盆内沉积的霍尔木兹岩系可能含有烃源岩，而且生成的油气可能运移到了邻近的维典-美索不达米亚盆地的不稳定地台部分。这种推测的依据是横向上与霍尔木兹岩系相当的前寒武系到早寒武系的侯格夫（Huqf）群是阿曼盆地的重要生油岩（参见阿曼盆地章节）。侯格夫群的胡菲（Khufai）组由沉积于潮间、潟湖和潮上环境的层状、富有机质、泥质、叠层石白云岩构成（Gorin et al.，1982）。舒拉姆（Shuram）组包含黑色页岩。阿曼约 80%的石油源自这两套烃源岩（Beydoun，1991）。来源于海藻、细菌和蓝藻细菌的干酪根的类型为Ⅱ型（Alsharhan et al.，1993）。现今的成熟度可能已过成熟，存在源自这些烃源岩的油气完全是推测的。

奥陶系卡西姆（Qasim）组：McGillivary 和 Husseini（1992）指出沙特中部奥陶系卡西姆组的汉那蒂尔（Hanadir）段和若安（Ra'an）段的海相页岩为潜在的烃源岩，它们的 TOC 含量分别约为 1.2%和 0.7%。

下泥盆统昭夫（Jauf）组：Al Laboun（1987a）和 Mahmoud 等（1992）都指出，阿拉伯中部的泥盆系昭夫组的海相页岩和碳酸盐岩的 TOC 达 3.7%，可能是石炭系—二叠系欧奈宰（Unayzah）组储集的油气的一个潜在烃源岩。

上泥盆统—下石炭统奥拉（Ora）组：该组主要由浅海相暗色钙质页岩和粉砂质泥灰岩组成，Grunau（1985）认为该组可能是伊朗中生界气藏的源岩。

石炭系—二叠系欧奈宰组：在中阿拉伯隆起，欧奈宰组页岩的 TOC 可达 2.1%，为一套潜在的烃源岩（Mahmoud et al.，1992）。上二叠统基亚札尔（Chia Zairi）组的下部含有黑色页岩，上部为富含有机质石灰岩，可能亦具有生烃潜力。上二叠统烃源岩的成熟度从扎格罗斯褶皱带中的过成熟变为稳定阿拉伯地台区埋藏较浅处的成熟。

下三叠统阿曼那斯（Amanus）页岩组：在伊拉克境内，尚未发现三叠系烃源岩，但区域研究表明三叠系烃源岩很可能存在。在叙利亚的帕米赖德（Palmyride）地堑，阿曼那斯页岩组由海相-潟湖相黑色钙质泥岩组成，TOC 可高达 20%，平均值为 8%～9%，干酪根为Ⅰ型，由海相藻类组成。阿曼那斯页岩组至少可延伸到伊拉克西部。

上三叠统库拉钦（Kurra Chine）组：在叙利亚帕米赖德地堑，库拉钦组由沉积于局限海环境的互层的暗灰色-黑色白云岩、石灰岩和泥岩构成，TOC 平均 2%，干酪根为Ⅰ型，由海相藻类组成。据 Metwalli 等（1974）和 Buday（1980）的研究，伊拉克西北部与库拉钦组相当的地层由暗棕色、黑色石灰岩和白云岩构成，亦是一套潜在的烃源岩。

上侏罗统奈奥克拉坎（Naokelekan）组：在伊拉克，奈奥克拉坎组（Beydoun et al.，1992）由沥青质石灰岩和页岩组成，该组沉积于缓慢沉降的海相缺氧盆地环境，因此具有生烃潜力。奈奥克拉坎组最大厚度只有30m，其分布局限于伊拉克东北部，现今成熟度可能已达湿气和凝析油阶段。上覆于奈奥克拉坎组之上的格特尼亚(Gotnia)组的时代为晚侏罗世基末利期—提塘期，主要由沉积于局限蒸发洋盆的硬石膏组成，夹有的少量黑色沥青质页岩可能是潜在的生油岩（Buday，1980）。

上侏罗统—下白垩统基亚盖若（Chia Gara）组：该组主要由沉积于开阔海的泥质石灰岩和钙质页岩组成，这套潜在的生油岩在阿拉伯地台处于生油阶段，但到了扎格罗斯褶皱带则已达过成熟阶段。

下白垩统拉塔威（Ratawi）组：伊拉克的拉塔威组主要由黑色、含少量黄铁矿的页岩和层状石灰岩构成，沉积于缺氧的浅海-潟湖环境，该组在伊拉克的大部分地区已进入生油窗。

下白垩统祖拜尔（Zubair）组：该组由深灰色到蓝黑色富含有机质的粉砂质泥岩和褐煤夹层组成（Jawad Ali and Aziz，1993)，沉积环境为沼泽三角洲平原。区域上，祖拜尔组局限于伊拉克西南部，现今很可能仍处于生油窗内，再向西南方向也可能还没有成熟。

古新统—下始新统厄黎吉（Aaliji）组：伊拉克的厄黎吉组由开阔海陆架相灰色和浅褐色的泥灰岩和泥灰质石灰岩组成。在叙利亚的幼发拉底地堑，TOC可达4%，成熟度很可能在不成熟到成熟之间变化。

中—上始新统哲代拉（Jaddala）组：伊拉克的哲代拉组由沉积于开阔海环境的泥灰岩和白垩质石灰岩组成，在叙利亚的幼发拉底地堑，TOC可达4%，成熟度介于不成熟和成熟之间。

2）储集层

维典-美索不达米亚盆地内发现的油气分布于侏罗系—第三系的13套储集层内，油气主要富集于上白垩统（其储量占盆地油气总储量的61.6%）和下白垩统（占35.2%）(图4-21)，其中有些已经产油气，而另一些尚未投入开采。由于每个组的具体岩性岩相都已在上述的区域地层章节详细描述，因此这里仅将主要储集层按储集的油气可采储量从大到小的序次，简单概述如下。

上白垩统哈尔塔（Hartha）组。哈尔塔组由含海绿石的内碎屑鲕粒灰岩构成，部分被白云岩化，在其分布范围的西南部，含少量硬石膏。沉积环境普遍是浅海到浅滩环境。该组在稳定和不稳定地台均有分布，储于哈尔塔组的油气占维典-美索不达米亚盆地油气总储量的22.50%。

上白垩统米什里夫（Mishrif）组。该组为一套以碳酸盐岩为主的地层，岩性包括致密藻灰岩、高孔高渗内碎屑石灰岩，还有珊瑚礁，部分石灰岩已被白云化，向西南方向石灰岩中的砂质含量增大。沉积环境为开阔海礁和礁前环境，向西南变为滨海环境。米什里夫组分布广泛，但在某些地方由于无沉积或者剥蚀而缺失。米什里夫组的油气储量占维典-美索不达米亚盆地油气总储量的17.3%。

上白垩统赫塞勃（Khasib）组。该组主要由白垩质罕盖类石灰岩组成，夹有少量的深灰绿色页岩，沉积环境为开阔海到循环不畅的潟湖。赫塞勃组分布于地质省的南部和东南部，该组油气储量占维典-美索不达米亚盆地油气总储量的14.9%。

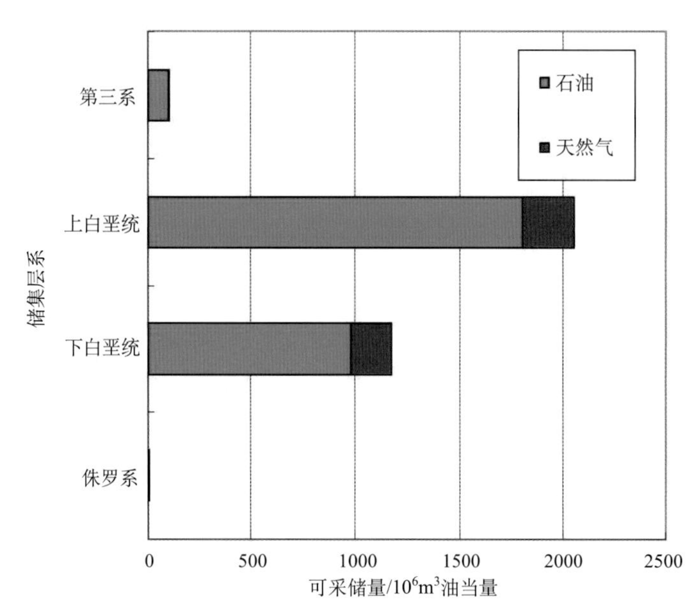

图 4-21　维典-美索不达米亚盆地油气储量层系分布图

下白垩统祖拜尔（Zubair）组。该组广布于稳定和不稳定地台，由页岩、砂岩和少量粉砂岩的交互层构成，砂岩含量向西南方向增加，而页岩则向东北方向增加，沉积环境为滨海至三角洲。祖拜尔储集层的油气占美索不达米亚盆地油气总储量的 12.8%。

下白垩统奈赫尔欧迈尔（Nahr Umr）组。奈赫尔欧迈尔组由中到细粒砂岩和黑色页岩构成，砂岩中含有琥珀、褐煤和黄铁矿。沉积环境从三角洲相到滨海-浅海相之间变化。该组在阿拉伯地台的伊拉克南部广泛分布，其油气占美索不达米亚盆地油气总储量的 11.7%。

下白垩统亚玛玛（Yamama）组。该组从淋滤鲕粒相和轻微白云岩化的混合层位开采石油，这个储集层在伊拉克南部的 19 个油田内都投入开采，其中在维典-美索不达米亚盆地内的有 Gharraf、Rafidian、Nasiriya 和 Samawa 油田。储集层由浅滩或者斑礁构成，其中最好的储集相在构造高点的顶部发育。该组的油气占美索不达米亚盆地油气总储量的 9.81%。

上白垩统坦奴玛（Tanuma）组。该组由黑色黄铁矿页岩和泥灰质到白垩质碎屑灰岩互层构成，且该组的上部有鲕粒灰岩。沉积环境为浅海环境。坦奴玛组在伊拉克南部分布广泛，其油气占美索不达米亚盆地油气总储量的 5.0%。

中新统幼发拉底（Euphrates）组。幼发拉底组由鲕粒的、贝壳的和白垩质灰岩构成，包括介壳灰岩和礁建造，加上少量泥灰岩、泥灰质砂岩和硬石膏。沉积环境包括礁、礁前环境和礁后潟湖环境。该组的油气占美索不达米亚盆地油气总储量的 3.2%。

3）盖层

维典-美索不达米亚盆地的盖层由蒸发岩、页岩和致密石灰岩构成，主要盖层描述如下。

上侏罗统格特尼亚组。该组的硬石膏为奈季迈（Najmeh）储集层提供了区域性盖层。如果萨金鲁（Sargelu）层由于剥蚀或断裂而缺失，那么该组也可作为更老储集层的盖层。

下白垩统祖拜尔组和拉塔威（Ratawi）组。祖拜尔组发育几个沉积旋回，每个旋回的上部是分布广泛的海进页岩，这些页岩构成了旋回下部海退砂岩的半区域性盖层。拉塔威组的页岩构成了已证实的组内盖层，且是下伏的亚玛玛组的石灰岩盖层。

下白垩统奈赫尔欧迈尔组和毛杜德（Mauddud）组。该组顶部的页岩构成了半区域性盖层，为该组下部的砂层储集层提供了盖层。上覆毛杜德组的致密石灰岩和页岩为奈赫尔欧迈尔组提供了盖层，同时也是组内的潜在盖层。

上白垩统赫塞勃组、坦奴玛组、塞狄组、柯夫（Kifl）组、赦软尼失组。上白垩统的致密石灰岩和页岩可作为组内和半区域性盖层。主力储集层赫塞勃组的盖层为坦奴玛组的页岩，但这些页岩不能成为坦奴玛组自身储层的盖层，坦奴玛组储集层的盖层为上覆的塞狄组的致密石灰岩或者泥灰岩，同时这些盖层亦是塞狄组的组内盖层。赫塞勃组自身没有证实的组内盖层，但其页岩是下伏的米什里夫组的盖层。米什里夫组的储层同时被组内的致密石灰岩隔层覆盖，也被柯夫组的硬石膏和页岩覆盖。哈尔塔组是一个重要的石灰岩储层，它的盖层是组内致密石灰岩隔层，可能还有页岩。赦软尼失组的泥灰岩也为哈尔塔组提供盖层，而哈尔塔组也为下伏的塞狄组提供盖层。

赫塞勃组、坦奴玛组和塞狄组，这些层系内的页岩和不渗透石灰岩为米什里夫组提供了区域性盖层。

古新统—始新统厄黎吉（Aaliji）组。该组的泥灰岩、泥灰质石灰岩和页岩是赦软尼失组储集层的局部盖层，另外还可作为上白垩统储集层的区域性盖层。

中新统下法尔斯（Fars）组。该组的硬石膏和盐岩为下伏于该组的第三系储集层提供了区域性盖层。

除了上述的盖层外，与储集层呈互层状的页岩、泥灰岩、硬石膏和致密灰岩构成了众多储集层的局部或半区域性盖层。在不稳定地台区，断层活动降低了某些中生界盖层的有效性，因此油气顺着裂缝运移至了第三系储层中聚集成藏。

4）圈闭

维典-美索不达米亚盆地的圈闭类型以构造圈闭占绝对优势，其次为构造-地层复合圈闭，盆地内已发现油气储量的99.8%分布于构造圈闭，其余的0.2%分布于复合圈闭。维典-美索不达米亚盆地内很可能亦发育地层圈闭，不过尚未在这类圈闭内有任何油气发现。

5）油气生成与运移

众多研究都讨论过维典-美索不达米亚盆地及其临近地区油气的水平和垂直运移。Thode和Monster（1970）认为扎格罗斯盆地西北部的基尔库克（Kirkuk）拗陷内的几个油田的油同源，白垩系—新近系储集层内的油很可能都来自下白垩统基亚盖若（Chia Gara）组和萨莫德（Sarmord）组，这表明油在垂直方向发生了2000～2500m的运移。在扎格罗斯盆地的其他地区，油气运移亦表现出类似的特征，即白垩系生油岩产出的石油可垂向运移相当长的距离，运移至区域蒸发岩盖层之下的第三系碳酸盐岩储集层内聚集成藏。

在维典-美索不达米亚盆地，不稳定地台上的垂向运移是以断层为运移通道的，断层在拉张作用下间歇性开启，不过垂向运移没有扎格罗斯盆地那样明显。在扎格罗斯盆地，原先聚集于中生界储集层的石油可沿着晚白垩世和中新世造山期形成的断裂或者裂缝运移至新生界储集层。在扎格罗斯褶皱带的伊拉克部分，超过60%的油气储量储于新生界储集层；而在阿拉伯不稳定地台的伊拉克部分，油气均储于白垩系；在阿拉伯稳定地台的伊拉克部分，油气分布于古生界层系。在阿拉伯不稳定地台，即维典-美索不达米亚盆地南部，断裂活动很弱，因此油气无垂向运移，这里的油气全部聚集于中生界储集层。

Stoneley（1990）指出伊朗西南部阿尔布阶的卡兹杜米（Kazhdumi）组和与之相当的伊拉克东北部的萨莫德组所生成的油，沿区域性的斜坡充注到时代相当的伊拉克的奈赫尔欧迈尔组的砂岩储集层，但作者未论及运移距离，估计可达100km。El Zarka 和 Ahmed（1983）提出，伊拉克艾因泽拉（Ain Zalah）油田的油可能沿着不整合面发生了长距离的侧向运移。

众多研究者（Murris，1980；El Zarka and Ahmed，1983；Stoneley，1990；Beydoun et al.，1992；Alsharhan and Nairn，1997）都认为油气运移发生于晚白垩世及其以后。Stoneley（1990）提到，在扎格罗斯盆地迪兹富勒（Dezful）坳陷的东部有一处土仑阶的油苗。在伊拉克的东北部，改造过的沥青渗入到了晚白垩世的生物礁中以及上白垩统—下古新统碎屑岩中（Beydoun et al.，1992）。早期的造山运动使断裂持续开启，在中新统沉积物中出现了类似的沉积沥青现象。运移和再运移一直持续至现今。

维典-美索不达米亚盆地的地球化学数据很少，因此也没有直接的证据证明在运移过程中是否发生了生物降解作用或者油气的其他变化。然而，有证据证明油气通过垂直运移到达温度不超过70℃的地区。在维典-美索不达米亚盆地，水动力作用确实存在，因此大气降水会渗入储层中，这样生物降解可能确实发生过。

（三）西阿拉伯盆地

1. 盆地基础地质特征

西阿拉伯盆地位于阿拉伯板块西北部，北部与扎格罗斯褶皱带相邻，东界与黑尔-茹巴赫（Ha'il-Rutbah）隆起及维典-美索不达米亚盆地相邻，南界为阿拉伯地盾的出露边界，西界是黎凡特断裂系统（图4-22），盆地总面积约 $64.60\times10^4\mathrm{km}^2$。盆地以阿拉伯地盾结晶岩为基底，其上覆盖了9km厚的前寒武纪至现今的沉积物（Beydoun，1991）。

西阿拉伯盆地可细分为9个次级构造单元，其中包括相间分布的三个地堑和四个构造高地/台地以及厄莱珀（Aleppo）高地西北角发育两个较小的凹陷。三个地堑分别为幼发拉底地堑、帕米赖德地堑和辛加地堑，四个构造高地分别是厄莱珀高地、黑西亚高地、茹巴赫-泰布克台地和土耳其东南-北叙利亚高地，油气田主要分布在茹巴赫-泰布克台地和三个地堑内（图4-23）。四个富油气构造单元的综合地层柱状图示于图4-24～图4-27。

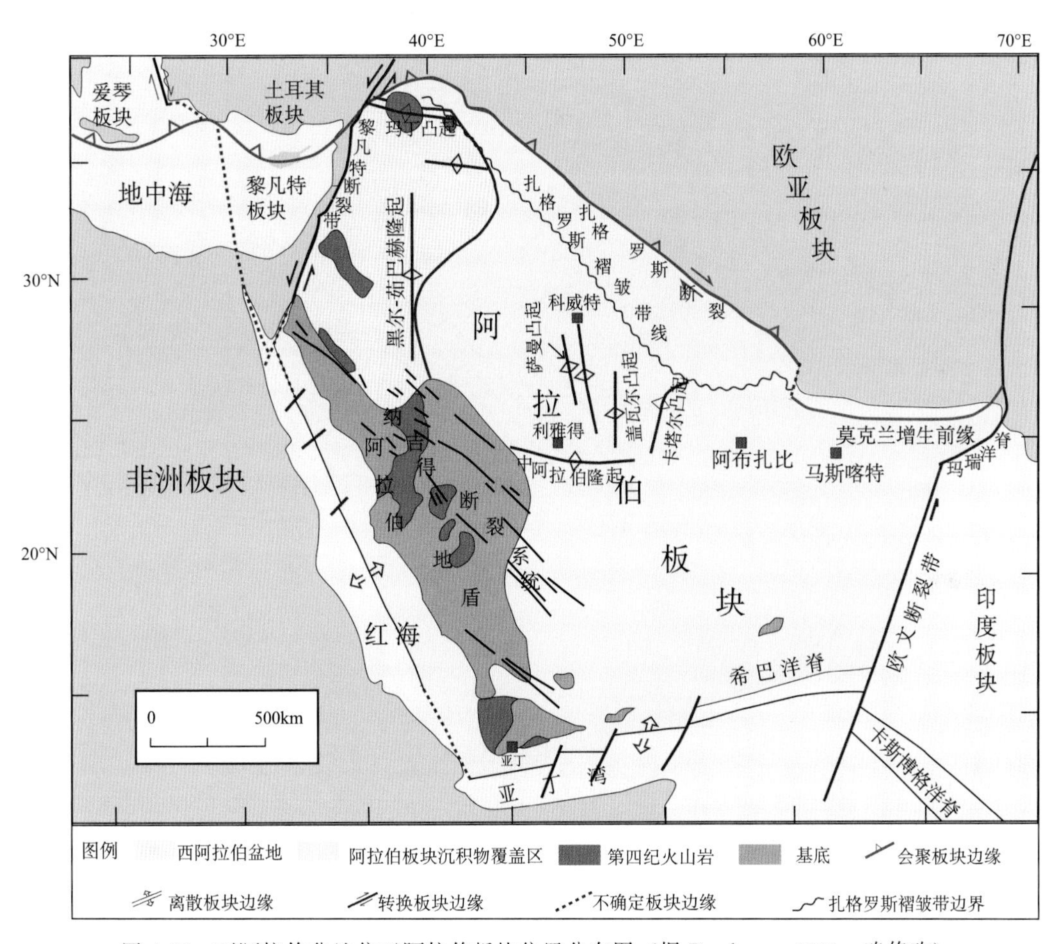

图 4-22　西阿拉伯盆地位于阿拉伯板块位置分布图（据 Beydoun，1991；略修改）

构造高地底部为较厚的古生界，其上覆地层为相对较薄的中生界和新生界。沿着土耳其东南-北叙利亚高地和黑西亚高地的东北缘，新生界显著加厚，它们构成了托罗斯-扎格罗斯前陆盆地未经褶皱的部分，并向东北方向过渡到托罗斯-扎格罗斯褶皱带，也就是扎格罗斯前陆盆地的褶皱带部分。地堑中的古生代地层大致与构造高地上的古生代地层厚度类似，但中生代和新生代地层要比构造高地上的厚。帕米赖德地堑和辛加地堑起始于三叠纪的沉降作用，而幼发拉底地堑只是从早白垩世才开始出现。这些地堑有些被断裂所限，而有些却受单斜拗陷控制，因此在有些地区与构造高地的界线并不十分明确。地堑于晚白垩世产生反转和褶皱，而且在中新世阿拉伯板块和欧亚板块碰撞时又一次发生反转和褶皱。因此，现今构造面貌已不再显示地堑面貌，在文献中又常称之为凹槽（trough）。

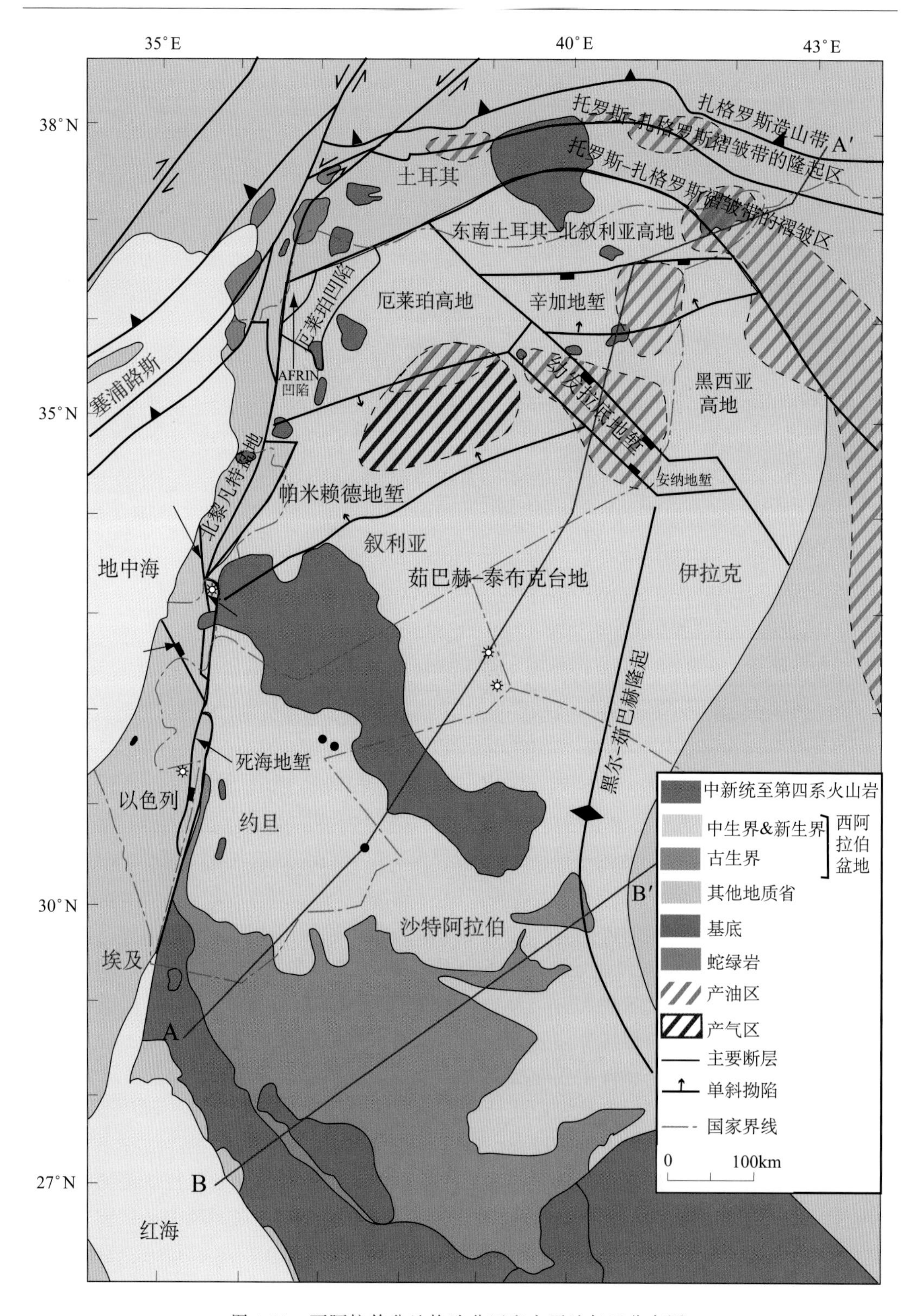

图 4-23　西阿拉伯盆地构造分区和主要油气田分布图

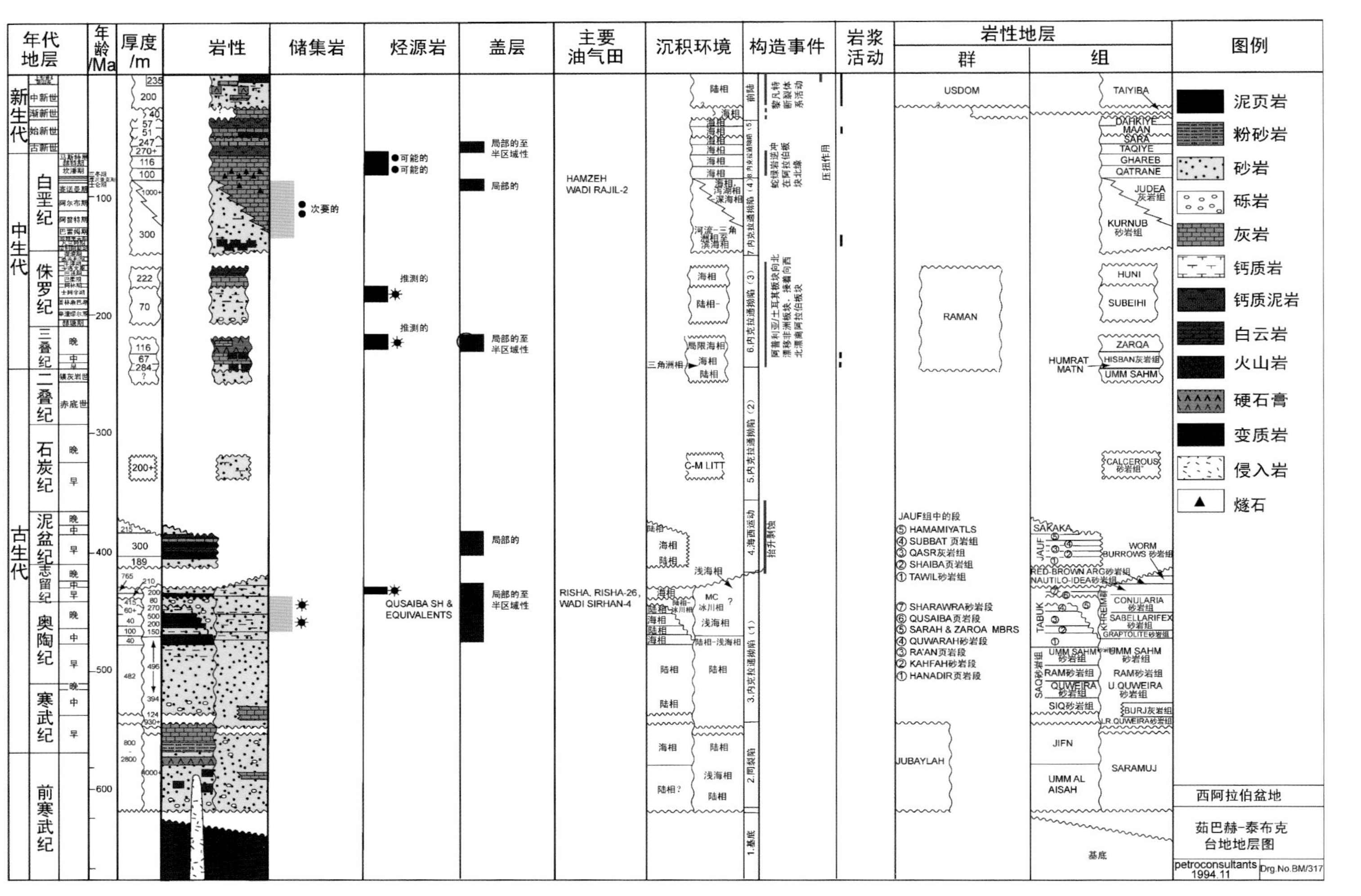

图 4-24 茹巴赫-泰布克台地地层综合柱状图(据 IHS,2010;有修改)

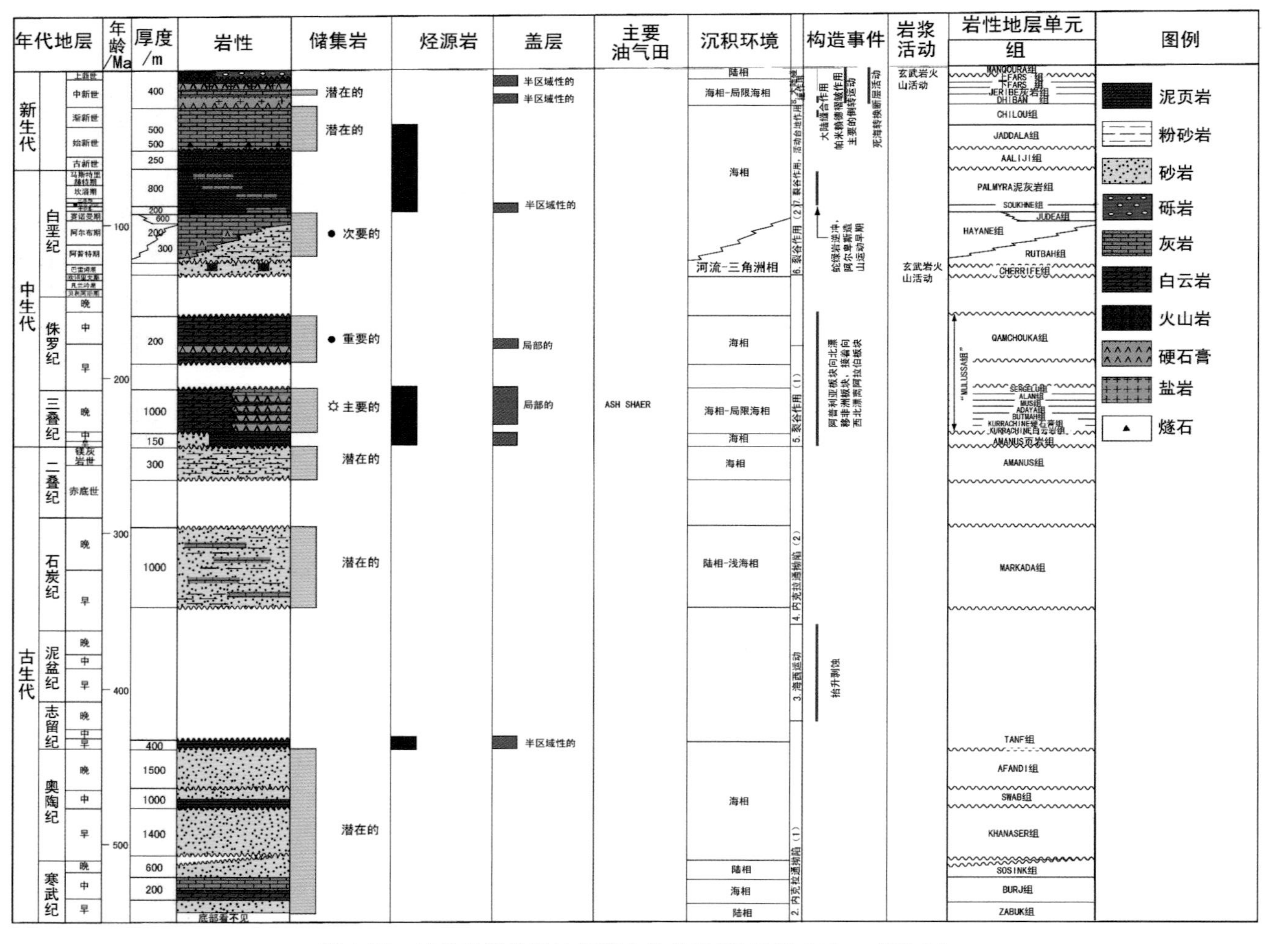

图 4-25　帕米赖德地堑地层综合柱状图(据 IHS,2010;有修改)

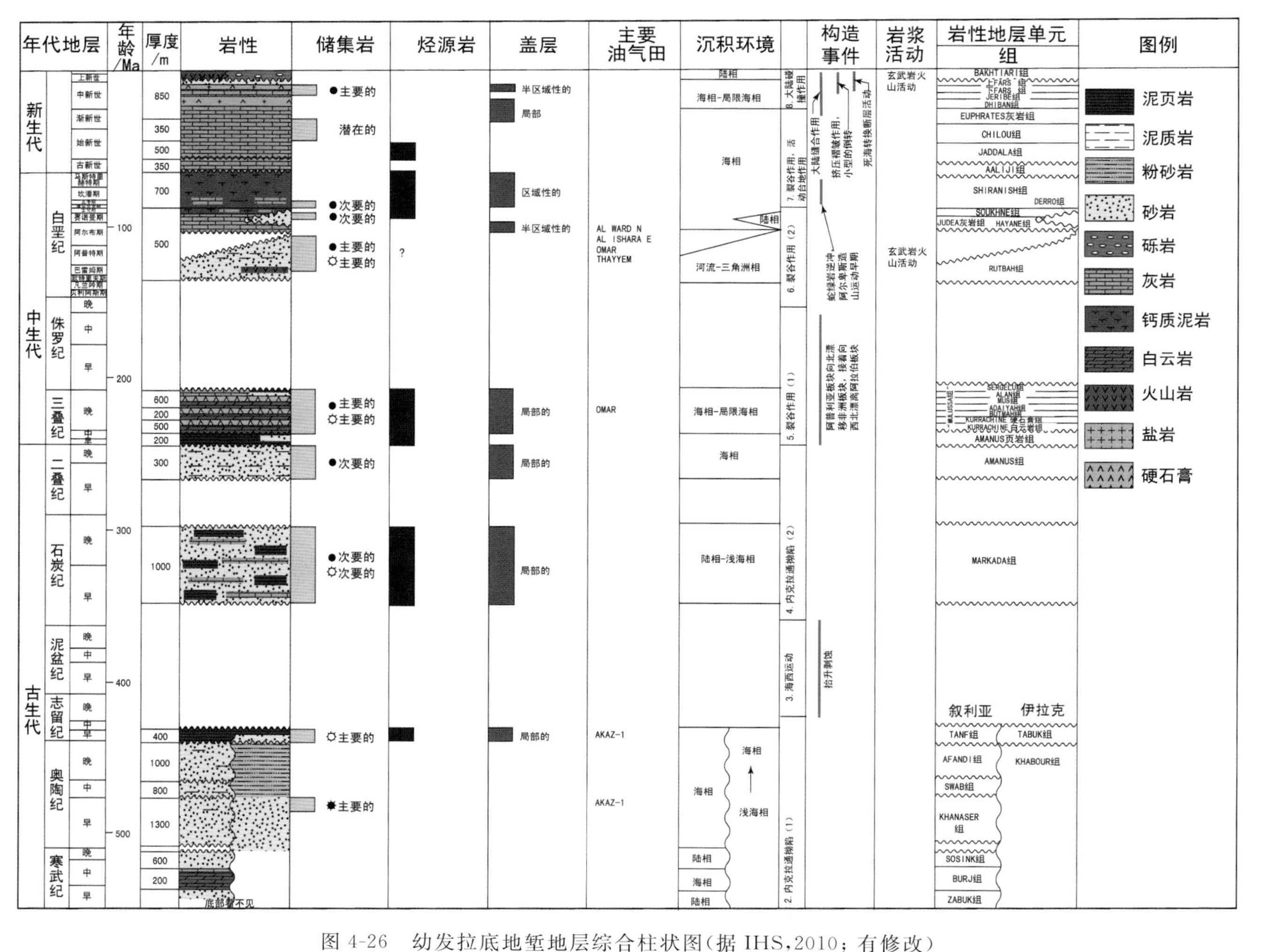

图 4-26　幼发拉底地堑地层综合柱状图(据 IHS,2010；有修改)

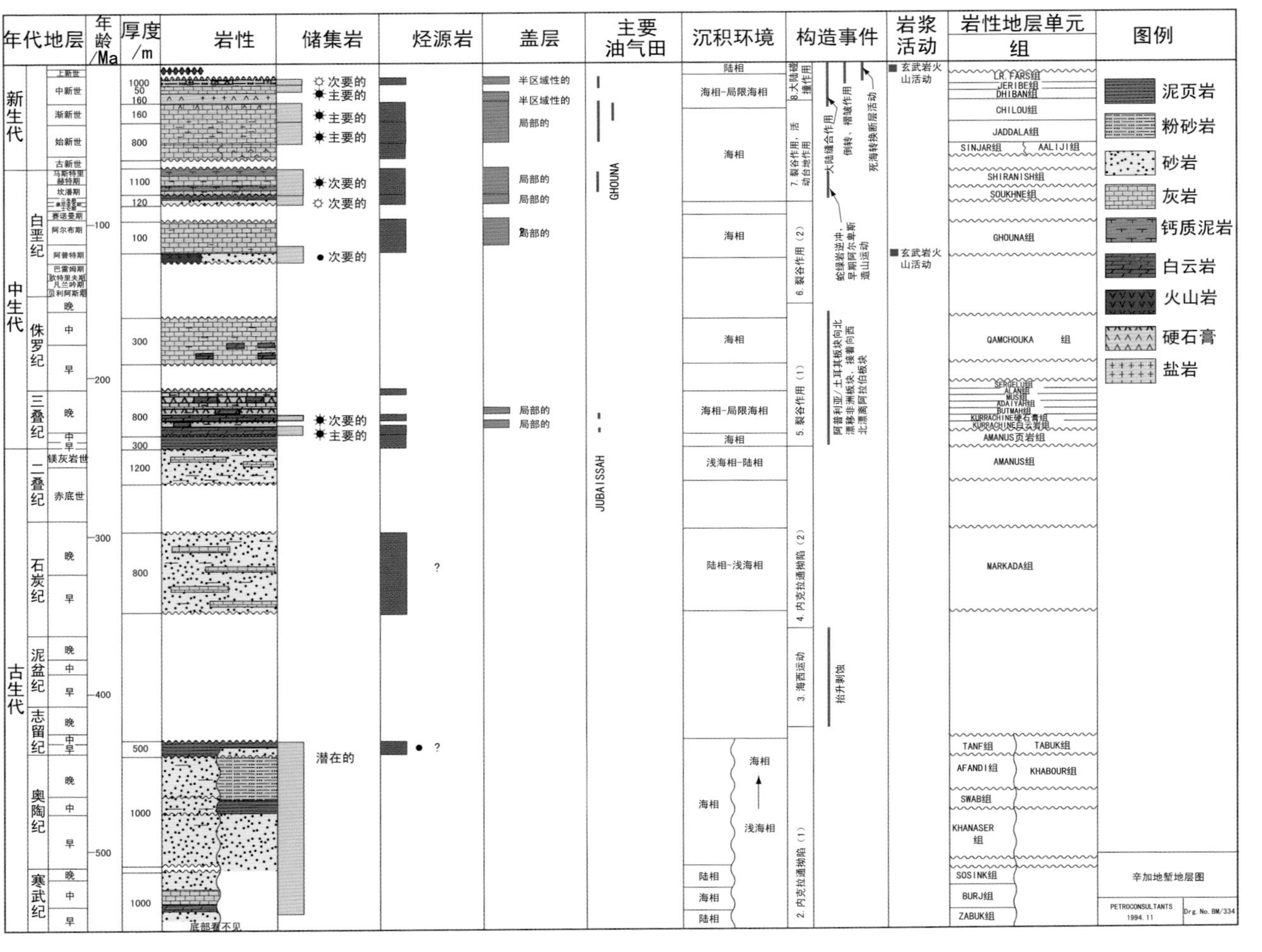

图 4-27　辛加地堑地层综合柱状图(据 IHS,2010；有修改)

西阿拉伯盆地经历了9期构造演化阶段，依次为①晚元古代裂前阶段；②早寒武世同裂谷阶段；③早古生代内克拉通拗陷发育阶段；④泥盆纪海西运动阶段；⑤晚古生代内克拉通拗陷发育阶段；⑥三叠纪—古近纪内克拉通拗陷、同裂谷和被动大陆边缘演化阶段；⑦新近纪前陆盆地演化阶段。晚元古代裂前阶段，发育了盆地的基底层系，在随后的6期构造演化阶段期间，分别沉积了下寒武统同裂谷层系，下古生界内克拉通拗陷层系，泥盆系活动陆缘层系，上古生界内克拉通拗陷层系，三叠系—古近系内克拉通拗陷、同裂谷及离散被动陆缘层系和新近系前陆层系。古生代地层以碎屑岩为主，而中—新生界以碳酸盐岩为主。

2. 盆地石油地质条件

截至2010年8月，已采集地震测线11.47×10^4 km，钻预探井567口，其他探井522口。自1940年发现第一个油田以来，盆地内已发现172个油气田，发现石油探明和控制可采储量645×10^6 m^3，天然气探明和控制储量5448×10^8 m^3，折合成油当量为1155×10^6 m^3。就已发现的油气储量而言，该盆地在中东5个被动陆缘含油气盆地中位居第4位（表4-2）。

在整个显生宙期间，西阿拉伯盆地显示出更多的刚性特征，与位于黑尔-茹巴赫隆起以东的地区相比，发育了更多的正向构造，而且沉降幅度偏小，因此西阿拉伯盆地的烃源岩较差，从而导致了西阿拉伯盆地的油气资源总体不及阿拉伯板块的东部。西阿拉伯盆地最老的含油层系为奥陶系，最新为中新统。每个地堑和台地都有一定的含油气性，但油气主要富集于地堑内，构造高地/台地上的油气主要富集于高地/台地边缘，是附近地堑油气区带和含油气系统中油气的延伸。地堑和高地/台地中均不同程度地产油，其中油气最富集的二级构造带为帕米赖德地堑、幼发拉底地堑和辛加地堑。

1）烃源岩层

西阿拉伯盆地发育三套主力烃源岩：白垩系赦软尼失组、搜肯（Soukhne）组以及三叠系阿曼那斯（Amanus）页岩组。赦软尼失组为一套泥灰岩，主要分布在幼发拉底地堑和辛加地堑；搜肯组为一套沥青质泥岩，主要分布于幼发拉底地堑、帕米赖德地堑和辛加地堑；阿曼那斯组是一套黑色海相页岩和泥岩，主要分布于帕米赖德地堑和辛加地堑。西阿拉伯盆地内四个主要油气区的烃源岩概述如下。

茹巴赫-泰布克台地。茹巴赫-泰布克台地没有探明的烃源岩（图4-24），但通过与邻近地区类比，台地内已发现的天然气最可能源自下志留统Tabuk组Qusaiba页岩段。在阿拉伯中部，Qusaiba页岩的TOC达7%，氢指数达500～600mgHC/gTOC。此外，高含有机质的上白垩统Ghareb组和Qatrane组沥青质灰岩也是潜在的烃源岩，但是仅在埋深较大的地区，其成熟度才达到了生油阶段。

帕米赖德地堑。在帕米赖德地堑，发育三套三叠系烃源岩和两套白垩系烃源岩（图4-25），前者包括阿曼那斯页岩组的暗色海相页岩和泥岩、Kurra Chine组泥岩和Butmah组泥岩，这些烃源岩于晚白垩世—早古新世进入生油窗，在晚中新世—上新世进入湿气和凝析油窗。白垩系烃源岩包括Soukhne组海相泥岩及泥灰岩和帕姆亚（Palmyra）组泥灰岩，它们于晚古近纪时进入生油窗。

幼发拉底地堑。幼发拉底地堑发育多套已探明的烃源岩（图 4-26）。石炭系 Markada 组烃源岩由浅海相至近海相页岩组成，TOC 平均为 1.5%，最高可达 8.65%。干酪根为Ⅱ型和Ⅲ型混相，是倾向于易生天然气的烃源岩。有限的资料表明这套烃源岩生过油和湿气/凝析油，可能还有生天然气的潜力。

三叠系 Mulussa 组烃源岩由局限海相-潮上白云岩组成，白云岩 TOC 平均含量为 1.1%，最高可达 4.4%。干酪根为Ⅰ型和Ⅱ型混相，易于生油气。幼发拉底地堑中大部分地区的三叠系烃源岩可能已经经历过生油阶段，已进入生气窗。下三叠统 Amanus 页岩段在叙利亚其他地区是已证实的三叠系烃源岩，但在幼发拉底地区中仅局部地区有分布。

白垩系烃源岩包括上白垩统 Soukhne 组和 Shiranish 组两套烃源岩，其中 Soukhne 组由浅海相灰质泥岩、灰泥石灰岩和重结晶白云质颗粒石灰岩组成。TOC 平均含量为 1.1%，在幼发拉底地堑的 Thayyem 1 井，TOC 高达 8.6%。Shiranish 组由深海相泥灰岩、页岩和泥岩组成，且与有孔虫灰泥石灰岩及泥粒石灰岩互层。TOC 平均含量约为 3%，在 Thayyem 1 井达 14.3%。两套烃源岩的干酪根均为Ⅱ型。白垩系烃源岩成熟度从构造高点的未成熟至构造低点处于生油阶段。幼发拉底地堑中大部分的石油来自处于生油高峰阶段的白垩系碳酸盐岩。

古近系 Aaliji 组和 Jaddala 组烃源岩由广海相碳酸盐岩和泥岩组成，TOC 平均含量为 3.1%，最高可达 7%以上。干酪根为Ⅱ型，易于生油气。古近系烃源岩是非常好的烃源岩，但仍处于未成熟阶段，除了地堑最深部位处进入了早期生油窗外，其他地区均未成熟。

辛加地堑。虽然没有与辛加地堑油气有关的特定烃源岩的资料，但是与其他地区类比，可以假定出很多潜在的烃源岩（图 4-27）。这包括石炭系 Markada 组、三叠系 Amanus 组页岩、Kurra Chine 白云岩及 Butmah 组和白垩系 Soukhne 组和 Shiranish 组。此外，白垩系 Ghouna 组含有沥青质灰岩。古新世至始新世地层的沥青质灰岩还未成熟。

2）储集层

西阿拉伯盆地的储集层主要为碎屑岩和碳酸盐岩，从奥陶系到上中新统都有分布，不过绝大部分油气储量储于白垩系（45.5%）、奥陶系（17.9%）和三叠系（16.2%）（图 4-28）。在西阿拉伯盆地，不同地区的主力油气储集层不同。四个油气区的主要储集层概述如下。

茹巴赫-泰布克台地。截至 2010 年 8 月，茹巴赫-泰布克台地内探明和控制油气可采储量 $224.1\times10^6\mathrm{m}^3$ 油当量，占盆地总储量的 19.4%，为盆地内第二富含油气的构造单元。在已发现的油气中，天然气占 84.8%、凝析油占 14.3%、石油仅占 0.9%。层系上，油气主要分布于奥陶系和志留系，分布于这两套层系的油气储量分别占盆地总储量的 91.2%和 8.6%。寒武系、三叠系和白垩系储集了少量的油气，由于储量太低，在图中显示不出来（图 4-29）。

在茹巴赫-泰布克台地，有三个探明的储层（图 4-24），分别为产少量轻质油的上奥陶统 Sabellarifex 砂岩组、产气的下志留统 Conularia 砂岩组和产少量石油的上侏罗

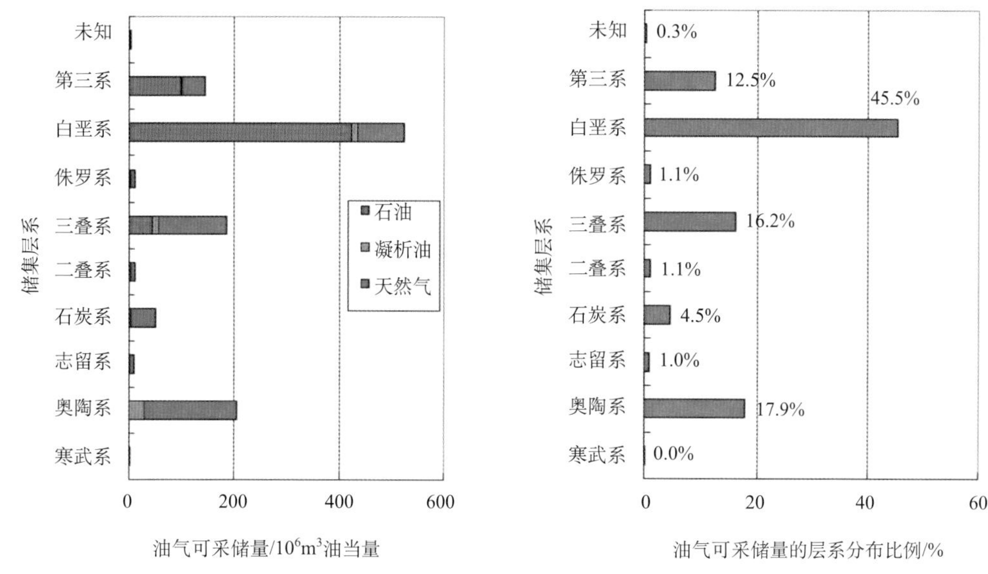

图 4-28 西阿拉伯盆地油气储量的层系分布图

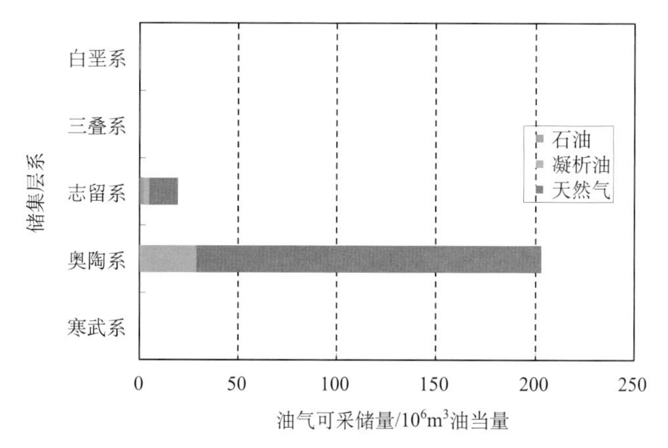

图 4-29 茹巴赫-泰布克台地油气层系分布图

统一白垩系 Kurnub 组的砂岩及石灰岩。

志留系兰德维里统砂岩层为 Risha 和 Risha 26 气田的储集层，与 Conularia 砂岩组相当，Risha 气田的储集层由浅海-潮下带沙坝砂岩组成。下志留统储集层孔渗性良好，其平均孔隙度为 13%，渗透率为 500mD。

帕米赖德地堑。截至 2010 年 8 月，帕米赖德地堑内探明和控制油气可采储量 $221.8\times10^6m^3$油当量，占盆地总储量的 19.2%，为盆地内第三富含油气的构造单元。在已发现的油气中，天然气占 74.4%、凝析油占 19.8%、石油占 5.8%。层系上，油气主要分布于三叠系、石炭系和二叠系（图 4-25，图 4-30），分布于这三套储集层的油气储量分别占盆地总储量的 71.3%、18.7%和 5.6%。分布于侏罗系和白垩系储集层的油气分别占总储量的 2.4%和 1.9%。

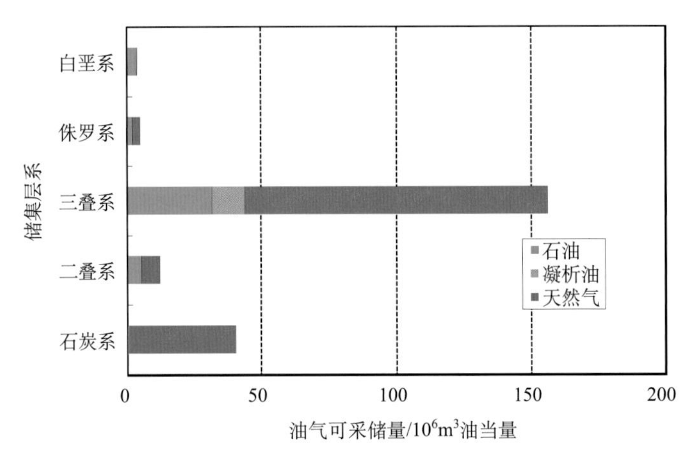

图 4-30　帕米赖德地堑油气层系分布图

三叠系—侏罗系 Mulussa 组海相石灰岩和白云岩是重要的天然气和凝析油储集层，孔隙主要是构造成因的，这与中新世—上新世的挤压褶皱有关。白垩系 Hayane 组碳酸盐岩为次要的中生界储集层，由上白垩统阿尔布阶—阿普特阶浅海相生物碎屑灰岩组成，在厄莱珀高地的边缘发育。储层原始孔隙很发育，新近纪的构造运动促使了裂缝发育，从而增加了孔隙度。

幼发拉底地堑。幼发拉底地堑是西阿拉伯盆地内主要油气富集的地区，截至 2010 年 8 月，地堑内探明和控制油气可采储量 527.8×10^6 m^3 油当量，占盆地总储量的 45.7%。在已发现的油气中，石油占 81.1%、天然气占 16.5%、凝析油占 2.4%。层系上，油气主要分布于白垩系，其油气储量占盆地总储量的 94.1%，其余的油气储量分布于石炭系、三叠系和新近系（图 4-31）。

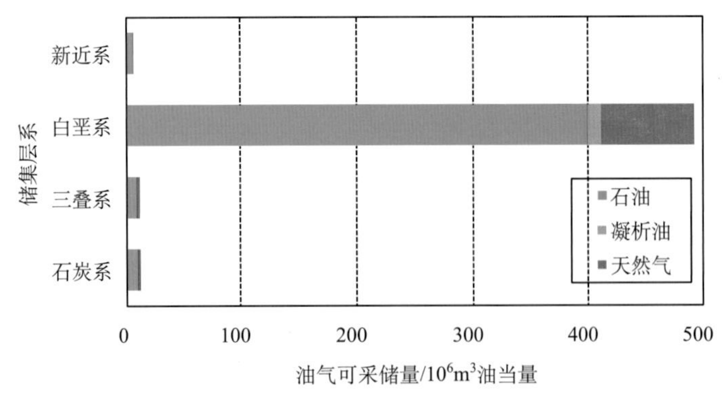

图 4-31　幼发拉底地堑油气层系分布图

幼发拉底地堑内发育 9 套储集层（图 4-26），其中的 7 套主要储集层特征概述如下。

石炭系 Markada 组储集层由滨岸相-浅海相砂岩组成，孔隙度一般为 15%～20%，但渗透率较低，一般为 40～70mD，这可能是由于黏土杂基导致的。这套储集层广泛分布于幼发拉底地堑，在邻近的构造高地，该组地层亦有油气显示。

二叠系 Amanus 组储集层是一套浅海相砂岩，在幼发拉底地堑中广泛分布，但尚无重大油气发现，不过在相邻的黑尔-茹巴赫隆起的北斜坡发现了油气田。

上三叠统 Mulussa 组主要是由石英砂岩组成，与 Sergelu 组相当，沉积于海退阶段的浅海至陆相环境。孔隙性和渗透性都很好。在幼发拉底地堑中广泛分布，但是在构造高地局部由于被剥蚀而缺失。

下白垩统 Rutbah 组由河流三角洲石英砂岩及页岩夹层组成。砂岩孔隙度为 15%～20%，渗透率超过 1D。地层主要分布于地堑中部，在邻近的构造高地，厚度很薄，甚至没有。下白垩统 Judea 组灰岩储集层由陆架相砂质和粉砂质白云化石灰岩组成，储集层质量变化很大，遍及整个幼发拉底地堑，但在构造高地由于剥蚀作用而缺失。上白垩统 Shiranish 组主要由泥、页岩组成，但组内发育薄层的石灰岩夹层储集层，其孔隙多为溶蚀孔隙，也发育裂缝。地层广布于幼发拉底地堑，但主要发育于局部地区，而且分布难以预测。

中新统哲瑞勃（Jeribe）组由陆架相-潟湖相白云化石灰岩组成，孔隙度高达30%～35%，该组地层分布于整个地堑。

辛加地堑。辛加地堑是西阿拉伯盆地内第四富含油气的构造单元，截至 2010 年 8 月，地堑内探明和控制油气可采储量 $177.8\times10^6\ m^3$ 油当量，占盆地总储量的 15.4%。在已发现的油气中，石油占 65.8%、天然气占 30.0%、凝析油仅占 0.2%。层系上，油气主要分布于三叠系—新近系的多套层系，但油气主要富集于古近系，其油气储量占盆地总储量的 67.2%，新近系、白垩系、三叠系和侏罗系储集的油气储量分别占盆地油气总储量的 13.6%、12.5%、6.3%和 0.4%（图 4-32）。

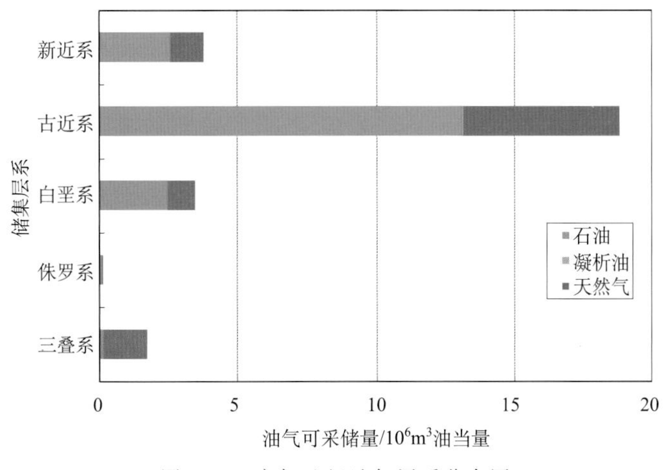

图 4-32　辛加地堑油气层系分布图

辛加地堑有九个已证实的储集层（图 4-27），油气主要储于古近系及新近系浅海相石灰岩和白云岩。

上三叠统 Kurra Chine 白云岩组由浅海相白云岩化石灰岩组成；上三叠统 Butmah

组由浅海相白云岩组成。

上白垩统 Soukhne 组主要由海相页岩、薄层灰岩夹层以及海相砂岩组成，储集层为灰岩层和砂岩层。Shiranish 组为一套互层的泥灰岩和含泥沥青质石灰岩，储集岩为石灰岩；Ghouna 组由含泥的、含沥青的、轻微白云化的灰岩组成，底部发育一套砂岩。

上—中始新统 Jaddala 组储集层主要由具裂缝的含泥沥青质石灰岩组成。渐新统 Chilou 组沉积由浅海相沥青泥灰质石灰岩和白云岩组成，地层顶部沉积了薄层的硬石膏，新近纪构造运动产生的裂缝提高了孔隙度。中新统下 Fars 组主要由互层的岩盐、硬石膏、石灰岩和粉砂岩组成；中新统 Jeribe 组由灰泥石灰岩、含颗粒灰岩石灰岩和颗粒质灰泥石灰岩组成，孔隙主要为构造成因，形成于中新世—上新世压缩褶皱作用。

3）盖层

西阿拉伯盆地的主要盖层包括上白垩统赦软尼失组的泥灰岩、中新统济班（Dhiban）组和下法尔斯组的蒸发岩及白垩系搜肯组的泥灰岩和页岩。古生界储集层以层间页岩为盖层，三叠系白云岩储集层以层间硬石膏为盖层，侏罗系、白垩系和古近系碳酸盐岩储集层的局部和区域盖层由页岩、泥灰岩和致密碳酸盐岩组成，古近系及新近系碳酸盐岩储集层以上覆地层的蒸发岩为盖层。

茹巴赫-泰布克台地。奥陶系 Tabuk 组的 Hanadir 页岩段和 Ra'an 页岩段是 Saq 砂岩组和 Kahfah 砂岩组的局部至半区域性的盖层；奥陶系 Conularia 砂岩组底部的页岩是 Sabellarifex 砂岩组的局部盖层；下志留统 Nautiloidea 砂岩组页岩和泥质砂岩是 Conularia 砂岩组的局部盖层；泥盆系 Jauf 组层间页岩是潜在灰岩储集层的的局部盖层；三叠系 Zarqa 组蒸发岩是 Hisban 灰岩组潜在灰岩储集层和 Umm Sahm 砂岩组的局部-半区域性盖层；白垩系 Kurnub 砂岩组层间页岩局部封盖砂岩，灰岩储集层被周围及上覆致密的灰岩封盖；古新统 Taqiye 组泥灰岩是上白垩系 Ghareb 组灰岩潜在储集层的半区域性盖层（图 4-24）。

帕米赖德地堑。三叠系 Amanus 页岩组是古生代储集层半区域性盖层；三叠系 Kurra Chine 组的硬石膏、Adaya 组的薄层白云石夹层和 Alan 组的泥岩夹层，分别构成了 Kurra Chine 白云岩组、Butmah 组和 Mus 组的局部盖层；侏罗系 Qamchouka 组底部的硬石膏是 Qamchouka 组碳酸盐岩和 Mulussa 组的局部盖层；上白垩统赛诺曼阶—土仑阶 Soukhne 组的燧石质泥灰岩是 Hayane 石灰岩储集层的盖层；下中新统 Dibbaneh 组岩盐和硬石膏是 Chilou 组的半区域性盖层；上中新统下 Fars 组岩盐和硬石膏是 Jeribe 组的半区域性盖层（图 4-25）。

幼发拉底地堑。奥陶系 Tabuk 组页岩层是同组内砂岩的局部盖层；石炭系 Markada 组的泥岩和页岩层是砂岩夹层的局部盖层；二叠系 Amanus 组页岩层是砂岩夹层的局部盖层；三叠系“Mulussa G”的页岩和致密灰岩是“Mulussa F”砂岩的局部盖层；上白垩统阿尔布阶 Hayana 组致密灰岩是 Rutbah 组砂岩的半区域性盖层；下白垩统 Soukhne 组致密石灰岩和页岩是 Rutbah 组和 Judea 灰岩组的半区域性盖层；上白垩统 Shiranish 组泥灰岩、页岩和泥岩是下伏地层和石灰岩夹层的区域盖层；渐新统 Euphrates 石灰岩组的致密泥质石灰岩是 Chilou 组的半区域性盖层；下中新统

Dibbaneh组的岩盐和硬石膏是Chilou组或孔、渗良好的幼发拉底灰岩组的局部盖层；上中新统下Fars组岩盐和硬石膏是Jeribe组的半区域性盖层（图4-26）。

辛加地堑。三叠系Kurra Chine组的硬石膏、Adaya组的薄层白云石夹层和Alan组的泥岩夹层，分别构成了Kurra Chine白云岩组、Butmah组和Mus组的局部盖层；上白垩统Ghouna组非裂缝性泥质灰岩是同组内裂缝孔隙石灰岩储集层的局部盖层；下白垩统Soukhne组页岩是同组内石灰岩和砂岩夹层的局部盖层；下白垩统Shiranish组的非裂缝性石灰岩是裂缝孔隙石灰岩的局部盖层；始新统—渐新统Jaddala组和Chilou组的非裂缝性石灰岩是裂缝孔隙石灰岩的局部盖层；下中新统Dibbaneh组的岩盐和硬石膏是Chilou组的半区域性盖层；上中新统下Fars组的岩盐和硬石膏是同组内石灰岩储集层和Jeribe组的半区域性盖层（图4-27）。

4）圈闭

西阿拉伯盆地的圈闭类型有构造圈闭、地层圈闭和复合圈闭，以构造圈闭为主。在盆地内已发现的32个成藏组合中，23个为构造圈闭类型，油气储量为815×10^6 m^3油当量，占盆地油气总储量的70.6%；1个为地层圈闭类型，油气储量为10×10^6 m^3油当量，占盆地油气总储量的0.8%；8个为复合圈闭类型，油气储量为330×10^6 m^3油当量，占盆地油气总储量的28.6%。西阿拉伯盆地的多期构造活动导致了盆地内构造圈闭的形成。

5）油气生成与运移

西阿拉伯盆地的油气以垂向运移为主，垂向运距可达千余米，但水平运移距离一般不超过20km。

茹巴赫-泰布克台地。由于古生界烃源岩的油、气窗的顶底不确定，因此不能确定古生界烃源岩生成的油气有没有经历重大的垂向运移。事实上可能没有，因为储集层与烃源岩是同时代的，或者更老，且台地上的油气几乎都储集在古生界。

尽管没有油气侧向运移的证据，但油气可能发生了侧向运移，因为在盆地内，发育一个倾向海盆的北倾古斜坡。东西向断层的缺乏可能有助于南北向的油气运移，但是良好区域性盖层的缺少意味着长距离的侧向运移是不大可能的。

运移的时间很难确定，但根据以往的资料可推测出古生界烃源岩生成的油是在晚古生代至早中生代运移的，天然气的生成与运移则发生于晚中生代。白垩系烃源岩可能是在上一更新世进入生油窗的，所以至今油气仍在运移，这可能是白垩系内发现小规模油气藏的原因所在。尽管没有油气再次运移的证据，但是考虑到该构造单元内，断层经历了多次重新活动，因此推断应该发生过油气藏调整和再次运移。

淡水冲洗和生物降解可能影响到了茹巴赫-泰布克台地内聚集的石油。可能存在由东部和北部向泰布克拗陷中部的水动力驱动，根据地形出露海拔，南部和西部边缘至少为1300m，而盆地中部只有900～1000m。Abu Ajamieh等（1988）认为Hamzeh储集层遭到强烈的冲洗。Wadi Rajil 2油田白垩系砂岩中石油的API为14°，可能是生物降解或水洗的结果，也可能是低熟原油。

帕米赖德地堑。帕米赖德地堑内油田中油层顶部的深度为1000～2500m，意味着油气要从深度为2000～2500m生油窗顶部向上运移，断层是最可能的运移通道。油气苗的存在进一步表明存在垂向运移通道。油公司的内部资料表明一些白垩系储集层中的油气来自三叠系阿曼那斯（Amanus）页岩组，这意味着要垂向运移距离达 1500m。

阿曼那斯页岩组烃源岩上方缺少侧向连续的孔隙性和渗透性的运载层，因此侧向运移距离很有限。然而，对厄莱珀高地南东翼的油气藏而言，油气是从靠近帕米赖德地堑的烃源灶经侧向运移而聚集成藏的，输导层为白垩系底部的碎屑岩和（或）具孔隙性和渗透性的白垩系碳酸盐岩。

Mulussa 组石油的 API 仅为 12°，很可能是生物降解导致的，这归因于褶皱作用和隆升使得输导层暴露于淡水中，成藏后淡水的充注诱发了生物降解作用。

幼发拉底地堑。幼发拉底地堑内油层顶部的深度为 616～3500m，意味着油气要从深度为约 2100m 处的生油窗顶部向上运移，断层是最可能的运移通道。油气可能发生了侧向运移，地堑两边台地侧翼发现了油气藏如 Rasein 井和 Hammar 101 油气藏，它们离主要烃源岩灶区都有一段 2000m 左右的距离，尽管油气可能源自当地的成熟烃源岩，但油气很可能进行了侧向运移。在断层没有破坏其连通性的前提下，Mulussa 组和 Rutbah 组起了侧向运载层的作用。

确切的排烃期及油气充注时间尚不清楚，因此假定油气生成之后，即立刻发生了排烃。地堑内石油的高 API 值表明没有发生强烈的生物降解。

辛加地堑。辛加地堑油层顶部的深度为 466～1935m，意味着油气要从深度为 2200～2500m 的生油窗向上运移。第三系露点内油气苗的存在也进一步表明油气发生了垂向运移（Ala and Moss，1979）。在 Jubaissah 油田，Jeribe 组储油层的底部被 168m 厚的 Dhiban 组蒸发岩所封盖。这些证据均表明断层是油气垂向运移的通道。辛加地堑横剖面显示油气从成熟的 Shiranish 组烃源岩运移到辛加地堑油气田中至少要运移 20km，这意味着有油气发生大规模的侧向运移（Metwalli et al.，1974）。

油气运移的确切时间尚不知晓，可以推断油气生成不久之后就开始排烃，不过上新世之后的抬升终止抑制了排烃。未公开发表的石油公司资料表明油田没有被充注到溢出点，一方面意味着油气的充注时间较晚，另一方面更可能是圈闭构造的连续生长造成的。

白垩系（API 为 16°～20°）和第三系（API 为 14°～20°）储集层石油的低 API 值，表明存在大范围的生物降解，导致生物降解的原因与帕米赖德类似。导致 API 低值的另一种可能性是 Shiranish 组正处于早期生油窗，生成的石油成熟度低。三叠系石油具有较高的 API 值，这归因于这些石油或未遭到生物降解，或源自更老、更深及更成熟的烃源岩。考虑到辛加地堑的三叠系岩石没有出露地表，而且亦未通过夹层的输导层与淡水连通，石油未遭到生物降解的可能性更大。

（四）黎凡特盆地

1. 盆地基础地质特征

黎凡特（Levantine）盆地勘探程度较低，大部分位于地中海东部，处于埃及、以色列、巴勒斯坦、黎巴嫩和叙利亚的海域（图 4-33），盆地面积约 $6.8\times10^4 km^2$。前寒

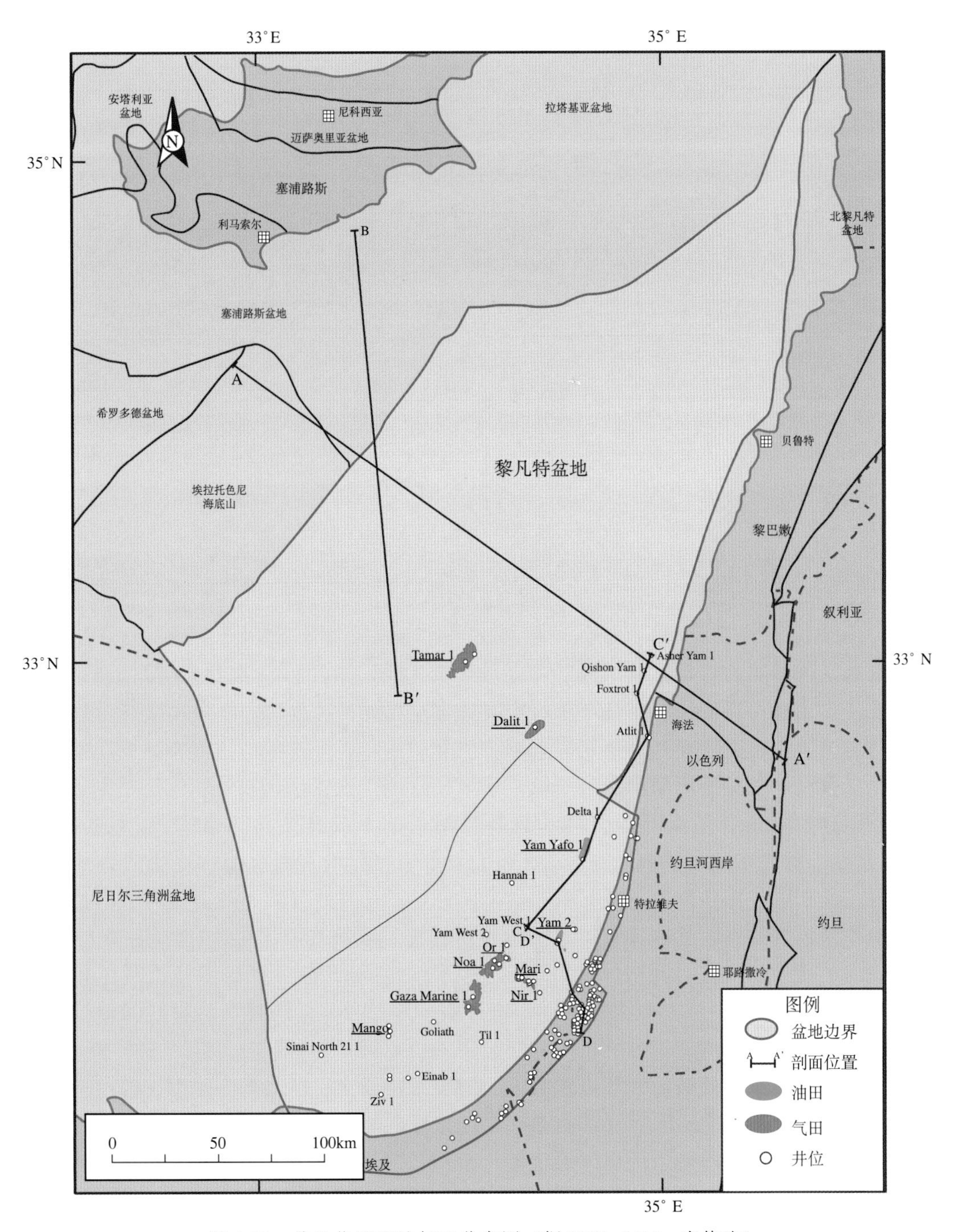

图 4-33 盆地位置和油气田分布图（据 IHS，2010；有修改）

武纪结晶岩构成了盆地的基底，其上覆盖了最厚达 15km 的二叠系—新近系层系（图 4-34）。

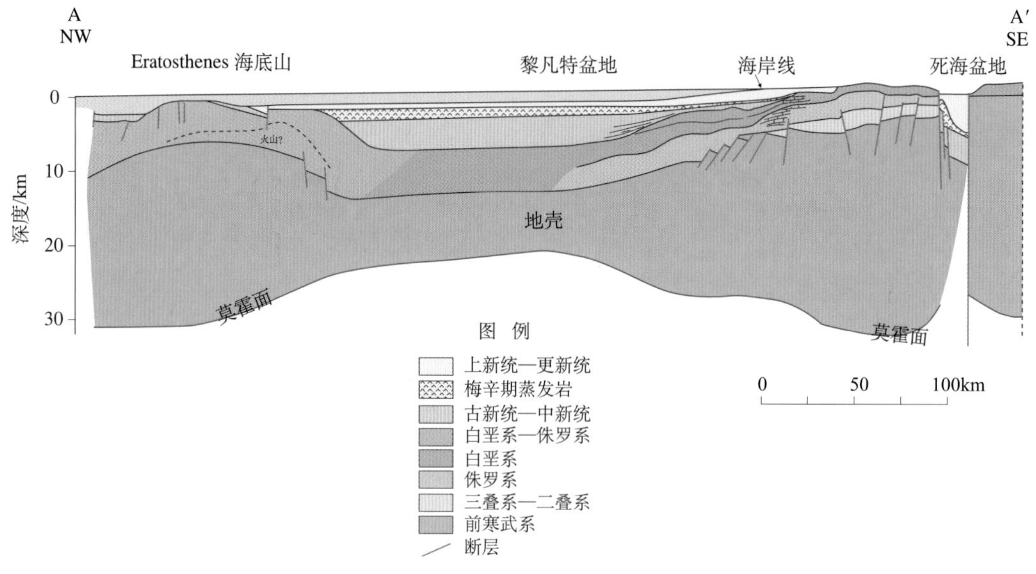

图 4-34　盆地北西—南东向构造剖面图（据 Gardosh et al.，2008）
剖面位置见图 4-33

盆地南部断层发育，盆地东南部发育一个次盆地——Pleshet 次盆地（图 4-35），目前黎凡特盆地内发现的油气多分布于该次盆和其周缘地区。作为一个被动陆缘盆地，黎凡特盆地内发育一系列经历了四期构造沉积演化阶段，各个阶段的主要特征概述如下。

早二叠世—普林斯巴期同裂陷阶段。黎凡特盆地于晚古生代和早中生代发生了裂陷作用，该作用与冈瓦纳大陆的分离和新特提斯洋的形成有关。Gardosh 和 Druckman（2006）认为盆地形成于埃拉托色尼（Eratosthenes）海山和阿拉伯古地块的黎凡特边界之间。最初的扩张作用是沿着北西—南东向开始的，并且导致了陆上和海上广泛的地堑和地垒系统的发育。这次扩张作用使得埃拉托色尼陆块（ECB）沿着一组 N—NW—S—SE 向的转换断层从冈瓦纳大陆分离出去，同时亦形成了一个与新特提斯洋相连的深海盆地（Gardosh et al.，2008；Montadert et al.，2010）。同裂谷阶段的沉积环境以陆相至浅海相为主（图 4-36）。

土阿辛期—土仑期被动大陆边缘阶段。同裂谷阶段之后即是晚侏罗世—晚白垩世土仑期的与地壳冷却相关的裂后沉降和被动大陆边缘的发育。在中侏罗世，沿着盆地东部边缘发育了一个过渡相带或沉积“枢纽带”，将东边的海相台地与西边的深海盆地分开（Gardosh et al.，2008）。该阶段以发育近似平行于现今海岸线的正断层为特征（图 4-37，图 4-38）。沉积了 Kurnub 和 Judea 群浅海至深海碳酸盐岩，在盆地边缘沉积了 Gevar'am 组细粒碎屑岩（图 4-36）。白垩纪中期沉积枢纽带消失，发育了广海沉积环境。

康尼亚克期—托尔通期挤压盆地收缩演化阶段。康尼亚克期初期，欧亚大陆与非

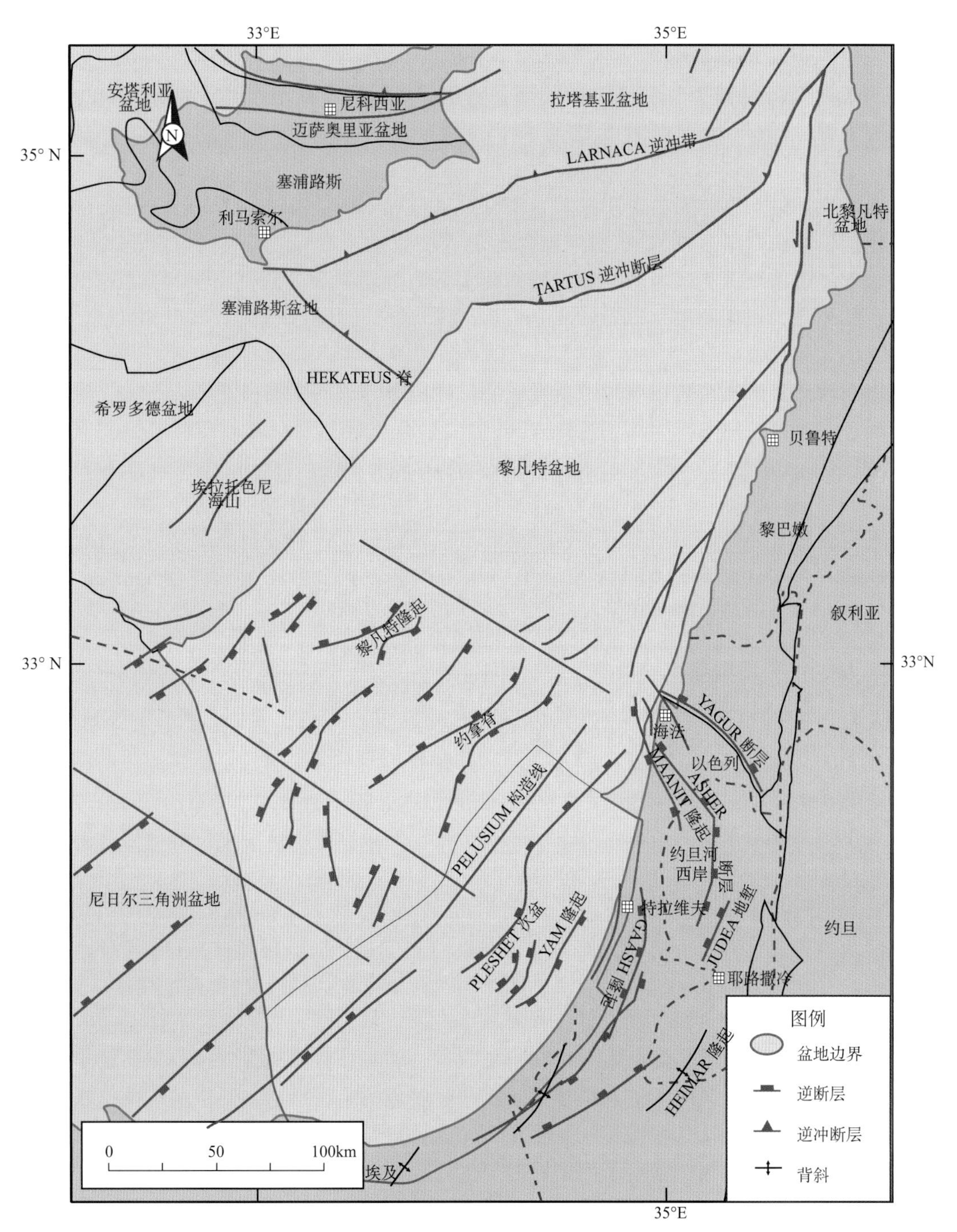

图 4-35 黎凡特盆地构造格架图（据 Roberts and Peace，2007）

洲-阿拉伯板块合并，新特提斯洋闭合。这导致了一期南—北向挤压，在现今的塞浦路斯和南部的土耳其形成了向北下倾的俯冲带（图 4-39）（Robertson，1998；Gardosh et al.，2008）。晚白垩世至第三纪大规模的收缩变形，导致黎凡特盆地发育了早中生代的反转构造和叙利亚岛弧（也被称为 Levantide）褶皱带的高幅度褶皱（Gardosh et al.，2008）。叙利亚岛弧由一系列的褶皱和断层组成，沿着盆地东部边缘长约 1000km，从叙利亚的帕姆亚山，经过黎巴嫩和以色列，一直延伸到西奈半岛（Gvirtzman et al.，2008）。

渐新世至中新世时期，沉积了广海相 Bet Guvrin 组和 Ziqim 组，它们由几个海退和海侵旋回组成（图 4-36）。该时期在盆地边缘的斜坡上，Saqiye 群通过广泛发育的陆上和水下河道系统沉积了海底峡谷充填物和水下扇沉积物为主的 Ashdod 碎屑岩组，以及 Ziqlag 组生物礁沉积物（Druckman et al.，1995；Gardosh et al.，2008；Gvirtzman et al.，2008）。

梅辛期蒸发岩发育阶段。晚中新世时期，地中海与大西洋隔离开来，造成了海平面的下降，在黎凡特盆地沉积了厚度达 2km 的岩盐、石膏和硬石膏，即所谓的“梅辛期高盐度危机”（5.9～5.3Ma 年前）。黎凡特盆地的梅辛期以 Mavqiim 组的蒸发岩为代表（图 4-36，图 4-39）。

更新世海平面开始逐渐上升，使得来源于尼罗河三角洲的细粒硅质碎屑岩有较高的沉积速率，在黎凡特盆地的陆架发育了广阔的水下三角洲（Saqiye 群和 Kurkar 群），这些三角洲向盆地的中心进积（Gardosh et al.，2008；Gvirtzman et al.，2008）。

2. 盆地油气地质条件

截至 2010 年 8 月，已采集地震测线 5.73×10^4km，钻预探井 156 口，其他探井 46 口。自 1955 年发现第一个油田以来，盆地内已发现 21 个油气田，发现石油探明和控制可采储量 $6\times10^6m^3$，天然气探明和控制储量 $3735\times10^8m^3$，折合成油当量为 $356\times10^6m^3$。就已发现的油气储量而言，该盆地在中东 5 个被动陆缘含油气盆地中位居最后一位（表 4-2）。

1）烃源岩层

盆地内目前已有发现的油气储量中，天然气储量占 98.3%，是中东所有盆地中天然气占油气比例最高的盆地。在二维地震上存在大量的直接烃类指示（DHI's）的证据，比如气烟囱和亮点及平点。目前有限的烃源岩资料表明，热成熟生成的石油主要来自侏罗系和白垩系沥青质泥灰岩和富有机质页岩。埋藏较深的烃源岩已成熟，较年轻的烃源岩仅部分成熟。天然气主要是新近系沉积物生成的生物气。已确定盆地内存在生物成因和热成因两个含油气系统，Feinstein 等（2002）指出在以色列海上的上新统储层含有生物成因的天然气，下白垩统储层内是生物成因和热成因混源的天然气，侏罗统储层内的天然气是热成因的。盆地内不同烃源岩层系（图 4-36）的特征概述如下。

侏罗系巴通阶 Barnea 组烃源岩：该组是黎凡特盆地具有烃源岩特征的最老地层单元（图 4-36）。在以色列南部沿岸平原发现的 Barnea 组内含有一套厚层的深水黑色微晶石灰岩，范围可能延伸到盆地的中部。Barnea 组石灰岩的 TOC 评价含量为 0.5%，最

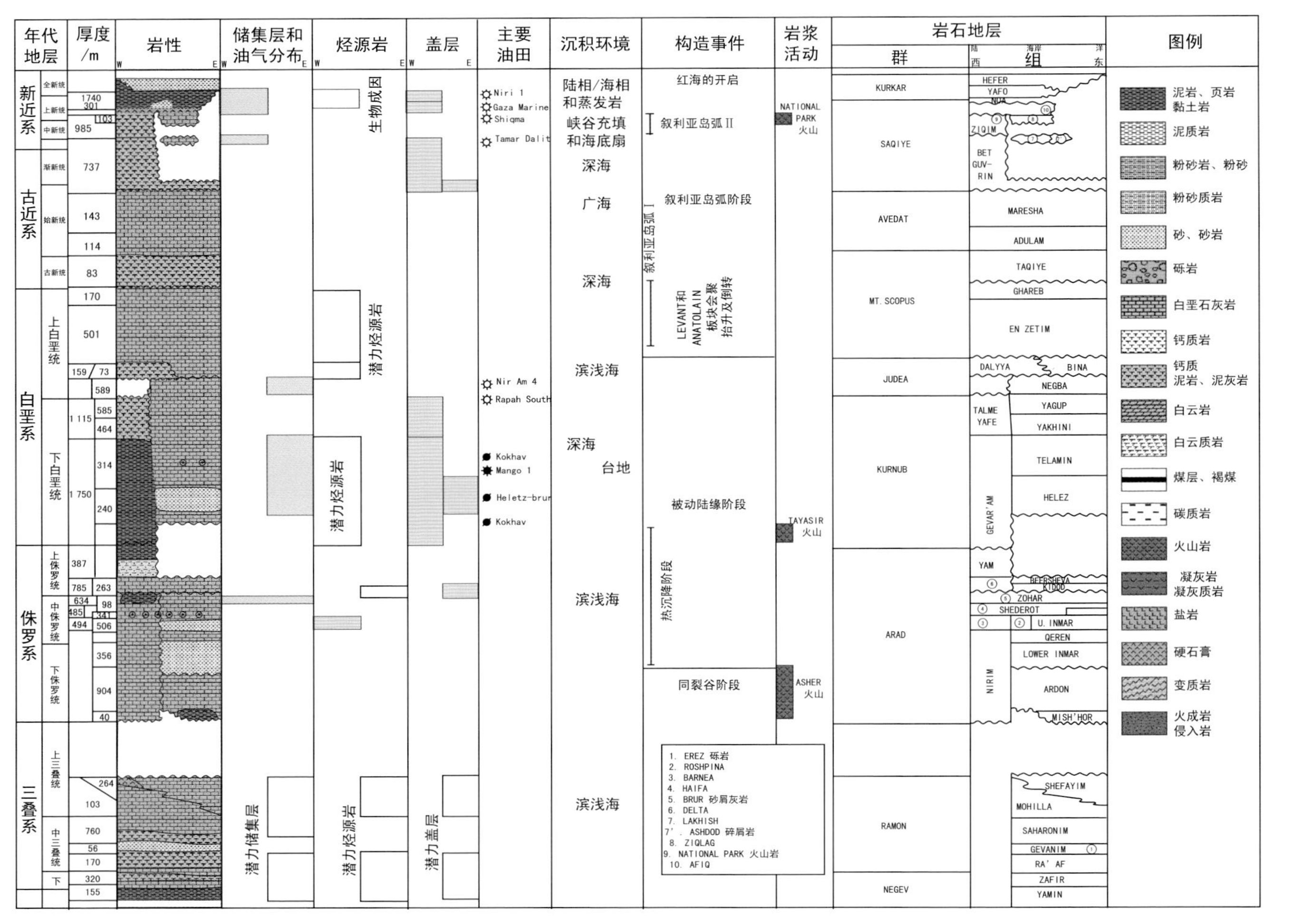

图 4-36　黎凡特盆地综合地层综合柱状图(据 IHS, 2010)

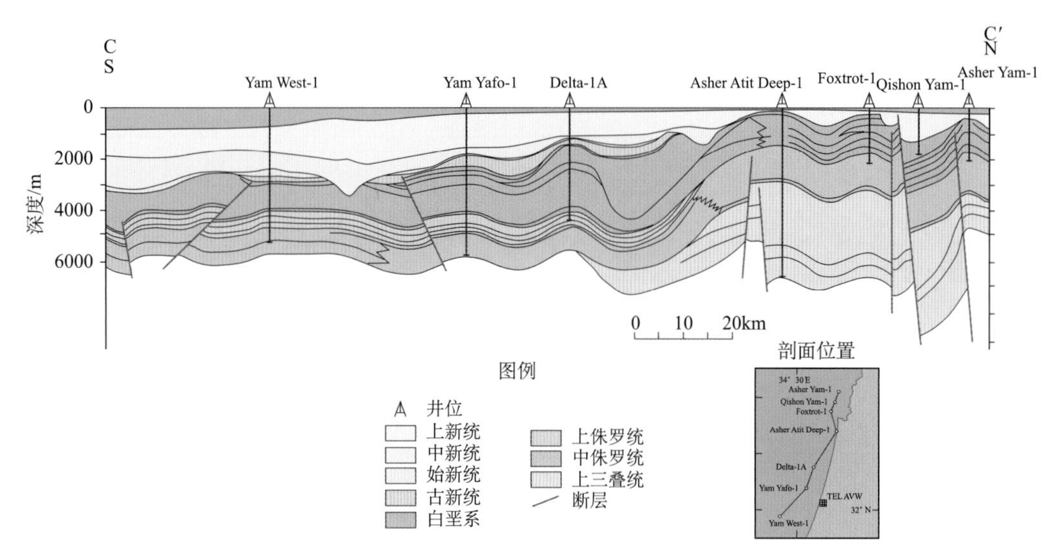

图 4-37 沿着盆地东部边缘南—北向构造剖面图（据 Gardosh et al.，2008）

剖面位置见图 4-33

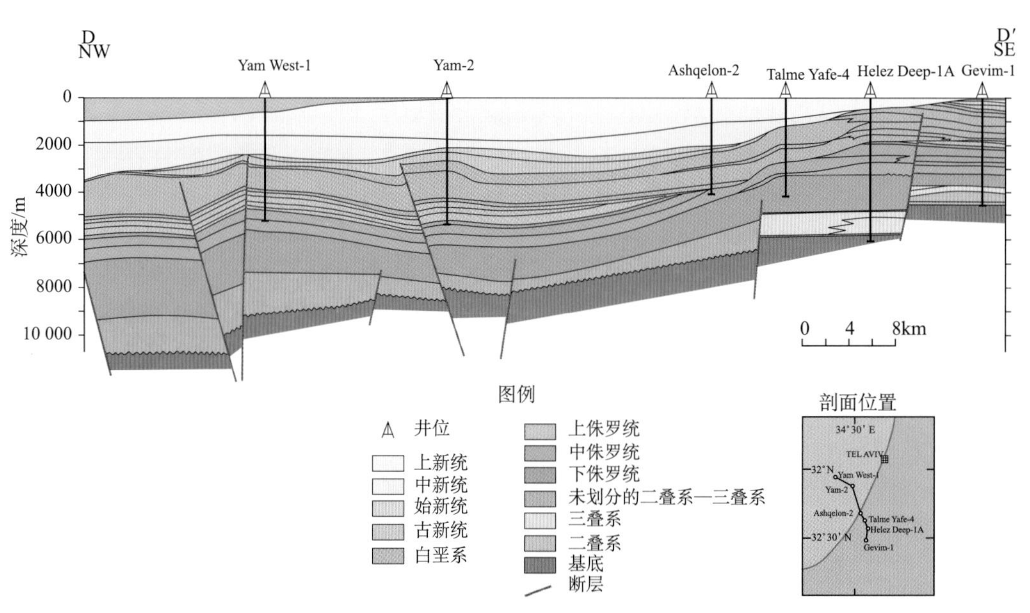

图 4-38 盆地东部北西—南东向构造剖面图（据 Gardosh et al.，2008）

剖面位置见图 4-33

高值为 2.6%，干酪根为Ⅱ型。在盆地的东南部，Barnea 组在深度约 2000m 的 R_o 平均值为 0.7%～0.75%。

巴雷姆阶—阿普特阶 Gevar'am 组：该组的页岩可能是 Heletz 地区石油的烃源岩（Cohen，1976），但是 Amit（1978）认为 Gevar'am 组的页岩还未成熟，不能为 Heletz

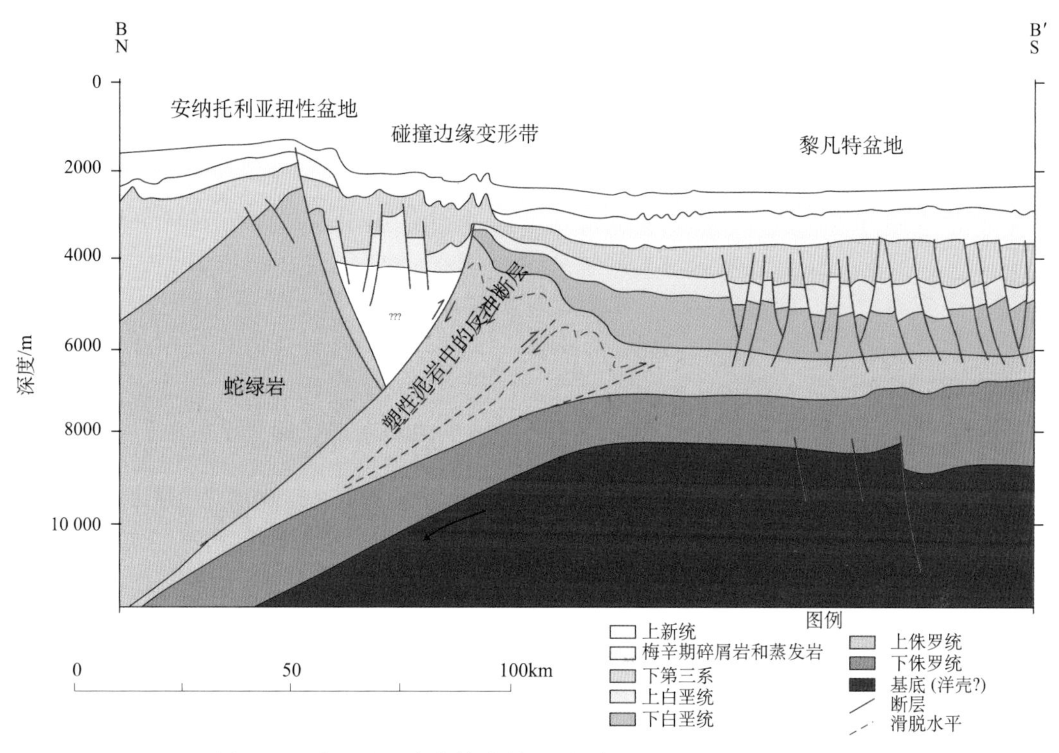

图 4-39　盆地北—南向构造剖面图（据 Gardosh et al.，2008）
剖面位置见图 4-33

地区提供石油；Bein 和 Sofer（1987）指出为 Gevar'am 组和 Heletz 的石油并没有相似性。Gevar'am 组页岩的 TOC 平均值为 0.5%～2.5%，在海上地区，可能已达到能够生成石油和热成因天然气的成熟程度。

下赛诺曼阶—上土仑阶 Dalyya 组：该组含有沥青质泥灰岩和黑色薄层页岩，平均 TOC 值为 0.4%～2.4%。Lipson-Benitah 等（1990）指出 Dalyya 组可能是盆地东南部 Pleshet 次盆潜在的烃源岩。侧向上相当于叙利亚的 Soukhne 组，其 TOC 值最高可达 8.6%。死海盆地的沥青亦来源于土仑阶烃源岩。

赛诺亚统 Mount Scopus 群：该群含有机质和沥青质的泥灰岩和泥灰质白垩岩具有生烃潜力，但分布可能仅局限于临近叙利亚岛弧背斜陡坡一侧的凹陷内。深海相的 Mount Scopus 群与死海盆地发现的沥青、石油和热成因的天然气有相关联系，也可能是 Judea 地堑（图 4-34）Zohar 油田油气的烃源岩（Cohen et al.，1990；Gardosh et al.，1997，2008）。

始新统—更新统：该套层系的富有机质页岩具有生成生物气的潜力。据 Tannenbaum 等（2003）的研究，以色列海上生物气含气系统是埃及海上尼日尔三角洲油气区生物气含气系统的延伸。

新近纪 Saqiye 群：该群的页岩生成了 Beeri Sh-6 油气藏赛诺曼阶储层中的生物气，上新统 Yafo 组可能是 Ashdod 气田生物气的来源，烃源岩层段是混合的海陆相沉积。

气来源于沉积有机质中陆生（高等植物）富树脂组分的轻度热退化。Feinstein 等（2002）认为 Noa、Mari 和 Gaza Marine 气田发现的天然气来源于中新统和上新统的富有机质页岩，但是储于上新统的生物气的烃源岩层位尚未确定。

2）储集层

储集层分布于侏罗系—上新统的多套层系（图 4-35），但油气主要富集于新近系，其油气储量占盆地油气总储量的 98.7%，其余的油气储量储于下白垩统、上白垩统和中侏罗统，它们储集的油气储量分别占盆地总储量的 0.9%、0.2%和 0.2%。按由老至新的顺序，黎凡特盆地的储集层特征概述如下。

侏罗系储层：卡洛夫阶 Zohar 组由鲕粒、球粒、内碎屑和骨架颗粒石灰岩、灰泥石灰岩和颗粒质石灰岩组成，夹暗灰色页岩，沉积于浅海-深海环境（Gardosh et al.，2008）。Yam Yafo 1 井和 Yam 2 井的 Zohar 组储层中已产出次商业价值的石油。地层厚 119～138m。

康尼亚克—三冬阶 Matulla 组：该组由生物礁碳酸盐岩组成，在西奈北部的 Sadot 气田是个次要的储集层，平均孔隙度和渗透率分别为 13%和 81mD。

白垩系储层：尼欧克姆亚统 Heletz 组由砂岩、页岩、石灰岩和白云岩组成，砂岩是以色列南部沿岸平原 Heletz-Brur 油田的重要储集岩。该组分为三段：上部砂岩段、中部砂岩段和下部砂岩段。下段与中段之间为碳酸盐岩-生物礁复合体。沙丘砂岩具有最好的储层物性，平均孔隙度为 24%，平均渗透率为 200mD。潮汐水道和潟湖相砂岩的平均孔隙度为 16%，渗透率为 50mD（Shenhav，1971）。

上巴雷姆阶—下阿普特阶 Telamim 组储层：该组由浅海相白云质石灰岩、鲕粒石灰岩或砂质石灰岩组成，底部含数层砂岩层，顶部为礁滩相石灰岩（Gilboa et al.，1990）。该组是 Kokhav 气田的次要储层。

阿普特阶 Burg El Arab 组 Alamien 和 Kharita 段储层：这套储集层由砂岩和碳酸盐岩组成，沉积于深水浊流和盆地扇环境，是 Mango 1 气田的储层。

赛诺曼阶 Negba 组：该组由白云岩、石灰岩和白垩岩组成，沉积环境为浅海陆架。这套储集层是 Beeri Sh-6 和 Nir Am 4 气田的次要储集层，孔隙度约为 20%。

中新统—上新统储层：中新统“Tamar 砂岩”是 Tamar 和 Dalit 气田储层单元的非正式命名，这些砂岩沉积于深海环境，很可能是浊积岩。在 Tamar 1 井，盐下的三套中新统储层的气层净厚度为 140m。

Mavqi'im 组 Shiqma 段（梅辛阶）储层：该段由河流相砂岩和砾岩组成，是 Shiqma 气田生物气的储集层。

上新统 Yafo 组：该组由页岩和泥灰岩组成，其下段的砂岩夹层（Noa 砂岩）是潜在的生物气储层，这些砂岩沉积于深水浊流环境。储层由粗粒的含壳类砂岩组成，是在动荡水体变浅环境下形成的不连续非均质透镜体沉积。一些砂岩可形成大规模的砂丘，厚度可达 250m。孔隙度为 20%～30%，渗透率为 1.3～10 000mD。

3）盖层

已经证实的盖层从侏罗系至上新统均有发育（图 4-36），局部的页岩和泥灰岩可以为侏罗系、白垩系、古近系和新近系的储层提供层内盖层。厚层的梅辛期蒸发岩为中新统储层提供了有效的区域性盖层（图 4-34），三叠系的蒸发岩也具有一定的封盖潜力。

侏罗系盖层：牛津阶 Kidod 组海相页岩封盖了下伏的 Zohar 组储层。在南部沿海平原，这套盖层的厚度从 15m 到 277m，由黑色的页岩组成，含少量的灰泥石灰岩和颗粒质石灰岩。

白垩系盖层：下白垩统 Gevar'am 组细粒深海泥页岩是 Heletz 组砂岩的侧向封堵盖层，厚度范围从 278m 到 1750m，延伸范围从陆上的 Heletz-Brur 气田到 Bat Yam 1 井区，在海上分布远至 Yam West 2 井。在 Heletz-Brur，Heletz 砂岩变薄至尖灭，从而形成岩性圈闭。Gevar'am 组的深海页岩亦可构成欧特里夫期—凡兰吟期 Heletz 组储集层的层内盖层。

第三系盖层：Saqiye 群内的白垩质泥灰岩和深海相页岩构成了半区域性盖层。上始新统和下中新统 Bet Guvrin 组白垩质泥灰岩为下中新统深水砂岩提供了顶部盖层和侧向盖层，这套盖层的厚度为 19～222m，分布在一个沿着海岸平原的构造带内，在海上的 Yam West 2 井也有分布。Yafo 组深海页岩是“Noa 砂岩”单元的有效盖层，厚度范围为 20～1740m，在 Kissufim 3 井到 Item 1 井的广阔构造带内延伸展布，海上的 Andromeda East 1 井也钻遇了这套盖层。梅辛阶蒸发岩是一套区域性顶部盖层，尽管蒸发岩盖层的有效性不容置疑，不过 Bertoni 和 Cartwright（2005）注意到黎凡特盆地内有盐溶构造的分布，这将影响到这套蒸发岩盖层对下伏储集层的封盖。

4）圈闭

黎凡特盆地的圈闭类型包括有构造圈闭、地层圈闭和复合圈闭，以构造圈闭为主。在盆地内 10 个已知成藏组合中，3 个为构造圈闭类型，油气储量为 $239\times10^6\,m^3$ 油当量，占盆地油气总储量的 67.04%；5 个为复合圈闭类型，油气储量为 $117\times10^6\,m^3$ 油当量，占盆地油气总储量的 32.94%；2 个为地层圈闭类型，油气储量为 $0.08\times10^6\,m^3$ 油当量，占盆地油气总储量的 0.02%。

5）油气生成和运移

下中生界烃源岩的生烃期尚未明确知晓（Gardosh et al.，2008），McQuilken（2001）（转引自 Gardosh et al.，2008）的热模拟表明下—中侏罗统烃源岩在陆上目前处于生油高峰，在海上处于生气窗内。中侏罗统 Barnea 组于晚渐新世进入生油窗，可能在整个中新世都有石油的生成。在 Heletz-Brur-Kokhav 地区，油气的初次运移阶段发生于晚中新世之前，二次运移则发生于晚中新世梅辛期。

陆上的下白垩统 Gevar'am 组烃源岩目前处于生油窗内，在海上这套烃源岩在更深的地区（>4km）进入了生油窗（Hirsch et al.，1995；Gardosh et al.，2002）。Amit（1978）认为 Gevar'am 组在晚白垩世开始生成石油。

Feinstein 等（1993）注意到 Yam 1 井和 Yam 2 井显示了天然气运移的分层性，气体组分随深度而发生变化，从浅层的干气变为深层的含凝析油湿气。

第三节　裂谷盆地

在中东地区，发育了 9 个裂谷盆地（图 4-1）。不同地区裂谷盆地发育的时代不同，阿曼盆地是一个前寒武纪—早寒武纪裂谷盆地、也门的裂谷盆地是中生代裂谷盆地，而红海盆地则为新生代裂谷盆地。在这9个裂谷盆地中，4个盆地——阿曼盆地、塞云-马西拉盆地、马里卜-夏布瓦盆地和红海盆地发现了商业油气田，它们的探明和控制油气储量仅占中东油气总储量的2.3%，是中东地区油气最不富集的盆地类型。

裂谷盆地内的油气分布不均衡，区域上，油气主要富集于阿曼盆地，分布于该盆地的油气储量占中东裂谷盆地油气总储量的80.5%。层系上，油气储于上元古界—第三系的多套储集层，不过油气主要富集于五套储集层：白垩系、侏罗系、上元古界—寒武系、石炭系—二叠系和奥陶系（图4-40）。

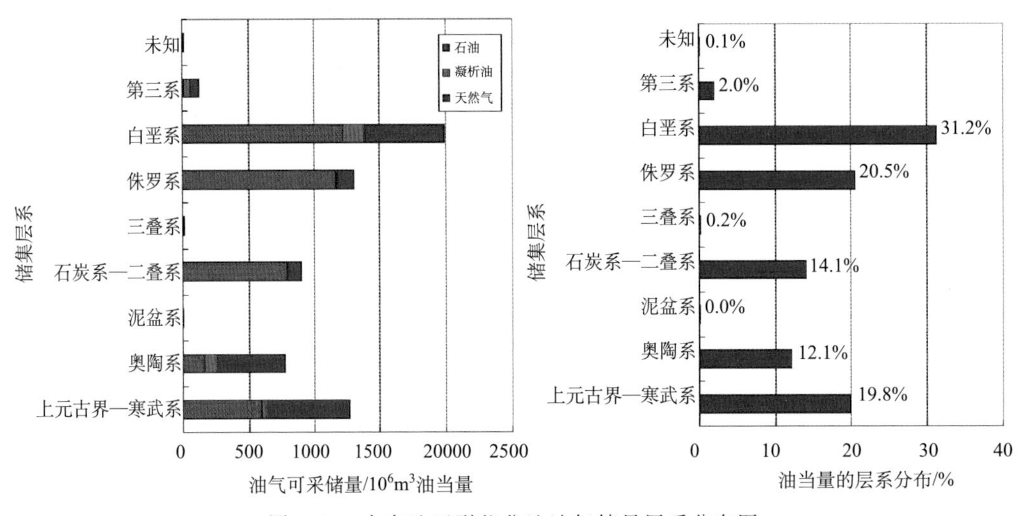

图4-40　中东地区裂谷盆地油气储量层系分布图

一、裂谷盆地基础地质特征

阿拉伯板块内的裂谷盆地主要发育于阿拉伯板块的南缘，阿曼盆地的形成起因于晚前寒武纪—早寒武世的Najd裂谷作用，也门的裂谷盆地与中生代印度洋的开启与演化有关，而红海盆地的形成则受控于阿拉伯盆地与非洲板块的分离。

与其他裂谷盆地类似，中东地区的裂谷盆地经历了裂前、同裂谷和裂后拗陷演化阶段。红海盆地是一个新近纪裂谷盆地，盆地尚未进入裂后拗陷阶段。在中东的裂谷盆地内，烃源岩发育于同裂谷期，而主力储集层则既可发育于同裂谷阶段，亦可发育于裂后拗陷。

二、裂谷盆地基本石油地质条件

与中东富油气的被动大陆边缘盆地相比，裂谷盆地的石油地质条件要逊色得多，具体表现在裂谷盆地的规模普遍小于被动陆缘盆地，成熟烃源岩的时空分布亦不及被动陆缘盆地分布得那样广。但是中东裂谷盆地也发育了良好的石油地质条件，特别是阿曼盆地。截至2010年10月，中东的裂谷盆地内已找到445个油气田，探明和控制石油储量 $3150\times10^6 m^3$，天然气探明和控制储量 $24\ 055\times10^8 m^3$，折合成油当量为 $5401\times10^6 m^3$。

（一）烃源岩

中东裂谷盆地主要发育同裂谷期烃源岩，因同裂谷期的时代不同，因此不同裂谷盆地的主力烃源岩不尽相同，阿曼盆地、也门裂谷盆地和红海盆地主力烃源岩层系分别为前寒武系—下寒武统、上侏罗统和中新统。此外，在阿曼盆地，还发育裂后拗陷期志留系烃源岩以及被动陆缘期白垩系烃源岩。

（二）储集层

中东裂谷盆地的油气分布于上元古界—第三系的多套储集层，统计分析表明油气主要富集于白垩系、侏罗系、上元古界—寒武系、石炭系—二叠系和奥陶系五套储集层，这五套层系储集的油气储量分别占裂谷盆地油气总储量的31.2%、20.5%、19.8%、14.1%和12.1%（图4-40）。不同裂谷盆地的主力储集层有所不同，红海盆地的油气全部储于中新统，塞云-马西拉盆地的油气主要储于白垩系，马里卜-夏布瓦盆地的油气主要储于侏罗系，而阿曼盆地的油气则主要储于白垩系和古生界。此外，不同盆地储集层的岩性亦不相同，阿曼盆地油气储量的51.0%储于碳酸盐岩储集层，其余的49.0%储于以砂岩为主的碎屑岩储集层。也门裂谷盆地93.9%的油气储量主要储于碎屑岩储集层、3.1%储于基底花岗岩储集层、3.0%储集于碳酸盐岩储集层。在红海盆地，油气全部储集于砂岩储集层。储集层的沉积和物性特征将在相关章节详述。

（三）盖层和圈闭

与中东被动陆缘盆地类似，裂谷盆地的盖层包括两类优质盖层：蒸发岩盖层和非蒸发岩盖层，但蒸发岩盖层分布的层系不尽相同，在阿曼盆地分布于前寒武系—下寒武统侯格夫群，在也门的马里卜-夏布瓦盆地分布于上侏罗统，在红海盆地分布于中新统，而塞云-马西拉盆地则不发育蒸发岩盖层。非蒸发岩包括泥、页岩和致密碳酸盐岩。

中东裂谷盆地的油气圈闭类型包括构造圈闭、地层-构造复合圈闭和地层圈闭，但以构造圈闭为主，主要发育由于盐流动形成的背斜构造圈闭、断背斜圈闭和断块圈闭。被动陆缘盆地内已发现油气储量的78.1%分布于背斜圈闭、21.5%分布于构造-地层复合圈闭、0.4%分布于地层圈闭。

三、裂谷缘盆地各论

（一）马里卜-夏布瓦盆地

1. 盆地基础地质特征

马里卜-夏布瓦盆地地处阿拉伯板块南部，位于也门西部（图1-3），为一个NW—SE向条带状的不对称盆地（图4-41）。盆地的西南、南部和北部出露前寒武系基岩，西北部是侏罗系地层出露区，东部为白垩系地层或基底的出露区。盆地为晚侏罗世裂陷盆地，其周围被断裂系统限定，以裂谷构造为主，构造走向多为北西向。盆地自西北到东南划分为马里卜（Marib-Al Jawf）、夏布瓦（Shabwa）和哈杰尔（Hajar）三个次级构造单元（次盆），盆地总面积约 $5.2\times10^4km^2$。盆地基底为前寒武花岗岩，沉积盖层为奥陶系—泥盆系、石炭系—二叠系、侏罗系—白垩系、新近系等地层，其中以侏罗系—白垩系地层厚度最大，油气主要分布于侏罗系、基底地层中。侏罗系发育一套底部冲积-河流相、向上为滨海-浅海、局限海、浅海相等沉积地层。

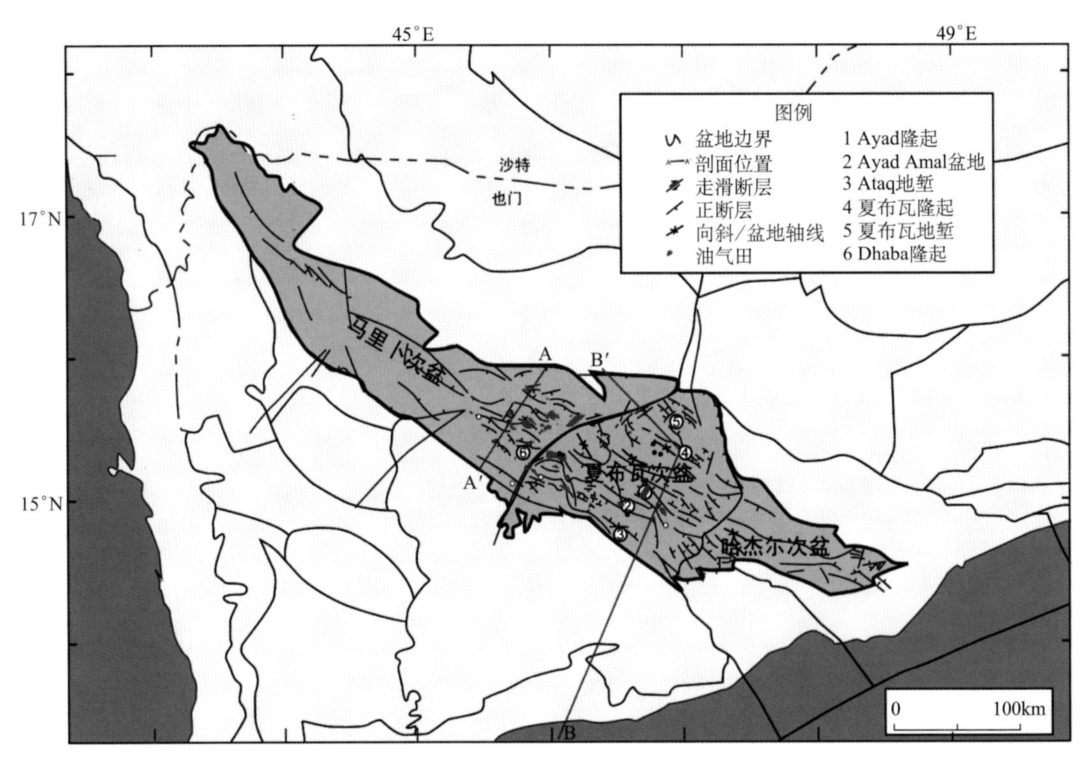

图 4-41　马里卜-夏布瓦盆地构造纲要与油气田分布图（据 IHS，2010；有修改）
A-A′和 B-B′为剖面位置

盆地形成于晚侏罗世裂谷时期，是印度板块与阿拉伯-非洲板块分离的结果。盆地沉积和构造演化明显地分为裂前、同裂谷和裂后（拗陷）三个阶段。这些演化阶段对盆地内的构造形成具有促进作用，形成的一些构造包括隆起和拗陷、地堑、半地堑、地垒、局部断层、转换断层以及背斜等（图 4-42，图 4-43），在盆地中盐底辟构造也较为常见，如盐枕、盐岩隆起等，这些构造对上覆的沉积盖层具有较为强烈的影响。

晚古生代—中侏罗世裂前构造-沉积演化阶段：该时期造山运动范围广，造成地台隆起，并伴随有间歇性沉降，在晚侏罗世牛津期，随着主构造隆起的变形和复活，造山运动结束，沉积地层发生剥蚀。盆地该时期以间歇性隆升、沉降为特征，盆地内局部沉积河流-三角洲、冰川成因的沉积物。晚二叠世和三叠纪隆升，随后发生海侵，盆地再次沉积河流-浅海相地层，随着海侵的进一步扩大，盆地发展为广泛的浅海碳酸盐岩沉积。

晚侏罗世—早白垩世同裂谷构造-沉积演化阶段：晚侏罗世，随着冈瓦纳古陆的破裂和印度/马达加斯加板块从非洲板块/阿拉伯板块的分离，所产生的构造应力使得先期存在的北西—南东向纳吉得断裂系发生复活，该作用在也门产生了一系列的裂谷盆地，在前裂谷期形成的碳酸盐地台发生破裂，形成一系列的转换盆地和隆起区。

在马里卜-夏布瓦盆地中，断裂作用在早基末利期开始，朝着东南方向传播，依次从马里卜次盆到夏布瓦次盆，最后到达哈杰尔次盆。在基末利期盆地发生最大规模的沉降，之后在提塘期和贝利阿斯期沉降有所减弱，并且盆地的沉降具有一定的间歇性，主要是受岩浆侵入和剥蚀作用的影响。这些构造运动在不同时期对盆地的不同地区影响也各不相同，最终形成一些次盆、半地堑和地垒。

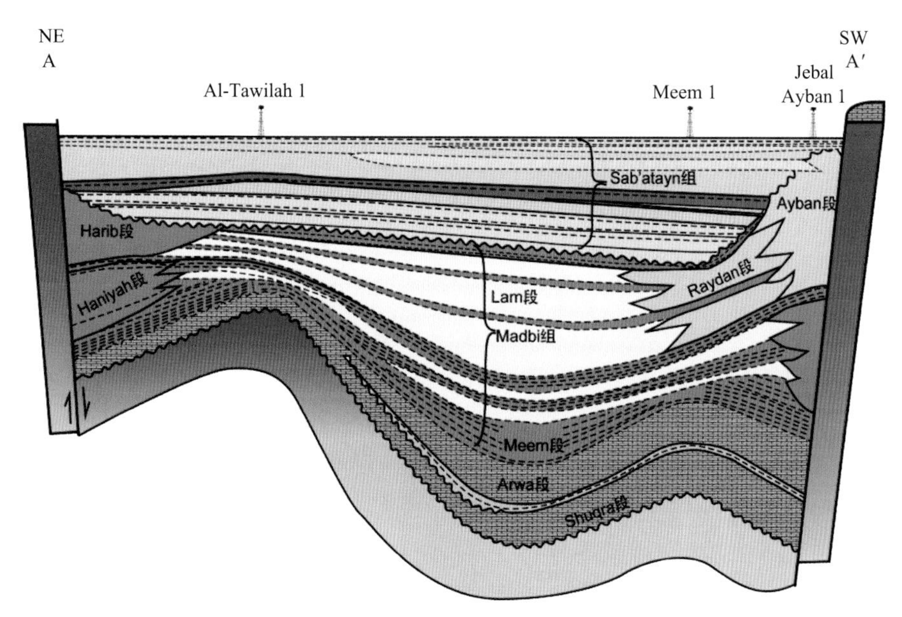

图 4-42 马里卜-夏布瓦盆地马里卜次盆区域横剖面图（据 IHS，2010；有修改）
剖面位置见图 4-40

盆地发育的主构造是 Najd 裂谷控制的北西—南东向构造，夏布瓦次盆主要是断控边界，由对称的半地堑所组成，主沉降中心位于盆地边界断层的上升盘附近，而次沉降中心位于 Ayad 隆起的翼部。哈杰尔次盆的东北部边界是盆地的一条主边界断层，西南部边界为 Aswad 高地，该高地是 Ayad 隆起向东南部的延伸。马里卜次盆的断裂形态与夏布瓦次盆和哈杰尔次盆的有所不同，由一系列雁列式的半地堑组成，该裂谷也很狭小。

该盆地裂陷作用发生时期不尽相同，首先是马里卜次盆先裂陷，然后是其东南方向的夏布瓦次盆，最后是哈杰尔地区。最大沉降发生于基末利期，但是在随后的提塘期内沉降速率减小并持续至贝利阿斯期。裂陷初期，盆地快速沉降，在边缘沉积了河流-冲积扇，随着盆地水体的不断加深，盆地沉积演化为半局限海沉积体系。在提塘阶沉积时

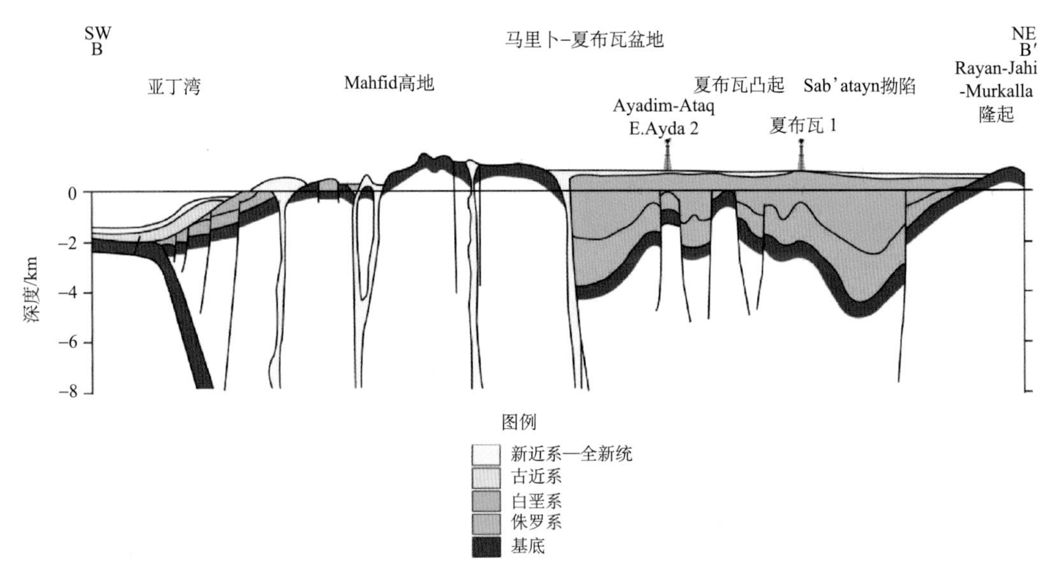

图 4-43　马里卜-夏布瓦盆地夏布瓦次盆区域横剖面图（据 IHS，2010；有修改）

剖面位置见图 4-40

期，裂陷沉降显著降低，导致了粗粒沉积物减少。包括河流三角洲-局限-半局限海沉积环境，其间发育蒸发盐岩。晚提塘期，海侵或边缘障壁的剥蚀使得盆地局部地区出现开阔海碳酸盐岩沉积。

晚侏罗世早基末利期—早提塘期是盆地最大裂谷沉积时期，该时期沉积了迈德比（Madbi）组地层（图 4-44），盆地周缘物源发育，但以西北方向的物源为主，海相沉积范围快速扩大，发育辫状河-河流三角洲-浅海-深海相沉积体系。中晚提塘期，盆地发生海退沉积，沉积 Sab'atayn 组地层，该组为粗粒碎屑岩相对较少的一套地层，总体上发育辫状河-河流三角洲-局限滨浅海相沉积体系，膏盐岩地层发育。盆地主要勘探层系为该组 Alif 段，其主要沉积物源仍为盆地的西北部，向东南方向发展为浅海陆源-局限海蒸发盐岩沉积环境。

早白垩世至今裂后构造-沉积演化阶段：开阔浅海-深海沉积持续至早白垩世热沉降开始之时，至欧特里夫期，盆地北部重新发育河流碎屑岩沉积，自东向西的海侵导致夏布瓦次盆和哈杰尔次盆中发生了碳酸盐岩沉积，但是最终被北部碎屑岩进积所取代，盆地广泛发育河流-湖相沉积，至马斯特里赫特期盆地沉积停止。

盆地第三纪的构造活动主要表现为隆升，主要诱因为亚丁湾和红海的断裂作用，古新世—早始新世期间，马里卜-夏布瓦盆地发生隆起抬升，到晚始新世，隆起抬升的范围进一步扩大。晚始新世—早渐新世，亚丁湾开始发生活跃的裂谷作用。红海边界的热隆升发生于晚渐新世—早中新世（Seabourne，1996），裂谷作用发生于中新世，海底扩张则始于上新世。

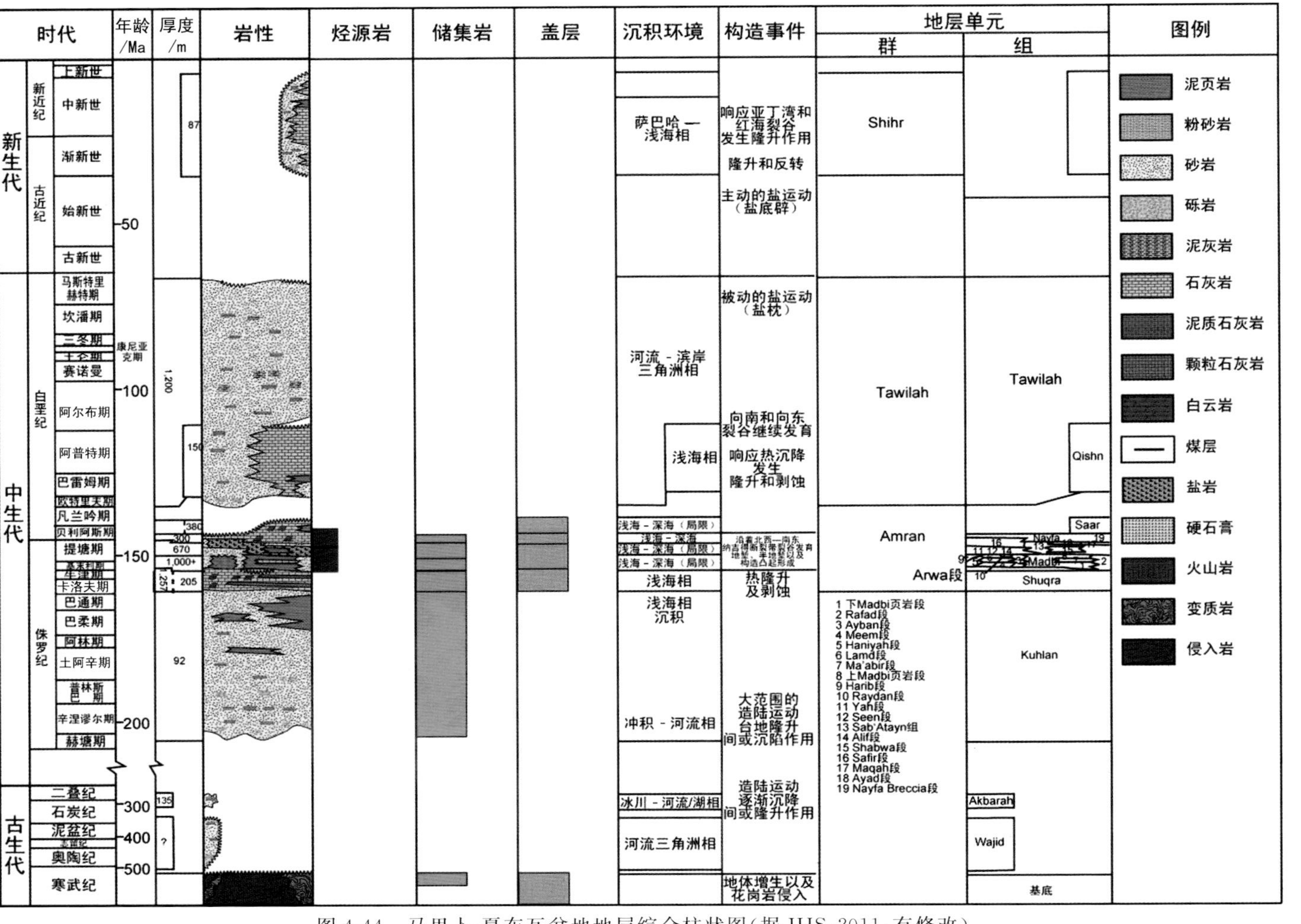

图 4-44　马里卜-夏布瓦盆地地层综合柱状图(据 IHS,2011;有修改)

2. 盆地石油地质条件

马里卜-夏布瓦盆地是也门油气最富集的地区，油气勘探始于20世纪80年代，截至2010年8月，已采集地震测线4.04×10^{4}km，钻预探井206口，其他探井107口。发现油气田53个，探明和控制石油储量$2.94\times10^{8}m^{3}$，天然气储量$4045\times10^{8}m^{3}$，合计为$6.72\times10^{8}m^{3}$油当量。就已发现的油气储量而言，该盆地在中东4个含油气裂谷盆地中位居第2位，仅次于阿曼盆地（表4-2）。

1）烃源岩层

马里卜-夏布瓦盆地发育两套主要烃源岩（图4-44），一套是盐下生油岩层，包括上侏罗统的迈德比（Madbi）组内的米姆（Meem）段和拉姆（Lam）段，这套生油岩形成于不断变浅的浅海环境中，其成熟度较高。另一套是盐上生油岩层，包括上侏罗统—下白垩统的内法（Naifa）组和萨尔（Saar）组，这套生油岩形成于潮间、潟湖和浅海环境，成熟度较低。

盆地南部（夏布瓦次盆中东部与哈杰尔次盆）的烃源岩为中下迈德比页岩段。是同生裂谷最大海侵时期沉积的深海相含沥青页岩与泥岩。Madbi组泥岩、页岩有机质干酪根类型均为Ⅰ、Ⅱ型，TOC平均值为0.6%～0.8%，R_o为0.4%～0.8%。

烃源岩在早白垩世的阿普特期开始进入成熟，在渐新世中期进入生烃高峰。随后隆升烃源岩生烃停止，目前已进入生油的埋藏深度为1300～3380m。米姆段烃源岩已进入高熟-过熟的生气阶段。拉姆段烃源岩进入成熟大量生烃阶段。决定盆地油气藏的油气性质表现为成熟-高熟的油藏、油气藏与气藏。

2）储集层

盆地已证实的油气储层为寒武系—下白垩统，岩性为碎屑岩、碳酸盐岩、火成岩，尽管受到成岩作用（如白云岩化）和构造作用（裂缝）的影响，次生孔隙对改善这些层段的储集性能仍是必要的。裂缝型火成岩储层主要为前寒武系基底。

勘探结果表明，盆地主要勘探目的层为Sab'atayn组Alif段砂岩和迈德比组砂岩，两个产层的储量分别占盆地油气总可采储量的93.36%和2.83%（图4-45）。按储集层储集的油气储量多少，盆地内的储集层特征概述如下。

Sab'atayn组Alif段储集层：储层主要为河流-三角洲-浅海相沉积体系，主要发育于马里卜次盆和夏布瓦次盆。Alif段砂岩储层平均孔隙度18%～21%，平均渗透率主要介于100～500mD。

迈德比组储集层：储层为该组的Lam段砂岩、灰岩与白云岩。最大的储层毛厚度主要介于30～91m，最大储层净厚度达5～14m，储层的平均孔隙度为10%左右。

Nayfa组油储集层：储层为孔隙型、溶洞型与裂缝型白云质灰岩，孔隙度6%～15%，平均孔隙度10%，白云岩化作用改善了灰岩储层储集性能，此外，白云岩也被证实为有效的储层。最大的储层毛厚度介于30～60m，最大的储层净厚度达5～10m。

Shuqra组储集层：储层为石灰岩，储层储集性能由于广泛的钙质胶结作用而变差，储层好坏取决于岩相与裂缝的改造，好的储层为发育于滨岸的颗粒石灰岩与鲕粒石灰岩。主要储层为多孔隙和裂缝白云质石灰岩，孔隙度为2%～18%。最大储层毛厚度介

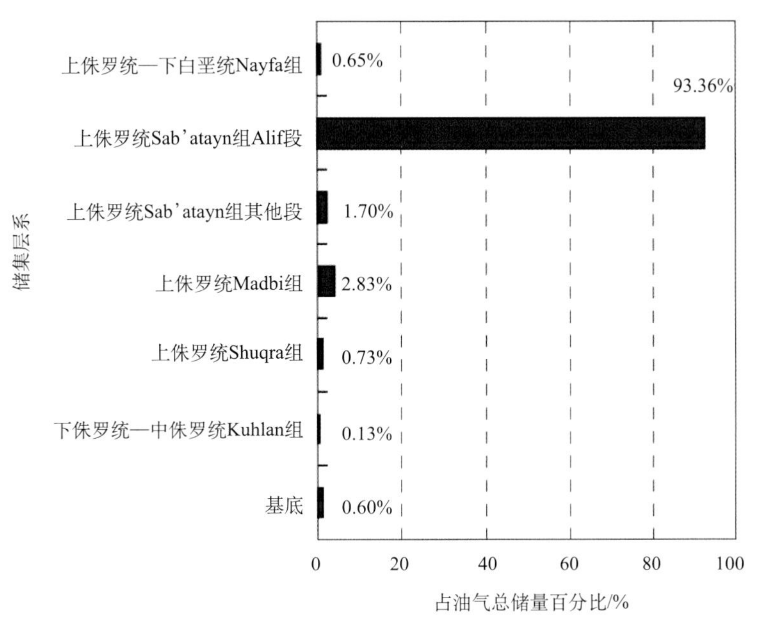

图 4-45　马里卜-夏布瓦盆地油气储量层系分布图

于 305～488m，最大的储层净厚度为 6～20m。

基岩储集层：主要由基底花岗岩组成，基底花岗岩的初始孔隙度和渗透率很低，但受构造裂缝等作用改造，储集物性有所提高，花岗岩储层的最大毛厚度为 50m，孔隙度平均为 1%左右。

3）盖层

盆地油气封盖层由区域、局部、层内盖层组成。已证实的封盖层为寒武系—白垩系的蒸发岩、泥岩、碳酸盐岩。主要的区域性盖层为 Sab'atayn 组的膏盐岩。Sab'atayn 组膏盐层是马里卜和夏布瓦次盆油气藏的盖层。野外露头可见到 30m 厚的膏盐层，在 Amal 油气田膏盐的厚度可高达 1500m。此外，盖层还有 Shuqra 组、Madbi 组、Safer 组、Saar 组、Naifa 组和 Qishn 组。

4）圈闭特征

盆地内构造圈闭主要为与地堑、半地堑、断垒、区域断裂、转换断裂等有关的背斜、断背斜、盐底辟圈闭等（图 4-46）。构造圈闭主要是下基末利期—下贝利阿斯期裂谷沉积时期形成的，包括断块和在构造高部位上的挤压背斜，裂缝型油气藏圈闭也是这个时期形成的。盆地东部和南部与裂谷相关的构造运动对圈闭进一步改造，改造的主要时期为第三纪，圈闭改造主要表现在形成新的断层及早期断层的重新活动，它们使得构造得到了加强或圈闭倒转受到破坏。据统计，盆地内已发现油气储量的 70.9%分布于构造圈闭，其余的 29.1%分布于地层-构造复合圈闭。

5）油气生成与运移

迈德比组 Meem 段烃源岩于 120Ma（阿普特期）时开始生烃，盆地深部天然气生成开始于 80Ma（坎潘期）。在 30Ma 左右（早渐新世），由于受亚丁湾裂谷形成的影响，

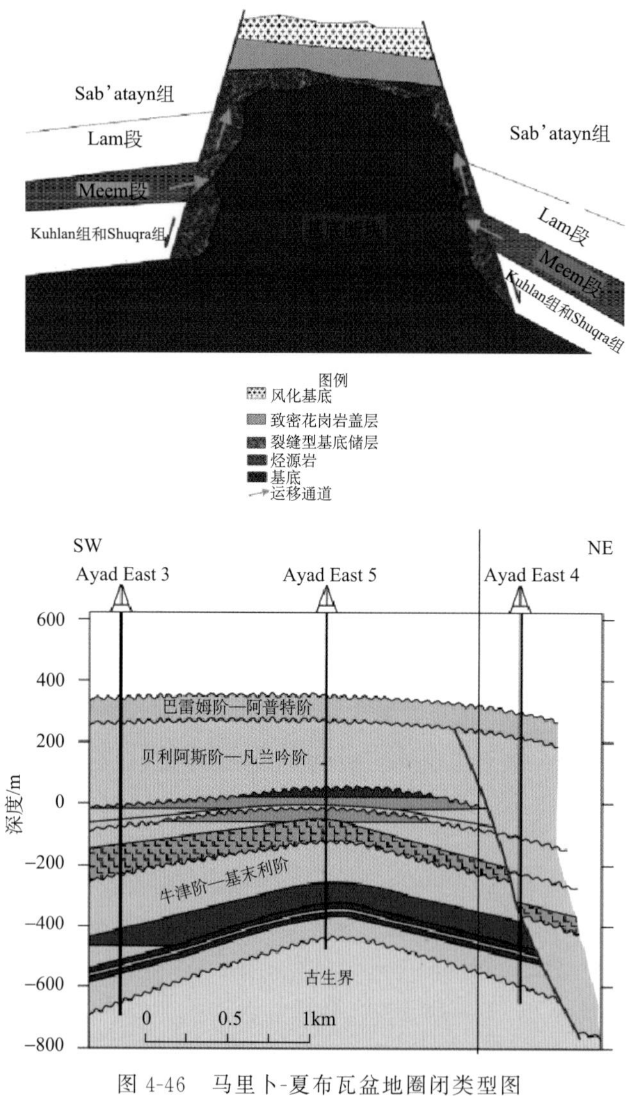

图 4-46 马里卜-夏布瓦盆地圈闭类型图

盆地首先在南部隆升，烃源岩停止生烃，但是油开始裂解成天然气。上覆提塘期 Lam 烃源岩于大约 90Ma 开始生烃，在 25～30Ma 停止生烃。

油气排出运移开始于晚白垩世，但主排烃运移期为新近纪。Nani（2004）和 Sturgess 等（1995）认为，Meem 段烃源岩排烃运移开始于 70～80Ma（赛诺亚世），排油高峰在 30Ma（早渐新世），这是与亚丁海湾裂谷重建形成区域高热流值有关，排气开始于 50Ma 时期。Lam 段烃源岩石油排烃运移开始于 50Ma 左右，高峰期在 30Ma 左右。石油裂解发生于 30Ma，并迅速排出运移。

油气运移方式主要为垂向运移，运移距离短。裂谷期形成的拉张断层与微裂缝体系是油气运移的通道，裂陷也使得烃源岩深陷并与基底或前裂谷地层单元直接接触，使得油气能够沿着断层向这些地层运移聚集。由于第三纪的高热流值、构造隆升与反转，源于迈德比组的油气开始发生二次运移。

油气侧向运移并不重要，但是，碎屑岩输导层可以使油气易于从烃源岩到断层体系运移和从断层体系到圈闭运移。Sab'atayn 组厚层盐岩起着有效的封盖作用，阻止着油气进一步运移散失。但是第三纪隆升、断裂重新活动、反转也可能导致一些圈闭遭到破坏，出现第三次油气运移，盆地内地表的石油泄露表明，早期聚集的烃类沿着裂缝带和断裂以及沿着盐壁发生了再次运移。

（二）塞云-马西拉盆地

1. 盆地基础地质特征

塞云-马西拉盆地位于阿拉伯板块南部裂谷拉张区内，为也门境内的一个以白垩系—上侏罗统沉积为主的双断式中—新生代裂谷盆地。盆地四周以控边正断层为界，北部为北海卓芒特（Hadhramout）隆起，南部为南海卓芒特隆起，西部和东部分别以穆卡拉隆起和 Ras Fartaq 隆起与马里卜-夏布瓦盆地和吉萨-卡马尔盆地相邻，面积约 $5.4\times10^4 km^2$。盆地实际上由锡尔、塞云和马西拉（Masia）三个次盆组成，塞云和马西拉次盆是盆地的主体，整体构造走向呈北西向（图 4-47），锡尔次盆位于塞云次盆的北部，呈南北向。

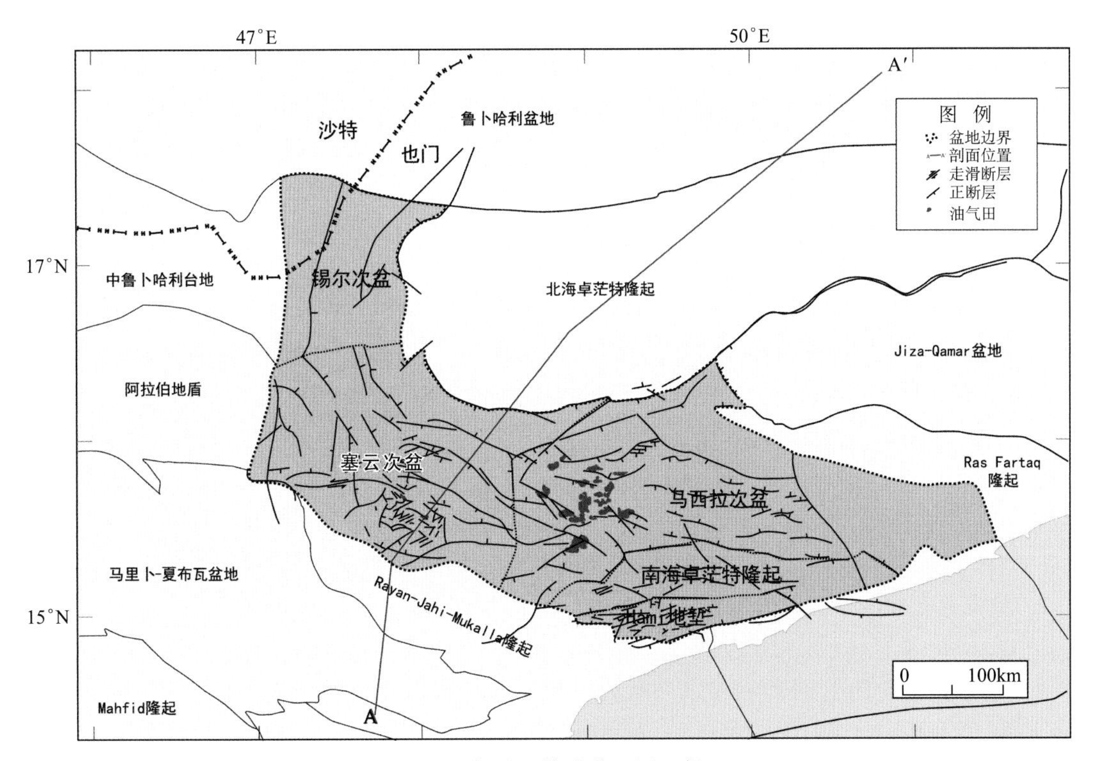

图 4-47　塞云-马西拉盆地构造分区图（据 IHS，2010）

塞云-马西拉盆地是中晚侏罗世在NE—SW拉张应力下发育起来的裂谷盆地(图4-48),盆地经历了寒武纪—晚侏罗世裂前、早基末利期—早阿普特期同裂谷和晚阿普特—始新世裂后三大阶段。晚古近纪发生构造反转，新近纪以来整体抬升剥蚀。构造-沉积演化特征与相邻的马里卜-夏布瓦盆地类似，不过该盆地在晚侏罗世末发育蒸发岩沉积（图4-49)。

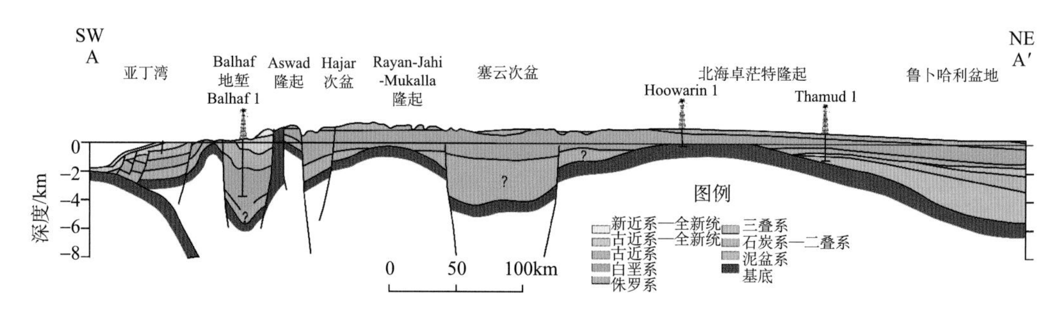

图4-48 锡尔-塞云-马西拉盆地横剖面图（据Taheri et al.，1992)

2. 盆地石油地质条件

塞云-马西拉盆地的油气勘探始于20世纪80年代中后期，截至2010年8月，已采集地震测线1.73×10^4km，钻预探井139口，其他探井134口。发现油气田54个，探明和控制石油储量$2.47\times10^8 m^3$，天然气储量$60\times10^8 m^3$，合计为$2.53\times10^8 m^3$油当量。油气主要分布在马西拉次盆，其次为塞云次盆，锡尔次盆目前尚没有油气发现。就已发现的油气储量而言，该盆地在中东4个裂谷含油气盆地中位居第3位，仅强于红海盆地（表4-2)。

1）烃源岩层

同裂谷期Madbi组页岩是盆地的主要烃源岩（图4-49)，干酪根类型以Ⅰ-Ⅱ型为主。TOC介于1%～10%，氢指数可高达700mgHC/g，厚度分布与沉积沉降中心一致，在凹陷中心厚度达600m以上。盆地现今地温梯度分布具有西低东高的规律，东部地温梯度普遍在2.4～3.0℃/100m，中部和西部普遍在2.4℃/100m以下。平面上Madbi组页岩现今成熟度在次盆深部位已处于生气阶段外，而在其他部位则已进入生油阶段。

2）储集层

塞云-马西拉盆地的油气储于八套储集层，分别是基底裂缝型-风化壳型花岗岩储层、侏罗系Kuhlan组砂岩储层、卡洛夫阶—牛津阶Shuqra组碳酸盐岩储层、上侏罗统Madbi组砂岩储层、上提塘阶—下贝利阿斯阶Nayfa组碳酸盐岩储层、中贝利阿斯阶—下凡兰吟阶Saar组砂岩和碳酸盐岩储层、贝利阿斯阶—中阿普特阶Qishn组碎屑岩段储层和下阿尔布阶—中赛诺曼阶哈施亚特（Harshiyat）组砂岩储层。其中，Qishn组碎屑岩段是盆地内最重要的储集层，其油气储量占盆地油气总储量的89.6%，其他较重要的储集层包括基底储集层、Saar组、Shuqra组和Kuhlan组（图4-49)。

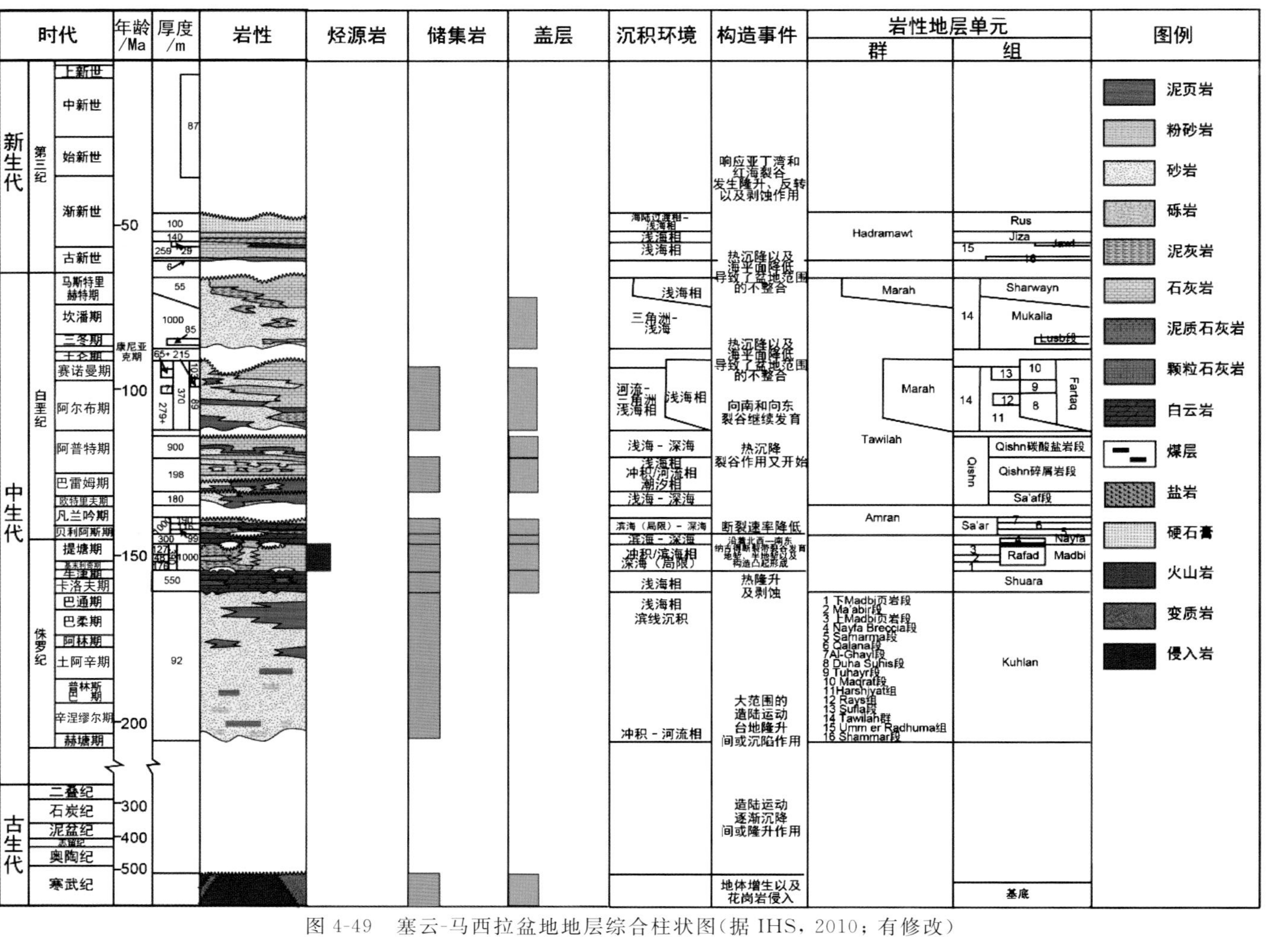

图 4-49 塞云-马西拉盆地地层综合柱状图（据 IHS，2010；有修改）

Qishn 组碎屑岩段：Qishn 组碎屑岩段厚 70～400m，沉积环境为三角洲前缘分支河道和滨岸相，储层埋深 893～2590m，平均孔隙度 16%～24%，平均渗透率 500～1400mD。Qishn 组河道砂厚度大，净厚度达 100m，砂质纯净，渗透性好。

基底储集层：目前盆地完钻钻井资料揭示，基底以花岗岩为主，构造裂缝的发育导致花岗岩可以构成有效的储集层。由于基质孔隙度很低，花岗岩储集层的平均孔隙度约为 1%，不过裂缝的发育使得最大渗透率可达 700mD。

Saar 组储集层：储层包括上部滨岸-浅湾的碎屑岩，低能环境的陆架白云岩化灰岩及下部浅海碳酸岩。浅海碳酸岩孔隙主要是在地表暴露和白云岩化作用下形成的次生孔隙和裂缝组成。Sarr 组储层埋深 1066～2286m，平均孔隙度 15%～17%，平均渗透率 41～1200mD。

Shuqra 组储集层：储层为一套浅海相碳酸盐岩，该组是两个油田的储集层。储集层的质量受沉积相的控制，多孔的白云质生物礁石灰岩的孔隙度介于 2%～18%。

Kuhlan 组储集层：该组是为数不多的几个油田的储集层，该组不整合于基底之上，沉积于冲积扇、河流、滨岸和浅海环境，主要由中-粗粒长石砂岩组成，夹砾岩、粉砂岩、页岩和泥灰岩。构造裂缝作用改善了储集层质量，孔隙度可达 16%，渗透率可达 540mD。

3）盖层

Qishn 组顶部浅海相致密碳酸盐岩储层是盆地的区域盖层，与下覆的 Qishn 组碎屑岩储层构成盆地最重要储盖组合。此外，层内盖层或局部盖层还发育于 Sar 组、Madbi 组和 Shuqra 组（图 3-44）。

4）圈闭

塞云-马西拉盆地的圈闭类型以构造圈闭占绝对优势，盆地内已发现油气储量的 99.4%分布于构造圈闭，其余的 0.6%分布于复合圈闭。

5）油气生成与运移

同裂谷期盆地构造运动强烈，断裂与掀斜作用明显，地堑发育，在多个局部次凹内沉积了厚度不等的以海相泥页岩为主的中—晚侏罗系生油岩，形成盆地内多个生烃灶。盆地进入裂后期（白垩纪）后，构造运动的强度也逐渐由强到弱。除盆地边界断层持续活动使盆地持续下沉接受沉积外，大部分的断层逐渐停止了活动，盆地内只有少数的早期断层在活动，但活动的强度和规模明显减弱，对地层与构造的控制作用微弱或不起控制作用。到早白垩世末期，主要目的层圈闭已经形成，埋藏较深的迈德比烃源岩开始生油，至白垩纪末期，盆地内开始了大规模的油气生成和运移，油气沿断层和不整合面及储集层输导层做垂向和侧向运移，并在先前已经形成的圈闭中聚集和富集。

（三）红海盆地

1. 盆地基础地质特征

红海盆地介于非洲东北部和阿拉伯半岛前寒武纪基底露头之间（图 4-50），包括红海海上区域和沿岸平原，盆地长 1600km（北北西向）、宽 200～360km，总面积约

$46.8\times10^4km^2$，其中陆上面积 $9.9\times10^4km^2$，海上面积 $36.9\times10^4km^2$。红海北部可分成两部分：西北部为水浅的苏伊士海湾，东北部为亚喀巴湾，水深达1676m，盆地北部边界以亚喀巴和苏伊士海湾为标志（北纬36°，东经34°），南部界线是巴布曼达布海峡（北纬13°，东经43°）。红海轴海槽一般深1000m，局部地区极深，中央轴沟水深超过2000m，南部大部分被洋壳覆盖，盆地的非海相分支，从Zula湾延伸到Danakil凹陷，通过Afar火山岩区，把红海与埃塞俄比亚裂谷连接起来。

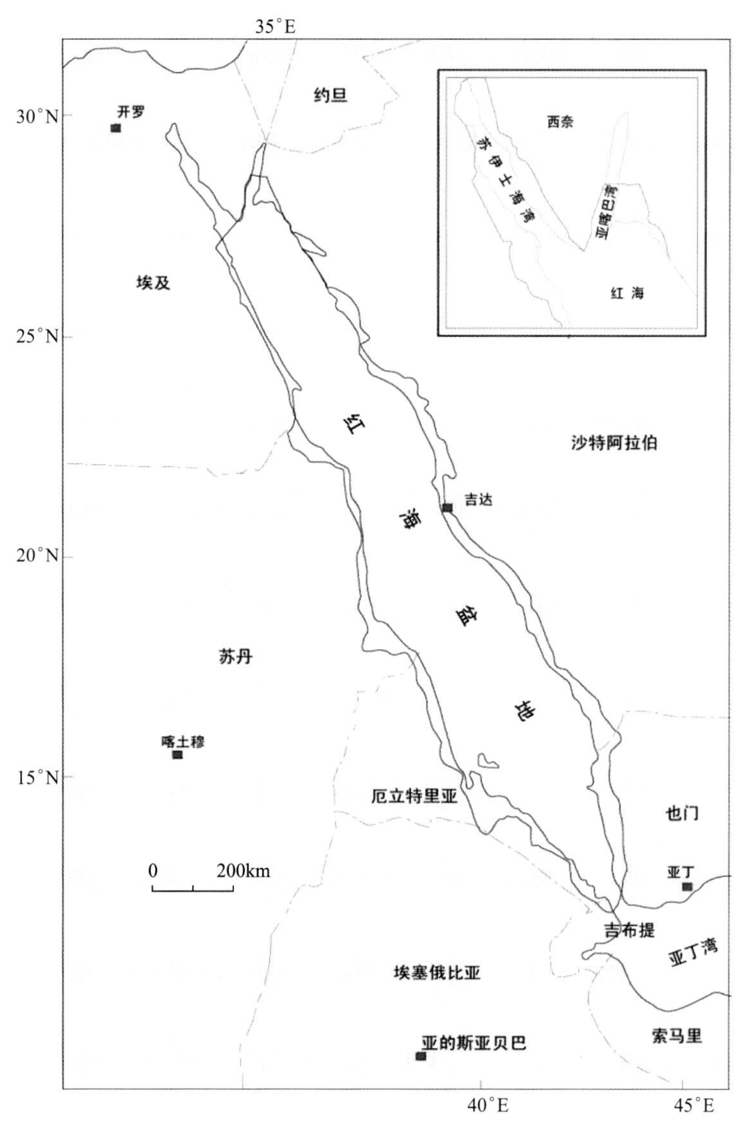

图4-50　红海盆地地理位置图（据IHS，2010）

红海盆地经历了三个构造-沉积演化阶段：晚始新世—渐新世裂前阶段、渐新世—中新世同裂谷阶段和上新世至今裂后（漂移）阶段。

晚始新世—渐新世裂前阶段：红海盆地的形成源于阿拉伯板块与非洲板块的分离，

经历了中生代克拉通边缘沉降之后，在裂陷作用之前的晚始新世，地壳发生了隆升，结果导致地壳的扩张以及随后的地壳减薄。裂前层系在红海盆地北部和南部的边缘沉积盆地发育。

红海最北部的裂前层系厚度不大，也没有完全保存（图 4-51）。红海北部晚白垩世的海侵形成了海绿石粗砂岩、浅海相白云化石灰岩和未发生白云化的石灰岩。由于剥蚀，这些地层在红海南部不存在。在红海南部，基底直接被早—中侏罗纪海侵的海相地层所超覆，碳酸盐岩和页岩上覆于基底砂岩之上（图 4-51）。

渐新世—中新世同裂谷阶段：红海盆地的主要裂陷作用发生于晚渐新世—中新世期间，伴随有断裂、掀斜等构造作用和岩浆不断侵入的火山作用，使裂谷扩宽。到晚渐新世—早中新世，红海盆地已经变为主要以沉降和扩张为主的大陆裂谷盆地。早—中新世蒸发岩沉积期是盆地的主要沉降时期，中新世末期大规模盐岩向东北方向流动，形成了盐岩隆起之上的沿岸盆地和背斜。

同裂谷层系不整合超覆于裂前层系之上，由下蒸发岩群和主蒸发岩群组成。下蒸发岩群由砂岩、页岩、泥灰岩和碳酸盐岩组成，时代为早中新世到中中新世。在厄立特里亚，早—中中新世的 Habab 组的顶部附近有强烈的地震反射，是 Amber 盐的底部（图 4-52）。Habab 组是一套厚度未知的砂-泥岩地层（在 Thio 1 井，最大钻穿总深度为 3119m），底部是三角洲沉积，顶部是海相沉积。主蒸发岩群由硬石膏和含有一些边缘碎屑岩的盐岩组成，盆地的主要沉降发生于蒸发岩（2～3km 厚）沉积期。

上新世至今裂后（漂移）阶段：上新世至今期间，红海盆地主要以陆块的分离和轴槽地区洋壳的形成为标志。洋壳的形成伴随着晚中新世—第四纪重要沉降和盆地边缘的主要隆升，形成披覆在倾斜断块之上的背斜和盐相关构造。

在红海南部，裂后阶段以晚中新世陆块间的分离为标志，在盆地中央地区以洋壳的产生为标志，晚中新世—第四纪盆地也发生重要的沉降。在红海北部，蒸发盐群之上由晚中新世碎屑岩和其下的局部蒸发岩组成，随后沉积上新世海相砂岩和页岩，含有礁灰岩夹层。

2. 盆地石油地质条件

盆地的油气勘探始于 20 世纪 50 年代后期，截至 2010 年 8 月，已采集地震测线 8.27×10^4km，钻预探井 78 口，其他探井 16 口。发现油气田 9 个，探明和控制石油储量 0.54×10^8m^3，天然气储量 780×10^8m^3，合计为 1.27×10^8m^{3}油当量，是中东 4 个裂谷含油气盆地中发现油气储量最少的盆地（表 4-2）。

1）烃源岩

在红海北部，油源对比表明 Burqan 油田的油气可能来源于 Maqna 群和 Burqan 组（图 4-51）。Maqna 群不同质量的薄页岩和碳酸盐岩的净厚度可能为 20～30m，属于混合型和倾生油型烃源岩。红海北部 Maqna 群烃源岩的 TOC 平均值为 1.71%(0.03%～14%)。Burqan 组包含富有机质页岩，其厚度超过 100m，有机质丰度中等至好，属于混合型和倾生气型烃源岩。Burqan 组的 TOC 平均值为 1.29%（0.12%～4.73%）。此外，上白垩统—古新统的沥青质泥灰岩具有生烃潜力，是潜在的烃源岩。

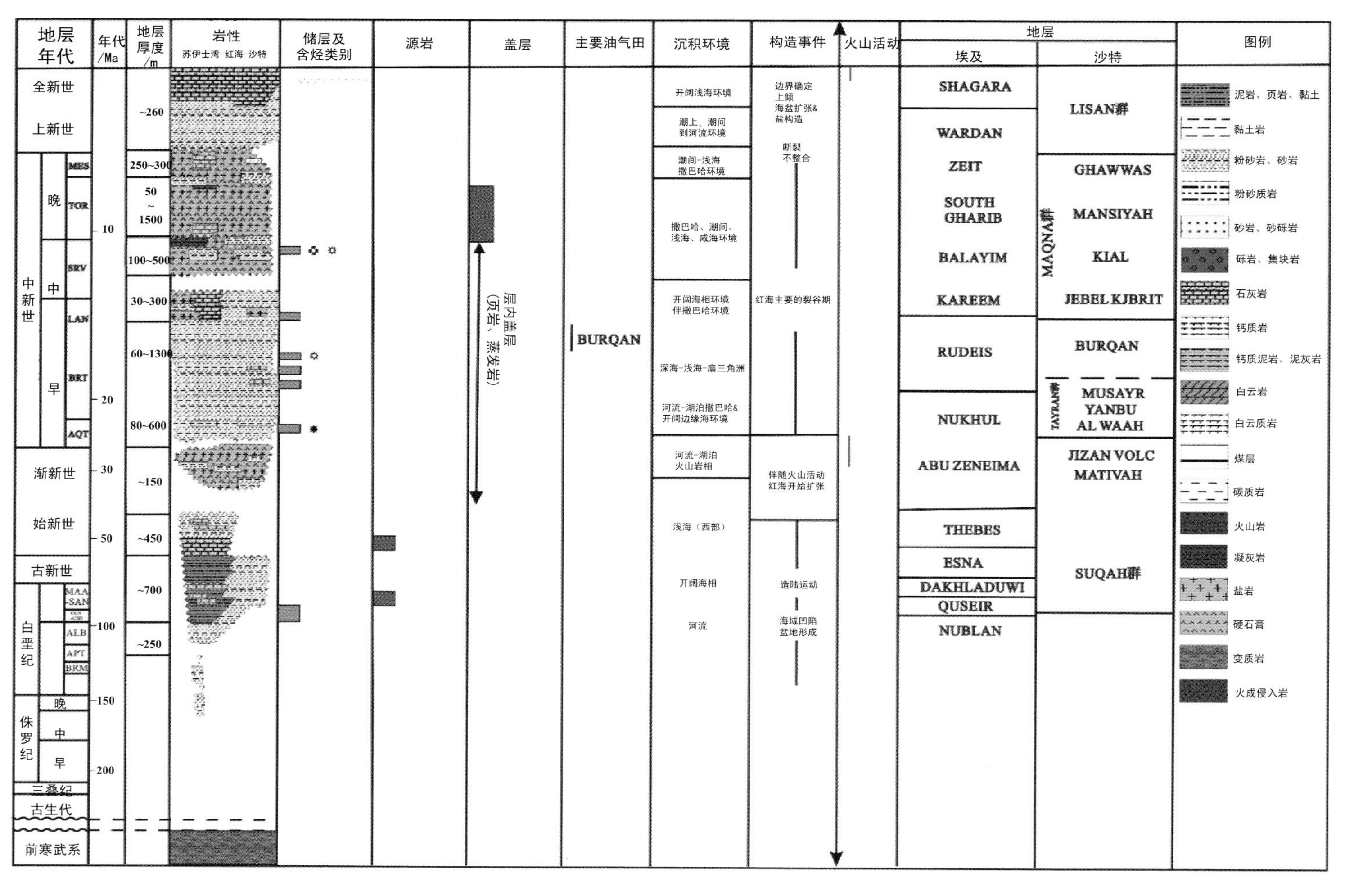

图 4-51 红海盆地北部地区地层柱状图(据 IHS，2010)

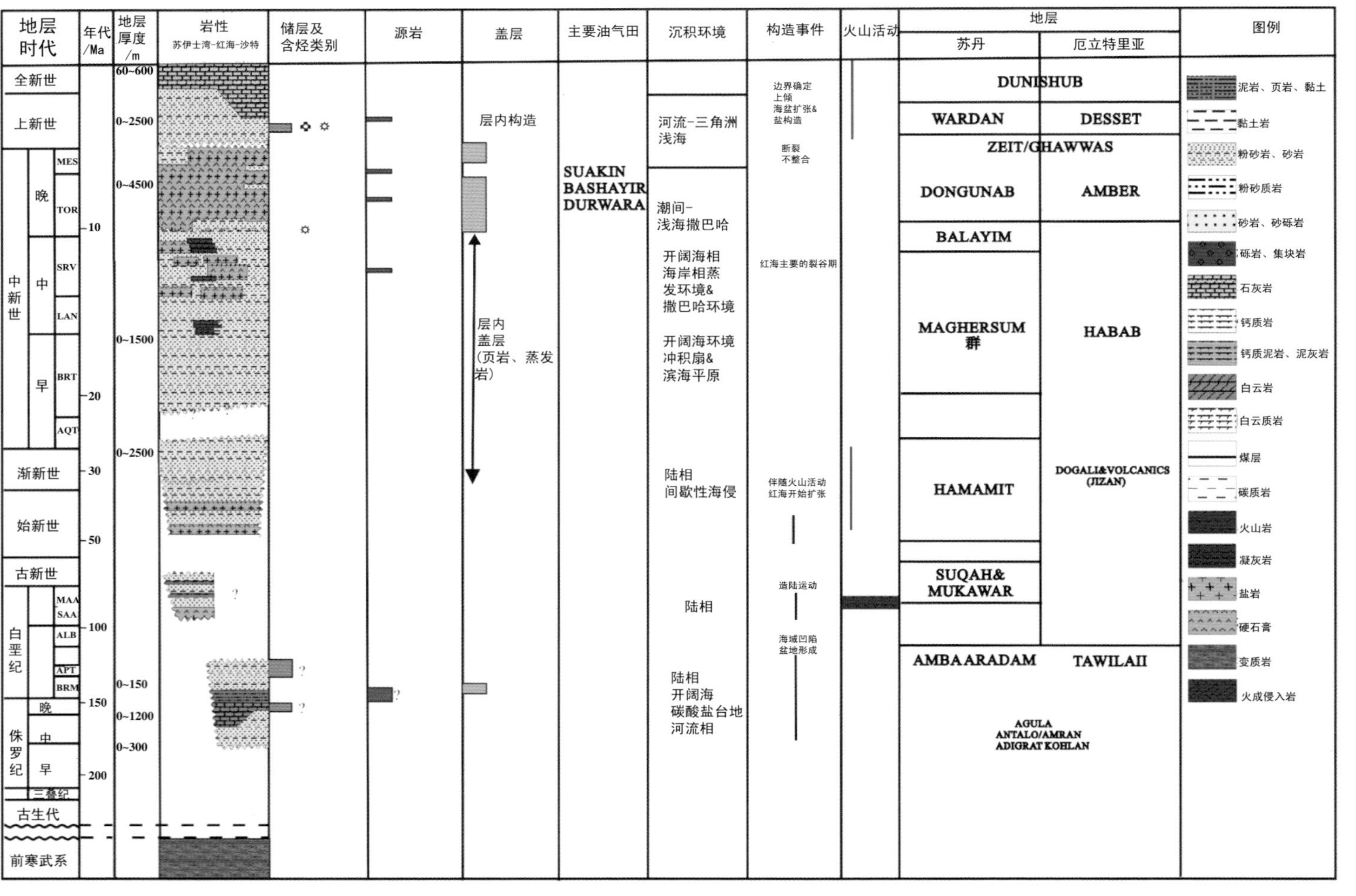

图 4-52　红海盆地南部地区地层柱状图(据 IHS, 2010)

在盆地南部，Suakin 1 凝析气田和 Bashayer 1A 气田中的天然气很可能来源于 Zeit/Ghawwas 组的下部或与之时代相当的地层。Suakin 1 凝析气田的凝析油可能来源于下伏的 Dongunab 组内的页岩。中新统 Amber 组海相页岩很可能是苏丹 Shalim 1 井凝析气的烃源岩。此外，盆地南部还发育潜在的侏罗系烃源岩，苏丹 Maghersum 1 油田的油气可能来源于上侏罗统海相薄层页岩。

2）储集层

证实储集层：红海盆地 Burqan、Midyan 和 C1 油田的储集层位于盐下的下—中中新统，Bashayer 1A、Durwara 2 和 Suakin 油田的储集层位于盐内的上中新统。Maqna 群和 Burqan 组是 Burqan 和 Midyan 油田的主要储集层（图 4-51）。Burqan 组储集层由深海砂岩组成，其孔渗特征尚不清楚。Maqna 油田的 Maqan 储集层由深海陆架相、白云质、含灰泥颗粒石灰岩组成，夹少量骨架含颗粒灰泥石灰岩，储集层总厚度为 26～132m，平均净厚度为 18m。孔隙主要为原生粒间孔隙，孔隙度为 15%～20%，平均渗透率为 10mD。C1 油田的下—中中新统 Habab 组由砂岩和盐岩组成，其孔渗特征尚不清楚。

Suakin、Bashayer 1A 和 Durwara 2 油田内的上中新统盐内储集层由局限海白云质砂岩和硬石膏砂岩组成，Suakin 油田的储集层总厚度为 9～11m，孔隙度为 15%～25%，渗透率为 5～20mD。Bashayer 1A 油田的盐内储集层厚度为 6m。

潜在储集层：红海盆地的潜在储集层在裂前、同裂谷和裂后层系均有发育。盆地南部裂前层系的侏罗系和白垩系碳酸盐岩和砂岩均为潜在的储集层，这些储集层包括 Amba Aradorn 组的砂岩、三叠系/侏罗系 Adigrat Kohlan 组的砂岩以及 Antalo 组的石灰岩。同裂谷和裂后阶段沉积的浅海相和三角洲相砂岩以及构造高地上的碳酸盐岩建隆和礁相碳酸盐岩是潜在的区域性储集层。在厄立特里亚，同裂谷期的 Habab 组砂岩的孔隙度为 12%～17%。蒸发岩之上的储集层主要是不连续的砂岩，其中 Desset 组砂岩的孔隙度为 18%～23%。

3）盖层

上中新统蒸发岩构成了红海盆地最重要的区域盖层，这套蒸发岩由岩盐、泥岩和硬石膏组成，分布广泛（图 3-46，图 3-47）。由盐岩和硬石膏组成的中中新统 Mansiyah 组构成了 Barqan 和 Midyan 油田的盖层，考虑到同裂谷期和裂后期层序的相变，在其他地区组内页岩和局部蒸发岩构成了有效盖层。

4）圈闭类型

红海盆地的的圈闭类型以构造圈闭占绝对优势，盆地内已发现油气储量的 99.9% 富集于构造圈闭，其余的 0.1% 则聚集于地层-构造圈闭。考虑到红海盆地的勘探程度还很低，可以预计随着勘探的深入，很有可能找到地层圈闭油气田。

5）油气生成与运移

油苗和油气显示证明发生了石油的生成和运移。油气运移的主要方向（如在苏伊士海湾）是通过输导层从邻盆深部沿断层向上倾方向运移，很少侧向运移。受下地壳侵入岩的影响，红海盆地热流值和地温梯度一般较高，从盆地北部到南部数值增大，盆地中央部分最大。红海地区稳定前寒武系地盾的大地热流值是 40～60mW/m^2，活动火山岩区的大地热流值介于 90～1100mW/m^2。红海盆地苏丹部分的下—中中新统烃源岩很可能于中新世末期开始生烃，而更新的烃源岩目前可能正在生烃。由于盆地靠近裂陷中心，生油气窗的顶部深度变化很大，Barnard 等（1992）指出该深度为 500～2700m。

第四节　前陆盆地

中东地区仅发育 2 个前陆盆地：扎格罗斯盆地和中伊朗盆地（图 4-1），前者归属于周缘前陆盆地，后者归属于弧后前陆盆地。中伊朗盆地内尚无重大油气发现，研究程度低，因此知之亦甚少。尽管只有两个盆地为前陆盆地，但由于扎格罗斯盆地内有众多大油气田，因此前陆盆地仍是中东地区油气第二富集的盆地类型，其探明和控制油气储量占中东油气总储量的 18.8%。

考虑到中东前陆盆地的个数少，且中伊朗弧后前陆盆地基本没有油气发现，因此中东前陆盆地的特征均由扎格罗斯前陆盆地体现出来，而该盆地将在后面的章节详细阐述，故本节不再讨论并总结中东前陆盆地的区域构造背景、盆地构造特征、盆地地层与沉积特征和盆地基本石油地质条件。

小　结

1）按 Mann 等（2003）的盆地分类，中东含油气盆地分为 3 大类：大陆裂谷-拗陷盆地、被动陆缘盆地和前陆盆地。

2）截至 2010 年 8 月，中东地区共发现油气田 1296 个，累计探明和控制石油（包括凝析油）储量 159 390×10^6 m^3，天然气储量 875 723×10^8 m^3，折合成油当量为 241 344×10^6 m^3，其中石油储量占油气总储量的 66.0%，天然气占 34.0%。中东地区是世界油气最为富集的地区，其已发现油气可采储量占全球常规油气可采总储量 656 249×10^6 m^3 油当量的 36.8%。

3）已发现油气储量的分布与盆地类型密切相关，被动陆缘盆地内发现的油气最多，其储量占已发现油气总可采储量的 79.0%；前陆盆地次富集，其油气储量占油气总可采储量的 18.8%；裂谷盆地内分布的油气仅占油气总可采储量的 2.2%。

4）油气储于前寒武系—新生界的多套层系，但油气分布极不均一。按油当量计，主力储集层系为下白垩统、上二叠统和上侏罗统，储于这三套储集层的油气储量占油气总储量的 71.1%，油气的总体分布表现出“下气上油”的特征。

5）作为古被动大陆边缘的阿拉伯盆地，发育了垂向叠置的多期封闭-半封闭海盆，造成了多套富油气系统的叠置，这是中东地区油气富集的区域地质背景。多旋回封闭-半封闭海盆环境造就了多套海相源岩-碳酸盐岩储层-蒸发岩盖层的叠置发育，这是中东地区主要油气富集的石油地质背景。独特的区域地质和石油地质背景，形成了阿拉伯盆地下古生界超级含气系统和中生界含油超级含油系统，阿拉伯盆地的 2P 可采原始油气储量占据了中东油气总可采储量的 79%。

6）扎格罗斯盆地是阿拉伯地台的周缘前陆盆地，是世界油气最为富集的前陆盆地，其油气储量占中东油气总可采储量的 18.8%。其主要源岩仍为前期阿拉伯地台的中生代源岩，油气通过裂缝运移至第三系圈闭中形成中生界—第三系含油气系统。

中阿拉伯盆地 第五章

◇ 中阿拉伯盆地是中东油气最富集的被动陆缘盆地，也是世界著名的古被动陆缘盆地，油气富集程度远远高于其他盆地。

◇ 中阿拉伯盆地已发现178个油气田，探明和控制石油储量$1035.12\times10^{8}m^{3}$，天然气储量$607\ 955\times10^{8}m^{3}$，折合成油当量为$1604.08\times10^{8}m^{3}$，占中东油气储量的66.4%。

◇ 油气储存于下古生界—第三系的多套储集层，但主要富集于三套储集层：上二叠统、上侏罗统和下白垩统，它们的油气储量分别占盆地油气总储量的32.8%、27.9%和27.0%，区域上油气主要富集于盆地东部。油气分布总体表现出“下气上油”、自西南至东北、主力产层时代变年轻的特征。

◇ 油气分布主要受成熟烃源岩展布、区域盖层和凸凹相间构造格架的控制，大油气田主要富集于烃源岩灶内及其周缘地区的大型隆起上的背斜构造，油气成藏主要体现出近源成藏的特征。

第一节 盆地概况

中阿拉伯盆地位于阿拉伯半岛及近海地区，总面积约为$49.3\times10^{4}km^{2}$，其中陆上部分占74.9%、海上部分占25.1%。该盆地跨越了沙特（占总面积的68.3%）、伊朗（13.3%）、卡塔尔（6.1%）、科威特（4.8%）和伊拉克（3.9%）等国。其东北边界为扎格罗斯褶皱带的西南界，东南边界为鲁卜哈利盆地的西北界，西南边界是出露的阿拉伯地盾，西北与维典-美索不达米亚盆地相邻（图4-1，图5-1）。中阿拉伯盆地基底由阿拉伯地盾结晶基底构成，上覆前寒武纪至今的沉积地层，总厚度可达12km。

中阿拉伯盆地的油气勘探始于1900年，1932年在海湾地区的巴林发现了第一个油田——阿瓦利（Awali）油田，油气可采储量为$812.4\times10^{6}m^{3}$油当量。之后又发现了很多大型和巨型的油田，最著名的是1948年在沙特阿拉伯发现的盖瓦尔油田，石油可采储量为$22\ 258\times10^{6}m^{3}$。1960年发现了第一个海上油田——海夫吉（Khafji）油田，也是全球海上最大的油田，其油气可采储量为$1117.3\times10^{6}m^{3}$油当量。气田的重大发现包括1971年于卡塔尔陆上发现的诺斯（North）气田和1992年于伊朗海域发现的南帕尔斯（South Pars）气田，这两个气田是世界上最大的两个气田，天然气可采储量分别为$28\ 316.8\times10^{8}m^{3}$和$14\ 203.7\times10^{8}m^{3}$。截至2010年8月，盆地内已采集二维地震测线$25.81\times10^{4}km$，共钻初探井362口，其他探井546口，盆地尚处于初期勘探阶段。盆地内已发现178个油气田，陆上136个，海上42个。探明和控制石油储量$1035.12\times10^{8}m^{3}$，天然气储量$607\ 955\times10^{8}m^{3}$，折合成油当量为$1604.08\times10^{8}m^{3}$，天然气占油气总储量的

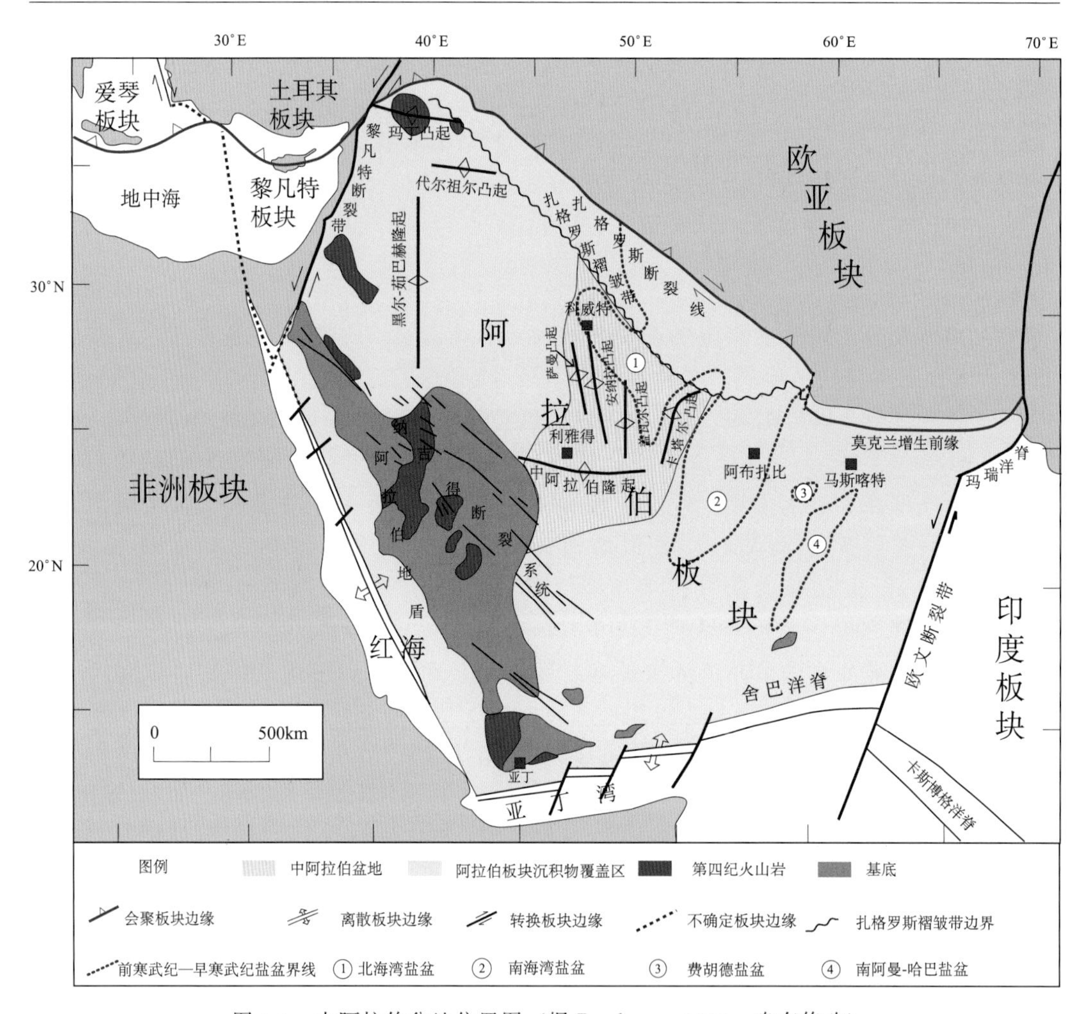

图 5-1 中阿拉伯盆地位置图（据 Beydoun，1991；略有修改）

35.5%。就已发现的油气储量而言，该盆地是中东油气最富集的盆地（表 4-2）。

第二节 盆地基础地质特征

一、构造区划

中阿拉伯盆地并不是真正地理意义上的盆地，实际上只是阿拉伯盆地内的一个拗陷，可划分为两个构造区：中阿拉伯隆起和西海湾区。前者为一宽广的东西向延伸的正向构造，其上的中生界盖层很薄。后者由四个狭长的南北向的轴状凸起和相间的凹陷构成，它们向北倾没于波斯湾，较难截然分开，这四个凸起自西向东依次为萨曼（Summan）台地、安纳拉（An N'ala）轴、盖瓦尔（Ghawar）凸起和卡塔尔（Qatar）凸起（图 5-1）。夹于它们之间的凹陷在南端很明显，但向北逐渐合并，向扎格罗斯的前渊变深（图 5-2）。

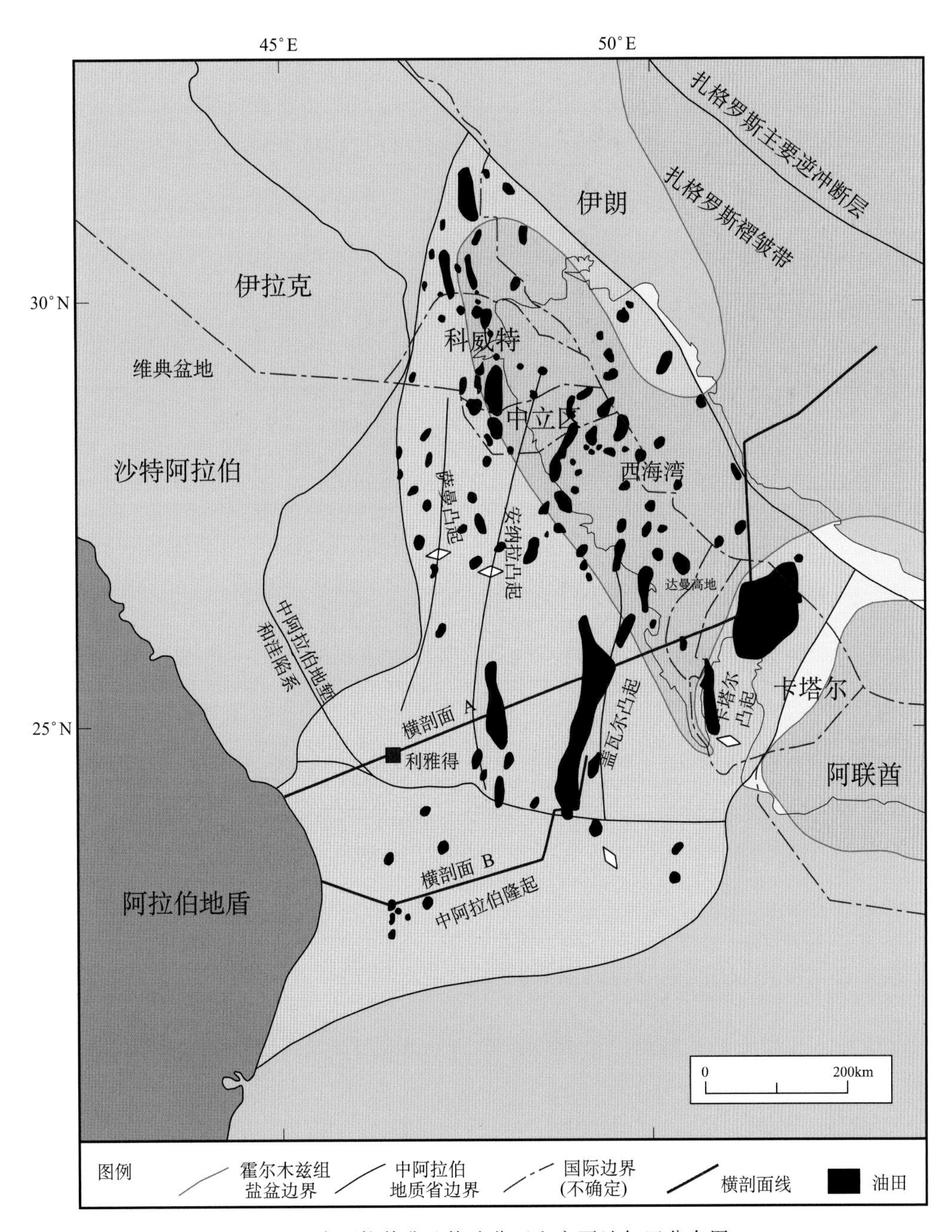

图 5-2 中阿拉伯盆地构造分区和主要油气田分布图

阿拉伯板块形成早期发育的众多构造带，按走向可分为以下四组。

近 S—N 向构造带：该构造带与发育在受东西方向应力而增生的岛弧之间的缝合线相平行（Husseini，1989；Husseini et al.，1990），主要包括黑尔-茹巴赫隆起（图 5-1）、萨曼凸起、安纳拉凸起、盖瓦尔凸起和达曼凸起以及卡塔尔凸起（图 5-2）。

NW—SE 至 NNW—SSE 向构造带：该构造带以纳吉得断裂系统和扎格罗斯构造线为代表（图 5-1）。扎格罗斯构造线是一主要构造，它在晚前寒武世—早寒武世之间是一个发育于克拉通内的平移断层（Husseini，1989）；后来在晚二叠世—三叠纪期间，冈瓦纳大陆解体时该地区发生了裂谷作用；中新世以后，随着阿拉伯板块和欧亚板块的碰撞，该地区发展成为扎格罗斯褶皱带（Beydoun，1991，图 5-1）。

NNE—SSW 至 NE—SW 向构造带：该构造带与 NW—SE 向构造带共轭发育。

E—W 向构造带：在主要构造带中，这种走向的构造带最不常见，但它控制了中阿拉伯隆起以及代尔祖尔（Deir Ez Zor）和玛丁凸起（图 5-1）。

二、构造演化

中阿拉伯盆地的构造演化可以分成四个阶段：晚元古代裂前阶段、晚前寒武纪—三叠纪裂谷阶段、侏罗纪—渐新世被动陆缘阶段和新近纪前陆盆地阶段。

（一）晚元古代裂前阶段

基底出露于阿拉伯板块的西侧以及中阿拉伯盆地的西南部（图 5-1）。它由许多岛弧带构成，这些岛弧带是在 950Ma（Gass，1981）到 640Ma（Beydoun，1991）发生的一系列造山运动作用下增生在阿拉伯板块的东北翼上的。

（二）晚前寒武纪—三叠纪裂谷阶段

晚前寒武纪—三叠纪期间，中阿拉伯盆地经历了晚前寒武纪—古生代裂谷—拗陷期、泥盆纪海西期造山运动期和石炭纪－三叠纪裂谷期。

1. 晚前寒武纪—早古生代裂谷—拗陷期

中阿拉伯盆地的结晶基底固结于晚前寒武世。结晶基底固结后，阿拉伯板块受到沿一系列 NW—SE 向构造断裂带的平移运动的影响，其中包括扎格罗斯线和内志断层系统（图 5-1）。内志断层系统是一个由一群宽 300km 亚平行的剪切断层组成的长 1200km 的断层系统，在 600～540Ma 发生过一次累积长达 300km 的左旋运动。在此之前，即 640～600Ma，发生构造运动的证据都不太明显，但是可能发生过左旋运动（Husseini et al.，1990）。这些断层运动导致了许多拉分裂谷盆地的形成，这些盆地与断裂以及断层本身发育的断裂地槽成大概 90°夹角。

在晚前寒武纪—早古生代时期，冈瓦纳大陆北部处于轻度的拉伸环境，并且被分化成了一系列宽阔的内陆凹陷盆地，这些盆地之间一般被一些低到中等的隆起所隔开。盆地内发育了一些断裂，这些断裂隆起之上沉积了浅海相碳酸盐岩、细粒碎屑岩及蒸发岩。中阿拉伯盆地的早古生代地层沉积在一个宽阔的、东－北东向的内陆凹陷盆地的南翼，该盆地的东面与特提斯洋相通。盆地的轴线位于元古代缝合线之上，之后控制了叙利亚帕米赖德地堑的发育（Best et al.，1993）。该时期发生了霍尔木兹组盐层的盐构造运动。

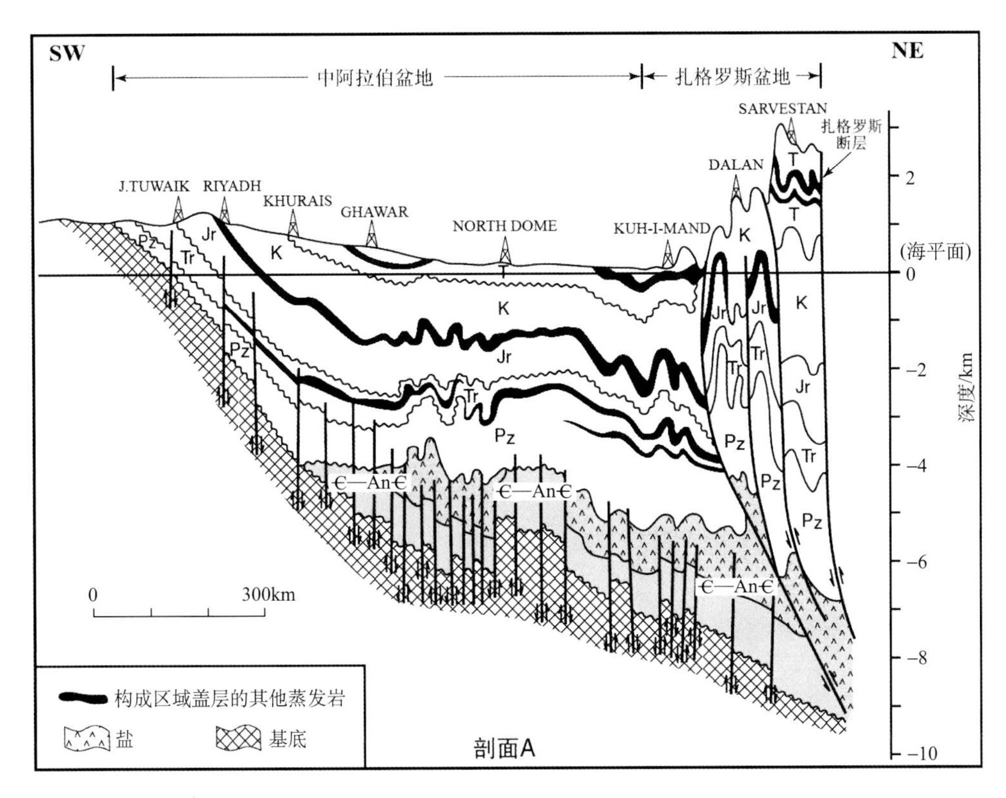

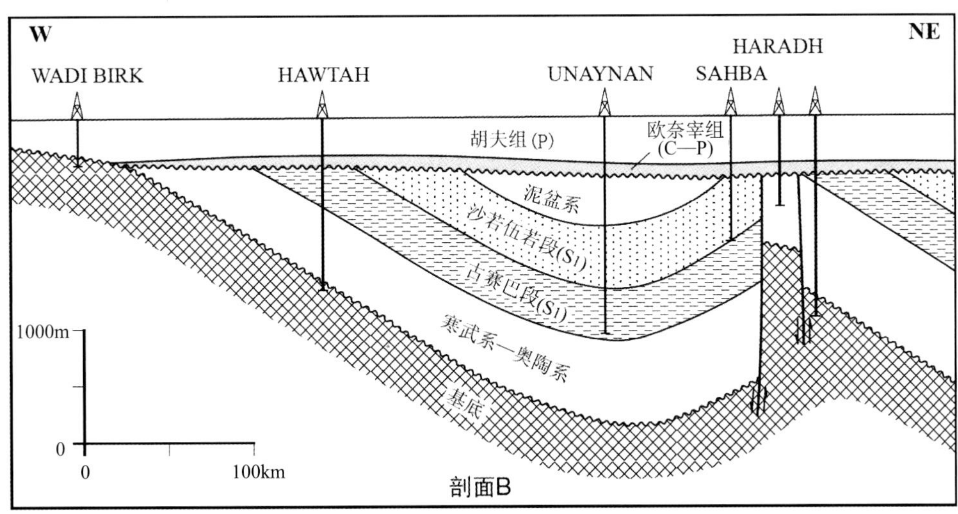

图 5-3 中阿拉伯盆地区域横剖面图（据 Webb and Thompson，1994c）

A. 区域剖面图；B. 以胡夫组顶部为基准面的中阿拉伯盆地剖面图，该图显示了海西构造运动对前欧奈宰组层系的重大影响。其中剖面 A 和剖面 B 的位置如图 5-2 所示

在晚奥陶世，冈瓦纳大陆南部的大部分地区曾经发生过一次冰川作用。位于沙特阿拉伯扎尔卡（Zarqa）组和萨若赫（Sarah）组之下的不整合面下切至赛克（Saq）组（Vaslet，1990），Husseini（1991）认为该不整合面的形成与和冰川事件有关的海平面

变低有关。

到早志留世，冰川的消退引发了一次广泛的海侵，结果使当时阿拉伯板块的大部分地区都被很浅的、局限海所覆盖。

2. 泥盆纪海西期造山运动期

上述各阶段中所有的构造活动在晚志留世到早泥盆世的某个时间就终止了，因为从泥盆纪开始发生了造陆运动和轻度的挤压运动。Beydoun 等（1992）认为早期活动的终止与加里东（Caledonian）造山运动有关，而活动终止的主要时期是早泥盆世到石炭纪，这主要归因于海西期造山运动的开始，当时冈瓦纳大陆的北部由先前的被动陆缘转换成了活动陆缘，同时特提斯板块开始向下俯冲，或者可能是挤压至冈瓦纳大陆之上（Husseini，1992；图 5-4A）。结果，一种南一南西向的压力影响到了阿拉伯板块，使早期的断层重新活动。主要的地垒式基底被抬升，它们之间的凹槽沉积了厚的、以碎屑为主的沉积层序。霍尔木兹组盐层进一步发生盐构造运动。在中阿拉伯，早期断层的重新活动形成了地垒和掀斜断块（McGillivray and Husseini，1992）。

3. 石炭纪—三叠纪裂谷期

当与海西运动事件相关的挤压停止时，阿拉伯地区又一次处于张性状态并发生缓慢沉降。断层带的重新活动使该地区发生了正向运动和走滑运动，并且该走滑运动沿北西向断层是右旋的，沿北东向断层是左旋的（Edgell，1992；Simms，1994）。到此为止，板块运动已经使南部阿拉伯板块漂移到了高纬度地区，并且该地区开始出现了另外一次冰期——冈瓦纳冰期。冰川向北延伸到北纬 20°，覆盖了现在也门和阿曼所在的地区（Hughes Clarke，1988），但冰川边缘环境向北可以延伸至中阿拉伯盆地，甚至更远。这个单元的所有沉积层都存在一个角度很大的基底不整合（图 5-3B）。

晚二叠世时期，冈瓦纳大陆北部边缘继续向南沉降，引起了弧后裂谷作用、地壳减薄以及沿扎格罗斯线的北东一南西向扩张，并导致基梅里（Cimmeria）地块与冈瓦纳大陆分离，形成了新特提斯洋（图 5-4B）。Hempton（1987）认为地壳的减薄发生在一个非常广泛的地区。同时，冈瓦纳大陆冰川消退导致了海平面的上升。这两个因素共同作用使得冈瓦纳大陆北部黑尔-茹巴赫东部发生了很大范围的海侵，包括整个中阿拉伯盆地，海侵地区的长和宽都达到了 2000km，类似的情况至今未再发生过（Beydoun et al.，1992）。同时，板块漂移到了低纬度地区，气候由寒冷潮湿变成了温暖干旱。在这整个时期张性断层作用始终影响着中阿拉伯盆地的主要正向构造特征，二叠纪和三叠纪之间的地层发生了厚度变化（McGillivray and Husseini，1992）。

晚二叠世一古新世期间，阿拉伯板块北缘是一个广泛的被动大陆边缘碳酸盐岩台地。在陆架内的滞海盆地内沉积了烃源岩，而在邻近的台地边缘发育了生粒石灰岩建造。蒸发岩和区域广布的页岩构成了盖层。

（三）侏罗纪—渐新世被动陆缘阶段

到了晚三叠世，基梅里地块已经与冈瓦纳大陆分离并且向北漂移，使得冈瓦纳大陆

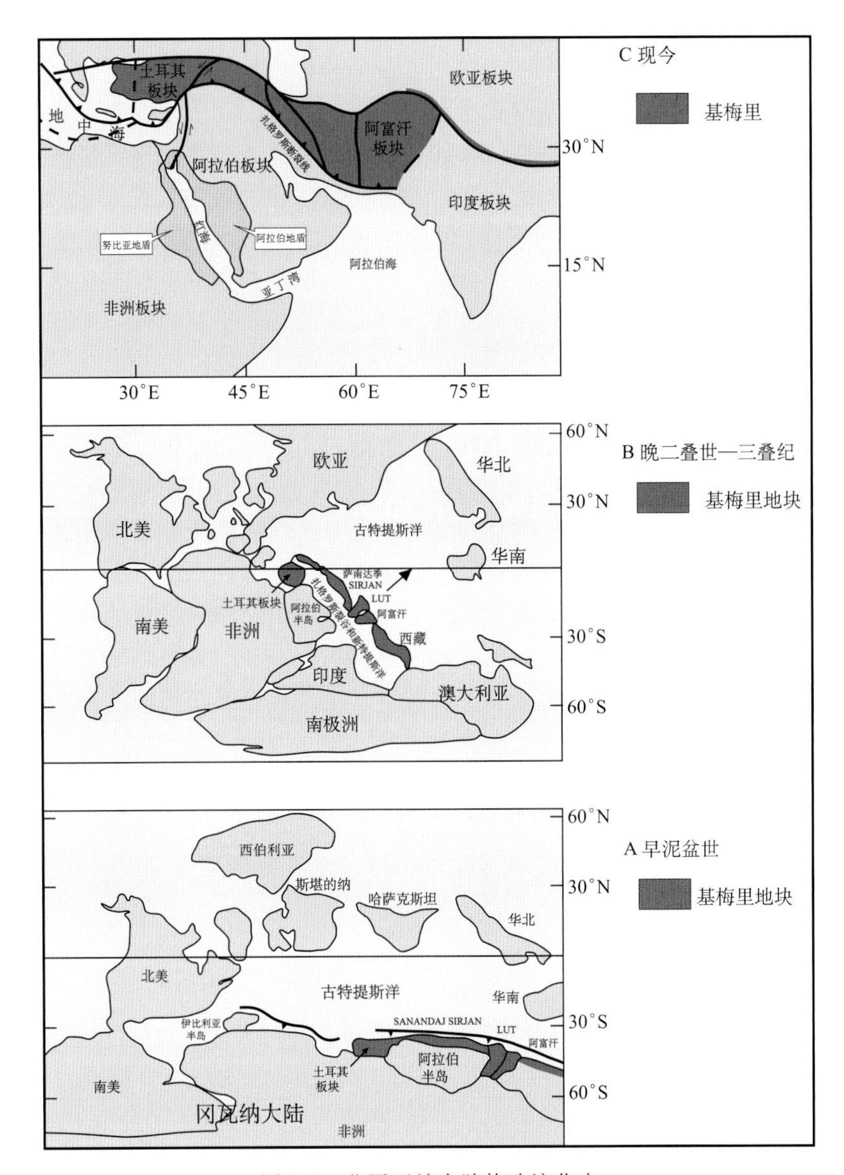

图 5-4 北冈瓦纳大陆构造演化史

的北部边缘与新产生的新特提斯洋的南边处于被动陆缘的环境中（图 5-4B）。拉张应力导致老正断层和走滑断层再次活动，引起古生代地层经历走滑断裂活动，并伴生有正花状和负花状构造，中生代地层中发育了拖拽和披覆构造（Husseini，1991；Simms，1994）。热沉降作用使得在非常广泛的陆缘上发生了一次海侵，而三叠纪碎屑岩相带的沉积也因此朝着阿拉伯地盾发生了后退。同时，气候变得更潮湿。

在侏罗纪末期和白垩纪初期，阿拉伯板块的北部边缘经历了抬升和块断运动，这可能是由于土耳其微板块与阿拉伯板块的西北角发生板块间的相互作用所导致的。这也导致了该地区出现局部的剥蚀不整合和有限的断块运动。同时，环境也发生了改变，成为干旱环境。晚白垩世，蛇绿岩仰冲至冈瓦纳大陆的北缘，从而引起了抬升和剥蚀。基底构造重新活跃，晚前寒武纪—早寒武世时期形成的盐盆内发生了盐构造运动。在整个白垩纪时期，小型的构造运动一直不断发生。

晚土仑期—早马斯特里赫特期期间，冈瓦纳板块和欧亚板块之间的碰撞所产生的挤压效果首次显现了出来（Beydoun et al.，1992），当时蛇纹岩被挤压到先前的被Beydoun（1986）称为“夭折造山带”的北部边缘。在伊拉克和伊朗，蛇纹岩和逆掩断层推覆体的风蚀产物向西快速地注入沉降的狭窄的海槽中，位置是现在扎格罗斯褶皱带所在的地区。它们的厚度足以使侏罗纪和早白垩世的烃源岩达到成熟，同时马斯特里赫特期和古近纪的沉积物中出现了重新改造过的沥青（Kent et al.，1951）。这个时期产生的石油可能朝着南西方向向古斜坡之上运移并且充注于中阿拉伯盆地的储集层中。这个时期大陆架的构造沉降与海平面的上升是一致的。

马斯特里赫特阶—古近系之间的不整合可能是由于地壳均衡的回弹和隆升所造成的，但是后者持续的时间非常短，并且到早古新世时，均一的地台沉积已经开始。卡塔尔隆起上的地层减薄说明在这个时期它是一个正向构造。

在中阿拉伯盆地，整个新生代都在发生造陆运动。中阿拉伯盆地地堑系统是一个拱形的板块内断层带，由许多梯形的海槽和地堑构成。Wadi El Batin 线性构造可能只是一个相关的构造。鲁卜哈利盆地的沉降发生在新生代，这恰好使油气沿着中阿拉伯隆起的南翼向上发生运移。

从石油地质的角度来看，侏罗系—渐新统构造-地层单元是最重要的一套层系。这套地层所沉积的大陆架的不寻常宽度、构造稳定性、低纬度的地理位置等因素结合起来，使得中阿拉伯盆地接收了非常广泛的、在侧向上连续的碳酸岩、页岩和蒸发岩沉积。因此，该地层单元是以生储盖层组合重复出现为特征的，结果使这套地层成为了世界上最有潜力的含油气系统。

（四）新近纪前陆盆地阶段

欧亚板块和阿拉伯板块的最终碰撞发生于23Ma前，也就是早中新世。碰撞的第一个接触点是在阿拉伯板块的西北角，这导致了黎凡特（Levantine）板块沿黎凡特断裂系统与阿拉伯板块的分离。同时阿拉伯板块还在继续向北漂移，与欧亚板块间的空隙逐渐消失。这两个板块的碰撞边缘在东南方向张开一个很窄的角度（Beydoun et al.，1992），所以碰撞和闭合是不等时的，向东南方向逐渐变年轻。阿拉伯板块向北漂移的第一个原因是该板块俯冲到欧亚板块之下，另外一个原因是被动陆缘张性断层的反转使减薄的阿拉伯板块边缘地壳发生了重新叠置（Jackson，1980）。

由于碰撞的原因，位于冈瓦纳和欧亚板块之间的海道在中新世时期变为封闭环境。特提斯洋变得日益局限，沉积了大量的蒸发岩和碳酸盐岩，并伴有一些细粒的碎屑岩。从早上新世之后，欧亚板块的南部边缘向西南冲到阿拉伯板块之上。这直接引发了霍尔木兹组盐层的重新活动，而且阿拉伯板块的古生代到中新世的地层经历了挤压性的和重力性的褶皱作用，这种构造样式在某种程度上是由于受到地层单元中所出现的蒸发岩和少量的页岩影响所致。远离褶皱带的西南方向上褶皱作用的强度减弱，并且可以在地表看到明显的褶皱现象。在阿拉伯前陆的附近地区，只有在地下才可以看到褶皱。而在阿拉伯前陆的末端，只有基底构造发生了重新活动（图 5-3A）。这个时期的构造运动产生了很多裂缝通道，可以使油气向上重新运移，由侏罗纪储集层运移至白垩纪储集层。Thompson 使用 S/N 证明出在整个中阿拉伯盆地和邻近地区，这样的重新运移范围是非常广泛的。

上新世－更新世挤压作用持续进行，托罗斯山和扎格罗斯山发生抬升，古生代－中新世层系发生褶皱，形成扎格罗斯褶皱带。在与中阿拉伯盆地相邻的扎格罗斯褶皱带内，处于仍在上升的背斜之间的向斜内的 Bakhtiari 组地层的褶皱作用仍在加强，这表明构造活动一直持续至今。在形成的前陆盆地内，沉积了很厚的磨拉石，基底断裂活动再次活跃，并发生了进一步的盐构造运动（图 5-3）。

三、地层与沉积特征

（一）基底

中阿拉伯盆地的基底岩石类型包括片岩、板岩、花岗闪长岩和花岗岩，在阿拉伯板块的西侧有出露，基底之上发育了寒武系—新近系沉积层系（图 5-5）。

（二）寒武系—三叠系裂谷层系

1. 下古生界

早期的断陷运动形成了许多拉分裂谷盆地，这些拉分裂谷盆地的北部间歇地与特提斯洋连接。盆地内沉积了河流相到潮下带和潮上带的碎屑岩和碳酸岩层序，以及一个在局限海环境中沉积的与海退有关的广泛的蒸发岩层序（Gorin et al.，1982）。北部海湾（North Gulf）盐盆就是此类盆地，通过地震解释可以知道它大部分位于近海，还有一部分位于陆上中阿拉伯盆地的下部（图 5-1）。在所有的同裂谷盆地中，北部海湾盐盆是最“鲜为人知”的盆地，因为它很大一部分都位于 6000m 以下（Murris，1980），但是通过与出露在扎格罗斯山的霍尔木兹组地层进行对比，可以猜测该盆地的充填物应该是由 1000m 厚的岩盐、石膏、石灰岩、石英质白云岩、红色砂岩和页岩以及火山岩（Kent，1970）构成的。沿着断层本身，断裂地槽的侏贝拉赫（Jubaylah）群以及与它相对应的层位是由 3300m 厚的以陆源碎屑物沉积为主的湖相或海相层序组成，包括石灰岩和硬石膏沉积（Al Laboun，1986）。安山岩和碱性玄武岩的存在证明当时地壳处于拉张环境，而阿拉伯板块的其他地方发生了碱性花岗岩大范围的侵入，时间是 620～575Ma，有一小部分最晚在 540Ma。侏贝拉赫群位于褶皱和断裂非常发育的地区，但是并未发生变形，主要原因可能是张扭作用到压扭作用的改变。

地震资料表明侏贝拉赫群的最大厚度可达 4000m，该群位于西鲁卜哈利盆地底部寒武纪反射层之下的一系列狭窄的盆地当中（Beydoun，1989；Dyer and Husseini，1991）。它们位于南东向延伸的内志断层系统与南西向延伸的南部湾盐盆的交叉处。同样，到目前为止，在中阿拉伯盆地的下面很有可能还会找到一些没有被发现的盆地。

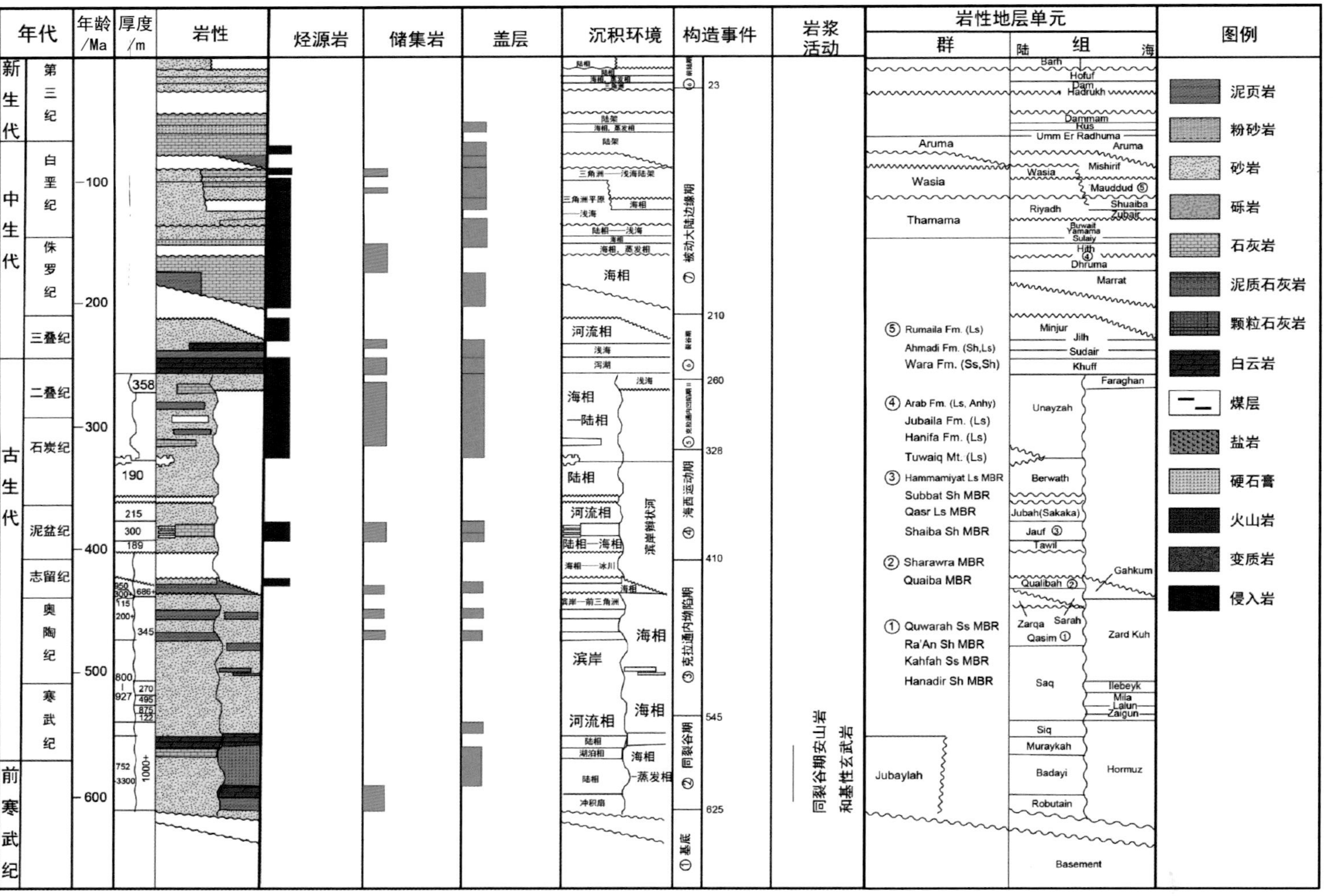

图 5-5　中阿拉伯盆地地层综合柱状图(据 IHS,2010;有修改)

在早古生代时期，冈瓦纳大陆北部处于轻度的拉伸环境中，并且被分化成了一系列广泛的内陆凹陷盆地，这个时期沉积的岩层由浅海相和陆相碎屑岩以及少量的碳酸岩组成。下赛克组由陆相碎屑岩组成，但是向上过渡成与阿拉伯地盾相邻的浅海相碎屑岩，阿拉伯地盾向北沉积了晚寒武世叙利亚布尔季（Burj）组更为开阔的海相碳酸岩以及伊朗扎格罗斯山米拉（Mila）组的开阔海相碳酸岩。

出露在沙特阿拉伯的奥陶纪岩层由赛克组浅海相砂岩过渡为卡西姆（Qasim）组的滨海砂岩和海相泥岩的交互层。

到早志留世，阿拉伯板块的大部分地区沉积了质量很好的页岩作为烃源岩。在中阿拉伯盆地，这些页岩的代表是阔里巴赫（Qalibah）组的古赛巴（Qusaiba）段（Mahmoud et al.，1992）。它侧向上相对应的地层包括伊朗的贾赫库姆（Gahkum）组、叙利亚的坦夫（Tanf）组、伊拉克的泰布克（Tabuk）组和阿曼的萨菲格（Safiq）组，而且也都是质量很好的烃源岩。

2. 泥盆系

海西期造陆运动导致了欧奈宰（Unayzah）组地层在部分地区不整合地沉积在阔里巴赫组之上，而在胡赖斯（Khurais）和其他地方，胡夫（Khuff）组则直接沉积在基底之上（图 5-3）。泥盆系—石炭系在正向构造之间的低洼处沉积厚度最大，这些地层超覆并尖灭在两侧地层之上。大部分的岩石单元都是碎屑岩，沉积环境是浅海、滨海到河流，但是昭夫（Jauf）组中沉积有潟湖相页岩和礁相石灰岩。

昭夫组中的页岩是潜在的烃源岩，并且已经在盖瓦尔高地的两口井中发现了天然气，而产气的层位是同一个组的砂岩。

3. 石炭系—三叠系

在中阿拉伯隆起上，欧奈宰组由三个地层单元组成（Al Laboun，1986，1987a；McGillivray and Husseini，1992）。最老的单元——欧奈宰组 C——是一个原地形成的河流相砂岩的地层充填层序；欧奈宰组 B 是一个分布更为广泛的河流相砂岩沉积层序；而欧奈宰组 A 由河流相和冲积相砂岩和粉砂岩组成，向上逐渐过渡为上覆的海相胡夫组地层。另外，也能观察到一些风成沉积物。这三个沉积单元可能与三次冰期有关，这三次冰期我们可以从阿曼的豪希（Haushi）组（与欧奈宰组横向上相对应的层）中的冰碛岩以及粗到细粒的碎屑中识别出来（Alsharhan et al.，1993）。中阿拉伯盆地的西部露头中，欧奈宰组中含有泥质石灰岩（Al Laboun，1986），并且向北部的维典（Widyan）盆地该组逐渐变厚，可达 430m 厚（Al Laboun，1987）。向东，欧奈宰组可能过渡为一个海相的横向上相对应的地层，至少在欧奈宰组 A 单元中是这样的（McGillivray and Husseini，1992）。向北，欧奈宰组在横向上对应的地层是伊拉克的盖尔若（Ga'ara）组，该组由杂色砂岩和黏土组成，沉积环境是河流相和湖相，没有受到海水的影响，而位于伊朗 Bandar Abbas 附近的佛冉汉（Faraghan）组由 105m 厚的陆相红层和海相砂岩组成，向西北方向逐渐减薄为页岩沉积（Kashfi，1992）。这些陆相环境很有可能是在早二叠世时期沿着冈瓦纳大陆北部边缘所发生的隆升背景下形成的。

在早二叠世时期，板块漂移到了低纬度地区，气候由寒冷潮湿变成了温暖干旱，所以，在中生代以碎屑为主的地层之上沉积了晚二叠世以及整个中生代以碳酸岩为主的层序。最早形成的地层是晚二叠世的胡夫组。该组位于地质省的西部，厚度在80m左右，部分地区含砂，向北东方向逐渐变厚，在海湾地区最大厚度达到905m，该厚度地层中沉积了石灰岩、白云岩和硬石膏，沉积环境是浅海陆架到潮坪环境。

在卡塔尔、巴林、沙特阿拉伯、中立区和科威特地区，下一中三叠统由苏代尔（Sudair）组和吉勒赫（Jilh）组的碎屑岩、碳酸岩和蒸发岩混合而成。沉积环境是浅海陆架、潟湖、潮坪和潮上带（Sharief，1982）。阿拉伯地盾附近的总厚度大概为500m，可能向海湾地区地层逐渐变厚。碎屑物的含量向西朝着阿拉伯地盾方向逐渐增加，向东到伊朗的坎甘（Kangan）组，碳酸岩的含量增加至100%。上三叠统明久尔（Minjur）组由陆相砂岩向上过渡为Gulf的蒸发岩。在中阿拉伯盆地和卡塔尔地区发生的沉积相的改变和层位的缺失证明当时发生了构造运动。

在伊拉克的东南部和邻近的伊朗地区，下—中三叠统上还没有打井，所以还没有详细的资料。上三叠统的代表是莫卤萨（Mulussa）组-阿兰（Alan）组。通过对蒸发岩的研究，我们可以知道当时与开阔大洋的连接还是断断续续的。这些组由于缺少特征化石，所以资料很有限。Buday（1980），Beydoun（1991）和May（1991）认为这些组是早侏罗世的，但是其他的一些学者（Bebeshev et al.，1988；Best et al.，1993；Sawaf et al.，1993）把它们标定为三叠纪。在本书中，我们认为位于伊拉克和伊朗的萨金鲁（Sargelu）组是早侏罗世的，向上过渡为科威特的中侏罗统。

胡夫组是沙特阿拉伯低硫天然气的主要储集层，而在三叠纪地层中储量很少。这个单元中还没有发现烃源岩，但是Kashfi（1992）指出胡夫组可能是自生自储的。

（三）侏罗系—渐新统被动陆缘层系

三叠纪的白云岩和蒸发岩之上沉积了早侏罗世的石灰岩和页岩。Murris（1980）将这个阶段的沉积体系划分成了两种。一种是碳酸岩-碎屑岩斜坡，是一个宽阔的千层饼状的层序，由石灰岩和页岩组成，在低水位时期来自阿拉伯地盾的砂岩沉积到地层中，这种沉积体系中既有储集层又有烃源岩。另外一种类型是地台和盆地系统，大陆架周期性地分化成陆架内盆地，这些盆地比剩下的大陆架要深几十米（Beydoun et al.，1992）。由于大陆架非常宽广，这些陆架内盆地循环不畅，为缺氧环境，所以沉积了烃源岩。这些烃源岩形成的重要时期是中侏罗世（杜尔马（Dhruma）组及其相对应的层位）、晚侏罗世（哈尼费（Hanifa）组及其对应的层位）、晚阿普特期（舒艾拜（Shuaiba）组的巴卜（Bab）段）和阿尔布期（赫提耶（Khatiyah）组）。在周围地台的边缘上沉积了鲕粒浅滩和厚壳蛤堤岸，是质量非常好的储集层。

上侏罗统频繁出现蒸发岩。在晚侏罗世，阿拉伯（Arab）组中的石灰岩储集层和硬石膏夹层重复出现了四次，因此是一个很有潜力的产油气区。

白垩纪的沉积相比侏罗纪的要多，在阿拉伯地盾为砂岩层序，并且沉积在北东向前积的三角洲上。比如祖拜尔（Zubair）组（Jawad Ali and Aziz，1993）、奈赫尔欧迈尔（Nahr Umr）组（Ibrahim，1981，1983）和科威特的布尔干（Burgan）组就是此类沉积。这些砂岩是非常重要的储集层。三角洲沉积在侧向上向北东方向过渡为海相石灰岩，比如舒艾拜组和毛杜德组。而在南东方向上，朝着阿拉伯地盾的方向，砂的含量逐渐增大。在露头上，整个沃西阿（Wasia）组是一套100m厚的浅海相砂岩（Sharief and Moshrif，1989）。

古新世时，石灰岩和蒸发岩沉积于内陆架，而帕卜德赫（Pabdeh）组的远洋泥灰岩则沉积于外陆架和斜坡。

在很多地区都缺失晚始新世和渐新世的沉积地层，这可能归因于沉积间断或者是渐新世海平面下降引起的剥蚀作用。超东北方向，沉积是持续的，这里沉积了阿斯马里（Asmari）组石灰岩，该组是伊朗一个重要的油气产层。

（四）新近系前陆盆地层系

古近纪的广海石灰岩和泥灰岩向上过渡为加奇萨兰（Gachsaran）组和下法尔斯（Fars）组的蒸发岩、石灰岩、白云岩和少量的细粒碎屑岩。这里的碳酸岩和碎屑岩都可以产出少量的油和气，但是这些组最重要的作用是它们是主要的区域盖层。

上新世到更新世之间，很大厚度的粗粒磨拉石、巴赫蒂亚（Bakhtiari）组、Dibdibba组及其对应的地层向西南方向被搬运到了快速沉降的前陆盆地。

第三节　盆地石油地质条件

一、烃源岩

在中阿拉伯盆地及其附近地区，存在众多已知的和潜在的烃源岩层，从老至新依次为：寒武系霍尔木兹组、奥陶系汉那蒂尔（Hanadir）段和若安（Ra'an）段、下志留统阔里巴赫组的古赛巴页岩段、泥盆系昭夫组、二叠系胡夫组、中生界烃源岩层和新生界烃源岩层，中阿拉伯盆地的主要烃源岩为古赛巴页岩和中生界烃源岩（图5-5）。

（一）寒武系霍尔木兹组

在北部湾盐盆的霍尔木兹组有可以作为烃源岩的岩层。在阿曼地区，霍尔木兹组在横向上对应的从始寒武纪到早寒武纪Huqf组中至少有两套烃源岩，总厚度为几百米。其中Khufai组由层状的、有臭味的、富含有机质的、泥质的和叠层状的白云岩组成，沉积环境是潮间带、潟湖和潮上带（Gorin et al.，1982）。Shuram组中含有暗色页岩。阿曼产出的80%的石油的烃源岩层都是这两套岩层。干酪根为Ⅱ型，来自藻类、细菌和蓝藻细菌（Alsharhan et al.，1993）。现在的成熟度可能已经超过了干气的成熟度。Husseini（1991）和Beydoun等（1992）认为Khuff组产出天然气的烃源岩层应该是始寒武系。

（二）奥陶系汉那蒂尔段和若安段

Husseini（1991）认为奥陶纪阔里巴赫组的汉那蒂尔和若安段的海相页岩是潜在的烃源岩层。前者的TOC值为1.13%，厚度为100m左右（Al Laboun，1986）。若安段的 TOC 为 0.68%，厚度为 90～100m。

（三）下志留统古赛巴段页岩

下志留统阔里巴赫组的古赛巴段可能沉积于中阿拉伯盆地和邻近的维奥-美索不达米亚地质省和鲁卜哈利盆地之下的大部分地区，它被认为是中阿拉伯隆起所产出的轻质、无硫油的烃源岩（Mahmoud et al.，1992）。该单元由层次分明的、灰色-黑色的、富含硫铁矿的云母质海相页岩和粉砂岩构成，其中还有很薄的砂岩夹层（McGillivray and Husseini，1992）。Mahmoud 等（1992）观察到在中阿拉伯隆起上覆盖着一个主要的古赛巴段的沉积中心。在基底附近有一套 20～70m 厚的黑色页岩，局部地区的 TOC 为 2.0%，而在 Hawtah 1 井 TOC 达到 6.15%。干酪根为Ⅱ型，无定形，腐泥型，主要来自笔石和几丁质的残留物。HI 达到 600×10^{6}。在 Hawtah 1 井，古赛巴段在 2380m 达到早期成熟，R_o 为 0.71%，但是在位于中阿拉伯隆起之上的东北方向 200km 处的 Udaynan 1 井，5545m 深度处的 R_o 为 2.47%。

Mahmoud 等（1992）将 R_o 值定为 2.29%～2.47%，但并没有指出确切的位置。但是前泥盆纪岩石的镜质体反射率的值需要谨慎对待。在 Bahrain 的一口很深的井中，古赛巴段的 TOC 为 0.3%～1.1%，处于过成熟状态。热模拟研究表明鲁卜哈利盆地的古赛巴段已经成熟到可以生油。

（四）泥盆系昭夫组

Al Laboun（1987）和 Mahmoud 等（1992）都认为中阿拉伯 Jauf 组的碳酸盐岩是潜在的烃源岩，TOC 高达 3.7%。

（五）二叠系胡夫组

中阿拉伯的胡夫组 TOC 达到 1.34%（Mahmoud et al.，1992）。在 Hawtah 1 井（Abu Ali et al，1991）TOC 值为 0.24%～1.34%，在 TOC 为 1.34%的样品中 R_o 值只有 0.68%。干酪根类型为Ⅱ型，无定形，腐泥型。这些数据都说明该组是很有潜力的烃源岩。邻近阿布扎比的胡夫组的最大 TOC 值为 0.6%，R_o 为 1.5%～2.0%，热解率很低（<0.5kg HC/t）。位于伊朗扎格罗斯露头的 Dalan 组中含油和沥青（Kashfi，1992）。因此有足够的证据说明胡夫组有很好的作为生油烃源岩的潜力，并且向阿拉伯地盾的方向陆缘物质逐渐增加。稳定阿拉伯地台的浅部之下处于成熟状态，近岸区之下处于过成熟状态。El-Bishlawy（1985）认为胡夫组也产出天然气，但是其他学者认为证据不足。

（六）中生界烃源岩

下侏罗统 Marrat 组是科威特很有潜力的烃源岩（Beydoun，1993）。利雅得北边的四口钻井中采集的样品的 TOC 值为 1.0%左右，有机质是残余的Ⅲ型干酪根（Baudin et al.，1990）。

下—中侏罗统萨金鲁组是一套主力烃源岩（Beydoun et al.，1992），沉积于中阿拉伯盆地西北边的洛雷斯坦（Lurestan）陆架内盆地中，向东南延伸到伊拉克和科威特的东南部（Beydoun，1993）。岩石类型为薄层含黑色沥青的石灰岩，还有少量的白云岩和黑色薄层页岩。沉积环境为闭塞的静水环境（Metwalli et al.，1974；Buday，1980）。厚度可达500m。已经公认的TOC值为3.1%～4.4%（Beydoun et al.，1992）和1.7%～7.6%（Al Habba and Abdullah，1990）。萨金鲁组的成熟度变化很大，从成熟生油到海域地区深处的过成熟。

上侏罗统提塘阶—下白垩统贝利阿斯阶的Sulaiy组是伊拉克和科威特Gotnia组之上的储集层中石油的主力烃源岩，该组由白垩质的、块状隐晶质石灰岩和含碎屑、鲕粒的砂屑石灰岩组成。Sulaiy组与伊拉克褶皱带的Chia Gara组和伊朗的Fahliyan组时代相当，这两组地层也是潜在的烃源岩（Beydoun et al.，1992）。

沉积于下白垩统上阿普特阶—下阿尔布阶的Kazhdumi组为海相页岩，位于伊朗的西南部，其TOC值为3.1%～12%（Beydoun et al.，1992），该组已经被证明是扎格罗斯褶皱带迪兹富勒（Dezful）拗陷最重要的生油岩（图5-6）(Ala et al.，1980；Khosravi，1987；Bordenave and Burwood，1990）。Kazhdumi组地层向西南方向延伸，从伊朗延伸至海湾，因此该组产出的石油向西南沿着古斜坡运移至中阿拉伯盆地。

（七）其他烃源岩

Abu Ali等（1991）认为欧奈宰组和胡夫组之间过渡带的暗色页岩是一个很重要的烃源岩，这套烃源岩含有丰富的易产气的Ⅲ型干酪根以及一些来自于藻类的易生油的干酪根，TOC达到3.12%。根据Mahmoud等（1992）的研究，中阿拉伯隆起上的石炭系—二叠系欧奈宰组页岩的TOC值为2.1%，是很有潜力的烃源岩。

二、储集层

中阿拉伯盆地已发现的油气分布于下古生界至第三系的50余处储集层系内（图5-7），但油气主要富集于上二叠统、上侏罗统和下白垩统三套主力储集层，它们的油气储量分别占盆地油气总储量的32.8%、27.9%和27.0%，天然气主要分布于上二叠统，而石油则主要分布于侏罗系和白垩系，油气分布总体表现出下油上气的特征，主力储集层系的特征概述如下。

（一）上二叠统胡夫组石灰岩

这套储集层是最重要的天然气储集层，其天然气储量占盆地天然气总储量的78.3%，凝析油储量占总储量的88.7%，本组仅储集少量的原油，按油气当量计，储于该组的油气占整个盆地油气总储量的33.9%。该组是世界最大气田——诺斯气田的储集层。储集岩是石灰岩和白云质石灰岩，沉积环境为浅海相。石灰岩的孔隙度范围为1%～10%，平均值为5%。渗透率的范围为1～100mD。

（二）上侏罗统阿拉伯组石灰岩

这套储集层是最重要的原油储集层，其原油、天然气和凝析油储量分别占盆地原

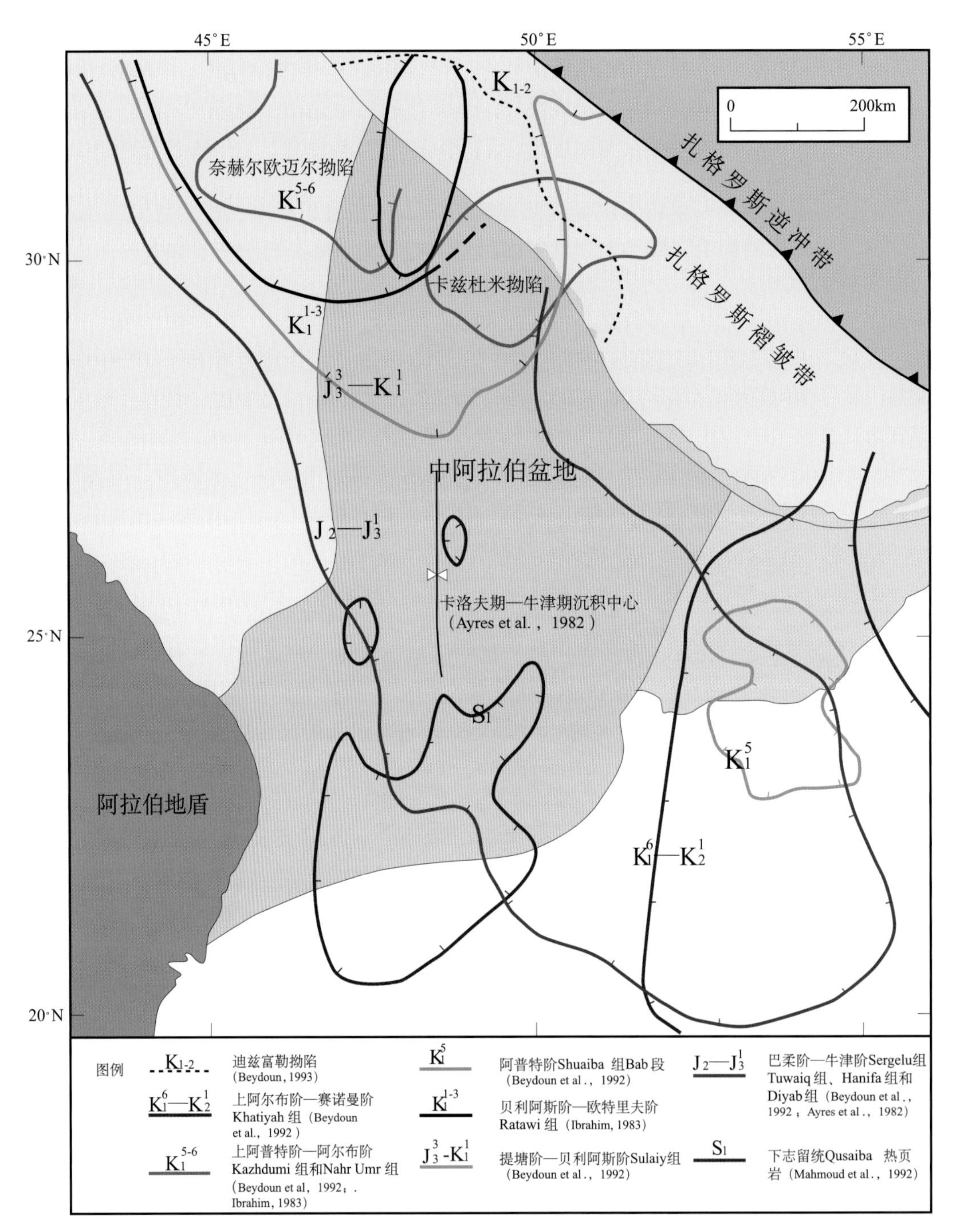

图 5-6　中阿拉伯盆地及其周缘烃源岩展布图

油、天然气和凝析油总储量的 38.6%、4.8%和 1.3%，按油气当量计，储于该组的油气储量占整个盆地油气总储量的 24.0%。储集层由叠层石和珊瑚礁黏结岩和生屑颗粒石灰岩组成，孔渗良好，该组是世界最大油田——盖瓦尔油田的储集层。

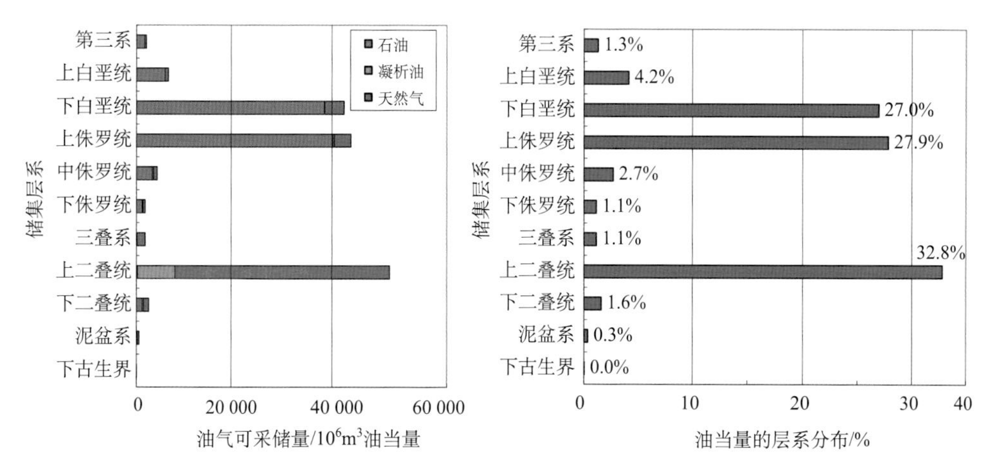

图 5-7　中阿拉伯盆地油气储量层系分布图

（三）下白垩统布尔干组砂岩

这套储集层是第二重要的原油储集层，其原油储量占盆地原油总储量的 8.3%，天气储量占天然气总储量的 1.3%，本组不含凝析油，按油气当量计，储于该组的油气储量占盆地油气总储量的 5.3%。储集岩为海陆过渡相和浅海相砂岩，砂岩储集层的平均厚度为 381m，孔隙度范围为 20%～27%，平均为 23%，渗透率范围为 38～4000mD。该组是世界第二大油田——布尔干油田的储集层。

其他储集层位的油气储量都达不到盆地油气总储量的 5%，因此不再单独描述。就大的层系而言，侏罗系是最重要的储油层系，其石油（包括凝析油）储量占盆地石油总储量的 44.9%，其次为白垩系（占 43.9%）和古生界（占 9.5%）。天然气总储量的 80.5%储于古生界储集层。

三、盖层

中阿拉伯盆地具有多套盖层，有些是区域性的，有些是局部盖层。下—中泥盆统昭夫组的页岩段是组内储集层的区域性盖层，上石炭统—下二叠统欧奈宰组内的页岩是组内砂岩储集层的局部性盖层，上二叠统胡夫组的致密蒸发岩以及石灰岩和白云岩为胡夫组裂隙碳酸盐岩储集层的区域盖层。

下—中三叠统（卡塔尔的苏韦组和其他地区的苏代尔组）页岩构成了胡夫组裂隙碳酸盐岩储集层的区域性盖层，下—中三叠统达施塔克（Dashtak）组是下三叠统坎甘（Kangan）组储集层的半区域性盖层。下—中侏罗统的瑟玛（Surmah）组、迈拉特（Marrat）组、杜尔马（Dhruma）组和萨金鲁（Sargelu）组内的致密泥质石灰岩和页岩，为同组地层内裂隙碳酸盐岩储集层的半区域-区域性盖层。上侏罗统朱拜拉（Jubaila）组的致密石灰岩构成了上侏罗统哈尼费组碳酸盐岩储集层的区域性盖层。上侏罗统阿拉伯组内的硬石膏构成了同组石灰岩储集层的区域性盖层，提塘期（卡塔尔和沙特的希瑟组和其他地区的格特尼亚组）的硬石膏，是阿拉伯组顶部石灰岩储集层的区域性盖层。

下白垩统苏莱伊（Sulaiy）组和亚玛玛（Yamama）组的致密石灰岩和页岩，是同组石灰岩储集层的局部盖层。下白垩统拉塔威（Ratawi）组的页岩和致密石灰岩是伊拉克东南部的下白垩统盖鲁（Garau）组和拉塔威组、科威特和中立区的米纳吉什（Minagish）组碳酸盐岩储集层的局部和半区域性盖层。在伊朗西南部，下白垩统盖德万（Gadvan）组的页岩构成了拉塔威、亚玛玛组和法利耶（Fahliyan）组储集层的区域性盖层。在伊拉克东南部、科威特和中立区，下白垩统祖拜尔（Zubair）组内的页岩构成了同组砂岩储集层的半区域性盖层。

在科威特、中立区和伊朗，下白垩统布尔干组和海夫吉（Khafji）段内的页岩构成了与之交互的砂岩储集层的半区域盖层。下白垩统萨法尼亚（Safaniya）段的页岩不仅是同组砂岩储集层的半区域性盖层，而且也是下伏石灰岩储集层的半区域性盖层。在伊朗西南部和伊拉克东南部，下白垩统毛杜德（Mauddud）组的致密石灰岩是布尔干组和奈赫尔欧迈尔（Nahr Umr）组砂岩储集层的半区域性盖层，艾哈迈迪（Ahmadi）组的页岩是裂隙发育的毛杜德组石灰岩的区域性盖层。在卡塔尔，中—上白垩统莱凡（Laffan）组的页岩是下白垩统米什里夫（Mishrif）组的半区域性盖层。

上白垩统赫塞勃（Khasib）组的页岩和泥质石灰岩是米什里夫组的区域性盖层。阿鲁马（Aruma）组的致密石灰岩是组内石灰岩储集层的局部盖层，其底部的页岩是米什里夫组石灰岩储集层的局部盖层。古尔珠（Gurpi）组的页岩为下白垩统萨尔瓦克（Sarvak）组和上白垩统伊拉姆（Ilam）组的碳酸盐岩储集层提供了区域性盖层。

始新统鲁斯（Rus）组的硬石膏是乌姆厄瑞德胡玛（Umm Er Radhuma）组顶部石灰岩储集层的区域性盖层，乌姆厄瑞德胡玛组内的硬石膏构成了同组内石灰岩储集层的盖层。下中新统加奇萨兰（Gachsaran）组的蒸发岩是阿斯马里组石灰岩储集层的区域性盖层，中新统下法尔斯组蒸发岩为盖尔（Ghar）组砂岩储集层提供了区域性盖层。

四、圈闭

中阿拉伯盆地的圈闭类型包括构造圈闭、地层圈闭和构造-地层复合圈闭，以构造圈闭为主。在盆地内已知的74个成藏组合中，57个为构造圈闭类型，1个为地层圈闭类型，16个为复合圈闭类型。构造圈闭中的油气储量占盆地油气总储量的97.6%，复合圈闭占2.2%，地层圈闭仅占0.2%。

在中阿拉伯盆地已发现的178个油气田中，27个为特大型油气田（2P储量超过50亿桶油当量）（表5-1），其油气2P储量占盆地油气2P总储量的88.3%；62个为大型油气田（2P储量介于5亿～50亿桶油当量），其储量占总储量的10.3%；75个为中型油气田（2P储量介于0.5亿～5亿桶油当量），其储量占总储量的1.3%；其余的14个为小型油气田（2P储量小于0.5亿桶油当量），其储量仅占总储量的0.1%（图5-8）。

表 5-1 中阿拉伯盆地特大型油气田基本特征一览表

序号	油气田名称（原名/译名）	发现时间	石油 /$10^6 m^3$	天然气 /$10^8 m^3$	凝析油 /$10^6 m^3$	油气合计/$10^6 m^3$ 油当量	产层深度 /m	圈闭类型	储层时代
1	North Field/诺斯气田	1971		283 166	4134	30 634	2539.60	构造圈闭	P_3，T_1
2	Ghawar/盖瓦尔	1948	23 055	43 639	908	28 047	2955.65	构造圈闭	D_3，J_3
3	South Pars/南帕尔斯	1992	225	142 036	2862	16 379	2825.80	构造圈闭	P_3，T_1
4	Burgan/布尔干	1938	9381	12 035	175	10 682	1269.80	构造圈闭	J_2，K_1
5	Safaniya/萨法尼亚	1951	8745	3171		9042	1411.53	构造圈闭	K_1
6	West Qurna/西古尔纳	1973	6996	9652	16	7915	2225.95	构造圈闭	K_1，K_2
7	Rumaila/鲁迈拉	1953	4482	4729		4924	3229.97	构造圈闭	K_1
8	Khurais/胡赖斯	1957	3450	1586	80	3678	1449.93	构造圈闭	J_3
9	Abqaiq/布盖格	1940	2719	7079	80	3461	1754.73	构造圈闭	J_3
10	Zuluf/祖卢夫	1965	3180	2667	2	3431	1753.51	构造圈闭	K_1
11	Berri/拜里	1964	2862	3794	56	3273	2434.74	构造圈闭	J_3，K_1
12	Manifa/马尼法	1957	3021	1356	72	3219	2333.55	构造圈闭	K_1
13	Majnoon/马吉努	1977	1888	1638		2042	2410.05	构造圈闭	K_2
14	Raudhatain/劳扎塔因	1955	1518	3041		1803	2488.08	构造圈闭	K_1，K_2
15	Marjan/迈尔坚	1967	1590	2209		1797	2198.21	构造圈闭	K_1，K_2
16	Qatif/盖提夫	1945	1495	2223	92	1795	2164.99	构造圈闭	J_2，J_3
17	Zubair/祖拜尔	1949	1520	2146		1721	3315.00	构造圈闭	K_1
18	Nahr Umr/奈赫尔欧迈尔	1949	1116	4757		1561	3196.13	构造圈闭	K_1，K_2
19	Abu Sa'fah/阿布萨法	1963	1296	1538	48	1487	1901.64	构造圈闭	J_3
20	Dukhan/杜汉	1940	922	3058	64	1272	1744.98	构造圈闭	J_3
21	Sabriya/萨布利亚	1958	855	2328	127	1200	2204.92	构造圈闭	K_1，K_2
22	Al Khafji/阿尔卡夫	1960	1091	777		1163	1407.26	构造圈闭	K_1
23	Azadegan/阿扎德干	1999	1015	585	0	1070	3061.11	构造圈闭	K_1，K_2
24	Halfaya/哈法亚	1976	654	2352		874	2955.95	构造圈闭	K_2
25	Khursaniyah/胡尔塞尼耶	1956	716	1288	32	868	1887.63	构造圈闭	J_3
26	Doroud/杜瑙德	1961	579	2832		844	3181.80	构造圈闭	J_3，K_1
27	Wafra/沃夫拉	1953	779	425		819	2001.01	复合圈闭	K_1
28	Awali/阿瓦利	1932	239	5879	24	812	2599.94	构造圈闭	D_1，P_3

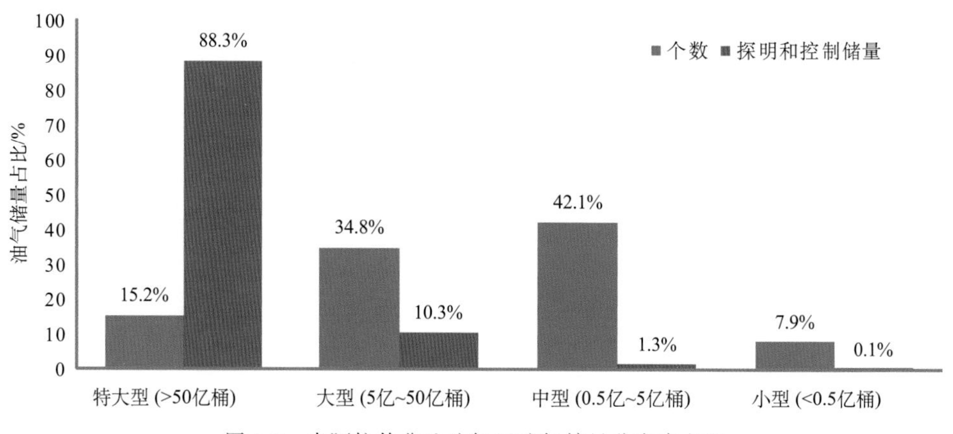

图 5-8　中阿拉伯盆地油气田油气储量分布直方图

五、油气生成与运移

在中阿拉伯隆起，储于上石炭统—下二叠统欧奈宰组的油气源自下志留统古赛巴段烃源岩。在中阿拉伯隆起和其东南侧的鲁卜哈利盆地，这套烃源岩最早于卡洛夫期（中侏罗世晚期）开始生油，在埋藏较浅的地区，开始生油的时间为土仑期（下白垩世晚期）（Abu Ali et al.，1991）。最早的生气时间为早白垩世或土仑期。据 Bishop（1995）的研究，波斯湾海域的志留系烃源岩于三叠纪开始生油，于中—晚侏罗世开始生气；鲁卜哈利盆地内的志留系烃源岩于晚白垩世开始生油，于中—晚新生代开始生气。

上二叠统胡夫组和中三叠统吉勒赫（Jilh）组的烃源岩于阿林期（中侏罗世初期）—提塘期（晚侏罗世末期）开始生油（Lijmbach et al.，1992）。中侏罗统萨金鲁组生油岩于土仑期—马斯特里赫特期（晚白垩世晚期）开始生油（Stoneley，1990）。中侏罗统杜尔马组和阿拉杰组的生油岩在土仑期时开始生油，在马斯特里赫特期和古新世早期生油达到高峰。早中新世之后，中侏罗统烃源岩开始生气。上侏罗统烃源岩的生油时间为晚白垩世—始新世。

下白垩统烃源岩开始生油的时间早至古新世—始新世（Ibrahim，1983），晚至中新世（Stoneley，1990）。下白垩统卡兹杜米生油岩于早中新世开始生油（Bordenave and Burwood，1990），鲁卜哈利盆地东部的赫提耶（Khatiyah）生油岩从早中新世开始生油。

Stoneley（1990）认为第三系帕卜德赫（Pabdeh）组生油岩的生油时间不会早于晚中新世，而且只在扎格罗斯盆地的最深处，这套生油岩才具有足够的埋深，从而成熟生油。

正断层和相关的裂隙系统是油气运移的垂向通道。在中阿拉伯盆地，油气垂向运移的距离可达千米以上，如中侏罗统源岩生成的油运移了约 1500m 的垂直距离之后，才在上侏罗统储集层内聚集成藏（Ayres et al.，1982）。由于该地质省的构造平缓、输导层物性良好，因此水平运移距离可以很长。Stoneley（1990）认为科威特和伊拉克南部下白垩统布尔干组砂岩储集层内的油源自扎格罗斯盆地的下白垩统卡兹杜米组生油岩，油气的水平运移距离约200km，砂岩构成了水平运移的输导层。

在中阿拉伯盆地的一些油田里，有大量的证据表明一些年轻储集层的油藏为次生油藏，这些油藏是油从老储集层向年轻储集层再次运移的结果。在巴林的阿瓦利（Awali）油田，中侏罗统生油岩生成的油在古近纪充注于上侏罗统储集层中。晚新生代运动破坏了盖层的封闭性，结果储于上侏罗统的油气发生再次运移，在白垩系储集层内重新聚集成藏（Chaube and Al Samahiji，1995）。依据相关的地化资料，Beydoun等（1992）阐明了扎格罗斯盆地内下白垩统—中新统储集层的油均源自下白垩统卡兹杜米组生油岩。构造裂隙在不同构造阶段反复开启闭合为油气再次运移提供了通道，从而聚集于深层储集层的油气能够再次向上运移，在更年轻的储集层内聚集成藏。扎格罗斯盆地的这种成藏模式可能也适用于相邻的中阿拉伯盆地。

六、含油气系统特征

（一）下白垩统卡兹杜米—下白垩统布尔干含油气系统

该含油气系统是一个确定型含油气系统，烃源岩为上阿普特阶—下阿尔布阶卡兹杜米组海相页岩，输导层是横向上与之对应的奈赫尔欧迈尔组和布尔干组砂岩（图5-9）。储集层包括伊朗的上白垩统Ilam组、下白垩统Sarvak组和第三系Asmari组。此外，科威特、伊拉克南部和中立区的下白垩统奈赫尔欧迈尔组和布尔干组为可能的储集层。第三系Gachsaran组构成了区域盖层。

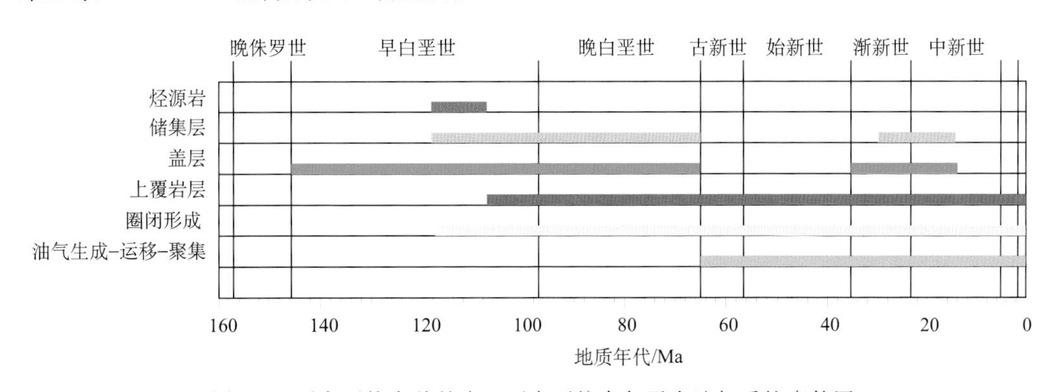

图5-9 下白垩统卡兹杜米—下白垩统布尔干含油气系统事件图

卡兹杜米烃源岩从中新世时开始生油。圈闭在烃源岩沉积时就已经存在，并一直延续至今。Nahr Umr组、Burgan组、Ilam组和Sarvak组储集层的盖层在晚白垩世就开始生效了；Asmari组的盖层一直到晚中新世至早上新世才开始生效。到晚中新世Gachsaran组地层沉积之后，该含油气系统才有了保存油气的能力。尽管如此，新近纪的油气仍然有可能沿着页岩盖层的断裂和微裂缝运移走。

（二）志留系—石炭系/二叠系含油气系统

该含油气系统是一个确定型含油气系统，烃源岩为下志留统阔里巴赫组的古赛巴（Qusaiba）段的海相页岩。输导层包括阔里巴赫组的舍劳拉（Sharawra）段、上志留统—下泥盆统泰维勒（Tawil）段（组）、上泥盆统昭夫（Jauf）组、中泥盆统—下石炭统勃沃斯（Berwath）组和上石炭统—下二叠统欧奈宰（Unayzah）组（图 5-10）。储集层主要为欧奈宰组砂岩和上二叠统胡夫（Khuff）组碳酸盐岩。中阿拉伯盆地欧奈宰组储集层的油是唯一肯定来自古赛巴段生油岩的油，油的硫含量只有 0.06%，而阿拉伯组油藏油的硫含量为 0.54%，这表明阿拉伯组内的油不可能来自古赛巴组生油岩，而是源自其他的生油岩。欧奈宰组内的页岩构成了盖层，胡夫组的致密碳酸盐岩也是可能的盖层。

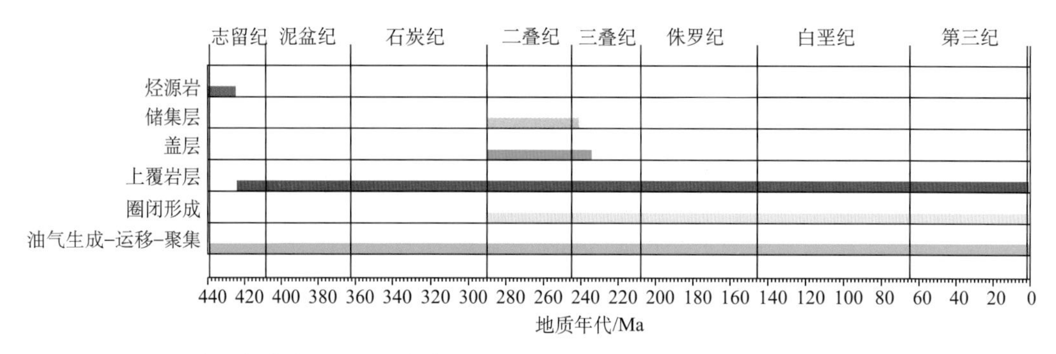

图 5-10　中阿拉伯盆地志留统古赛巴—石炭系/二叠系欧奈宰/胡夫含油气系统事件图

如前所述，古赛巴组烃源岩于卡洛夫期—土仑期开始生油，但在埋深较浅的地区，生油时间也许更晚，甚至尚未成熟。圈闭形成于三叠纪—早侏罗世（McGillivary and Husseini，1992），由于基底断裂重新活动，因此还有可能形成更晚的圈闭。欧奈宰组储集层可以圈闭古赛巴组生成的石油，如果油气的生成时间晚于欧奈宰组圈闭的形成时间，那么侏罗系—白垩系储集层也可圈闭古赛巴组生成的石油。

（三）侏罗系—侏罗系含油气系统

侏罗系广泛分布的生油层构成了中阿拉伯盆地重要的生油层。由于这些烃源岩遍及侏罗系层系，而且生油岩之间没有主要盖层分割，因此侏罗系被看做是一个统一的含油气系统，该含油气系统是一个假定型含油气系统。

烃源岩包括沙特、中立区和科威特的下侏罗统迈拉特（Marrat）组，卡塔尔和阿联酋的中侏罗统伊扎拉（Izhara）组、阿拉杰（Araej）组，伊拉克和科威特的中侏罗统萨金鲁（Sargelu）组，沙特的中侏罗统杜尔马（Dhurma）组、中—上侏罗统图韦克（Tuwaiq）山组、上侏罗统哈尼费组和朱拜拉组，卡塔尔和阿布扎比的上侏罗统迪亚卜（Diyab）组（图 5-11）。输导层包括具有微裂隙的烃源岩自身，层间石灰岩夹层和上覆及下伏的孔渗石灰岩。储集层包括所有的侏罗系储集层，在希瑟组盖层不完备的地区，还很可能包括年轻的储集层。区域性盖层为希瑟组和格特尼亚组的蒸发岩。

中阿拉伯盆地侏罗系生油岩的油气生成时间不确定，通过与邻区类比，推测其生油时间一般为晚白垩世—古近纪。众多圈闭位于隆升的霍尔木兹组盐底辟之上，因此圈闭在生油岩沉积时就已存在，随后这些圈闭持续生长至今。波斯湾东北边的圈闭从晚中新世开始受到扎格罗斯造山运动的影响。油气成藏期受控于生油岩的演化程度，最早充注时间可能为晚白垩世（图 5-11）。

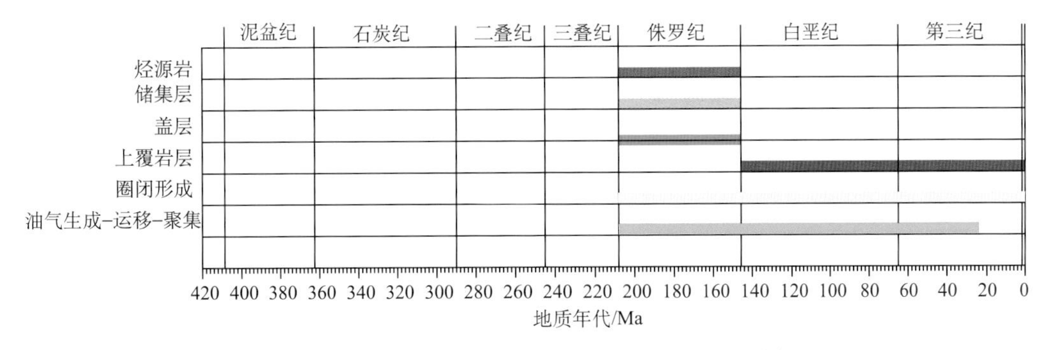

图 5-11　中阿拉伯盆地侏罗系—侏罗系含油气系统事件图

（四）下白垩统苏莱伊/法利耶—下白垩统布尔干含油气系统

中阿拉伯盆地的下白垩统苏莱伊组和法利耶组与伊拉克地区的基亚盖若（Chia Gara）组层位相当，它们共同构成了一个混合的假定型含油系统（图 5-12）。生油岩为伊拉克东南部、科威特和沙特的苏莱伊组和伊朗的法利耶组的海相页岩。输导层为发育微裂隙的烃源岩自身，层间石灰岩与砂岩薄层，还有上覆的下白垩统亚玛玛（Yamama）组、拉塔威（Ratawi）组、米纳吉什（Minagish）组和盖鲁（Garau）组。储集层包括上侏罗统格特尼亚组之上的所有白垩系储集层。区域盖层为上白垩统赦软尼失组，在其缺失的地方，下法尔斯组蒸发岩则构成了区域盖层。

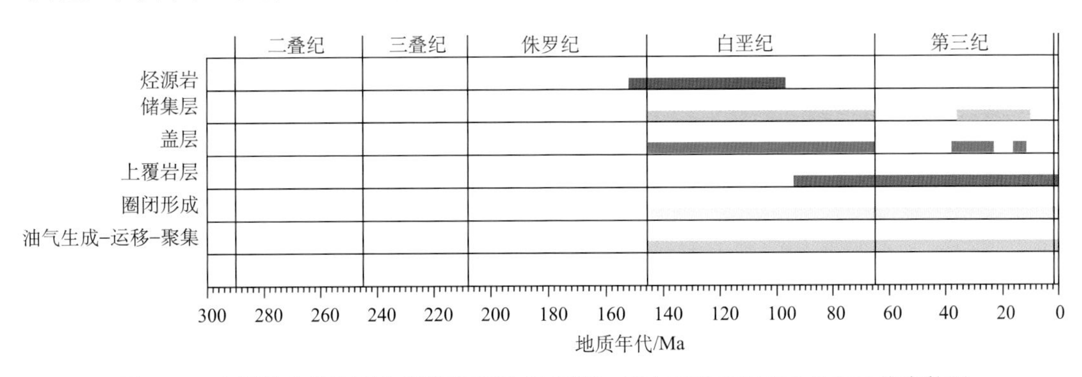

图 5-12　中阿拉伯盆地下白垩统苏莱伊/法利耶—下白垩统布尔干含油气系统事件图

下白垩统生油岩的生油期为古新世—始新世，圈闭的形成时间同侏罗系含油气系统的圈闭形成时间一样。因此石油充注期主要为古新世—始新世。

下白垩统卡兹杜米组含油气系统：生油岩为卡兹杜米组海相页岩，输导层为横向上与之相当的奈赫尔欧迈尔组和布尔干组砂岩，储集层包括伊朗的萨尔瓦克组、伊拉姆组和阿斯马里组，科威特、伊拉克东南部和中立区的奈赫尔欧迈尔组和布尔干组。生油岩于中新世开始生油，圈闭的形成时间与其他两个中生界含油气系统相同，因此油气成藏期不会早于中新世。

七、典型油气藏解剖

如上所述，中阿拉伯盆地发育众多大型和特大型油气田，但由于缺乏详细的地化资料，大油气田具体归属于哪个含油气系统的研究尚处于初级阶段。本节选取两个油田和一个气田作为典型油气田的代表加以阐述，盖瓦尔油田是侏罗系—侏罗系含油气系统的代表，Hawta 油田和诺斯-南帕尔斯气田是下志留统古赛巴—石炭系/二叠系欧奈宰/胡夫含油气系统的代表。

（一）盖瓦尔油田

1. 概述

盖瓦尔油田位于沙特阿拉伯东部，距离波斯湾有 80km 左右（图 5-13）。盖瓦尔油田是世界上最大的油田，其面积约为 $5400km^2$。该油田发现于 1948 年，1951 年开始产油，产油层位为上侏罗统阿拉伯组 D 段碳酸盐岩，该储集层是盖瓦尔油田最重要的石油产层，产出了 90%以上的石油产量。此外，阿拉伯组 C 段、哈尼法（Hanifa）组和上杜尔马（Dhruma）组构成了次要储集层。储于侏罗系储集层中的石油原始地质储量预计为 193 BBO（$30.7\times10^9m^3$）。另外，自 20 世纪 80 年代起，从二叠系胡夫组和石炭系—二叠系欧奈宰组的碳酸盐岩中开始产出大量的含硫天然气。同时，在泥盆系昭夫组砂岩中发现了低硫气和凝析油。

阿拉伯组 D 段和胡夫组层位的构造是一个南北走向相对简单、发生轻微断裂的背斜圈闭（图 5-14）。阿拉伯组 D 段储集层的厚度为 91m，由一套以颗粒碳酸盐岩和泥质碳酸盐岩为主的旋回地层组成，沉积环境分别为高能的近岸环境和低能的局限陆架环境。整个旋回呈现向上变浅的趋势，顶部是一套硬石膏盖层。其中颗粒灰岩和粗粒结晶白云岩具有最好的储集层质量，渗透率高达 100～6000mD（平均渗透率为 1000mD）。

阿拉伯组 D 储集层起初的油气产出是靠微弱的地下水驱，1966 年开始进行边缘行列注水。自从 20 世纪 90 年代早期以来，水平生产井和注水井已经大大改善了采收率和生产效率。日产量在 1980 年达到顶峰为 5.8MMb（$0.9\times10^6m^3$），并且直到 1996 年仍然保持日产 4.8MMb（$0.8\times10^6m^3$）的高值。成岩作用导致胡夫组 C 段碳酸盐岩内出现了小规模的分层特征，这些岩层中发生白云岩化的颗粒灰岩具有最高的渗透率，中值可达 200mD。泥盆系昭夫组砂岩储集层有明显的高渗透率值，在黏土颗粒包壳存在的薄层中砂岩的渗透率可达 1000mD，因为黏土颗粒包壳可以阻止胶结作用的进行。

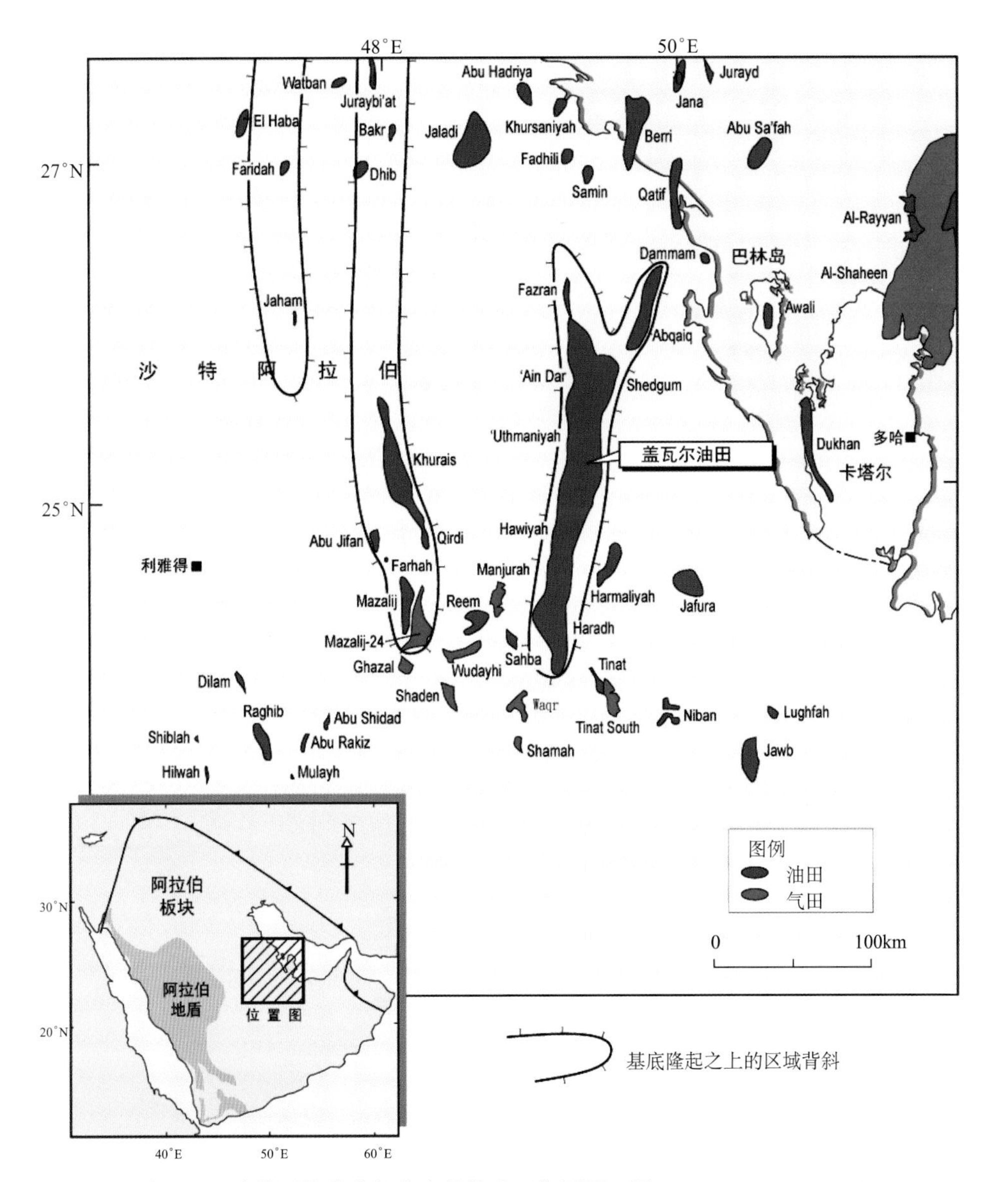

图 5-13　沙特阿拉伯中部和东部的油田位置图（据 Saudi Aramco，2000）
左下角插图为区域构造背景图

2. 构造与圈闭

盖瓦尔油田位于一个狭长的、南北走向的背斜上，该背斜向南部稍稍倾伏，向北分为北和北东向两个分支（图 5-14）。在早期的勘探中就发现盖瓦尔背斜表面为重力正异常，此现象被用来界定圈闭的范围（Arabian American Oil Company，1959）。重力异常显示在油田之下存在一个很浅的基底（图 5-15），后得到地震和钻井资料的进一步证实。基底地垒形成于石炭纪海西期造山运动期间，其顶部被剥蚀掉了 1067m 厚的古生

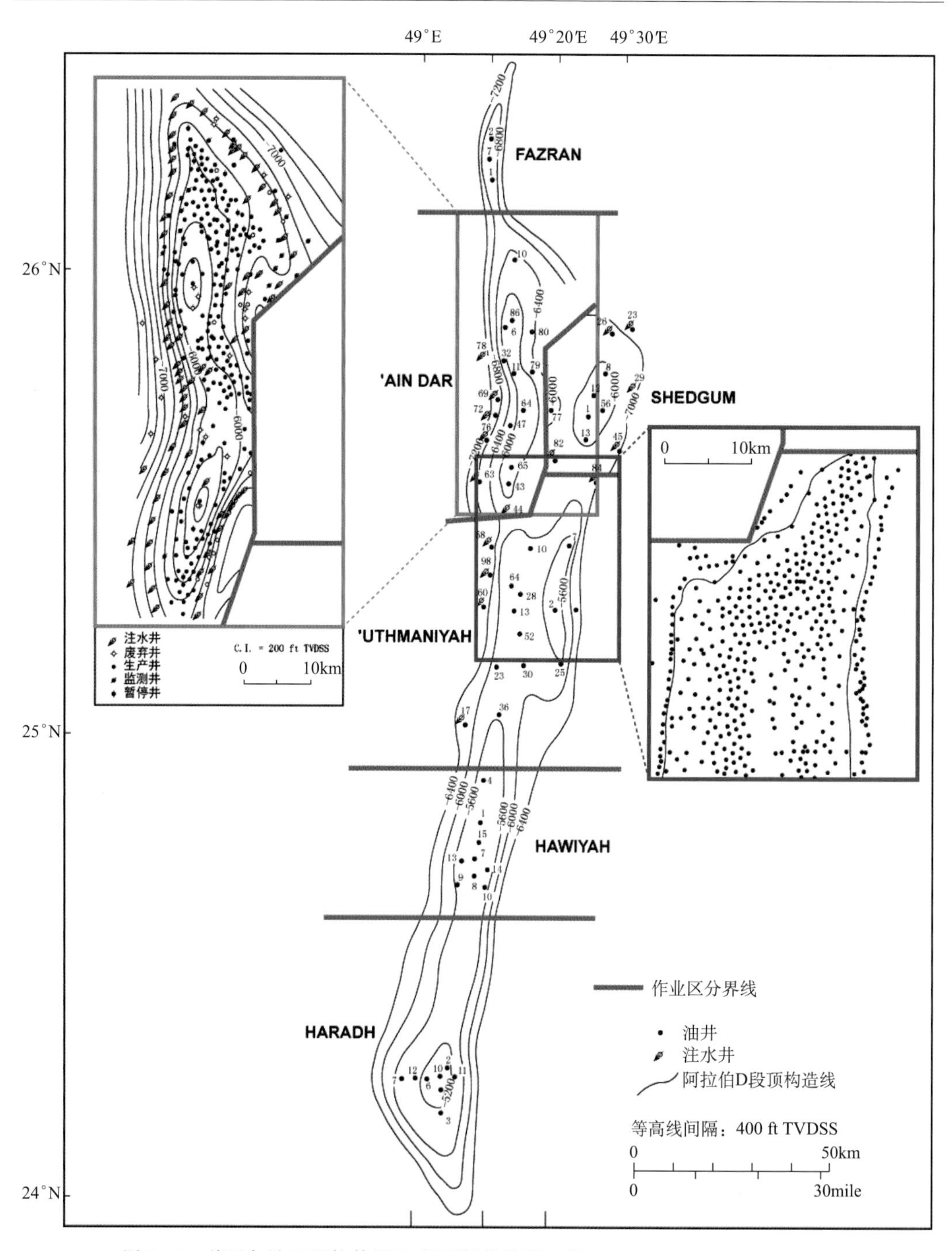

图 5-14 盖瓦尔油田阿拉伯组 D 段顶部构造图（据 Phelps and Strauss，2002）
左右两个插图分别是 Ain Dar 区和 Uthmaniyah 区北部的细节图，显示了最新钻井排列样式

代沉积物（图 5-16，图 5-17），之后在残余的高地上沉积了二叠纪沉积物（Wender et al.，1998）。从白垩纪中期到古近纪，该构造受到了局部压力，导致中生代和古近纪地层形成了一个简单的同心褶皱（图 5-15，图 5-18）。构造运动停止于中新世。

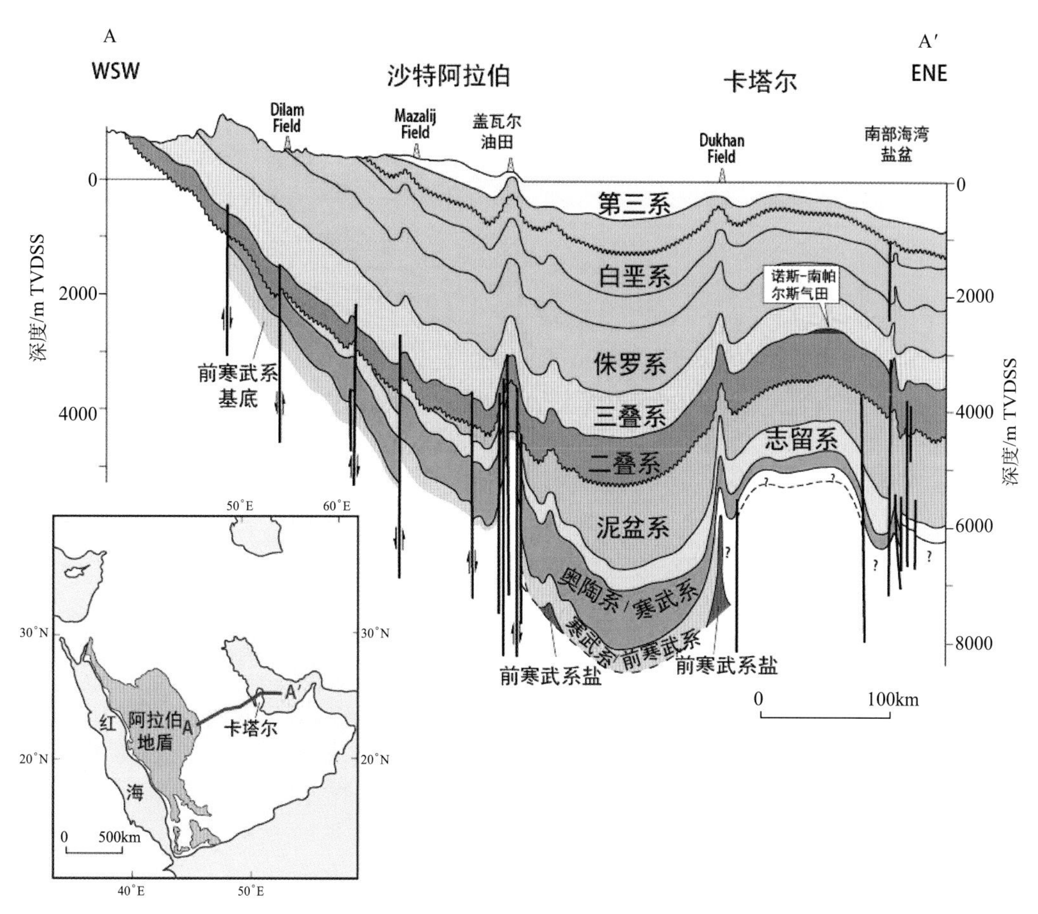

图 5-15　穿过沙特阿拉伯和卡塔尔的东—西向地质剖面图，显示出了盖瓦尔构造的显著特征（据 Konert et al.，2001）

盖瓦尔油田的油气储于几个独立的储集层中，这些储集层分布于下古生界到上侏罗统的地层中。其中主要储集层为：①上侏罗统统阿拉伯组 D 段，该储集层产出了从 1996 年到现今油田石油总产量的 95%；②上二叠统胡夫组 C 段，该储集层是非半生气和凝析油的主要产层；③泥盆系昭夫组，该组是非半生气和凝析油的次要产层。

在阿拉伯组 D 段，盖瓦尔油田长 230km，宽 20～50km，面积为 5400km^2，油田表现为四面倾伏圈闭，盖层为 30.5～61m 厚的硬石膏岩层。三维地震资料显示在现有的油田范围内至少还存在四个次高点（图 5-14）。该构造的最低点为海平面下垂直深度 1570m。地表高程为 152～305m。该储层仅被一些小断层切割（图 5-19），不过这些断层对流体的流动有很大的影响（Saudi Arabian，1996）。盖瓦尔构造翼部的最大倾斜角可达 12°，但是一般都是低角度的，倾角为 3°～5°。油田的平均油柱高度为 457m，油水界面从南向北严重倾斜，倾斜度预计为 107～137m。在 Haradh 区南部油水界面由西向东倾斜，倾斜度预计可达 244m。油水界面倾斜与水动力影响无关，而是由该圈闭的石

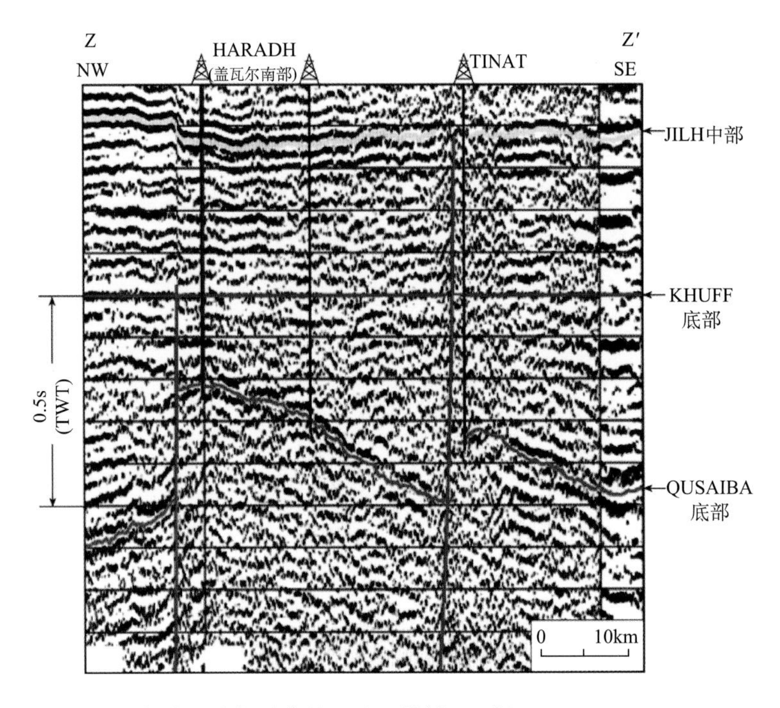

图 5-16　胡夫组底部层位的地震反射剖面（据 Wender et al.，1998）

油和边水的密度差异造成的。气油比值和边水盐度向南逐渐降低，因此水的密度向南变低，油的密度向南增大。这种南—北差异是由地温梯度的迅速变化造成的。Haradh 区油水界面东—西向倾斜更严重，主要是由地层水的巨大盐度差异引起的，西部为30 000×10^6，东部为 150 000×10^6。

1992 年首次获得了覆盖盖瓦尔油田的三维地震资料，覆盖面积为 300km^2。到 1996 年时，该油田已经有 3000km^{2}被三维地震覆盖，现在已经全区覆盖。三维地震资料首次提供了详细的油田构造图像（图 5-19B）。并证明在该构造的两翼存在次级断层和断裂带，为阿拉伯组 D 段水平井的布置提供了更准确的深度。通过三维地震已经绘制出了胡夫组 C 段储集层的孔隙度图（Dasgupta et al.，2002），三维地震资料亦显示出了错断了昭夫组的断层方向。

非伴生天然气发现于古生界内的多套储集层系，这些储集层分布于盖瓦尔油田的不同部位（图 5-13）。胡夫组和欧奈宰组与中生代地层在很大范围上呈整合接触。在 Uthmaniyah 区，胡夫组 C 段顶层构造是一个四面倾伏背斜圈闭（图 5-20；Dasgupta et al.，2002）。构造顶部位于海平面下垂直深度 3109m，气水界面深度为 3322m，气柱高度为 213m。该构造长 30km，宽 11km，面积为 220km^2。东侧翼部的最大倾斜角度为 10°，西侧翼部倾斜角度非常小。昭夫组圈闭位于盖瓦尔古生代地垒的东侧翼部，被海西期的不整合和断层削截。由于地震分辨率很差，所以昭夫组气藏的面积范围难以界定，但是天然气地球化学特征的差别显示出了断层的封堵特征（Carrigan et al.，

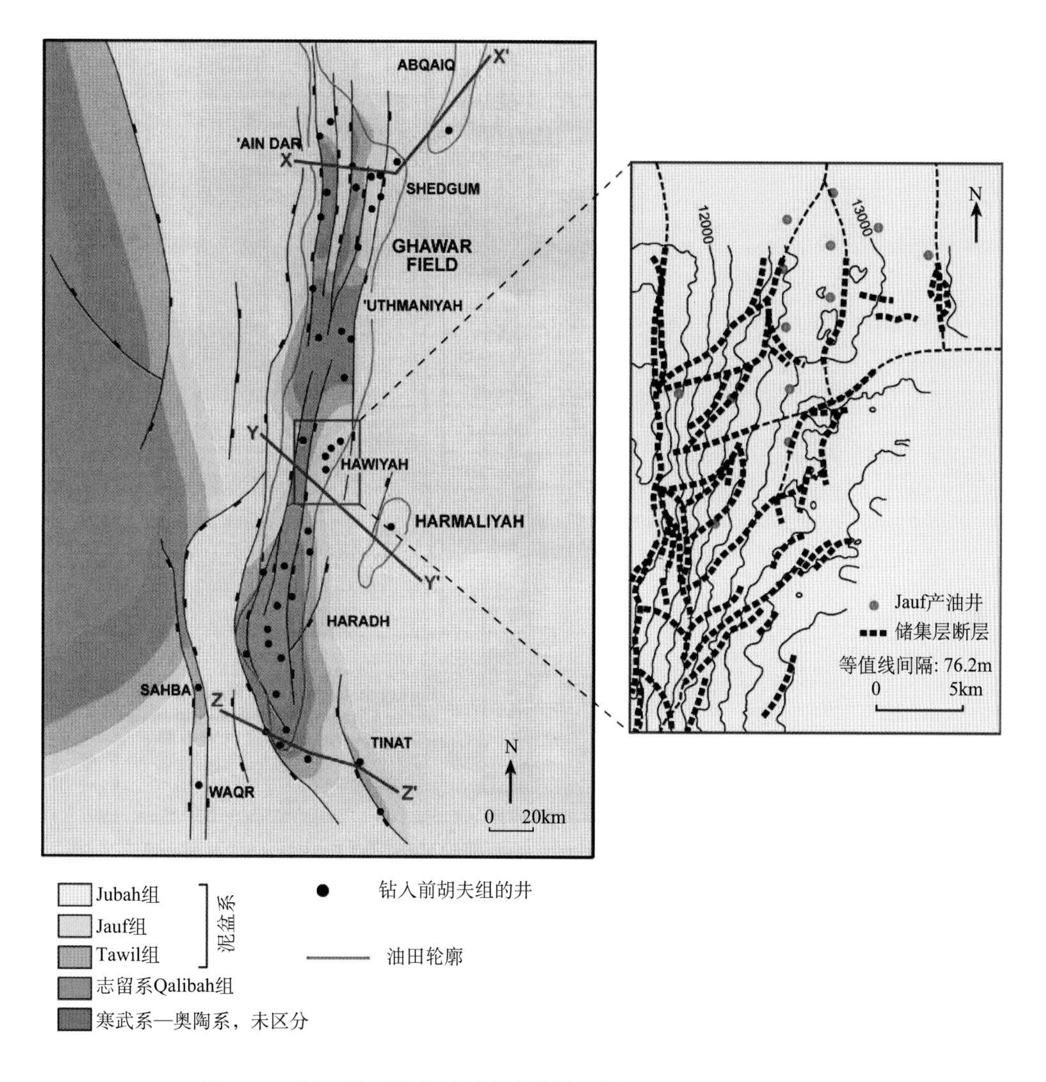

图 5-17 海西期不整合面下古地质图（据 Wender et al.，1998）

1998)，昭夫组气藏至少被分成了六个分区。在 Hawiyah 区，气柱高度超过了 610m (Liu et al.，2001)，胡夫组储集层被层内硬石膏致密夹层分成了一些独立的储集单元，胡夫组的底部页岩是欧奈宰组和昭夫组储集层的盖层。

3. 储集层特征

盖瓦尔油田的产油层均位于中—上侏罗世统（图 5-21），主要产油层是上侏罗统阿拉伯组 D 段。天然气和凝析油主要产于二叠系胡夫组，海西期不整合面之下的泥盆系昭夫组为一次要产气层。

1）阿拉伯组 D 段储集层

阿拉伯组沉积之前，沙特阿拉伯东部是一个局限内陆架坳陷。盖瓦尔油田位于该坳

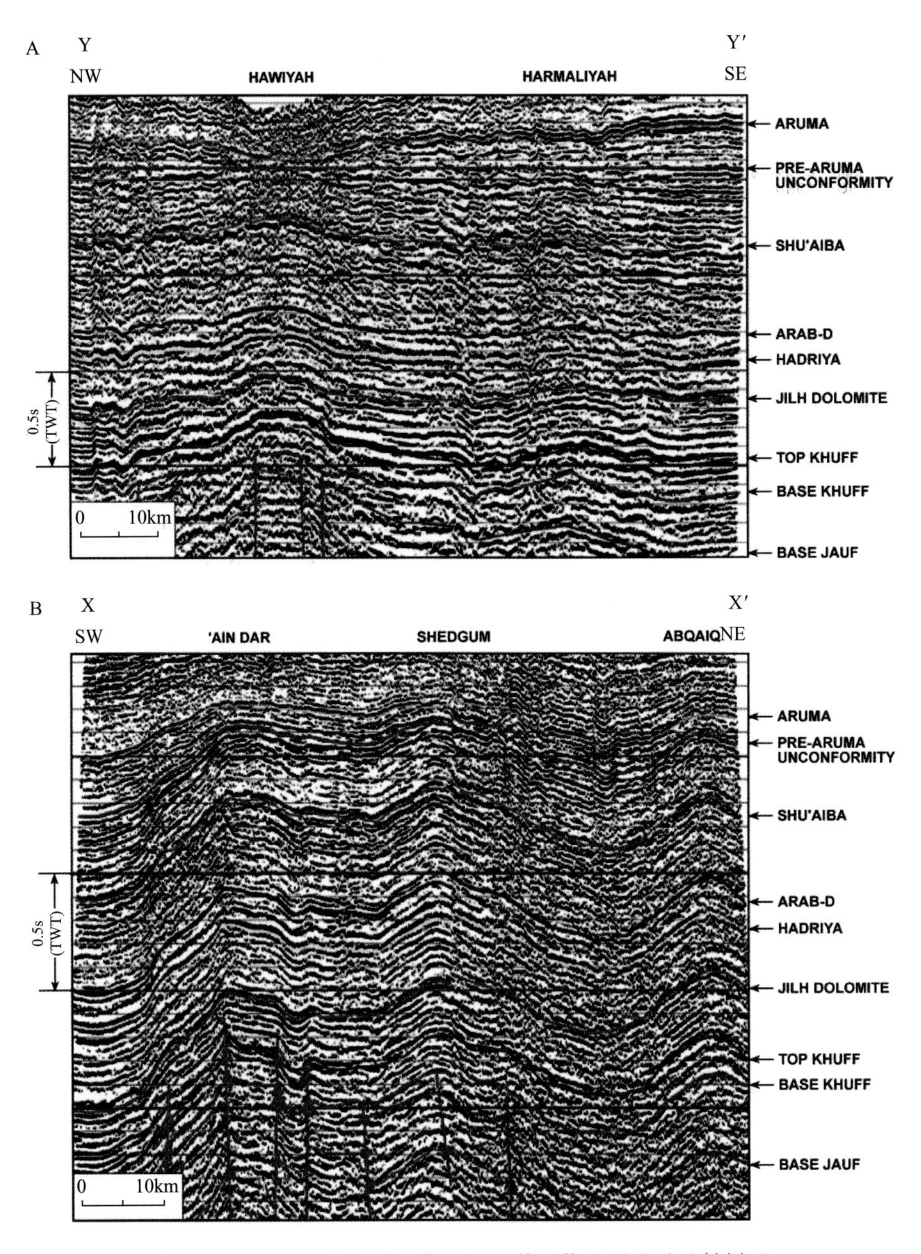

图 5-18　（A）上白垩统阿鲁马组及其下伏地层地震反射剖面；
（B）过盖瓦尔油田北部的地震反射剖面（据 Wender et al.，1998）

陷的中部，该地区下伏于阿拉伯组之下的地层依次为 Dhruma 组、Tuwaiq 山组、Hanifa 组和 Jubaila 组（图 5-21）。这些地层中包含有浅海相灰岩储集层以及致密的、潮下带灰岩夹层。Arab 组和上覆的 Hith 组硬石膏由向上逐渐变浅的碳酸盐岩-硬石膏构成的 4 个旋回组成，反映了侏罗纪时期的局限海沉积环境。这四套碳酸盐岩储集层由浅到深分别被称为 Arab-A 到 D 段（图 5-21）。阿拉伯组 D 段沉积于高能的滨外滩坝、

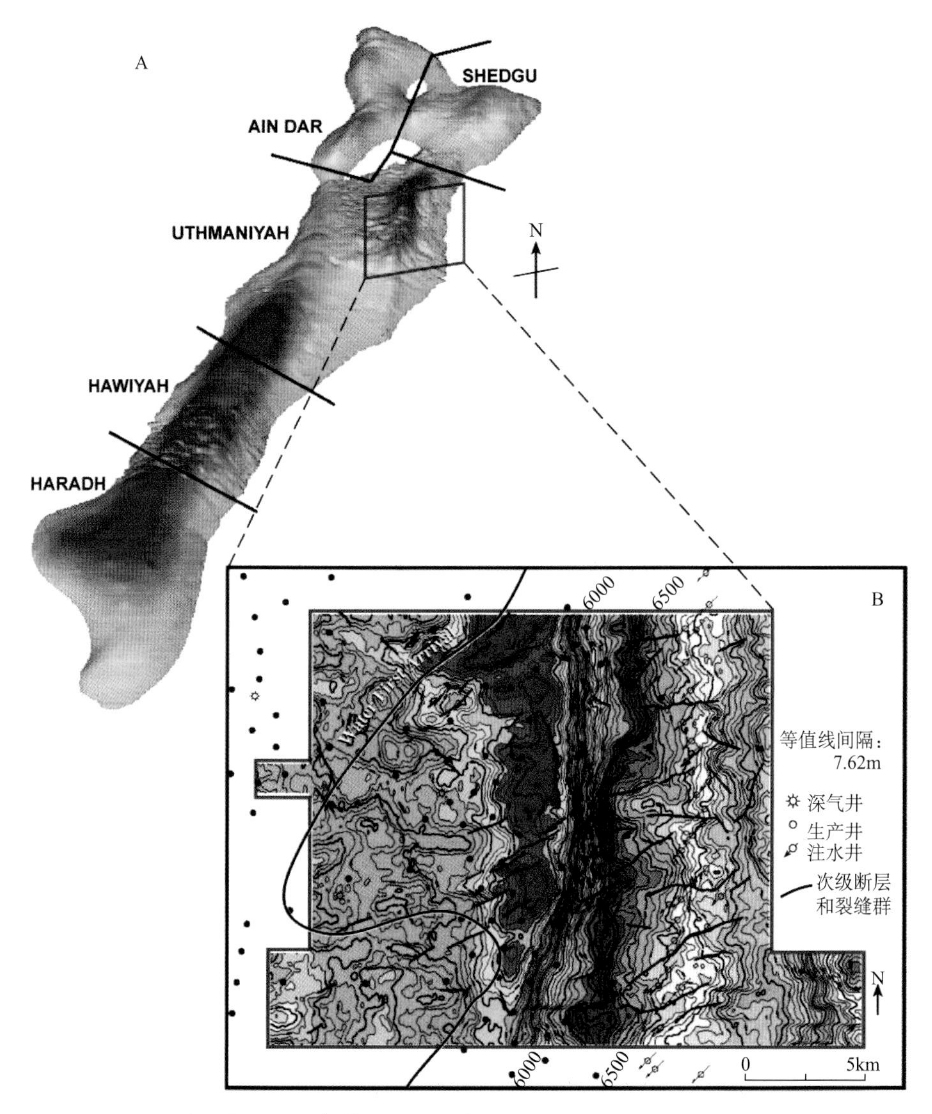

图 5-19 （A）盖瓦尔油田阿拉伯组 D 段顶部的三维投影构造图（据 Gill et al.，2001）；（B）阿拉伯组 D 段顶部详细构造等值线图（Saudi Arabian，1996）

低能的局限陆架和潟湖以及蒸发性的潮坪盐沼环境。盖瓦尔油田的阿拉伯组 D 段中已经识别出六种岩性：骨架-鲕粒石灰岩、层孔虫石灰岩、层孔虫-红藻类-珊瑚石灰岩、颗粒内碎屑石灰岩、微晶石灰岩和硬石膏（Mitchell et al.，1988）。阿拉伯组 D 段整体上是一套相当连续统一的、广泛分布的碳酸盐岩和蒸发岩单元，但是在横向上也能观察到一些变化。阿拉伯组 D 段储集层的平均厚度为 91m，并且由北向南逐渐减薄（Meyer and Price，1993）。盖瓦尔构造北部主要沉积了颗粒石灰岩，向南逐渐变为颗粒石灰岩和灰泥石灰岩的混合沉积（图 5-22）。

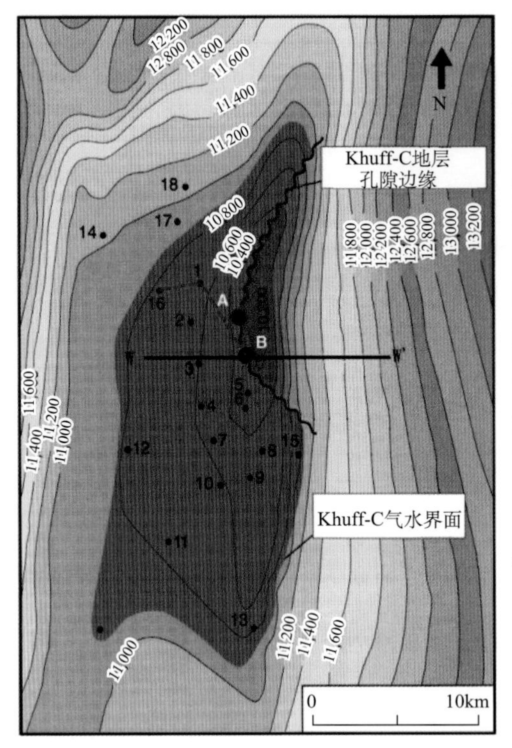

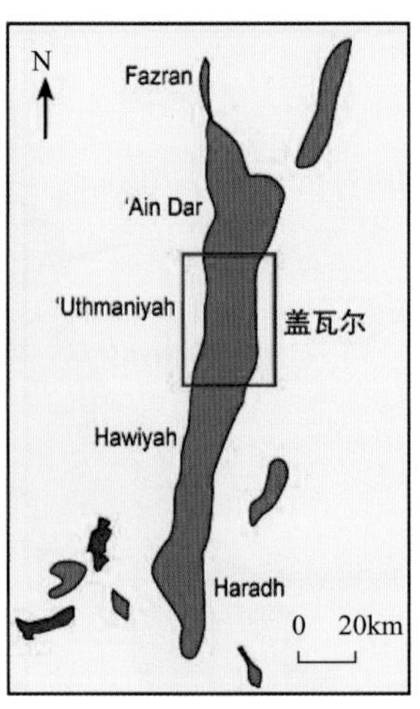

等值线间隔: 60.96m

图 5-20 盖瓦尔油田 Uthmanlyah 区胡夫组 C 段顶部构造图（据 Dasgupta et al.，2002）

年代	组	储集层	岩性	海岸上超（向陆 ↔ 向海）
提塘期	Hith			
	Arab	Arab A		
		Arab B		
		Arab C		
基末利期		Arab D		
	Jubaila			
	Hanifa	Hanifa		
牛津期	Tuwaiq Mountain			
		M. Fadhili		
卡洛夫期	Dhruma			
巴通期		L. Fadhili		

图例：硬石膏；颗粒灰岩/泥质颗粒灰岩；颗粒质灰泥石灰岩/灰泥石灰岩

图 5-21 盖瓦尔油田侏罗系油气储集层分布图（据 Kompanik et al.，1994；修改）

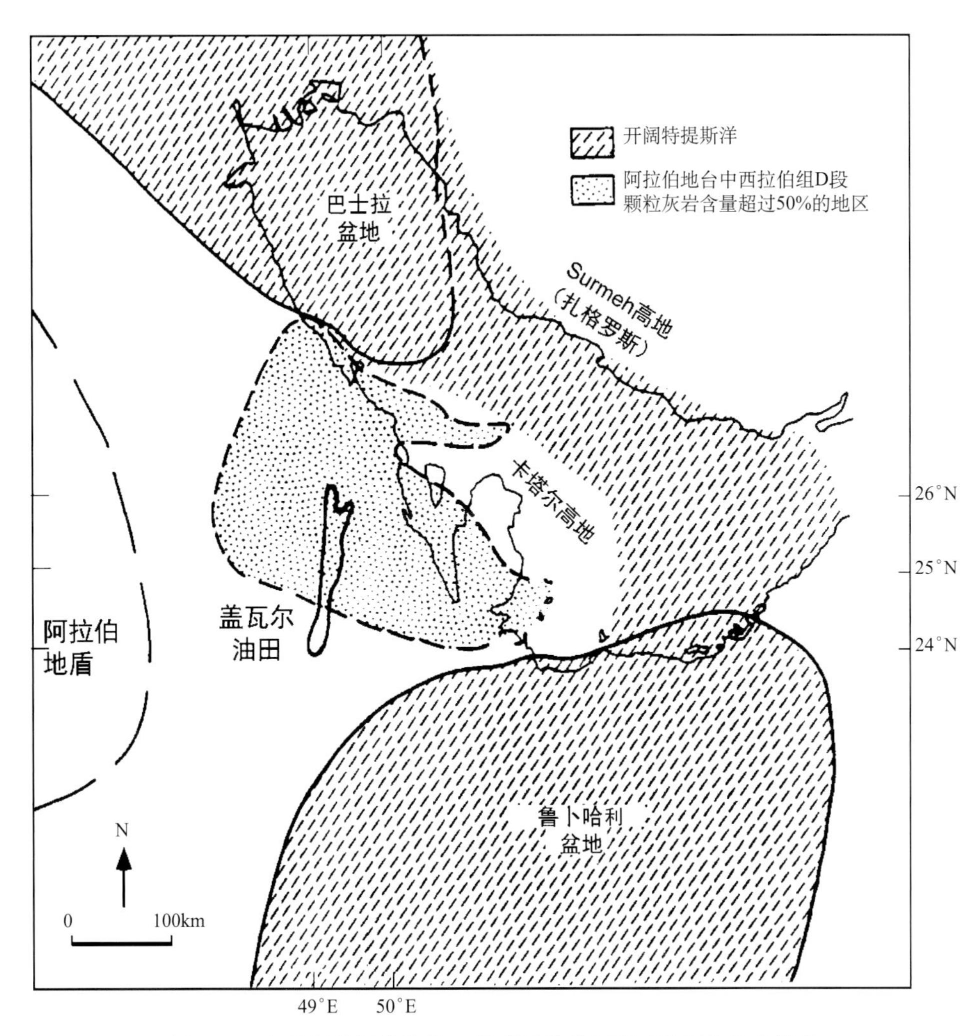

图 5-22　上侏罗统阿拉伯组 D 段碳酸盐岩沉积时期阿拉伯东部的古地理图（据 Mitchell et al.，1988）

阿拉伯组 D 段盖瓦尔储集层的岩性为部分至全部白云岩化的骨架-球粒-鲕粒颗粒石灰岩和乏泥的颗粒质石灰岩。储集层质量主要受原始沉积相的控制，后期成岩作用亦有一定的影响。成岩作用过程包括：①早期的海相胶结；②重结晶作用；③亮晶方解石胶结；④硬石膏胶结；⑤白云岩化；⑥溶解作用（Powers，1962）。白云岩化作用和溶解作用对阿拉伯组 D 段储集层质量的影响最为重要，部分或全部的阿拉伯组 D 段方解石被白云岩交代的现象在整个沙特阿拉伯东部都很常见。

总的来说，粒间孔隙是石灰岩岩相中最主要的孔隙类型，并且经常伴生有铸模孔隙。粒内孔隙、裂缝、潜穴和遮盖孔隙很少见。对白云岩而言，中晶间孔很常见。白垩状微孔隙在整个储集层的石灰岩和白云岩中都有发育，主要发生在微晶颗粒和微晶基质内部以及结晶胶结物之间（Mitchell et al.，1988；Cantrell and Hagerty，1999）。颗粒石灰岩和乏泥的颗粒质石灰岩的孔隙最发育，孔隙度为 15%～17%，而富泥的颗粒质石灰岩和含颗粒石灰岩的孔隙度为10%～12%，灰泥石灰岩的孔隙度为7%（Lucia et al.，2001）。从下到上，储集层颗粒石灰岩的含量逐渐增高，因此孔隙度也相应向上逐渐变好。碳酸盐岩中的孔隙度和渗透率之间没有简单的相关性，但是颗粒石灰岩和粗晶白云岩的渗透率最高，为100～6000mD，平均为1000mD。其次为乏泥的颗粒质石灰岩和云质含颗粒石灰岩（白云石含量超过25%），平均渗透率为100mD。最差的为含颗粒石灰岩和灰泥石灰岩（白云石含量小于25%），平均渗透率为10mD（Powers，1962；Lucia et al.，2001）。南部的纯油层厚度为20m，北部上升为46m。

2）胡夫组C段储集层

上二叠统胡夫组沉积于下二叠统欧奈宰组砂岩和页岩之上，但是在欧奈宰组缺失的地方，胡夫组与下伏的众多古生代地层呈不整合接触（图5-16）。胡夫组被划分为五个沉积单元，从深到浅分别是A、B、C、D和E段（后面的诺斯-南帕尔斯气田对此有较为详尽的描述），其中C段是主要的产气层。

胡夫组主要由周期性的浅海碳酸盐岩和蒸发岩组成，向东岩层逐渐增厚。在整个盖瓦尔地区，胡夫组的厚度从Haradh区的427m到Abqaiq区的533m。下伏的欧奈宰组陆相沉积物充填在海西期构造差异剥蚀所形成的残余地形之上。胡夫组底部地层上超于欧奈宰组顶部。胡夫组底部是一层很薄的、海侵时期所沉积的砂岩和页岩，它们构成了下伏欧奈宰组储集层的盖层。

胡夫组C段储集层的主要岩性为骨架-球状颗粒石灰岩和灰泥石灰岩及其白云化产物，次要岩性是含颗粒石灰岩。白云岩化和溶蚀作用促进了孔隙的发育，而硬石膏胶结则阻塞孔隙，从而降低了孔隙度。在一些井中，硬石膏胶结已经破坏了整个剖面的储集层质量。胡夫组C段碳酸盐岩周期性地暴露在干旱的环境中，从而形成了硬石膏，并且硬石膏胶结的程度在横向上变化很大。孔隙的主要类型为铸模孔和晶间孔。孔隙度为5%～30%，渗透率为0.1～200mD。

3）昭夫组储集层

昭夫组沉积于早—中泥盆世，是一套很厚的砂岩单元。在盖瓦尔地区，厚度范围从西部的198m到东部的335m，从东到西，砂岩储集层厚度从89m增厚至144.5m（Wender et al.，1998）。孔隙类型主要是粒间孔，自生黏土矿物的含量决定了砂岩储集层物性的变化。在一口未给定名称的钻井中，昭夫组储集层总厚112.5m，其中纯气层厚54m，孔隙度10%～25%，平均值12%。渗透率大部分介于0.1～100mD，最高可达1000mD。

（二）Hawtah油田

1. 概述

Hawtah油田位于沙特阿拉伯首都利雅得市东南方向的150km处（图5-23），该油田发现于1989年，1997年投入生产，其石油2P可采储量为$3.18\times10^8m^3$，储集层为石炭系—二叠系欧奈宰组。Hawtah圈闭为一个大型的、三面倾伏的背斜构造，其形成归因于下伏古生代地垒的重新活动，构造面积$120km^2$。欧奈宰组覆盖在海西期不整合面之上，之后经历了严重剥蚀，然后沉积了胡夫组的砂岩和致密灰泥石灰岩。在局部地区，欧奈宰储集层还包括了胡夫组底部的砂岩，储集层厚度变化很大，最大可达152m。欧奈宰储集层的沉积环境为半干旱的冲积扇、辫状河以及干盐湖和风成沙丘。储集层最好的地区位于风成砂岩和河成砂岩之中，孔隙度中等，平均孔隙度为18%～20%，风成砂岩相有很好的渗透率，平均值为1170mD，河成砂岩相的渗透率也很高，平均值为650mD。孔隙大多数为次生的，主要源自颗粒和胶结物的溶蚀。

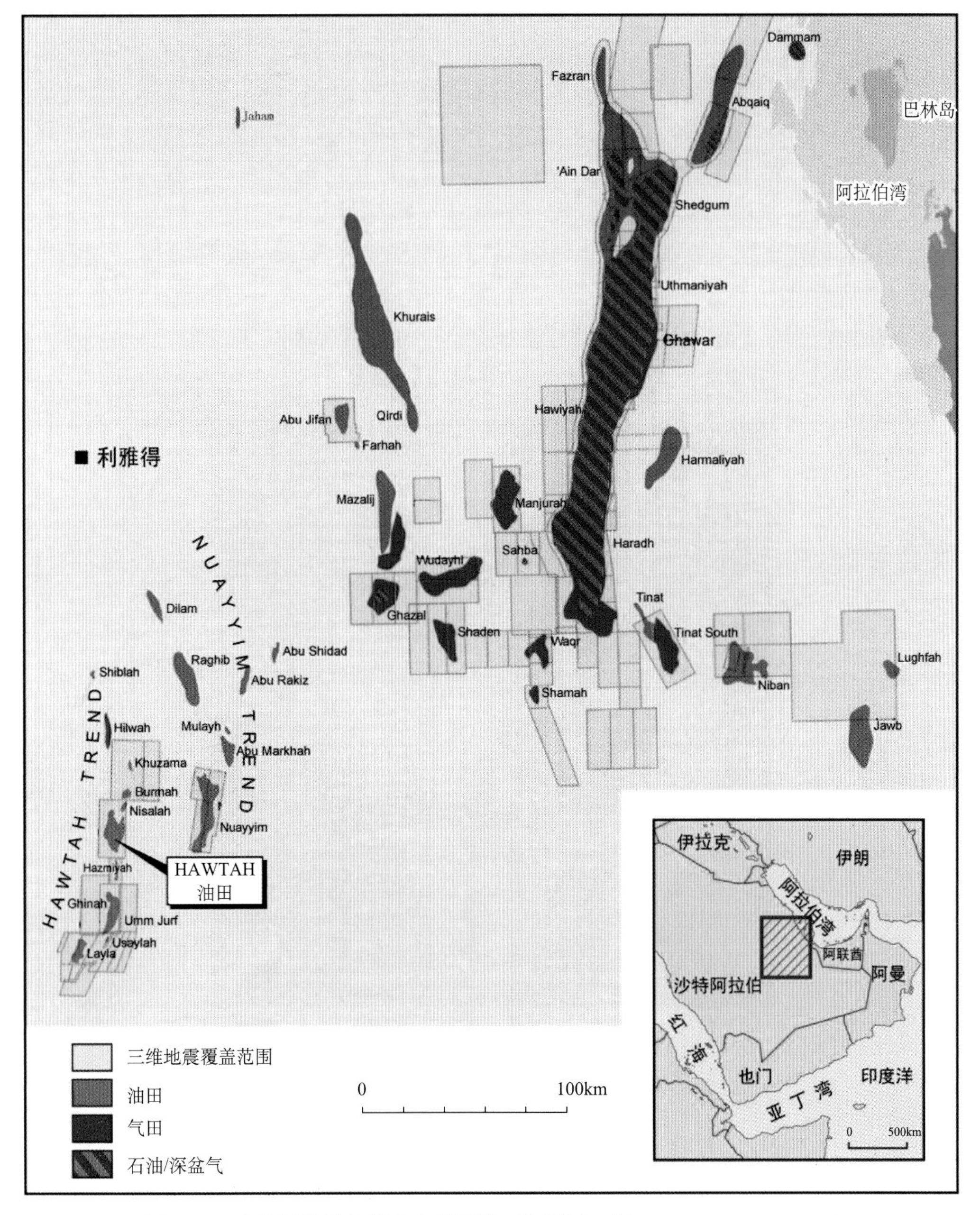

图5-23　沙特阿拉伯中部和东部的油田位置图（据Saudi Aramco，2000）

2. 构造与圈闭

Hawtah 构造是一个走向南北的低幅背斜，长 18km，宽 10km。该构造是一个位于古生代地垒之上的基底隆起背斜，被南北向的断层切割，并显示有走滑运动的迹象（Simms，1994）。这些断层并没有切穿海西期不整合面之上的层系，不过油田的东部边缘是例外的地区。二叠系欧奈宰储集层沉积于海西期不整合面之上，圈闭的形成开始于上覆胡夫组碳酸盐岩开始沉积的时候。下伏的古生界地垒在三叠纪时期的一次短暂拉张期间，经历了一次重新活动（McGillivray and Husseini，1992）。之后在晚白垩世和新近纪的压性环境中继续活动，但是与东部的盖瓦尔构造相比，该地区的断层活动相对较弱（图 5-15）。阿拉伯板块在第三纪向东发生区域性的倾斜，从而导致沙特阿拉伯中部开始隆升，因此 Hawtah 油田地面的海拔目前为 671m，出露地表的岩层为上侏罗统阿拉伯组碳酸盐岩。

Hawtah 构造顶部相对平坦（图 5-24），位于海平面下垂直深度 1219m。东翼、南翼和西翼更加倾斜一些，倾角为 3°～5°，北部的倾角非常缓。Hawtah 油田起初被认为只被构造圈闭控制，但是 150 口的钻井结果以及三维地震资料解释都证明该构造是一个复杂的构造、地层和水动力复合圈闭（Alqassab and Heine，1999）。上倾储集层向北尖

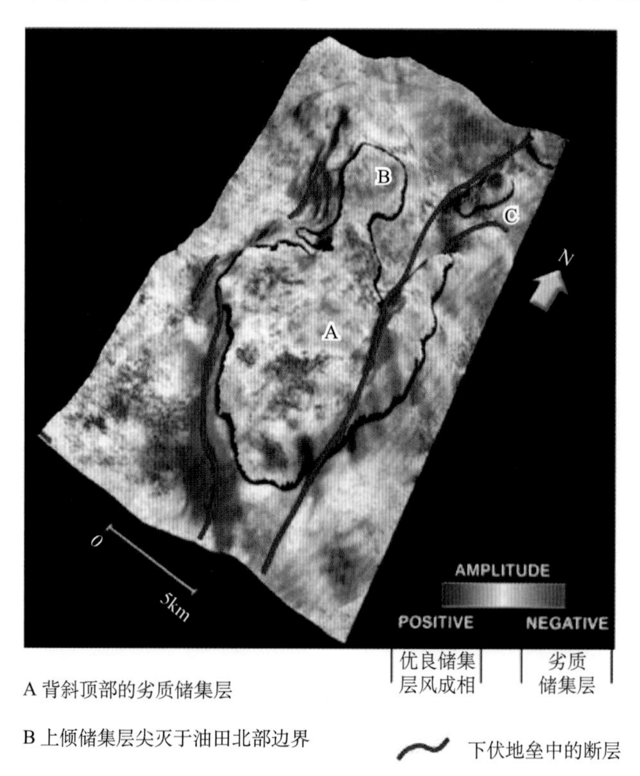

图 5-24　Hawtah 构造的三维立体透视图（据 Konert et al.，2001）

灭（图 5-24）。力因素引起油田油水界面（海平面下垂直深度 1288～1295m）向东倾斜，幅度超过 7.6m（图 5-25）。

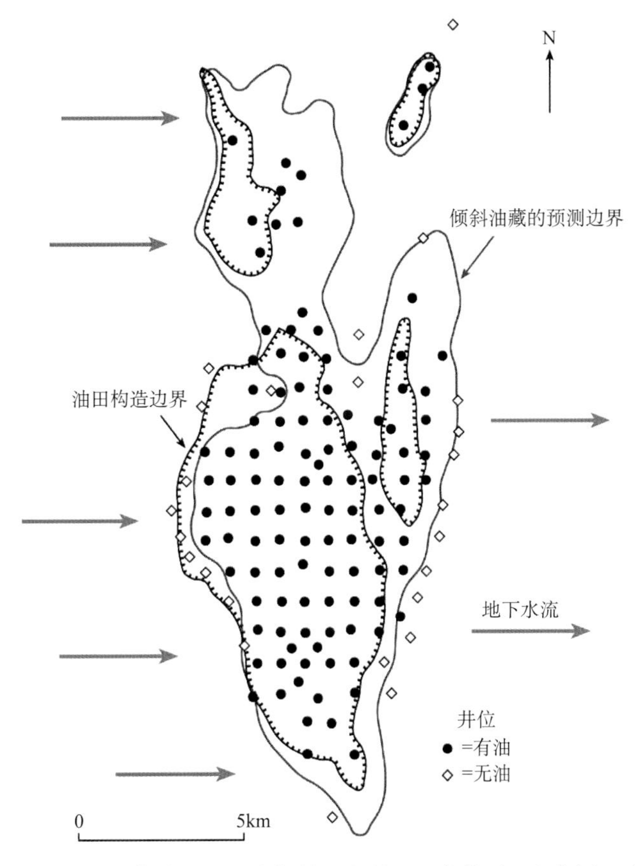

图 5-25　Hawtah 油田构造边界和油气界面边界，两者的不匹配归因于水动力影响（据 Saudi Aramco，2000）

3. 储集层特征

Unayzah 组介于海西期和 Khuff 组底部不整合面之间，另外 Unayzah 储集层在局部地区还包括 Khuff 组底部砂岩。在 Hawtah 地区，海西期造山运动造成的主要影响是中阿拉伯岛弧向北发生区域性隆升。泥盆纪沉积物有很大部分遭到了剥蚀，志留系在海西期不整合面之下广泛分布，地层向东倾斜 1°～3°（Alqassab and Heine，1999）。根据沉积环境的不同，Unayzah 组被分成三个非正式的地层单元。最年轻的 Unayzah A 单元分布最广泛；中间的 Unayzah B 单元分布很普遍，厚度变化很大；最老的 Unayzah C 单元在 Hawtah 构造带沉积于早二叠世，只见于局部地区，该地层单元充填于前 Unayzah 组界面之上的低洼地区，在 Hawtah 构造不存在该单元（图 5-26）。

Unayzah 组厚度范围为 0～152m，向南逐渐增厚，向北尖灭于中阿拉伯隆起之上（图 3-8；McGillivray and Husseini，1992）。在 Hawtah 油田，夹层的厚度范围为 200～

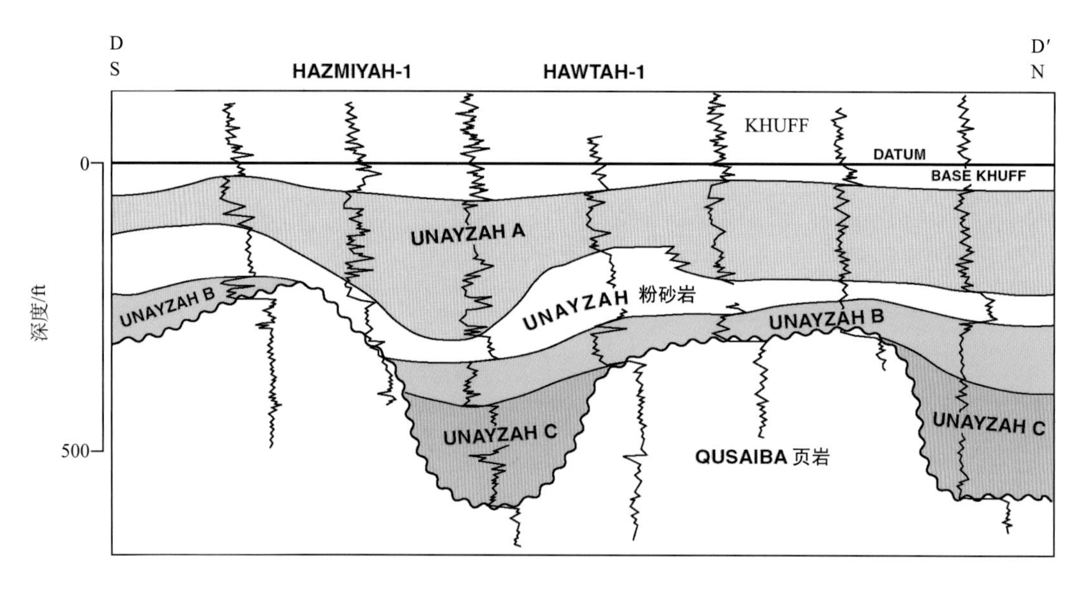

图 5-26　Hawtah-Hazmlyah 地区 Unayzah 储集层单元的南北向地层对比图
（据 McGillivray and Husseini，1992）

400ft，这主要取决于底部下切入 Qusaiba 页岩的程度（图 5-26）。夹层顶部被局部剥蚀，与 Khuff 组底部呈不整合接触，不整合面上填充砂岩，并被划分为 Unayzah 组储集层的一部分。Unayzah 组的岩性包括砾岩、砂岩、粉砂岩、灰泥石灰岩、瘤状硬石膏和钙质古土壤。它们组成了一套红色的、不含化石的陆相沉积层序，沉积环境为半干旱环境。该层序总体向上变细，从下至上依次为砾岩、粉砂岩、灰泥石灰岩和瘤状硬石膏（Senalp and Al-Duaiji，2001）。Unayzah A 单元中的 Hawtah 油田主要储集层岩性为很厚的河道砂和风成砂。Unayzah B 为一个更老的、粗粒单元，厚度变化很大，范围为 18.3～45.7m。Unayzah A 单元由 Khuff 组灰泥石灰岩之下的剩余层段组成，厚度变化不大。范围为 45.7～76.2m。Khuff 组底部的岩性为海绿石泥岩、碳质页岩和砂岩组成的碎屑岩。这些砂岩在 Hawtah 油田发育很薄，只有 3～6.1m，而在 Hazmiyah 区的一口井中该砂岩厚度为 18.3m。

Unayzah 组形成于海进背景，从联合冲积扇沿斜坡向下过渡为辫状河平原、干盐湖和移动沙丘（图 5-27）。Unayzah B 单元开始于一套近源冲积扇沉积物，主要由不规则的砾岩碎屑流组成，沉积于海西期不整合面之上。向上过渡为各种辫状河沉积相。Unayzah A 单元开始于沉积在泛滥平原和干盐湖环境下的灰泥石灰岩和粉砂岩，其中含有辫状河的细粒砂岩，有时还能见到风成沙丘（Senalp and Al-Duaiji，2001）。Hawtah 地区的碎屑沉积物来源于古生代碎屑岩和中阿拉伯岛弧结晶基底的剥蚀。在沙特阿拉伯东南部边缘的阿曼地区证明有海相沉积环境的存在（图 3-8），这些海相沉积物沉积于海岸以及河流作用占主导的海岸平原，是一次大型海进的产物。三个大型的东西向深切谷存在于该层位，深切谷开始于西部的阿拉伯地盾，向沙特阿拉伯东部的盆地方向逐渐变深和变宽（图 3-8）。离 Hawtah 油田很近的深切谷长 150km，宽可达 25km，深度可达 18.3m。

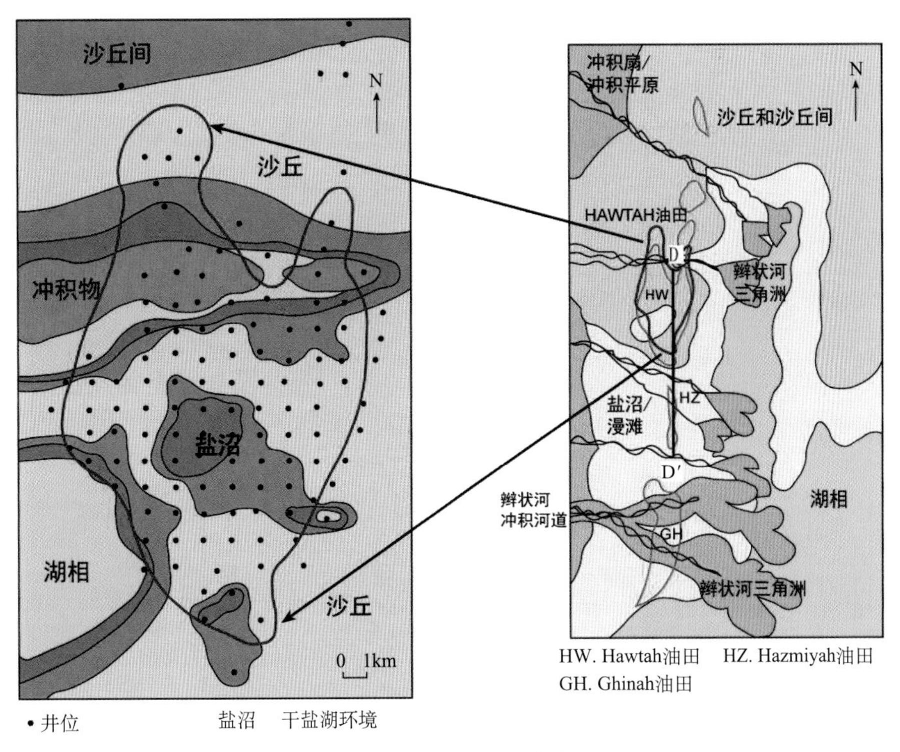

图 5-27　沿 Hawtah 构造带的 Unayzah 组沉积模式图（Alqassab et al.，2000）

风成砂岩有最好的储集层质量，孔隙度平均值为 20%，但是透率很好，有时可超过 5000mD，平均值为 1170mD。风成砂岩相的含水饱和度（S_w）最低可达 9%。河成砂岩的孔隙度平均值为 18%，渗透率较好，平均值为 650mD（Alqassab and Heine，1999）。所有砂岩中的自生黏土矿物含量对渗透性的影响很大，当含量超过 2%时，渗透率会迅速降低（Polkowski，1997）。在钻井、完井、开采和注入过程中也有可能由于自生黏土的存在而造成地层损害。

（三）诺斯-南帕尔斯气田

1. 概述

诺斯-南帕尔斯（North-South Pars）气田是世界上最大的非伴生气田。气田横跨卡塔尔海域和伊朗海域，位于卡塔尔海域内的部分被称为诺斯气田，位于伊朗海域内的部分被称为南帕尔斯气田（图 5-28，图 5-29）。气田发现于 1971 年，于 1991 年投产。该气田的主要产层是上二叠统—下三叠统 Khuff 组。诺斯气田的 2P 储量为 283 166×10^8m^3天然气和 41.340×10^8m^3凝析油，南帕尔斯气田的 2P 储量为 2.25×10^8m^3石油、142 036×10^8m^3 天然气和 28.62×10^8m^3凝析油（表 5-1）。

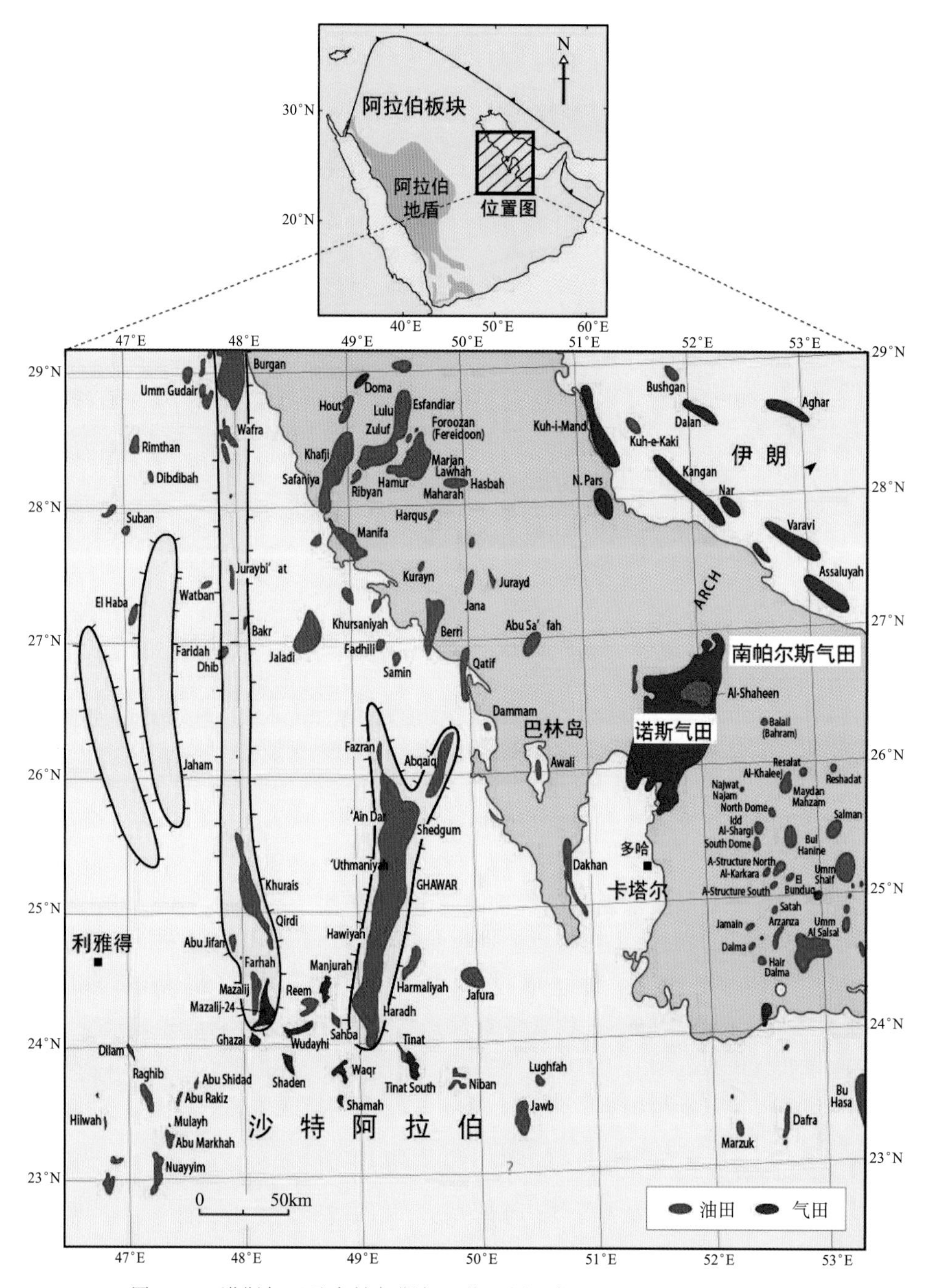

图 5-28　诺斯气田及南帕尔斯气田位置图（据 Sharland et al.，2001）

2. 构造和圈闭

气田为一发育在卡塔尔基底隆起之上的巨大低幅穹隆背斜（图 5-15，图 5-29），走向南北，长约 130km，宽约 75km，面积超过 6000km^2，该背斜四面倾向封闭形成圈

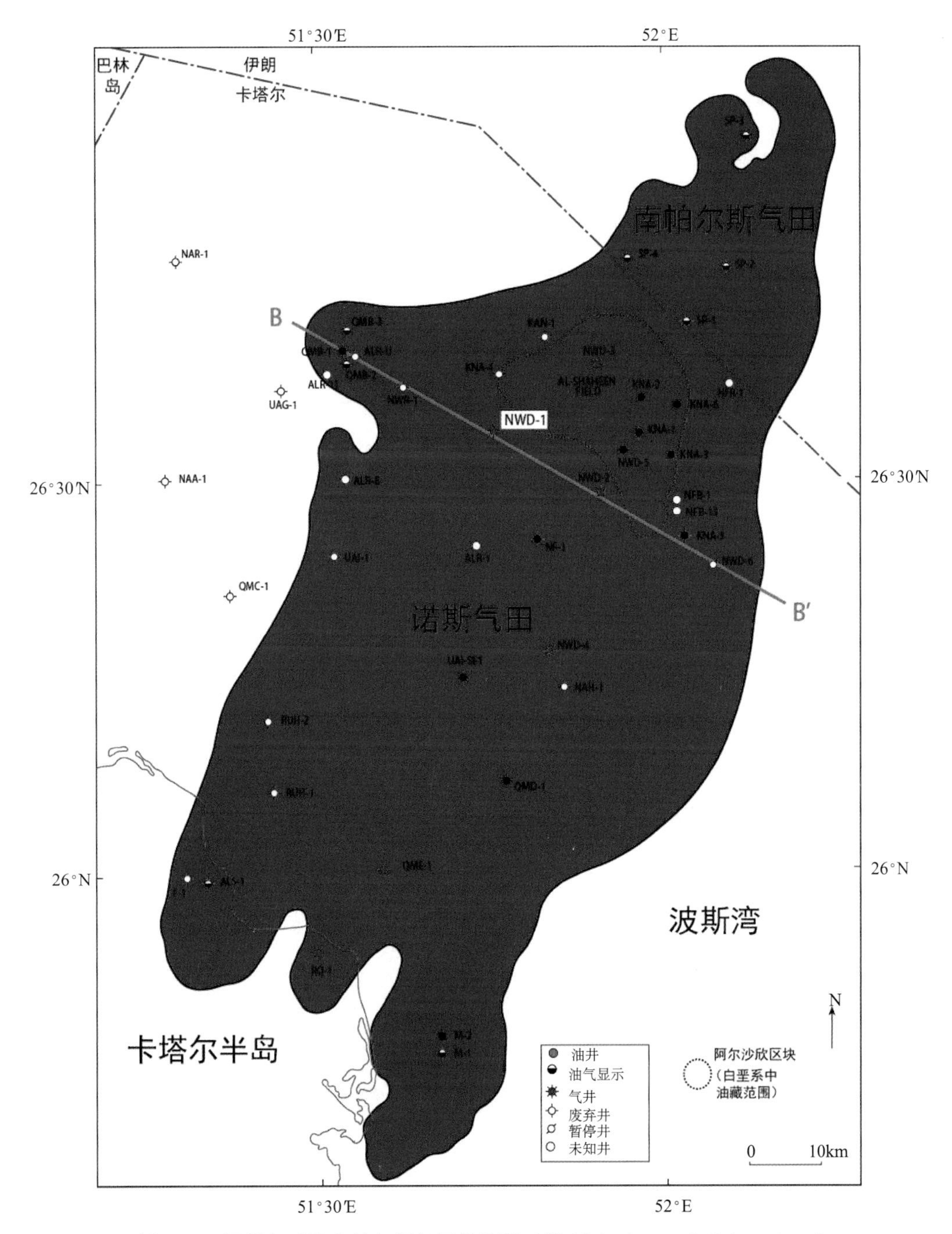

图 5-29　诺斯气田及南帕尔斯气田井位图（据 Alsharhan and Nairn，1994）

闭，翼部轻微倾斜，倾角 0.3°～0.5°（图 5-30）。气田主要产层上 Khuff 组的原始气柱高度为 431m，自上而下分为四个层段，即 K1、K2、K3 和 K4。其中 K1 层内有三个较小的气藏，最上部气藏的初始气水界面为 2464m TVDSS（海拔之下垂直深度），该层顶部被超压页岩、泥灰岩及致密石灰岩所封盖。K2 和 K3 层内发育一个独立气藏，初始气水界面为2758m TVDSS，上硬石膏层为该气藏的直接盖层。K4层内发育有一个独立气藏，初始气水界面为2895m TVDSS，硬石膏层为该气藏的直接盖层（图5-30）。Khuff组顶部不整合面发育有少量断距可达15m的垂直断层。

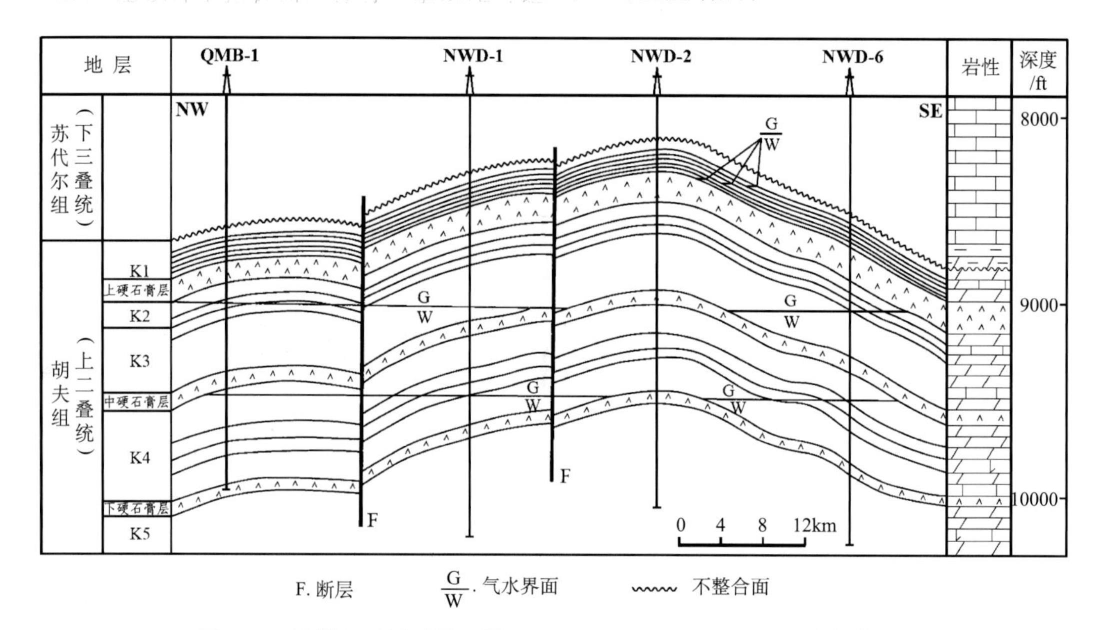

图5-30 诺斯气田剖面图（据Alsharhan and Nairn，1997；略有修改）
上二叠统胡夫组为主要产层，NWD-1井是该气田的发现井

3. 储集层特征

上Khuff组厚365～426m，主要为浅海碳酸盐岩台地相的生屑颗粒石灰岩、灰泥石灰岩和白云岩，夹有几套薄的硬石膏层及页岩层（图5-31），这些硬石膏层将上Khuff组分割为四个主要的产层单元，自上而下为K1～K4（图5-32）。

Khuff组沉积后经历了淋滤作用和白云岩化作用，造成储层内形成铸模孔隙和粒间孔隙，有效提高了储层的储集性能。Khuff组储层孔隙度为6%～22%，平均值15%，渗透率0.2～300mD。K2层和K4层的储层特性最为优良（K4层渗透率平均值70mD），K3层和K1层次之。储层性能在纵向上变化剧烈是Khuff组储层的一个特征，在1m厚的层段内孔隙度可由4%变到20%，渗透率可由3mD变到1800mD，绝大多数天然气产自那些较薄但储层性能优良的层段。

小 结

1）中阿拉伯盆地是阿拉伯板块上古生代烃源岩、油气输导体系、盖层条件和大型构造圈闭配置最为理想的地区。该盆地志留系含油气系统占据了盆地内34.0%的2P油气储量。早古生代期间，中阿拉伯盆地发育了阿拉伯板块内唯一的地堑系统（图3-7），

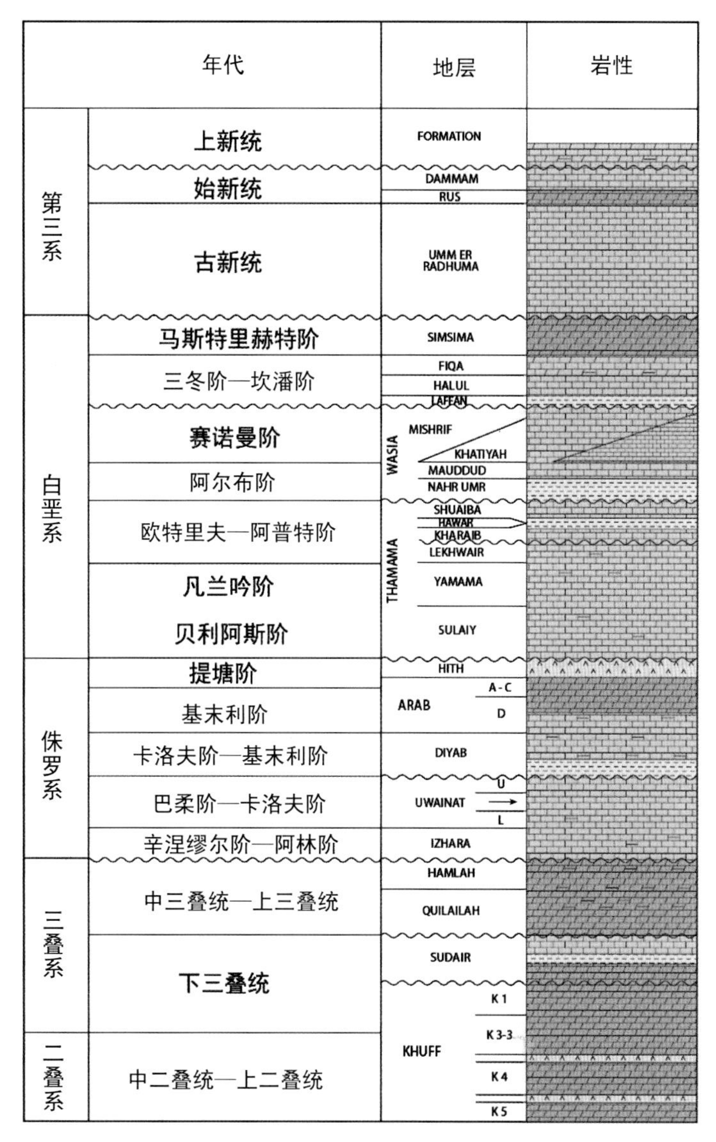

图 5-31　诺斯气田二叠系—第三系区域地层对比图

（据 Ronnau et al.，1999）

而且该盆地是下志留统烃源岩最为发育的部位（图 5-6）。可以推出地堑系的发育和演化导致了基底断裂控制的背斜构造圈闭的形成，断裂系统成为了良好的油气垂向运移通道。此外，中阿拉伯盆地正处于上二叠统蒸发岩最为发育的地区（图 3-9），区域盖层之下的石灰岩和白云岩构成了主要储层。

2）中阿拉伯盆地发育了侏罗系含油气系统，按油气当量计算，油气 2P 储量占盆地油气总储量的 48.5%。该含油气系统内油气的富集，归因于优越的生储盖圈闭条件及其匹配。侏罗系发育了优质的沥青质石灰岩、泥灰岩和黑色页岩生油岩。中—上侏罗统，特别是上侏罗统内发育了物性良好的颗粒石灰岩储集层。上侏罗统顶部的区域蒸发

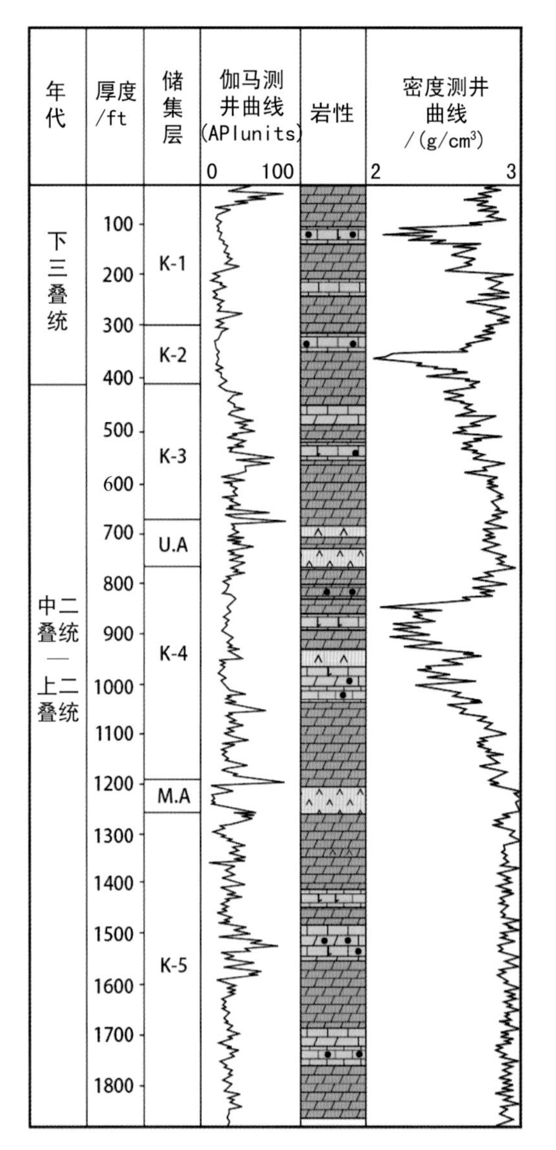

图 5-32　中二叠统—下三叠统地层测井曲线图
（据 Alsharhan and Nairn，1997；有修改）

岩构成了有效的区域盖层。

3）中阿拉伯盆地白垩系含油气系统包括下白垩统卡兹杜米—下白垩统布尔干含油气系统和下白垩统苏莱伊/法利耶—布尔干含油气系统，该系统占据了盆地内 17.5%的油气储量。有别于侏罗系含油气系统，该系统的储集层既包括碳酸盐岩，也包括砂岩。盆地内第二大，也是全球第二大油田——大布尔干油田归属于白垩系含油气系统，其主力储集层为砂岩。

4）中阿拉伯盆地是一古被动陆缘盆地，中生代期间，新特提斯洋的陆架非常广阔而且构造活动平静。周而复始的海进和海退产生了多个生储盖旋回，中生界储集层分布相当广泛。盆地内已发现的油气分布于下古生界—第三系的多套储集层，但盆地内87.6%油气储量富集于上二叠统、上侏罗统和下白垩统。

5）构造圈闭是最重要的圈闭类型，其油气储量占油气总储量的97.6%，其次是复合圈闭，其油气储量占2.2%，地层圈闭的油气储量仅占0.2%。

6）成熟烃源岩展布、区域盖层（特别是蒸发岩盖层）和凸凹相间构造格架控制了油气的时空分布，烃源岩灶内及其周缘地区的大型隆起是大油气田富集的主要区带，油气成藏以近源成藏为主。

第六章 扎格罗斯盆地

◇ 扎格罗斯盆地是中东地区油气第二富集的盆地，也是世界著名的前陆盆地。

◇ 扎格罗斯盆地已发现 335 个油气田，探明和控制石油（包括凝析油）储量 $306.69\times10^8m^3$，天然气储量 $157\ 246\times10^8m^3$，折合成油当量为 $453.85\times10^8m^3$。

◇ 扎格罗斯盆地是由被动陆缘盆地演化而成的前陆盆地，盆地经历了晚前寒武纪同裂谷、寒武纪—石炭纪古特提斯洋边缘拗陷、二叠纪—三叠纪新特提斯洋同裂谷、侏罗纪—晚白垩世被动大陆边缘、晚白垩世—中中新世新特提斯洋边缘拗陷和中中新世—今前陆盆地演化阶段。

◇ 源-盖共控了扎格罗斯盆地油气的时空分布，区域上油气主要分布于盆地内的迪兹富勒拗陷和基尔库克拗陷，层系上油气主要富集于区域蒸发岩之下的渐新统—中新统阿斯马里石灰岩。

◇ 已发现的油气高度富集于构造圈闭，其油气储量占盆地油气总储量的 99.6%，其余 0.4%分布于构造-地层复合圈闭。

第一节 盆地概况

扎格罗斯盆地位于阿拉伯板块东北部，为一叠覆于中、古生代被动陆缘拗陷之上的新生代前陆盆地（图 6-1）。其东北以扎格罗斯挤压破碎带为界，西北至黑尔-盖尔若凸起（Ha'il-Ga'ara Arch），东南延伸至曾旦-米纳卜断裂带（Zendan-Minab Fault Zone）。由于扎格罗斯构造带以逐渐向西南变缓的向斜褶曲过渡到阿拉伯地台，所以扎格罗斯盆地的西南边界难以确定，但为了便于识别，分界线人为地划定在褶皱带的前沿。扎格罗斯盆地西北—东南长约 2300km，东北—西南宽 100～300km，面积约 $49.3\times10^4km^2$。行政区划上由伊朗西南部、伊拉克北部、叙利亚东北部以及土耳其的南部组成。

扎格罗斯盆地的油气勘探始于 1899 年，1905 年在伊朗/伊拉克的边界处，发现了盆地内的第一个油田——Chia Surkh 2 油田，可采储量为 $10.65\times10^6m^3$ 油当量。之后于 1908 年发现了盆地内的第一个大油田——马斯吉德苏莱曼（Masjid-I-Sulaiman）油田。截至 2010 年 8 月，盆地内已采集地震测线 10.30×10^4km，共钻初探井 1008 口，其他探井 705 口，盆地陆上地区处于中期勘探阶段，而海域地区尚处于初期勘探阶段。盆地内已发现 335 个油气田，陆上 334 个，海上仅 1 个。探明和控制石油储量 $306.69\times10^8m^3$，天然气储量 $157\ 246\times10^8m^3$，折合成油当量为 $453.85\times10^8m^3$，天然气占油气总储量的 32.4%。就已发现的油气储量而言，该盆地是中东油气第二富集的盆地，仅次于中阿拉伯盆地（表 2-3）。

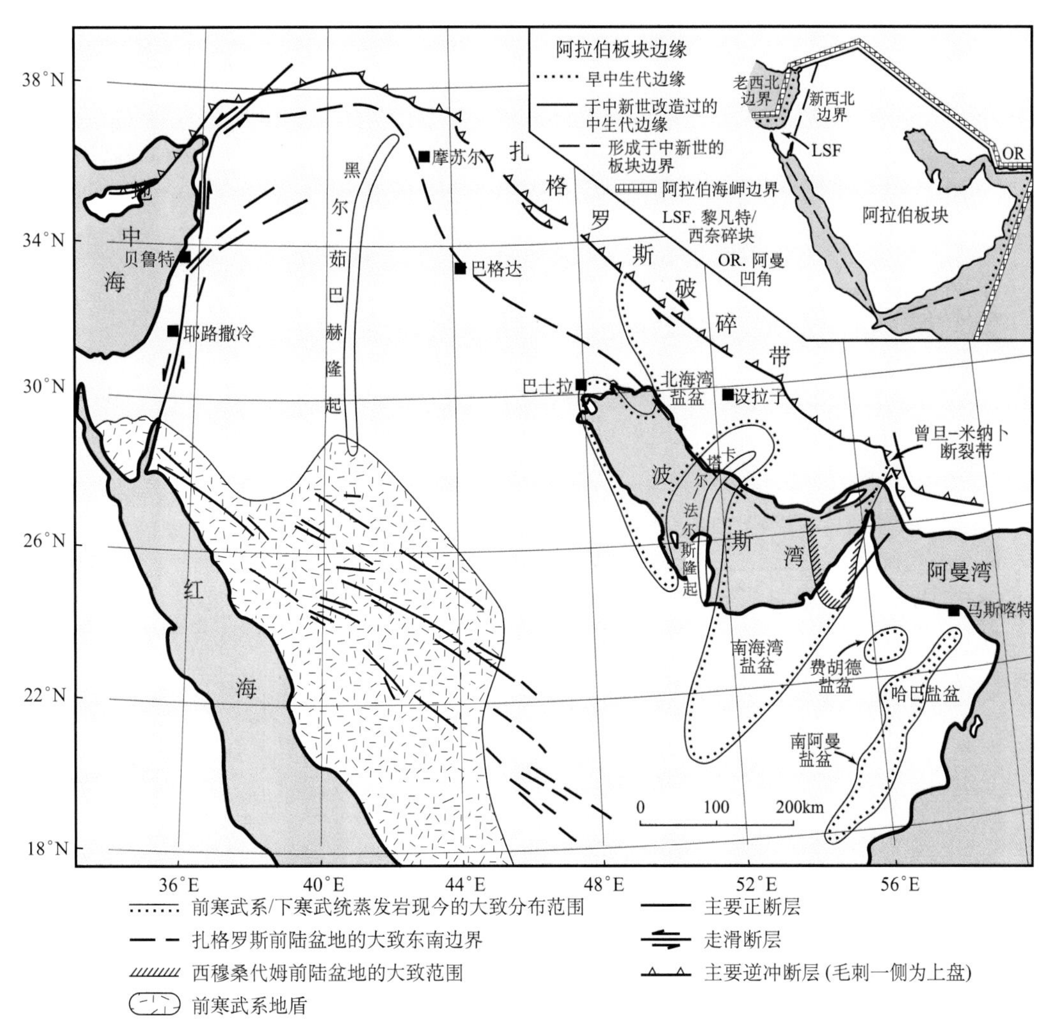

图 6-1　扎格罗斯盆地构造背景和位置图（据 Beydoun et al.，1992）

第二节　盆地基础地质特征

一、构造区划

扎格罗斯地区可以分为三个走向平行的构造单元，从北东至南西依次是扎格罗斯逆冲叠瓦带、扎格罗斯简单褶皱带和扎格罗斯前渊，扎格罗斯高角度断层和扎格罗斯山前断层构成了三个构造单元的分界线（图 6-2，图 6-3）。逆冲叠瓦带进一步分为土耳其东南逆冲叠瓦带和扎格罗斯逆冲叠瓦带；简单褶皱带包括玛丁高地（Mardin High）、洛雷斯坦（Lorestan）隆起、胡齐斯坦（Khuzestan）褶皱带和法尔斯（Fars）隆起，扎格罗斯前渊包括北部的基尔库克拗陷（Kirkuk Embayment）和南部的迪兹富勒拗陷

(Dezful Embayment)。扎格罗斯前渊断层(ZFF)将扎格罗斯前渊与未变形阿拉伯台地分隔开来(Sepehr and Cosgrove,2004)。

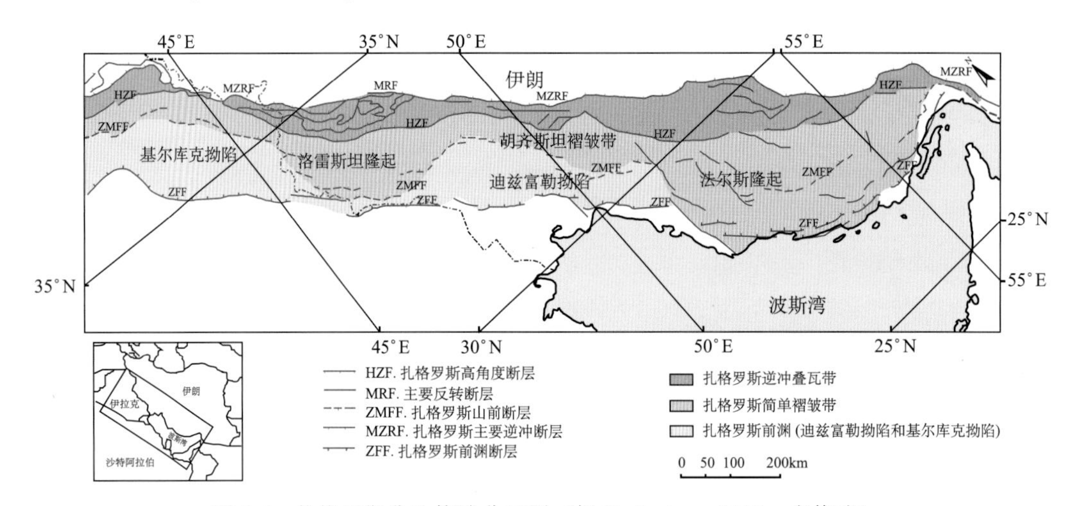

图 6-2 扎格罗斯盆地构造分区图(据 Berberian,1995;有修改)

二、构造演化

扎格罗斯盆地沉积了前寒武系—新近系的巨厚地层。古生代期间,伊朗、土耳其和阿拉伯板块以及阿富汗和印度板块,共同组成了冈瓦纳大陆宽阔稳定的被动大陆边缘,是古特提斯洋的北部边界(Beydoun et al.,1992)。早古生代期间,沉积地层从现今的扎格罗斯褶皱带到伊朗中部和北部,具有统一的沉积史。晚二叠世,新特提斯洋在阿拉伯和伊朗之间开启,在海洋两侧形成了不同的沉积盆地(Sharland et al.,2001)。随后,由于新特提斯洋壳朝北东方向的俯冲作用,新特提斯洋逐渐闭合,导致新近纪期间阿拉伯板块和伊朗板块之间发生陆陆碰撞,形成了现今的扎格罗斯山脉。

(一)晚元古代基底拼合阶段

利用航磁资料和从刺穿地表的盐底辟中采集的变质岩基底碎片,研究者们对扎格罗斯盆地的前寒武系基底有了有限的了解。从 Morris(1977)公布的基底航磁图可以看出,基底形态极为不规则,最深的地方位于迪兹富勒拗陷的西北部。由于埋深巨大,扎格罗斯盆地的基底尚未被钻遇,基于与周缘的阿拉伯地盾和扎格罗斯山系的类比,推测基底由岩浆岩和变质岩组成。

(二)晚前寒武纪裂谷阶段

扎格罗斯盆地的构造样式与相邻的阿拉伯地台区(即鲁卜哈利盆地、中阿拉伯盆地、维典-美索不达米亚盆地和西阿拉伯盆地)类似,晚前寒武纪期间,均发生了裂谷作用,形成了包括纳吉得(Najd)在内的一系列裂谷,南北向的构造多被一系列走滑断

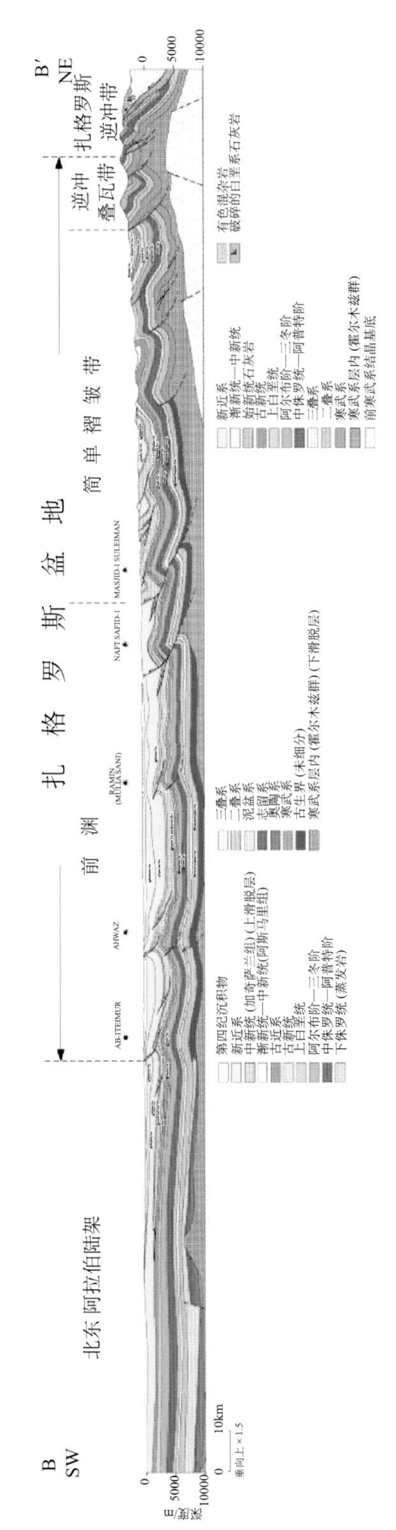

图 6-3　扎格罗斯盆地区域剖面图(据 National Iranian Oil Company,1975~1977;有修改)

裂系统及共轭的断裂系统错断。在扎格罗斯盆地的东南部，发育了霍尔木兹盐底辟，虽然原地岩石稀少，但推测在北海湾盐盆的东部发育了准原地生的碳酸盐岩台地沉积岩（图 2-4）。

（三）寒武纪—石炭纪古特提斯洋边缘坳陷阶段

寒武纪—石炭纪期间，现今的阿拉伯板块、印度、伊朗中部和西北部以及土耳其板块一起构成了一个邻接古特提斯洋的长条状、宽而稳定的冈瓦纳北部被动大陆边缘。这个大陆边缘的大部分地区被陆表海所覆盖，受古特提斯洋海进和海退作用的影响，盆地西部边界部位发育的间歇型低地形成了展布较广的陆架内坳陷。

寒武纪以碎屑岩沉积为主，但在中—晚寒武世发育了少量的温水碳酸盐岩沉积。海相沉积环境贯穿了奥陶纪和志留纪，晚奥陶世阿拉伯中部被冰川覆盖，到了早志留世，冰川消融后，海平面上升，板块内盆地经历了缺氧的海进作用，沉积了一套分布广泛的有机质丰富的志留纪页岩。虽然这套页岩后期遭受到剥蚀，但仍有部分保留下来，如伊朗西南部的 Gahkum 组（图 2-2）。

盆地在早石炭世广泛沉积了碳酸盐岩，但大部分都在晚石炭世至早二叠世被剥蚀。除了伊拉克西北部，盆地范围内普遍缺失泥盆系，表明晚古生代时，沿着扎格罗斯裂谷带发生了区域性的抬升、无沉积或者剥蚀作用。

（四）二叠纪—三叠纪新特提斯洋同裂谷演化阶段

通过分析扎格罗斯缝合线的相变，可以推断出新特提斯洋开启于三叠纪之前，但是先前发生的裂谷事件的确切时间则不明确。裂陷作用使得阿拉伯板块在伊朗中部地块分离，新特提斯洋形成（图 1-24）。

随着板块从高纬度向低纬度方向漂移，冈瓦纳冰川开始消融，致使从土耳其到伊朗西南部在温暖水体中广泛沉积了碳酸盐岩地层。哈瓦锡那推覆体的证据表明了这一时期发生了与地壳变薄有关的地壳伸展、裂谷作用和玄武岩火山活动，这次地壳变薄最终导致印度板块在三叠纪沿着扎格罗斯一线从阿拉伯板块边缘东北部分分离出去。在这部分地层中，碎屑岩层覆盖在准平原化的古生界之上，而向上过渡为分布广泛的海相碳酸盐岩和蒸发岩沉积，夹有火山沉积单元，都沉积于现今扎格罗斯逆冲断层带的东北边的萨南达季-锡尔詹（Sanandaj-Sirjan）地块（Sengör，1990）。该演化阶段期间，在扎格罗斯盆地形成了大量的断陷构造，并且在迪兹富勒坳陷的褶皱作用中有基底卷入现象。此外，扎格罗斯盆地在二叠—三叠纪最突出的特征之一是发育了两个构造高地：玛丁隆起和扎格罗斯凸起（图 1-26）。

（五）侏罗纪—晚白垩世被动大陆边缘阶段

扎格罗斯盆地在三叠纪、侏罗纪和白垩纪的大部分时间里都处于被动陆缘环境下，并且构造环境非常稳定，只发生了缓慢平稳的沉降。稳定的沉降作用使长宽均约 2000km 的特别宽阔的陆表海陆架广泛发育了片状浅海沉积，广阔的陆架环境有效地防止大洋水对它的扰动和冲洗。因此，盆地内反复出现了层状、缺氧、有机质丰富的表层水，沉积了大范围分布的潜在烃源岩，这种分布致使生油岩、储集层和盖层在相当大的面积内出现非常有利的并置关系。

Murris（1980，1981）为这一宽阔稳定的陆表海陆架区域建立了一个比较成熟的烃源岩-储集层-盖层岩石组合模型。在海进阶段，碳酸盐岩沉积分异作用和压实作用形成了层状的饥饿沉积型盆地，同时在盆地中聚集了潜在的烃源岩；陆架内的碳酸盐岩-蒸发岩沉积之间夹有高能的边缘沉积：边缘高地、鲕粒灰岩坝和滩、厚壳蛤滩及海退碳酸盐岩砂形成的主要储层；另外，潮上带蒸发岩和薄层页岩构成了有效盖层。

从构造方面来看，在这一时期，盆地发育了两个主要的次盆：北西方向的洛雷斯坦拗陷，南东方向的迪兹富勒拗陷（图 6-2），两个次盆的沉积层系不尽相同（Setudehnia，1978）。法尔斯隆起和迪兹富勒拗陷东南部明显向东北方向倾伏，这里经历了稳定、缓慢的沉降，直到晚白垩世一直处于浅海相环境，沉积了浅海相沉积物。相比之下，洛雷斯坦次盆和迪兹富勒拗陷西北部直到早白垩世一直处于深水环境之下（Setudehnia，1978；Berberian and King，1981；Beydoun et al.，1992）。在早白垩世，Kazerun-Izeh断层带处于活动状态，控制着这一地区沉积地层的厚度，同时影响着下白垩统阿尔布阶达里耶（Dariyan）组和卡兹杜米（Kazhdumi）组的分布。Kazerun 断层主要发育在迪兹富勒拗陷的中部以及法尔斯地区的东北部，它控制着卡兹杜米组的岩相和分布。

（六）晚白垩世—中中新世新特提斯洋边缘拗陷演化阶段

先前宽阔稳定的边缘区的构造变形始于晚白垩世，与阿拉伯陆架边缘的蛇绿岩仰冲构造时间的开始是同时的。到晚白垩世，阿曼山系蛇绿岩的仰冲作用标志着扎格罗斯造山运动的开始，蛇绿岩、放射虫岩和浊积岩在晚白垩世三冬期—马斯特里赫特期沿着扎格罗斯褶皱带富集，同时蛇绿岩的放射性年龄也证实这一时间是在晚白垩世赛诺曼期或之后（Haynes and Reynolds，1980）。洛雷斯坦和法尔斯地区再次成为一个统一盆地的两个部分。在土耳其，白垩纪晚期，碰撞、逆冲和抬升作用明显，而随后扎格罗斯向西的逆冲断层通过重褶皱作用和扭曲作用改造白垩系的构造（图 1-30）。

晚白垩世马斯特里赫特期之后又开始恢复到稳定的陆架环境，当时海相沉积覆盖了大部分的陆架区及与东北部边缘相邻的地区，这表明在晚白垩世事件之后几乎没有留下隆升的地貌。东北部陆架上的层序从台地碳酸盐岩相过渡为深海泥灰岩，其中包含外陆架内层状盆地和陆架边缘层状盆地中发育的有机质丰富的沉积层系，部分经历了类似中生界的沉积分异作用。

沿着伊拉克-伊朗外陆架的边缘，古近纪早期的复理石沉积上部覆盖了夹有蒸发岩层的浅水陆架碳酸盐岩，推测是仰冲作用期后残留的陆架边缘岭。另外，在这一时期，地层深部的前寒武—寒武系霍尔木兹盐流对该地区的沉积作用仍有一定的影响（Koop and Stoneley，1982）。

始新世之前，阿拉伯板块构成非洲大陆向东北方向凸出的一个矩形海岬，邻接的新特提斯洋壳俯冲于欧亚大陆板块南部活动型边缘之下，导致了洋壳的损耗，阿拉伯海岬并入俯冲区，进入陆陆碰撞带。中—晚始新世期间，在阿拉伯海岬的西北角发生了第一次缝合作用，缝合带沿着东北部边缘分布。缝合作用之后的聚合作用，使这一边缘地区的地层发生叠置和变厚，在中新世之前，地壳增厚已经致使地面迅速隆升，并发生碎屑岩的被剥蚀和剥离。

大陆碰撞限定了前陆盆地在阿拉伯板块东北部的位置，并导致外陆架的下拗和内陆架的隆升，这种活动限定了上始新统和下渐新统的沉积范围。这种地壳的弯曲作用在渐新世也有所加强，使前陆盆地在渐新世中期的全球性海平面下降阶段仍能保持沉积，盆地中仍有渐新统—下中新统的海相沉积地层，且为典型的热带陆架沉积，陆架区较浅的部分发育了浅海石灰岩和白云岩。

在古新世到始新世期间，扎格罗斯前陆盆地的一个主要的构造特征是山前断层。这个与盆地轴向平行的构造将盆地分成了两个次盆：一个位于东北部，沉积了碎屑岩和碳酸盐岩；另一个位于西南部，沉积了 Pabdeh 组页岩。

渐新世，在扎格罗斯盆地的西南部，阿斯马里组的浅海石灰岩沉积在 Pabdeh 组页岩之上，并且在法尔斯和洛雷斯坦地区的东北部，阿斯马里组沉积于 Jahrum 组和 Shahbazan 组之上。另外，阿斯马里组的下半部分在迪兹富勒拗陷与 Pabdeh 组呈指状交互分布（图 2-19），但其上半部分几乎遍布整个扎格罗斯盆地。阿斯马里组的最大厚度位于迪兹富勒拗陷的东北角。

（七）中中新世—现今前陆盆地阶段

陆陆碰撞作用及红海和亚丁湾两期裂开引起的附加应力引发了扎格罗斯造山运动和前陆盆地的发育。扎格罗斯造山带是阿尔卑斯山脉的一部分，它们都是由新特提斯洋的闭合形成的。

中新世是真正扎格罗斯造山运动的开始。中新世中期，升高的褶皱将陆架海分隔成一系列没有规律的次盆，由于水体循环不畅，迪兹富勒拗陷至伊拉克北部地区的低洼区发育了很厚的蒸发岩，还夹有厚盐层。随后，东南方向大量海水的汇入致使蒸发岩沉积中断，此时沉积的海相沉积物较薄并向西北方向尖灭。

在新生代末期，扎格罗斯的褶皱和逆冲断层前积到之前的前陆盆地沉积物之上，变形前缘朝阿拉伯克拉通方向移动。朝北东方向，同时沿着山前断层带的收缩和抬升作用产生了大量的碎屑物质，沉积下来，并向西南方向扩散。起初沉积了细粒碎屑且含边缘海相化石，后来逐渐过渡为粗砂、砾石组成的陆相磨拉石沉积，横向相变剧烈。

扎格罗斯盆地的构造活动一直持续到今天，现今仍处于挤压应力状态（Sharland et al.，2001；Sepehr and Cosgrove，2004）。

三、地层与沉积特征

根据重磁资料，推断扎格罗斯盆地的沉积地层总厚度超过 10km，地震和钻井数据仅仅能揭示上部的几千米地层。

前寒武系基底没有在原地暴露，但霍尔木兹岩系被盐底辟带到地表（Kent，1979）。霍尔木兹盐层是前寒武纪晚期/寒武纪沉积的，覆盖在基底之上。霍尔木兹岩系之上是古生代台地沉积地层，二叠纪发生的裂陷作用打断了台地沉积序列，同时导致新特提斯洋的开启（Sengör et al.，1988）。之后沉积了一套4～5km厚的中生代到早古近纪地层序列，为碎屑岩和碳酸盐岩交互沉积地层（Sherkati et al.，2004；Farzipour-Saein et al.，2009）。上白垩统班吉斯坦（Bangestan）群和渐新统—中新统阿斯马里组石灰岩构成了扎格罗斯盆地的一套主要的标志层。中新统的加奇萨兰组蒸发岩系构成了第二个地层流动单元，之上沉积了向上变粗的中新统—第四系碎屑岩层（Homke et al.，2004）。下面分层系及国家介绍扎格罗斯盆地的地层特征，其中图6-4～图6-8显示了不同地区的综合地层柱状图。

（一）前寒武系

前寒武系基底地层主要由岩浆岩和变质岩构成，被盐底辟带到地表的基底岩层包括花岗岩、玄武岩、辉长岩等。

（二）古生界

古生界地层埋深大，钻井资料少，因此古生界的地层厚度及岩相变化并不十分确切。但从已掌握的资料得知，古生界主要以碎屑岩为主，且在扎格罗斯盆地范围内厚度超过4500m（图6-4，图6-5）。

1. 寒武系

寒武系地层岩性为砂岩、泥岩互层夹碳酸盐岩，厚约900m。在扎格罗斯盆地及中东的大部分地区沉积了巨厚的霍尔木兹盐层，且包含较厚的蒸发岩层，主要为盐岩（Talbot and Alavi，1996）。这些蒸发岩层的原始分布未知，一些地质学家通过盐底辟现今的分布推测其原始沉积范围，得出主要分布在扎格罗斯盆地东部（法尔斯隆起），但不包括迪兹富勒拗陷或者更往西的地区。

2. 奥陶系—石炭系

奥陶系—石炭系地层主要以灰色砂岩、泥岩互层为主，伊朗部分地区在奥陶纪发育火成岩。扎格罗斯盆地在石炭纪结束时经历了大规模的海西期抬升作用，造成了较老岩层的广泛剥蚀，以致大部分地区都缺失了石炭系、泥盆系甚至志留系。石炭系的地层主要分布在叙利亚和伊拉克的部分地区。

3. 二叠系

二叠系的岩性主要为灰岩、白云岩，夹有蒸发岩，厚约900m。二叠纪，扎格罗斯盆地处于阿拉伯东北被动边缘陆棚区，沉积了浅水碳酸盐岩，同时在发育中的边缘裂谷中沉积了深水相岩层。

（三）中生界

扎格罗斯盆地在中生代的大部分时间里都处于陆缘拗陷环境下，开阔浅海台地/斜坡环境和孤立陆架或斜坡海盆环境的交替变化沉积了多套储集层和烃源岩层（图6-6，图6-7，图6-8）。

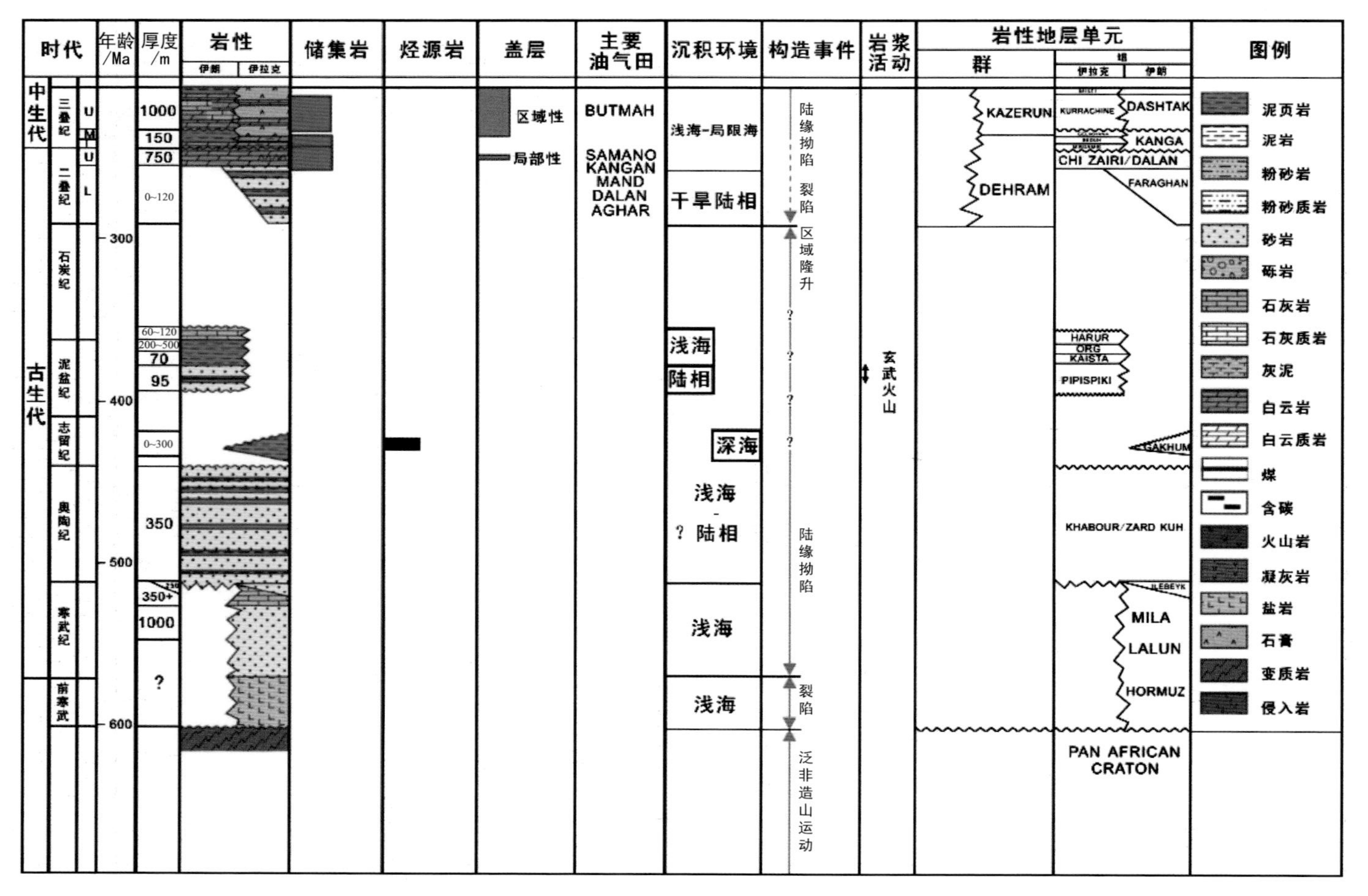

图 6-4　伊朗、伊拉克古生代地层综合柱状图(据 IHS,2010;有修改)

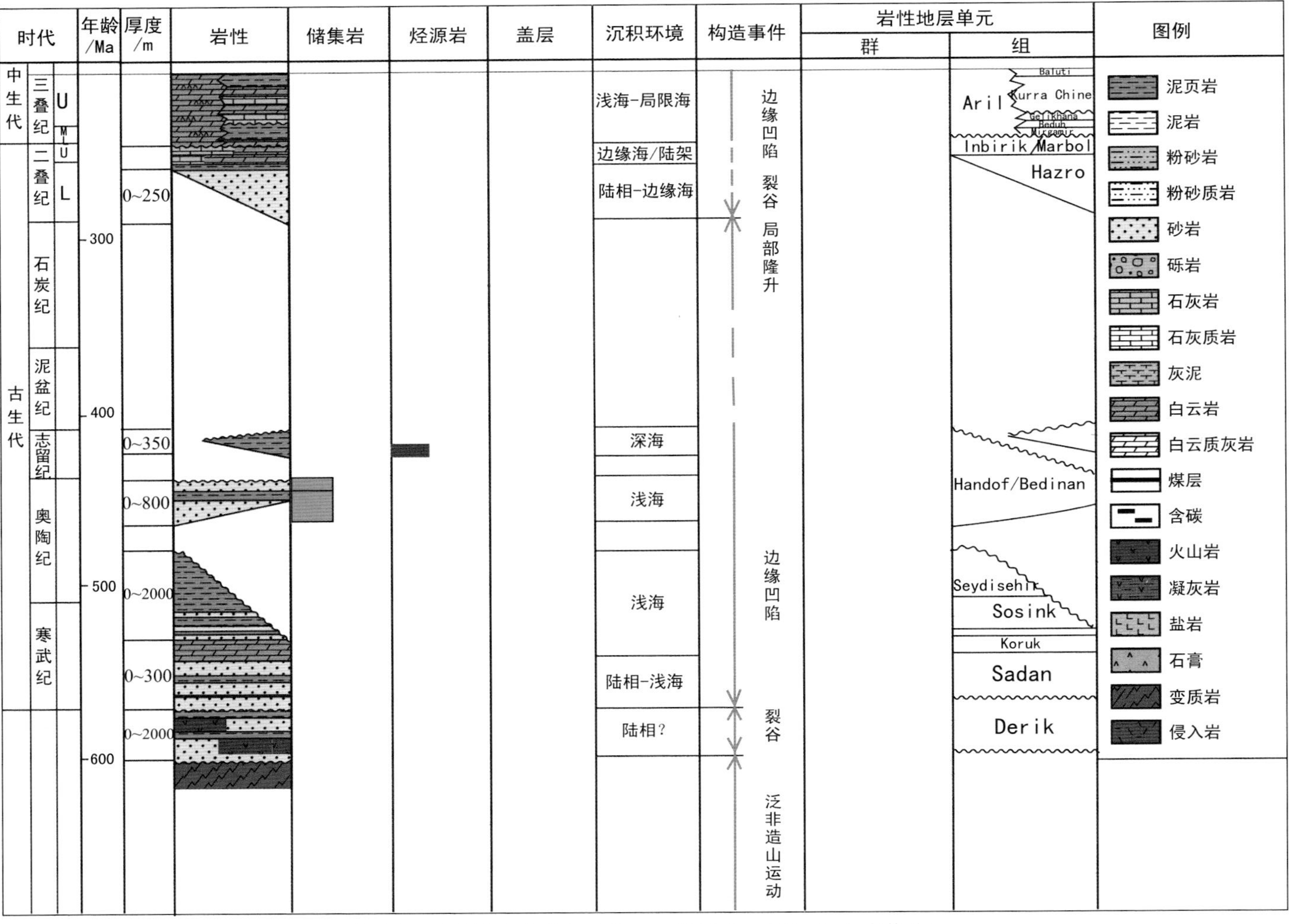

图 6-5 土耳其古生代地层综合柱状图（据 IHS，2010；有修改）

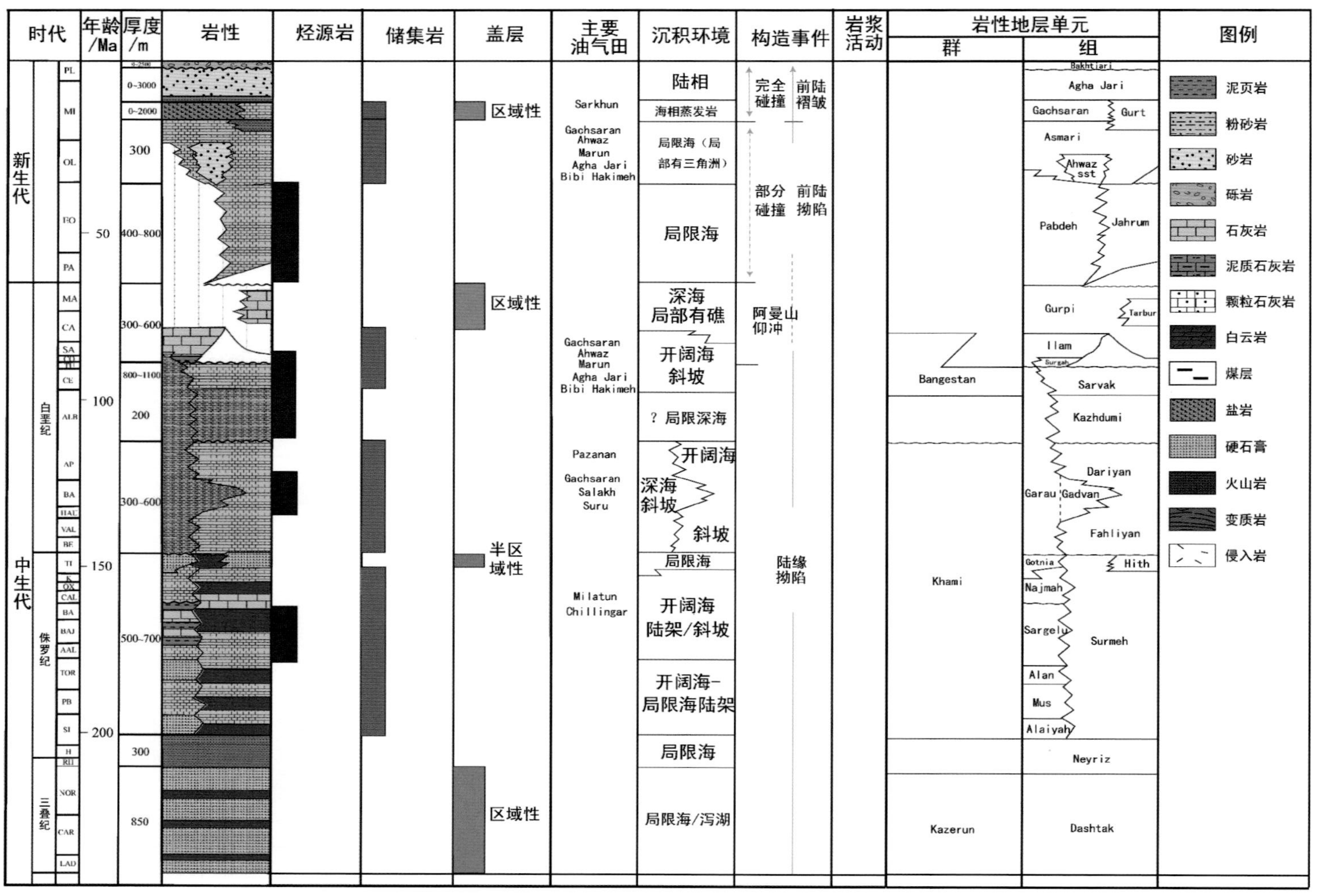

图 6-6　伊朗中—新生代地层综合柱状图(据 IHS,2010;有修改)

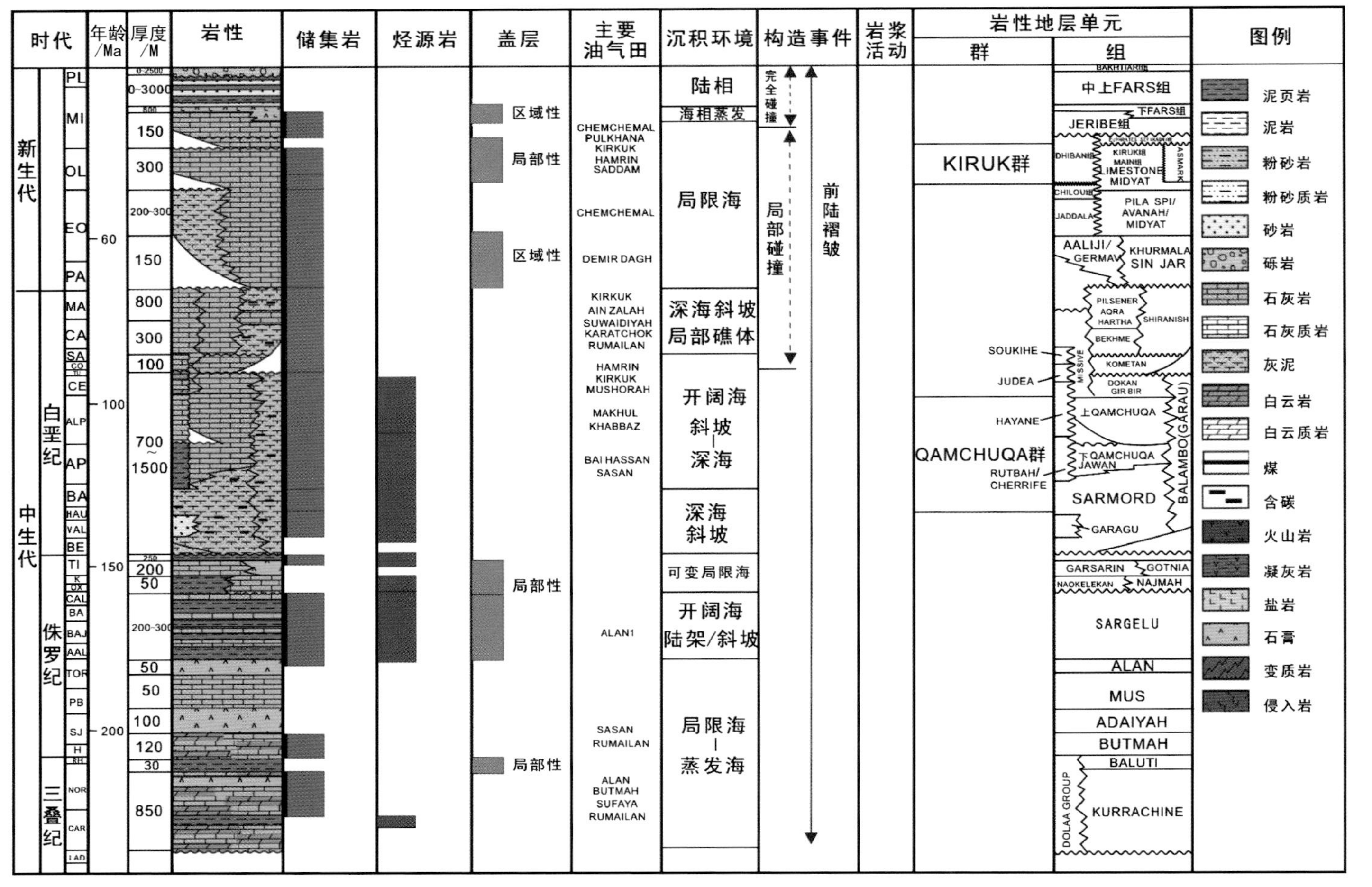

图6-7　伊拉克、叙利亚中—新生代地层综合柱状图(据IHS,2010;有修改)

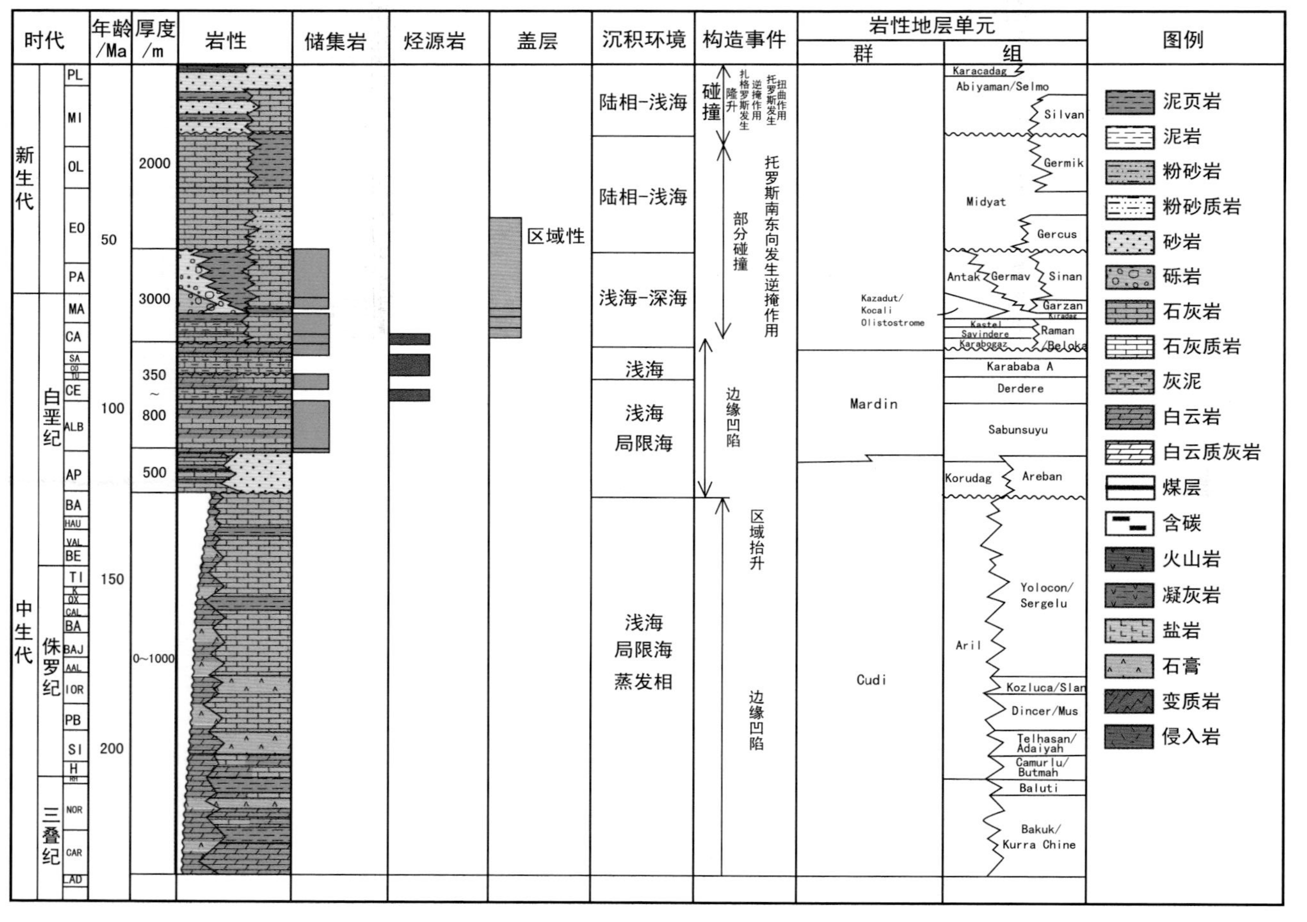

图6-8　土耳其中—新生代地层综合柱状图(据 IHS,2010;有修改)

1. 三叠系

三叠系主要以灰色白云岩、硬石膏及灰岩为主，夹有少量的盐岩和页岩，厚度可达1200m，在扎格罗斯盆地范围内的伊拉克北部、叙利亚及土耳其部分，三叠系厚度超过1500m。

2. 侏罗系

早侏罗世，扎格罗斯盆地以浅海碳酸盐岩台地和广海碳酸盐岩陆架环境为主；中侏罗世，扎格罗斯盆地伊朗部分仍为浅海碳酸盐岩台地，伊拉克部分地区有深海沉积；晚侏罗世，伊朗南部和伊拉克部分地区沉积了蒸发岩系。在伊朗南部，下侏罗统大部分为浅水灰岩沉积，夹有白云岩、硬石膏和页岩；中侏罗统以灰色块状灰岩夹泥质灰岩为主；上侏罗统岩性由灰色致密块状灰岩、礁灰岩与蒸发岩构成。侏罗系地层在扎格罗斯盆地的伊拉克部分厚约1500m以上。

3. 白垩系

区域不整合面将白垩系分为下、中和上三部分。

白垩系下部沉积时，盆地主要为浅海碳酸盐岩台地环境，部分地区为深水环境，因此主要为海相碳酸盐岩沉积。伊朗部分的岩性为块状灰岩、泥灰岩和页岩，在伊拉克东南则为放射虫泥质灰岩、泥灰岩和页岩。

白垩系中部沉积时，盆地出现区域隆升，伊拉克东南部、波斯湾沿岸地区以三角洲环境为主，沉积了砂岩，伊朗海岸沉积了泥灰岩、页岩夹薄层砂岩。随后，盆地经历海侵，以波斯湾大面积范围内沉积的灰岩为标志，之后又由三角洲与滨海环境所替代，沉积了砂岩和页岩，之上覆盖了灰岩、泥灰岩和页岩。

白垩系上部沉积时，盆地的大部分环境又恢复为浅海碳酸盐岩台地。岩性在伊朗西南部为礁后相灰岩、泥质灰岩，平均厚140～160m，在伊拉克部分地区，主要由砂屑灰岩和生物碎屑灰岩组成，夹泥灰岩、礁灰岩和沥青质泥岩。

（四）新生界

1. 古近系

古新世—始新世，扎格罗斯盆地主要以深海、浅海环境为主，部分地区发育蒸发岩，厚约300m。而向伊朗内陆，沉积相变为湖相。到始新世晚期，扎格罗斯盆地在土耳其部分地区沉积了陆相碎屑岩。

渐新世，盆地主要发育了海相碳酸盐岩，部分地区发育蒸发岩及陆相碎屑岩。渐新统—中新统沉积了一套重要的岩层，为阿斯马里石灰岩，由致密块状灰岩、白云岩及有孔虫灰岩构成，分布于伊朗西南部，产油区平均厚300m。

2. 新近系

中新世，盆地的沉积演化明显受到扎格罗斯造山运动的影响，在扎格罗斯盆地的伊拉克部分主要沉积了陆相碎屑岩，伊朗西南部沉积了浅海相碳酸盐岩、陆相碎屑岩及蒸发岩系。中新世早期沉积的下法尔斯组，为一套湖相蒸发岩，在伊朗西南部、伊拉克东南部为硬石膏、岩盐夹有泥灰岩、页岩和灰岩沉积，是阿斯马里石灰岩的有效盖层；上中新统的上法尔斯组由泥灰岩构成（Agard et al.，2011；Allen and Talebian，2011；Lacombe and Bellahsen，2011）。

第三节　盆地石油地质条件

一、烃源岩

扎格罗斯盆地的烃源岩分布于志留系至始新统的多套层系（图 6-9）。志留系页岩被证实为盆地的土耳其部分的烃源岩；在伊朗，志留系烃源岩在构造形成之前就进入生油窗，当构造形成时已进入生气窗并充注到扎格罗斯盆地的部分背斜构造之中。在伊拉克，由于探井没有钻遇古生代地层，因此尚未发现任何古生代烃源岩。在扎格罗斯盆地的不同地区，上三叠统——始新统均有烃源岩的分布，其中下白垩统泥灰岩和页岩是最重要的烃源岩。图 6-9 展示了阿拉伯板块内不同盆地（包括扎格罗斯盆地）的烃源岩展布特征。

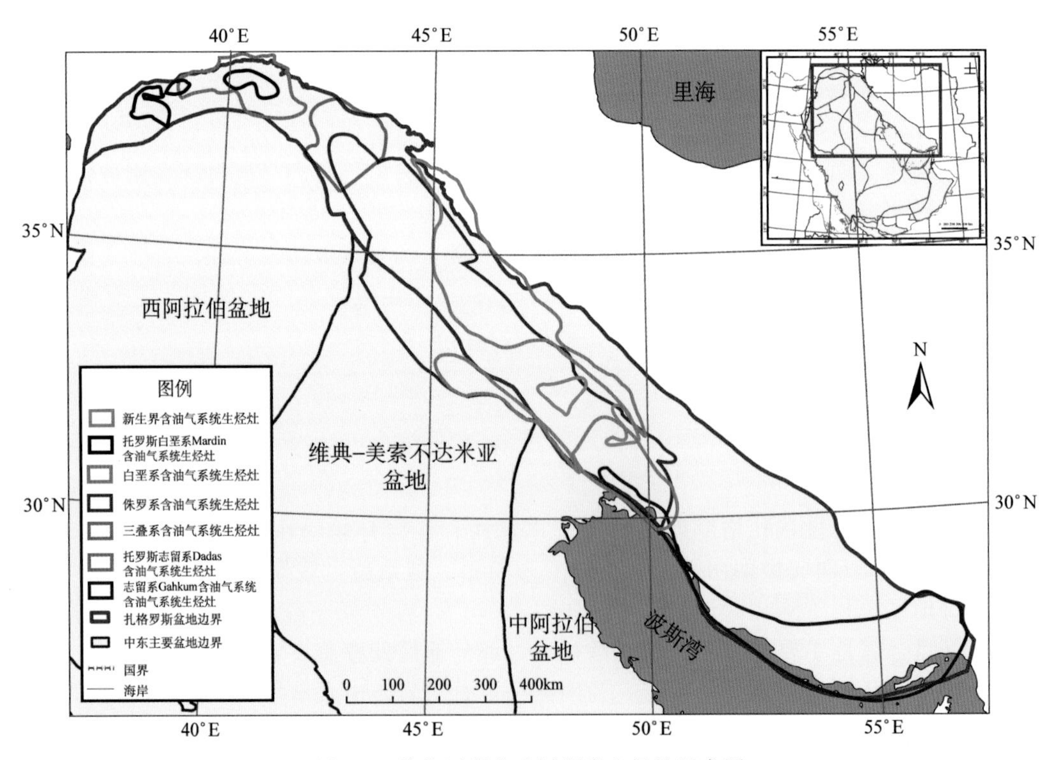

图 6-9　扎格罗斯盆地烃源岩生烃灶展布图

（一）志留系烃源岩

志留系烃源岩排出的大量天然气聚集于二叠系和三叠系储集层，这些气藏主要分布于扎格罗斯盆地的伊朗部分及邻近的中阿拉伯盆地。其源岩在扎格罗斯盆地范围内尚未得到证实，但很可能是志留系 Gahkum 组页岩。该组页岩在扎格罗斯叠瓦带的部分地区有出露，同时与其时代相当的地层在阿拉伯板块的其他地区是一套生烃潜力很大的烃源岩。

目前对于扎格罗斯盆地伊拉克及叙利亚境内的古生界含油气系统知之甚少，但有关土耳其志留系 Dadas 组烃源岩的研究较为详尽，其地质年龄和沉积相环境与 Gahkum 相似，但 Dadas 组烃源岩的热演化程度较 Gahkum 组低，扎格罗斯盆地土耳其部分的奥陶系、二叠系甚至白垩系储集层中的少量石油源自 Dadas 组烃源岩。

（二）三叠系和侏罗系烃源岩

在扎格罗斯盆地的大部分地区，同白云岩储层互层或下伏于其下的富含有机质的三叠系页岩并被认为是烃源岩。在叙利亚和伊拉克，上三叠统 Kurra Chine 组由富含有机质的石灰岩、白云岩和薄层页岩组成，是一套已证实的重要烃源岩。

在盆地大部分地区，尤其是油气高度富集的迪兹富勒拗陷，侏罗系烃源岩埋深多超过 4500m，因此有关的研究较少。中侏罗统 Sargelu 组是重要的烃源岩，形成于闭塞的环境，在科威特由深水含沥青海相页岩、含泥石灰岩和泥岩组成，到伊拉克则过渡为薄层含沥青石灰岩和薄层页岩。上侏罗统 Naokelekan 组和 Chia Gara 组是侏罗系内生烃潜力仅次于 Sargelu 组的烃源岩，发育于伊拉克北部的 Naokelekan 组由含沥青页岩和白云岩组成，是众多油田的烃源岩；分布于基尔库克拗陷的 Chia Gara 组由互层的石灰岩和页岩组成，沉积于深海环境。

（三）白垩系烃源岩

白垩系内含有多套优质烃源岩。在土耳其，大部分原油源自 Mardin 群和 Karabogaz 组。在叙利亚，上白垩统 Shiranish 页岩是充注上白垩统储层的烃源岩。在伊朗，下白垩统 Gadvan 组和 Garau 组构成了优质的烃源岩，但在 Garau 组发育的地区，未见同时代的储层，而上覆的较新储层质量较差，因此这些源岩对于伊朗地区储层内的原油贡献率十分有限。下白垩统阿尔布阶卡兹杜米组不仅厚度大而且富含有机质，是广泛分布的烃源岩。伊朗的大部分原油都可能同这套源岩有关。在伊拉克，同伊朗 Gadvan 组和 Garau 组时代对应的地层为 Sarmord 组和 Balambo 组，是伊拉克重要的烃源岩（图 6-7）。

（四）新生界烃源岩

始新统—渐新统 Pabdeh 组被认为是伊朗地区很好的烃源岩，但与白垩系烃源岩相比，其成熟的区域较为局限，因此对于油气成藏贡献逊色得多。在伊拉克，尚无古近系烃源岩的资料。在土耳其，早期的造山运动导致先期盆地多填充粗碎屑沉积，因此新生界内缺少形成烃源岩的有利条件。

重要烃源岩的特征将在下面的含油气系统章节中做进一步详细介绍。

二、储集层

储集层广泛发育于扎格罗斯盆地的多套地层中。奥陶系和二叠系碎屑岩储层在扎格罗斯盆地土耳其境内以及伊朗的迪兹富勒拗陷产量较高，渐新统三角洲相砂岩也是优质的储层，但整体而言碎屑岩储层仅在局部发育，最重要的储层还是造山运动之前以及褶皱活动同期沉积的碳酸盐岩。另外，储层的原生结构和储层特性受到后期造山运动的强烈改造，岩溶作用和发育的裂缝大大改善了储集物性。下面根据不同的国家和地区，介绍储层的主要特征。

（一）土耳其

扎格罗斯盆地土耳其境内储层岩性包括碎屑岩和碳酸盐岩。碎屑岩储层位于奥陶系 Bedinan 组、志留系—泥盆系 Handof 组和二叠系 Hazro 组，这几个组都是天然气和凝析油储层；碳酸盐岩储层和油气发现主要位于白垩系、古近系和新近系，三叠系碳酸盐岩储层仅有少量油气发现。

（二）叙利亚

叙利亚东部最老的储层是上三叠统和侏罗系，包括 Kurra Chine 组裂缝型灰岩储层和侏罗系 Butmah 组浅水白云质鲕粒灰岩储层。上白垩统 Shiranish 组储层，岩性为白云岩以及厚层浅水相沥青质灰岩，孔隙类型为原始孔和裂缝，产重质油。

（三）伊拉克

扎格罗斯盆地伊拉克部分最古老的储层是三叠系 Kurra Chine 组和 Butmah 组（图 6-7），它们亦是叙利亚东部重要的储层。但是就储量来说，白垩系和新生界储层是最重要的。侏罗系 Chia Gara 组储层为过渡相和深海相碳酸盐岩；上覆白垩系 Qamchuqa 群包括上、下 Qamchuqa 组，Sarmord 组和 Balambo 组，都是主要储层，岩性为浅海相-盆地相碳酸盐岩和泥岩，孔隙度因为晶洞和裂缝的存在而提高；上白垩统 Shiranish 组为深海相灰岩，是伊拉克东北部的主要储层。渐新统 Kirkuk 群包括许多内部相互联系的地层，储层主要是生物丘和坡前碳酸盐岩。

（四）伊朗

伊朗最古老的重要产层是二叠系 Dehram 群（图 6-4），该群时代上与阿拉伯地台的 Khuff 组相当。储层孔隙为原生孔隙，在法尔斯省的东部和北部裂缝型孔隙较为普遍。侏罗系储层包括 Surmah 组、Najmah 组，岩性为白云质灰岩。上白垩统班吉斯坦群内部，Sarvak 组发育浅海相的碳酸盐岩储层，Ilam 组沉积于浅海到深海环境，孔隙类型为成岩演化过程中形成的次生孔隙。在伊朗新生代储层也很重要，其中阿斯马里灰岩是重要的产层，时代为渐新统—中新统，原生孔隙不发育，裂缝的存在大大改善了该组灰

岩的渗透能力。

扎格罗斯盆地自下而上拥有多套以碳酸盐岩为主的储集层，其储集性能与造山运动的断裂作用密切相关，因此，研究次生裂缝的分布特征是寻找油气田的关键步骤之一。有关重要储集层的详细特征将在下面的含油气系统章节进一步讨论。

三、盖层

在扎格罗斯盆地发育了数套区域性盖层。二叠系—三叠系盖层通常为硬石膏。对于中生代地层，泥灰岩层为上、下白垩统储层以及次重要的侏罗系储层提供了区域性盖层。新生代灰岩储层也有局部盖层，但都在上覆的中新世加奇萨兰组/下法尔斯组区域性蒸发岩的封盖之下。总的来说，在伊朗和土耳其的褶皱带区域，越靠近内部，断裂越发育，封闭效果越差。

在扎格罗斯盆地，尽管构造活动频繁剧烈，几乎所有的储层段都有盖层，所有主要的泥灰岩层段都是好的盖层。

在土耳其，白垩系 Mardin 群油藏的主要盖层是组内上覆呈指状交叉的页岩、泥质石灰岩和深水灰岩。

在叙利亚，二叠世至中新世的页岩和硬石膏层都是主要的盖层。三叠系和侏罗系的盖层主要是浅海和潟湖相的硬石膏和石膏，泥灰岩和浅海灰岩封堵了上白垩统 Shiranish 组的碳酸盐岩储层，古新统和始新统页岩封盖了重要的灰岩储层。

在伊拉克境内，最重要的盖层是中新统下法尔斯组的硬石膏，但在某些地区该组发生相变，岩性变为页岩，其封堵能力降低。奥陶系—下侏罗统页岩和石灰岩形成的盖层仅封堵了下伏的砂岩和灰岩中的少部分油气。在伊拉克西北部，侏罗系 Naokelekan 组是 Sargelu 组灰岩储层的局部盖层；上白垩统的储层由 Shiranish 组的泥灰岩所封闭(图 6-7)。

在伊朗，侏罗系 Hith 组硬石膏可以封堵法尔斯地区的气层和迪兹富勒拗陷的油气层。在没有 Hith 组硬石膏封盖的区域，下白垩统和侏罗系油藏可能是由卡兹杜米的页岩所封闭的。在许多地区，Gurpi 组是 Sarvak 组和 Ilam 组储层的主要盖层。加奇萨兰组的硬石膏和盐岩是中新统至上新统阿斯马里组石灰岩储层和白垩系班吉斯坦组的一个重要盖层。

四、圈闭

在扎格罗斯盆地，目前已发现的圈闭几乎全部为新近纪褶皱作用形成的背斜，其他类型的构造圈闭以及地层、岩性圈闭数量极少。已发现油气储量的 99.59%聚集于褶皱背斜，其余的 0.41%聚集于构造-地层复合圈闭。

扎格罗斯盆地中的圈闭，主要受到造山运动挤压褶皱作用的控制，背斜构造的大小变化很大，有的背斜面积小、幅度小，如迪兹富勒拗陷深部的圈闭；有的背斜则很大，最大的背斜是凯比尔山背斜。在迪兹富勒拗陷及伊拉克部分地区，褶皱类型接近于同心褶皱。尽管扎格罗斯盆地的圈闭都与褶皱运动有关，但仍有部分构造和潜在圈闭早于扎格罗斯褶皱活动而形成，在中生代和新生代初就已发育，这类圈闭的成因可能是南北向延伸的基底地貌之上发生的披覆压实作用或盐拱作用。盐构造大多形成于早白垩世，但也有部分盐构造形成得比较早，可以追溯到三叠纪。

五、油气运移

扎格罗斯盆地的油气总体上表现出垂向运移的特征。从构造变形及储集物性来看，扎格罗斯盆地实际上只是波斯湾盆地西北部靠近扎格罗斯山脉的山前褶皱带和前缘部分，缺少大单斜的构造背景，因此很难发生油气的侧向运移。另外，盆地自晚古生界至中新统都处于被动陆缘环境，沉积了厚层的碳酸盐岩，未经构造变形的碳酸盐岩渗流性能极差，仅在背斜核部裂缝发育的地方存在良好的运移通道，油气必然顺着裂缝发生垂向运移。再者，扎格罗斯前陆盆地包括叠瓦构造带和简单褶皱带，构造扰动频繁，油气运移特征类似于褶皱冲断带，以垂向运移模式为主（Beydoun et al.，2012）。

扎格罗斯盆地油源母质多为海相腐泥Ⅱ型干酪根，因此众多油藏的油具有相似特征。由于该区海相地层极为发育，陆源碎屑很少加入，所以不仅各烃源岩层排出的烃类在化学成分上差异很小，而且由于缺乏镜质体，对油气成熟度的判断也相对较为困难。

六、含油气系统

根据烃源岩特征，将扎格罗斯盆地划分为8个含油气系统。分别为土耳其托罗斯地区的托罗斯志留系Dadas含油气系统、托罗斯白垩系Mardin含油气系统，只分布于伊朗地区的志留系Gahkum含油气系统，分布于伊拉克北部和叙利亚地区的三叠系含油气系统，分布在伊朗和伊拉克地区的侏罗系含油气系统、白垩系含油气系统，假想的上白垩统Shiranish含油气系统和新生界含油气系统（图6-10）。它们在空间上相互区分，但同时也有叠置和混合现象。

（一）志留系Gahkum含油气系统

该含油气系统主要分布在伊朗西南部法尔斯地质省内的帕卜德赫拗陷内（图6-11）。烃源岩为志留系，储层为二叠系，以产天然气和凝析油为主。

烃源岩为志留系Gahkum组，与在阿拉伯板块广泛分布的重要源岩Qusaiba组相当。Gahkum组为黑色粉砂质泥岩，厚度大于100m，剩余TOC含量在1.0%～4.3%，海相Ⅱ型干酪根，已达到过成熟阶段，具有良好的源岩特性。源岩在早白垩世进入生油窗，从中新世直到现今一直处于生气窗内，在上新世埋深可达6000m以上，其生烃范围较为广泛，是二叠系、三叠系气藏的主要源岩之一（Lüning et al.，2000）。

该含油气系统主要的储集层是位于伊朗南部的Dehram群，包括三个主要地层组，分别是二叠系Faraghan组、Dalan组和下三叠统Kangan组。储集层内聚集了大量的天然气和伴生的凝析油。Faraghan组地层由砂岩、砾岩和页岩组成，沉积于河流-三角洲

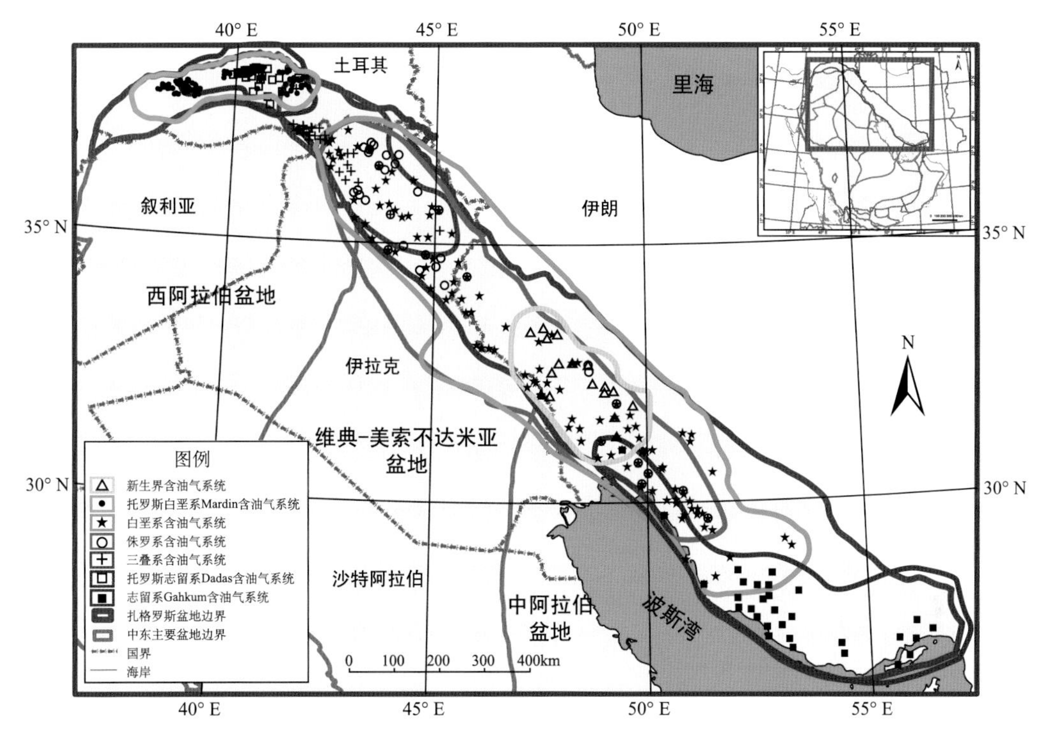

图 6-10　扎格罗斯盆地含油气系统划分图

相至陆缘-浅海相环境，孔隙类型为粒间孔隙。Dalan 组和上覆 Kangan 组是主要的天然气储层。Dalan 组白云岩的沉积相变化较大，从开阔海环境过渡到局限海环境，总厚度约 700m。鲕粒之间的孔隙为储层提供了原生孔隙和渗透性，白云化作用和裂缝的发育大大提高了储层的物性。Kangan 组与 Dalan 组相似，沉积于浅海陆架环境，总厚度约 200m，其原生孔隙度小，但由白云化作用和裂缝产生的次生孔隙发挥了重要的作用。

该含油气系统的盖层是三叠系 Kazerun 群的白云岩和硬石膏。

该含油气系统的源岩在早白垩世进入生油窗，而圈闭从中晚白垩世开始形成，推测早期生成的石油没有聚集成藏，后期储集在圈闭中的石油因构造运动而逸散。由于构造载荷作用，沉降速率从晚中新世开始加速，源岩从中新世直到现今一直处于生气窗内。这里的运移时间指的是天然气的运移时间，因此该含油气系统的关键时刻是新生代中期（图 6-12）。

（二）托罗斯志留系 Dadas 含油气系统

该含油气系统位于扎格罗斯盆地土耳其境内的托罗斯缝合带区域，如图 6-10 所示。烃源岩是志留系 Dadas 组，分成了Ⅰ、Ⅱ和Ⅲ三段，其中 DadasⅠ段岩性为泥质灰岩，厚度为 49～101m，TOC 为 1.74%～5%，干酪根是Ⅱ型和Ⅲ型混合型（图 6-13A）。通过有机化学分析，该段烷烃的碳同位素含量在－30.1‰～－28.2‰（图 6-13C），具有较大数量的烷烃 C_{25}，可判断有机质供给为陆源，同时 C_{29} 甾烷与 C_{27} 甾烷的相对含量也

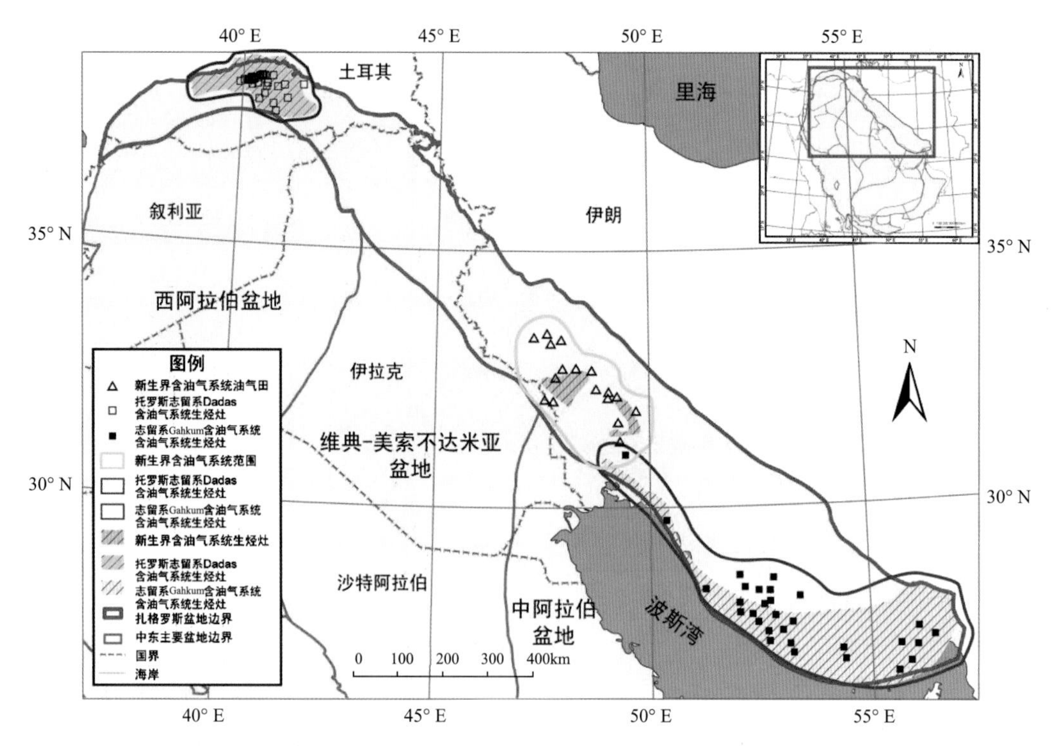

图 6-11 扎格罗斯盆地志留系 Gahkum 含油气系统、托罗斯志留系 Dadas 含油气系统及新生界含油气系统分布范围及烃源岩生烃灶展布图

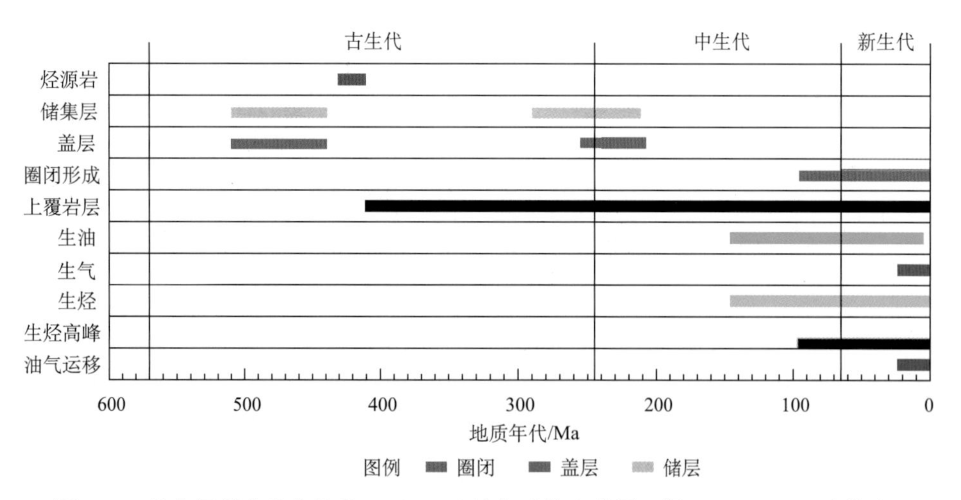

图 6-12 扎格罗斯盆地志留系 Gahkum 含油气系统事件图（据 IHS，2010；有修改）

指示其陆源的特征（图 6-13B）。Dadas Ⅱ段岩性为页岩及石灰岩和砂岩夹层，厚度为 5.5～317m，干酪根类型为Ⅱ型，具有生烃潜力。Dadas Ⅲ段由页岩和砂岩互层组成，厚度为 22～113m，TOC 约为 5%，Ⅱ型干酪根，含有陆源有机物（图 6-13A）。具有很好的生烃潜力。

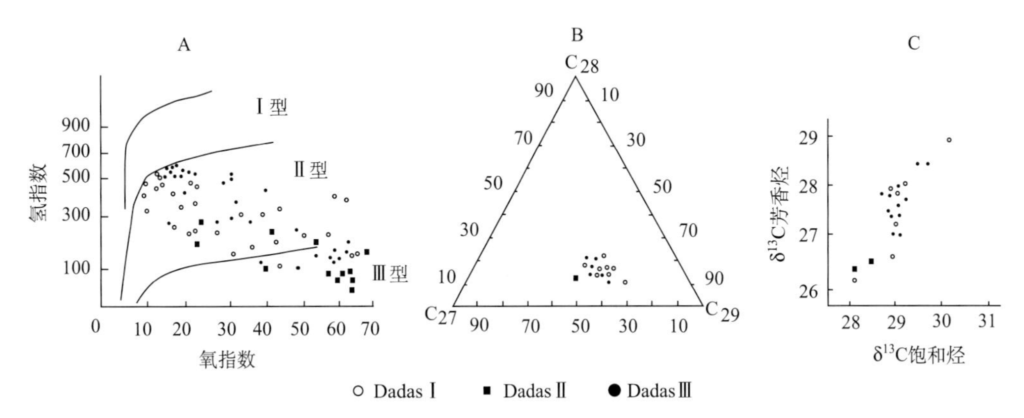

图 6-13 土耳其东南部 Dadas 组（上志留统—下泥盆统）地化分析图（据 Soylu，1987；有修改）
A 为干酪根类型图；B 为 C_{27}、C_{28} 和 C_{29} 甾烷三角坐标图；C 为饱和烃和芳香烃碳同位素关联图

白垩系 Mardin 群产出的轻质、低硫油就来自志留系—泥盆系的烃源岩，同时油气也聚集在下古生界的储层中。另外，这一区域不同油田的原油性能不同，这是差异运移和中新世构造抬升期间产生水洗和生物降解作用导致的（Alsharhan and Nairn，1997）。

该含油气系统的储集层有中上奥陶统的 Bedinan 组、上奥陶统至上志留统的 Handof 组和下泥盆统的 Hazro 组（图 6-14）。

Bedinan 组所在的圈闭类型是构造/地层圈闭，其中地层圈闭类型储集油气的潜力较大，因为页岩中夹有砂体，形成了很好的储集层。Handof 组厚约 900m，含有页岩、粉砂质砂岩，局部发育沥青质黑色泥岩夹层。Hazro 组的岩性特征为：底部是大量呈交错层的沉积石英岩质砂岩，中部是煤层，上部是页岩和粉砂岩。Katin-6 井的开采层位是白垩系 Mardin 群储集层，随后钻穿了 Hazro 组砂岩，发现了具有商业开采价值的大量天然气（日开采量 $17\times10^4 m^3$）（Erdogan and Akgul，1981；Cater and Tunbridge，1992）。

该含油气系统的油气生成时间为始新世—中新世，而圈闭自奥陶纪就陆续形成，晚白垩世也是圈闭形成期（图 6-14），这期间受到构造运动的改造和影响。原油在新生代生成的时间是由两个因素控制的，一个是前陆盆地新生界岩层和同造山期的白垩系顶层的厚度，另一个是褶皱带前渊的推覆岩体的厚度。源岩现今仍处于生气窗内，但天然气不是这个含油气系统聚集的主要烃类成分，这可能是因为源岩进入生气窗的时间早于中新世的构造抬升，所以生成的气体都散失了。该含油气系统的关键时刻为始新世。

（三）三叠系含油气系统

该含油气系统分布在扎格罗斯盆地的土耳其、叙利亚和伊拉克境内（图 6-15）。源岩主要是上三叠统 Kurra Chine 组、下侏罗统 Camurlu 组和中侏罗统 Sargelu 组。

Kurra Chine 组在伊拉克、叙利亚和伊朗北部都有分布，由黑色碳质页岩、含藻碳酸盐岩、泥质石灰岩组成，厚约 500m。在叙利亚，烃源岩处于生油窗内，R_o 为 0.75%～1.30%（图 6-16），为同时代及上覆侏罗纪储集层提供了油气。Camurlu 组分布于土耳其东南部，由白云岩、泥灰岩构成，TOC 含量普遍较低，但仍有几个夹层

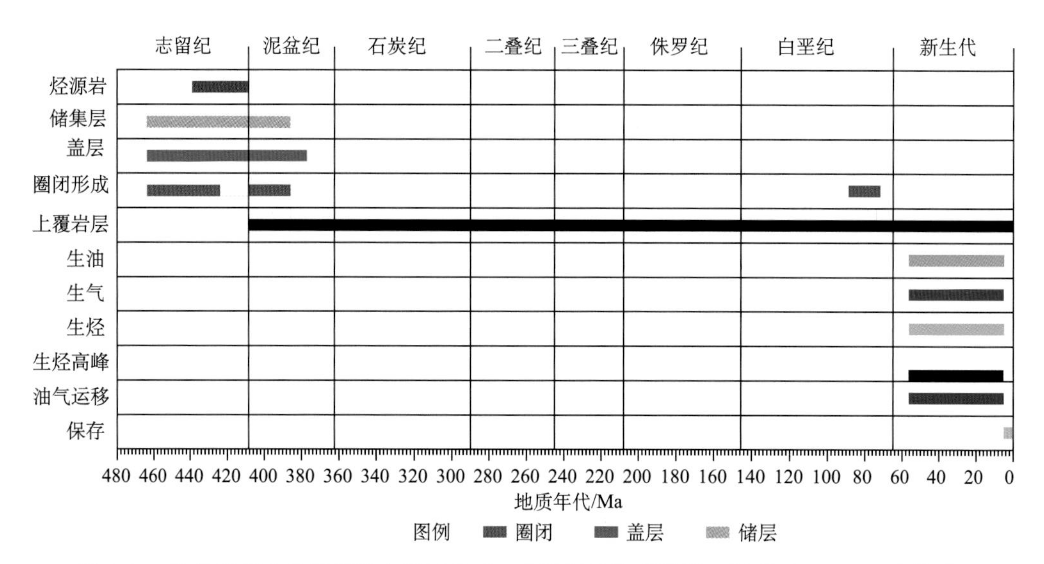

图 6-14　扎格罗斯盆地托罗斯志留系 Dadas 含油气系统事件图（据 IHS，2010；有修改）

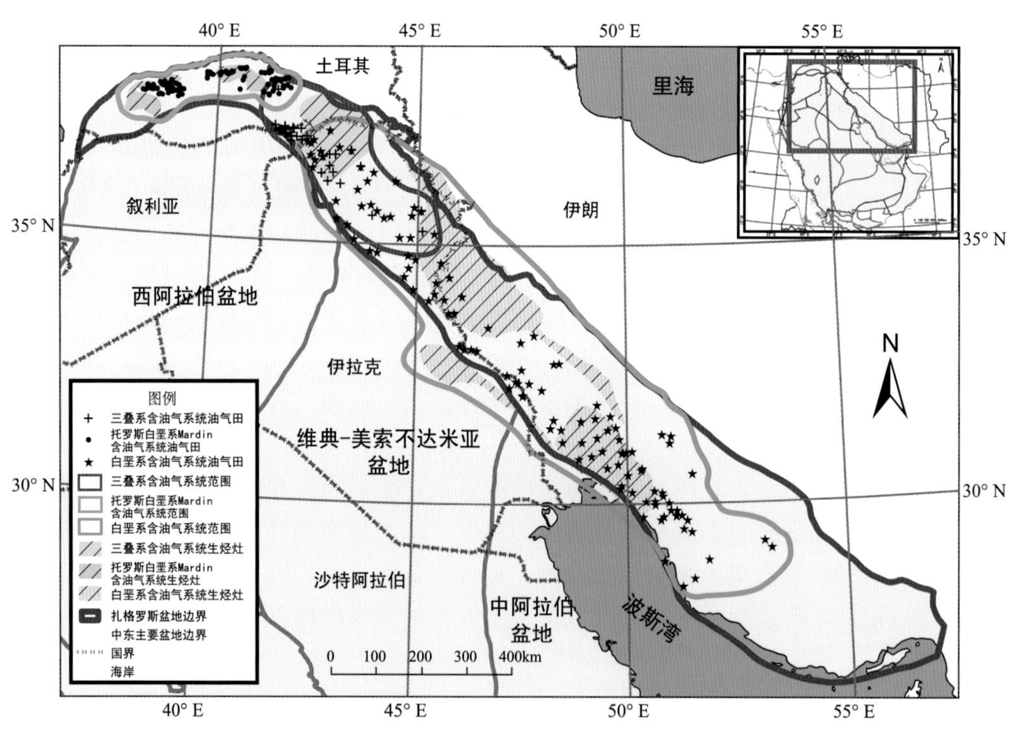

图 6-15　扎格罗斯盆地三叠系含油气系统、白垩系含油气系统和
托罗斯白垩系 Mardin 含油气系统分布范围及烃源岩生烃灶展布图

TOC 含量很高，可达到 8%（Harput and Erturk，1991），是一套有潜力的烃源岩（图 6-17）。Sargelu 组是下白垩统和侏罗系储集层的主要源岩，以沥青质灰岩为主，夹泥岩，厚度达 280m，TOC 含量为 3.1%～4.4%，Ⅱ型干酪根。

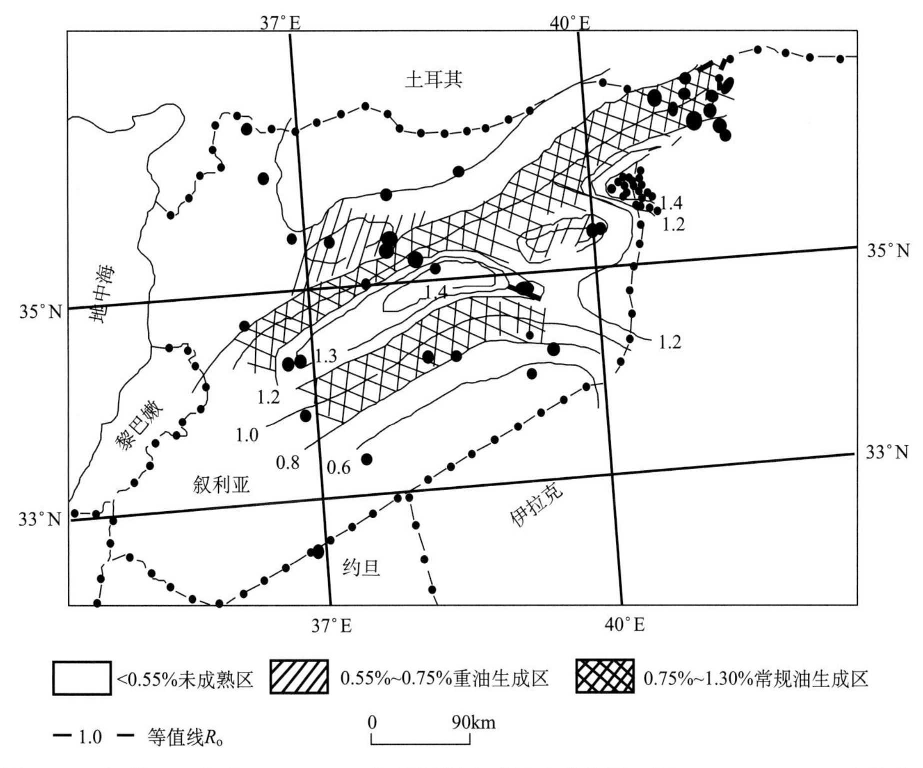

图 6-16 叙利亚三叠系 Kurra Chine 组的烃源岩成熟度分布图（据 Serryea，1990；有修改）

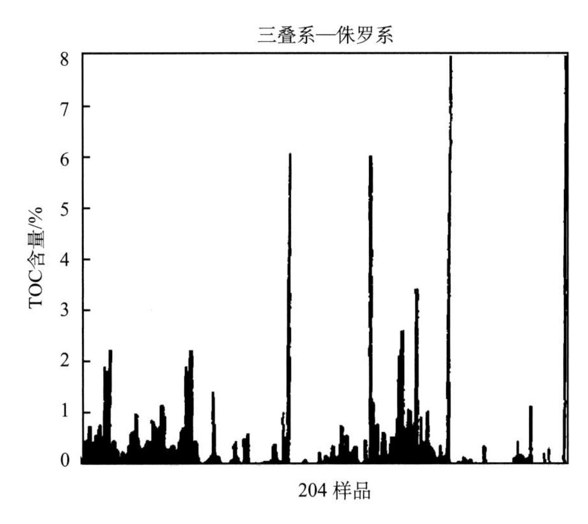

图 6-17 土耳其东南部三叠系—侏罗系烃源岩有机质含量分布图
（据 Harput and Erturk，1991；有修改）

储集层有上三叠统 Kurra Chine 组、下侏罗统 Butmah 组和上白垩统 Massive Limestone 组，其中 Massive Limestone 组仅分布在叙利亚境内。

Kurra Chine 组由白云岩、石灰岩、蒸发岩组成，有效厚度约 90m，既是一套有潜力的烃源岩，也是一套储集层。其原生孔隙被成岩作用所破坏，但溶蚀孔隙及裂缝提高了渗透率（Sadooni，1995）。Butmah 组遍布该含油气系统，由白云岩夹泥岩和硬石膏构成，厚度最大可达 540m，次生裂缝改善了储层物性。Massive Limestone 组由白云质灰岩和白云岩构成，厚约 200m，原生和裂缝孔隙度在 1%～13%范围内，基质和裂缝渗透率可达 27mD。

该含油气系统的盖层有上三叠统 Kurra Chine 组和下侏罗统的 Adaiyah 组。Kurra Chine 组泥岩和硬石膏层是该系统的层间盖层，而 Adaiyah 组硬石膏是已证实的下侏罗统 Butmah 组的盖层，厚约 175m，沉积环境为蒸发潟湖相。

在盆地的土耳其和伊拉克部分，该含油气系统是在晚新近纪开始生排烃的；而在叙利亚部分，是在早—中白垩世开始生烃，早古近纪开始运移，持续至今。位于伊拉克北部的 Butmah 油田附近，烃源岩 Kurra Chine 组和 Sargelu 组在埋深 3000m 左右时进入生油窗（图 6-18）。由于 Butmah 油田靠近叙利亚区域，Kurra Chine 组在早古近纪就进入生油窗。圈闭形成时间为中—晚白垩世，其形成时间与生排烃期相匹配，可以有效聚集油气（图 6-19）。另外，事件图中的生烃时间为早白垩世，这是多个地区生烃时间的综合，运移时间为早古近纪，因此判定该含油气系统的关键时刻为早古近纪。

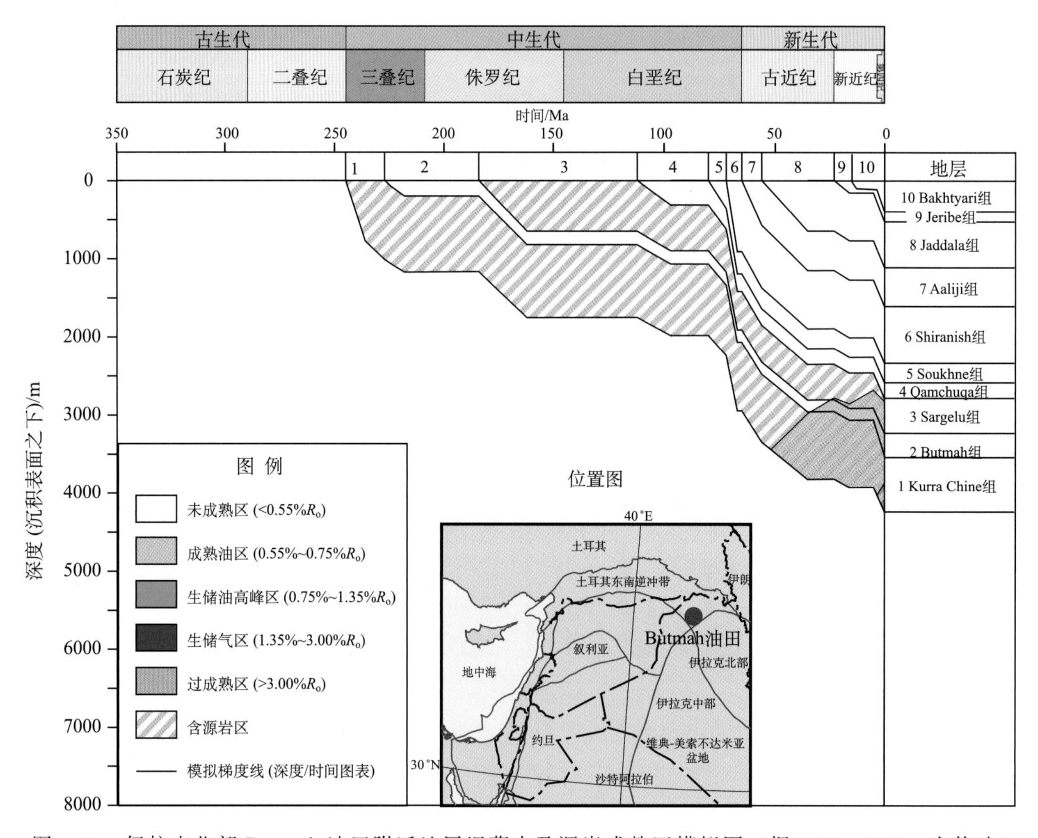

图 6-18　伊拉克北部 Butmah 油田附近地层埋藏史及源岩成熟区模拟图（据 IHS，2010；有修改）

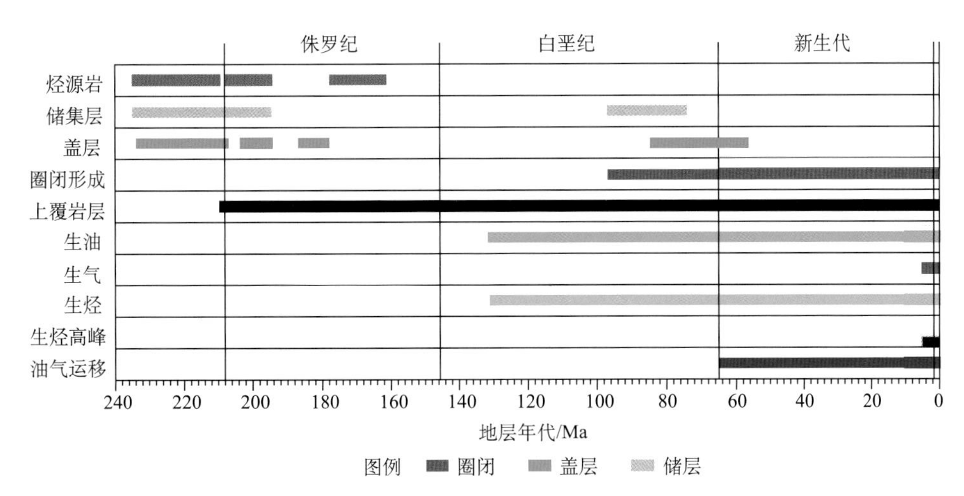

图 6-19　扎格罗斯盆地三叠系含油气系统事件图（据 HIS，2011；有修改）

（四）侏罗系含油气系统

侏罗系含油气系统主要分布在扎格罗斯盆地的伊朗和伊拉克部分（图 6-20）。源岩主要为中侏罗统 Sargelu 组、上侏罗统 Naokelekan 组和 Chia Gara 组，皆为海相Ⅱ型干酪根，且生烃灶分布广泛，Sargelu 组的贡献最大。其中北伊拉克部分发现的油气田个数较多，储量较大。

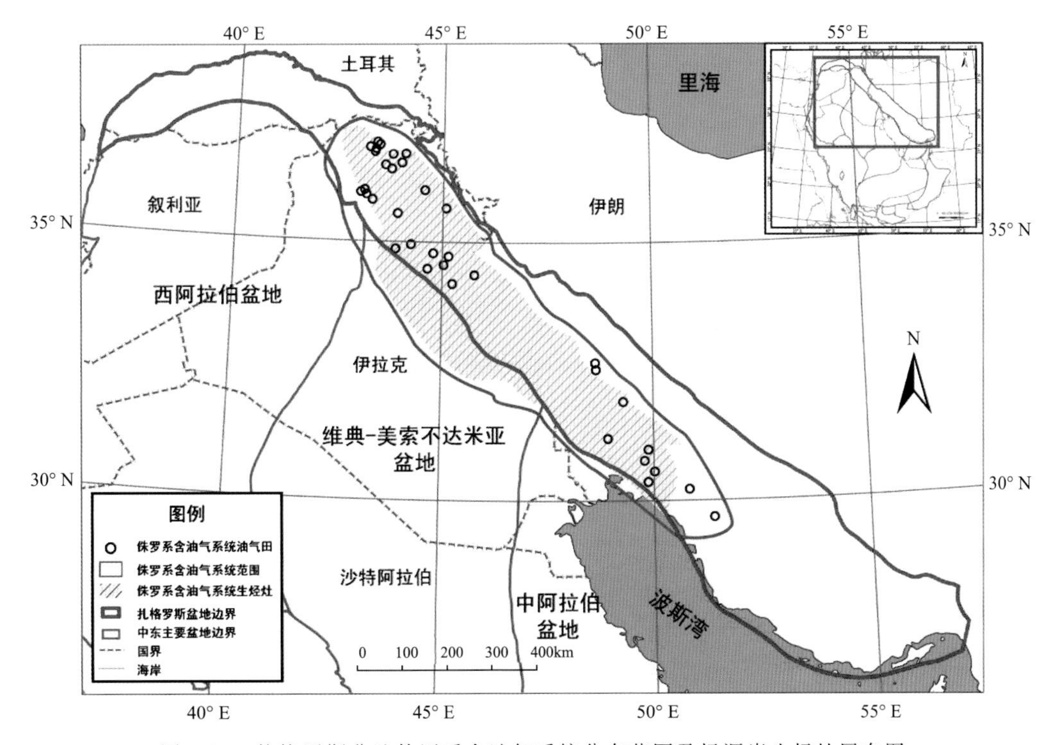

图 6-20　扎格罗斯盆地侏罗系含油气系统分布范围及烃源岩生烃灶展布图

Sargelu组烃源岩分布在伊拉克东北部、洛雷斯坦地区并延伸到迪兹富勒坳陷区域。作为源岩的黑色页岩沉积于缺氧环境，有效厚度为100～200m，TOC含量在1.5%～4.5%范围内。在迪兹富勒坳陷东北部TOC含量减半，是为下白垩统储集层供烃的一套重要烃源岩。但在洛雷斯坦地区和迪兹富勒坳陷，烃源岩与优质储层之间隔有厚层蒸发岩，源岩潜力降低。位于伊拉克北部靠近Butmah油田，Sargelu组于古近纪中期进入生油窗，到新近纪中期，进入生油高峰，没有天然气生成（图6-21），该组进入生油窗时的埋深为地下3000m（图6-18）。

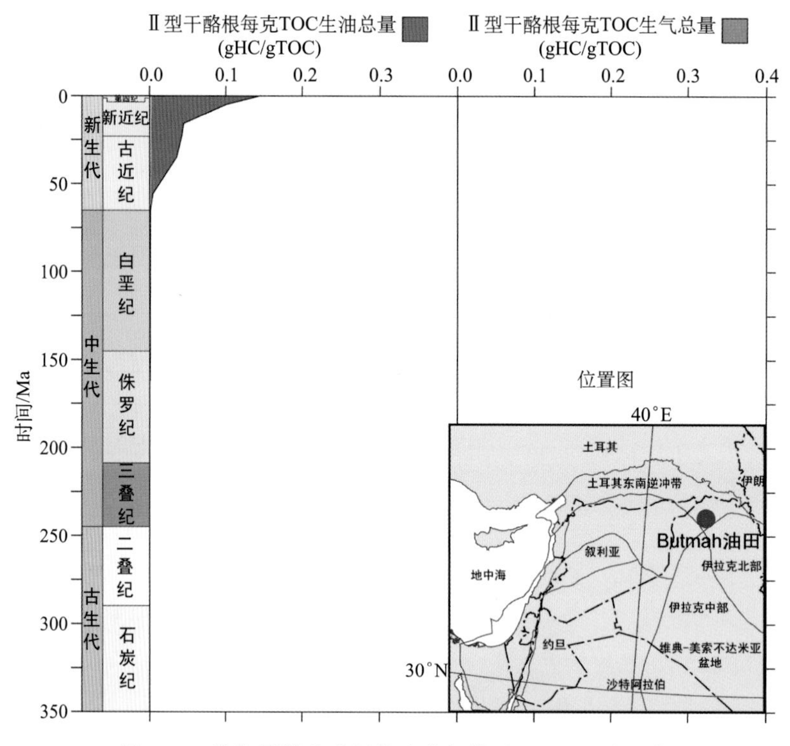

图6-21　扎格罗斯盆地伊拉克北部靠近Butmah油田的中侏罗统Sargelu组模拟生烃时间图（据IHS，2012；有修改）

上侏罗统Naokelekan组含有丰富的有机质，根据有限的分析资料，TOC最大可达5%。在伊拉克，公开发布的成果显示侏罗系地层是白垩系及更年轻储集层油气的主要来源，但这项分析工作仍处于初级阶段。

上侏罗统Chia Gara组厚度在30～300m，TOC含量介于2.15%～11.99%，但烃源岩的厚度不详。

储集层主要是下侏罗统Neyriz组、中侏罗统Sargelu组灰岩、中上侏罗统Najmah组、上侏罗统Surmah组及部分白垩系、新生界地层。在扎格罗斯盆地的南部边界，法尔斯地质省隆起区较浅的地方发现了气田储集层为白垩系和新生界地层（图6-6）。

下侏罗统Neyriz组总厚度约350m，最底部是层状白云岩，之上是页岩、白云岩，局部有角砾状白云岩，上部是白云岩、白云质灰岩、粉砂岩、粉砂质泥岩和砂岩。本组是班吉斯坦Ⅰ油田的一个储集层。

中上侏罗统 Najmah 组由 19m 的浅海相鲕粒灰岩、白云岩和硬石膏构成，之下与 Sargelu 组呈不整合接触，之上是 Gotnia 组硬石膏。

上侏罗统 Surmah 组由 689m 浅海相碳酸盐岩构成，下部是厚层细粒白云岩，之上过渡为薄层细粒到粗粒结晶白云岩和灰岩，上下两层整合接触。此组储层净厚度为 150m，平均孔隙度约 9%，储集物性因裂缝、裂隙的发育及白云化作用而提高。在 Chillingan 和 Garangan 油田中是重要的石油和天然气产层，在 Suru 和 Kuh-e-Mand 油田中是一套天然气产层。

该含油气系统的盖层主要有上侏罗统的 Hith 组和 Gotnia 组。Hith 组由 50～150m 厚的硬石膏和少量白云岩构成，是一套有效的盖层，主要对 Surmah 组的天然气封闭起到主要作用。Gotnia 组硬石膏层在阿拉伯台地上是一套有效的半区域性盖层，但在扎格罗斯盆地范围内不是一套主要的盖层。另外，Naokelekan 组是 Sargelu 组灰岩储层的局部盖层。

该含油气系统油气的生成和排出都发生在晚新近纪，圈闭形成时间是中晚白垩世至今，因此排烃和圈闭形成时间匹配，油气得以聚集，关键时刻为晚新近纪（图 6-22）。

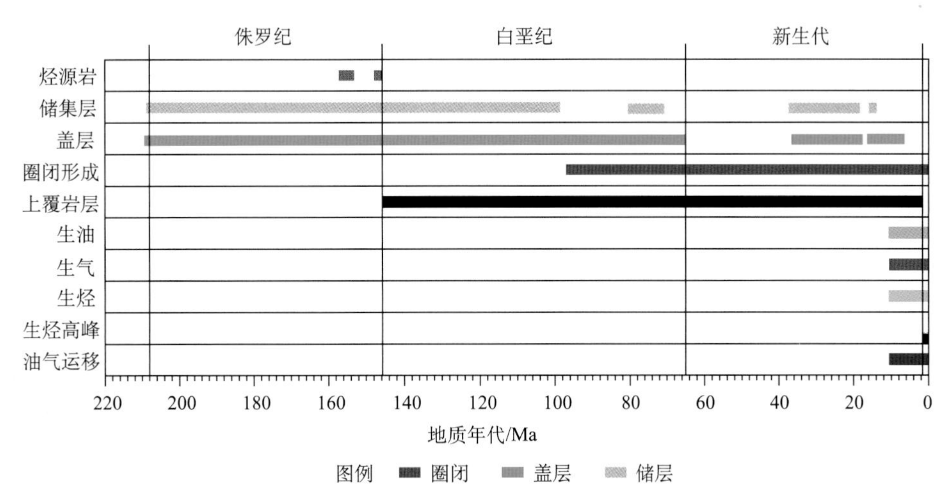

图 6-22 扎格罗斯盆地侏罗系含油气系统事件图（据 IHS，2010；有修改）

Jawan、Qaiyarah、Najmah 和 Qasab 油田属于该含油气系统内，烃源岩均是侏罗系地层，储集层主要是上白垩统灰岩和下中新统灰岩，圈闭为背斜构造（图 6-23）。下中新统灰岩储集层的上覆盖层为下法尔斯组的硬石膏、泥灰岩和灰岩，两套储层被上白垩统—渐新统的薄层泥灰岩分隔。在 Qaiyarah 油田，油气于晚新近纪开始生成、运移，先聚集在上侏罗统储集层中，后因造山运动而导致大量的构造变形及断层、断裂，侏罗系圈闭遭到破坏，油气发生再次运移，最终聚集于白垩系及新生界构造圈闭中。

（五）白垩系含油气系统

白垩系含油气系统主要位于扎格罗斯盆地范围内的叙利亚东北部、伊拉克和伊朗境

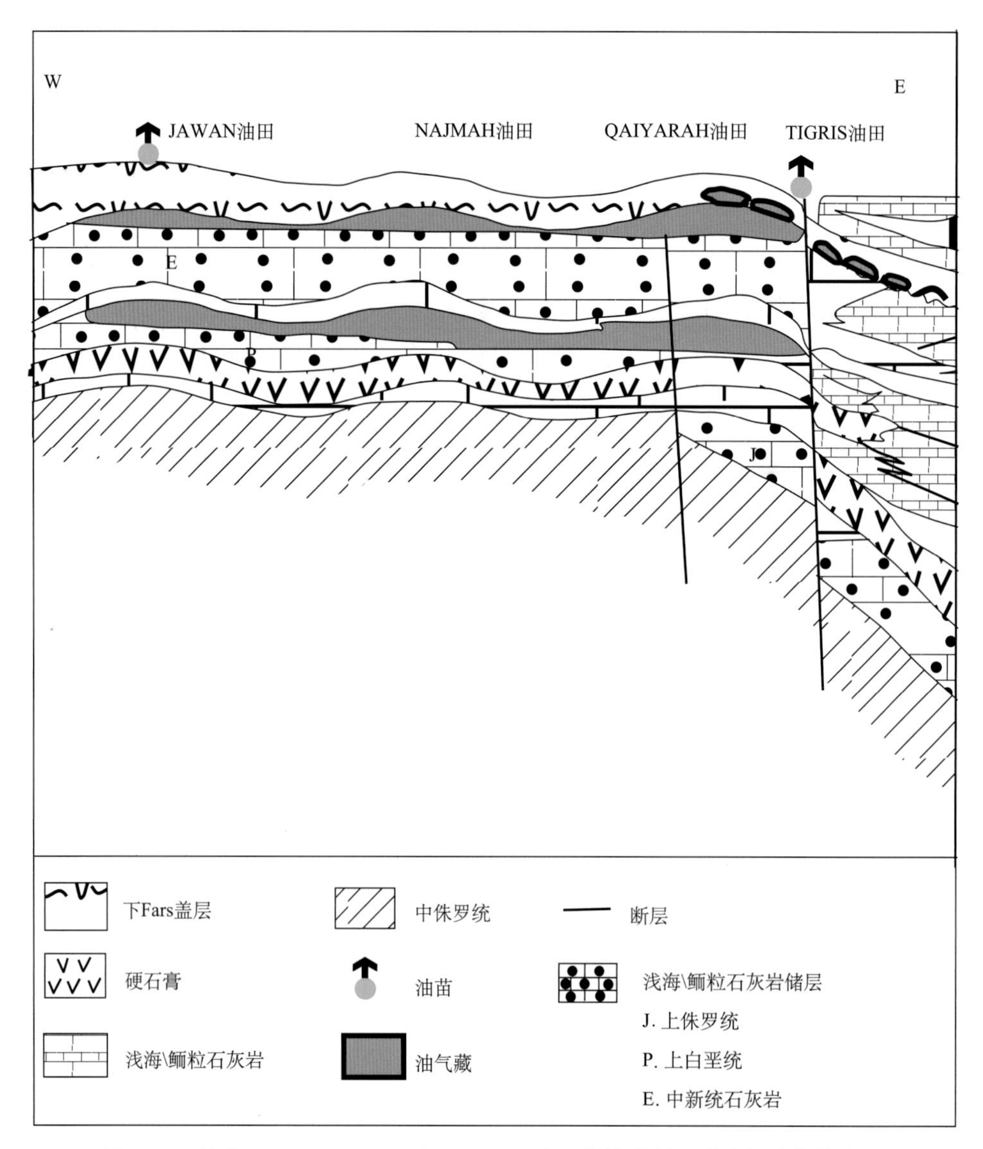

图 6-23　贯穿 Jawan、Najmah 和 Qaiyarah 油田的构造剖面及油气聚集模式图
（据 Dunnington，1958；有修改）

内，是扎格罗斯盆地最重要的一个含油气系统（图 6-15）。相比之下，对伊朗地区烃源岩和储层的研究更深入一些，而对伊拉克还处于初级阶段。

白垩系烃源岩是扎格罗斯盆地最有潜力的烃源岩层系，对盆地油气的贡献最大。该含油气系统主要的源岩有：下白垩统的 Sarmord 组、Balambo 组、Garau 组、Gadvan 组和卡兹杜米组等泥灰岩和页岩。这几个组在横向上相互过渡、对应，同一个组在不同的国家境内名称也不相同（图 6-6，图 6-7）。

位于伊拉克境内的源岩有 Sarmord 组和 Balambo 组，与位于伊朗的 Garau 组和 Gadvan 组在横向上相对应。Sarmord 组是由单一棕色泥灰岩和泥灰质灰岩交互沉积而成，厚约 555m。经推测，Balambo 组是一套重要的源岩，沉积于半深海-深海环境中。该组可细分为下 Balambo 和上 Balambo 两部分。下部由薄层灰岩与泥灰岩、页岩互层，厚约 280m；上部是薄层泥灰岩，向下过渡为放射虫灰岩，厚度在 170～350m 范围内。

位于伊朗境内的源岩有 Garau 组、Gadvan 组和卡兹杜米组。Garau 组沉积于深水环境，是由深棕色缺氧层状泥灰岩与灰岩互层构成，厚度大于 300m，TOC 含量在 1.5%～10%，Ⅱ型干酪根（Bordenave and Burwood，1990）。据推测它是储集层 Fahliyan 组和 Dariyan 组油气的主要源岩之一，但并没有得到证实，已经证实的是它在迪兹富勒拗陷区域为上覆 Sarvak/Ilam 组的储层提供油气。Garau 组源岩在伊朗地区的重要性受到限制，原因是这一地区的储层发育有限。Garau 组向法尔斯地区北部延伸就过渡到 Gadvan 组。根据仅有的公开发布的源岩数据可知，Gadvan 组的 TOC 含量为 1%（Bordenave and Burwood，1990），但该组所含的沥青质岩层厚达 400m，TOC 含量均超过 1%。在迪兹富勒地区，它也是 Fahliyan 组和 Dariyan 组储层的潜力源岩之一。

在迪兹富勒拗陷，卡兹杜米组是最重要的源岩，主要由泥灰岩和泥质灰岩构成。白垩纪的阿尔布期，迪兹富勒拗陷与 Garau 沉降区之间被一个高地隔开，高地阻隔了海洋对迪兹富勒拗陷的影响，使其处于浅水缺氧环境。卡兹杜米组的沥青质泥灰岩厚约 300m，TOC 含量可达 11%，S_1+S_2 为 40g HC/kg。伊朗的大油气田都位于厚层、有机质丰富的卡兹杜米组泥灰岩分布范围内。阿尔布期之后，迪兹富勒拗陷又恢复了正常海洋环境，沉积了石灰岩（Bordenave and Burwood，1990），在胡齐斯坦和法尔斯地质省，石灰岩沉积于富氧水体中，有机质含量较少，因此卡兹杜米组的源岩潜力大大降低。

几乎所有的地化数据都可以证实卡兹杜米组是许多重要油气田的烃源岩。其中最好的证据是不同油田原油中饱和烷烃组分的色谱具有很大的相似性，且从源岩中提取的饱和烷烃组分与原油相应组分的色谱也具有相似性。位于迪兹富勒拗陷 Agha Jari 油田附近的卡兹杜米组烃源岩（图 6-24），于晚白垩世开始生烃，但生烃量很小，真正进入生油窗的时期是中新世至上新世，到新近纪晚期达到高峰，同时进入生气窗。由造山运动在石灰岩层和泥灰岩层之间产生的裂缝加速了烃类从源岩中排出，运移到班吉斯坦和阿斯马里组储集层中。

白垩系含油气系统的储层主要有下白垩统的 Qamchuqa 群、Jawan 组、Fahliyan 组、Dariyan 组，上白垩统班吉斯坦群和渐新统—下中新统的阿斯马里组。

下白垩统的 Qamchuqa 群和 Jawan 组位于扎格罗斯盆地的伊拉克境内。Qamchuqa 群是扎格罗斯盆地主要的储集层之一，由白云质灰岩和台地碳酸盐岩构成，其原生粒间孔隙度比较高，另外次生白云化作用、孔洞孔隙和裂缝的发育增加了储集层的孔隙度。Jawan 组由鲕粒灰岩、白云岩和硬石膏构成，沉积于浅海相和过渡相环境。

下白垩统 Fahliyan 组和 Dariyan 组位于伊朗境内。Fahliyan 组由大量鲕粒灰岩和球状灰岩构成，储层净厚度为 275m，孔隙类型主要是裂缝，孔隙度为 9%～12%。Dariyan 组为沉积于浅海环境的厚层灰岩，是一个次要的油气储集层。

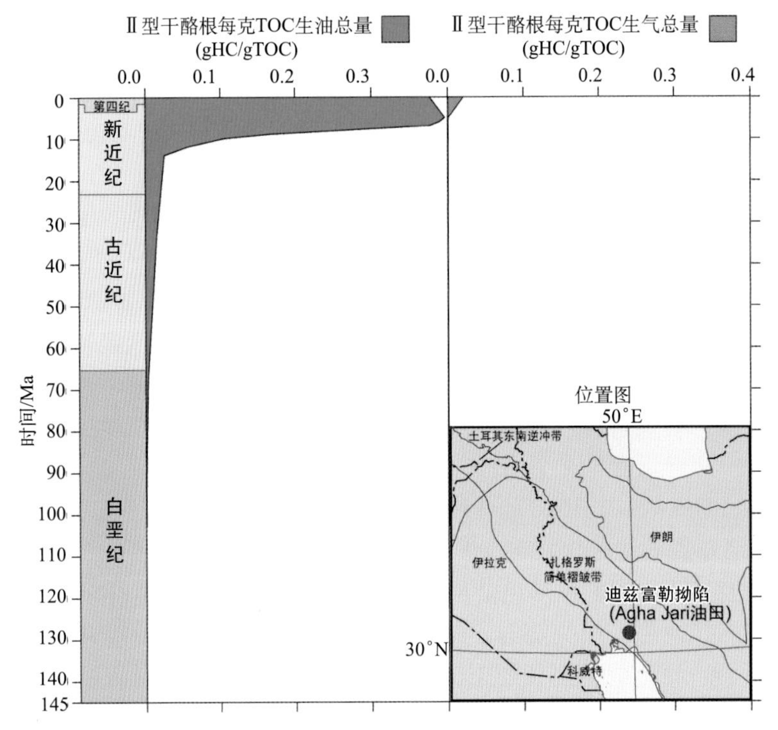

图 6-24　扎格罗斯盆地迪兹富勒拗陷靠近 Agha Jari 油田的卡兹杜米组模拟生烃时间图
（据 IHS，2010；有修改）

上白垩统班吉斯坦群和渐新统—下中新统阿斯马里组是扎格罗斯盆地最重要的两套储集层，两者之间由大量的裂缝连通，使得在许多油田中形成统一的油气藏。

班吉斯坦群灰岩在伊朗是一套很重要的储集层，分成两个储集单元，为下部的 Sarvak 组和上部的 Ilam 组。

Sarvak 组是陆架或斜坡环境下沉积的灰岩，厚度很大，总厚度为 24～790m，净储集层厚度为 5～285m，裂缝的发育以及顶部的厚壳蛤坝沉积和岩溶作用，使得孔隙性和渗透性良好。较年轻的 Ilam 组是由细粒泥质灰岩与页岩互层构成，沉积于浅海到深海环境，总厚度在 25～170m，净厚度为 110m。该组原生孔隙度不高，但由广泛发育的裂缝产生的次生孔隙提高了储集物性，孔隙度在 9%～20%。

渐新统—下中新统阿斯马里组是最重要的产层之一，由含颗粒灰泥石灰岩和含泥颗粒灰岩构成，总厚度为 320～488m，净厚度为 10～280m，原生孔隙度和渗透率较低，但广泛发育的裂缝使得产率得到保证，孔隙度达 25%，渗透率超过 100mD。阿斯马里组石灰岩在横向上和垂向上都有较大的相变，向扎格罗斯盆地的西南方向过渡为白云岩、蒸发岩和砂岩，如在 Ahwaz 油田发现了砂岩段。

该含油气系统的盖层主要是上白垩统的 Gurpi 组和中新统的加奇萨兰组。Gurpi 组是 Sarvak 组和 Ilam 组储集层的直接盖层，分布于伊朗的大部分区域，由泥灰岩和页岩构成。虽然它可以将油气封盖其下，但裂缝的存在限制了它的封闭有效性，通常不能完全阻止油气由白垩系储层运移到新生界储层中，尤其是在构造变形严重的区域，该组作为盖层是无效的，白垩系储层和新生界储层之间是连通的。加奇萨兰组是由几百米岩盐和硬石膏，夹有少量石灰岩和页岩构成，是扎格罗斯盆地的一套区域性盖层，也是阿斯马里石灰岩的直接盖层，大部分油气都封盖其下，仅有很少量的油气逸出。

迪兹富勒坳陷卡兹杜米组于新近纪晚期开始生油（图 6-25），进入生油窗时的埋深达到地下 4000m，进入生油高峰时的埋深可达地下 6500m，油气从源岩运移到邻近的上覆、下伏以及侧向同期灰岩储层中。圈闭最早形成时间是在晚白垩世，一直持续到中新世晚期仍有圈闭形成（图 6-26）。后经历强烈构造运动，使得先前形成的部分圈闭遭到破坏，产生的大量裂缝将白垩系和新生界储集层连通，油气发生再次运移，重新聚集于新生代圈闭中，封盖在加奇萨兰组蒸发岩之下。该含油气系统的关键时刻是中中新世。

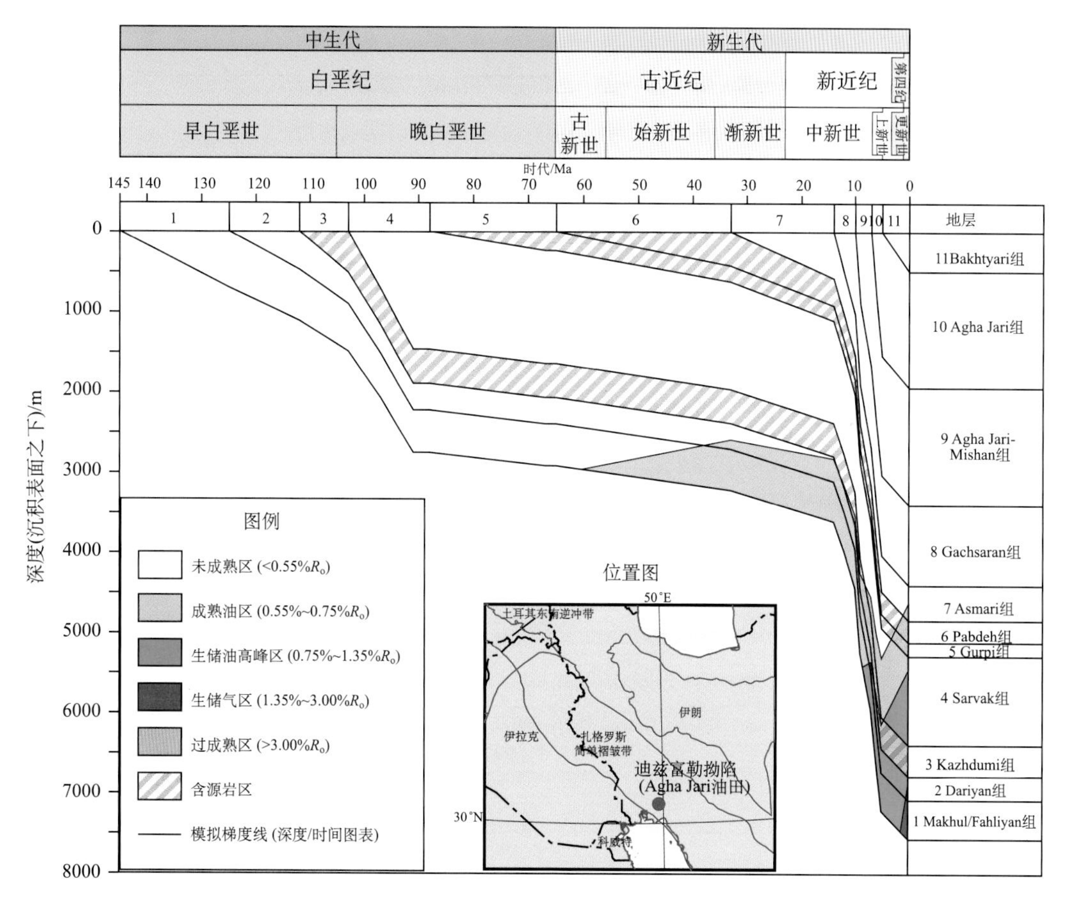

图 6-25 迪兹富勒坳陷 Agha Jari 油田附近地层埋藏史及油气分布区模拟图（据 IHS，2010；有修改）

下面以位于伊拉克北部的基尔库克油田为例，简要阐述该含油气系统的成藏过程。如图 6-27 所示，早中白垩世泥灰岩/泥岩于中新世中期开始生烃、排烃，圈闭类型是一个顶部平缓、翼部较陡的大背斜，形成于晚中新世。油气首先运移至下白垩统储集层

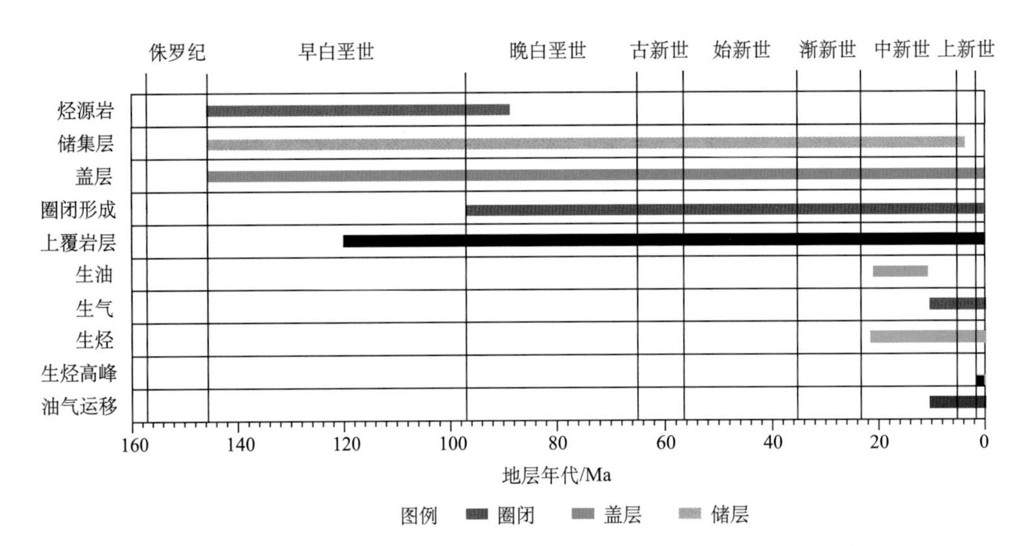

图 6-26　扎格罗斯盆地白垩系含油气系统事件图（据 IHS，2010；有修改）

中，随后发生了较强烈的造山运动，在构造高部位，储集层主要沿垂直于褶皱面的方向断开，裂缝主要分布在顶部，翼部较少。因此油气沿着裂缝垂直再次运移至上白垩统储层中，继而进入新生界灰岩储层中聚集，之上是蒸发岩层，起到有效的封盖作用。图 6-27 中 C 表示的是中白垩统储集层内的剩余原生油藏；B 代表上白垩统裂隙型泥灰质石灰岩储集层内的次生油藏，石油来自中白垩统储集层，之后石油再次垂向运移；A

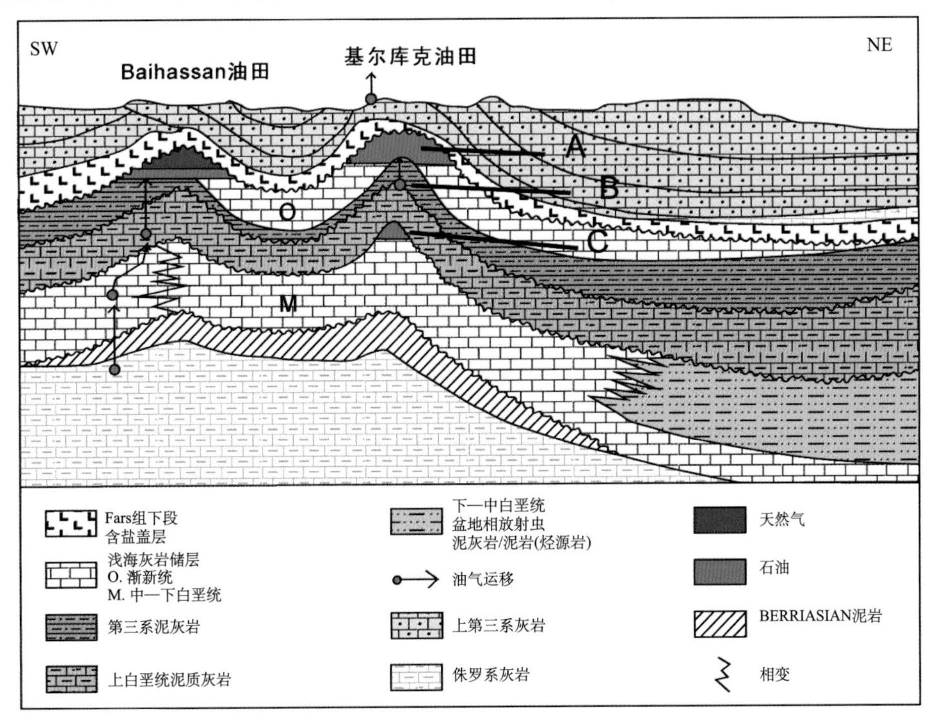

图 6-27　伊拉克基尔库克油田石油地质综合图（据 Dunnington，1958；有修改）

表示渐新统孔隙石灰岩储集层内的次生油藏，石油在蒸发岩层的封盖之下聚集成藏。

（六）托罗斯白垩系 Mardin 含油气系统

托罗斯白垩系 Mardin 含油气系统位于土耳其东南部（图 6-15）。源岩是深水富含有机质中上白垩统 Mardin 群（特别是 Derdere 组、Karababa 组‘A’段）和上白垩统 Karabogaz 组泥灰岩。油气生成以后充注到下伏和邻近的储层中，因此主要的储层也是 Derdere 组、Karababa 组和 Karabogaz 组，储层与源岩互层。

白垩系 Mardin 群自下而上细分为 Sabunsuyu 组、Derdere 组和 Karababa 组，其中上面两个组是主要的源岩和储层。

Derdere 组下部是一套有机质丰富的源岩，为上覆储层供烃，Ⅱ型干酪根。同时，Derdere 组也是该含油气系统的一套主要储层，其原生孔隙度、渗透率较低，但广泛的白云化作用、岩溶作用及裂缝的发育，使得该储层达到商业级产率。

Karababa 组‘A’段 TOC 为 0.76%～7.65%，干酪根为Ⅰ/Ⅱ型腐泥型，氢指数达 766，它是一套重要的烃源岩。Karababa 组‘B’段和‘C’段是有效的储集层，储集物性因裂缝的发育和岩溶作用而改善，孔隙度达 10%，渗透率在 5～10mD。由图 6-28 可知，

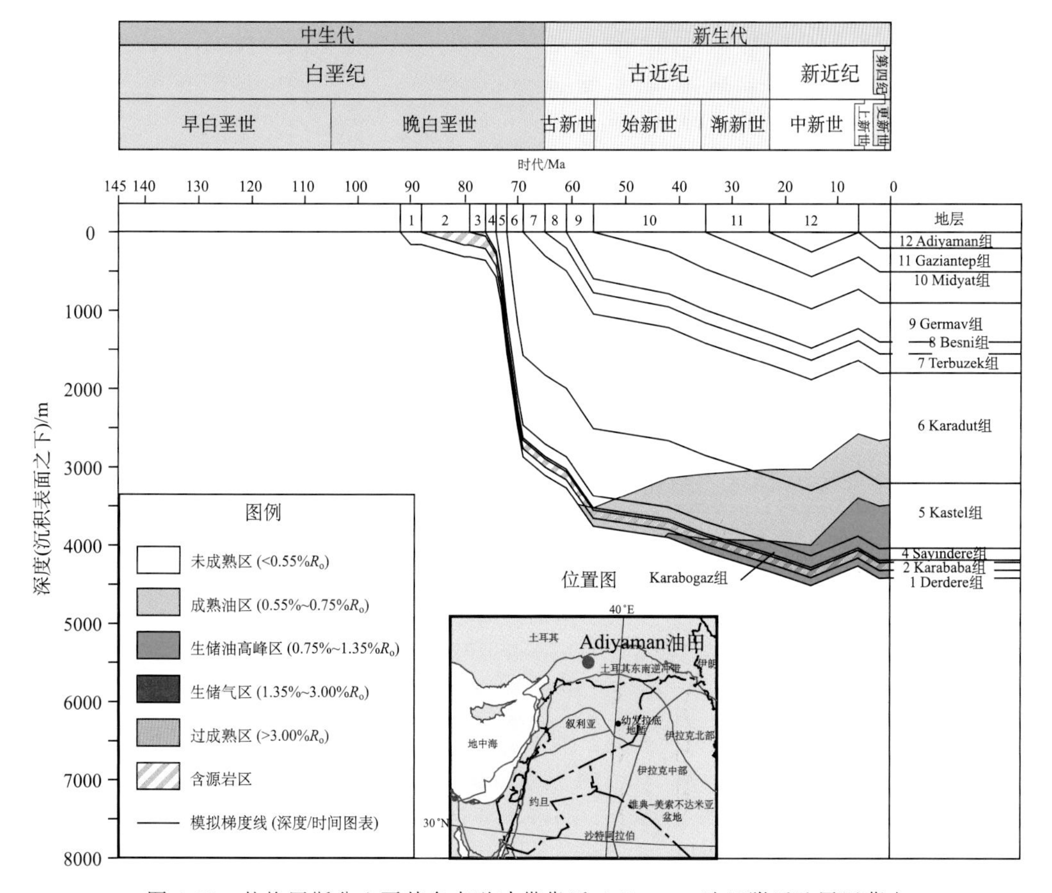

图 6-28　扎格罗斯盆土耳其东南逆冲带靠近 Adiyaman 油田附近地层埋藏史及油气分布区模拟图（据 IHS，2010；有修改）

Karababa 组于早古近纪开始进入生油窗，始新世中期大量生排烃，中新世中期达到生烃高峰，埋深达到地下 4000m，石油储集在上覆、下伏储集层中，如 Derdere 组、Kastel 组等。

上白垩统 Karabogaz 组位于 Mardin 群之上。作为源岩，其 TOC 含量可达 7.88%，Ⅰ/Ⅱ型干酪根；作为储层，Karabogaz 组的主要孔隙类型为裂缝，平均孔隙度为 12%，平均渗透率为 21mD。在某些地区，该组与 Karababa 组和 Derdere 组之间有一定的连通性，但在其他地区被 Karababa 组 ‘A’ 段阻隔。

另外，上白垩统的 Raman 组和 Garzan 组也是该含油气系统主要的储集层。Raman 组的储集物性因裂缝、节理的发育及淋滤作用而改善，其平均孔隙度为 17%，平均渗透率为 130mD。Garzan 组的原生粒间、晶间孔隙度为 612%，次生裂缝孔隙度在 12%～16%，渗透率最高达 500mD。

上白垩统 Germav 组泥岩也是 Raman 组和 Garzan 组的直接盖层。

托罗斯白垩系 Mardin 含油气系统油气生排烃时间为早始新世（图 6-29），关键时刻定为早始新世。源岩在中新世达到生烃高峰，圈闭于中白垩世就开始形成，生烃期间受到前陆盆地白垩系和新生界地层及褶皱带前沿推覆体的影响。目前一些源岩处于生气窗，但天然气不是油气资源储量的主体，可能源岩在中新世强烈构造运动之前就已经达到生气窗，生成的天然气在构造事件中散失。

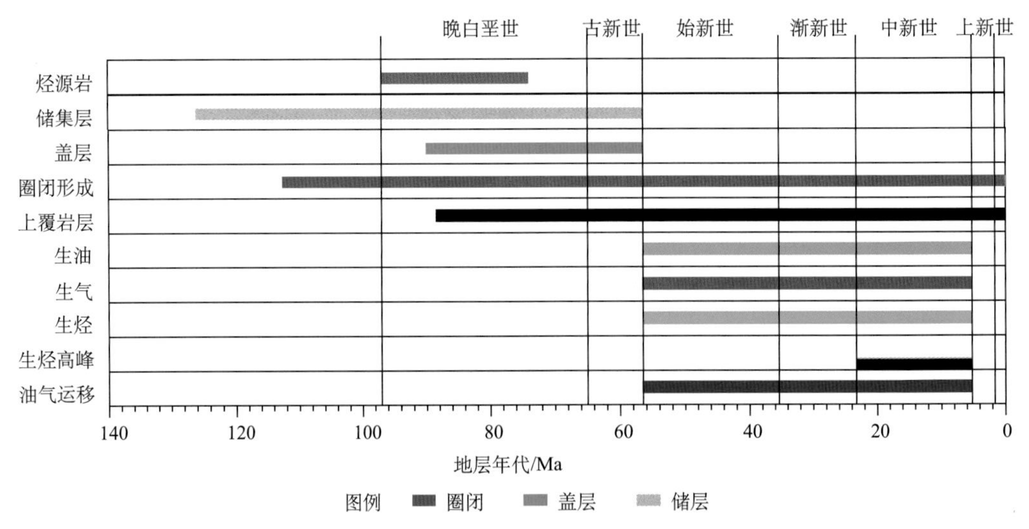

图 6-29　扎格罗斯盆地托罗斯白垩系 Mardin 含油气系统事件图（据 IHS，2010；有修改）

以拉曼油田横剖面为例（图 6-30），说明该含油气系统的成藏过程。拉曼油田的构造主要是一个东西走向、狭长、双向倾伏的背斜，南部以一个逆断层为界，其北翼平缓，南翼陡斜，圈闭形成于晚白垩世。油田主要源岩是上白垩统 Mardin 群，主要产层是 Mardin 群和 Garzan 组，油气在新生代生成，运移至同层及上覆储集层中聚集，之上是 Germav 组泥岩作为盖层。

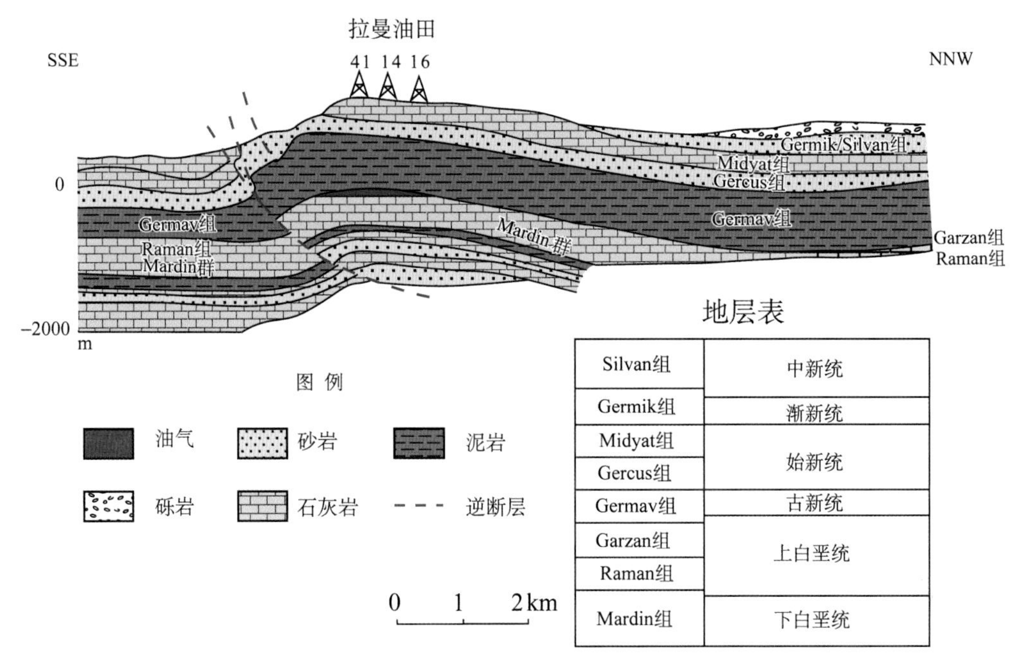

Silvan组	中新统
Germik组	渐新统
Midyat组	始新统
Gercus组	
Germav组	古新统
Garzan组	上白垩统
Raman组	
Mardin组	下白垩统

图 6-30 扎格罗斯盆地玛丁高地拉曼油田构造剖面图（据童晓光等，2004；有修改）

（七）上白垩统 Shiranish 组含油气系统

这是一个假设的含油气系统，位于伊拉克和叙利亚境内。上白垩统 Shiranish 组被认为是这个系统的主要源岩，由沥青质石灰岩和页岩构成，但还有人认为，在伊拉克和叙利亚东北部地区，三叠系到下白垩统的 Amanus 页岩、Lower Balambo 组和 Sargelu 组可能也对这个系统有贡献。Shiranish 组埋深较大，因此在渐新世晚期就进入生油窗，但至今也没有达到生油顶峰。油气的运移发生在晚渐新世，短距离通过碳酸盐岩输导层和裂缝运移到上覆由多孔隙礁灰岩构成的互层的 Shiranish 组储层以及古近系和新近系储层中。盖层包括 Shiranish 组内的互层页岩和上覆的新生界蒸发岩。

（八）新生界含油气系统

新生界含油气系统主要位于扎格罗斯盆地伊朗境内（图 6-11）。烃源岩主要为古新统—渐新统的 Pabdeh 组，由泥质沉积物构成，主要沉积在迪兹富勒坳陷。该组烃源岩有效厚度为 320m，TOC 含量为 1%～12%，Ⅱ型干酪根。Pabdeh 组烃源岩在扎格罗斯盆地的大部分地区都处于未成熟状态，仅在迪兹富勒坳陷东部达到足够大的埋深，生成了大量的油气，因此油气田和生油岩主要分布在伊朗境内的迪兹富勒坳陷内（图 6-31）。与其横向上相对应的还有 Aaliji 组、Germav 组和 Jaddala 组，但这些组的源岩潜力有限。中新统的阿斯马里组是该含油气系统的主要储集层，因在白垩系含油气系统中对该组作了介绍，不再赘述。

Pabdeh 组在中新世到上新世时进入生油气窗，并在更新世达到顶峰，圈闭最早形

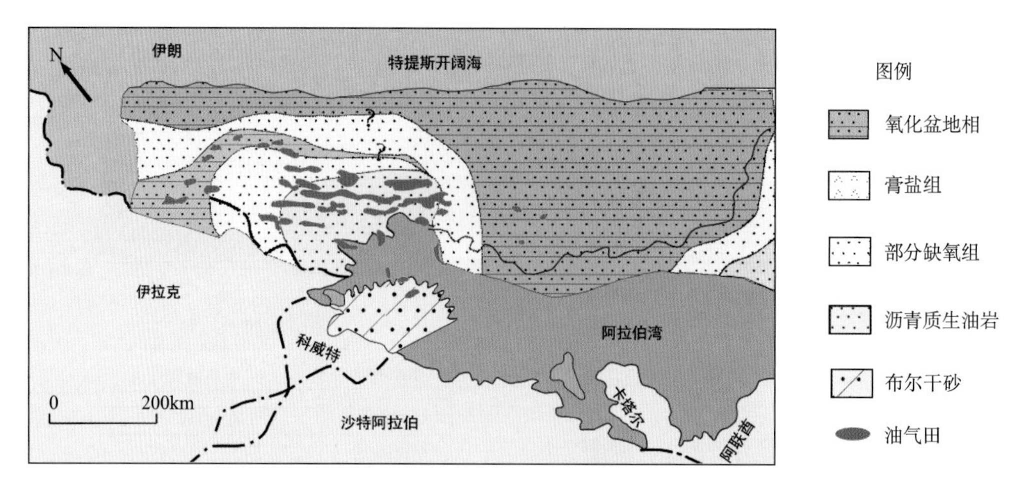

图 6-31　扎格罗斯盆地始新统—下渐新统 Pabdeh 组古地理示意图（据童晓光等，2004；有修改）

成于渐新世，油气向上短距离运移到上覆和邻近的阿斯马里石灰岩储层中聚集，关键时刻为中中新世（图 6-32）。

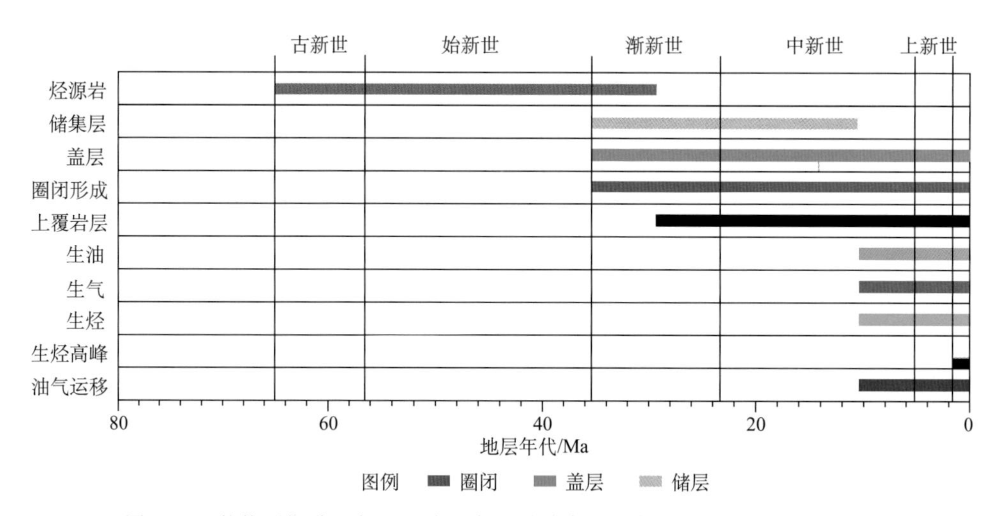

图 6-32　扎格罗斯盆地新生界含油气系统事件图（据 IHS，2010；有修改）

七、油气分布特征和主控因素

（一）区域分布特征

如前文所述，扎格罗斯盆地划分为 7 个次级构造单元（图 6-33），下节主要讨论这 7 个次级构造单元的油气分布情况。

扎格罗斯盆地的油气主要分布于 3 个次级坳陷：迪兹富勒坳陷、基尔库克坳陷和胡齐斯坦褶皱带，其油气储量分别占盆地油气总储量的 54.5%、18.0%和 12.5%，三者

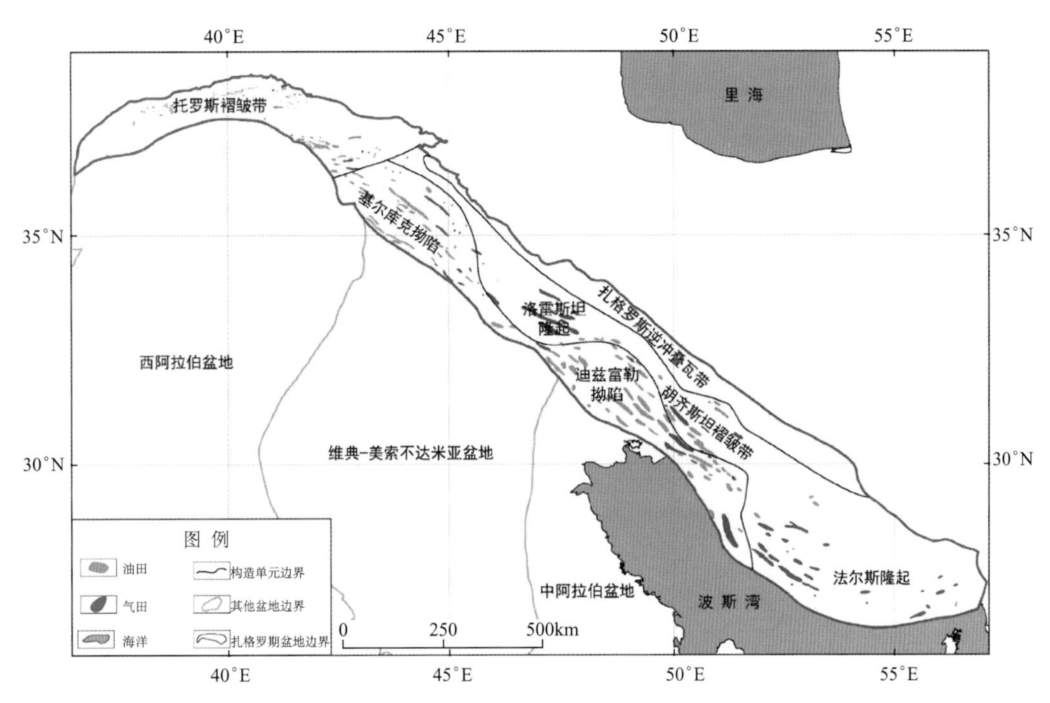

图 6-33 扎格罗斯盆地构造分区和油气分布图

的油气储量之和占总储量的 85%。其次是法尔斯隆起、托罗斯褶皱带和洛雷斯坦隆起，其油气储量分别占总储量的 9.7%、3.3%和 2.0%。位于扎格罗斯盆地逆冲叠瓦带的油气储量很少，在统计数据中不能显现出来。除法尔斯隆起外，其他构造单元发现的油气储量均以石油为主（图 6-34）。

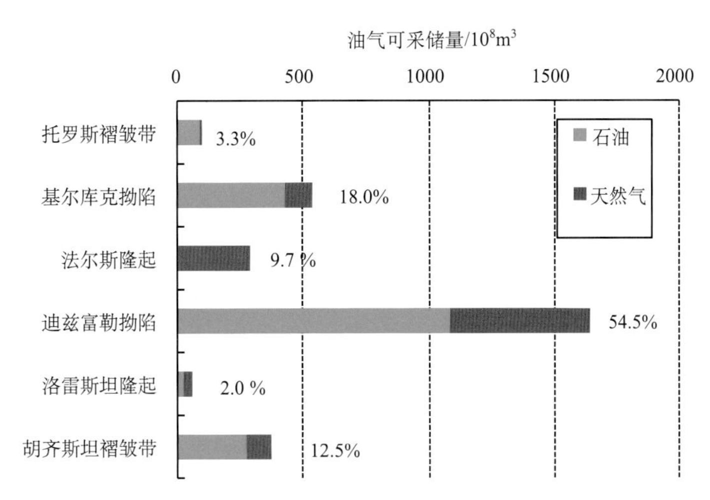

图 6-34 扎格罗斯盆地不同构造分区油气分布图

（二）层系分布特征

扎格罗斯盆地油气的层系分布示于图 4-9。油气主要分布在第三系，其油气储量占油气总储量的 66.3%，其次是白垩系，占总储量的 22.8%，两者合在一起占总储量的 89.1%。其次是三叠系和二叠系，其油气储量分别占总储量的 5.6%和 4.7%，其他层系的油气储量合在一起仅占 0.6%。

第三系和白垩系主要以石油（含凝析油）为主，且储集了扎格罗斯盆地石油总量的 98.5%。此外，这两个层系的天然气储量亦占盆地天然气总储量的 69.3%（图 4-8）。值得一提的是，三叠系和二叠系储集的天然气储量相对较大，占总天然气储量的 29.6%，这主要归因于志留系 Gahkum 含油气系统，该系统以生气为主。

（三）不同含油气系统的油气分布特征

扎格罗斯盆地不同含油气系统的油气储量分布如图 6-35 所示。白垩系含油气系统的油气储量规模最大，占盆地油气总储量的 77.5%，其次是志留系 Gahkum 含油气系统，其天然气和凝析油储量占盆地油气总储量的 10.2%，侏罗系、新生界含油气系统的油气储量分别占总储量的 7.2%、2.7%。其余 4 个含油气系统油气储量仅占总储量的 2.4%。

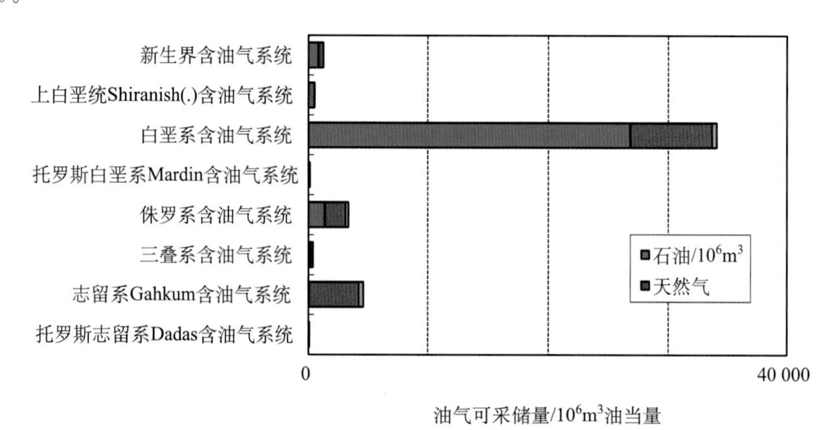

图 6-35　扎格罗斯盆地不同含油气系统油气分布图

（四）油气分布主控因素

扎格罗斯盆地的油气分布主要受到烃源岩的控制，盆地内发育多套烃源岩层，如下志留统 Gahkum 组、中侏罗统 Sargelu 组、下白垩统 Garau 组、下白垩统卡兹杜米组、古—始新统 Pabdeh 组等，这些烃源岩决定了含油气系统的分布，也控制了油气在平面上的分布。

其次，盆地晚期大规模的挤压褶皱作用，使得发育大量的断层和裂缝，这对油气分布起到很重要的作用。由于扎格罗斯盆地的储集层大多是碳酸盐岩储层，原生孔隙性、渗透性较差，但裂缝作为次生孔隙类型，大大改善了储层性能，形成多套高效储集层。

表 6-1 扎格罗斯盆地特大型油气田基本特征一览表

序号	油气田名称（原名/译名）	发现时间	石油 /$10^6 m^3$	天然气 /$10^8 m^3$	凝析油 /$10^6 m^3$	油气合计（油当量）/$10^6 m^3$	产层深度 /m	圈闭类型	储层时代	岩性
1	Marun/马伦	1964	3549	23 055	216	5923	2251.26	构造圈闭	N1，E3	石灰岩，砂岩
2	Ahwaz（Bangestan）/阿瓦兹	1958	4078	5346	22	4600	2311.90	构造圈闭	N1，E3	砂岩，白云岩
3	Kirkuk/基尔库克	1927	4053	1753		4217	805.89	构造圈闭	N1，E2	石灰岩
4	Gachsaran/加奇萨兰	1928	2600	9061	159	3607	791.57	构造圈闭	N1，E3	石灰岩
5	Agha Jari/阿贾里	1936	2763	3289	29	3099	1129.89	构造圈闭	N1，E3	石灰岩
6	Rag-E-Safid/拉格萨费德	1964	794	16 990	16	2400	1492.30	构造圈闭	K1，E3	石灰岩
7	Pazanan/帕扎南	1936	295	9486	223	1405	1797.71	构造圈闭	N1，E3	石灰岩
8	North Pars/北帕尔斯	1966	0	13 309	33	1279	2624.63	构造圈闭	P1，T1	石灰岩，白云岩
9	Bibi Hakimeh/比比哈基梅	1961	902	3398	36	1255	759.56	构造圈闭	K2，N1	石灰岩
10	Karanj/卡兰吉	1963	911	1532	23	1078	1565.15	构造圈闭	N1，E3	石灰岩
11	Mansuri/曼苏芮	1963	820	739		890	2164.99	构造圈闭	N1，E3	石灰岩，砂岩
12	Parsi/帕里斯	1964	606	2690		858	1268.27	构造圈闭	N1，E3	石灰岩

另外，断层和裂缝在垂向上连通了不同层系的储集层，使得油气在垂向上发生二次运移，聚集在新近纪形成的背斜构造圈闭中，使得新生界油气资源量富集。因此，断层和裂缝的发育控制了油气的分布。

另外，膏盐岩盖层对于油气的保存起到决定性的作用，同时也控制了油气的分布。在盆地前渊地区，保存了该区最上部蒸发岩系盖层加奇萨兰组，盆地已发现原油储量的90%被封闭于此盖层之下。在扎格罗斯褶皱带的西北部，由于加奇萨兰组遭受了剥蚀，盖层条件不好，油气逸散，故没有形成阿斯马里组油气藏。

八、典型油气田解剖

在扎格罗斯盆地已发现的335个油气田中，12个为特大型油气田（2P储量超过50亿桶油当量）（表6-1），其油气2P储量占盆地油气2P总储量的65.0%；65个为大型油气田（2P储量介于5亿～50亿桶油当量），其储量占总储量的28.3%；91个为中型油气田（2P储量介于0.5亿～5亿桶油当量），其储量占总储量的6.2%；其余的167个为小型油气田（2P储量小于0.5亿桶油当量），其储量仅占总储量的0.4%（图6-36），这些小型油气田多位于扎格罗斯盆地的土耳其部分。

本节选取扎格罗斯盆地的第三大和第四大油田——基尔库克油田和加奇萨兰油田为代表，讨论扎格罗斯盆地油气田的典型成藏特征。基尔库克油田是伊拉克基尔库克拗陷内油气田的代表，加奇萨兰油田是伊朗迪兹富勒拗陷油气田的代表。

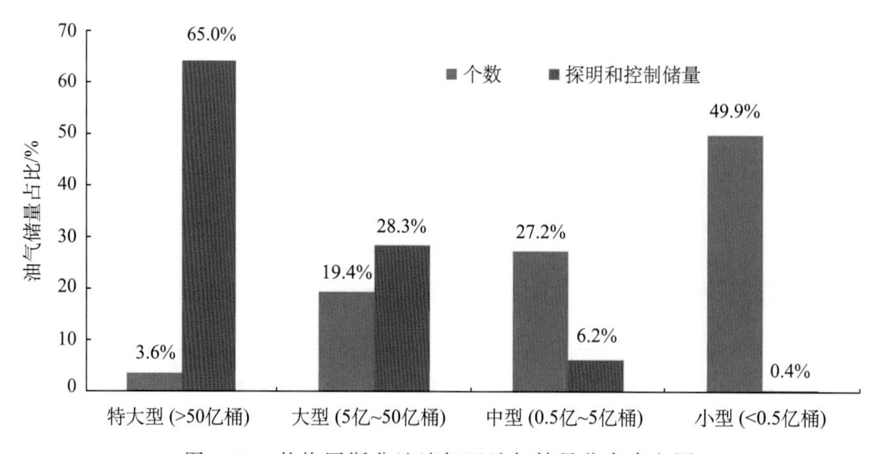

图6-36 扎格罗斯盆地油气田油气储量分布直方图

（一）加奇萨兰油田

1. 概述

加奇萨兰油田位于伊朗西南部（图6-37），发现于1927年，1940年投入生产，但到1956年才完全开发。加奇萨兰油田的原始石油地质储量为$84.27\times10^8m^3$，石油可采

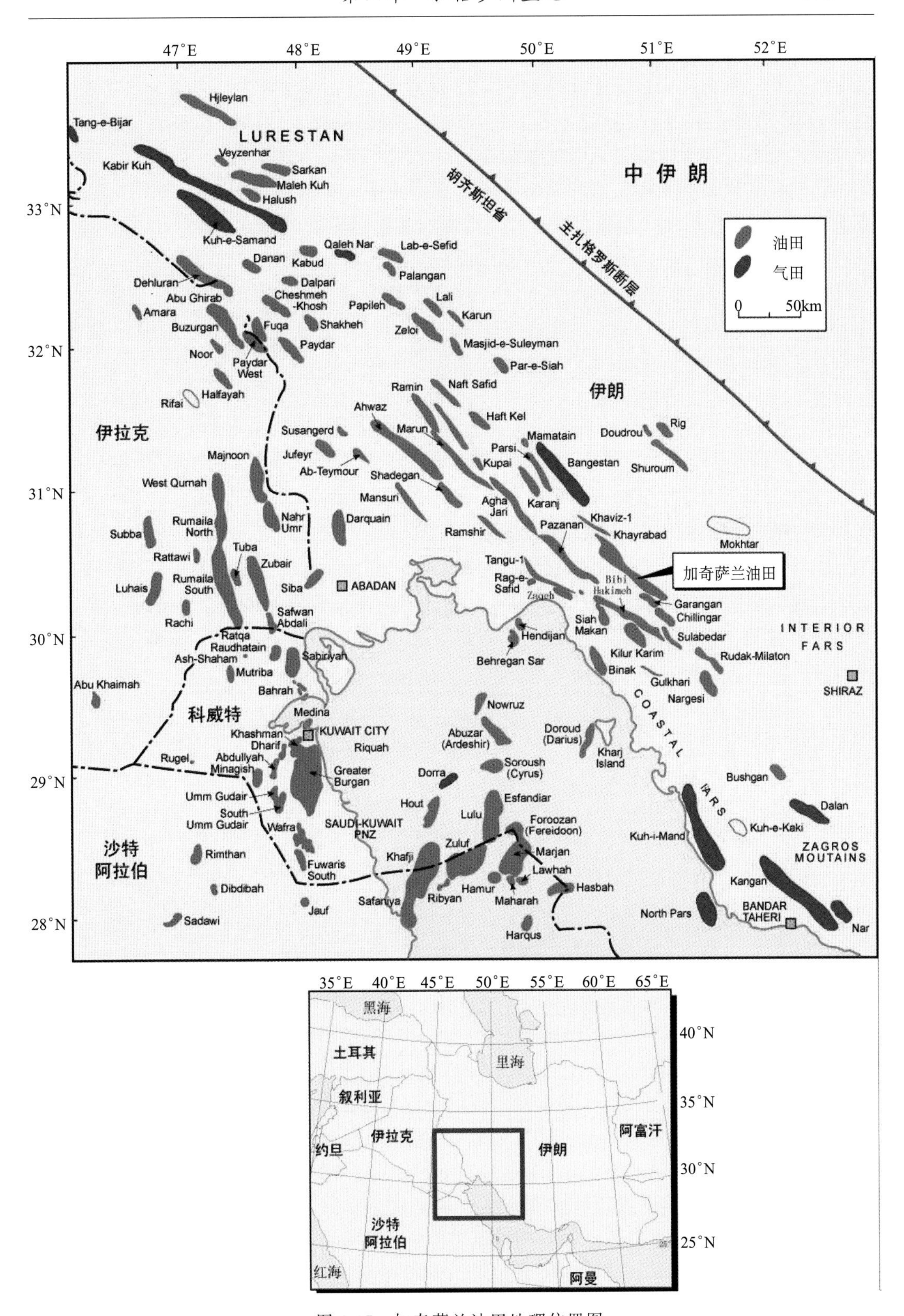

图 6-37　加奇萨兰油田地理位置图

储量为 26.00×10^8 m^3，天然气可采储量 9061×10^8 m^3，凝析油可采储量 1.59×10^8 m^3。加奇萨兰构造是向四周倾伏的陡倾背斜，面积约 600km^2，蒸发岩盖层封闭了带有气顶的长 2180m 的油柱。油气主要储集于渐新统—中新统阿斯马里组和白垩系萨尔瓦克组储集层，下白垩统卡米群天然气储集层是一个独立的系统（图 6-38）。阿斯马里组储集层与萨尔瓦克储集层相连，有相同的油水界面。原油为中度含硫的轻质油，气油比高。原油生产靠强力水驱和气顶驱，产量的提高靠溶解气驱和重力水驱。每口井日产 4770m^3（最大值为 1.3×10^4 m^3），但个别井由于注水速度的限制，基质充填了含油裂缝。为了防止产量的下降，在 1976 年开始注气，但由于政治事件的影响，日产石油量从 14.3×10^4 m^3下降到 20 世纪 70 年代后期的 1.99×10^4 m^3。在 20 世纪 90 年代早期产量逐渐恢复，达到日产 9.1×10^4 m^3，90 年代中期通过气驱使产量有大的增长，日产石油量超过了 15.9×10^4 m^3。

2. 圈闭与构造

加奇萨兰油田位于伊朗西南部的迪兹富勒坳陷，圈闭是一个挤压狭长背斜构造。背斜褶皱是同轴的，稍微不对称，两翼倾角较陡（50°）（Slinger and Crichton，1959）。在阿斯马里组石灰岩之上的加奇萨兰组蒸发岩内，发生了滑脱变形，结果导致浅部地层与地表露头地层产状的不一致（图 6-38）。在油田范围内没有大断层，根据地震资料推断萨尔瓦克组和卡米群顶部可能存在逆冲断层（图 6-39，图 6-40），这些断层切断了阿斯马里组储集层，但在油水界面之外。

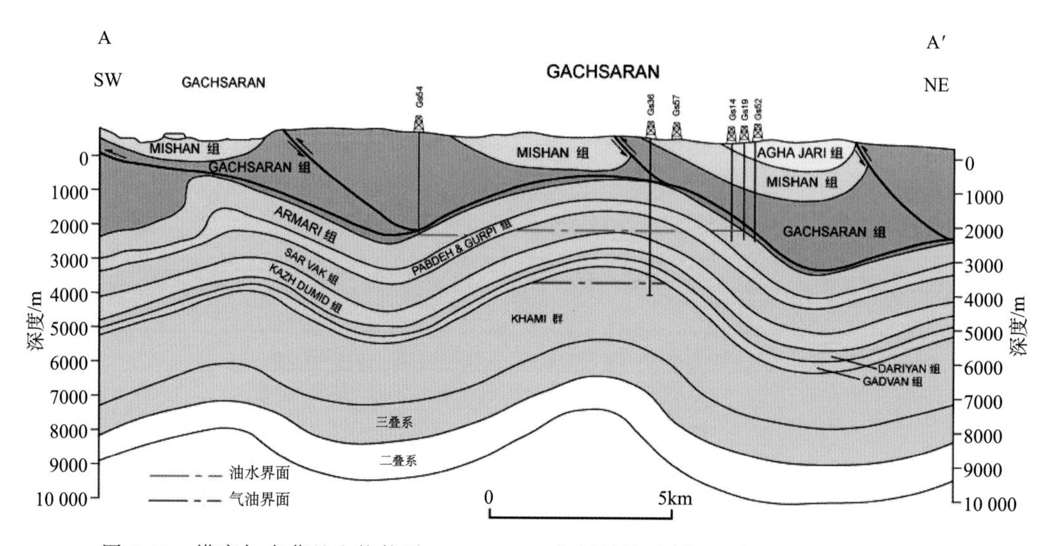

图 6-38 横穿加奇萨兰和格软干（Garanga）背斜的构造剖面（据 McQuillan，1985）

构造顶部的阿斯马里组储集层位于海平面下垂直深度 130m，原始气油界面位于海平面下垂直深度 241m。主构造顶部的东南方向存在一个次级构造，构造高点位于海平面下垂直深度 762m，气油界面的海平面下垂直深度为 841m（图 6-41）。加奇萨兰构造的原始油水界面的平均海平面下垂直深度为 2421m，该界面包含了北西向倾覆的背斜

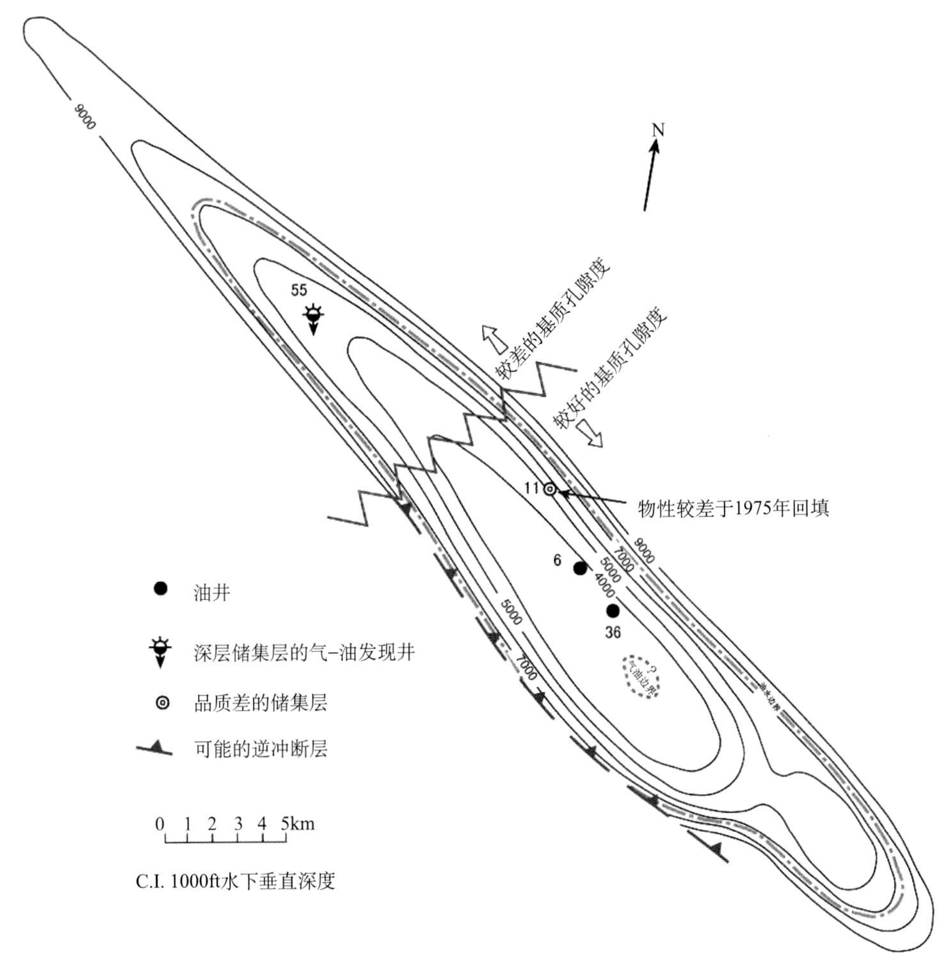

图 6-39　加奇萨兰油田萨尔瓦克组深度-构造图（据 OSCO，1975b）

构造和 Lishtar 地区的次级褶皱构造。由于油水界面向西倾斜，北东部的主构造的海平面下垂直深度为 2255m，西南部的海平面下垂直深度为 2408m，到北西部增加到 2469m。油柱最大高度达 2180m，构造的溢出点很可能位于南东部的倾伏端（Slinger and Crichton，1959）。

构造顶部萨尔瓦克组储集层的海平面下垂直深度为 1064m，萨尔瓦克储集层的油水界面与阿斯马里组储集层相同，因此萨尔瓦克组原始油气柱高度为 1357m。卡米群的法利耶（Fahliyan）组储集层在构造高点处的海平面下垂直深度以前被认为 2444m，但实际小于 2134m，气油界面的海平面下垂直深度也在 2667～3048m。在法利耶组致密石灰岩储集层中可能存在油环，但不能开采出来（OSCO，1976）。

3. 储集层特征

阿斯马里组储集层沉积于局限海陆架区，由白云化的有孔虫含颗粒石灰岩和颗粒质

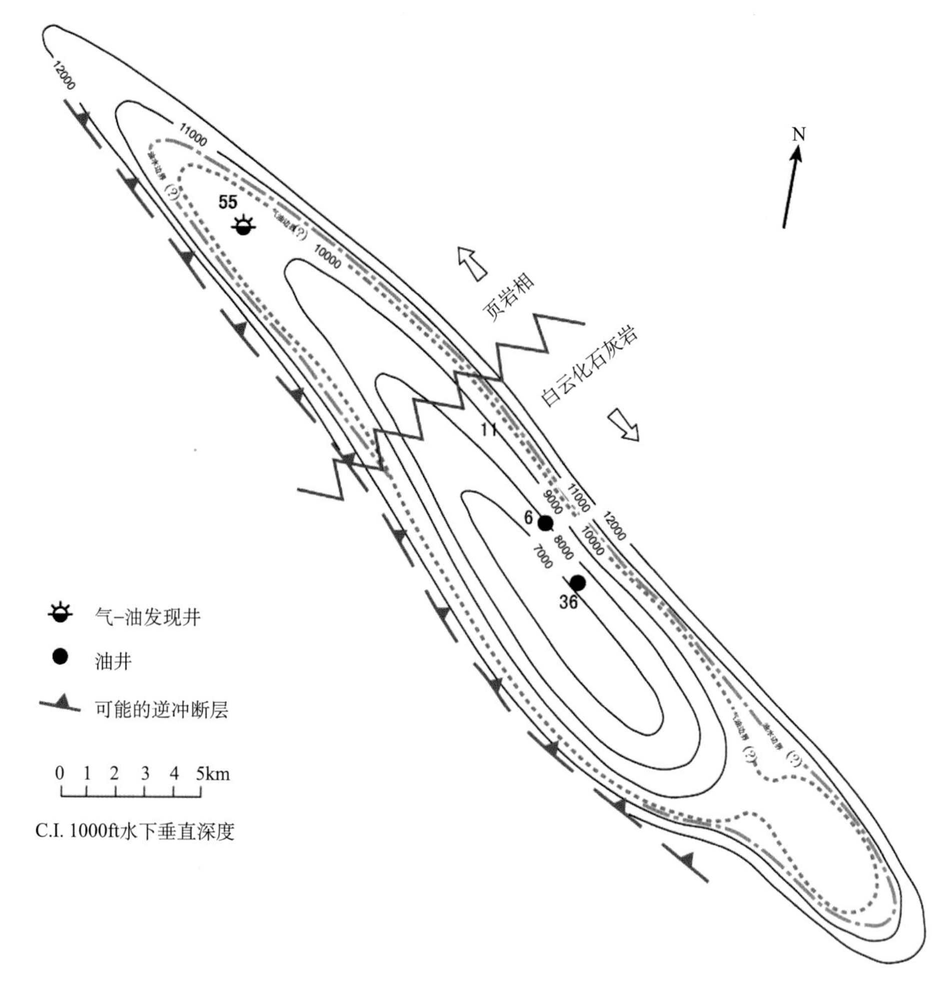

图 6-40 加奇萨兰油田卡米群法利耶组深度-构造图（据 OSCO，1975b）

石灰岩组成，下部是粗粒、块状-厚层状、局部白云化的陆架相石灰岩，中部和上部是互层的细粒、薄层石灰岩和白云岩。阿斯马里组储集层总厚度 487.7m，油层纯厚度平均 222.5m。储集层孔隙度为 1%～18%；平均值为 9%；基质渗透率为 0.01～16mD，平均值为 4mD；碳酸盐岩平均含水饱和度为 29%。粗略估计 90%的原始地质储量储集于基质孔隙中，10%储集于裂缝中（Gibson，1948）。萨尔瓦克组基质孔隙度较低，平均值为 4%，渗透率小于 1mD（OSCO，1976），含水饱和度为 60%。

由于加奇萨兰油田阿斯马里组和白垩系萨尔瓦克组储集层基质的渗透率很低，油气的运移主要是靠张性裂缝系统（O'Brien，1953）。在加奇萨兰西北部 25km 处的比比哈基梅（Bibi Hakimeh）油田，已经观测到阿斯马里组和萨尔瓦克组储集层是相连通的。在该油田处，大量的 1～3mm 宽的垂向裂缝主要集中分布于褶皱面附近，从而造成油气主要沿此方向进行运移。

阿斯马里组和萨尔瓦克组储集层被 183～442m 厚的非储集层帕卜德赫（Pabdeh）组和古尔珠（Gurpi）组分开（图 6-38）。阿斯马里组石灰岩的裂缝渗透率非常高，因此

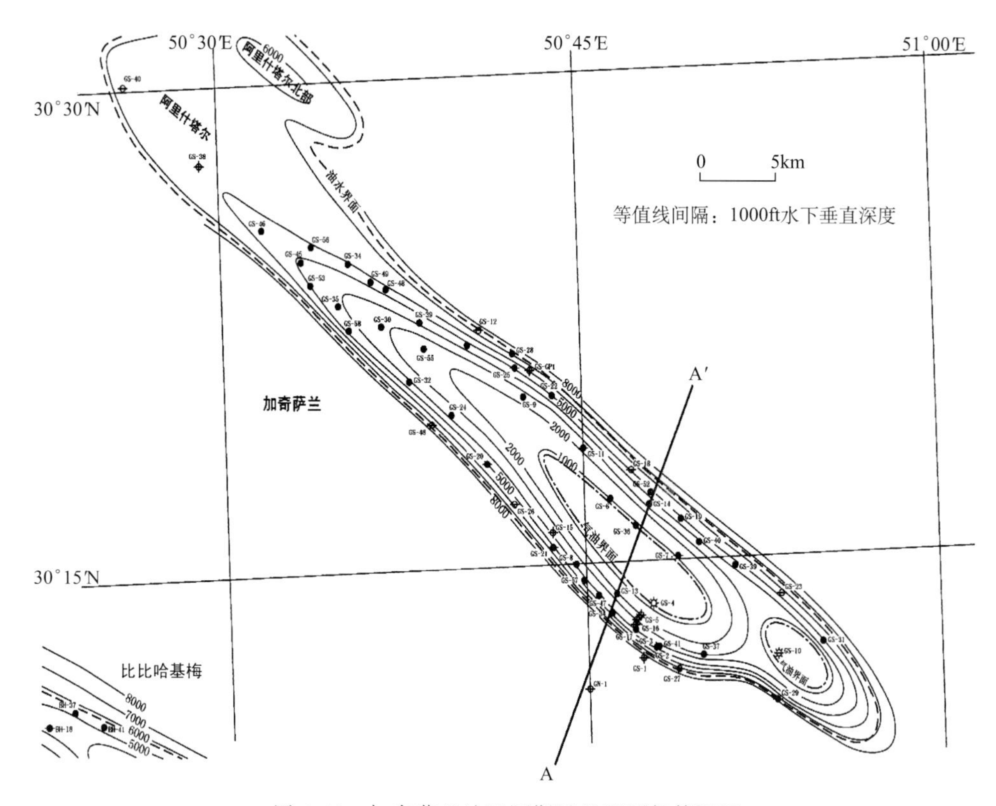

图 6-41　加奇萨兰油田阿斯马里组顶部等深图

潜在流量很大，产率要靠井孔和地面设施加以限制。加奇萨兰油田的生产井日产石油量大于 $1.3\times10^{4}m^{3}$，但由于沿裂缝水窜，这样的产量只能持续几个月，要维持高产，不仅要有裂缝的存在，也需要一定密度的裂缝和基质孔隙度（Gibson，1948）。裂缝（包括微裂缝）最密集的储集层和基质孔隙度最大地区提供了石油最快重新充注的通道，也正因为此种原因，这些地区可以获得最持续的石油产量（图 6-42；McQuillan，1985）。加奇萨兰有两个高产井区的和三个非商业生产井区（图 6-43），裂缝产状和密度的不同造成了不同地区产量的不同。

（二）基尔库克油田

1. 概述

基尔库克油田位于伊朗西北部（图 6-44），石油可采储量为 $40.53\times10^{8}m^{3}$，天然气可采储量 $1753\times10^{8}m^{3}$（伴生气）。油田发现于 1927 年，1934 年投入生产。圈闭为一个狭长的、高倾长轴挤压背斜（95km×4km），包括三个构造高点，分别为赫莫拉（Khurmala）、厄宛纳（Avanah）和拜勃（Baba）（图 6-45）。储集层为古新统—始新统的主石灰岩（Main Limestone）组，由与陆架内拗陷相邻的碳酸盐岩陆架边缘的滩坝和生物礁构成的 3 个沉积旋回组成。从铸模孔到溶洞的溶蚀孔隙在油田范围内发育良好，最有利的储集相是

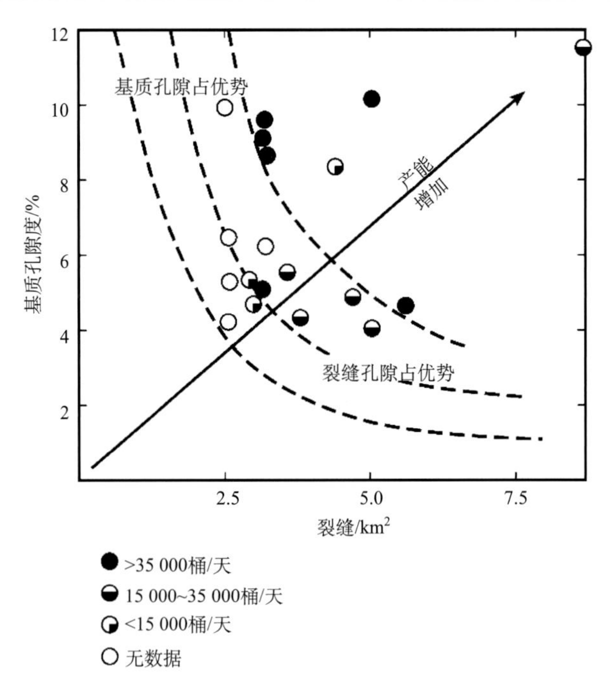

图 6-42　比比哈基梅油田由于高的基质孔隙度和裂缝密度与油井产量的关系（据 McQuillan，1985）

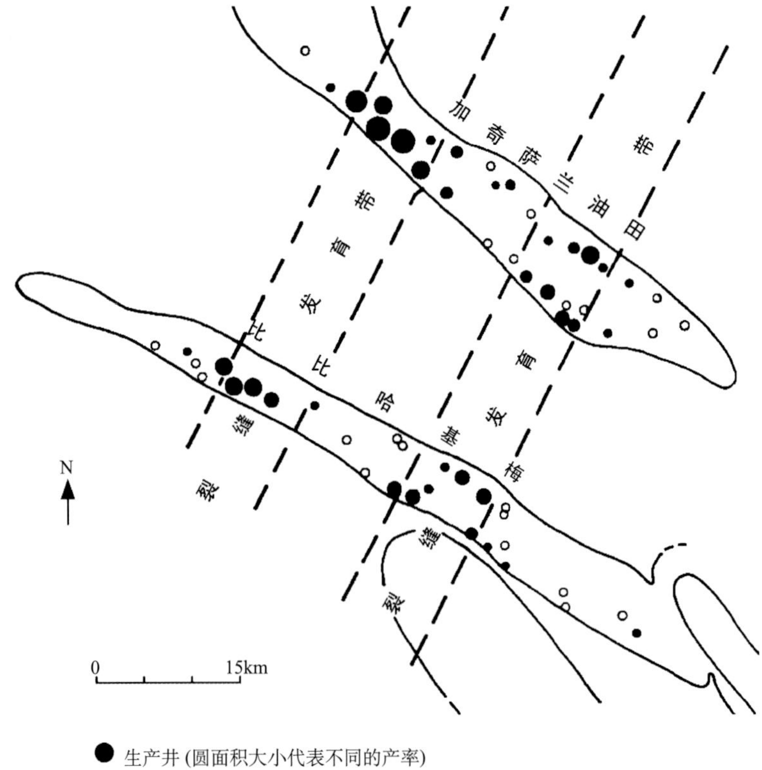

图 6-43　加奇萨兰油田阿斯马里储集层油藏压力图（据 McQuillan，1985）

孔隙度很高（18%～36%）、渗透率（50～1000mD）中等到好的的生物礁相和礁前相。裂缝很大程度上提高了整个油田总体渗透率，并提供了较好的连通性。单井日产石油量可以维持在 $3180m^3$，在 1979 年，基尔库克油田的最高日产石油量达到了 $22.3\times10^4m^3$。油田最初的生产依靠溶解气驱、气顶驱和重力驱动。为了维持储层压力，在 1957～1961 年开始在圈闭顶部注气，随后在厄宛纳和拜勃地区之间的区域注水。

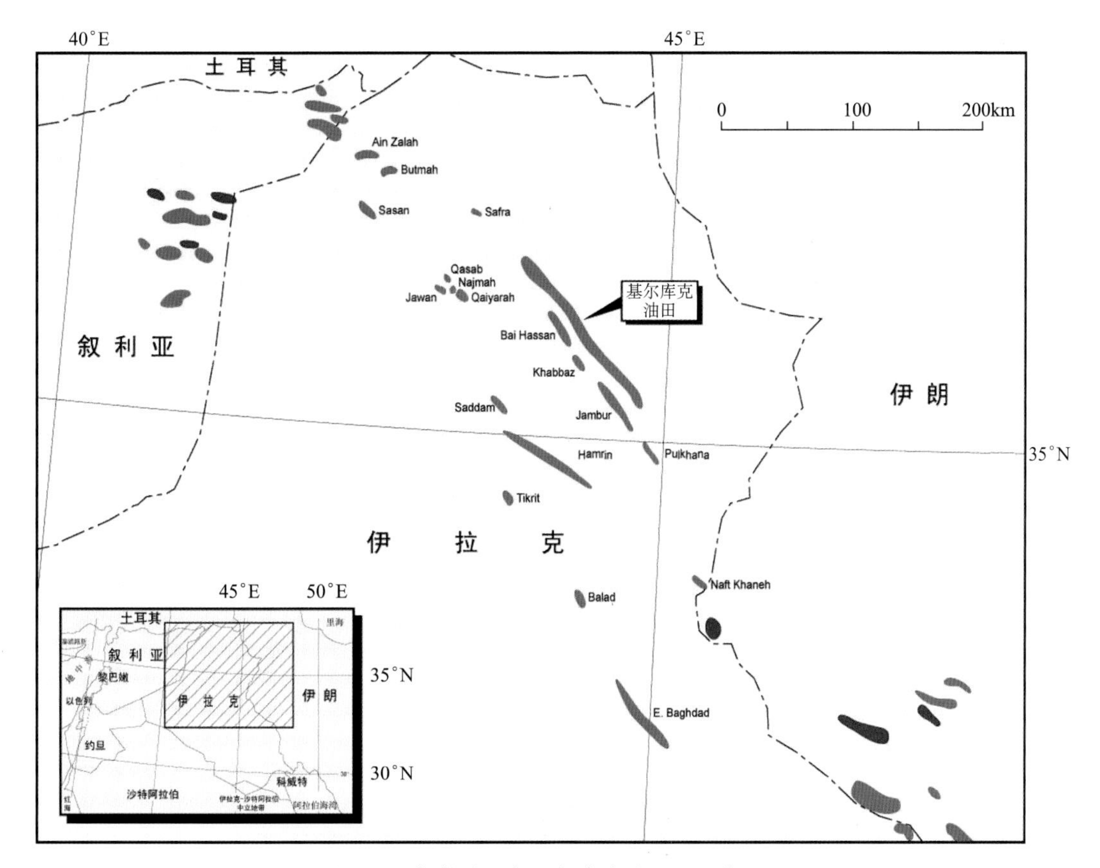

图 6-44　伊拉克北部基尔库克油田地理位置图

2. 圈闭与构造

基尔库克构造长 95km，宽 4km，覆盖面积达 $300km^2$（图 6-45）。基尔库克大背斜被两个明显的鞍部分为三个穹隆构造：赫莫拉穹隆、厄宛纳穹隆和拜勃穹隆（图 6-46）。拜勃穹隆向东南方向倾覆，赫莫拉穹隆向西北方向倾覆，从而形成了一个四周倾伏封闭的背斜。褶皱顶部相对较平缓，侧翼部位则较陡，倾角可达 50°（图 6-47）。

在公开文献中，没有基尔库克油田最新构造图。不过 20 世纪 60 年代期间的构造图表明，在油田南部几条走向北西—南东至南北向的断层切断了主石灰岩组，最大断距达 198m。在构造高部位，储集层高度裂缝化，裂缝垂直于褶皱面。裂缝主要分布在顶部，至翼部逐渐消失。尽管断层与裂缝带有关，但裂缝系统主要是由褶皱作用引起的，而不

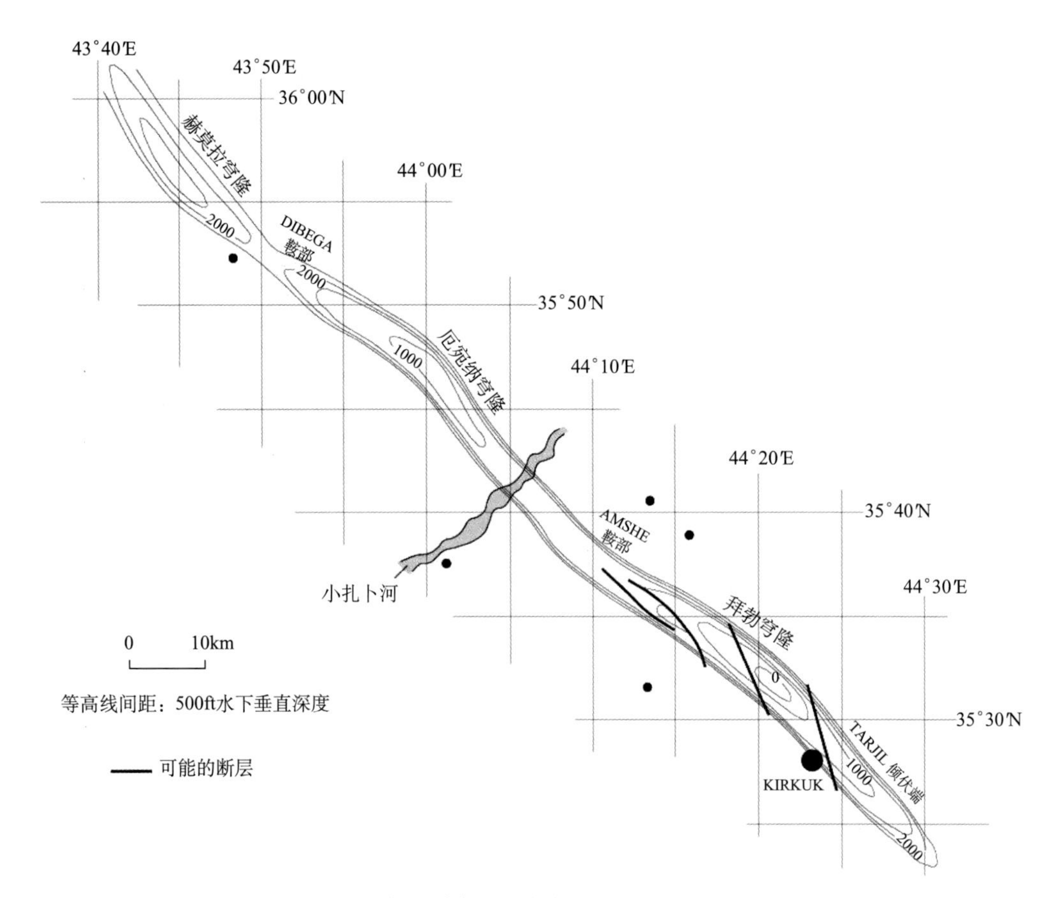

图 6-45　基尔库克油田主石灰岩储集层顶部构造深度图（据 Sims and Shafiq，1960）

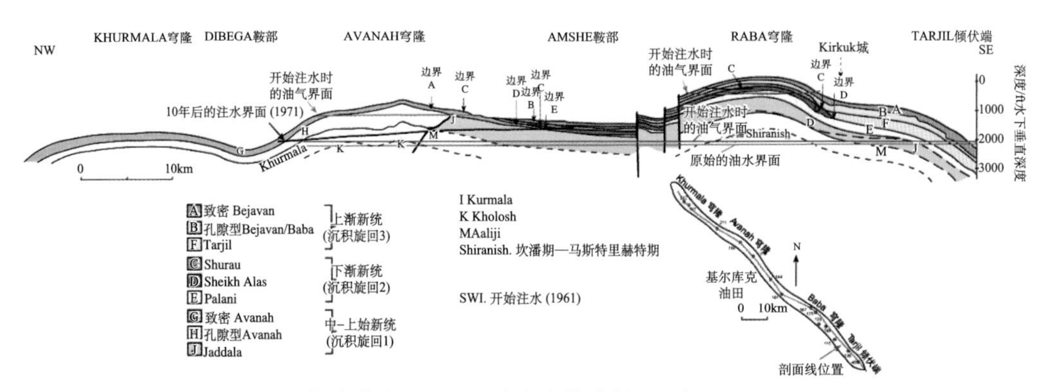

图 6-46　基尔库克油田北西—南东向构造剖面（据 Alamir，1972）

是断层作用。裂缝密度在褶皱作用最强烈的部位最发育，如构造高部位和褶皱面的侧弯部位。

拜勃穹隆的脊部是三个穹窿中最浅的，海拔 22.9m，厄宛纳穹隆的脊部处于海平面下垂直深度 198m（Al-Naqib et al.，1971），赫莫拉穹隆海的脊部最深，处于海平面

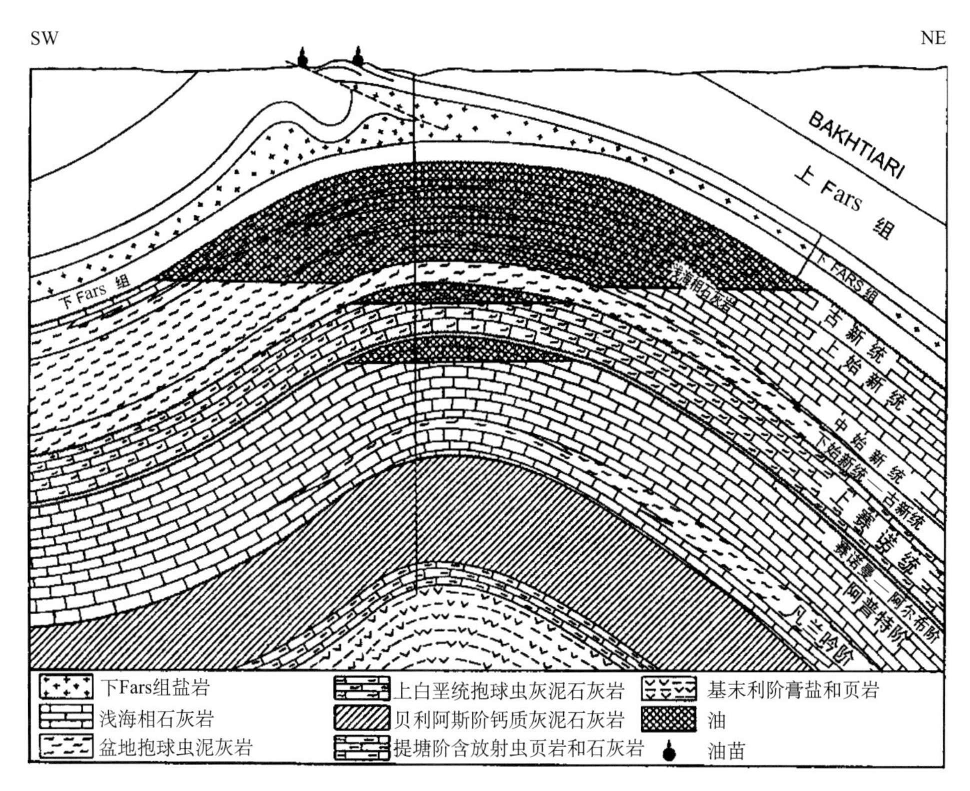

图 6-47　基尔库克油田南西—北东向构造剖面（据 Dunnington，1958）

下垂直深度 381m（图 6-46）。在拜勃穹隆，原始油水界面海平面下垂直深度，从西南部的 646m 变为东北部的 667.5m。厄宛纳穹隆的原始油水界面为海平面下垂直深度 638.9m。拜勃油气藏的原始油柱高度为 679.7m，厄宛纳为 440.7m。主石灰岩储集层主要被中中新统下法尔斯组蒸发岩所封盖。下法尔斯组砾岩、页岩和石灰岩之间主要是非储集层，但是裂缝连通了含油的下法尔斯组的薄层石灰岩，因而也成为了主石灰岩储集系统的一部分（Daniel，1954）。

3. 储集层特征

基尔库克油田主石灰岩为层状储集层，岩相和成岩作用共同影响孔渗特征的垂向分布。岩相的侧向变化意味着储集层不局限于油田范围，延伸范围可以很大（>10km）（图 6-48）。由于储集层发育有效的裂缝系统，流体的流动与基质孔渗的高低关系不大。厄宛纳西部和拜勃东部的封闭性断层是流体流动的主要阻挡层（Saidi，1987），储集层内良好的裂缝连通性使得油柱内可以发生流体的对流。

基尔库克油田的碳酸盐岩储层主要由白云化程度不同的的骨架颗粒质石灰岩、颗粒石灰岩和砾屑石灰岩组成。储集层成岩演化可划为三个阶段：①准同生阶段，包括微晶方解石和镶边方解石的析出；②地表大气淋滤阶段，形成亮晶方解石；③埋藏白云化阶段。铸模孔和溶洞是前坡和台地边缘建隆相的主要储集空间，这些沉积相普遍白云化程

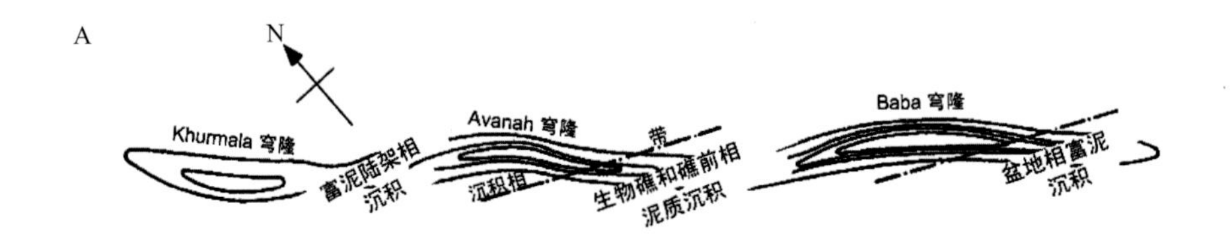

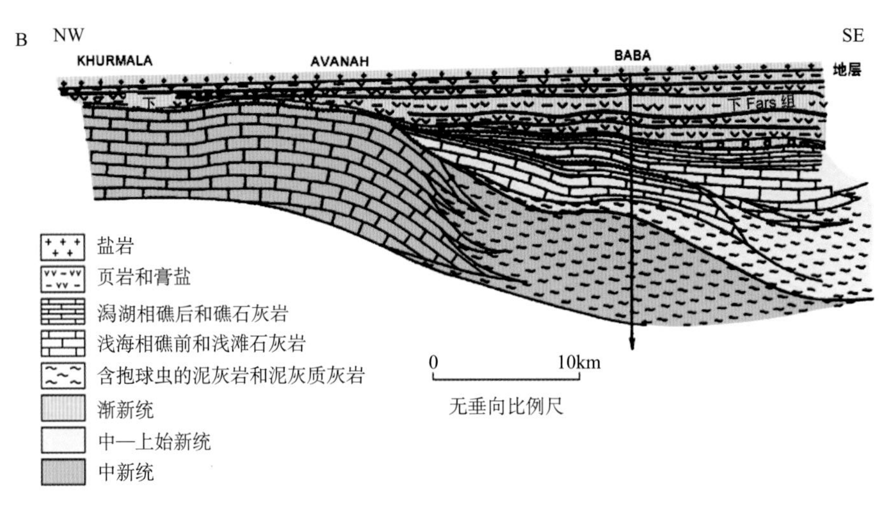

图 6-48　（A）基尔库克油田沉积相带（B）北西—南东向始新统—渐新统厚度和沉积环境的构造剖面（据 Dunnington，1958）

度较高，形成了细粒砂糖状结构，这种作用在渐新世拜勃穹隆旋回中特别常见。厄宛纳和赫莫拉地区（油田西北大部分）礁后和潮坪的灰质泥岩与下法尔斯组蒸发性流体的直接接触诱发了强烈的重结晶作用，形成亮晶方解石或白云石（图 6-47；Majid and Veizer，1986）。每一旋回末期的出露导致了喀斯特作用的发生，灰泥石灰岩的喀斯特作用尤为明显，早期形成的节理处提供了大气水渗流的垂向通道（Daniel，1954）。渐新世和早中新世的很长时期内，基尔库克油田的西北部暴露于地表。礁前和礁滩边缘相很可能是因为它们的原始渗透率很高，因此由于流体的淋滤作用而容易生成孔洞。

主要的孔隙类型是铸模孔和晶间孔，其次是溶孔和溶洞，裂缝和少量的粒内孔和粒间孔。最好的储集层是渐新世的生物礁的礁前相和始新世的边缘相（图 6-49），孔隙度和渗透率分别为 18%～36%和 50～12 000mD（Daniel，1954）。与之相比，盆地相灰质石灰岩只有中等的孔隙度（8%～18%）和低渗透率（0～10mD）。礁后相的细粒石灰岩物性较差，孔隙度和渗透率分别为 0%～4%和 0～5mD，孔隙连通性也较差，只有在发生白云化的地方储集物性才与盆地相灰泥石灰岩相似。赫莫拉地区的主石灰岩主要由礁后灰质灰泥石灰岩组成，因此储集物性不好，而厄宛纳区边缘相的储集层质量则较好，拜勃地区的渐新统发育几套厚层生物礁和礁前白云质石灰岩，储集质量非常好（图 6-46）。

裂缝很大程度上提高了整个碳酸盐岩沉积相岩石的渗透率，并提供较好的连通性，从而使泥坪和盆地相的灰泥石灰岩从非储集层提升为有效的储集层。多孔的生物礁和礁

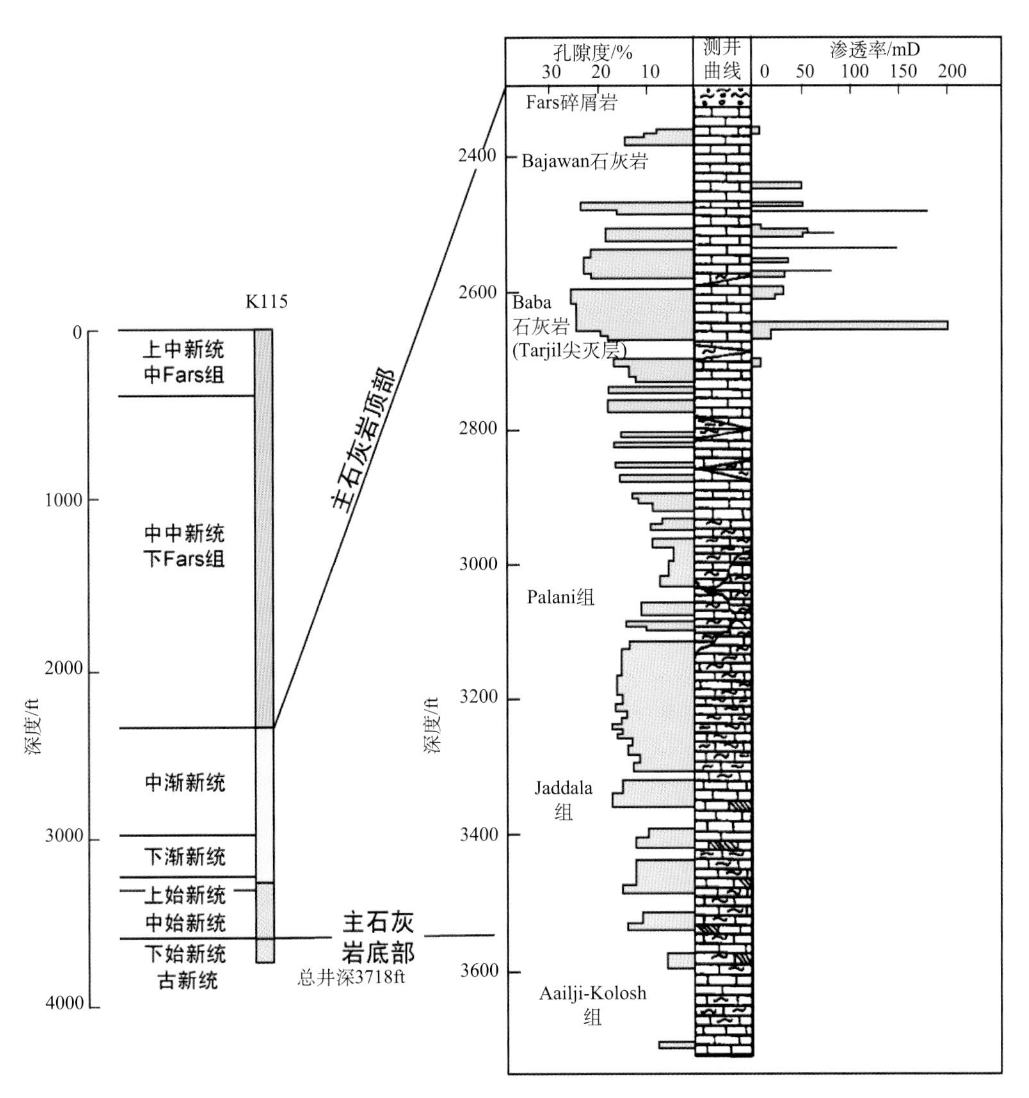

图 6-49　Kirkuk-115 井主石灰岩孔隙度和基质渗透率的深度曲线

前相仍然是最好的储集层，由于油流重新快速充注到裂缝系统，从而单位岩石体积的原始地质储量高于灰泥石灰岩。如果没有基质油流的再次充注，石油产量可能会迅速下降。裂缝呈放射状，间距为 0.9～3.35m（Daniel，1954）。裂缝密度在构造侧翼和主石灰岩底部的厄黎吉组页岩处迅速降低。油水界面之上的渐新世石灰岩裂缝孔隙度为 1%～3%，始新世石灰岩裂缝孔隙度约为 0.7%，而在拜勃穹隆构造高部位很可能高达 8%（Al-Naqib et al.，1971）。

小　结

1）扎格罗斯盆地是由被动陆缘盆地演化而成的前陆盆地，盆地演化经历晚前寒武纪同裂谷、寒武纪—石炭纪古特提斯洋边缘坳陷、二叠纪—三叠纪新特提斯洋同裂谷、侏罗纪—晚白垩世被动大陆边缘、晚白垩世—中中新世新特提斯洋边缘坳陷和中中新世至今前陆盆地演化阶段。

2）扎格罗斯盆地是中东第二位油气富集的盆地，也是世界常规油气最为丰富的前陆型盆地。其丰富的油气资源不仅与前陆盆地本身的形成和演化有关，而尤为重要的则是与其前陆盆地演化阶段之前的演化历史密切相关。

3）盆地内发育了多套优质海相烃源岩，这些烃源岩在区域分布上可相互叠置。源岩和盖层的发育共同控制了扎格罗斯盆地油气的时空分布，区域上已发现油气储量的54.5％分布于迪兹富勒坳陷、18.0％分布于基尔库克坳陷。在层系上，油气主要富集于区域性分布的蒸发岩之下的第三系储集层，其油气储量占油气总储量的66.3％。

4）构造圈闭是最重要的圈闭类型，其油气储量占油气总储量的99.6％，其余的0.4％则分布于构造-地层复合圈闭。

阿曼盆地

◇ 阿曼盆地是中东地区油气最富集的裂谷盆地，是世界著名的发育前寒武系—下寒武统烃源岩和储集层的含油气盆地。

◇ 阿曼盆地已发现 322 个油气田，探明和控制石油（包括凝析油）储量 $25.55\times10^8m^3$，天然气储量 $19\ 170\times10^8m^3$，折合成油当量为 $43.49\times10^8m^3$。

◇ 盆地经历了晚前寒武纪—早寒武世同裂谷、寒武纪—志留纪克拉通内拗陷、泥盆纪—石炭纪前陆盆地、晚石炭世—早三叠世克拉通内、三叠纪—晚白垩世新特提斯洋被动陆缘和晚白垩世—第三纪前陆盆地演化阶段。

◇ 阿曼盆地以发育盐盆和古老的烃源岩为特征，盆地内已发现油气储量的 72.9% 源自前寒武系—下寒武统烃源岩。

◇ 区域上油气主要分布于盆地内的三个盐盆内，层系上油气分布于古生界—中生界的多套储集层，古生界储集的油气储量占油气总储量的一半以上。

◇ 已发现的油气富集于构造圈闭和构造-地层复合圈闭，其油气储量分别占盆地油气总储量的 75.8% 和 23.7%，其余的 0.5% 聚集于地层圈闭。

第一节 盆地概况

阿曼盆地位于阿拉伯板块东南部（图 4-1），绝大部分位于阿曼境内，它的最南部边缘延伸到了也门，其北部穿过阿联酋进入到了伊朗海上。整个盆地的形态为似月牙型，面积达到 $230\ 000km^2$。阿曼盆地以阿曼山脉的前缘推覆体为北界，以侯格夫隆起的构造顶部为东界。阿曼盆地以一条正断层与东南部的第三纪盆地分开。阿曼盆地的南界为加拉（Qara）隆起的构造顶部。在西边，卜塔布欧-皂里耶（Butabul-Zauliyah）隆起、胡丹-哈斯法赫（Ghudun-Khasfah）隆起和莱克威尔（Lekhwair）隆起使阿曼盆地与鲁卜哈利盆地相隔开来（图 7-1，图 7-2）。

阿曼盆地的油气勘探始于 1937 年，1956 年在陆上发现了第一个油田——Marmul 油田，其油气可采储量为 $200.8\times10^6m^3$ 油当量。截至 2010 年 8 月，盆地内已采集地震测线 22.43×10^4km，共钻初探井 740 口，其他探井 805 口，盆地陆上部分已进入中晚期勘探阶段，但海域地区仍处于初期勘探阶段。盆地内已发现 322 个油气田，陆上 316 个，海上 6 个。探明和控制石油储量 $25.55\times10^8m^3$，天然气储量 $19\ 170\times10^8m^3$，折合成油当量为 $43.49\times10^8m^3$，天然气占油气总储量的 41.2%。就已发现的油气储量而言，该盆地是中东油气最富集的裂谷盆地（表 4-2）。

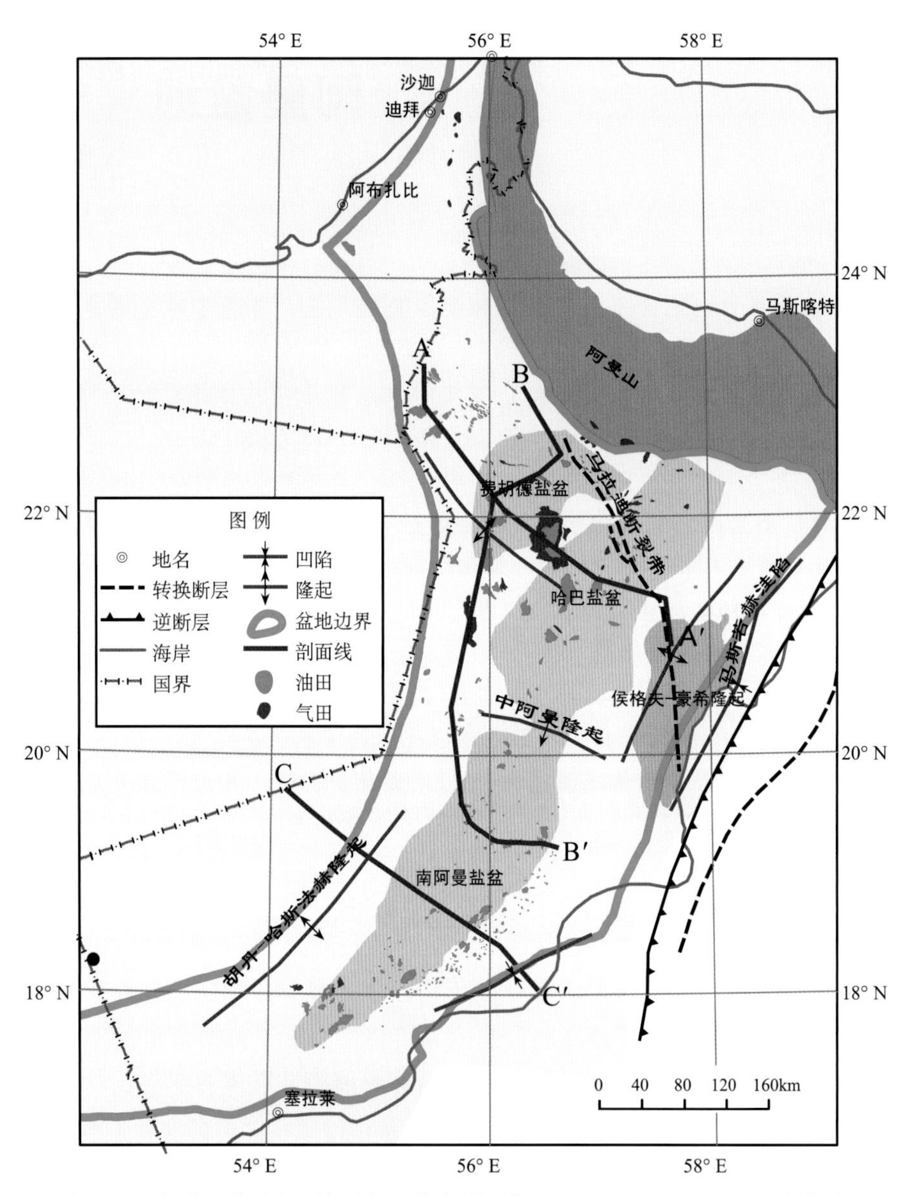

图 7-1　阿曼盆地构造纲要与油气田分布图（据 Loosveld et al.，1996；有修改）

第二节　盆地基础地质特征

一、构造区划

阿曼盆地可以划分为 10 个次级单元（图 7-2），其中 3 个为盐盆，从北到南分别是费胡德盐盆、哈巴盐盆和南阿曼盐盆，它们都以前寒武系—下寒武统碳酸盐岩和蒸发岩

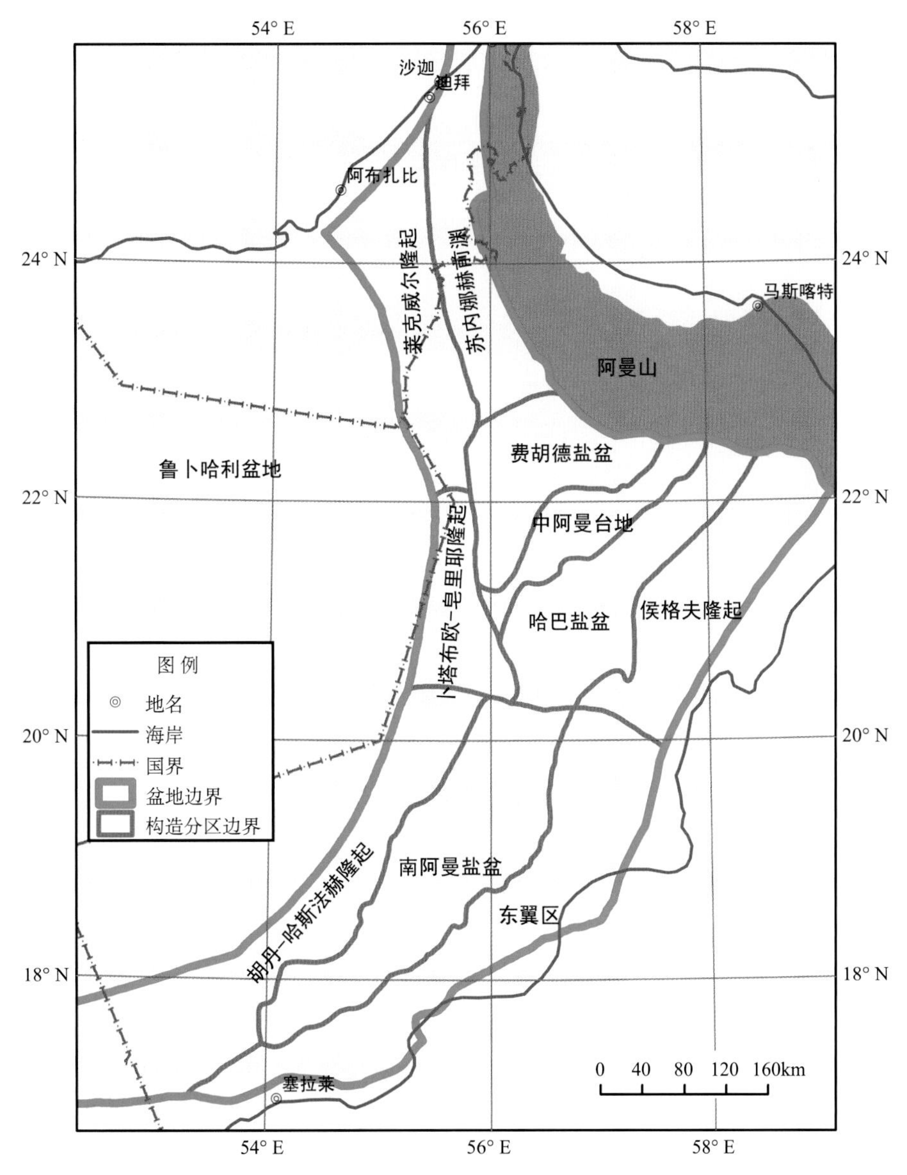

图 7-2 阿曼盆地构造分区图（据 IHS，2010；有修改）

层序为第一套沉积层系。盐盆内发育有分布广泛的富含有机质的源岩沉积物和盐岩，盐岩的后期运动和部分溶解很大程度上控制了盐盆内的构造活动，这对油气的生成、运移和保存有着巨大的影响，这些盐盆是阿曼盆地中最重要的油气产区。其余的构造单位为莱克威尔隆起、苏内娜赫前渊、卜塔布欧-皂里耶隆起、中阿曼台地（一些文献中也称之为 Makarem-Mabrouk 隆起）、侯格夫隆起、东翼区、胡丹-哈斯法赫隆起，这些构造单元将盐盆分开或是位于盐盆的翼部。图 7-3～图 7-5 是横跨阿曼盆地的区域地质剖面，这些剖面图显示了盆地内不同构造单元的构造-沉积特征及其构造单元之间的相关关系。

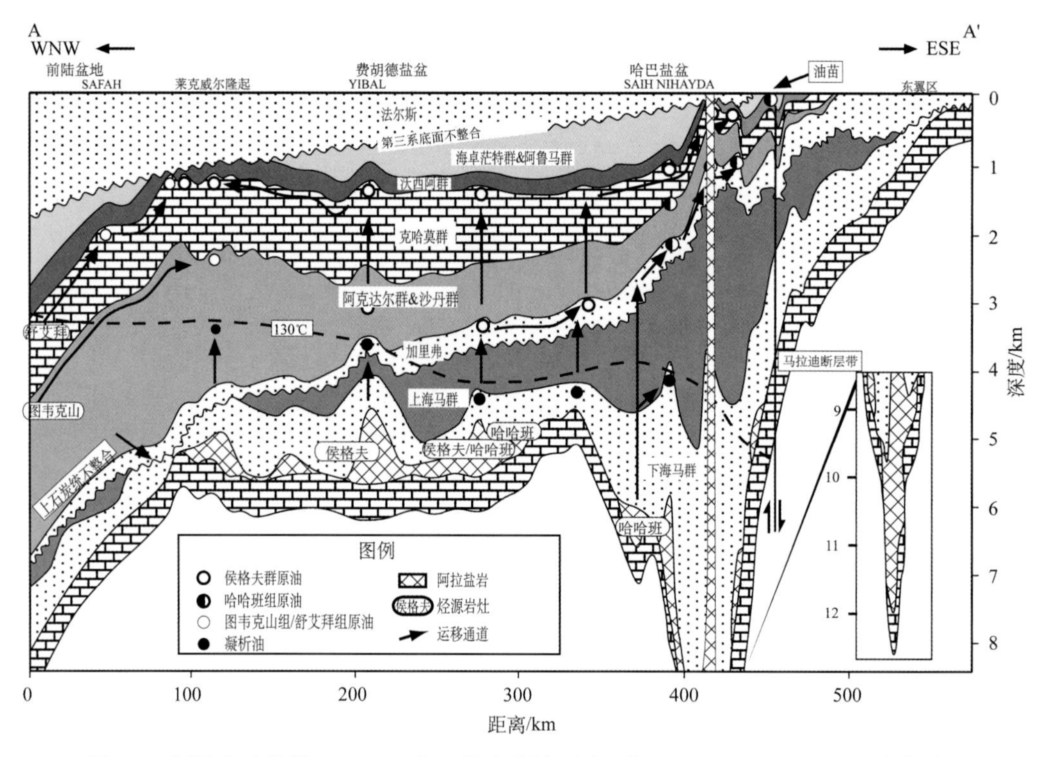

图 7-3　阿曼盆地北部 NW—SE 向区域地质剖面图（据 Terken et al.，2001；有修改）
剖面位置示于图 7-1

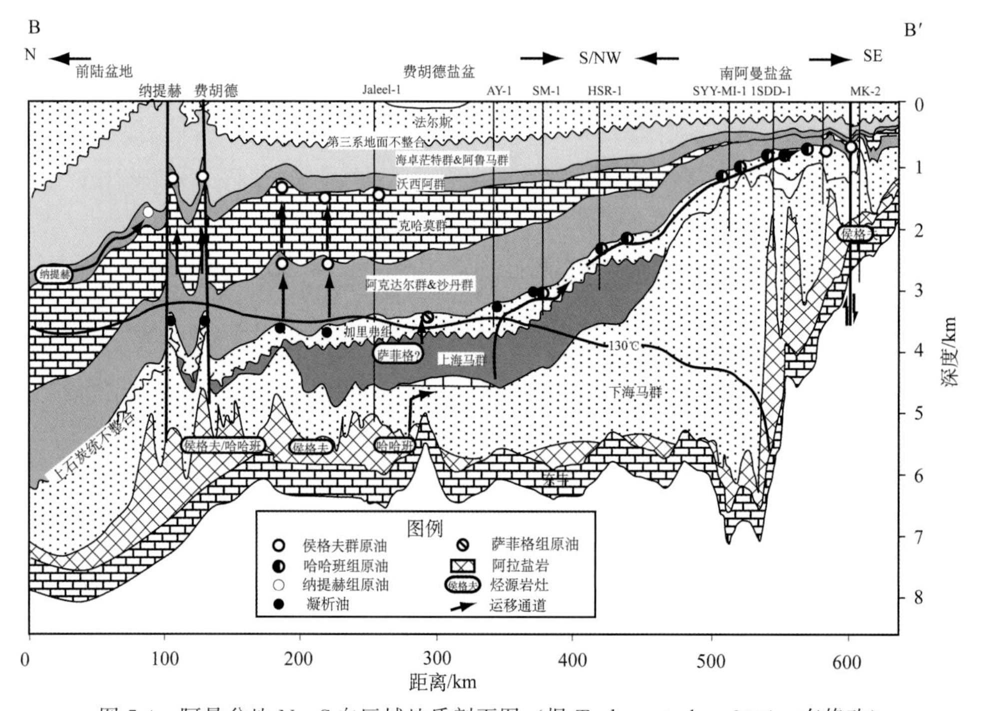

图 7-4　阿曼盆地 N—S 向区域地质剖面图（据 Terken et al.，2001；有修改）
剖面位置示于图 7-1

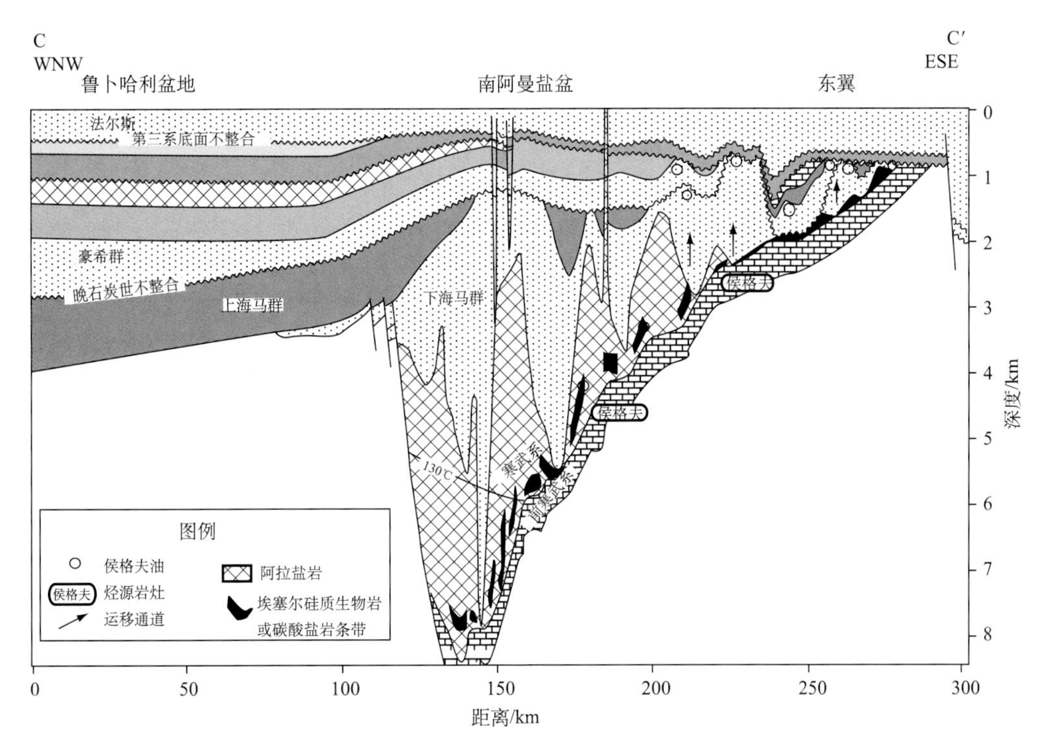

图 7-5 阿曼盆地南部 NW—SE 向区域地质剖面图（据 Terken et al.，2001；有修改）
剖面位置示于图 7-1

二、构造沉积演化

阿曼盆地起始于前寒武纪的克拉通内裂谷，随后于古生代演化为内陆凹陷。中生代随着冈瓦纳大陆的解体而发展成为被动大陆边缘盆地。晚白垩世—第三纪时期，由于阿曼山的逆冲推覆作用，盆地东北部形成前陆盆地，其演化经历了 6 个主要阶段：前寒武纪—早寒武世同裂谷演化阶段、晚寒武世—志留纪克拉通内拗陷演化阶段、泥盆纪—石炭纪前陆盆地演化阶段、晚石炭世—早三叠世克拉通内拗陷阶段、三叠纪—晚白垩世被动大陆边缘演化阶段、晚白垩世—第三纪前陆盆地演化阶段（图 7-6）。从前寒武纪到中生代，阿曼盆地在晚前寒武纪、志留纪、石炭纪发育了多期冰川沉积，反映了阿曼盆地的古纬度的变化。

（一）前寒武纪—早寒武世同裂谷阶段

在岛弧熔融和结晶基底变形之后，由于阿拉伯板块内北西—南东走向纳吉得断裂带的左旋应力场与扎格罗斯带的右旋应力场的共同作用，形成了阿曼境内的多个盐盆（费胡德盐盆、哈巴盐盆和南阿曼盐盆）（Schmidt et al.，1979；Husseini et al.，1990）。盐盆内发育有分布广泛的富含有机质的源岩沉积物和盐岩，盐岩的后期运动和部分溶解

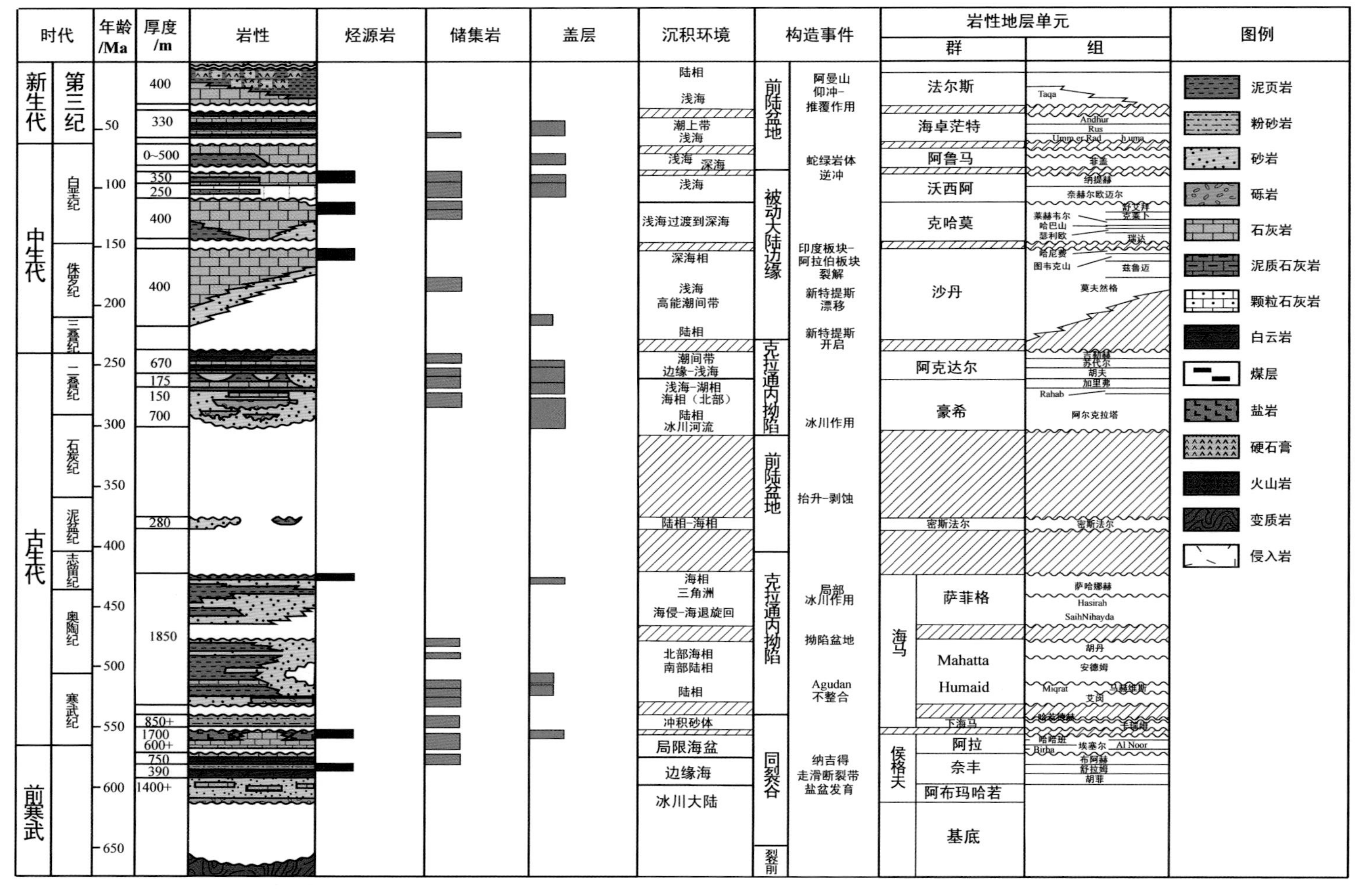

图 7-6 阿曼盆地地层综合柱状图(据 IHS,2010;有修改)

很大程度上控制了盐盆内的构造活动，这对油气的生成、运移和保存有着巨大的影响。

阿布玛哈若群厚度的变化说明了裂谷作用始于该群沉积期（Loosveld et al.，1996）。最初的盆地长达200km，由基底隆起分隔的相似的裂谷盆地遍布阿拉伯板块。这些裂谷盆地互相连接延伸至特提斯洋，在利比亚和约旦也有所分布。

舒拉姆组河流-浅海相潮下-潮上碎屑岩层序和台地相布阿赫组、胡菲组碳酸盐岩一起沉积下来（Gorin et al.，1982；Wright et al.，1990）。该层序最年轻的地层是沉积于局限海环境中的广泛分布的海退蒸发岩（Gorin et al.，1982），上覆富含有机质页岩。邻近裂谷盆地，沉积了冲积相、河流相和浅海相碎屑岩以及少量碳酸盐岩。

古地磁证据显示阿曼位于冈瓦纳大陆南缘，纬度为南纬40°，碳酸盐岩和蒸发岩沉积于暖水条件下，为低陆源注入。侯格夫超群底部层段及其相关地层揭示了明显的冰川影响（Beydoun，1991；Gorin et al.，1982），说明在晚元古代，阿曼位于南极冰盖范围之内并于早寒武世向北漂移。

胡菲组白云岩，舒拉姆组和哈哈班组中的页岩是重要的烃源岩。

由于拉张作用，阿拉伯板块出现了大范围的碱性火成岩活动。在680～520Ma期间，发生了碱性花岗岩侵入，而在620～575Ma期间发生了碱性玄武岩侵入。

（二）寒武纪—志留纪克拉通内拗陷阶段

随着裂谷活动的停止，阿曼盆地经历了一次大的断裂构造活动，盆地再次伸展拗陷，形成了由海进和海退沉积序列组成的6个沉积旋回，发育一套陆相碎屑岩。

在哈巴盐盆，陆内凹陷沉积物的厚度可达6km。起初，海马超群底部厚层碎屑物形成了冲积扇相上升断块。下伏侯格夫超群蒸发岩的同沉积期运动以及基底隆起的差异沉降影响了沉积模式。相比于下海马群，海马超群上部为细粒沉积物，其优先沉积于发育于上升盐墙之间的沉积中心之中（Heward，1990）。在盆地南部，海马超群上部陆相沉积物向北渐变为海岸平原相和边缘海相沉积物，说明了位于阿曼北部的特提斯洋的开启。一个重要的不整合，即Agudan不整合，把下海马群从上覆地层分离出来。

在晚奥陶世至早志留世期间发生了冰川作用。由于晚志留世以来的区域掀斜作用，海马超群沉积物主要分布于西北部，并且由于削蚀和剥蚀作用，在东翼区几乎无分布。

萨菲格群萨哈马赫组局限海相页岩是阿拉伯半岛重要的源岩。该套源岩与古赛巴页岩（富含有机质海相页岩，是位于中阿拉伯凸起的油气田的源岩）有一定关联（Mahmoud et al.，1992）。下海马群、艾闵组和马赫维斯组砂岩中的碎屑岩储层是北阿曼主要的天然气和凝析油储层。

冰川作用影响了晚奥陶世至早志留世时期的阿拉伯板块。萨菲格群萨哈马赫组海相源岩的存在说明曾经发生过海水泛滥缺氧事件，该事件有可能是冰盖融化的结果。

（三）泥盆纪—石炭纪前陆盆地演化阶段

克拉通内拗陷演化阶段的整个构造作用和沉积均一性结束于早泥盆世，标志是“海西事件”的开始。先前的冈瓦纳大陆北部的被动大陆边缘变为活动大陆边缘，特提斯板块俯冲其下或是仰冲至冈瓦纳大陆（Husseini，1992）。因此，一个由南至南西方向的挤压应力影响了阿拉伯板块，造成了大范围的隆生和剥蚀。在阿曼，下古生界层序发生了轻微褶皱（Alsharhan and Kendall，1986）阿拉群发生了进一步的盐构造作用（Levell et al.，1988）。

早志留世至晚石炭世是主要的不整合形成期，剥蚀明显，沉积局限。在盆地的少数井中发现了受到海相影响的密斯法尔群湖相页岩、砂岩和砂质灰岩。在上覆阿尔克拉塔组中，泥盆纪孢粉体的存在尤为普遍，这说明泥盆系沉积物原先是广泛分布的，剥蚀作用主要发生于晚泥盆世—早石炭世期间。

（四）晚石炭世—早三叠世克拉通内拗陷阶段

挤压和热穹隆作用随着“海西事件”的结束而停止，阿曼盆地又回到了拉张和轻微沉降的构造背景下。在海西前陆期的隆起和剥蚀结束后，沉积作用重新开始。由于板块运动的影响，阿拉伯半岛南部漂移至中纬地区，同时发生的隆起运动造成了阿拉伯板块上古生界的冰川作用。

已识别出了三个明显的冰期（Alsharhan et al.，1993）。在阿尔克拉塔组，于三个相带中发现了七个冰川-河流相岩性（Levell et al.，1988）。第一相带基本位于南阿曼盐盆，邻近或在冰层以下的层位，主要分布冰碛岩、砾质砂岩和混积岩。第二相带位于第一相带东南，分布于东翼区的下倾方向，主要为砂岩、粉砂岩、页岩和混积岩互层，沉积于冰川-湖相环境。第三相带位于东翼区的上倾方向，主要由粉砂岩和沉积于湖成三角洲的夹有浊积砂的黏土岩组成。冰川流体溶解了下伏盐层，因此，阿尔克拉塔组的厚度是有变化的，在残余盐枕之上厚度可达700m，但是在海马超群碎屑透镜体之上仅为150m。阿尔克拉塔组还具有快速侧向相变的特征。冰川消融形成了间歇湖，其中沉积了若哈勃（Rahab）页岩段。在南阿曼盐盆东翼，该段页岩为阿尔克拉塔组提供了有效的局部盖层（Levell et al.，1988）。

上覆的加里弗组由稳定碎屑物组成，岩性主要为沉积于河流、湖泊和浅海环境中的砂岩、粉砂岩、红黏土和灰岩。阿尔克拉塔组和加里弗组中的砂岩是南阿曼盐盆、哈巴盐盆和费胡德盐盆重要的油气储层。

早二叠世末，区域性微沉降与板块运动至低纬地区之间的相互作用，导致了浅海相灰岩、白云岩和页岩的广泛沉积以及阿克达尔群硬石膏的少量沉积。胡夫组由白云岩和灰岩组成，在阿曼盆地东南部，含有少量的陆源碎屑。上覆的苏代尔组和吉勒赫（Jilh）组只在盆地西部存在，在盆地东部和南部均被剥蚀。上覆残余盐枕中的阿克达尔群厚度轻微加厚。

早期地壳隆升发生在阿拉伯半岛边缘，主要是由于微大陆的冰裂作用，同时发生的还有原阿拉伯海的开启和新特提斯洋的形成。热隆起可能触发局部的高山冰川作用。

（五）三叠纪—晚白垩世被动大陆边缘演化阶段

在该演化阶段，面积广大、构造稳定以及持续地处于低纬地区导致了宽广稳定碳酸盐岩台地的形成和发育，在这个沿着阿拉伯板块北缘分布的台地上，沉积了均一性良好的碳酸盐岩、页岩和蒸发岩，发育了完整的多套生储盖组合。良好的生储盖组合配置关系使得被动陆缘区成为世界上油气产量较为丰富的含油气区。在阿曼，该被动陆缘旋回底部为陆相碎屑岩，其上为三个主要的海相碳酸盐岩单元。沙丹群、克哈莫群（包括舒艾拜组）和沃西阿群（包括纳提赫组）碳酸盐岩，在三个明显的特提斯海侵时期沉积下来。每一个相继的海侵比起前一个向东南方向延伸更远。在最后一个海侵达到最大范围期间，奈赫尔欧迈尔组沉积下来，该组是一个关键的区域性盖层。在三期海侵期间形成的这三个碳酸盐岩沉积旋回，彼此之间被平行不整合分隔，每一个旋回朝着侯格夫隆起方向减薄。在每一个旋回中都存在大量由灰泥支撑-颗粒支撑灰岩组成的向上变浅的次级旋回。在三叠纪和侏罗纪期间，侯格夫超群阿拉群遭受到了大气降水的淋滤，引起盐层溶解，盆地北西方向的沉降造成了北西向的水动力梯度，故淋滤溶解过程得以持续进行，而且侯格夫隆起仍为一构造高。东翼区的阿拉群由残余-混杂层状白云岩、页岩和曾经含有盐夹层的硬石膏组成（Heward，1990）。

在被动陆缘期的大部分时间里，阿曼盆地是构造静止的，但是在赛诺曼期，由地壳引张引起的张性断块运动，影响了哈巴盐盆北翼和费胡德盐盆的相模式，该运动甚至影响了阿布扎比东部地区（Haris and Frost，1984）。这些构造运动代表了枢纽线附近最早的运动，枢纽线形成了阿曼山前渊的西部边缘。

由于二叠纪以后的裂谷作用，基梅里大陆于早三叠世从冈瓦纳大陆分离出去，并且向北漂移，新特提斯洋由此产生，重要标志为三叠系顶部的区域不整合。由于三叠纪期间发生了不是很彻底的裂谷作用，在侏罗纪末期，印度板块从冈瓦纳大陆分离出去，盆地中存在的区域性平行不整合可以说明此点。早—中白垩世区域性不整合的存在表明土耳其板块和阿拉伯板块曾经发生碰撞。至中白垩世，前隆不整合发育于整个阿曼，而且区域性最大海泛面在盆地大部均存在。在被动陆缘期末期，北阿曼发生了推覆体的侵位。

（六）晚白垩世—第三纪前陆盆地演化阶段

由中白垩世板块运动引起的挤压导致阿曼东北部发生了仰冲作用，形成了四个主要的冲掩岩片，即 Semail、Sumeini、Hawasina 和 Haybi，每个冲掩岩片由斜坡/盆地沉积物、洋底和上地幔蛇绿岩等基本元素组成。同时，阿鲁马群沉积于沉降之中的前陆盆地，周缘突起发育于冲断区内（Patton and O'Connor，1988）。

阿拉伯板块被动陆缘陆架层序向东北方向渐变为大陆斜坡相和深海盆地相。在晚赛诺曼期至土仑期，一个向东倾斜的俯冲带形成了大陆的东部边缘（Searle，1988）。该俯冲带向西移动，于坎潘期至马斯特里赫特期，引起了阿曼东北部地区的挤压和仰冲。地表逆冲作用的西部边界界定了阿曼盆地的地表界线，逆冲断层在一定程度上向西南方向延伸至地下，并且对于一些油田的圈闭机理起到关键作用（Patton and O'Connor，1988）。

早白垩世末期，阿富汗板块和欧亚板块发生碰撞，洋壳向西仰冲至陡倾 Masirah 逆断层之上。晚白垩世期间，Masirah 逆断层发生了右旋转换运动，Masirah 蛇绿岩仰冲至阿拉伯板块之上。由于构造载荷和前陆隆升造成了侯格夫隆起的隆升，Masirah 地堑形成于该时期（Beauchamp and Ries，1995）。在白垩纪末期阿曼山发生隆起之后，重力沉降作用引起了古新世海侵。在海侵期期间，浅海碳酸盐岩、深海页岩和泥灰岩广泛沉积于整个陆架。

第三纪初期，东北阿曼的挤压作用停止，在伊朗板块南部发育了一个北北东倾向的俯冲带（Beydoun，1991）。在马斯特里赫特和古新统之间出现了大范围的不整合。始新世时期，多期海侵海退导致了厚层蒸发岩夹层、页岩和碳酸盐岩聚集于阿曼北部地区。渐新世和中新世时期，在阿拉伯板块东部边缘发生了向西的挤压作用，引起了阿曼山和侯格夫隆起的隆升。阿曼盆地继续沉降，侯格夫隆起仍旧是正向的，阿拉群盐层继续溶解，自从古生代以来，盐边缘线已经后退 40km。

渐新世—中新世的板块运动造成了新特提斯洋面积缩小，这洋就减少了印度洋和地中海之间的海水环流，使得法尔斯组以红层和蒸发岩为主。该时期，阿曼盆地继续沉降，侯格夫隆起仍是正向，阿拉群盐层继续溶解（Al Marjeby and Nash，1986）。

中新世期间，红海和亚丁湾的开启，使得阿拉伯半岛朝着伊朗方向运动加速。新特提斯洋闭合，沿着扎格罗斯缝合线，在阿拉伯板块北部边缘发生了板块碰撞。构造作用主要为挤压和右旋横推运动。

阿曼北部被动陆缘发育为前陆盆地，其中沉积了厚层上新统—更新统磨拉石，阿曼盆地南部发生隆升。河流相、风成相等陆相沉积物聚集于盆内大部分地区。

第三节　盆地石油地质条件

一、烃源岩

在阿曼盆地内部发现了四套重要源岩，在盆外发现了一套源岩，它们为阿曼盆地的储层提供大量油气。盆地内部四套烃源岩为前寒武系—下寒武统侯格夫超群、下寒武统哈哈班组、上侏罗统图韦克山组/下白垩统舒艾拜组和上白垩统纳提赫组（表 7-1，图 7-6，图 7-7），盆地外一套烃源岩为志留系萨菲格群（Terken et al.，2001）。

表 7-1　阿曼盆地烃源岩特征表（据 Terken et al.，2001；有修改）

烃源岩	干酪根类型	TOC 最大值/%	TOC 平均值/%	厚度/m	原始氢指数	现今氢指数	氧指数
南阿曼侯格夫超群	Ⅱ/Ⅰ	7	4	50～400	500～900	500～900	20～70
北阿曼侯格夫超群	Ⅱ/Ⅰ	7	4	50	500～900	50	20～70
哈哈班组	Ⅰ/Ⅱ	8	5	50～500	500～900	50～700	20～70
纳提赫组	Ⅰ/Ⅱ	15	5	50	300～800	200～800	20～40
图韦克山/舒艾拜组	Ⅱ/Ⅰ	6	4	50～100	300～800	300～800	?
萨菲格群	Ⅱ	—	3	?	?	50	?

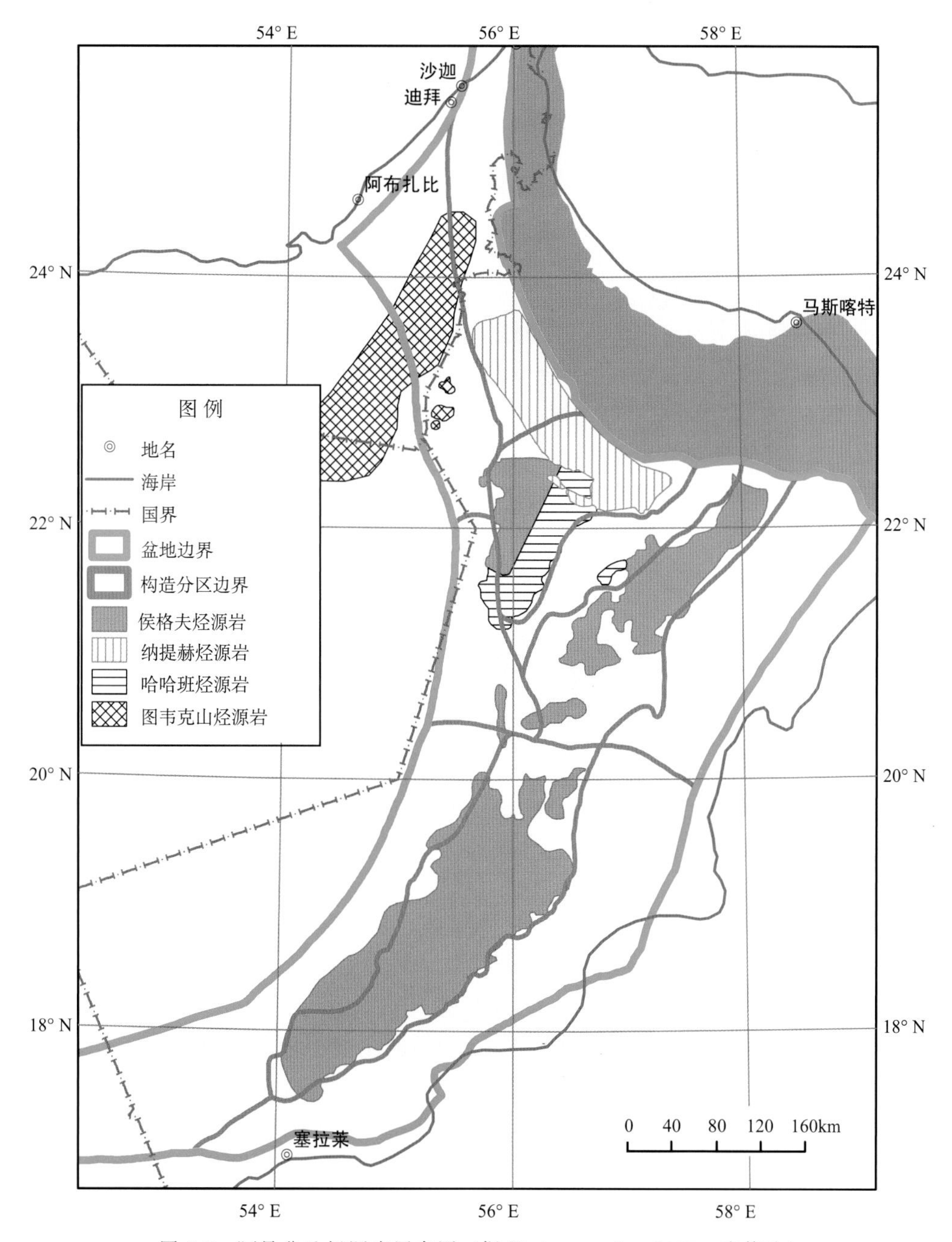

图 7-7　阿曼盆地烃源岩展布图（据 Terken et al.，2001；有修改）

（一）前寒武系—下寒武统侯格夫超群烃源岩

已证实的和潜在的源岩聚集于侯格夫超群的阿布玛哈若群、胡菲组、舒拉姆组、布阿赫组和阿拉群（Terken et al.，2001）。侯格夫超群源岩是阿曼最重要的源岩（Beydoun，1991）。

在舒拉姆组中含有暗色的富含有机质页岩。布阿赫组和胡菲组含有低能恶臭的、富含有机质的、层状泥质和叠层白云岩，它们主要沉积于潮间、潟湖和潮上环境（Gorin et al.，1982）或是陆架内盆地中（Wright et al.，1990）。如此高的有机质生成率是和广泛分布的缺氧环境以及快速埋藏紧密相连的。干酪根是Ⅱ型的，源于藻类、细菌和蓝藻细菌（Alsharhan et al.，1993）。成岩作用研究表明石油生成迟于早期白云岩化作用，但是早于硅质交代作用。

阿拉群碳酸盐岩底部频繁地沉积于深海腐泥相环境中（Mattes and Conway，1990）。这种源岩通常是暗色层状钙质页岩，叠层藻席和富含黏土白云岩。品质最好的源岩包含Ⅱ型有机质（TOC大于2%，被认为是蓝藻细菌）。

对南阿曼盐盆的研究表明，前寒武系—下寒武统阿拉群沉积时期南阿曼盐盆分成了三个部分：北碳酸盐岩台地、南碳酸盐岩台地和中间水深几百米的埃塞尔（Athel）凹陷，发育了7层碳酸盐岩单元A0～A6，每层都夹在蒸发岩中（图7-8A），水较浅时在先期形成碳酸盐岩台地之上发育了蒸发岩，在海进过程中水较深时又在蒸发岩上沉积了碳酸盐岩，并且地层的沉降使基底断层发育（图7-8B）。地球同位素测年显示A0段碳酸盐岩沉积于547Ma，A3段沉积于543Ma，A4段的发育时期为541Ma，在埃塞尔次盆地发育了有机质丰富的U页岩和Thuleilat组页岩，中间夹一层独特的Al Shoumou组硅酸盐岩（Grosjean et al.，2009）。其中Al Shoumou组硅酸盐岩TOC为3%～4%，氢指数为400～700mg/g TOC。U页岩的TOC为5%～15%，氢指数为300～700mg/g TOC，Thuleilat组页岩TOC为5%～15%，氢指数为600mg/g TOC。阿拉群烃源岩的生烃指数（SPI）也显示了这套烃源岩的生烃能力，其中Al Shoumou组硅酸盐岩的SPI达到38tHC/m^2，U页岩为10tHC/m^2。南阿曼盐盆的岩心和油样的地球化学分析显示阿拉群的碳酸盐岩和页岩是候格夫原油的主要烃源岩，而盐下的奈丰群和阿布玛哈若群的烃源岩对侯格夫原油的贡献还需近一步研究。在东翼区盐岩中的碳酸盐岩条带由于盐岩的溶解表现为连续的碳酸盐岩地台沉积。

（二）下寒武统哈哈班组烃源岩

哈哈班组是一套盐层顶部烃源岩，是Q型油的主要源岩（Terken et al.，2001），此源岩存在于哈巴盐盆的西部边缘和费胡德盐盆（图7-7）。石油沿上倾方向运移至东侧翼，但后来又向西部和南部方向运移。石油聚集于加里弗组和舒艾拜组储层中，天然气和凝析油分布于海马超群储层。在第三纪时期，海马超群储层的油气发生了再运移，未被发现的深层凝析油和天然气藏可能位于中阿曼（Terken and Frewin，2000）。

哈哈班组源岩在海马-1井厚80m，由白云化的石灰岩和硬石膏组成，干酪根类型为Ⅰ/Ⅱ型。在北阿曼，油气沿着基底断层穿过阿克达尔碳酸盐岩盖层运移至年轻储层中。在海马超群和加里弗储层中发现的残油柱为油气的再运移提供了证据。哈哈班组源岩平均厚度50m，平均TOC含量为5%，源岩体积为$35.7\times10^{10}m^3$。

（三）下志留统萨菲格群萨哈马赫组烃源岩

Grantham等（1988，1990）认为中阿曼台地西部靠近鲁卜哈利盆地的Hasira和萨

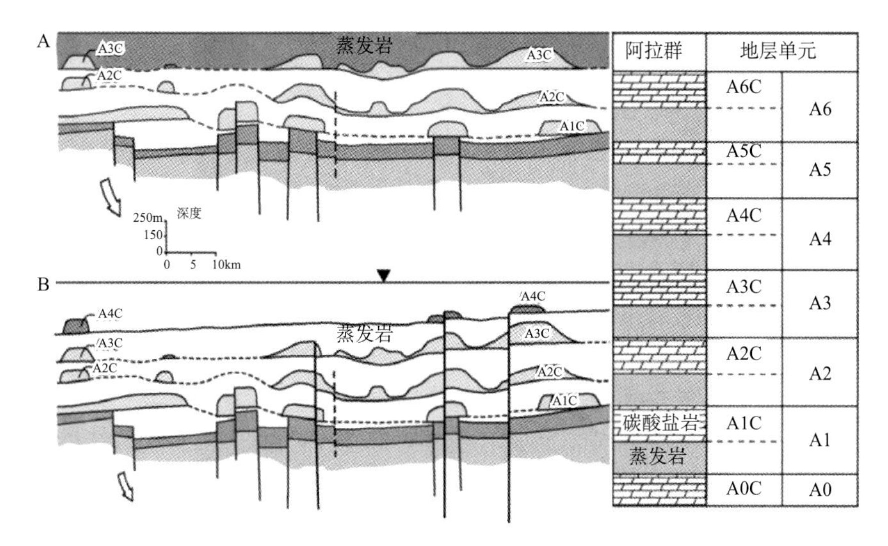

图 7-8　碳酸盐岩条带在盐岩内的形成机制（据 Schoenherr et al.，2007；有修改）
A. 在水体较浅时，在 A3 段碳酸盐岩地台上发育阿拉群蒸发岩；
B. 海进中，在蒸发岩上发育 A4 段碳酸盐岩地台，强烈的沉降使基底断层发育

哈马赫油田的石油源于早志留世萨菲格群笔石页岩。已经公布的关于萨菲格群萨哈马赫组的信息是有限的，但是侧向上它是与古赛巴页岩相当的。

古赛巴页岩包括了层状灰色至黑色云母页岩和粉砂岩，发现于中阿拉伯凸起侧翼（McGillivray and Husseini，1992）。古赛巴页岩底部附近具有一个 20～70m 厚的黑色富含有机质“热页岩段”，整个区域的 TOC 为 2%左右，在 Hawtah-1 井能够达到 6.15%。古赛巴页岩被认为是中沙特轻质油、低硫油和凝析油的源岩。干酪根是Ⅱ型无定形的，易生油，主要是源于笔石类残余物。在阿曼，发现于哈巴盐盆的萨哈马赫组是一套富含有机质的灰色页岩，在阿拉伯半岛边界附近厚度增为 220m（Droste，1997）。

（四）上侏罗统图韦克山组/下白垩统舒艾拜组

阿曼盆地图韦克山烃源岩的干酪根类型为Ⅰ型和Ⅱ型，主要分布于图韦克山组和舒艾拜组 Bad 段。这两套烃源岩主要分布在阿联酋陆架内盆地并一直蔓延到北阿曼。在阿联酋，迪亚卜组和舒艾拜组烃源岩的有机碳含量超过 4%，烃源岩厚度 30～100m。在阿联酋的 Omani 前陆盆地中，舒艾拜组的有机碳含量向东逐渐下降，到阿曼盆地西缘平均有机碳含量只有 1.4%，并都处于过成熟阶段，仅有少量的剩余干气。烃源岩的高成熟度，不仅因为埋深，还和前陆盆地内水动力因素和高地温梯度有关（Al Lamki and Terken，1996）。最初的烃源岩有机质可以达到 800mgHC/g TOC（Taher，1997）。

（五）上白垩统纳提赫组

纳提赫组是晚白垩世全球缺氧环境下在阿曼北部陆架内盆地发育的地层，厚 400m，主要以碳酸盐岩为主，被分为 7 个地层单元，A～G，其中 A、B、C、D、E 是主要的

沉积单元（图 7-9）。A、B 和 E 段沉积环境相似，上部发育含生物碎屑碳酸盐岩，下部发育机质丰度较高的页岩和石灰岩，这些地层单元的底部是海进地层，沉积碳酸盐岩和黏土岩。C 段和 D 段沉积环境相似，主要发育黏土岩。纳提赫组 B 段和 E 段碳酸盐岩和页岩是纳提赫含油气系统的主要烃源岩，厚度超过 50m。

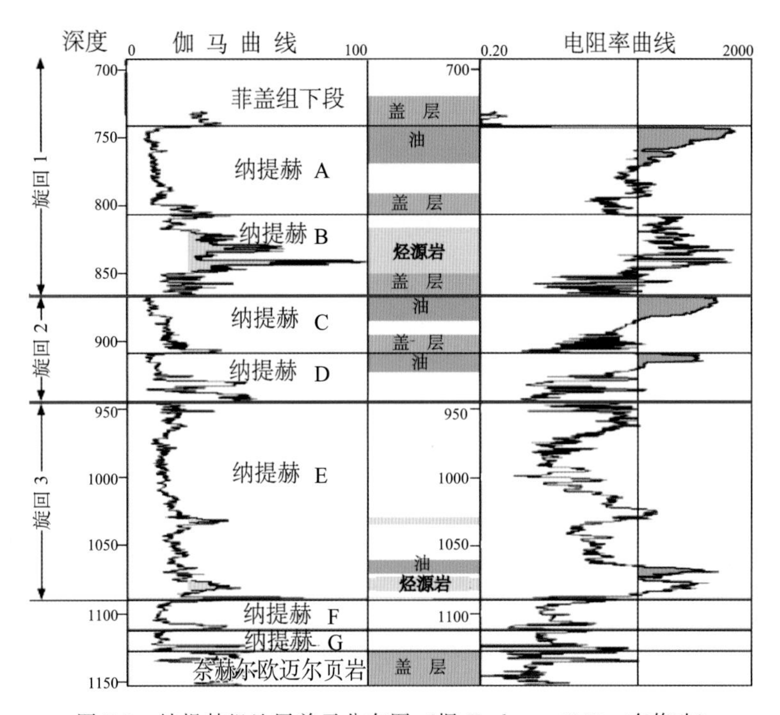

图 7-9 纳提赫组地层单元分布图（据 Terken，1999；有修改）

纳提赫原油具相对高的 C_{27} 甾烷含量，在 35％左右，超过了 C_{28} 甾烷，后者又超过 C_{29} 甾烷。纳提赫碳同位素值为－27‰。

纳提赫组有两套主要的烃源岩，干酪根类型为Ⅰ型和Ⅱ型，以生油为主，但Ⅱ型干酪根也生气。烃源岩主要是在陆架内盆地缺氧环境发育，厚度一共超过 50m。TOC 最高达到 15％，平均 5％，氢指数达到 800mg HC/g TOC，烃源岩活化能 192～229kJ/mol，底层烃源岩以 E 段为主，有机碳含量只有 5％，质量一般。B 单元烃源岩有 50m 厚，质量很好，有机碳含量最高达 15％（Alsharhan，1989）。

二、储集层

阿曼盆地有很多已被证实的储层层位，年代从晚前寒武纪到第三纪（图 7-6）。最古老的一些储层可能是侯格夫超群阿布玛哈若群碎屑物，证实含有油气的年代最早的储层是前寒武系上部布阿赫组裂谷期白云岩。上覆阿拉群储层包括了早寒武世晚裂谷期白云岩以及盐内硅质生物岩，为高压石油和凝析油储层。海马超群艾闵组和安德姆组是下古生界砂岩，前者是风成的，后者是海相的。安德姆组砂岩中含有阿曼盆地重要的天然气和凝析油储层。石炭系—下二叠统豪希群包含重要的河流-冰川相（阿尔克拉塔组）以及河流至浅海相（加里弗组）砂岩。上二叠统—下三叠统储层包括胡夫组和苏代尔组浅海相石灰岩，这些储层只贡献了阿曼油气储量的较小部分。马弗拉克格（Mafraq）组在三叠系和下侏罗统陆相砂岩储层中是次要的。白垩系舒艾拜组和纳提赫组是北阿曼重要的油气储层，油气产自于高孔高渗的生物碎屑粒状灰岩和泥粒灰岩且产层较浅。在白垩系克莱卜组和奈赫尔欧迈尔组中存在相似的储层，但产量较小，可能是由于储层品质较差或是缺乏盖层。主力储油层为白垩系和石炭系，主力储气层包括白垩系、前寒武系—寒武系和奥陶系（图 4-10）。按自老而新的顺序，储量最丰的 6 套储集层的特征概述如下。

（一）中寒武统—下奥陶统海马超群安德姆组

安德姆组包括 Barakat、Mabrouk、Barik 和 Al Bashair 四段。沉积环境为潮间带、萨布哈和临滨（Droste，1997）。岩性包括了细粒石英砂岩、黏土岩和泥质灰岩。石英砂岩的孔隙度为 10%左右，渗透率的范围是 0.1～100mD。安德姆组存在于北阿曼，但是在南边侧向渐变为陆相马赫维斯组。安德姆组重要的天然气和凝析油储层发现于 Barik 段，大部分储量储于 Makarem、Saih Rawl 和 Saih Nihayda 油气田中。

（二）上石炭统—下二叠统阿尔克拉塔组

阿尔克拉塔组岩相十分复杂，包括了碎屑物、分选很差的混积岩、砾岩、砂岩、粉砂岩和黏土岩。混积岩是消融冰碛岩，其上是河成砾岩和砾质砂岩，然后是砂岩和粉砂岩，沉积于冰川湖中。储层非均质性很强，主要是由于冰川沉积物中岩相变化较大。下伏阿拉群盐退导致的断裂作用提高了储层的孔隙度和渗透性。储层品质是与深度相关联的。孔隙度在 20%～30%，渗透率介于 0.1～15mD。但当深度为 3700m 时，孔隙度减至 12%，深度超过 4000m 时，由于石英含量的增加渗透率进一步减小（Sharland et al.，2001）。阿尔克拉塔组广泛分布于阿曼盆地，最远北至费胡德油田，出露于阿曼盆地的东侧翼。

（三）下二叠统加里弗组

下二叠统加里弗组由互层状的长石砂岩、粉砂岩和页岩组成，底部附近有一个石灰岩单元。其上被红土黏土所封堵。沉积环境从北部的滨海相经海岸平原辫状河和湖泊环境过渡为南部的陆相河道砂环境。储层岩性为砂岩，向上变细，孔隙度为 11%～20%。孔隙度由 1000m 处的 20%降低为 4000m 处的 12%。加里弗组存在于整个阿曼盆地。

（四）上二叠统—下三叠统胡夫组

在北阿曼胡夫组由含有少量页岩与硬石膏的白云岩和灰岩组成，呈现出五个沉积旋回。在东南阿曼，胡夫组红层相细粒碎屑物来自于侯格夫凸起。碳酸盐岩储层的孔隙度超过 20%，渗透率 0.1～100mD，但是由于岩相和厚度的改变，孔渗性侧向上会发生改变（Droste，1997）。孔隙主要以印模孔隙为主，伴生着晶间孔隙、成岩作用和白云岩化作用。胡夫组在阿曼盆地分布广泛，并且是伊巴勒（Yibal）油田重要的石油和天然气储层。

（五）下白垩统舒艾拜组

该组构成了一个明显的沉积旋回，底部为藻粒灰泥石灰岩-生物黏结石灰岩，向上经泥质石灰岩过渡到顶部的富含有孔虫和厚壳蛤的粒泥状-颗粒质灰泥石灰岩。沉积环境主要为浅海，泥质石灰岩沉积时海水要深一些。该组除最南部遭受剥蚀缺失外，在盆地的其他地方都有分布。在伊巴勒油田，该组厚288m，多孔白垩质石灰岩的孔隙度高达25%～32%。

（六）下白垩统纳提赫组

下白垩统纳提赫组主要由生物碎屑岩、球粒石灰岩颗粒石灰岩组成，沉积于浅海-潮间环境。纳提赫组油藏的最大油柱高度达457m，其上是110m的气柱。该组的石灰岩储集层孔隙发育，为17%～36%，渗透率变化范围大。纳提赫组全盆有分布。

三、盖层

阿曼盆地发育7套主要盖层（图7-6），具体层位如下。

下寒武统阿拉（Ara）组：该组的盐岩和少量页岩构成了布阿赫（Buah）组储集层和阿拉组白云岩储集层的区域性盖层。

上石炭统—下二叠统阿尔克拉塔（Al Khlata）组：该组的黏土岩和混积岩是海马（Haima）群储集层和组内砂岩储集层的局部盖层，该组顶部的若哈勃（Rahab）页岩段构成了半区域性盖层。

下二叠统加里弗（Gharif）组：该组顶部的页岩和泥灰岩构成了加里弗组砂岩储集层的半区域性盖层，组内的致密石灰岩和白云岩则构成了局部盖层。

上二叠统胡夫（Khuff）组：组内的致密石灰岩和白云岩以及少量的页岩是组内局部白云化石灰岩储集层和下伏加里弗组砂岩储集层的半区域盖层。

下侏罗统：该统的页岩和泥岩是下侏罗统储集层的局部盖层。

中白垩统奈赫尔欧迈尔（Nahr Umr）组：该组的泥质石灰岩、泥灰岩和含钙质页岩构成了区域性盖层。

上白垩统菲盖（Fiqa）组：该组的页岩构成了纳提赫（Natih）组储集层的区域性盖层。

四、圈闭

中阿拉伯盆地的圈闭类型包括构造圈闭、构造-地层复合圈闭和地层圈闭，以构造圈闭为主。在盆地内已知的40个成藏组合中，23个为构造圈闭类型，16个为复合圈闭类型，仅1个为地层圈闭类型。构造圈闭中的油气储量占盆地油气总储量的75.8%，复合圈闭占23.7%，地层圈闭仅占0.5%。

五、油气运移

源于侯格夫源岩的油气，在东侧翼次盆地的垂向运移距离为1.3km，在南阿曼盐盆的垂向运移距离超过了2km（Al Marjeby and Nash，1986）。在费胡德盐盆，油气从深度为5～6km以下的侯格夫源岩垂向运移至深度为1.2km的中生界储层甚至更浅的层位（Terken and Frewin，2000）。在一些盐盆中也会发生油气侧向运移，在这些盐盆中，阿拉群盐层的盖层在很多情况下都会把海马超群以及豪希群储层与其下伏的侯格夫源岩分隔开，油气只有沿上倾方向先侧向运移至阿拉群之下，然后再通过断层或盐溶裂缝垂向运移至海马和豪希群储层中，接着进一步的侧向运移发生于输导层中。油气会通过短程垂向运移从哈哈班组源岩运移至海马超群中，接着在费胡德盐盆和南阿曼盐盆的北部地区进行250～300km的长距离侧向运移。阿曼盆地西部运移体系通常是长距离运移，其特点是低阻抗断层，缺乏焦油砂和正常的油气充注；东部运移体系通常是短距离运移，其特点是高阻抗断层，高沥青和焦油砂以及充注过量的油气系统。鲁卜哈利盆地萨菲格群萨哈马赫组烃源岩生成的石油经过长距离的侧向运移充注至西阿曼的一些油田（例如萨哈马赫油田）。在北阿曼，纳提赫组油气系统侧向运移路径较短，为20～50km，垂向运移距离为1.5～5km（Terken，1999）。

六、含油气系统

根据烃源岩特征，阿曼盆地划分为北阿曼哈哈班、北阿曼侯格夫、南阿曼侯格夫、北阿曼纳提赫、北阿曼图韦克山/舒艾拜以及西阿曼萨菲格6个含油气系统（图7-10）。根据已探明油气可采储量大小，下面依次介绍各个含油气系统。

（一）北阿曼哈哈班含油气系统

哈哈班含油气系统主要分布于阿曼盆地中北部（图7-10），其烃源岩主要分布在哈巴盐盆西部边缘和费胡德盐盆南部。石油主要储存在加里弗组和舒艾拜组中，天然气和凝析油主要储集在古生代海马超群的三角洲相砂岩中，并被层内的滨岸相和海相的页岩封盖（Terken and Frewin，2000）。

油气主要分布于阿曼盆地中北部与盐岩运动和断层发育有关的断层、背斜圈闭中，其中众多圈闭的成因与古生代盐岩运动有关，另外一些圈闭的形成与基底断层活动有关。年轻圈闭的形成和北阿曼蛇绿岩的仰冲及同期的印度板块向北漂移有关。蛇绿岩的仰冲导致了地壳的伸展并向下弯曲和前陆盆地的发育，同时期的剪切力导致前陆盆地中走滑断层的形成。沉积物的填充负载增加了盆地北西向的区域倾斜，导致了盐盆的收缩和盐底辟活动。在第三纪费胡德盐盆，前陆盆地向南发展，断层反转，走滑断层再次活动，形成了更长距离的走滑断层。在这一时期哈巴盐盆基底断层活动，盐底辟运动剧烈，有几处盐岩到达地表。

在哈巴盐盆西部边缘盆地，哈哈班组烃源岩两次生油高峰在古生代中期和三叠纪。

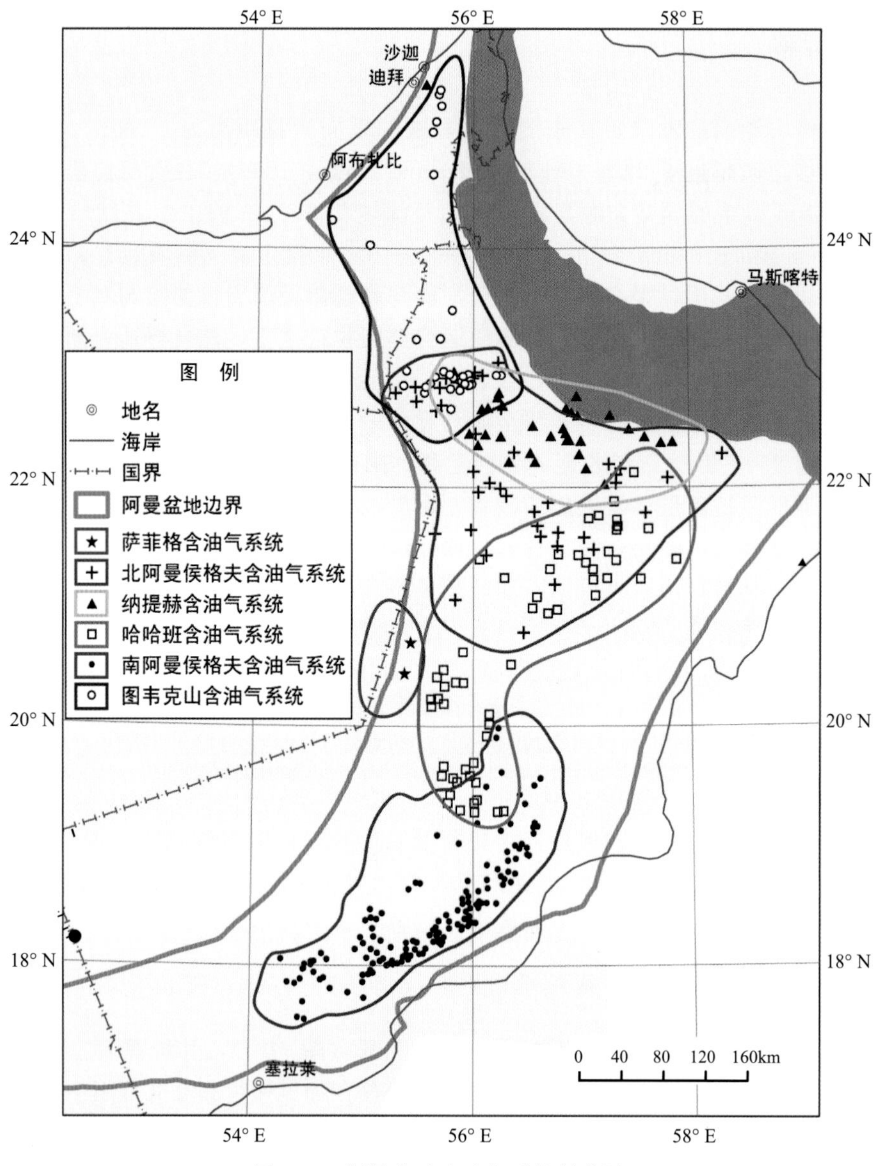

图 7-10　阿曼盆地含油气系统划分图

在埋深较浅的费胡德盐盆，烃源岩从侏罗纪开始生烃，持续到古近纪，生油高峰在早晚白垩世各有一次（图 7-11）。目前只有费胡德盐盆西翼的烃源岩仍然生烃，但只能生成干气。

运移模型显示石油从哈巴盐盆西部边缘盆地中排出，进入加里弗组储层向东南运移穿过哈巴盐盆中部，运移到抬升的东翼。费胡德盐岩南部生成的油气最初也是向东南运移，但是在晚白垩世—第三纪由于前陆盆地的发育，运移方向逐渐向南变化并一直运移到南阿曼盐盆的北部。在浮力和水动力作用下运移距离达 300km（图 7-3，图 7-4）。

基底断层的活动和盐底辟刺穿使加里弗组和舒艾拜组中间的胡夫组盖层遭到破坏，

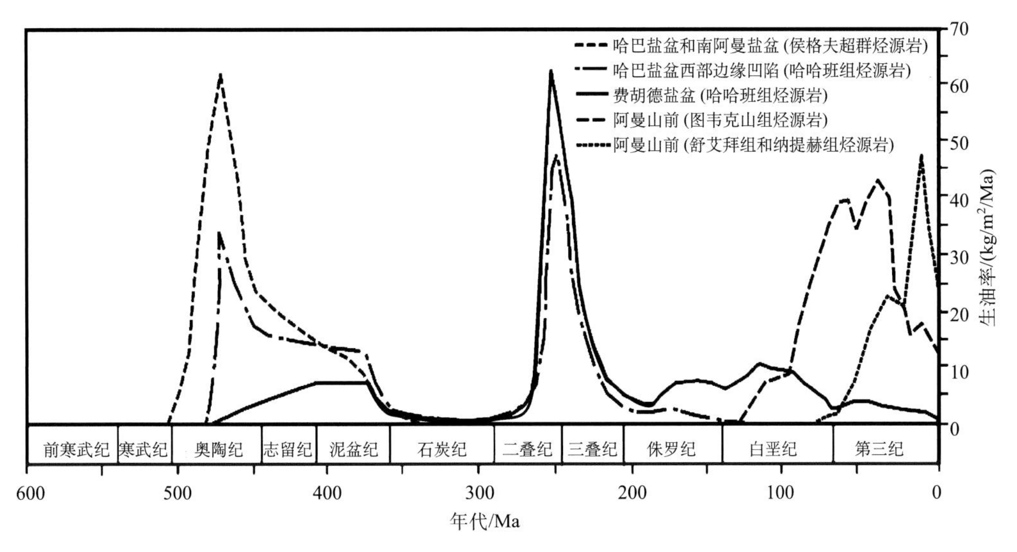

图 7-11 阿曼盆地烃源岩生烃史(据 Terken et al.，2001；有修改)

为石油在舒艾拜组中运移提供了垂向运移通道。在费胡德盐盆和哈巴盐盆，哈哈班含油气系统的原油普遍与北阿曼候格夫含油气系统的原油混合，这些混源原油储于舒艾拜组储集层。

(二) 北阿曼侯格夫含油气系统

烃源岩为前寒武纪—早寒武世发育的侯格夫超群，主要以生油为主，天然气主要是侯格夫原油的热裂解气，以前寒武纪地层中的 X 化合物为特征 (Terken et al.，2001)。北阿曼侯格夫含油气系统主要分布于阿曼北部的哈巴盐盆、费胡德盐盆和中阿曼地台(图 7-10)。主要储集在中白垩统舒艾拜组以及古生界海马超群和豪希群储层中。其中海马超群由于埋藏较深，地温较高，侯格夫原油发生热裂解，主要以产气为主。

该含油气系统中，油气主要分布于构造圈闭中。在阿曼盆地北部，圈闭的形成受基底活动造成的断层发育和盐岩运动控制，主要发育断层圈闭和断背斜圈闭。

烃源岩埋藏 (图 7-11) 和热演化模拟显示在阿曼盆地大部分地区油气从古生代开始生成。在哈巴盐盆古生代海马超群沉积时期，这些烃源岩大量排烃。在哈巴盆地西部，烃源岩在晚二叠世开始排烃，这时埋深达到最大。同时期费胡德盐盆烃源岩也开始排烃 (Terken et al.，2001)。

在哈巴盐盆，寒武纪—奥陶纪生成的侯格夫原油在海马超群中向盐盆的两翼运移，在志留纪—石炭纪东翼的抬升扩展到阿曼北部，北侯格夫原油向盆地的东部运移并向上运移到豪希群阿尔克拉塔组和加里弗组储层中。晚白垩世—第三纪前陆盆地的发育使侯格夫原油向南运移，并再垂向运移到白垩系舒艾拜组储集层中 (图 7-3)。

在费胡德盐盆，二叠纪—三叠纪生成的侯格夫原油在海马超群和豪希群储层中向东运移，晚白垩世—第三纪前陆盆地的发育，使侯格夫原油沿垂向向上运移到白垩系舒艾拜组和纳提赫组（图 7-3），并沿前陆盆地的前隆运移到纳提赫和费胡德断层带，再向上运移至地表成为油苗（Terken et al.，2001）。

（三）南阿曼侯格夫含油气系统

该含油气系统的烃源岩为下寒武统阿拉群盐内埃塞尔组和 U 页岩以及盐下前寒武系布阿赫组和舒拉姆组。干酪根类型为Ⅰ/Ⅱ型，TOC 最高达到 7%，平均 4%，HI 为 500～900mgHC/g TOC，厚度为 50～400m。大部分侯格夫原油主要来自阿拉群内部碳酸盐岩和硅质生物岩。埃塞尔组烃源岩能在相对低温下生成大量的油气（Terken et al.，2001）。

侯格夫原油的储层为阿拉盐岩中碳酸盐岩条带、盐内埃塞尔硅质生物岩、下寒武统海马超群以及石炭—二叠系豪希群碎屑岩。阿拉群盐岩是南阿曼盐盆重要的盖层，封闭了阿拉盐内碳酸盐岩条带、埃塞尔硅质生物岩以及盐下布阿赫组储层中的油气。

海马超群沉积时期，烃源岩达到最大埋深，油气主要在早古生代生成。生成后的油气首先于盐下和盐内储集层内聚集成藏。由于古生代晚期，东翼隆升，盐盆收缩，盐岩不断溶解，油气再次运移至较浅的盐上储集层中聚集成藏（图 7-5）。

盐内碳酸盐岩条带和埃塞尔硅质生物岩既作为烃源岩又作为储集层，这种自生自储模式在南阿曼盆地西南部中很常见（图 7-12）。

（四）北阿曼图韦克山/舒艾拜含油气系统

在阿曼盆地上侏罗统图韦克山组烃源岩和中白垩统舒艾拜组烃源岩生成的油气在地球化学上差别较小（Terken et al.，2001），所以在阿曼盆地称为图韦克山/舒艾拜含油气系统。其烃源岩的干酪根类型为Ⅰ型和Ⅱ型，主要分布于图韦克山组和舒艾拜组 Bad 段。这两套烃源岩主要分布在阿联酋陆架内盆地并一直蔓延到北阿曼（图 7-7）。烃源岩热演化模拟显示，图韦克山组烃源岩在晚白垩世开始生烃，舒艾拜烃源岩在古新世生烃。目前在阿曼盆地，分布在前陆盆地中的迪亚卜烃源岩处于过成熟阶段，而舒艾拜组烃源岩处于生油高峰，在莱克威尔隆起以西和阿联酋中部，迪亚卜烃源岩目前处于生气阶段，而舒艾拜烃源岩处于生油窗内。莱克威尔隆起是前陆盆地前隆的最高点，在它周围生成的油气充注到这个大构造上的几个油田内。总的来说，北阿曼图韦克山/舒艾拜油气系统是正常充注、侧向运移、低阻的前陆盆地含油气系统（Terken et al.，2001）。

（五）北阿曼纳提赫含油气系统

纳提赫烃源岩中的Ⅱ型干酪根生成的天然气是有限的。仅在前陆盆地最深处，在第三纪晚期生成。目前在前陆盆地的深部，纳提赫烃源岩的转化率已经达到 90%，在较浅的马拉迪断层带烃源岩转化率为 40%。来自费胡德油田的生物标记物镜质体反射率为 0.73，纳提赫油田的为 0.88。成熟度上的不同是由于费胡德油田目前缺少与生烃灶的连通，而纳提赫油田与高成熟生烃灶连通。

大多数纳提赫原油储积在纳提赫组内部，纳提赫组 A、C、D、E 段碳酸盐岩孔隙度达到 30%～40%，是纳提赫含油气系统的优秀储层，裂缝的发育使孔隙度增大。在

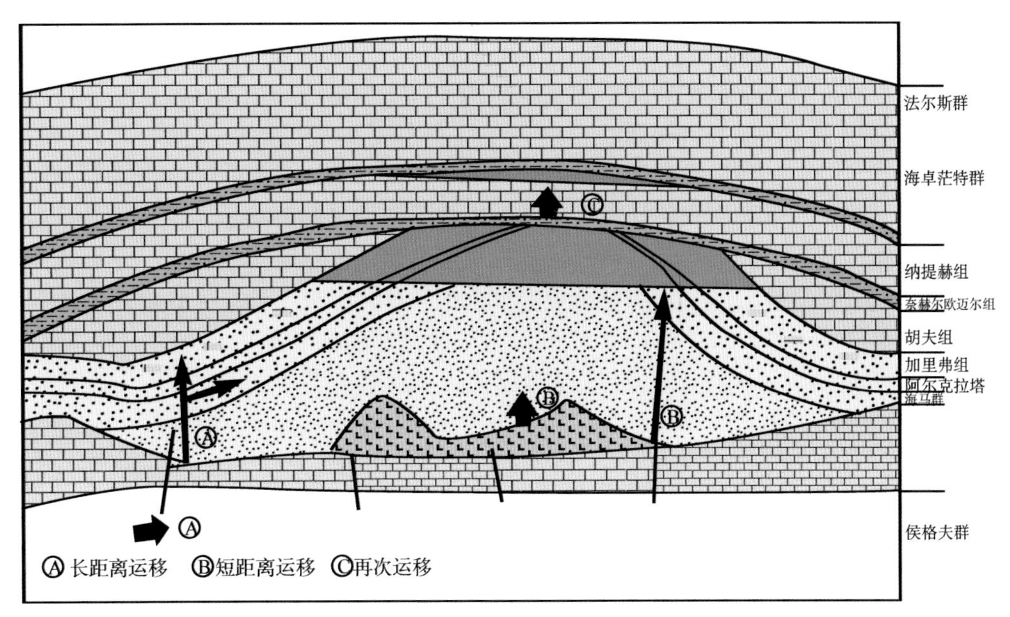

(a) 南阿曼盐盆盐上油气成藏模式图

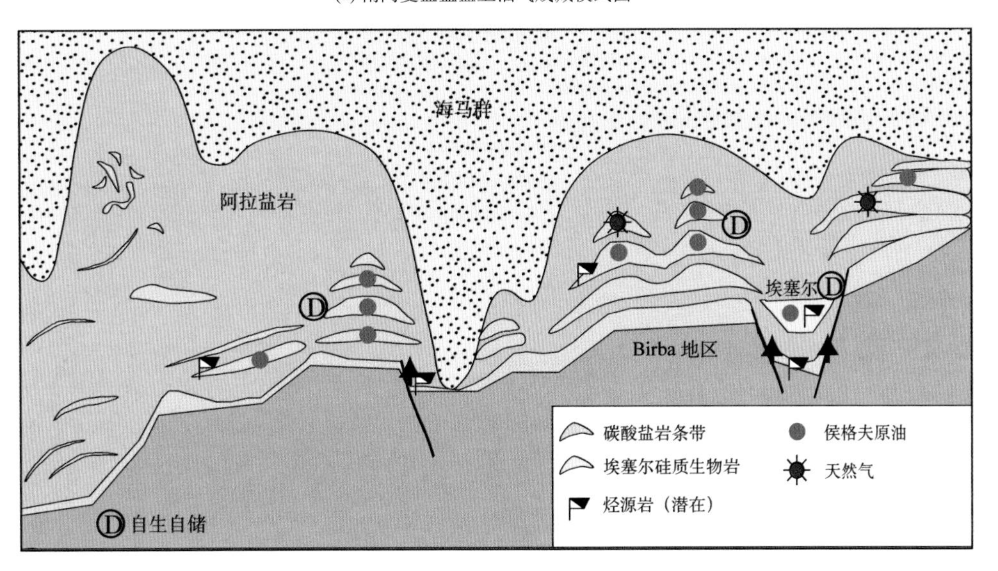

(b) 南阿曼盐盆盐间油气成藏模式图

图 7-12 南阿曼盐盆油气成藏模式图（据 Qobi et al.，2001；童晓光等，2004；有修改）

费胡德油田孔隙度达到 40%，纳提赫油田为 30%。在费胡德油田和纳提赫油田的断背斜构造中油气也储集在下部的舒艾拜组储层中。上部的菲盖组地层圈闭中也有一定的勘探潜力。

纳提赫含油气系统的圈闭是晚白垩世—第三纪前陆盆地发育过程中形成的构造圈闭，这些构造圈闭主要形成于阿曼山发育的两个时期。第一期阿尔卑斯运动中的洋壳仰冲和地壳的伸展变形，形成了正断层和走滑断层，第二期阿尔卑斯运动使早期形成的断层反转，同时伴随着底部的盐岩运动。形成的圈闭类型一般是断层圈闭，背斜圈闭和断背斜圈闭。

纳提赫组烃源岩的埋深和热演化模型显示油气生成从晚白垩世开始直到今天，前陆盆地的前渊中最深的烃源岩埋深达 3000m（Terken，1999），前陆盆地的大部分地区目前处于生油窗中。在较浅马拉迪断层带烃源岩刚刚进入生油窗。

菲盖页岩的厚度和阿曼山适度的褶皱和断层，使纳提赫原油主要发生侧向运移，盆地模拟显示纳提赫原油开始是向哈巴盆地和前陆盆地前隆运移，但在前陆盆地的发展过程中，费胡德断层带的形成影响了纳提赫原油的运移，形成了遮蔽带，阻挡了纳提赫原油向前隆的 Yibal 和 Al Huwaisah 油田运移。纳提赫断层在第二期阿尔卑斯运动中形成，阻挡了向费胡德油田运移的纳提赫原油，在优秀的菲盖组盖层下形成了纳提赫油田。

（六）西阿曼萨菲格含油气系统

萨菲格群海相页岩为烃源岩，输导层很可能是豪希群碎屑岩，唯一肯定的储集层是豪希群，盖层是豪希群内的页岩。何时达到成熟临界值尚无定论，据 McGillivaray 和 Husseini（1992）的推测，萨菲格生油岩的生油时间大约为晚白垩世—古近纪。该系统出现于阿曼盆地西部。

七、油气分布特征和主控因素

（一）区域分布特征

区域上，阿曼盆地的油气主要分布于 3 个盐盆（图 7-1），哈巴盐盆、费胡德盐盆和南阿曼盐盆的油气储量分别占盆地油气总储量的 24.5%、23.6%和 15.5%，合计为 63.6%。此外，苏内娜赫前渊、东翼区、中阿曼台地和莱克威尔隆起的油气储量分别占总储量的 11.7%、8.7%、8.7%和 6.2%。其余 3 个构造分区仅占 1.4%。

在哈巴盐盆，天然气占到其总储量的 68.2%。这与海马超群储层埋藏深，原油发生热裂解有很大关系。在东翼区，没有天然气发现，并且石油多为重质油，这与南阿曼侯格夫原油二次运移受到生物降解有很大关系。

在苏内娜赫前渊，天然气占总储量的 65.1%，凝析油占总储量的 30.8%，石油仅占总储量的 4.1%。在苏内娜赫前渊分布有三个含油气系统、北阿曼侯格夫含油气系统、纳提赫含油气系统、图韦克山含油气系统。虽然纳提赫组烃源岩、图韦克山组/舒艾拜组烃源岩主要为Ⅰ/Ⅱ型干酪根，以生油为主，但在前陆盆地深处都已进入生气阶段，有天然气生成。在中阿曼台地，天然气占其总储量的 82.4%。

（二）层系分布特征

层系上，油气分布于前寒武系至白垩系的多套储集层，但主要富集于下古生界海马超群和下白垩统舒艾拜组（图 7-13），两套储集层的油气储量分别占盆地油气总储量的 32.7%和 23.5%。上白垩统纳提赫组和下二叠统加里弗组是次重要的储集层，它们的油气分别占总储量的13.9%和13.1%。在阿曼盆地，值得关注的是在前寒武系—下寒武统侯格夫超群的油气，侯格夫超群是世界上最古老的烃源岩和储集层之一，其油气储量占盆地油气总储量的8.3%。

石油主要分布在下白垩统克哈莫群舒艾拜组中，占石油总储量的33.2%。其次为下二叠统加里弗组，占石油总储量的21.7%（图7-13）。中白垩统纳提赫组、上石炭统—下二叠统阿尔克拉塔组和上寒武统—下志留统海马超群的石油储量分别占石油总储量的14.6%、11.5%和10.5%。侯格夫超群的石油储量占石油总储量的5.6%。

天然气主要分布在上寒武统—下志留统海马超群中，占天然气总储量的58.3%（图7-13）。下白垩统克哈莫群舒艾拜组和中白垩统纳提赫组的天然气储量分别占天然气总储量的19.3%和15.4%（图7-13）。

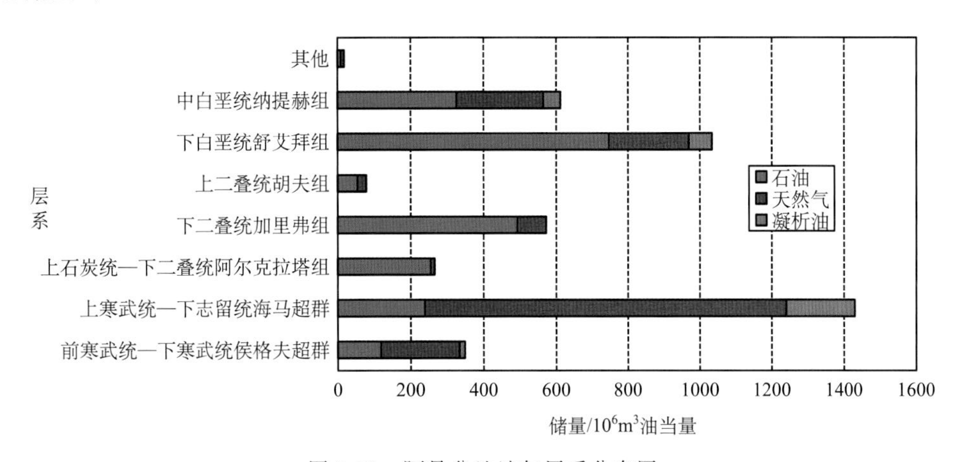

图7-13 阿曼盆地油气层系分布图

（三）不同含油气系统的油气分布特征

考虑到北阿曼侯格夫超群烃源岩和哈哈班组烃源岩在垂向上有一定的叠置关系，油气田的混源现象明显。因此，本书把北阿曼侯格夫含油气系统和北阿曼哈哈班含油气系统作为一个整体即北阿曼侯格夫/哈哈班含油气系统加以讨论。图7-14显示了油气在阿曼盆地不同含油气系统中的分布。北阿曼侯格夫/哈哈班含油气系统是盆地内最重要的含油气系统，其油气储量占盆地油气总储量的50.3%。其次是南阿曼侯格夫含油气系统，其油气储量占总储量的22.6%。北阿曼图韦克山含油气系统和北阿曼纳提赫含油气系统的油气储量分别占总油储量的14.7%和12.2%。西阿曼萨菲格含油气系统油气储量最少，仅占总储量的0.2%。

（四）油气分布主控因素

盆地内油气分布主要受盆地内发育的4套烃源岩展布的控制。侯格夫超群和哈哈班组烃源岩生成的油气先聚集在盐下和盐内的储集层中，后期由于盐岩溶解再次运移至盐

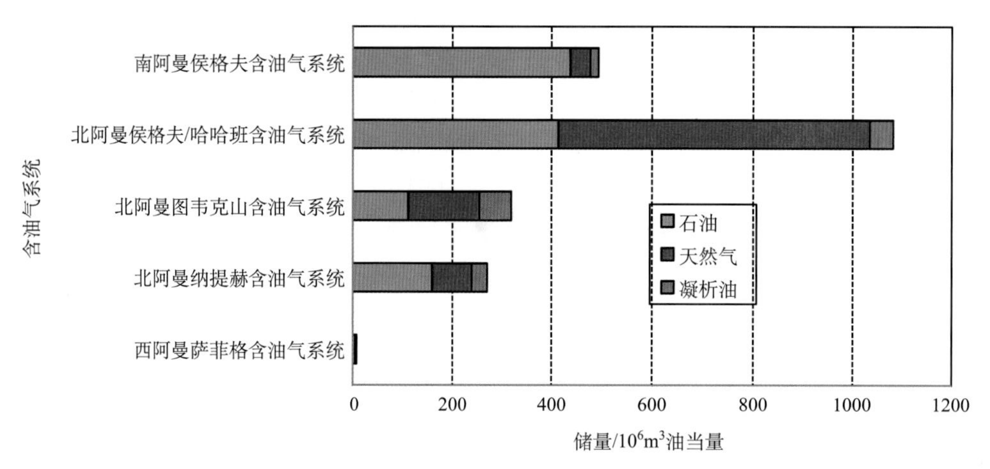

图 7-14　阿曼盆地不同含油气系统油气分布图

上的储集层中。下二叠统加里弗组在全盆都有分布，是油气长距离的侧向运移通道，同时自身也储集了大量的油气。上侏罗统图韦克山组/下白垩统舒艾拜组和上白垩统纳提赫组既是烃源岩又是储集层，在盖层发育良好又没有后期破坏的情况下，也储集了大量油气。

其次，盆地内油气亦受到盖层发育的控制。上寒武统阿拉群盐岩、下白垩统奈赫尔欧迈尔组泥灰岩和上白垩统菲盖组页岩作为有效的区域盖层为阿曼盆地油气聚集提供了保证。

此外，盆地内油气还受到后期前陆盆地形成以及断层发育的控制。正是由于前陆盆地的形成，分布在前陆区的上侏罗统图韦克山组/下白垩统舒艾拜组和上白垩统纳提赫组烃源岩才得以快速埋深、成熟，并且在前陆盆地发育时期形成了很多构造圈闭。断层的发育形成遮挡，影响油气的侧向运移，储集在下古生界的油气或通过断层垂向运移。

八、典型油气田解剖

在阿曼盆地已发现的 322 个油气田中，14 个为大型油气田（2P 储量超过 5 亿桶油当量）（表 7-2），其油气 2P 储量占盆地油气 2P 总储量的 67.3%；42 个为为中型油气田（2P 储量介于 0.5 亿～5 亿桶油当量），其储量占总储量的 23.8%；其余的 266 个为小型油气田（2P 储量小于 0.5 亿桶油当量），其储量占总储量的 8.9%（图 7-15）。阿曼盆地小型油气田的油气储量占盆地总储量的百分比要远远高于中阿拉伯盆地和扎格罗斯盆地，这一方面反映了该盆地内缺少特大型油气田的事实；另一方面反映了该盆地的油气勘探程度相对较高，因而发现了相当数量的小型油气田。

本节选取阿曼盆地的最大和第二大油田——塞赫罗尔油田和伊巴勒油田为代表，讨论阿曼盆地油气田的典型成藏特征。塞赫罗尔油田是阿曼盆地古生界产气中生界产油的油气田代表，伊巴勒油田则是中生界油田的代表。

表 7-2 阿曼盆地大型油气田基本特征一览表

序号	油气田名称（原名/译名）	发现时间	石油 /$10^6 m^3$	天然气 /$10^8 m^3$	凝析油 /$10^6 m^3$	油气合计（油当量）/$10^6 m^3$	产层深度 /m	圈闭类型	储层时代	岩性
1	Saih Rawl/塞赫罗尔	1973	87	4551	48	561	4424.17	构造圈闭	Є2，O1，P1	砂岩
2	Yibal/伊巴勒	1962	334	1416	6	473	1354.53	构造圈闭	P1，K1	石灰岩，白云岩
3	Fahud/费胡德	1964	223	198	1	242	228.30	复合圈闭	K1，K2	石灰岩
4	Saih Nihayda	1972	52	1851	5	230	3999.89	构造圈闭	Є3，P1	砂岩
5	Marmul/迈尔穆勒	1956	195	64		201	824.18	复合圈闭	Є1，P1	砂岩
6	Mukhaizna/穆海兹纳	1976	159	7		160	830.88	构造圈闭	P1，P3	砂岩
7	Makarem 1/马卡拉姆 1	1994	1	1331	4	129	4511.95	构造圈闭	PreЄ，Є1	砂岩，白云岩
8	Barik/巴里克	1974	11	944	25	125	4246.17	构造圈闭	Є3，O1	砂岩
9	Nimr/尼姆尔	1980	112	1		112	665.07	复合圈闭	Є1，P1	砂岩
10	Khazzan/哈赞	2001		1133	4	110	4200.14	复合圈闭	Є3，O1	砂岩
11	Lekhwair/莱克威尔	1969	89	150	0	103	1185.98	构造圈闭	K1	石灰岩
12	Natih/纳提赫	1963	95	76		103	713.23	构造圈闭	K1，K2	石灰岩
13	Al Huwaisah/阿尔胡维萨赫	1969	69	119	2	82	1512.72	构造圈闭	Є1，K1	石灰岩，砂岩
14	Rima/里马	1979	81	3	0	82	917.14	构造圈闭	Є1，P1	砂岩

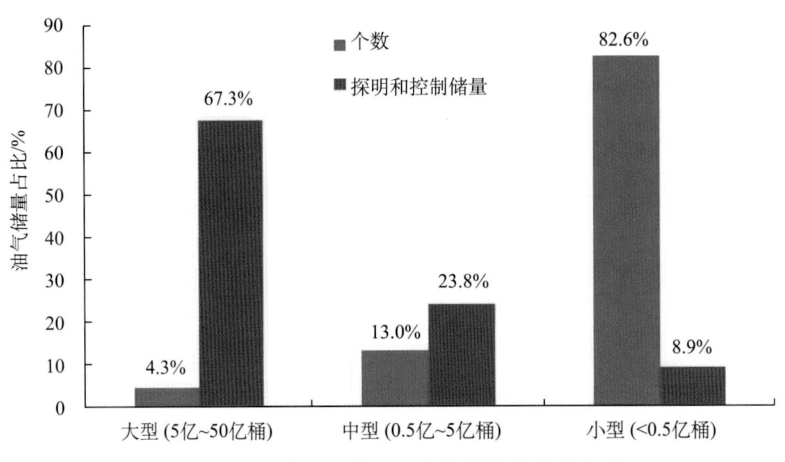

图 7-15　阿曼盆地油气田油气储量分布直方图

（一）伊巴勒油田

1. 概述

伊巴勒（Yibal）油田位于阿曼北部的费胡德盐盆（图 7-16），油田发现于 1962 年，于 1969 年投产。该油田有三套产层：阿普特阶舒艾拜组、上二叠统胡夫组、上白垩统纳提赫组。石油主要为轻质油，绝大部分产自舒艾拜储集层，少量产自胡夫组，纳提赫组产少量的天然气。舒艾拜组储集了石油地质储量 $6.04\times10^8m^3$，胡夫组储集了石油地质储量 $96.35\times10^6m^3$。伊巴勒油田的石油可采储量为 $3.34\times10^8m^3$，天然气可采储量为 $1416\times10^8m^3$。舒艾拜油藏是一个四面倾向封闭的盐构造圈闭，油柱高度 95m，原始油水界面位于海平面下垂直深度 1245m。

2. 圈闭和构造

伊巴勒构造是一个断层发育、东西向延伸的穹隆状背斜，含油面积 $46km^2$（图 7-17，图 7-18），舒艾拜储集层的总垂向闭合度约为 330m，除了东北翼局部倾角高达 4°外，构造翼部的倾角普遍为 1°～2°。背斜构造被多条断层错断，断层主要呈现出两组走向：SW—NE 向和 NW—SE 向，垂向断距一般小于 10m。。

胡夫组顶部构造与舒艾拜组顶部构造类似（图 7-19，图 7-20），含油气面积 $109km^2$，构造被 SW—NE 走向的断层划分为东伊巴勒油气藏和西伊巴勒油气藏，前者的构造顶部为 2680m TVDSS（海拔之下垂直深度），油水界面为 2905m TVDSS，油气藏气柱高度 164m，油柱高度 61m。西伊巴勒油气藏的构造顶部为 2790m TVDSS，油气界面 2790m TVDSS，油水界面 2859m TVDSS，气柱高度 69m。

3. 储集层特征

舒艾拜组储层为白垩质石灰岩，主要由大量浮游植物微锥石藻组成，也包含一些浅

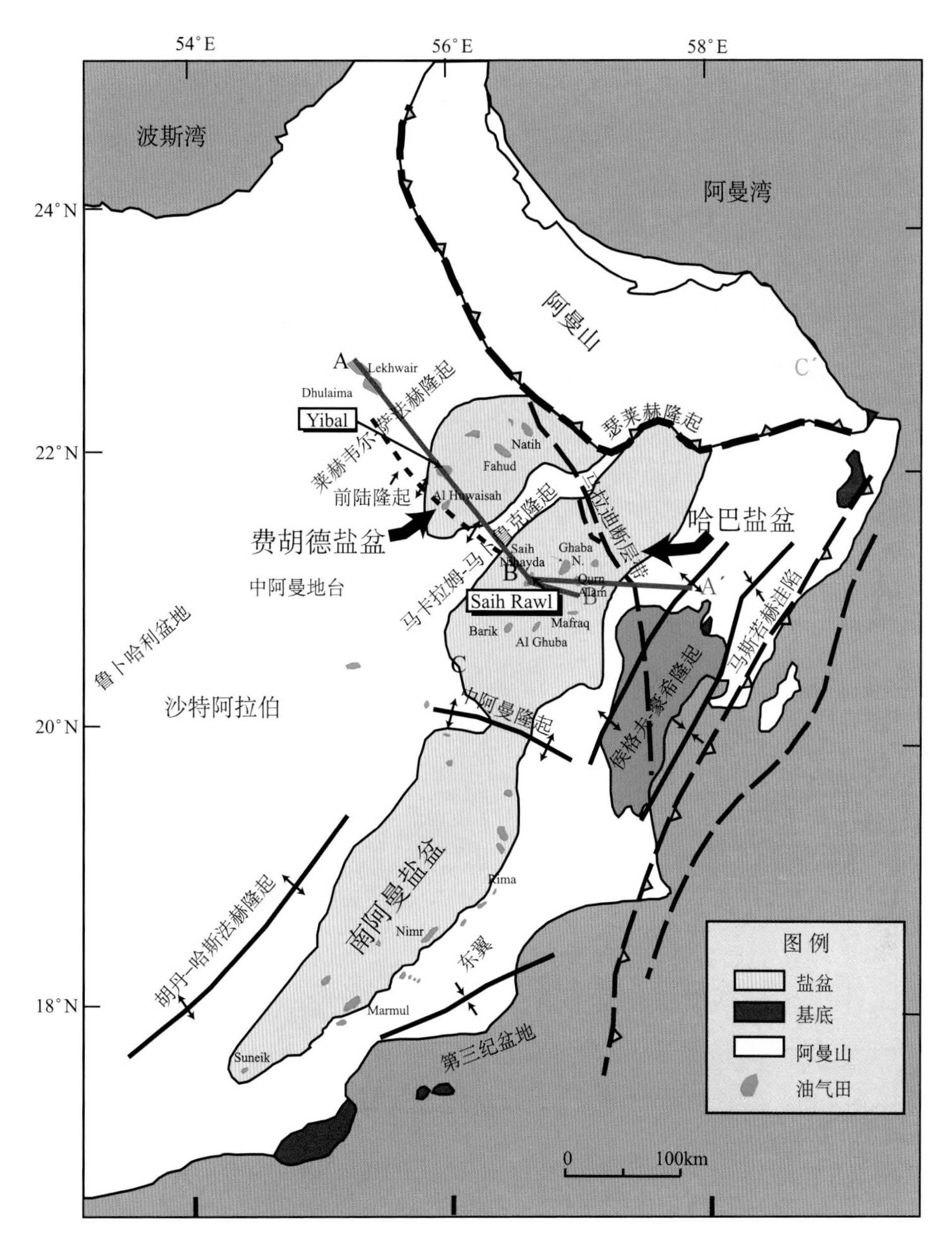

图 7-16 阿曼盆地构造分区和油气田分布图（据 Pollastro，1999；有修改）

海底栖生物（如双壳类、厚壳蛤类、海胆类）碎片。舒艾拜组划分为 4 个岩性地层单元，自上而下依次为球粒灰岩单元、圆锥虫单元、生物碎屑单元、底部沉积单元。电测井曲线显示向上孔隙度增加，页岩含量降低，该组沉积于碳酸盐岩陆架外缘的低能-中能深水环境，水体向西北加深至陆架内盆地环境。

舒艾拜组储层横向和垂向连通性极好，净毛比（N∶G）接近 1。小层间的边界是渐变的，没有明显的障碍。储层上部的储层性质优于下部。储集层被断层和裂缝群切

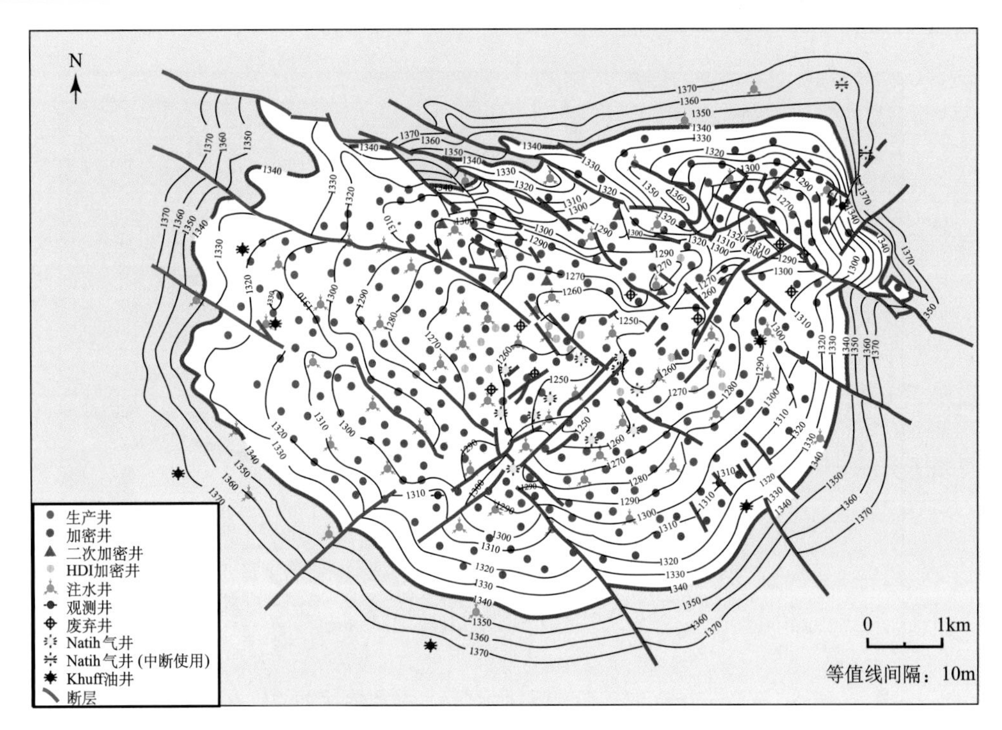

图 7-17 阿曼盆地伊巴勒油田舒艾拜组顶部构造图（据 Al-Busaidi，1997）

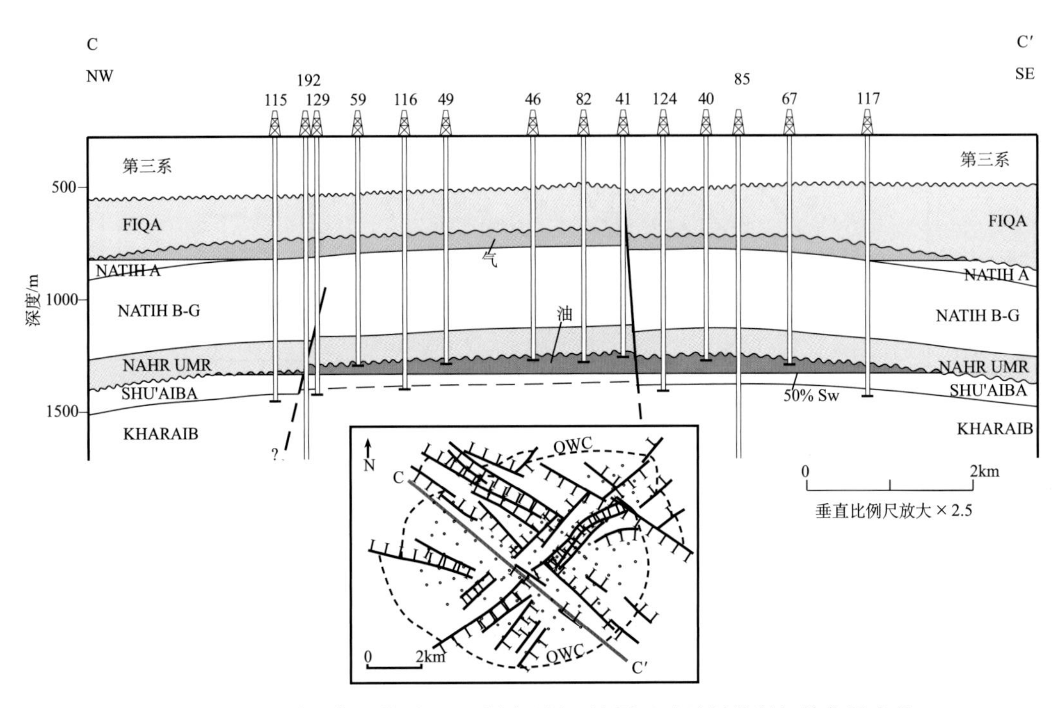

图 7-18 阿曼盆地伊巴勒油田地质剖面图，该图显示了舒艾拜组储集层内的油水界面和纳提赫组储集内的气水界面（据 Skaloud et al.，1993）

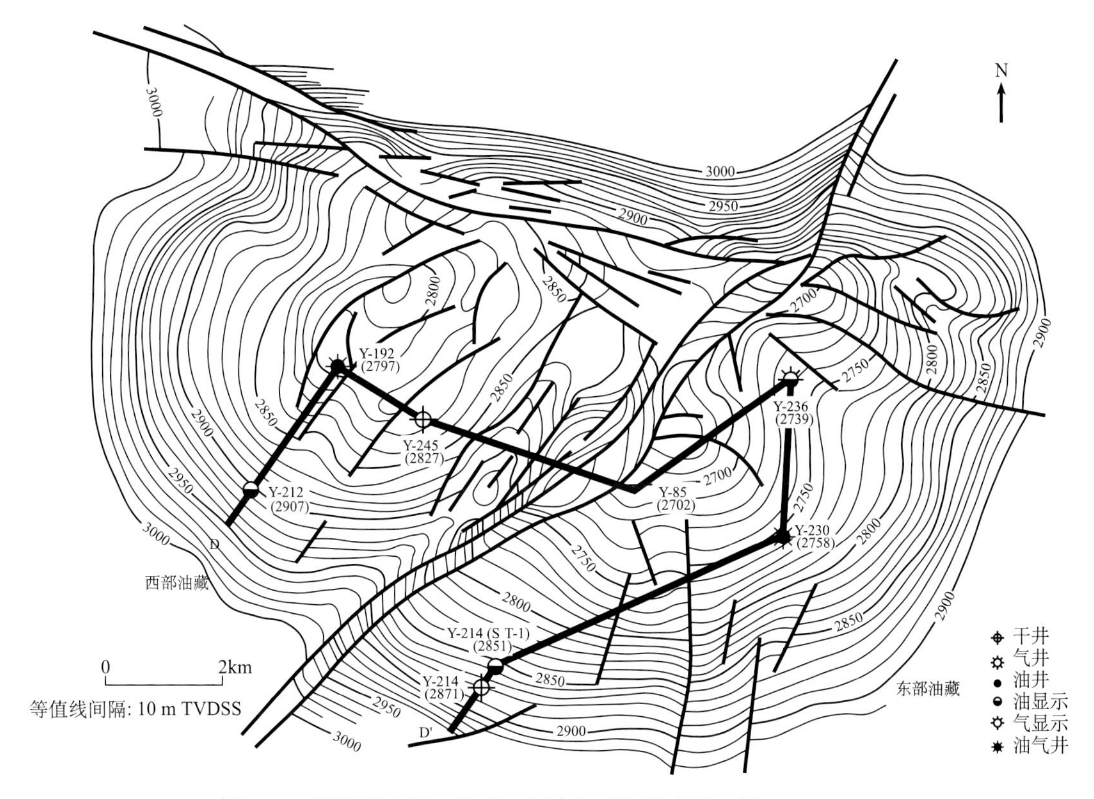

图 7-19　阿曼盆地伊巴勒油田胡夫组顶部构造图（据 Bos，1989）

割。这些断层不具封盖性，不阻碍流体流动，而是作为流体运移的通道（图 7-21）。

舒艾拜组储集层的孔隙度 14%～42%，平均值为 28%，渗透率 0.6～200mD，平均值为 5mD。储层最上部的 6～15m 层段的渗透率最高，可达 150～200mD。构造顶部储层孔隙度和渗透率分别为 37%和 100mD，构造底部分别为<20%和 0.6mD。

胡夫组与下伏的下二叠统 Gharif 组和上覆的下三叠系 Sudair 组整合接触。依据岩性和测井响应，该组自上向下划分为 5 个单元，分别命名为 K-1 至 K-5（图 7-20）。K-1 至 K-3 是伊巴勒油田胡夫组的主要产层。每个地层单元底部由沉积于低能、局限陆架或潮坪环境的灰泥石灰岩组成，上覆层系则主要由沉积于高能的潮下环境的鲕粒状石灰岩组成。

胡夫组储集层的物性主要受两个因素的控制：原始沉积层状结构和成岩作用。尽管具有溶模孔隙，但胡夫组的原始粒间孔隙常被硬石膏胶结物填充，渗透率仅为 0.01～10mD，发育粒间孔和晶间孔的石灰岩和白云岩储集层的渗透率则大于 10mD。

（二）塞赫罗尔油田

1. 概述

塞赫罗尔（Saih Rawl）油田位于阿曼北部的哈巴（Ghaba）盐盆（图 7-16），是一

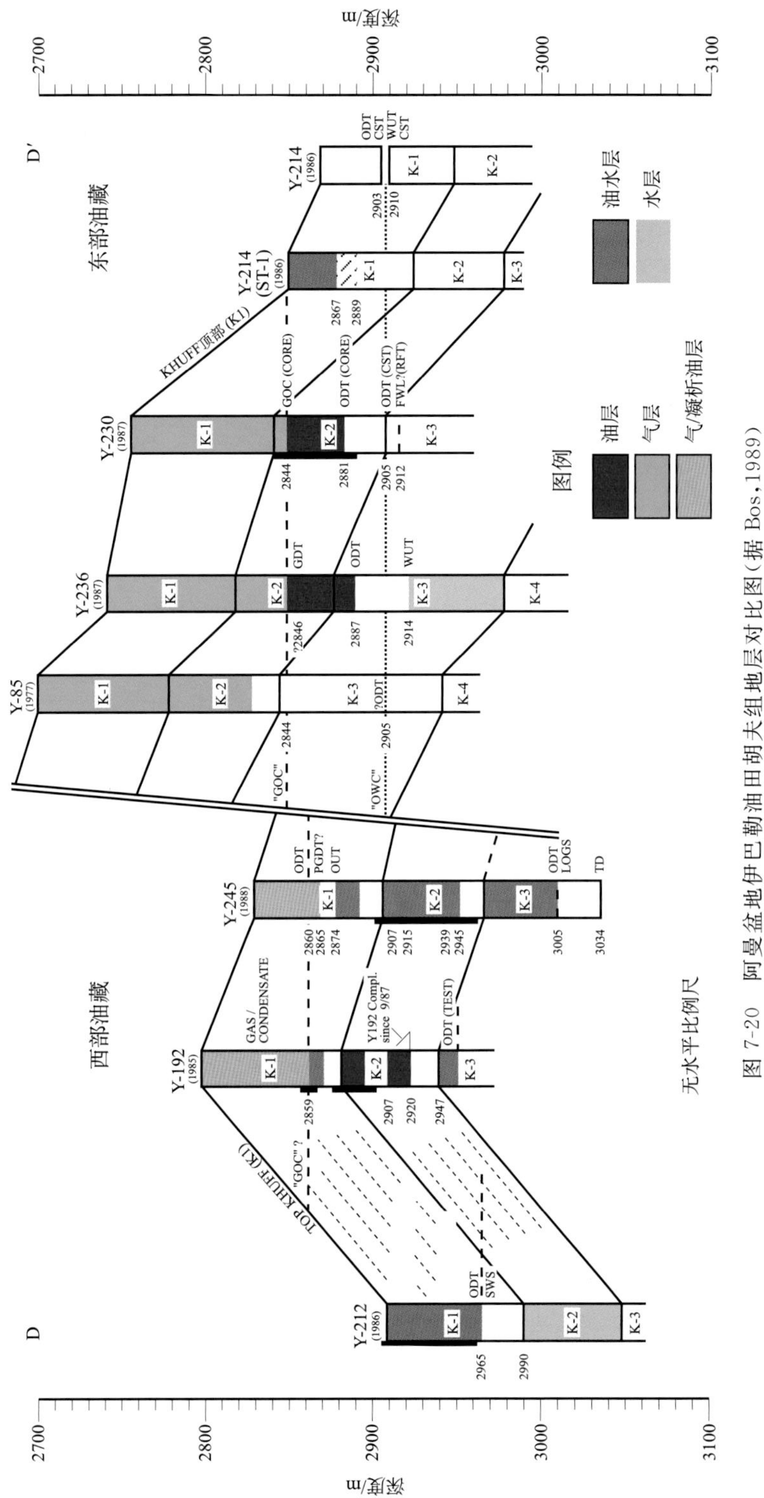

图 7-20　阿曼盆地伊巴勒油田胡夫组地层对比图(据 Bos,1989)

剖面位置示于图 7-19

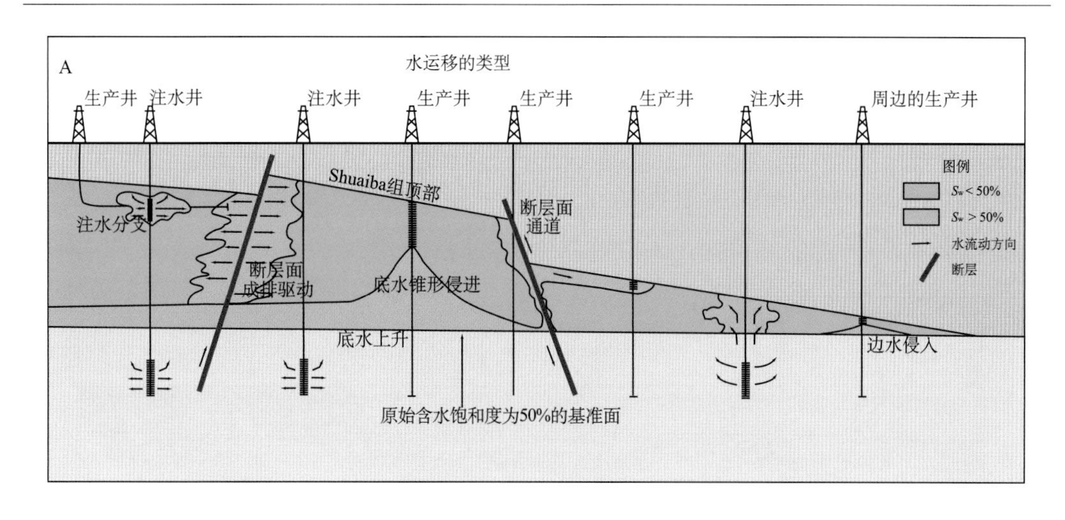

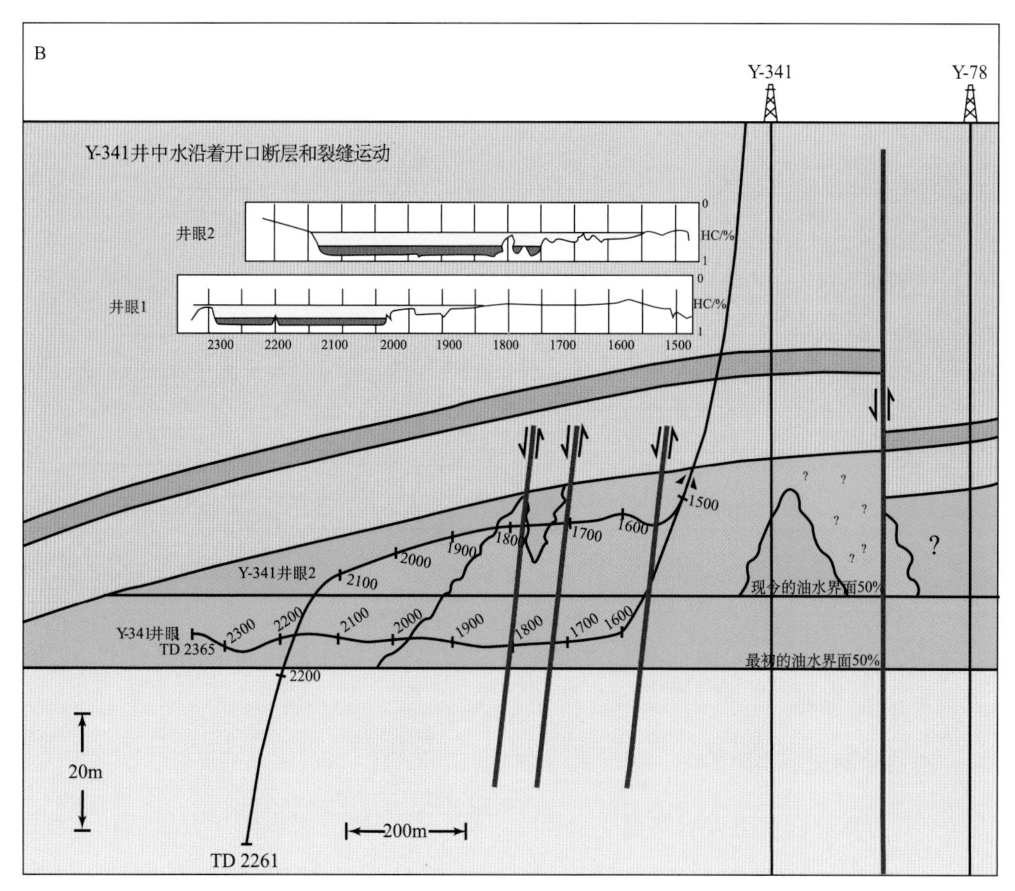

图 7-21 (A)阿曼盆地伊巴勒油田水流动示意图，疏导性断层强烈影响了水流动；(B)舒艾拜组储集层内水沿钻井 Y-341 的两个侧钻钻孔 1 和 2 内的分布图（据 Al-Busaidi，1997）

个多产层的油田，从寒武系到中侏罗统具有 6 套产层。下部的三个产层为下—中寒武统 Amin 组、中寒武统 Miqrat 砂岩段、上寒武统—下奥陶统 Barik 砂岩段，主要产天然气和凝析油。上部的三个产层为石炭系—二叠系 Gharif/Al Khlata 组、阿普特阶舒艾拜组、阿尔布阶—土仑阶纳提赫组，主要产油（图 7-22）。该油田是一个构造圈闭油田，圈闭形成于晚白垩世—新近纪，其形成部分归因于前寒武系—下寒武统阿拉组盐岩的底辟作用。

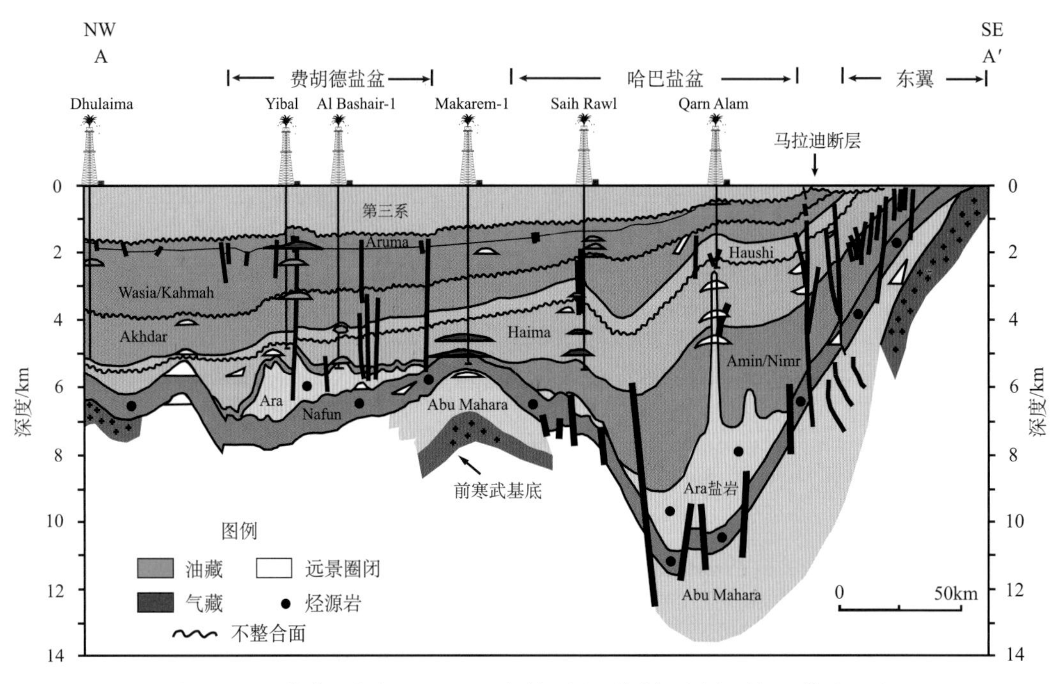

图 7-22 阿曼盆地北部 NW—SE 向剖面图，该剖面图穿过伊巴勒油田和塞赫罗尔油田（据 Pollastro，1999；有修改）

本书的讨论主要局限于舒艾拜组油藏和 Barik 砂岩段气藏。舒艾拜组油藏发现于 1971 年，寒武系—奥陶系 Barik 砂岩段气藏发现于 1989 年。储集物性良好的石炭系—二叠系豪希群油藏于 1975 年投产，舒艾拜组油藏和 Barik 段气藏分别于 1984 年和 1999 年投产。舒艾拜组油藏的油层薄，最大 35m，其可采储量为 $55.65\times10^6m^3$ 石油和 $17\times10^8m^3$ 伴生气。Barik 段气藏的气层厚，达 210m，可采储量为 $2407\times10^8m^3$ 天然气和 $47.7\times10^6m^3$ 凝析油。

2. 构造和圈闭

舒艾拜组顶部构造图表明塞赫罗尔油气田为一个低幅、三面倾向封闭的构造圈闭，西南翼为断层封堵（图 7-23），这个断层走向 NW—SE，最大垂向断距为 30m，并显示出左旋走滑位移，除此断层外，该油田范围内没有其他显著的断层。舒艾拜油层的含油面积约 $40km^2$，构造顶部在 1235m TVDSS（海平面之下垂直深度），油水界面位于 1270m TVDSS，油柱高度 35m（图 7-24）。油藏底部没有封盖层，但存在一个广泛分布的、不活动底水层。构造的翼部倾角非常小，很少超过 0.3°，但在邻近断层的地方，其倾角可达 1.5°。油藏顶部被 Nahr Umr 组页岩封盖。

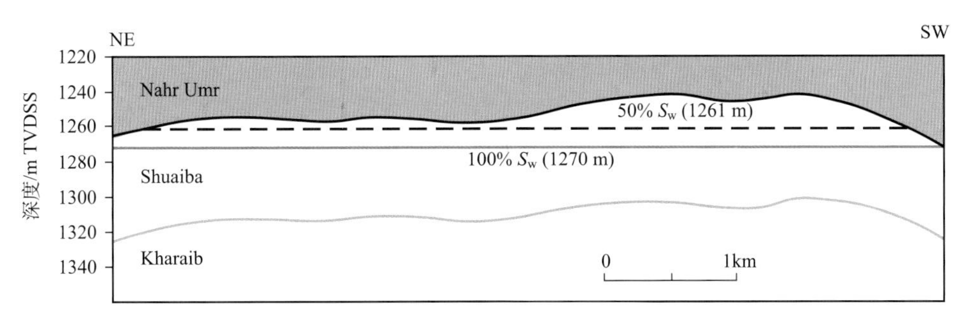

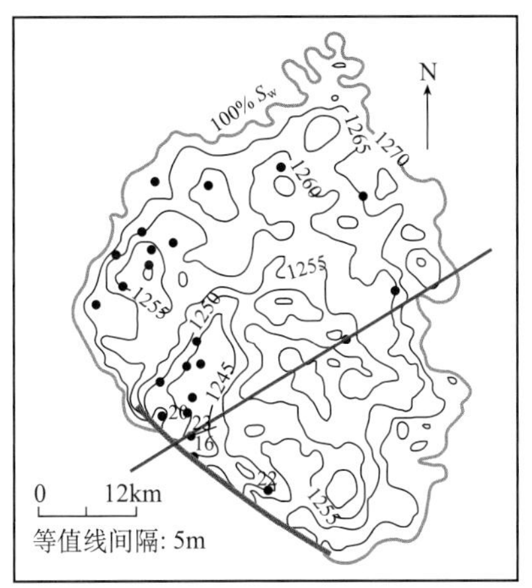

图 7-23　阿曼塞赫罗尔油田舒艾拜组层系构造横剖面图（据 Al Zarafi，1993）

该图显示了广泛的底水和相对较长的过渡带

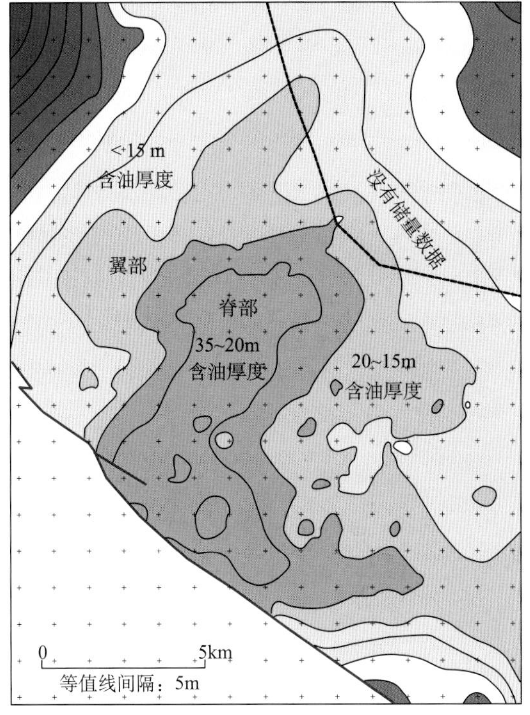

图 7-24　阿曼塞赫罗尔油田舒艾拜组油层等厚图（据 Bigno et al.，2001）

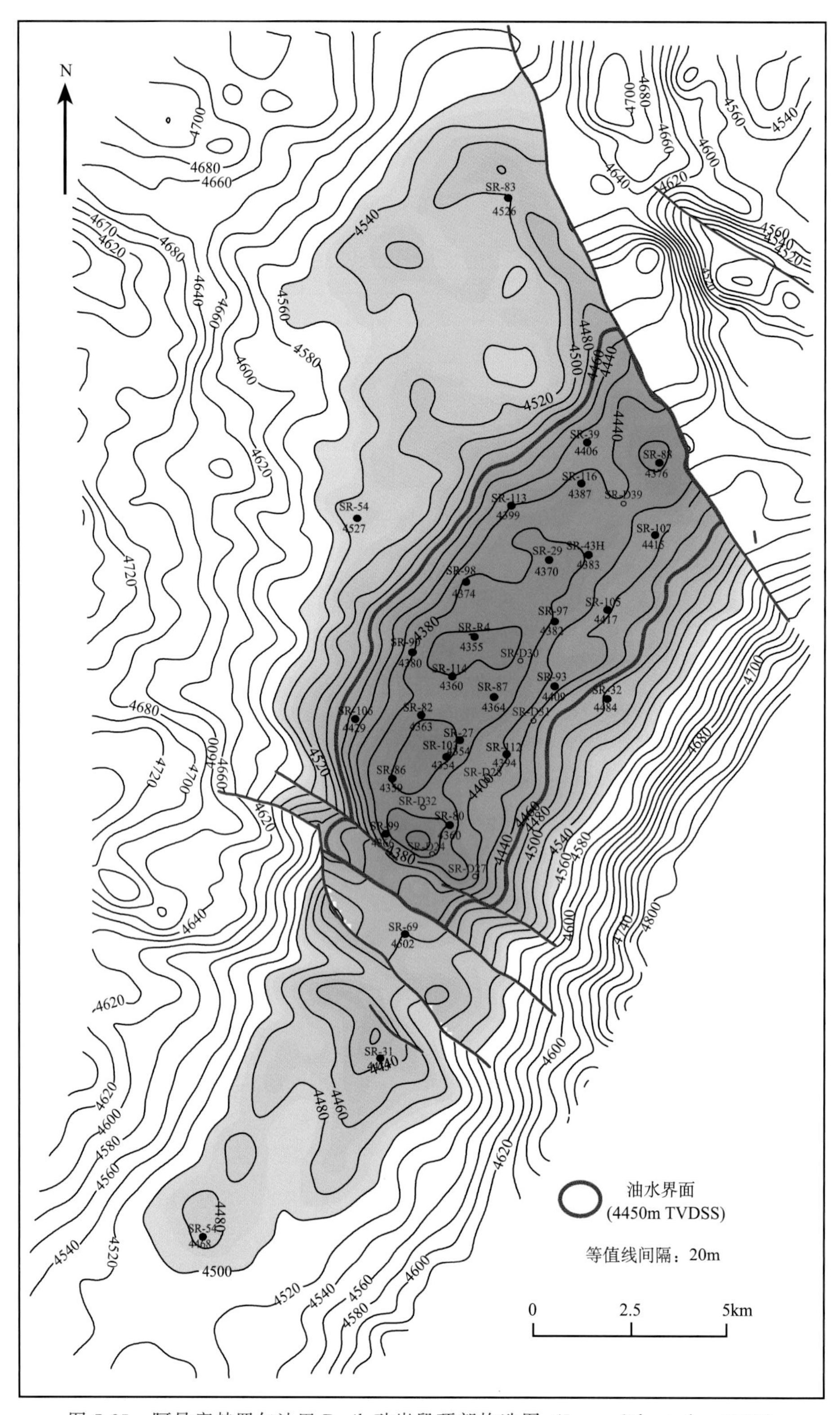

图 7-25　阿曼塞赫罗尔油田 Barik 砂岩段顶部构造图（Langedijk et al.，2000）

在 Barik 砂岩段顶部，构造表现为一个走向 NE—SW 的背斜（图 7-25），构造顶部位于 4320m TVDSS，气水界面位于 4455m TVDSS，气柱高 135m，气藏面积 71km²。西北翼和东南翼为倾斜闭合，北部以走向 NNW—SSE 的断层为界，南部以走向 NW—SE 的断层为界，后一个断层可能与舒艾拜组油藏中走向 NW—SE 的断层为同一断层。背斜呈几何对称，翼部倾角为 3°～4°，呈非常低角度向东北方向倾伏（图 7-25）。

3. 储集层特征

舒艾拜组厚 60m，主要由灰质石灰岩和含颗粒石灰岩组成（图 7-26），其沉积特征与 Ghaba North 油田相似，处于同一个沉积相带。舒艾拜组分为上、下两部分。下部由藻类骨粒含颗粒石灰岩和生物黏结石灰岩组成，沉积于相对低能，部分局限的浅海环境，如潟湖相、浪基面之下。上部由粗粒厚壳蛤粒状生物黏结石灰岩、砾屑石灰岩和少量漂浮石灰岩组成。

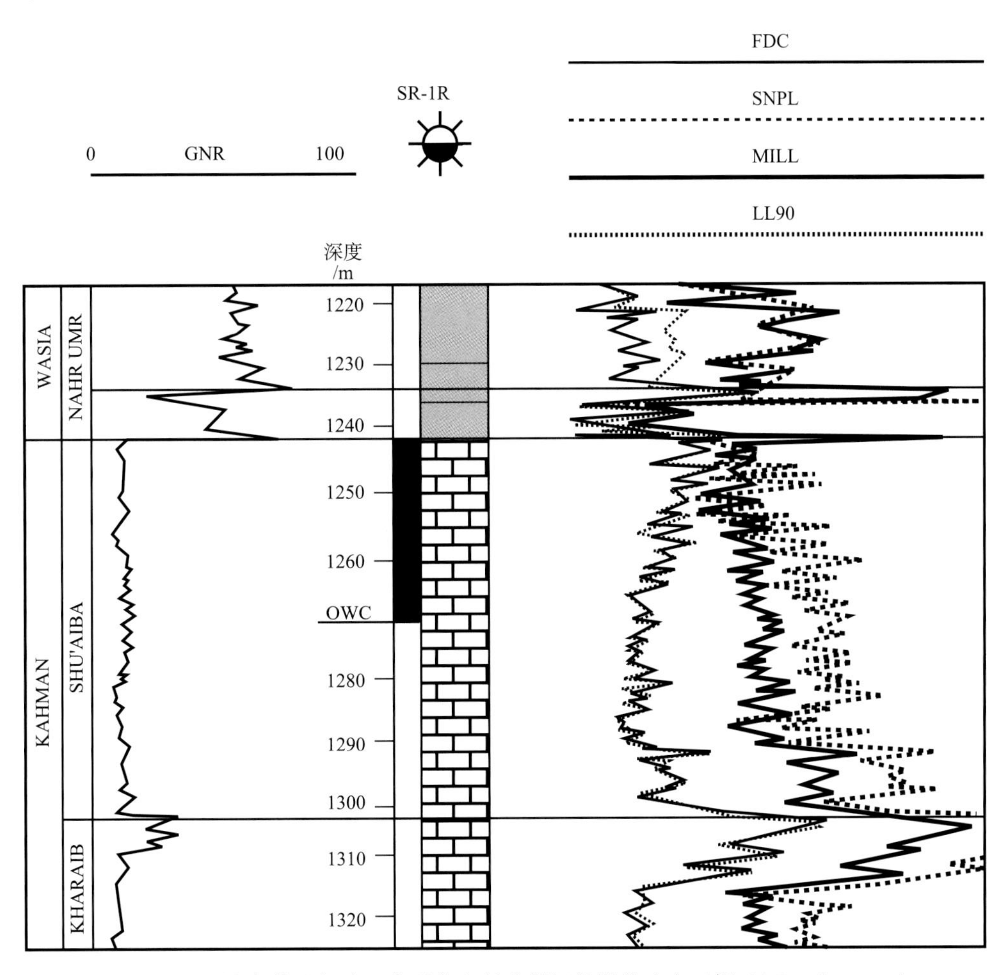

图 7-26　阿曼塞赫罗尔油田发现井中舒艾拜组的测井响应（据 Al Zarafi，1993）

舒艾拜组碳酸盐岩储集层的平均孔隙度为27%。在舒艾拜组上部的12m层段中，渗透率局部达到12mD，孔隙度达到30%。在舒艾拜组下部的46m层段中，渗透率1～2mD，孔隙度约为25%。

Barik砂岩段是寒武系—奥陶系Haima群Andam组的一部分，该段厚210～220m，由砂岩、泥岩和异类岩组成（图7-27），沉积相类型包括河道相、层状砂质夹层、河道间砂岩、异类岩、泥岩、萨布哈和风成砂。砂岩储集层孔隙度8%～10%，局部可超过20%，渗透率1～12mD。岩性不均一的砂岩的垂向渗透率接近0。

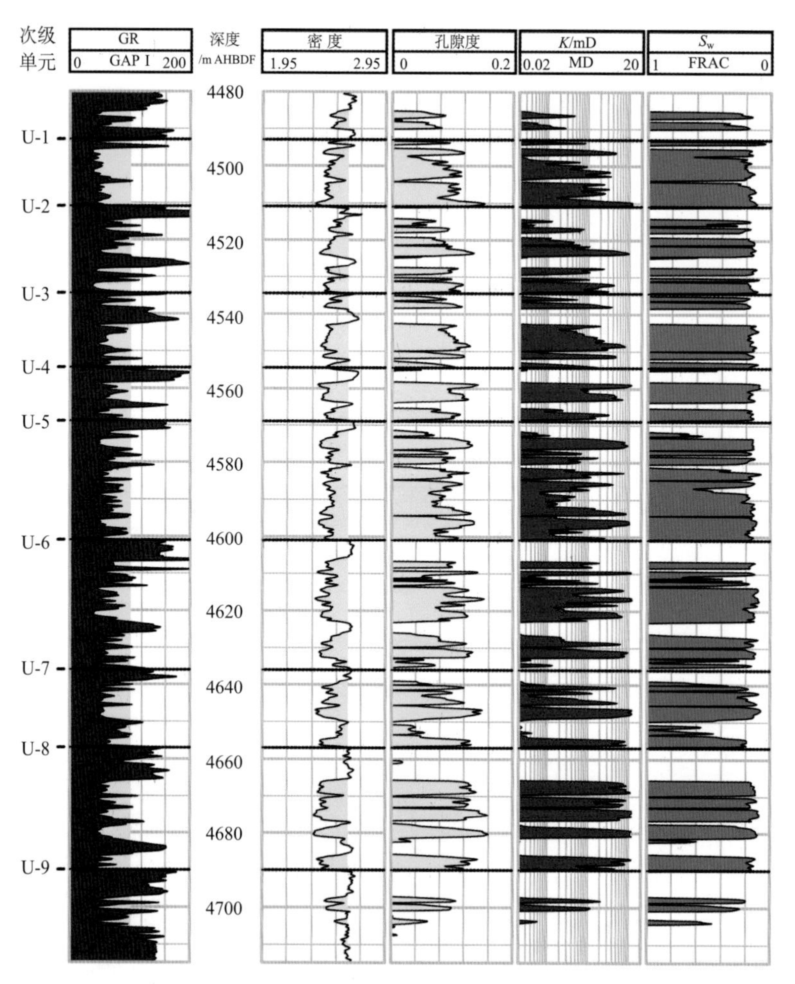

图7-27 阿曼塞赫罗尔油田Barik砂岩储集层的典型测井响应（据Skaar et al.，2000）

该图显示出了储集层的分带特征

小　结

1）与中东地区的其他盆地相比，阿曼盆地以发育前寒武纪—早寒武世同裂谷期盐盆和古老烃源岩为其特征，盆地内已发现油气储量的72.9%源自同裂谷期盐下或盐间前寒武系—下寒武统烃源岩。

2）岩盐的其分布与演化控制了油气的时空分布。盆地内已发现的油气储量主要分布于盐盆内；盐的活动导致了盐构造圈闭的形成；岩盐的溶解导致了原先聚集于盐下的油气发生再次运移，运移至区域上倾方向的上古生界和中生界储集层内聚集成藏。

3）前寒武系—古生界储集层储集了盆地内50.5％的石油储量和66.1％的天然气储量，按油当量计，储集了盆地内56.9％的油气储量。油气的这种分布有别于中东其他盆地以中生界—新生界为主力储集层的油气层系分布特征。

4）构造-地层复合圈闭富集了盆地内23.7％的油气储量，这一比例远远高于中东的其他盆地。

参考文献

白国平. 2007. 中东油气区油气地质特征. 北京：中国石化出版社.

童晓光，张刚，高永生. 2004. 世界石油勘探开发图集（中东地区分册）. 北京：石油工业出版社.

王鸿祯，李光岑. 1990. 国际地层时代对比表. 北京：地质出版社.

Abu Ajamieh M M, Bender F K, Eicher R N, et al. 1988. Natural Resources in Jordan: Inventory, Evaluation, Development Program. Amman: Natural Resources Authority.

Abu Ali M A, Franz U A, Shen J, et al. 1991. Hydrocarbon generation and migration in the Paleozoic sequence of Saudi Arabia. 7th SPE Middle East Oil Show, Bahrain, SPE 21376: 345～356.

Agard P, Omrani J, Jolivet L, et al. 2011. Zagros orogeny: a subduction-dominated process. Geol. Mag., 148 (5～6): 692～725.

Aktas A, Cocker D. 1994. Diagenetic and depositional controls on reservoir quality in Khuff and Unayzah sandstones, Hawtah Trend, Central Saudi Arabia//Al-Husseini M I. Geo'94, The Middle East Petroleum Geosciences, I: 44～52.

Al Habba Y O, Abdullah M B. 1990. A geochemical study of hydrocarbon source rocks in northeastern Iraq. Oil and Arab Cooperation, Organization of Arab Petroleum Exporting Countries (OAPEC), Kuwait, Kuwait, 15 (57): 11～15.

Al Laboun A A. 1986. Stratigraphy and hydrocarbon potential of the Paleozoic succession in both the Tabuk and Widyan basins, Arabia//Halbouty M T. Future petroleum provinces of the world. AAPG Memoir, 40: 399～425.

Al Laboun A A. 1987a. Distribution of Permo Carboniferous clastics of Greater Arabian Basin. American Association of Petroleum Geologists Annual Convention with Divisions SEPM/EMD/DPA, Bulletin American Association of Petroleum Geologists, 71 (5): 524～525.

Al Laboun A A. 1987b. Unayzah Formation: a new Permian-Carboniferous unit in Saudi Arabia. Bulletin American Association of Petroleum Geologists, American Association of Petroleum Geologists, Tulsa, OK, United States, 71 (1): 29～38.

Al Lamki M S S, Terken J M J. 1996. The role of hydrogeology in Oman. GeoArabia, 1 (4): 495～510.

Al Marjeby A, Nash D. 1986. A summary of the geology and oil habitat of the eastern flank hydrocarbonprovince of South Oman. Marine and Petroleum Geology, 3 (4): 306～314.

Al Mashadani A. 1986. Hydrodynamic framework of the petroleum reservoirs and cap rocks of the Mesopotamian Basin of Iraq. Journal of Petroleum Geology, 9 (1): 89～110.

Al Zarafi A. 1993. Breathing new life into a thin oil column by horizontal drilling. 8th SPE Middle East Oil Show, Bahrain, SPE 25532, 215～222.

Ala M A, Kinghorn R R F, Rahman M. 1980. Organic geochemistry and source rock characteristics of the Zagros Petroleum Province, Southwest Iran. Journal of Petroleum Geology, 3: 61～89.

Ala M A, Moss B J. 1979. Comparative petroleum geology of Southeast Turkey and Northeast Syria. Journal of Petroleum Geology, 1 (4): 3～27.

Alamir A Q. 1972. The presently exploited Iraqi fields and their production problems. 8th Arab Petroleum Congress, 11, Paper 117, Algiers.

Alavi M. 1994. Tectonics of the Zagros orogenic belt ofiran: new data and interpretations. Tectonophysics, 229: 211～238.

Al-Busaidi R. 1997. The use of borehole imaging logs to optimize horizontal well completions in fractured water-flooded carbonate reservoirs. GeoArabia, Gulf PetroLink, Bahrain, 1 (1): 19～33.

Al-Jallal I A. 1995. The Khuff Formation: its regional reservoir potential in Saudi Arabia and other Gulf countries; depositional and stratigraphic approach//Al-Husseini M I. Geo'94: The Middle East Petroleum Geosciences. Gulf Petrolink, Bahrain, II: 103～119.

Allen M B, Talebian M. 2011. Structural variation along the Zagros and the nature of the Dezful Embayment. Geol. Mag., 148 (5～6): 911～924.

Al-Naqib F M, Al-Debouni R M, Al-Irhayim T A, et al. 1971. Water drive performance of the fractured Kirkuk Field of northern Iraq. SPE Annual Fall Meeting, New Orleans, SPE 3437, 19.

Alqassab H M, Heine C J. 1999. A geostatistical approach to attribute interpolation using facies templates, an advanced technique in reservoir characterization. Saudi Aramco Journal of Technology, 53～54.

Alqassab H M, Fitzmaurice J, Al-Ali Z A, et al. 2000. Cross-discipline integration in reservoir modelling: the impact on fluid flow simulation and reservoir management. SPE Annual Exhibition and Conference, Dallas, SPE 62902, 1～12.

Alsharhan A S. 1989. Petroleum geology of theUnited Arab Emirates. Journal of Petroleum Geology, 12 (3): 253～288.

Alsharhan A S. 1994. Albian clastics in the westernArabian Gulf region: a sedimentological and petroleum geological interpretation. Jour. Petrol. Geol., 17: 279～300.

Alsharhan A S. 1995. Facies variation, diagenesis and exploration potential of the Cretaceous rudist-bearing carbonates of the Arabian Gulf. Bulletin American Association of Petroleum Geologists, American Association of Petroleum Geologists, Tulsa, OK, United States, 79 (4): 531～550.

Alsharhan A S, Kendall C G S C. 1986. Precambrian to Jurassic rocks of the Arabian Gulf and adjacent areas: Their facies, depositional setting and hydrocarbon habitat. Bulletin American Association of Petroleum Geologists, 70 (8): 977～1002.

Alsharhan A S, Kendall C G S C. 1995. Facies variation, depositional setting and ydrocarbon potential of the Upper Cretaceous rocks in the U. A. E. Cretaceous Research, Academic Press, London, United Kingdom, 16 (4): 435～449.

Alsharhan A S, Magara K. 1993. The Jurassic of the Arabian Gulf Basin: facies, depositional setting and hydrocarbon habitat. Proceedings Canadian Society of Petroleum Geologists. Pangea: Global Environment and Resources Conference. Memoir Canadian Society of Petroleum Geologists, 17: 397～412.

Alsharhan A S, Nairn A E M. 1986. A review of the Cretaceous formations in the Arabian Peninsula and Gulf: Part I, Lower Cretaceous (Thamama Group), stratigraphy and paleogeography. Journal of Petroleum Geology, 9: 365～392.

Alsharhan A S, Nairn A E M. 1988. A review of the Cretaceous formations in the Arabian Peninsula and Gulf: Part II; Mid-Cretaceous (Wasia Group) stratigraphy and paleogeography. Journal of Petroleum Geology, 11 (1): 89～112.

Alsharhan A S, Nairn A E M. 1997. Sedimentary basins and petroleum geology of the Middle East. Elsevier, 843.

Alsharhan A S，Whittle G L. 1995. Sedimentary-diagenetic interpretation and reservoir characteristics of the Middle Jurassic (Araej Formation) in the southern Arabian Gulf. Marine and Petroleum Geology，Elsevier Science，Oxford，United Kingdom，12 (6)：615～628.

Alsharhan A S，Nairn A E M，Mohammed A A. 1993. Late Paleozoic glacial sediments of the Southern Arabian Peninsula：their lithofacies and hydrocarbon potential. Marine and Petroleum Geology，10 (1)：71～78.

Ameen M S. 1992. Effect of basement tectonics on hydrocarbon generation，migration and accumulation in northern Iraq. Am. Assoc. Petrol. Geol. Bull.，76：356～370.

Amit O. 1978. Organochemical evaluation of Gevar'am Shales (Lower Cretaceous)，Israel，as possible oil source rock. Bulletin American Association of Petroleum Geologists，62 (5)：827～836.

Arabian American Oil Company. 1959. Ghawar oil field，Saudi Arabia. Amer. Assoc. Petrol. Geol. Bull，43 (2)：434～454.

Ayres M，Bilal M，Jones R W，et al. 1982. Hydrocarbon habitat in main producing areas，Saudi Arabia. AAPG Bulletin，66：1～9.

Barnard E C，Thompson S，Bastow M A，et al. 1992. Thermal maturity development and source-rock occurrence in the Red Sea and Gulf of Aden. Jour. Petrol. Geol.，15：173～186.

Baudin F，Herbin J P，Bassoullet J P，et al. 1990. Distribution of organic matter during the Toarcian in the Mediterranea Tethys and Middle East//Huc A Y. Deposition of Organic Facies，American Association of Petroleum Geologists Studies in Geology，30：73～91.

Beauchamp W H，Ries A C，Coward M P，et al. 1995. Masirah Graben，Oman：A Hidden Cretaceous Rift Basin? AAPG Bulletin，79 (6)：864～879.

Bebeshev I I，Dzhalilov Y M，Portnyagina L A，et al. 1988. Triassic stratigraphy of Syria. Internat. Geol. Rev.，30 (12)：1292～1301.

Bein A，Sofer Z. 1987. Origin of oils in Helez region，Israel-implications for exploration in the Eastern Mediterranean. Bulletin American Association of Petroleum Geologists，71 (1)：65～75.

Berberian M. 1995. Master 'blind' thrust faults hidden under the Zagros folds：active basement tectonics and surface morphotectonics. Tectonophysics，241 (3～4)：193～224.

Berberian M，King G C E. 1981. Towards a paleogeography and tectonic evolution of Iran. Canadian Journal of Earth Sciences，18：210～265.

Bertoni C，Cartwright J A. 2005. 3D seismic analysis of circular evaporite dissolution structures，Eastern Mediterranean. Journal Geological Society of London，162 (4)：909～926.

Best J A，Barazangi M，Al Saad D，et al. 1993. Continental margin evolution of the northern Arabian Platform in Syria. Bulletin American Association of Petroleum Geologists，77 (2)：173～193.

Beydoun Z R. 1986. The petroleum resources of the Middle East：a review. Journal of Petroleum Geology，9 (1)：5～28.

Beydoun Z R. 1988. The Middle East：Regional Geology and petroleum resources. Scientific Press Ltd.，Beaconsfield，United Kingdom，292.

Beydoun Z R. 1989. The hydrocarbon prospects of the Red Sea-Gulf of Aden：a review. Jour. Petrol. Geol.，12：125～144.

Beydoun Z R. 1991. Arabian Plate hydrocarbon geology and potential-a plate tectonic approach. American Association of Petroleum Geologists Studies in Geology，33，77.

Beydoun Z R. 1993. Evolution of Northeastern Arabian Plate Margin and Shelf：Hydrocarbon Habitat and Conceptual Future Potential. Reveu de L'Institut Francais du Petrole, 48: 311～345.

Beydoun Z R, Clarke M W H, Stoneley R. 1992. Petroleum in the Zagros Basin: a Late Tertiary foreland basin overprinted onto the outer edge of a vast hydrocarbon rich Paleozoic Mesozoic passive margin shelf//Macqueen R W, Leckie D A. Foreland Basins and Fold Belts. Memoir American Association of Petroleum Geologists, (55): 309～339.

Bigno Y, Al-Bahry A, Melanson D D, et al. 2001. Multilateral waterflood development of a low-permeability carbonate reservoir. Proceedings SPE Annual Technical Conference, New Orleans: SPE Paper 71609, 8.

Bishop R S. 1995. Maturation history of the Lower Paleozoic of the eastern Arabian platform//Husseini M I. Middle East Petroleum Geosciences Geo'94: Gulf Petrolink, Bahrain, 1: 180～189.

Bordenave M L, Burwood R. 1990. Source rock distribution and maturation in the Zagros belt; provenance of the Asmari and Bangestan reservoir oil accumulations. Organic Geochemistry, 16: 369～387.

Bos C E M. 1989. Planning of an appraisal/development program for the complex Khuff carbonate reservoir in the Yibal Field, North Oman. 6th SPE Middle East Oil Show, Bahrain, SPE 17988, 631～640.

BP. 2012. World Energy Statistics, www. bp. com.

Buday T. 1980. The regional geology ofIraq, Stratigraphy and paleontology. State Organization for Minerals Library, Baghdad, Iraq, 1: 445.

Cantrell D L, Hagerty R M. 1999. Microporosity in Arab Formation carbonates, Saudi Arabia. GeoArabia, 4 (2): 129～153.

Carrigan W J, Tobey M H, Halpern H I, et al. 1998. Identification of reservoir compartments by geochemical methods: Jauf reservoir, Ghawar. Saudi Aramco Journal of Technology, 28～32.

Cater J M L, Tunbridge I P. 1992. Palaeozoic tectonic history of southeast Turkey and northeast Syria. Journal of Petroleum Geology, 15 (1): 35～50.

Chaube A N, Al Samahiji J. 1995. Jurassic and Cretaceous of Bahrain: Geology and petroleum habitat//Husseini M I. Middle East Petroleum Geosciences Geo' 94. Gulf Petrolink, Bahrain, 1: 292～305.

Cohen Z. 1976. Early Cretaceous burried canyon: influence on accumulation of hydrocarbons in Helez oil field, Israel. Bulletin American Association of Petroleum Geologists, American Association of Petroleum Geologists, Tulsa, OK, United States, 60 (1): 108～114.

Cohen Z, Kaptsan V, Flexer A. 1990. The tectonic mosaic of theSouthern Levant: implications for hydrocarbon prospects. Journal of Petroleum Geology, 13 (4): 437～462.

Daniel E J. 1954. Fractured reservoirs of Middle East. AAPG Bulletin, 38: 774～815.

Dasgupta S N, Hong M-R, Al-Jallal I A. 2002. Accurate reservoir characterization to reduce drilling risk in Khuff-C carbonate, Ghawar field, Saudi Arabia. GeoArabia, 7: 81～100.

Demaison G, Huizinga B J. 1994. Genetic classification of petroleum systems using three factors: charge, migration, and entrapment//Magoon L B, Dow W G. The petroleum system-from source to trap. AAPG Memoir, 60: 73～89.

Droste H H J. 1997. Stratigraphy of the Lower Paleozoic Haima Supergroup ofOman. GeoArabia, 2 (4): 419～472.

Druckman Y, Buchbinder B, Martinotti G M, et al. 1995. The buried Afiq Canyon (eastern Mediterranean, Israel): a case study of a Tertiary submarine canyon exposed in late Messinian times. Marine Geology, 123: 167～185.

Dunnington H V. 1958. Generation, migration, accumulation and dissipation of oil in Nothern Iraq//

Weeks G L. Habitat of oil，a symposium. AAPG，1194～251.

Dyer R A，Husseini M. 1991. The Western Rub' Al-Khali Infracambrian System. Proceedings of the Society of Petroleum Engineers，Middle East Oil Show，Bahrain，Paper SPE 21396.

Edgell H S. 1991. Proterozoic salt basins of the Persian Gulf area and their role in hydrocarbon generation. Precambrian Res.，54：1～14.

Edgell H S. 1992. Basement tectonics ofSaudi Arabia as related to oil field structures//Rickard M H，et al. Basement tectonics，9：169～193.

El Zarka M H，Ahmed W A M. 1983. Formational water characteristics as an indicator for the process of oil migration and accumulation at the Ain Zalah Field，northern Iraq. Journal of Petroleum Geology，Scientific Press Ltd.，Beaconsfield，United Kingdom，6 (2)：165～178.

El-Bishlawy S H. 1985. Geology and Hydrocarbon Occurence of the Khuff Formation in Abu Dhabi，UAE. Proceedings of the 4th Society of Petroleum Engineers Middle East Oil Technical Conference，Paper SPE 13678，601～606.

Erdogan L T，Akgul A. 1981. An oil entrapment and re-entrapment model for the Mardin Group reservoir of southeast Anatolia (Turkey). Jour. Petrol. Geol.，4：57～75.

Farzipour-Saein A，Yassaghi A，Sherkati S，et al. 2009. Mechanical stratigraphy and folding style of the Lurestan region in the Zagros Fold-Thrust Belt，Iran. Journal of the Geological Society，166：15～1101.

Feinstein S，Aizenshtat Z，Miloslavski I，et al. 1993. Migrational stratification of hydrocarbons in the eastern Mediterranean basin. Abstracts，American Association of Petroleum Geologists，International Conference，1621～1622.

Feinstein S，Aizenshtat Z，Miloslavski I，et al. 2002. Genetic characterization of gas shows in the east Mediterranean offshore of southwestern Israel. Organic Geochemistry，33 (12)：1401～1413.

Ferguson G S，Chambers T M. 1991. Subsurface stratigraphy，depositional history and reservoir development of the Early-to-Late Permian Unayzah Formation in central Saudi Arabia. 7 the SPE Middle East Oil Show，Bahrain，SPE 21394，487～496.

Gardosh M，Druckman Y. 2006. Seismic stratigraphy，structure and tectonic evolution of the Levantine Basin，offshore Israel. Tectonic development of the eastern Mediterranean Region，Geological Society of London Special Publication，260：201～227.

Gardosh M，Druckman Y，Buchbinder B，et al. 2008. The Levant Basin Offshore Israel：Stratigraphy，Structure，Tectonic Evolution and Implications for Hydrocarbon Exploration. Revised Edition GSI/4/2008，1～125.

Gardosh M，Kashai E，Salhov S，et al. 1997. Hydrocarbon exploration in the southernDead Sea basin. The Dead Sea，the Lake and Its Setting，53～72.

Gass I G. 1981. Pan-African (Upper Proterozoic) plate tectonics of the Arabian-Nubian Shield//Kroner A. Precambrian plate tectonics. Elsevier，387～405.

Gholipour A M. 1994. Patterns and structural positions of productive fractures in the Asmari reservoirs，southwest Iran. Canadian SPE/CIM/CANMET international conference on recent advances in horizontal well applications，Calgary，9.

Gibson H S. 1948. The production of oil from fields of southwestern Iran. Journal of Institute of Petroleum，34：347～398.

Gilboa Y，Fligelman H，Derin B. 1990. Helez-Brur-Kokhav field；Israel，southern coastal plain//

Beaumont E A, Foster N H. Structural Traps: IV, Tectonic and Nontectonic Fold Traps, American Association of Petroleum Geologists Treatise of Petroleum Geology, Atlas of Oil and Gas Fields, American Association of Petroleum Geologists, Tulsa, OK, United States, 4: 319～345.

Gill H S, Al-Thawad F, Thuwaini J S. 2001. Measurement of vertical permeability using a dual lateral well in a layered reservoir. SPE Annual Technical Conference and Exhibition, New Orleans, SPE 71583, 1～11.

Glennie K W, Boeuf M G A, Hughes-Clarke M W, et al. 1974. Geology of the Oman Mountain. Royal Geol. and Mining Society (Netherlands) Transactions, 31: 423.

Gorin G E, Racz L G, Walter M R. 1982. Late Precambrian-Cambrian sediments of Huqf Group, Sultanate of Oman. Bulletin American Association of Petroleum Geologists, American Association of Petroleum Geologists, Tulsa, OK, United States, 66 (12): 2609～2627.

Grantham P J, Lijmbach G W M, Posthuma J. 1990. Geochemistry of crude oils, Oman//Brooks J. Classic petroleum provinces. Geological Society (London) Special Publication, 550: 317～328.

Grantham P J, Lijmbach G W M, Posthuma J, et al. 1988. Origin of crude oil in Oman. Journal of Petroleum Geology, 12: 81～88.

Grosjean E, Love D, Stalvies C. 2009. Origin of petroleum in theNeoproterozoic-Cambrian South Oman Salt Basin. Organic Geochemistry, 40: 87～110.

Grunau H R. 1985. Future of hydrocarbon exploration in the Arab World. Source and Habitat of Petroleum in the Arab Countries, Proceedings of OAPEC Seminar, Kuwait, 451～499.

Gvirtzman Z, Zilberman E, Folkman Y. 2008. Reactivation of the Levant passive margin during the late Tertiary and formation of theJaffa Basin offshore central Israel. Journal Geological Society of London, 165: 563～578

Harput O B, Erturk O. 1991. The organic geochemical evaluation of the 9th and 10th districts of southeast Anatolia. Jour. Southeast Asian Earth Sci., 5: 421～428.

Harris P M, Frost S H. 1984. Middle Cretaceous carbonate reservoirs, Fahud Field and Northwestern Oman. Bulletin American Association of Petroleum Geologists, 68 (5): 649～658.

Harris P M, Frost S H, Seiglie G A, et al. 1984. Regional unconformities and depositional cycles, Cretaceous of the Arabian Peninsula//Schlee J S. Interregional unconformities and hydrocarbon accumulation. AAPG Memoir, 36: 67～79.

Haynes S J, Reynolds P H. 1980. Early development of Tethys and Jurassic ophiolite displacement. Nature, 283: 561～563.

Hempton M R. 1987. Constraints on Arabian plate motion and extensional history of theRed Sea. Tectonics, 6: 687～705.

Heward A P. 1990. Salt removal and sedimentation inSouthern Oman//Robertson A H F, Searle M P, Ries A C. The geology and tectonics of the Oman region. Geological Society of London, Special Publication, 49: 637～651.

Hirsch F, Flexer A, Rosenfeld A, et al. 1995. Palinspatic and crustal setting of the Eastern Mediterranean. Journal of Petroleum Geology, 18 (2): 149～170.

Homke S, Vergés J, Garcés M, et al. 2004. Magnetostratigraphy of Miocene-Pliocene Zagros foreland deposits in the front of the Push-e Kush Arc (Lurestan Province, Iran). Earth and Planetary Science Letters, 225: 397～410.

Hughes Clarke M W. 1988. Stratigraphy and rock unit nomenclature in oil-producing area of interior

Oman. Journal of Petroleum Geology，11 (1)：5～60.

Hull C E，Warman H R. 1970. Asmari oilfields of Iran//Halbouty M T. Geology of Giant Petroleum fields. Amen. Assoc. Petrol. Geol.，Mem.，14：428～437.

Husseini M I. 1989. Tectonic and depositional model of Late Precambrian-Cambrian Arabian and adjoining plates. AAPG Bulletin，73：1117～1131.

Husseini M I. 1991. Tectonic and depositional model of the Arabian and adjoining plates during the Silurian-Devonian. Bulletin American Association of Petroleum Geologists，75 (1)：108～120.

Husseini M I. 1992. Upper Paleozoic tectono-sedimentary evolution of the Arabian and adjoining plates. Journal Geological Society of London，149 (3)：419～429.

Husseini M I. 2000. Origin of the Arabian Plate structures：Amar collision and Najd Rift. GeoArabia，5 (4)：527～542.

Husseini M I，Husseini S I. 1990. Origin of the Infracambrian salt basins of the Middle East//Brooks J. Classic Petroleum Provinces. Geological Society of London，Special Publication，50：279～292.

Ibrahim M W. 1981. Lithostratigraphy and subsurface geology of the Albian rocks of South Iraq. Journal of Petroleum Geology，Scientific Press Ltd.，Beaconsfield，United Kingdom，4 (2)：147～162.

Ibrahim M W. 1983. Petroleum geology of southern Iraq. Bulletin American Association of Petroleum Geologists，67 (1)：97～130.

IEA. 2012. World Energy Outlook. International Energy Agency 9 rue de la Fédération 75739 Paris Cedex 15，France，www. iea. org.

IHS Energy Group. 2010. International petroleum exploration and production database [includes data current as of August，2010]：Database available from IHS Energy Group，15 Inverness Way East，Englewood，Colorado，80112，U. S. A.

Jackson J A. 1980. Reactivation of basement faults and crustal shortening in orogenic belts. Nature (London)，283：343～346.

Jawad Ali A，Aziz Z R. 1993. The Zubair Formation，East Baghdad Oilfield. Journal of Petroleum Geology，16：353～364.

Kashfi M S. 1992. Geology of the Permian "Super-Giant" gas reservoirs in the greater Persian Gulf area. Journal of Petroleum Geology，15 (4)：465～480.

Keith T，Cole J C，Mattner J E，et al. 1998. A conceptual model for super Permeability in Uthmaniyah Field. GeoArabia (Abstract)，3 (1)：108.

Kent P E. 1970. The salt plugs of thePersian Gulf region：Leicester Literary and Phil. Soc. Trans.，64：56～88.

Kent P E. 1979. The emergent Hormuz salt plugs of southern Iran. Journal of Petroleum Geology，2：44～117.

Kent P E，Slinger E C P，Thomas A N. 1951. Stratigraphical exploration sureys in southwest Persia. Proceedings of the 3rd World Petroleum Congress，The Hague，Section 1，141～161.

Khosravi S A. 1987. Geochemical concepts on origin，migration and entrapment of oil in Southwest Iran//Khumar R K. Petroleum Geochemistry and Exploration in the Afro-Asian Region，Bulletin Oil and Natural Gas Commission (India)，531～539. Institute of Petroleum Exploration，Oil and Natural Gas Commission，Dehra Dun，India.

Kompanik G S，Heil R J，Al-Shammari Z A. 1994. Geologic modelling of the Hadriya reservoir using sequence stratigraphy and facies templates，Berri Field，Saudi Arabia//Al-Husseini M I. The

Middle East Petroleum Geosciences, II: 625～641.

Konert G, Afifi A M, Al-Hajri S A, et al. 2001. Paleozoic stratigraphy and hydrocarbon habitat of the Arabian Plate. GeoArabia, 6 (3): 407～442.

Koop W J, Stoneley R. 1982. Subsidence history of theMiddle East Zagros Basin, Permian to recent// Kent P, Bott M H P, McKenzie D P, et al. The evolution of sedimentary basins. Phil. Trans. Roy. Soc., London, Part A, 305: 149～168.

Lacombe O, Bellahsen N. 2011. Fracture patterns in the Zagros Simply Folded Belt (Fars, Iran): constraints on early collisional tectonic history and role of basement faults. Geol. Mag., 148 (5～6): 940～963.

Langedijk R A, Al-Naabi S, Al-Lawati H, et al. 2000. Optimization of hydraulic fracturing in a deep, multilayered, gas-condensate reservoir, Proceedings SPE Annual Technical Conference, Dallas: SPE Paper 63109, 11.

Le Métour J, Béchennec F, Platel J-P, et al. 1995. Late Permian birth of the Neo-Tethys and development of its southern continental margin in Oman//Husseini M I. Middle East Petroleum Geosciences, GEO' 94. Gulf PetroLink, Bahrain, 1: 643～654.

Levell B K, Braakman J H, Rutten K W. 1988. Oil-bearing sediments of Gondwana glaciation in Oman. AAPG Bulletin, 72 (7): 775～796.

Lijmbach G W M, Toxopeaus J M A, Rodenburg T, et al. 1992. Geochemical study of crude oils and source rocks in onshore Abu Dhabi. 5th Abu Dhabi Petroleum Conference (ADIPEC), 395～422.

Lipson-Benitah S, Flexer A, Rosenfeld A, et al. 1990. Dysoxic sedimentation in the Cenomanian-Turonian Daliyya Formation, Israel//Huc A Y. Deposition of Organic Facies, American Association of Petroleum Geologists Studies in Geology, 30: 27～39.

Liu J S, Wilkins J R, Al-Qahtani M Y, et al. 2001. Modeling a rich gas condensate reservoir with composition grading and faults. SPE Middle East Oil Show, Bahrain, SPE 68178, 1～10.

Loosveld R J H, Bell A, Nederlof P J R. 1996. Precambrian-Cambrian basin evolution and source rock development in South Oman. GeoArabia, 1 (1): 162～163.

Lucia F J, Jennings J W, Rahnis M. 2001. Permeability and rock fabric from wireline logs, 阿拉伯组 D 段 reservoir, Ghawar Field, Saudi Arabia: GeoArabia, Gulf Petrolink, Bahrain, 6 (4): 619～646.

Lüning S, Craig J, Loydell D K, et al. 2000. Lower Silurian 'hot shales' in North Africa and Arabia: regional distribution and depositional model. Earth-Science Reviews, 49 (1～4). 121～200.

Magara K, Khan M S, Sharief F A, et al. 1993. Log-derived reservoir properties and porosity preservation of Upper Jurassic Arab Formation in Saudi Arabia. Marine and Petroleum Geology, 4: 352～363.

Mahmoud M D, Vaslet D, Husseini M I. 1992. The Lower Silurian Qalibah Formation of Saudi Arabia: an important hydrocarbon source rock. Bulletin American Association of Petroleum Geologists, 76 (10): 1491～1506.

Majid A H, Veizer J. 1986. Depositional and chemical diagenesis of Tertiary carbonates, Kirkuk oil field, Iraq. American Assoc. of Petrol Geol. Bull, 70 (7): 898～913.

Mann P, Gahagan L, Gordon M B. 2003. Tectonic setting of the world's giant oil and gas fields//Halbouty M T. Giant oil and gas fields of the decade 1990～1999, AAPG Memoir 78. Tulsa: AAPG, 15～105.

Mattes B W, Conway M S. 1990. Carbonate/evaporite deposition in the Late Precambrian-Early Cambrian Ara Formation of Southern Oman// Robertson A H F, Searle M P, Ries A C. The geology and tectonics of the Oman region，Geological Society of London，Special Publication，49：617～636.

May P R. 1991. The Eastern Mediterranean Mesozoic Basin：evolution and oil habitat. Bulletin American Association of Petroleum Geologists，75（7）：1215～1232.

McGillivray J G，Husseini M I. 1992. The Paleozoic petroleum geology of Central Arabia. Bulletin American Association of Petroleum Geologists，76（10）：1473～1490.

McQuillan H. 1973. Small scale facture density in Asmari Formation of southwestIran and its relation to bed thickness and structural setting. Amer. Assoc. Petrol. Geol. Bull，57：2367～2385.

McQuillan H. 1974. Fracture patterns on Kuh-e-Asmari anticline，southwestIran. Amer. Assoc. Petrol. Geol. Bull，58：236～246.

McQuillan H. 1985. Gachsaran and Bibi Hakimeh fields//Roehl P O，Choquette P W. Carbonate Platform Reservoirs. New York：Springer Verlag：513～523.

Metwalli M H，Philip G，Moussly M M. 1974. Petroleum-bearing formations in Northeastern Syria and Northern Iraq. Bulletin American Association of Petroleum Geologists，58（9）：1781～1796.

Meyer F O，Price R C. 1993. A New 阿拉伯组 D 段 depositional model，Ghawar Field，Saudi Arabia. Middle EastOil Show & Conference，Bahrain，SPE 25576，465～474.

Meyer F O，Price R C，Al-Raimi S M. 2000. Stratigraphic and petrophysical characteristics of cored 阿拉伯组 D 段 super-k intervals，Hawiyah Area，Ghawar Field，Saudi Arabia. GeoArabia，Gulf Petrolink，Bahrain，5（5）：355～383.

Mitchell J C，Lehmann P J，Cantrell I A，et al. 1988. Lithofacies，diagenesis and depositional sequence；阿拉伯组 D 段 Member，Ghawar Field，Saudi Arabia//Lomando A J，Harris P M. Society of Economic Pataeontologists and Mineralogists Core Workshop，12：459～514.

Montadert L，Lie O，Semb，et al. 2010. New seismic may put offshore Cyprus hydrocarbon prospects in the spotlight. First Break，28（4）：91～101.

Morris P. 1977. Basement structure as suggested by aeromagnetic survey in SW Iran. Internal Report，Oil Service Company of Iran.

Murris R J. 1980. Middle East：stratigraphic evolution and oil habitat. Bulletin American Association of Petroleum Geologists，64（5）：597～618.

Murris R J. 1981. Seals for major Middle East fields. 1981 American Association of Petroleum Geologists Annual Convention with Divisions，Bulletin American Association of Petroleum Geologists，65（5）：964.

Nani A S O. 2004. Lam Member-the source rock and the reservoir in the Marib-Shabwa-Hajar Basin. Geological Bulletin，Yemen Geological Society，25：6～8.

National Iranian Oil Company，1975～1977. Geological map of Iran（1∶1，000，000 scale），sheets 2～6.

O'Brien C A E. 1953. Discussion of fractured reservoir subjects. AAPG Bulletin，37：325.

OSCO. 1975a. Reservoir performance and analysis January-March 1975：Oil Service Company of Iran，Evaluation Division Internal Report.

OSCO. 1975b. Reservoir performance and analysis April-June 1975：Oil Service Company of Iran，Reservoir Evaluation Division Internal Report.

OSCO. 1976. Delineation drilling requirements，February 1976：Oil Service Company of Iran，Reservoir Evaluation Division Internal Report.

Patton T L，O'Connor S J. 1988. Cretaceous flexural history of northernOman Mountain foredeep，United Arab Emirates. AAPG Bulletin，72（7）：797～809.

Peterson J A, Wilson J L. 1986. Petroleum stratigraphy of the northeast Africa-Middle East region, Symposium on the hydrocarbon potential of the intense thrust zone. OAPEC, Kuwait, and Ministry of Petroleum and Mineral Resources, U. A. E., Abu Dhabi, 227～330.

Phelps R E, Strauss J P. 2002. Simulation of vertical fractures and stratiform permeability of the Ghawar Field. Saudi Aramco Journal of Technology, 2～13.

Polkowski G R. 1997. Degradation of Reservoir Quality by Clay Content, Unayzah Formation, Central Saudi Arabia. GeoArabia, 2 (1): 49～64.

Pollastro R M. 1999. Ghaba Salt Basin province and Fahud Salt Basin province, Oman: geological overview and total petroleum systems. U. S. Geological Survey Open-File Report, 99-50-D, U. S. Department of the Interior, 44.

Pollastro R M, Karshbaum A S, Viger R J. 1998. Maps Showing Geology, Oil and Gas Fields and Geologic Provinces of the Arabian Peninsula. USGS Open-File Report 97～470B

Powers R W. 1962. Arabian Upper Jurassic carbonate reservoir rocks//Ham W E. Classification of Carbonate Rocks: A Symposium. Am. Assoc. Petrol. Geol. Mem., 1: 122～197.

Powers R W, Ramirez L F, Redmon C D, et al. 1966. Geology of the Arabian Peninsula: Sedimentary geology of Saudi Arabia. U. S. Geological Survey Professional Paper No. 560-D, 127.

Qobi L, Atlas B. 2001. Permeability Determination from Stoneley Waves in the Ara Group Carbonates, Oman. GeoArabia, 6 (4): 649～665.

Rahmani A R, Steel R J, Al-Duaiji A A. 2002. High resolution sequence stratigraphy of a shoreface and estuarine embayment succession. A Devonian gas reservoir in the Ghawar super giant field, eastern Saudi Arabia: AAPG Annual Meeting, Houston, 1.

Roberts G, Peace D. 2007. Hydrocarbon plays and prospectivity of theLevantine Basin, offshore Lebanon and Syria from modern seismic data. GeoArabia: Middle East Petroleum Geosciences, 12 (3): 99～124.

Robertson A H F. 1998. Mesozoic-Tertiary tectonic evolution of the easternmost Mediterranean area: integration of marine and land evidence//Robertson A H F. Proceedings of the Ocean Drilling Program, Scientific Results, 160: 723～782.

Ronnau H H, Norrelund J, Dilling S, et al. 1999. Cost-Effective Development of Qatar's Al Shaheen Field Through Continuous Drilling Optimization. SPE/IADC Middle East Drilling Technology, SPE 57573, P. 9.

Sadooni I N. 1995. Petroleum prospects of Upper Triassic carbonates in northern Iraq. Jour. Petrol. Geol., 18: 171～190.

Saner S, Sahin A. 1999. Lithological and zonal porosity-permeability distributions in the 阿拉伯组 D 段 reservoir, Uthmaniyah Field, Saudi Arabia. AAPG Bulletin, 83 (2): 230～243.

Saidi A M. 1987. Reservoir Engineering of Fractured Reservoirs: Fundamental and Practical Aspects. Total Edition Press.

Saudi Aramco. 1996. Impact of 3-D seismic data on reservoir characterization and development, Ghawar Field, Saudi Arabia. AAPG Studies in Geology, 42: 205～210.

Saudi Aramco. 2000. Reservoir characterization. Exploration and Producing Technology Series, 1～27.

Sawaf T, Al Saad D, Gebran A, et al. 1993. Stratigraphy and structure of eastern Syria across the Euphrates Depression. Tectonophysics, 220 (1～4): 267～281.

Schmidt D L, Hadley D G, Stoesser D B. 1979. Late Proterozoic crustal history of the Arabian Shield, southern Najd Province, Kingdom of Saudi Arabia//Talhou S A. Evolution and mineralisation of the Arabian-Nubian Shield. New York: Pergamon Press: 41～58.

Schoenherr J, Littke R, Urai J L, et al. 2007. Polyphase thermal evolution in the Infra-Cambrian Ara Group (South Oman Salt Basin) as deduced by maturity of solid reservoir bitumen. Organic Geochemistry, 38: 1293～1318.

Scotese C R. 1997. Paleogeographic Atlas, PALEOMAP Progress Report 90～0497, Department of Geology, University of Texas at Arlington, Arlington, Texas, 37. Website: www. scotese. com.

Scott R W. 1990. Chronostratigraphy of Cretaceous carbonate shelf, southeastern Arabia//Robertson A H F, Searle M P, Ries A C. The Geology and Tectonics of the Oman region. Geological Society (London) Special Publication, 49: 89～108.

Seabourne T R. 1996. The influence of the Sabatayn Evaporites on the hydrocarbon prospectivity of the eastern Shabwa Basin, onshore Yemen. Marine and Petroleum Geology, 13 (8): 963～972.

Searle M P. 1988. Thrust tectonics of the Dibba Zone and the structural evolution of the Arabian continental margin along the Musandam mountains (Oman and United Arab Emirates). Journal Geological Socitey of London, 145 (1): 43～53.

Senalp M, Al-Duaiji A. 2001. Sequence stratigraphy of the Unayzah Reservoir in Central Saudi Arabia. Saudi Aramco Journal of Technology, 20～43.

Sengör A M C. 1990. A new model for the late Palaeozoic-Mesozoic tectonic evolution of Iran and implications for Oman//Robertson A H F, Searle M P, Ries A C. The Geology and Tectonics of the Oman Region. Geological Society (London) Special Publication, 49: 797～831.

Sengör A M C, Altiner D, Cin A, et al. 1988. Origin and assembly of the Tethyside orogenic collage at the expense of Gondwana Land. Gondwana and Tethys. Geological Society of London, Special Publication, 37: 81～119.

Sepehr M, Cosgrove J W. 2004. Structural framework of the Zagros Fold-Thrust Belt, Iran. Marine and Petroleum Geology, 21: 829～843.

Serryea O A. 1990. Geochemistry of organic matter and oil as an effective tool for hydrocarbon exploration in Syria. Oil and Arab Cooperation, 16 (58): 31～74.

Setudehnia A. 1978. The Mesozoic sequence in southwestIran and adjacent areas. Jour. Petrol. Geol., 1: 3～42.

Sharief E A M. 1982. Lithofacies distribution of the Permian-Triassic rocks in theMiddle East. Jour. Petrol Geol., 5: 203～206.

Sharief F A, Moshrif M A. 1989. Chronostratigraphy and hydrocarbon prospects of the Sakaka Formation, Northern Arabia. Journal of Petroleum Geology, Scientific Press Ltd., Beaconsfield, United Kingdom, 12 (1): 85～102.

Sharland P R, Archer T, Casey D M, et al. 2001. Arabian Plate Sequence Stratigraphy. GeoArabia Special Publication 2, Gulf Petrolink, Bahrain.

Sharland P R, Casey D M, Davies R B, et al. 2004. Arabian Plate Sequence Stratigraphy-revisions to SP2. GeoArabia, 9 (1): 199～214.

Shenhav H. 1971. Lower Cretaceous sandstone reservoirs, Israel: petrography, porosity, permeability. Bulletin American Association of Petroleum Geologists, 55 (12): 2194～2224.

Sherkati S, Letouzey J. 2004. Variation of structural style and basin evolution in the central Zagros (Izeh zone and Dezful Embayment), Iran. Marine and Petroleum Geology, 21: 535～54.

Simms S C. 1994. Structural style of recently discovered oil fields，central Saudi Arabia//Al-Husseini M I. Geo'94：The Middle East Petroleum Geosciences，Gulf Petrolink，Bahrain，II：861～866.

Sims S M，Shafiq T I. 1960. A project for pressure maintenance in Kirkuk Field. 2nd. Beirut：Arab Petroleum Congress.

Skaar R G，Walpot K S，van der Post N. 2000. Matching production rates from the Saih Rawl and Barik gas-condensate fields using state-of-the-art single well reservoir simulation model. Proceedings SPE Annual Technical Conference，Dallas：SPE Paper 63163，9.

Skaloud D K，Rackley S A，Bos C F M，et al. 1993. Impact of 3D seismic on well targeting，well design and reservoir modelling in the Yibal Shu'aiba reservoir，Oman. SPE Paper 24488，480～494.

Slinger F C P，Crichton J G. 1959. The geology and development of the Gachsaran Field，southwest Iran. 5th World Petroleum Congress，New York，Section I，Paper 18，22.

Soylu C. 1987. Source rock potential of Dadas Formation（southeastTurkey）//Kumar，et al. Petroleum geochemistry and exploration in the Afro-Asian region，509～517. Balkema，Rotterdam.

Stenger B A，Pham T R，Al-Sahhaf A A，Al-Muhaish A S. 2001. Assessing the oil water contact in Haradh 阿拉伯组 D 段. SPE Annual Technical Conference and Exhibition，New Orleans，SPE 71339，1～16.

Stoeser D B，Camp V E. 1985. Pan-African micro-plate accretion of the Arabian shield. Geological Society of America Bulletin，96：817～826.

Stoneley R. 1990. The Middle East Basin；a summary overview//Brooks J. Classic Petroleum Provinces，Geological Society of London，Special Publication，Geological Society of London，London，United Kingdom，50：293～298.

Sturgess M，Wharton R J，Maycock I D. 1995. A petroleum system in Block 18，Marib-Jawf Basin，Yemen. American Association of Petroleum Geologists，1995 Annual Convention，American Association of Petroleum Geologists and Society of Economic Paleontologists and Mineralogists，Annual Meeting Abstracts，4，93.

Taher A A. 1997. Delineation of organic richness and thermal history of the Lower Cretaceous Thamana Group，eastAbu Dhabi：a modeling approach for oil exploration. GeoArabia，2（1）：65～88.

Taheri A A，Sturgess M，Maycock I D，et al. 1992. Looking for Yemen's hidden treasure. Middle East Well Evaluation Review，12：12～29.

Talbot C J，Alavi M. 1996. The past of a future syntaxis across the Zagros//Salt Tectonics，Geological Society of London，Special Publication（100），89～110.

Tannenbaum E，Gardosh M. 2003. Petroleum systems in the East-Mediterranean Basin onshore and offshore Israel. Abstracts AAPG Annual Meeting Salt Lake City，Utah，American Association of Petroleum Geologists with SEPM（Society for Sedimentary Geology），12，167.

Terken J M J. 1999. The Natih Petroleum System of North Oman. GeoArabia，4（2）：157～180.

Terken J M J，Frewin N L. 2000. The Dhahaban Petroleum System. AAPG Bulletin，84（4）：523～544.

Terken J M J，Frewin N L，Indrelid S L. 2001. Petroleum systems of Oman：Charge timing and risks. AAPG Bulletin，85（10）：1817～1845.

Thode H G，Monster J. 1970. Sulfur isotope abundances and genetic relations of oil accumulations in Middle East Basin. Bulletin American Association of Petroleum Geologists，54（4）：627～637.

USGS. 2000. U. S. Geological Survey World Petroleum Assessment 2000-Description and Results. USGS Digital Data Series DDS60.

Van Bellen R C. 1956. The stratigraphy of the "main limestone" of the Kirkuk，Bai Hassan and Qarah Chauq Dagh structures in north Iraq. Journal of the Institute of Petroleum，42：233～263.

Vaslet D. 1990. Upper Ordovician glacial deposits inSaudi Arabia. Episodes，13（3）：147～161.

Videtich P E，Mclimans R K，Wawtson H K S，et al. 1988. Depositional，diagenetic，thermal and maturation histories of Cretaceous Mishrif Formation，Fateh Field，Dubai. Bulletin American Association of Petroleum Geologists，American Association of Petroleum Geologists，Tulsa，OK，United States，72（10）：1143～1159.

Walley C D. 1983. The palaeoecology of the Callovian and Oxfordian strata of Majdal Shams（Syria）and its implications for Levantine Palaeogeography and tectonics. Palaeogeography，Palaeoclimatology，and Palaeoecology，42：323～340.

Webb P，Thompson S J. 1994c. Basin Monitor，Central Arabian Geological Province-Saudi Arabia，Bahrain，Iran，Iraq，Kuwait，Neutral Zone，Qatar. Petroconsultants，Geneva，Switzerland.

Wender L E. 1998. Identification of reservoir compartments by geochemical methods：Jauf reservoir，Ghawar. Saudi Aramco Journal of Technology，28～32.

Wender L E，Bryant J W，Dickens M F，et al. 1998. Paleozoic（pre-Khuff）hydrocarbon geology of the Ghawar area，eastern Saudi Arabia. GeoArabia Gulf Petrolink，Bahrain，3（2）：273～301.

Wright V P，Ries A C，Munn S G. 1990. Intra-platformal basin-fill deposits from the Infracambrian Huqf Group，east central Oman//Robertson A H F，Searle M P，Ries A C. The geology and tectonics of the Oman region. Geological Society（London）Special Publication，49：601～616.

Ziegler M A. 2001. Late Permian to Holocene Paleofacies Evolution of the Arabian Plate and its Hydrocarbon Occurrences. GeoArabia，6（3）：445～504.

英中文翻译对照表 附录Ⅰ

Abadan	阿巴丹
Aaliji	厄黎吉
Abqaiq	布盖格
Abu Mahar	阿布玛哈若
Adaiyah	阿代耶
Agha Jari	阿贾里
Ahmadi	艾哈迈迪
Ahwaz	阿瓦兹
Ain Zalah	艾因泽拉
Al Kharj	奥卡吉
Al Khlata	阿尔克拉塔
Alan	阿兰
Aleppo	厄莱珀
Amanus	阿曼那斯
Amin	艾闵
Amiran	厄米软
An N'ala	安纳拉
An Nala	安纳拉
Anah	安纳
Andam	安德姆
Anotalia	安纳托利亚
Aqaba (Aqabah)	亚喀巴
Aqra	艾阔若
Ara	阿拉
Arab	阿拉伯
Arada	阿拉达
Araej	阿拉杰
Aruma	阿鲁马
Asab	阿萨布
Asmari	阿斯马里
Athel	埃塞尔

Avanah	厄宛纳
Awali	阿瓦利
Bab	巴卜
Baba	拜勃
Bahrah	拜赫拉
Bahram	巴赫拉姆
Bajawan	勃扎宛
Bakhtiari	巴赫蒂亚
Bangestan	班吉斯坦
Batin	巴廷
Bekhme	拜克木
Berwath	勃沃斯
Bibi Hakimeh	比比哈基梅
Bitlis	比特利斯
Biyadh	拜亚德
Buah	布阿赫
Burgan	布尔干
Burj	布尔季
Butabul	卜塔布欧
Butmah	布特迈
Buwaib	布韦卜
Caledonian	加里东
Chia Gara	基亚盖若
Chia Zairi	基亚札尔
Cimmeria	基梅里
D'Arcy	狄阿西
Dalan	戴蓝
Dam	达姆
Dammam	达曼
Dariyan	达里耶
Dashtak	达施塔克
Deir Ez Zor	代尔祖尔
Dezful	迪兹富勒
Dhahaban	哈哈班
Dhiban	济班
Dhofar	佐法尔
Dhruma	杜尔马
Dibba	迪巴

Dibdibba	狄勃狄巴
Digma	狄格莫
Diyab	迪亚卜
Dokan	德嵌
Dukhan	杜汉
Eratosthenes	埃拉托色尼
Euphrates	幼发拉底
Fahahil	法哈贺
Fahliyan	法利耶
Fahud	费胡德
Faraghan	佛冉汉
Fars	法尔斯
Fateh	法提赫
Fiqa	菲盖
Ga'ara	盖尔若
Gachsaran	加奇萨兰
Gadvan	盖德万
Gahkum	贾赫库姆
Garanga	格软干
Garau	盖鲁
Gercus	盖尔居什
Ghaba	哈巴
Ghar	盖尔
Gharif	加里弗
Ghawar	盖瓦尔
Ghudun	胡丹
Gotnia	格特尼亚
Gulailah	古莱拉
Gulneri	篙乃瑞
Gurpi	古尔珠
Habshan	哈卜尚
Hadhramout	海卓芒特
Hadrukh	赫爪克
Ha'il-Rutbah	黑尔-茹巴赫
Haima	海马
Hajar	哈杰尔
Hajir	海吉尔
Halul	哈卢勒

Hamlah	哈姆拉
Hammamiyat	哈迈米亚特
Hanadir	汉那蒂尔
Hanifa	哈尼费
Haradh	哈拉德
Harshiyat	哈施亚特
Hartha	哈尔塔
Harur	哈鲁尔
Hasa	哈萨
Haushi	豪希
Hawar	哈沃尔
Hijam	黑寨姆
Hith	希瑟
Hofuf	胡富夫
Hormuz	霍尔木兹
Huqf	侯格夫
Ilam	伊拉姆
Izhara	伊扎拉
Jabal al Haydarukh	杰宝黑达茹克
Jaddala	哲代拉
Jahrum	贾赫罗姆
Jamal	贾玛尔
Jauf	昭夫
Jawan	贾万
Jebel Akhdar	杰拜尔阿克达尔
Jebel al Lidan	杰卜立丹
Jebel Ja'alan	杰拜尔杰阿伦
Jeribe	哲瑞勃
Jilh	吉勒赫
Jilh al Ishar	吉浩伊沙尔
Jubah	侏巴赫
Jubaylah	侏贝拉赫
Jubailah	朱拜拉
Juweiza	侏韦泽
Kahfah	卡赫法赫
Kahmah	克哈莫
Kaista	克阿斯塔
Kangan	坎甘

Karim	卡瑞姆
Kashkan	卡师坎
Kazhdumi	卡兹杜米
Khafji	海夫吉
Khami	卡米
Khaneh Kat	汉纳开特
Kharaib	克莱卜
Kharj	卡吉
Kharus	哈若斯
Khasfah	哈斯法赫
Khashm Sudair	哈什姆苏代尔
Khasib	赫塞勃
Khatiyah	赫提耶
Khleisia	黑西亚
Khufai	胡菲
Khuff	胡夫
Khurais	胡赖斯
Khurmala	赫莫拉
Khuzestan	胡齐斯坦
Kifl	柯夫
Kirkuk	基尔库克
Kolosh	克烙仕
Kometan	扣米坦
Kuh-e Amiran	库赫厄米软
Kuh-e Gurpi	库赫古尔珠
Kuh-e Jahrum	库赫贾赫罗姆
Kuh-e Pabdeh	库赫帕卜德赫
Kuh-e Sagah	库赫瑟嘎赫
Kurra Chine	库拉钦
Laffan	莱凡
Lali	拉里
Lalun	莱伦
Lam	拉姆
Lekhwair	莱克威尔
Levantine	黎凡特
Lopha	劳法
Lurestan	洛雷斯坦
M'sad	木萨德

Madbi	迈德比
Mahwis	马赫维斯
Makhul	马克胡尔
Manifa	马尼法
Mansuri	曼苏芮
Mardin	玛丁
Marib-Al Jawf	马里卜
Marrat	迈拉特
Masia	马西拉
Masjid-I-Sulaiman	马斯吉德苏莱曼
Mauddud	毛杜德
Meem	米姆
Mender	门得
Mesopotamia	美索不达米亚
Mi'aidan	米爱丹
Mila	米拉
Minagish	米纳吉什
Minjur	明久尔
Misfar	密斯法尔
Mishan	密山
Mishrif	米什里夫
Mistal	密斯陶
Mukhaibah	穆哈巴赫
Mulussa	莫卤萨
Murbat	莫拜特
Murriba	莫瑞巴
Mus	穆什
Muti	穆提
Nahr Umr	奈赫尔欧迈尔
Naifa	内法
Najd	纳吉得
Najmah	奈季迈
Naokelekan	奈奥克拉坎
Nar	纳尔
Natih	纳提赫
Neyriz	内里兹
Niur	纽尔
North	诺斯

Nubian	努比亚
Ora	奥拉
Owen	欧文
Pabdeh	帕卜德赫
Padeha	派迪哈
Palmyra	帕姆亚
Palmyride	帕米赖德
Pila Spi	皮勒斯派
Prispiki	皮瑞斯皮克
Qahlah	阔拉赫
Qalibah	阔里巴赫
Qara	加拉
Qasim	卡西姆
Qasr	盖斯尔
Qatar	卡塔尔
Qurna	吉尔纳
Qusaiba	古赛巴
Quweira	奎若
Ra'an	若安
Rahab	若哈勃
Ram	软姆
Ratawi	拉塔威
Rayda	瑞达
Razak	若宰克
Rim	瑞姆
Rub'al Khali	鲁卜哈利
Rumaila	鲁迈拉
Rus	鲁斯
Rutbah	茹巴赫
Saar	萨尔
Sabbat	萨巴特
Sachun	塞阐
Sadi	塞狄
Safaniya	萨法尼亚
Safiq	萨菲格
Saih Hatat	赛赫亥太特
Sakaka	瑟卡卡
Salil	瑟利欧

Saq	赛克
Sarah	萨若赫
Sargelu	萨金鲁
Sarmord	萨莫德
Sarvak	萨尔瓦克
Shahbazan	赦拜赞
Shabwa/Shabwah	夏布瓦
Shaibah	晒巴赫
Sharawra/Sharawrah	舍劳拉
Shargi	沙吉
Shilaif	史莱夫
Shiranish	赦软尼失
Shuaiba	舒艾拜
Shuram	舒拉姆
Sibzar	斯巴扎
Simsima	锡姆锡迈
Sinjar	辛加
Siq	希克
Sirjan	锡尔詹
Souedie	搜狄
Soukhne	搜肯
Sudair	苏代尔
Sulaiy	苏莱伊
Summan	萨曼
Surgah	瑟嘎赫
Surmah	瑟玛
Suwei	苏韦
Tabuk	泰布克
Taleh Zang	套勒藏
Tanf	坦夫
Tang-e Do	唐葛杜
Tang-e Sarvak	唐葛萨尔瓦克
Tanjero	坦哲柔
Tanuma	坦奴玛
Tawil	泰维勒
Tayarat	太尔亚特
Thamama	苏马马
Tower of Bable	拜博塔

Tuwaiq	图韦克
Umm Er Radhuma	乌姆厄瑞德胡玛
Umm Er Ru'us	乌姆厄鲁斯
Umm Sahm	乌姆塞姆
Unayzah	欧奈宰
Wara/Warah	瓦拉
Wasia/Wasiah	沃西阿
Widyan	维典
Yamama	亚玛玛
Yatib	雅提勃
Yibal	伊巴勒
Zagros	扎格罗斯
Zard-Kuh	扎德库赫
Zarqa	扎尔卡
Zauliyah	皂里耶
Zubair	祖拜尔

附录Ⅱ 中英文翻译对照表

阿巴丹	Abadan
阿布玛哈若	Abu Mahar
阿代耶	Adaiyah
阿尔克拉塔	Al Khlata
阿贾里	Agha Jari
阿拉	Ara
阿拉伯	Arab
阿拉达	Arada
阿拉杰	Araej
阿兰	Alan
阿鲁马	Aruma
阿曼那斯	Amanus
阿萨布	Asab
阿斯马里	Asmari
阿瓦利	Awali
阿瓦兹	Ahwaz
埃拉托色尼	Eratosthenes
埃塞尔	Athel
艾哈迈迪	Ahmadi
艾阔若	Aqra
艾闵	Amin
艾因泽拉	Ain Zalah
安德姆	Andam
安纳	Anah
安纳拉	An N'ala
安纳拉	An Nala
安纳托利亚	Anotalia
奥卡吉	Al Kharj
奥拉	Ora
巴卜	Bab
巴赫蒂亚	Bakhtiari

巴赫拉姆	Bahram
巴廷	Batin
拜勃	Baba
拜博塔	Tower of Bable
拜赫拉	Bahrah
拜克木	Bekhme
拜亚德	Biyadh
班吉斯坦	Bangestan
比比哈基梅	Bibi Hakimeh
比特利斯	Bitlis
勃沃斯	Berwath
勃扎宛	Bajawan
卜塔布欧	Butabul
布阿赫	Buah
布尔干	Burgan
布尔季	Burj
布盖格	Abqaiq
布特迈	Butmah
布韦卜	Buwaib
达里耶	Dariyan
达曼	Dammam
达姆	Dam
达施塔克	Dashtak
代尔祖尔	Deir Ez Zor
戴蓝	Dalan
德嵌	Dokan
狄阿西	D'Arcy
狄勃狄巴	Dibdibba
狄格莫	Digma
迪巴	Dibba
迪亚卜	Diyab
迪兹富勒	Dezful
杜尔马	Dhruma
杜汉	Dukhan
厄莱珀	Aleppo
厄黎吉	Aaliji
厄米软	Amiran
厄宛纳	Avanah

法尔斯	Fars
法哈贺	Fahahil
法利耶	Fahliyan
法提赫	Fateh
菲盖	Fiqa
费胡德	Fahud
佛冉汉	Faraghan
盖德万	Gadvan
盖尔	Ghar
盖尔居什	Gercus
盖尔若	Ga'ara
盖鲁	Garau
盖斯尔	Qasr
盖瓦尔	Ghawar
篙乃瑞	Gulneri
格软干	Garanga
格特尼亚	Gotnia
古尔珠	Gurpi
古莱拉	Gulailah
古赛巴	Qusaiba
哈巴	Ghaba
哈卜尚	Habshan
哈尔塔	Hartha
哈哈班	Dhahaban
哈杰尔	Hajar
哈拉德	Haradh
哈卢勒	Halul
哈鲁尔	Harur
哈迈米亚特	Hammamiyat
哈姆拉	Hamlah
哈尼费	Hanifa
哈若斯	Kharus
哈萨	Hasa
哈什姆苏代尔	Khashm Sudair
哈施亚特	Harshiyat
哈斯法赫	Khasfah
哈沃尔	Hawar
海夫吉	Khafji

海吉尔	Hajir
海马	Haima
海卓芒特	Hadhramout
汉那蒂尔	Hanadir
汉纳开特	Khaneh Kat
豪希	Haushi
赫莫拉	Khurmala
赫塞勃	Khasib
赫提耶	Khatiyah
赫爪克	Hadrukh
黑尔-茹巴赫	Ha'il-Rutbah
黑西亚	Khleisia
黑寨姆	Hijam
侯格夫	Huqf
胡丹	Ghudun
胡菲	Khufai
胡夫	Khuff
胡富夫	Hofuf
胡赖斯	Khurais
胡齐斯坦	Khuzestan
霍尔木兹	Hormuz
基尔库克	Kirkuk
基梅里	Cimmeria
基亚盖若	Chia Gara
基亚札尔	Chia Zairi
吉尔纳	Qurna
吉浩伊沙尔	Jilh al Ishar
吉勒赫	Jilh
济班	Dhiban
加拉	Qara
加里东	Caledonian
加里弗	Gharif
加奇萨兰	Gachsaran
贾赫库姆	Gahkum
贾赫罗姆	Jahrum
贾玛尔	Jamal
贾万	Jawan
杰拜尔阿克达尔	Jebel Akhdar

杰拜尔杰阿伦	Jebel Ja'alan
杰宝黑达茹克	Jabal al Haydarukh
杰卜立丹	Jebel al Lidan
卡赫法赫	Kahfah
卡吉	Kharj
卡米	Khami
卡瑞姆	Karim
卡师坎	Kashkan
卡塔尔	Qatar
卡西姆	Qasim
卡兹杜米	Kazhdumi
坎甘	Kangan
柯夫	Kifl
克阿斯塔	Kaista
克哈莫	Kahmah
克莱卜	Kharaib
克烙仕	Kolosh
扣米坦	Kometan
库赫厄米软	Kuh-e Amiran
库赫古尔珠	Kuh-e Gurpi
库赫帕卜德赫	Kuh-e Pabdeh
库赫瑟嘎赫	Kuh-e Sagah
库赫贾赫罗姆	Kuh-e Jahrum
库拉钦	Kurra Chine
奎若	Quweira
阔拉赫	Qahlah
阔里巴赫	Qalibah
拉里	Lali
拉姆	Lam
拉塔威	Ratawi
莱凡	Laffan
莱克威尔	Lekhwair
莱伦	Lalun
劳法	Lopha
黎凡特	Levantine
鲁卜哈利	Rub'al Khali
鲁迈拉	Rumaila
鲁斯	Rus

洛雷斯坦	Lurestan
马赫维斯	Mahwis
马克胡尔	Makhul
马里卜	Marib-Al Jawf
马尼法	Manifa
马斯吉德苏莱曼	Masjid-I-Sulaiman
马西拉	Masia
玛丁	Mardin
迈德比	Madbi
迈拉特	Marrat
曼苏芮	Mansuri
毛杜德	Mauddud
美索不达米亚	Mesopotamia
门得	Mender
米爱丹	Mi'aidan
米拉	Mila
米姆	Meem
米纳吉什	Minagish
米什里夫	Mishrif
密山	Mishan
密斯法尔	Misfar
密斯陶	Mistal
明久尔	Minjur
莫拜特	Murbat
莫卤萨	Mulussa
莫瑞巴	Murriba
木萨德	M'sad
穆哈巴赫	Mukhaibah
穆什	Mus
穆提	Muti
纳尔	Nar
纳吉得	Najd
纳提赫	Natih
奈奥克拉坎	Naokelekan
奈赫尔欧迈尔	Nahr Umr
奈季迈	Najmah
内法	Naifa
内里兹	Neyriz

纽尔	Niur
努比亚	Nubian
诺斯	North
欧奈宰	Unayzah
欧文	Owen
帕卜德赫	Pabdeh
帕米赖德	Palmyride
帕姆亚	Palmyra
派迪哈	Padeha
皮勒斯派	Pila Spi
皮瑞斯皮克	Prispiki
茹巴赫	Rutbah
软姆	Ram
瑞达	Rayda
瑞姆	Rim
若安	Ra'an
若哈勃	Rahab
若宰克	Razak
萨巴特	Sabbat
萨尔	Saar
萨尔瓦克	Sarvak
萨法尼亚	Safaniya
萨菲格	Safiq
萨金鲁	Sargelu
萨曼	Summan
萨莫德	Sarmord
萨若赫	Sarah
塞阐	Sachun
塞狄	Sadi
赛赫亥太特	Saih Hatat
赛克	Saq
瑟嘎赫	Surgah
瑟卡卡	Sakaka
瑟利欧	Salil
瑟玛	Surmah
沙吉	Shargi
晒巴赫	Shaibah
舍劳拉	Sharawra/Sharawrah

赦拜赞	Shahbazan
赦软尼失	Shiranish
史莱夫	Shilaif
舒艾拜	Shuaiba
舒拉姆	Shuram
斯巴扎	Sibzar
搜狄	Souedie
搜肯	Soukhne
苏代尔	Sudair
苏莱伊	Sulaiy
苏马马	Thamama
苏韦	Suwei
太尔亚特	Tayarat
泰布克	Tabuk
泰维勒	Tawil
坦夫	Tanf
坦奴玛	Tanuma
坦哲柔	Tanjero
唐葛杜	Tang-e Do
唐葛萨尔瓦克	Tang-e Sarvak
套勒藏	Taleh Zang
图韦克	Tuwaiq
瓦拉	Wara/Warah
维典	Widyan
沃西阿	Wasia/Wasiah
乌姆厄鲁斯	Umm Er Ru'us
乌姆厄瑞德胡玛	Umm Er Radhuma
乌姆塞姆	Umm Sahm
希克	Siq
希瑟	Hith
锡尔詹	Sirjan
锡姆锡迈	Simsima
夏布瓦	Shabwa/Shabwah
辛加	Sinjar
雅提勃	Yatib
亚喀巴	Aqaba（Aqabah）
亚玛玛	Yamama
伊巴勒	Yibal

伊拉姆	Ilam
伊扎拉	Izhara
幼发拉底	Euphrates
皂里耶	Zauliyah
扎德库赫	Zard-Kuh
扎尔卡	Zarqa
扎格罗斯	Zagros
昭夫	Jauf
哲代拉	Jaddala
哲瑞勃	Jeribe
朱拜拉	Jubailah
侏巴赫	Jubah
侏贝拉赫	Jubaylah
侏韦泽	Juweiza
祖拜尔	Zubair
佐法尔	Dhofar